高等职业教育本科教材

煤化工生产技术

MEIHUAGONG
SHENGCHAN JISHU

化学工业出版社
·北京·

内容简介

《煤化工生产技术》共13章，主要内容为煤的热解炼焦及焦油加工、空分技术、煤炭气化技术、煤气净化技术、煤炭直接液化技术、煤炭间接液化技术和煤制甲醇、甲醇制烯烃、甲醇制芳烃、煤制天然气等。因煤炭气化技术在煤化工生产中的重要性，故系统介绍了煤炭气化技术的发展，同时对气化主要设备——气化炉的气化技术、操作管理的发展及应用作了介绍。教材配套了二维码数字资源，可帮助学生理解重难点知识。

本书可作为高等职业教育本科和专科教材，也可作为煤化工相关企业人员的参考书。

图书在版编目（CIP）数据

煤化工生产技术/齐晶晶，侯侠主编．—北京：化学工业出版社，2024.4（2025.2重印）
高等职业教育本科教材
ISBN 978-7-122-44680-0

Ⅰ.①煤… Ⅱ.①齐…②侯… Ⅲ.①煤化工-生产技术-高等职业教育-教材 Ⅳ.①TQ53

中国国家版本馆CIP数据核字（2024）第026273号

责任编辑：王海燕　张双进　　文字编辑：崔婷婷
责任校对：王鹏飞　　装帧设计：王晓宇

出版发行：化学工业出版社
（北京市东城区青年湖南街13号　邮政编码100011）
印　　装：北京云浩印刷有限责任公司
787mm×1092mm　1/16　印张23¾　字数585千字
2025年2月北京第1版第2次印刷

购书咨询：010-64518888　　售后服务：010-64518899
网　　址：http://www.cip.com.cn
凡购买本书，如有缺损质量问题，本社销售中心负责调换。

定　　价：59.00元

前言

煤化工生产技术是高等职业教育煤化工及其相关专业的一门专业必修课程，其任务是介绍煤气化工艺的基本概念，深化空气深冷液化分离、煤炭气化、煤气净化、甲醇合成等方面知识；培养学生在煤化工生产操作方面的专业能力，如正确地确定生产工艺条件的能力，在煤炭气化安全生产操作规程下解决生产过程中一般工艺技术问题的能力以及正确操作煤化工的重要设备的能力等。

本教材遵从以能力为本的高职教育核心理念，从生产装置岗位标准和能力要求入手，采用倒推的方式，先提炼岗位知识、技能点，根据专业能力培养体系要求，构建教材体系。本教材紧紧围绕煤化工生产的流程以及合成气的应用来选择和组织学习内容，突出岗位工作与知识的联系，充分考虑内容的实用性、典型性、可操作性以及可拓展性等因素，紧密结合专业能力的要求，考虑知识点的合理分配以及知识结构和学习过程的循序渐进。编写时以煤的概况、煤的气化及其配套技术、合成气制下游产品为主线，介绍了煤化工及其配套技术的情况，重点介绍已工业化的典型煤气化及其配套技术，同时对煤的加工利用、煤的热解、煤的液化、煤气净化、煤基化学品等技术进行了介绍。为更好落实党的二十大报告中提到的加快推动能源结构调整，发展绿色低碳产业，加快节能降碳先进技术研发和推广应用，全书以主要产业链为核心，从技术原理、工艺流程、关键设备、影响因素、能源综合利用和“三废”治理等方面对煤化工生产技术的各个环节进行介绍，以期使读者能从整体上了解煤化工生产技术。

本教材包括13章，主要介绍煤炭资源、煤化工的范围和发展、煤气化基本原理、煤种与煤性对气化的影响、煤气净化和液化技术、煤制化学品和煤制天然气等。由于煤炭气化工艺在工业生产中应用广泛，故本教材作了系统介绍。

本教材由兰州石化职业技术大学齐晶晶、侯侠主编，兰州石化职业技术大学姚珏、韩雅妮参编。全书由齐晶晶统稿，靖远煤业集团刘化化工有限公司总经理、教授级高工周程主审。

由于本教材涵盖的内容很广，涵盖技术种类很多，技术发展非常迅速，编写难度较大；加之编写时间紧迫，书中疏漏之处在所难免，敬请读者对教材提出宝贵的意见和建议。

编者

2023年11月

第一章　煤化工生产概述

第二章　煤热解、炼焦及煤焦油加工

第三章　空气深冷液化分离

第四章　煤炭气化技术

第五章 煤气净化技术

第六章　煤的液化

第七章　甲醇生产技术

第八章　甲醇制烯烃

第九章　甲醇制芳烃

第十章　煤制乙二醇

第十一章　煤制天然气

第十二章 煤制其他精细化学品

第十三章 煤基多联产

参考文献

二维码目录

续表

序号	编号	名称	资源类型	页码
50	M4-26	煤粉制备	.mp4	151
51	M4-27	分级器工作原理	.mp4	151
52	M4-28	Shell 气化工艺流程	.mp4	153
53	M4-29	Shell 气化炉的结构	.mp4	153
54	M4-30	德士古气化炉简介	.mp4	155
55	M4-31	德士古气化激冷流程	.mp4	155
56	M4-32	德士古气化废热流程	.mp4	155
57	M4-33	三套管式烧嘴剖面图	.mp4	156
58	M4-34	三套管式喷嘴动画	.mp4	157
59	M5-1	煤气中的杂质	.mp4	163
60	M5-2	脱硫剂简介	.mp4	165
61	M5-3	脱硫技术	.mp4	165
62	M5-4	煤气的变换	.mp4	165
63	M5-5	袋式除尘器原理	.mp4	166
64	M5-6	洗涤塔工作原理	.mp4	166
65	M5-7	常温氧化铁法脱硫原理	.mp4	172
66	M5-8	活性炭法脱硫	.mp4	176
67	M6-1	加氢液化过程中的反应	.mp4	197
68	M6-2	原料煤对煤炭液化的影响	.mp4	201
69	M6-3	溶剂对煤加氢液化的影响	.mp4	202
70	M6-4	直接液化催化剂的品种及选择	.mp4	203
71	M6-5	IG 法工艺流程动画	.mp4	208
72	M6-6	氢煤法工艺流程动画	.mp4	209
73	M6-7	SRC-Ⅰ法工艺流程动画	.mp4	211
74	M6-8	煤炭间接液化的概念	.mp4	214
75	M6-9	煤间接液化的一般加工过程	.mp4	215
76	M6-10	煤间接液化催化剂组成与作用	.mp4	217
77	M6-11	高空速固定床 Arge 合成工艺动画	.mp4	222
78	M6-12	气流床 Synthol 煤间接液化工艺流程动画	.mp4	223
79	M6-13	三相浆态床煤间接液化工艺流程动画	.mp4	224
80	M7-1	甲醇的分子结构	.mp4	228
81	M7-2	高压合成法工艺流程动画	.mp4	249
82	M7-3	ICI 低压法工艺流程动画	.mp4	249
83	M7-4	ICI 冷激式合成塔	.mp4	257
84	M7-5	ICI 冷管式合成塔	.mp4	257
85	M7-6	ICI 副产蒸汽合成塔	.mp4	257
86	M7-7	鲁奇列管式合成塔	.mp4	258
87	M7-8	双塔粗甲醇精馏工艺流程动画	.mp4	270
88	M7-9	高质量三塔精馏工艺流程动画	.mp4	272
89	M7-10	节能型三塔精馏工艺流程动画	.mp4	273
90	M8-1	甲醇制烯烃中 MTO 和 MTP 的区别	.pdf	280
91	M8-2	MTO 工艺的主要设备	.pdf	289
92	M8-3	MTO 技术经济效益分析	.pdf	289
93	M10-1	乙二醇、聚酯纤维、不饱和聚合树脂图片	.pdf	310
94	M10-2	铑、钌元素简介	.pdf	311
95	M13-1	常见煤气化技术的比较	.pdf	357
96	M13-2	四种过滤技术特性及费用对照表	.pdf	360
97	M13-3	三种热电联产工艺系统的优缺点比较	.pdf	364

第一章
煤化工生产概述

我国是全球最大的能源消费国，其中化石能源消费占据主导地位。目前，我国的化石能源消费情况呈现出煤炭消费占比高、石油消费不断增长、天然气消费占比逐渐提高的趋势。同时，我国政府也在积极推进清洁能源发展，以降低化石能源消费带来的环境问题。

目前，石油化工发展较快，占据主导地位，煤化工的工业生产所占比重不大，但石油储量有限，因而迫使人们不断地寻求新的能源和化工原料来替代原油。煤化工是以煤为原料经过化学加工，使煤转化为气体、液体、固体燃料及化学品，实现煤的转化并进行综合利用的工业。煤化工包括炼焦工业、煤炭气化工业、煤炭液化工业、煤制油和天然气、煤制化学品工业以及其他煤加工制品工业等。

一、我国的煤炭资源

我国是全世界煤炭资源储量最丰富的国家之一。根据自然资源部发布的《中国矿产资源报告2022》显示，截至2021年底，我国煤炭资源储量为2078.85亿吨。其中，山西省储量占比最多，约为23%，其次是陕西、新疆、内蒙古和贵州。全国煤炭产量由2015年的37.47亿吨增加到2021年的38.34亿吨。但我国石油和常规天然气资源不足，2020年中国石油、天然气对外依存度已达到73%和43%。2020年我国煤炭消费量约为41亿吨，随着国民经济的快速发展，我国煤炭消费量还将大幅增加。但是，煤炭在促进经济快速发展的同时也造成了严重的环境污染，并引发了一系列的经济和社会问题。我国政府对煤化工的环境污染问题高度重视，党的二十大报告中提出要深入推进能源革命，加强煤炭清洁高效利用，并采取了一系列措施来加强煤化工的环保工作，以促进煤化工行业的可持续发展。

在目前全球发展低碳经济、应对气候变化的大背景下，“低碳能源”“低碳经济”“近零排放”日益受到世界关注。随着我国煤炭消费量的持续增长，节能减排的难度日益增大，节能减排的边际成本不断攀升。煤炭具有能源和资源的二重性，在这种情况下，迫切需要实现煤炭洁净转化，拓宽煤炭清洁高效利用途径，大幅度提高资源利用效率，减少污染物排放，促进节能减排。

M1-1 石油、天然气、煤炭储量排名

传统煤化工产品主要包括合成氨、甲醇、焦炭、高温煤焦油和电石五种。由于国内富煤、贫油、少气的资源现状，传统煤化工在我国已有很长的发展历史，主要产品产量多年位居世界第一。但近年来，传统煤化工的产能增速高于需求，产品供大于求的态势不断扩大，装置开工率不断下滑。在我国煤化工发展的历史上，焦化工业受到更多的关注，直到目前为止，这方面的技术进展仍然有比较大的影响。传统煤化工曾是国民经济的重要支柱产业，涉及农业、钢铁、轻工和建材等相关工业，对国民经济的增长和保障人民生活起到举足轻重的作用。但是它们的产业结构要随着经济的发展不断调整，来提高竞争力。

M1-2 煤化工简介

现代煤化工产品是指那些替代石油或石油化工的产品，目前主要包括煤制油、煤制烯烃、煤制二甲醚、煤制天然气、煤制乙二醇等。现代煤化工具有装置规模大、技术集成度高、资源利用好等基本特征，在石油价格波动起伏、总体攀升的情况下，已成为部分国家特别是中国应对石油危机的重要对策。现代煤化工项目也存在一定的缺点，如一次性投资高、技术难度大、装备复杂、资源耗量大、“三废”排放量大等。现代煤化工已经升级示范进入工业化生产和大规模产能扩张时期，并逐渐对石油化工产生越来越大的影响。

实际上，许多传统的煤化工技术，仍然在不断地改进中。近期煤化工在交融发展中，典型的如“分质利用”受到业界的欢迎。这实际上是利用中低温焦化产生的气、液、固产品，后续进行现代煤化工的加工。把发电也纳入其中，形成煤化工多联产系统，其前景就更加广阔了。

二、发展煤化工的意义

煤炭转化技术以煤为原料，通过气化、液化、碳一合成等先进化工工艺手段，将能源转化与化工产品合成相结合，生产煤基氢气、煤基代用液体燃料等。煤炭转化能有效提高能效、减少污染物排放，实现资源综合利用和能源有效利用，更是中国发展低碳技术经济的关键。

煤化工利用生产技术中，炼焦是应用最早的工艺，并且至今仍然是煤化学工业的重要组成部分。炼焦主要产品是炼铁用焦炭，同时还有焦炉煤气、苯、萘、蒽、沥青以及碳素材料等产品（图 1-1）。

煤的气化在煤化工中占有重要地位，用于生产各种燃料气，燃料气是干净的能源，有利于提高人民生活水平和保护环境；煤气化生产的合成气，是合成液体燃料、甲醇、醋酐等多种产品的原料。

煤直接液化，即煤高压加氢液化，可以生产人造石油和化学产品。煤间接液化是煤气化生产合成气，再经催化合成液体燃料和化学产品，在国外已实现工业化生产。在石油短缺时，煤的液化产品可替代天然石油。

煤低温干馏生产低温焦油，经过加氢生产液体燃料，低温焦油分离后可得有用的化学产品。低温干馏半焦可作无烟燃料，或用作气化原料、发电燃料以及碳质还原剂等。低温干馏煤气可作燃料气。

随着经济发展，煤的综合利用越来越受到人们的关注。将煤炭加工转化成清洁、高效的二次能源，用煤制造油和甲醇燃料等化工原料，提高了煤炭利用率和附加值。由于煤炭深加

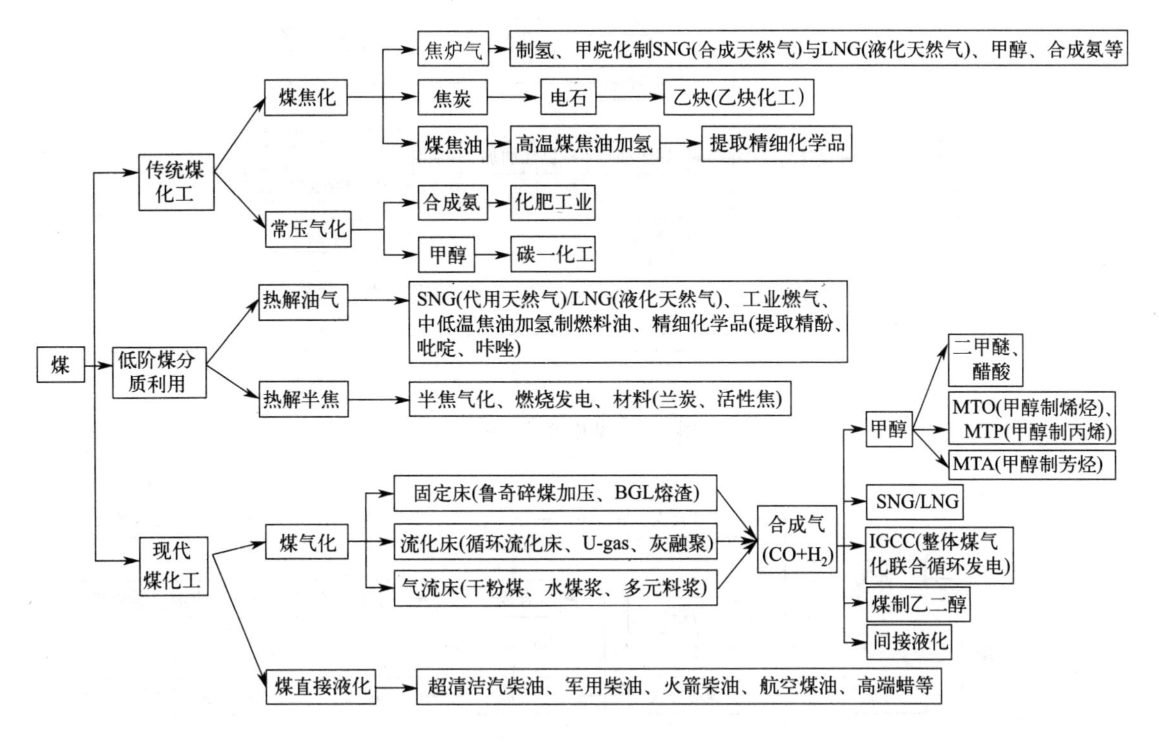

图 1-1　煤炭加工分类及产品示意图

工后可增值几十甚至几百倍，这给新型煤化工发展奠定了基础。

甲醇、二甲醚产业是国内发展规模最大的煤化工产业。近几年，由于国际石油、天然气价格上涨，煤制醇醚产业显现出原料成本低的优势，在国内获得快速发展。

煤化工发展除受石油和天然气的价格影响外，很大程度上取决于自身技术的发展，如洁净煤技术的发展、燃煤发电技术的发展、气化技术的发展、碳一化学技术的发展和有关环境保护技术的发展。

新型的煤化工产业必将迎来一个蓬勃发展的新时期，成为 21 世纪的高新技术产业的重要组成部分。

三、煤化工下游产品链

由于资源蕴藏量和开采难易程度等，人类规模化使用煤炭的历史远早于石油和天然气。以中国为例，公元前 200 年左右的西汉，已使用煤炭来冶铁，而石油在中国历史上的最早描述出现在北宋沈括的《梦溪笔谈》。人类社会使用煤炭作为燃料的历史非常悠久，将煤炭作为原料发展化学工业的历史，也早于石油和天然气。

1. 煤热解产品链

煤热解产品链如图 1-2 所示。

2. 煤气化产品链

煤气化产品链如图 1-3 所示。

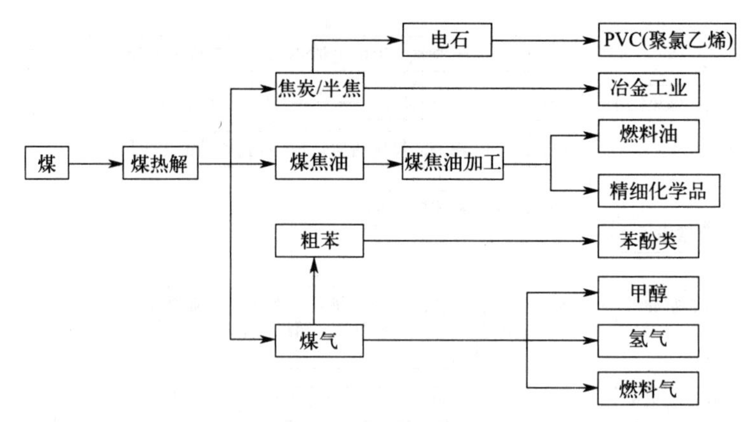

图 1-2 煤热解产品链

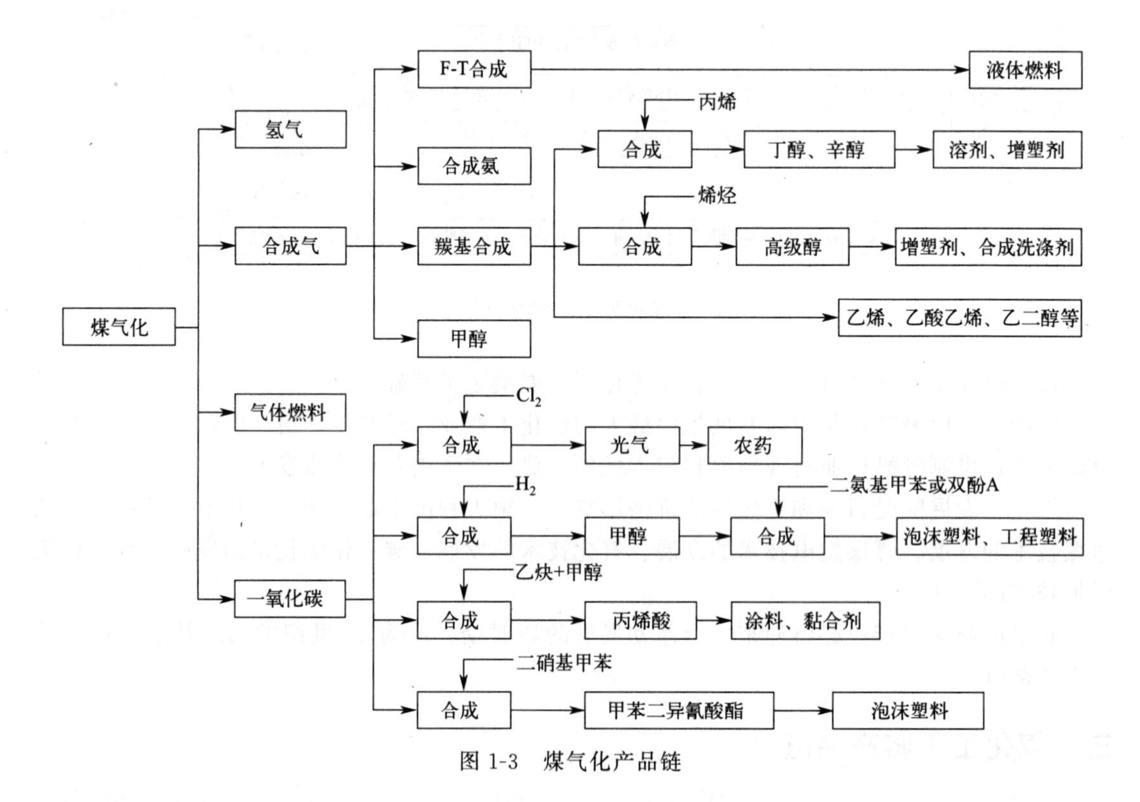

图 1-3 煤气化产品链

煤气化技术是指将固体煤转化为可燃气体（煤气）的煤炭热加工过程。在各种先进的煤气化技术中，鲁奇碎煤加压移动床气化、水煤浆加压气流床气化和粉煤加压气流床气化受到广泛关注，产业化技术日臻完善。鲁奇碎煤加压移动床气化由于可气化低阶煤的突出优点，在南非煤直接液化工厂得到成功应用。鲁奇碎煤加压移动床气化工艺不仅能够生产合成气，还可副产煤焦油用于加工油品，由于该工艺煤气中甲烷含量高于其他煤气化工艺，非常有利于生产人工天然气。水煤浆加压气流床气化和粉煤加压气流床气化对煤种适应性较强，气化强度大，气化温度高，生产合成气组分单一，污染物治理费用较低。

从合成气的下游产品来看，主要是氢气、一氧化碳、合成氨和甲醇。一氧化碳和氢气是最重要的羰基合成原料气，由其出发，可以制取几乎所有的基础有机化学品，如甲醇、甲醛、甲酸、甲胺、乙酸、乙酸酯、二甲基甲酰胺、异氰酸酯、乙二酸、乙二醇、碳酸二甲酯、光气等。目前合成氨的主要下游产品是尿素。

3. 合成氨产品链

合成氨是重要的无机化工产品之一，在国民经济中占有重要地位。经过近百年的发展，合成氨技术趋于成熟，形成了一大批各有特色的工艺流程。除液氨可直接作为肥料外，农业上使用的氮肥，例如尿素、硝酸铵、磷酸铵、氯化铵以及各种含氮复合肥，都是以氨为原料的。

合成氨产品链如图 1-4 所示。

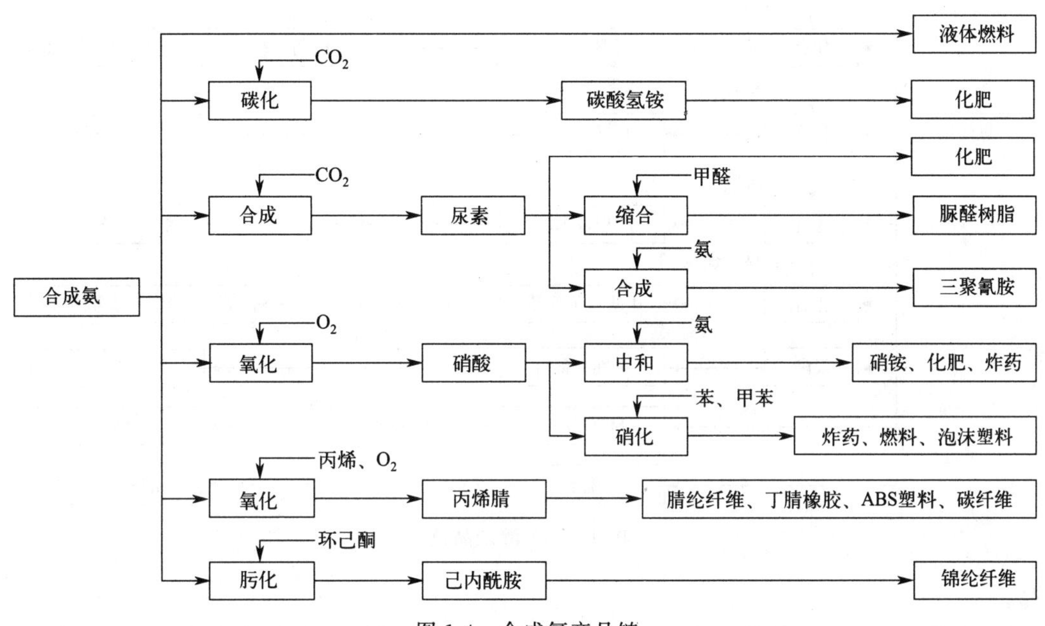

图 1-4　合成氨产品链

合成氨也是重要的工业原料，广泛用于生产硝酸、纯碱及各种含氮无机盐，有机合成各种中间体，高分子材料聚酯纤维、氨基塑料、丁腈橡胶、冷却剂等。

4. 甲醇产品链

甲醇是基础的有机化工原料和清洁燃料，可以用来生产烯烃、二甲醚、乙二醇、甲醛、合成橡胶、甲胺、对苯二甲酸二甲酯、甲基丙烯酸甲酯、乙酸、甲基叔丁基醚等一系列有机化工产品，而且还可以加入汽油掺烧或代替汽油作为动力燃料以及用来合成甲醇蛋白。

甲醇化工已成为化学工业中一个重要的领域。甲醇的消费已超过其传统用途，潜在的消耗用量远远超过其他化工用途，渗透到国民经济的各个方面。随着甲醇产能的快速增长，甲醇下游产品的开发也得到了越来越多的重视。随着当今世界石油资源的日益减少和甲醇单位成本的降低，用甲醇作为新的石化原料来源已经成为一种趋势。

甲醇产品链如图 1-5 所示。

四、现代煤化工的主要特点

现代煤化工的主要特点如下。

① 清洁能源是现代煤化工的主要产品。如柴油、汽油、乙烯、甲醇、二甲醚等化工

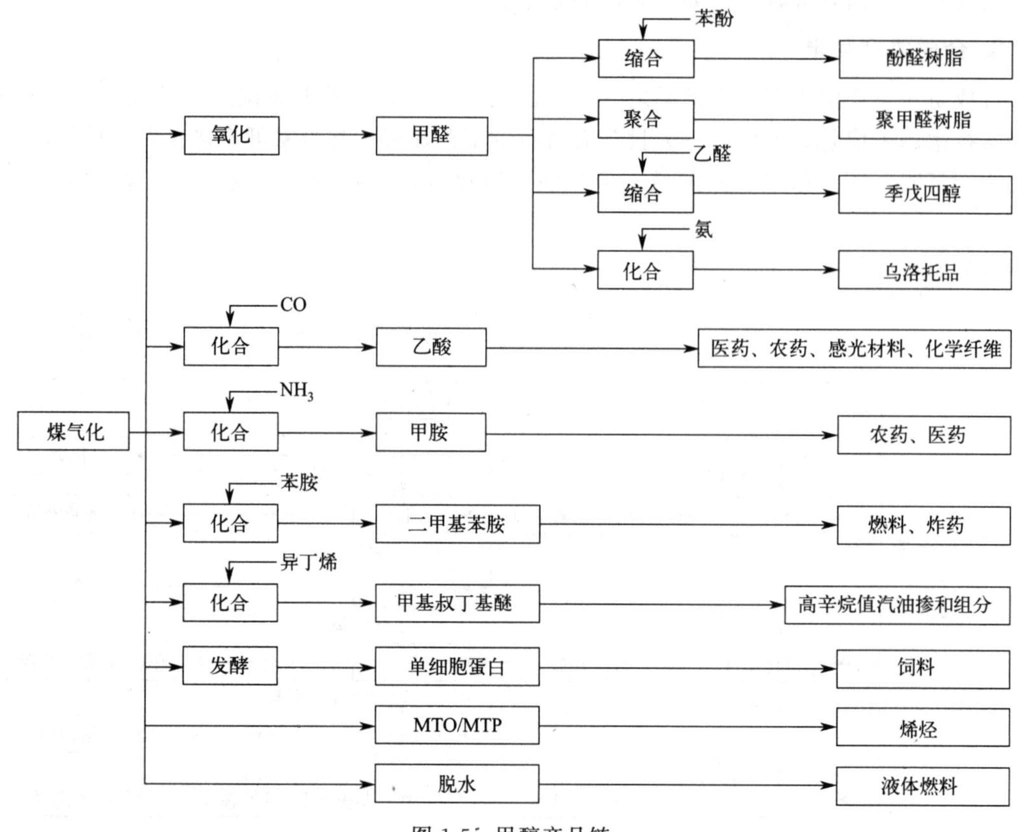

图 1-5′ 甲醇产品链

产品。

② 煤炭能源化工一体化。现代煤化工是未来中国能源技术发展的战略方向，依托煤炭资源，形成煤炭能源化工一体化的新兴产业。如煤炭气化联合循环发电（简称 IGCC）技术。

③ 高新技术及优化集成。新型煤化工生产采用煤转化高新技术，在能源梯级利用、产品结构方面对不同工艺优化集成，提高整体经济效益。

④ 环境污染得到有效治理，人力资源得到发挥是新型煤化工的一个主要发展方向。

⑤ 碳一化学充分发展。

碳一化学是以含有一个碳原子的物质（如 CO、CO_2、CH_3OH、HCHO）为原料合成化工产品的有机化工生产过程。

碳一化学是一个很大的领域，是在 20 世纪 70 年代两次石油危机中得到迅速发展的，其目的在于寻求化工原料“多样化”和能源资源“非石油化”的战略转移。近年来，随着能源结构的多元化发展趋势以及碳一化学系列生产技术的突破，其应用领域越来越广。碳一化学发展趋势用图 1-6 表示。

五、本课程内容与任务

煤化工生产技术是煤化工专业的必修专业课程，是在学习了煤化学基础知识的基础上开设的专业课。

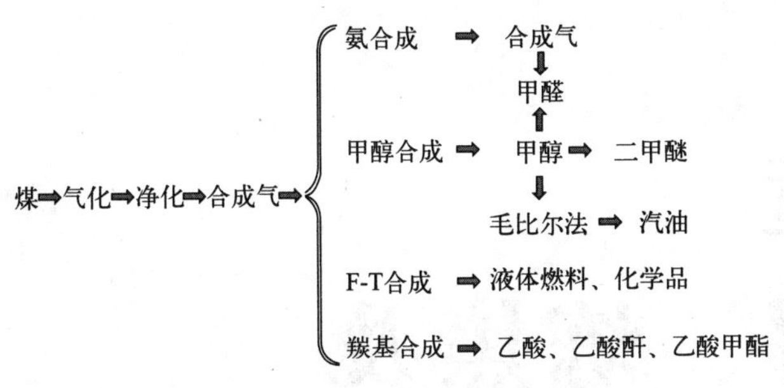

图 1-6 碳一化学发展趋势

本课程立足于煤炭气化、液化工艺，同时考虑新型煤化工特点，在教学内容上更加重视知识面的拓宽和实际能力的培养。学习本课程的主要任务是掌握煤炭气化的操作过程，熟悉气化原理，了解典型设备及合成气进一步应用；掌握煤炭直接液化技术的原理、工艺、影响因素等；掌握煤炭间接液化技术的原理、F-T 合成、甲醇生产的知识；掌握煤制烯烃的生产、煤制天然气的生产等相关知识。通过学习能够分析和解决煤化工生产过程中的一般问题，以便对生产过程进行管理。

作为专业课程，限于篇幅和学时数，面对一门古老而又充满生命力的工业，在内容介绍的深度和广度上必然存在一定的局限性。希望通过编者的努力，尽可能地反映出其先进性、科学性和实用性，满足高职高专煤化工、化学工程与工艺专业需要，同时能适用于各相关专业技术培训。

练习题

1. 我国的煤炭资源如何？
2. 何谓煤化工？发展煤化工工业目前在中国有什么重要意义？
3. 现代煤化工的特点有哪些？
4. 煤化工下游产品链有哪些？
5. 什么是碳一化学？说明碳一化学的发展方向和趋势。

第二章 煤热解、炼焦及煤焦油加工

我国低变质煤炭资源储量占煤炭资源总储量的46%以上，年产量占全国煤炭总产量的30%左右。高效利用低变质煤炭资源，实现其资源化利用，是我国经济发展和国家能源安全的有力保障之一。

煤热解也称煤的干馏或热分解，是指煤在隔绝空气条件下进行加热，煤在不同温度下发生一系列物理变化和化学反应的复杂过程。煤通过热解生成气体（煤气）、液体（焦油）、固体（半焦）三种形态的产品。与其他煤转化方法相比，煤热解仅为热加工过程，常压操作，不用加氧气，不用加氢，即可实现煤的部分气化和液化，制得煤气和焦油。与气化或液化工艺过程相比，煤热解加工条件温和，工艺简单，投资少，生产成本低。

含碳物料在隔绝空气的条件下受热分解形成固体高碳物质的过程统称为炭化，以煤为原料的干馏过程一般称为煤焦化或煤干馏，以生产焦炭、煤气等化工产品为目的的煤干馏又叫作炼焦。依据干馏温度的不同分为低温干馏、中温干馏和高温干馏三种形式。高温炼焦是煤气化、液化、炭化等转化技术中最成熟的工艺，也是机械铸造、高炉炼铁最主要的辅助产业。

煤焦油是煤在高温干馏和气化过程中的副产物，产率（收率）占炼焦干煤的3%～4%，煤焦油中含有上万种化合物，是重要的有机化工原料。目前已从中分离并认定的化合物有500余种，煤焦油中很多化合物是生产塑料、合成橡胶、农药、医药等的原料，也有一部分多环烃化合物是石油化工所不能生产和代替的。

煤化工基本属于热化学加工，煤热解是各工艺的基础，新的热解技术正在大力开发，炼焦则是煤化工行业中历史最长、规模最大的部分，而煤焦油则是炼焦的主要化学副产品，在化工和材料领域应用广泛。本章以煤热解为主线，分别介绍了煤热解、煤焦化和煤焦油加工的主要工艺及关键设备。

第一节　煤的热解

一、煤热解概述

煤热解也称为煤的干馏或热分解，是指煤在隔绝空气的条件下进行加热，煤在不同的温度下发生一系列的物理变化和化学反应的复杂过程。煤通过热解生成气体（煤气）、液体（焦油）、固体（半焦或焦炭）三种形态的产品，尤其是低阶煤（低变质煤）通过低温热解能得到高产率的焦油和煤气。焦油经加氢可生产汽油、柴油、渣油等石油代用品和石油焦。煤气是使用方便的燃料，可成为天然气的代用品，另外还可用于化工合成。半焦既是优质的无烟燃料，可作为民用燃料及电石、铁合金、炼铁高炉喷吹料，也是优质的气化用原料、吸附材料。用热解的方法生产洁净或改质的燃料，实际上是对煤中不同成分进行分质利用，既可减少燃煤造成的环境污染，又能充分利用煤中所含的较高经济价值的化合物，具有保护环境、节能和合理利用煤炭资源的广泛意义。总之，热解能提供市场所需的多种煤基产品，是洁净、高效地综合利用低阶煤资源提高煤炭产品的附加值的有效途径。各国都开发了具有各自特色的煤炭热解工艺技术。

（一）热解工艺分类

煤热解工艺按照不同的工艺特征有多种分类方法。

按气氛分为惰性气氛热解（不加催化剂）、加氢热解和催化加氢热解。

按热解温度分为低温热解即温和热解（500～650℃）、中温热解（650～800℃）、高温热解（900～1000℃）和超高温热解（>1200℃）。

按加热速度分为慢速热解（<1℃/s）、中速热解（5～100℃/s）、快速热解（500～10^5℃/s）和闪裂解（>10^6℃/s）。

按加热方式分为外热式热解、内热式热解和内外并热式热解。

根据热载体的类型分为固体热载体热解、气体热载体热解和固-气热载体热解。

根据煤料在反应器内的密集程度分为密相床热解和稀相床热解两类。

根据固体物料的运行状态分为固定床热解、流化床热解、气流床热解、滚动床热解。

根据反应器内压强分为常压热解和加压热解两类。

煤热解与煤其他转化方式热能效率相比，由表 2-1 可得煤热解是热效率最高的煤转换方式。煤热解工艺的选择取决于对产品的要求，并综合考虑煤质特点、设备制造、工艺控制技术水平以及最终的经济效益。慢速热解如煤的炼焦过程，其热解目的是获得最大产率的固体产品——焦炭；而中速热解、快速热解、闪裂解和加氢热解的主要目的是获得最大产率的挥发产品——焦油或煤气等化工原料，从而达到通过煤热解将煤定向转化的目的。

表 2-1　煤炭不同转换方式的热效率比较

煤转换方式	煤热解(干馏)	煤炭燃烧发电		IGCC	间接法煤制油	煤制天然气
		300MW 以下	600MW 以上			
热能转换效率	82%～85%	33%～35%	38%～43%	45%～48%	36%～38%	57%～60%
适用煤种	褐煤、长焰煤、弱黏煤	各种煤、煤矸石		各种气化用煤	各种气化用煤	褐煤、高硫煤等

注：表中 IGCC 为整体煤气化联合循环发电系统。

表 2-2 列出了目标产品与一般相应采用的热解温度、加热速度、加热方式和挥发物的导出及冷却速率等工艺条件。

表 2-2 目标产品与相应的工艺条件

目标产品	热解温度/℃	加热速度	加热方式	挥发物的导出及冷却速率
焦油	500～600	快、中	内、外	快
煤气	700～800	快、中	内、外	较快
焦炭	900～1000	慢	外	慢
BTX(轻质芳烃)等气态烃	750	快	内	快
乙炔等不饱和烃	＞1200	闪裂解	内	较快

（二）热解产物的利用

1. 煤气的利用

用固体热载体快速热解法生产煤气时，其煤气产率可达 30%，因煤气中含有一定比例的 C_2 以上气态烃，故煤气热值高达 25MJ/m^3（标准状况）左右。而内热式多段回转炉的煤气中含有 40%以上的氮气，其煤气热值仅为 10MJ/m^3（标准状况）左右。

煤气可作为工业燃料气用于冶金、建筑行业等，也可利用其中的 CO、H_2、N_2 和烃类气体，作为合成气用于化学工业。煤气还可供中小城市及矿区民用。民用时，热值高的煤气更有利。

2. 焦油的利用

不同热解方法和热解工艺条件所得焦油性质不同，即热解液体产品的挥发性和芳化度不同，各种馏分的含量不同。焦油经过蒸馏、高温裂解、溶剂萃取、加氢等加工方法可得到苯类、酚类、萘类、高级酚等芳香族化合物，这些都是宝贵的有机化工原料，广泛用于许多工业部门。焦油催化加氢可生产汽油、柴油等机动车燃料油。

3. 半焦的利用

（1）半焦制活性炭　热解半焦挥发分低，杂原子少，微观结构致密，可用作生产低灰高强度活性炭的原料。以褐煤为原料，采用多段回转炉生产的半焦可通过活化制取性能较好的活性炭。

（2）半焦作铁合金还原剂　硅铁、锰铁、铬铁等合金的冶炼需要还原焦。以冶炼硅铁为例，炼制每吨硅铁需 0.8～1.0t 还原焦。质量高的还原焦要求有害杂质少、固定碳含量高、反应活性好、比电阻大。灰分中 SiO_2 和 Fe_2O_3 是冶炼的有效成分，Al_2O_3 和 P（磷）是有害杂质，Al_2O_3 影响铁合金质量、增加电耗，铁合金生产用焦的质量指标将在煤的焦化技术章节详细介绍。铁合金生产是高能耗产业，由于褐煤半焦比电阻大，反应活性好，在铁合金生产上可以降低电耗，提高产品质量。实际生产数据表明使用半焦作还原剂，生产 1t 硅铁可降低电耗 500kW·h，硅铁产量提高 1.5%。多段回转炉热解半焦具有低灰、低铝、反应活性高、比电阻大的特点，是优质的硅铁用焦。

（3）半焦作高炉喷吹燃料　高炉喷吹煤粉可代替部分冶金焦，并有利于炼铁操作控制，提高生产效率。

目前使用的喷吹料以无烟煤为主，曾有人对半焦作为喷吹料进行研究指出：低变质程度的煤经热解加工后获得的半焦在化学反应、机械破碎、燃烧性能等方面优于无烟煤。

（4）半焦作电石用焦　电石生产也是高耗能行业，它要求焦炭反应活性好，比电阻高。生产实践表明，半焦比冶金焦碎块更适合作电石用焦，不仅能提高电石产品质量，同时还能降低电耗和降低电极糊耗量。

（5）半焦作气化原料　半焦的反应活性好，呈块状时热稳定性好，制粉时可磨性好，可用作固定床或流化床、气流床气化原料，得到用户所需组成的合成气。

二、煤热解过程及其影响因素

（一）煤热解基本过程

将煤在惰性气氛中加热至较高温度时发生一系列物理变化和化学反应的过程称为煤的热分解或热解。煤在热解过程中放出热解水、CO_2、CO、石蜡烃类、芳烃类和各种杂环化合物，残留的固体则不断芳构化，直至在足够高的温度下转变为固体炭或焦炭。这一过程取决于煤的性质和预处理条件，也受到热解过程中特定条件的影响。

将煤在隔绝空气的条件下加热时，煤的有机质随着温度的升高发生一系列变化，形成气态（煤气）、液态（焦油）和固态（半焦或焦炭）产物。

黏结性烟煤的热解过程大致可分为三个阶段：

1. 干燥脱气阶段 [室温 ~ (350 ~ 400)℃]

此阶段析出 H_2O、CO、CO_2、H_2S、甲酸、草酸和烷基苯等。脱水主要在120℃前，200℃左右完成脱气（CH_4、CO_2 和 N_2 等），200℃以上发生脱羧基反应。这一阶段煤的外形无变化。

不同煤种开始热分解析出气体的温度不同：泥炭为200～250℃；褐煤为250～350℃；烟煤为350～400℃；无烟煤为400～450℃。

2. 活泼分解阶段（300 ~ 600℃）

以解聚和分解反应为主，形成半焦，析出大量挥发物（煤气和焦油），在450℃左右焦油排出量最大，在450～600℃气体析出量最多。煤气成分主要包括气态烃和CO、CO_2 等，焦油主要是成分复杂的芳香和稠环芳香化合物。烟煤约350℃开始软化、熔融、流动和膨胀，直到固化，出现一系列特殊现象，形成气、液、固三相共存的胶质体。胶质体的数量和质量决定了煤的黏结性和结焦性。在500～600℃胶质体分解、缩聚，固化形成半焦。

3. 二次脱气阶段（600 ~ 1000℃）

此阶段又称二次脱气阶段，以缩聚反应为主，半焦变成焦炭。该阶段析出焦油量极少，挥发分主要是多种烃类气体、氢气和碳的氧化物。气体产物中占主要地位的是 H_2 和 CO，伴有少量 CH_4 和 CO_2。从半焦到焦炭，一方面析出大量煤气，另一方面焦炭本身密度增加，体积收缩，导致许多裂纹产生，形成碎块。

煤热解的基本过程如图 2-1 所示。

（二）煤热解过程的主要化学反应

煤热解过程中的化学反应是一系列复杂有序的平行自由基反应。总体来说，煤热解反应概括为两大类反应：热裂解和热缩聚，具体来讲煤热解反应就是煤中所包含的大分子有机质受热裂解为轻质挥发分，剩余的热裂解残余物发生缩聚反应，随着热解深度的加剧，释放的

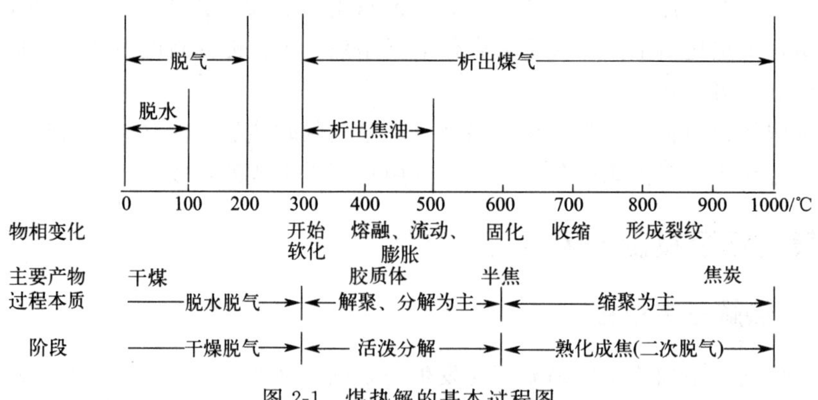

图 2-1　煤热解的基本过程图

轻质挥发分则会继续发生分解和化合反应，缩聚产物会进一步分解和聚合。

从煤的大分子结构考虑煤热解过程就是煤结构中的侧链、桥键、官能团等热不稳定的因素从核心结构上脱落，以小分子挥发物的形式析出，而核心结构则通过缩合反应形成半焦或者焦炭。煤热解过程主要发生了以下几个化学反应。

1. 热裂解反应

热裂解反应在此反应中占主导地位。从煤分子结构特征出发，煤热裂解反应共分为四种：

（1）桥键的断裂　在煤结构中有很多桥键。比如：$-CH_2-$、$-O-$、$-CH_2-CH_2-$、$-CH_2-O-$、$-S-$、$-S-S-$等，这些桥键的键能是相当低的，并且它们受热容易裂解成自由基片段，这也是煤解聚反应的关键。

（2）脂肪侧链的裂解　脂肪侧链的热稳定性随碳数或者芳环环数的增多而降低。长侧链将断裂为自由基碎片或者小分子的气态烃。

（3）脂肪烃的断裂　煤中以脂肪烃结构为主的小分子化合物受热裂解成分子量更小的挥发分析出。

（4）含杂原子官能团的裂解　在煤结构中的杂原子化合物主要为含 O、S、N 的杂环化合物，低阶煤中含氧化合物则相对多一些。当温度超过 500℃时，含杂原子芳环才开始大量热解。

2. 二次热裂解反应

在煤热解过程中，一次热裂解产生的挥发性产物在释放过程中随着热解温度的升高会继续发生二次热裂解反应，其中主要的反应有：

（1）裂解反应　源于初级热裂解反应的烃类在高温环境中再次发生热裂解反应。因此，高温有助于产生分子量更小的产物。

$$C_2H_6 \longrightarrow C_2H_4 + H_2$$

$$C_2H_4 \longrightarrow CH_4 + C$$

$$CH_4 \longrightarrow C + 2H_2$$

$$C_6H_5-C_2H_5 \longrightarrow C_6H_6 + C_2H_4$$

（2）脱氢反应　环烷烃通过脱氢反应生成环烯烃或者芳香烃，同时生成氢气。

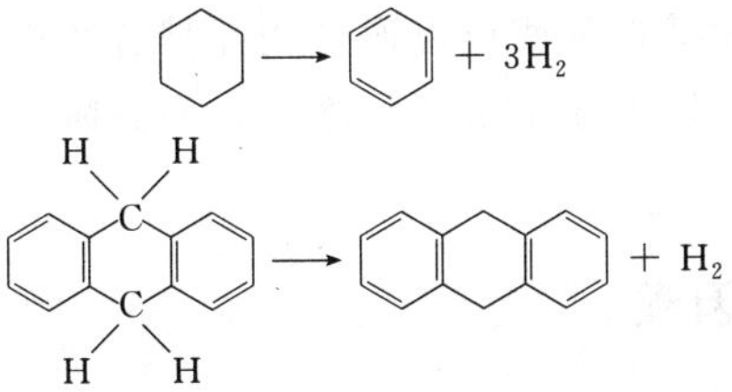

$\longrightarrow + 3H_2$

H H C C H H $\longrightarrow + H_2$

（3）加氢反应　煤结构中的一些含杂原子化合物被氢自由基攻击发生加氢反应形成小分子化合物脱除。

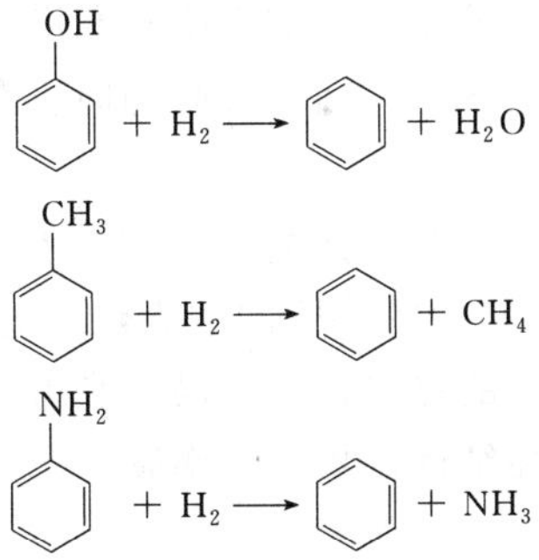

OH $+ H_2 \longrightarrow + H_2O$

CH_3 $+ H_2 \longrightarrow + CH_4$

NH_2 $+ H_2 \longrightarrow + NH_3$

（4）桥键的分解反应

$$—CH_2— + H_2O \longrightarrow CO + 2H_2$$

$$—CH_2— + 2—O— \longrightarrow CO + H_2O$$

（5）缩合反应　在挥发分中的芳香烃通过聚合反应生成多环芳烃化合物。

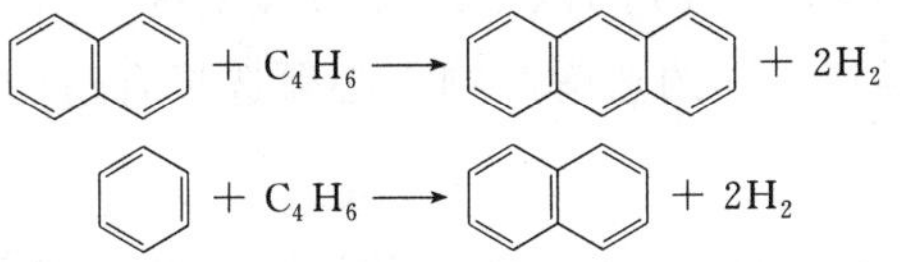

$+ C_4H_6 \longrightarrow + 2H_2$

$+ C_4H_6 \longrightarrow + 2H_2$

3. 缩聚反应

煤热解反应过程中，前期主要发生的是热裂解反应，后期主要发生的是缩聚反应。煤的黏结性、结焦性和固体产物质量都受缩聚反应的影响。

（1）胶质体的固化　该反应的发生目的是得到半焦，基本在550～600℃之间完成。胶质体在固化过程中也会发生缩聚反应，主要是煤热解时产生的自由基碎片的相互结合，液相分子之间的相互缩聚，固液两相或者固固相之间的缩聚反应。

（2）半焦转化为焦炭　此转化过程主要发生了芳香结构的脱氢缩合反应，致使半焦结构中的芳环单元层面增大。其中包括 C_2H_4、C_6H_6、萘环、联苯以及多环芳烃之间的脱氢缩合反应。

（3）固体产物的物性改变　煤密度、反射率、电导率、芳香核尺寸等物性在500～600℃之间不会发生太大的变化，当温度达到700℃后，这些特征物性开始发生明显的变化，温度越高变化程度越大。

对于低阶煤来讲，因其热解过程中没有胶质体的生成，同时也不会产生熔融膨胀现象和缩聚反应。

4. 交联反应

在煤热解过程中，除了各种化学键的断裂之外，还存在芳香环之间的交联反应，主要是指芳香环中的化学键和非化学键在某些位点通过相互键合和连接形成网状或者空间结构。对于低阶煤来讲，交联反应主要发生在桥键断裂之前，而高阶煤的交联反应则是出现在大多数桥键断裂之后。

（三）煤热解的影响因素

1. 煤的性质

煤阶影响热解产物，因为不同煤种具有不同的结构特征和碳、氢、氧元素组成。在相近的热解条件下，煤阶对挥发分析出速度的影响表明它和煤的化学成熟程度有明显的关系。随着碳含量的增加和相应的挥发分的减少，活泼分解趋向于在越来越高的温度下和越来越窄的温度范围内进行。

就产物组成而言，年轻煤（低阶煤）热解时煤气、焦油和热解水产率高，煤气中 CO、CO_2 和 CH_4 含量高，焦渣不黏结；中等煤阶的烟煤热解时，煤气和焦油产率比较高，热解水较少，黏结性强，可得到高强度的焦炭；高阶煤（贫煤以上）热解时，焦油和热解水的产率很低，煤气产率也较低，且无黏结性，焦粉产率高。

2. 热解温度

热解温度是区分煤热解类型的标志之一，它也是煤热解最重要的影响因素之一。100～120℃时水分基本脱除，≥300℃后煤开始热解并生成大量的挥发性产物，其中部分挥发分经过冷凝生成煤焦油。一般煤焦油的产率在 400～500℃最大。在升温速率相同时不断增加热解的终温，煤的失重率不断增大，但终温越高，失重率增加越不明显。煤热解过程中首先生成的挥发性气体为 H_2O 和 CO_2，随后为 CO_2、CO 及 CH_4 等，焦油也是在热解温度达到一定值后生成，因此，为了得到不同的热解产物，必须选择合适的热解温度。

3. 加热速率

加热速率对煤热解的温度-时间历程有明显的影响。脱挥发物速度呈现最大值时的温度及脱挥发物的最大速度随加热速度增加而升高。

很高的加热速度可使脱挥发物的温度范围移动高达 400～500℃，其主要原因是升温速度大大超过了挥发物能够逃离煤的速度。例如，当升温速度由 1℃/s 增至 10^5℃/s 时，褐煤挥发分脱除 10%～90%完全程度的温度范围由 400～840℃变为 860～1700℃。

三、煤热解主要工艺

（一）鲁奇低温热解工艺

1. 工艺简介

德国 Lurqi GmbH 公司开发的鲁奇低温热解工艺（Lurgi-Spuelgas）是工业上已采用的典型内热式气体热载体工艺。其工艺流程如图 2-2 所示，褐煤或由褐煤压制成的型煤（25～60mm）由上至下移动，与燃烧气逆流直接接触受热。当炉顶进料水分约 15%时，在干燥段可脱除至 1.0%以下，逆流而上约 250℃的热气体则冷至 80～100℃，干燥后原料在干馏段被 600～700℃不含氧的燃烧气加热至约 500℃，发生热分解，热气体冷至约 250℃，生成的半焦进入冷却段被冷气体冷却，半焦排出后再进一步用水和空气冷却，从干馏段逸出的挥发物经过冷凝、冷却等步骤，得到焦油和热解水。

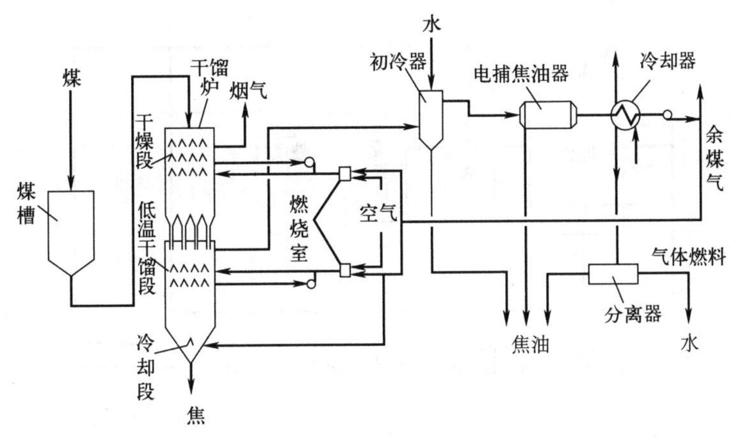

图 2-2　鲁奇低温热解工艺流程

2. 工艺优缺点

优点：

① 设备结构简单；

② 热解时间短；

③ 反应器处理能力大；

④ 焦油收率高，煤气发热量高；

⑤ 系统热效率高。

缺点：

① 焦油含尘量高、分离困难，后处理系统容易堵塞；

② 机械搅拌装置磨损较严重。

（二） SJ低温干馏热解工艺

1. 工艺简介

SJ工艺是由陕西神木市三江煤化工有限责任公司对鲁奇三段炉工艺进行改造得来的。其工艺流程如图2-3所示，SJ工艺的热载体为热煤气和空气。原料块煤由焦炉上部连续加入，经过预热干燥段后进入热解段，热解产生的半焦直接进入水封槽冷却。荒煤气先后通过文氏管塔和旋流板塔洗涤，煤气在鼓风机的作用下回炉加热，多余部分直接排放。焦油进入焦油氨水沉降池中沉降，然后经过焦油产品泵输入焦油池中。该工艺具有物料下落均匀、布料均匀、加热均匀的特点。

2. 工艺优缺点

优点：

① 物料下降均匀，布料、布气和加热均匀；

② 焦炉的有效容积大，提高了焦炉单位容积和单位截面的处理能力。

缺点：

① 废热气与干馏煤气在炉内混合排出，因而煤气量大，煤气热值较低；

② 炉内阻力大，煤气净化系统庞大复杂。

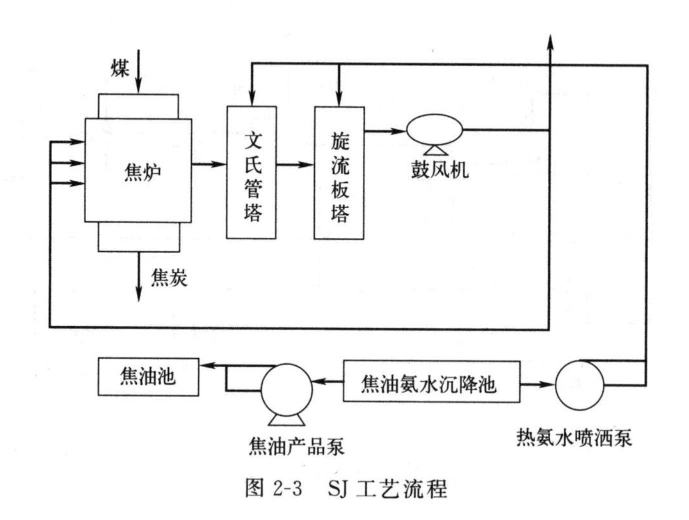

图 2-3 SJ 工艺流程

3. 开发应用状况

SJ 低温干馏方炉技术已经被哈萨克斯坦共和国欧亚工业财团引进，已投入生产，加工能力为 30 万 t/a。

（三）固体半焦热载体为基础的干馏多联产工艺

该干馏多联产工艺的技术核心是以半焦作为固体热载体，并以流态化方式按气化过程所需热量来组织物料和热量的输送。国内代表工艺为大连理工大学褐煤半焦提质煤工艺（DG 工艺）。半焦提质煤工艺是在大连理工大学固体热载体干馏工艺的基础上，经过研究开发的以生产半焦提质煤为目标的工艺。半焦提质煤工艺有混合器、反应槽、流化燃烧提升管、集合槽和焦油冷凝回收装置等，其工艺流程如图 2-4 所示。

粉碎至小于 6mm 的原料煤经干燥后加入煤槽，热解产生的半焦为热载体，存于集合槽，煤和 800℃的粉煤焦按一定的焦煤比分别经给料器进入混合器，混合温度为 550～650℃。由于混合迅速而均匀，物料粒度小，高温的半焦将热量传给原料粒子，加热速度很快，煤即发生快速热分解。由于煤粒热解产生的挥发物引出很快，二次热解作用较轻，故新法干馏煤焦油产率较高。除大连理工大学外，清华大学也开展了半焦热载体多联产工艺研究，其原理和 DG 工艺类似。

（四）多段回转炉热解工艺

多段回转炉热解（MRF）工艺是针对我国年轻煤的综合利用开发的一项技术，通过多段串联回转炉，对年轻煤进行干燥、热解、增炭等不同阶段的热加工，最终获得较高产率的焦油、中热值煤气及优质半焦，从数量上和质量上较好地利用煤炭资源，创造较高的经济价值。

中国煤炭科学研究总院北京煤化工研究分院多段回转炉热解工艺的主体是 3 台串联的卧式回转炉。制备好的原煤（6～30mm）在干燥炉内直接干燥，脱水率不小于 70%。干燥煤在热解炉中被间接加热。热解温度为 550～750℃，热解挥发产物从专设的管道导出，经冷凝回收焦油。热半焦在三段熄焦炉中用水冷却排出。除主体工艺外还包括原料煤储备、焦油分离及储存、煤气净化、半焦筛分及储存等生产单元。工艺流程如图 2-5 所示。

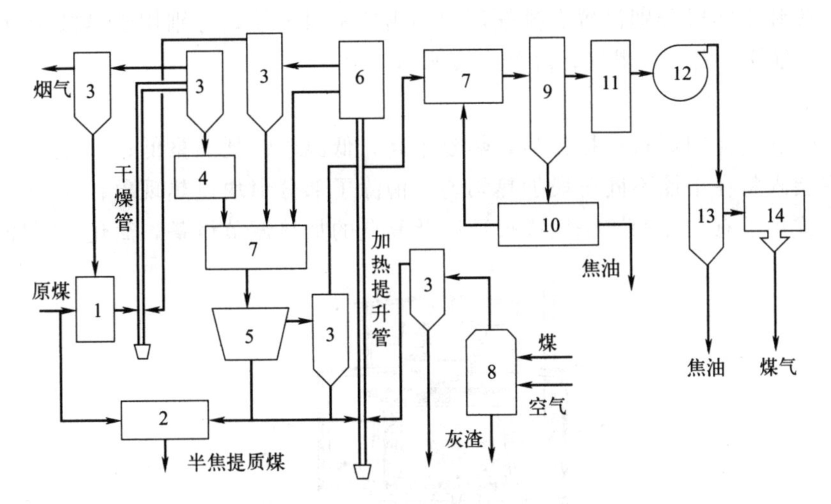

图 2-4　半焦提质煤工艺流程

1—煤槽；2—混合器；3—旋风器；4—干燥槽；5—反应器；6—热焦粉槽；7—洗气管；8—硫化燃烧炉；
9—气液分离器；10—分离槽；11—间冷器；12—煤气鼓风机；13—除焦油器；14—脱硫箱

该工艺的目标产品是优质半焦，煤料在热解炉里最终热解温度为 750℃，半焦产率为湿原料煤的 42.3%，是干煤的 69.3%，产油率为干热解煤的 2.5%，约为该煤葛金焦油产率的 44%，该工艺分别对先锋、大雁、神木、天祝各煤种进行了测试，并研究了干馏的半焦特性数据。

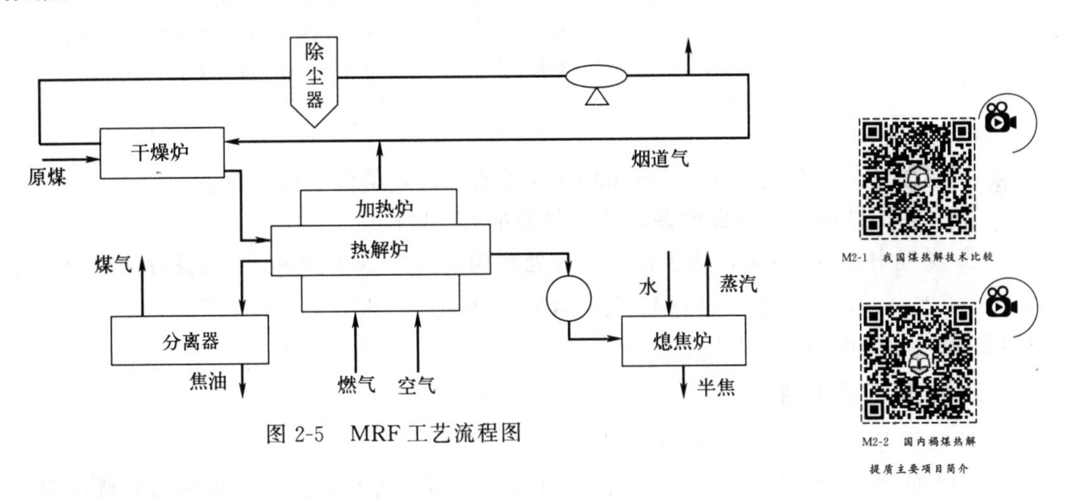

图 2-5　MRF 工艺流程图

四、煤热解主要设备

1. 鲁奇三段炉

鲁奇三段炉为连续内热式干馏炉，曾是我国低温干馏制取半焦采用最多的炉型，我国现有的许多炉型都是在它的基础上开发设计的，结构如图 2-6 所示。

(1) 结构特征

① 整个炉体分上、下两室，即上室为干燥段，下室为干馏段、冷却段，其间由若干直立管连通，使得干燥段产生的蒸汽不会稀释荒煤气；

② 上、下两室分别用两个独立的燃烧炉燃烧，净煤气分段供热，热煤气与煤直接换热；

③ 干燥段和干馏段分别设置有排气烟囱和出口荒煤气管，分别用于排放干燥段的废气、蒸汽和引出干馏段生成的荒煤气，降低了废水量。

（2）优点

① 采用热载气体向煤料直接传热，热效率高，低温干馏耗热量低；

② 所有装入料在干馏不同阶段加热均匀，消除了部分料块过热现象；

③ 内热式炉没有加热的燃烧室或火道以及复杂的加热调节设备，简化了干馏炉结构。

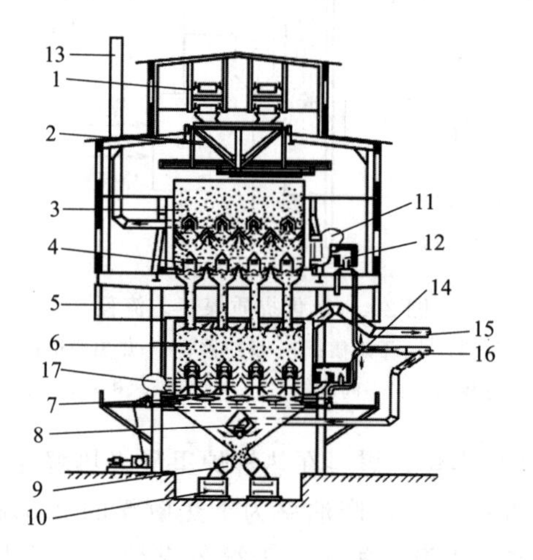

图 2-6　鲁奇三段炉

1—原料煤；2—加煤车；3—煤槽；4—干燥段；5—通道；6—低温干馏段；7—冷却段；8—出焦机构；9—焦炭闸门；10—胶带运输机；11—干燥段吹风机；12—干燥段燃烧炉；13—干燥段排气烟囱；14—干馏段燃烧炉；15—干馏段出口煤气管；16—回炉煤气管；17—冷却煤气吹风机

（3）不足

① 对原料煤的粒度（20～80mm）和煤质要求高，单台处理能力小；

② 采用湿法熄焦，环保性差，且半焦需重新干燥；

③ 煤气中含 N_2 量高，热值低。一台处理褐煤型煤 300～500t/d 的鲁奇三段炉，可得型焦 150～250t/d，焦油 10～60t/d，每吨煤剩余煤气 180～220m^3。对于含水 5%～15%褐煤的耗热量为 1050～1600kJ/kg。

2. SJ 型低温干馏炉

SJ 型低温干馏炉基本构造见图 2-7。

SJ 型低温干馏炉是 1996 年成立的三江煤化工研究所在复热立式炉和山西晋城三八方炉的基础上设计完成的。目前已在陕北榆林地区和内蒙古的东胜地区广泛使用，炉型也由开始的 SJ-Ⅰ型发展到现在的 SJ-Ⅶ型。SJ-Ⅶ型低温干馏炉是目前生产兰炭的优良炉型，不但投资少、产量大，而且操作简单，另外，在提高了焦油收率的同时，也解决了喷孔结疤和炉内挂渣的问题。

具体参数如下。

炉子截面：300mm×5900mm，干馏段（即花墙喷孔至阵伞边的距离）高为 7020mm，炉子有效容积 91.1m^3。距炉顶 1.1m 处设置集气阵伞，采用 5 条布气墙（四条完整花墙、两条半花墙），花墙总高 3210mm。考虑到花墙太高稳定性不好，除了用异型砖砌筑外，厚度也从 350mm 加大至 590mm。花墙间距为 590mm，中心距为 1180mm。花墙顶部之间设

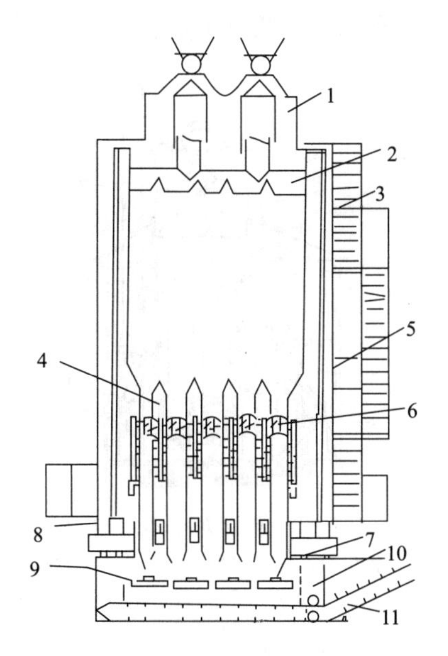

图 2-7　SJ 型低温干馏炉基本构造图

1—辅助煤箱；2—集气阵伞；3—爬梯；4—花墙；5—炉体；6—小拱墙；7—排焦箱；
8—炉底平台；9—拉焦盘；10—刮板机；11—水封箱

置有小拱桥。干馏炉炉体采用黏土质异型砖和标准砖砌筑，硅酸铝纤维毡保温。采用工字钢护炉柱和护炉钢板结构，加强炉体强度并使炉体密封。

干馏炉特点：

① 内花墙顶部之间设置小拱桥；通过小拱桥的支撑作用，可以增加花墙的强度，防止花墙坍塌。

② 拉焦盘浸入水封内；SJ 型低温干馏炉的花墙下面是水冷排焦箱和出焦漏斗，出焦漏斗下面又设置有拉焦盘，最下面是出焦刮板机。拉焦盘和刮板机均泡在水封内，这样的好处是不但拉焦盘不会变形，保证了炉子的均匀出焦，而且在没有冷却煤气的情况下也可以正常运转，同时还可以避免半焦堵塞炉子。

③ 取消了冷却煤气冷却段，改为炉底水冷夹套式冷却排焦箱；老式方炉中给冷却煤气的主要作用是保护拉焦盘并回收半焦的显热，但通冷却煤气会增加循环煤气量，因而增加电耗，加大成本。把拉焦盘浸入水封后，可不需要用冷却煤气来保护。另外，能够从半焦中回收的热量也较少，经济意义不是很大，因此取消冷却煤气是比较合理的。

3. 伍德炉

伍德炉是由英国伍德公司在 19 世纪开发设计的一种连续外热式直立炉。20 世纪 80 年代，伍德炉被我国引进并改造，主要用于生产城市煤气并副产半焦。伍德炉基本结构如图 2-8 所示。

其基本原理是将粒度为 13～60mm 的块煤通过加煤系统进入炭化室的顶部，沿着炭化室连续有节奏地下降，并与燃烧室的高温废气间接换热，煤的下降速度控制在使煤逐渐炭化，并在到达炉底时转化为半焦或焦炭。干馏生成的荒煤气经过上升管和集气槽被输送到净化系统。该炉型整体结构强度高、温度调节方便、加热均匀、煤气中含 N_2 量低和热值高，焦油产率为 2.66%～5.2%。但存在砖型复杂、砌筑难度大、炉子底层耐火砖磨损严重、配置发生炉和废气锅炉成本高、系统热效率低等不足。

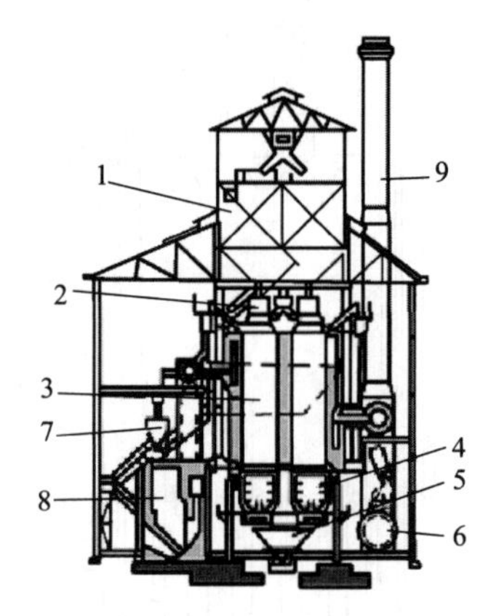

图 2-8　伍德炉基本结构

1—煤仓；2—辅助煤箱；3—炭化室；4—排焦箱；5—焦炭运转车；6—废热锅炉；7—加焦斗；8—发生炉；9—烟囱

4. 考伯斯炉

考伯斯炉是由德国考伯斯公司开发的一种内、外热结合的复热式立式炉，其由炭化室、燃烧室及位于一侧的上、下蓄热室所组成，其基本结构如图 2-9 所示。其基本原理是回炉煤气一部分进入立火道燃烧，产生的高温废气通过炉墙与煤料间接换热，然后进入蓄热室与耐火材料换热。另一部分煤气从炉子底部进入，并与熄焦产生的水煤气一道进入炭化室，煤料经过间接换热垂直连续干馏。

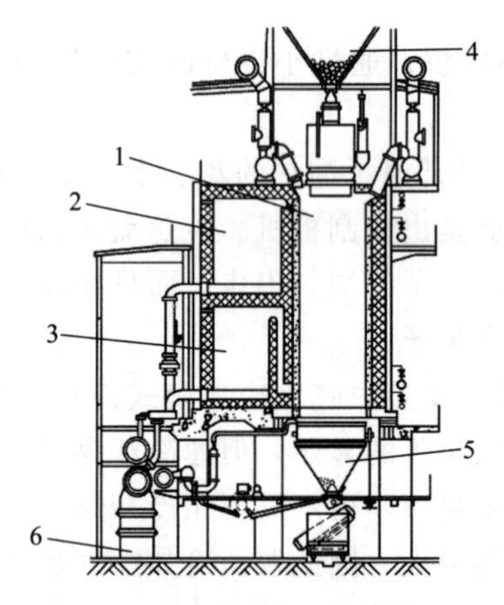

图 2-9　考伯斯炉基本结构

1—炭化室；2—上部蓄热室；3—下部蓄热室；4—煤槽；5—焦炭槽；6—加热煤气管

该炉主要结构特征：

① 采用了直立火道上下交替加热的加热方式，使炭化室竖向温度均匀；

② 考伯斯炉设置有上、下蓄热室，用于回收废气余热；

③ 炭化室采用大空腔结构，增加了炉子的容积；

④ 炉底熄焦系统配置有回炉煤气管路，净煤气经过该管路直接进入炭化室，通过半焦沿炭化室上升，既冷却灼热半焦，又使煤料在炉内受热均匀。

该炉不但加热均匀，生产的煤气热值高，而且耗热量低，较旧式伍德炉低 27%。

其工艺特点：型煤从炭化室顶部的煤槽连续地装入炭化室，炭化后的型焦进入炭化室底部的焦炭槽，并定期卸入熄焦车。为了预冷型焦，部分净煤气在卸焦点以上部位进入炭化室，同时喷入水，产生的水煤气和返回的净煤气一道通过型焦沿炭化室上升，既冷却灼热型焦，又使型煤在炉内受热均匀，后与干馏煤气混合，由炭化室顶部的上升管、集气管引出。但是该炉存在的问题是炉墙耐火砖磨损严重，基建费用高。

第二节　煤的焦化

一、煤焦化概述

煤在焦炉内隔绝空气加热到950～1050℃，经过干燥、热解、熔融、黏结、固化、收缩等阶段，获得焦炭和煤气等。此过程称为高温干馏或高温炼焦，简称炼焦。

炼焦是煤炭转化最古老的方法，炼焦工业的发展与冶金工业的发展有密切的关系。炼焦工业为冶金工业提供了焦炭这种特殊的燃料，通常用于高炉冶炼，除此之外，焦炭还用作铸造、气化等工业部门的燃料和原料。在炼焦过程中，干馏煤气经回收、精制可得到的化学产品种类很多，包括多种芳香烃和杂环化合物，为合成纤维、染料、涂料、医药和国防等工业提供宝贵的原料。经净化后的焦炉煤气既是高热值燃料，也是合成氨、合成燃料、生产化学肥料等一系列有机合成工业的原料。此外，炼焦厂还是城市煤气的重要气源。可见，炼焦工业与许多部门都有关系，煤的焦化是煤炭综合利用的重要方法之一。

早在16世纪，人们就已经开始发展高温炼焦，它始于炼铁的需要。几百年来高温炼焦随冶金工业等的发展而不断变革，焦化工业是发展最成熟、应用最广泛的煤化工产业。20世纪80年代起，我国炼焦生产得到全面发展，现在炼焦行业正在平稳快速地发展，目前我国已是世界上最大的焦炭生产国，多年来产量一直占世界焦炭总产量的67%以上。但由于炼焦行业的资源、能源消耗量大，污染物排放量大的特点，我国炼焦工业的高速发展给资源供给、环境治理带来的压力日益增大。就总体水平而言，我国炼焦行业仍属于资源利用效率低、能耗高、污染严重的产业。

焦炉经历了从小到大、从能耗高到能耗低、从污染严重到低污染、从劳动强度大到自动化程度高的发展过程。我国2014年修订的《焦化行业准入条件》中规定，常规焦炉炭化室高度不低于6m，进一步促进了我国焦炉大型化的发展。山东兖矿国际焦化公司、太钢焦化厂和马钢煤焦化公司7.63m焦炉的顺利投产，标志着我国已经掌握了特大型焦炉的生产工艺，改善了我国焦化行业的技术装备水平。可见，焦炉大型化是炼焦行业可持续发展的必然要求，同时焦炉结构的发展和完善也是决定炼焦工业未来发展的重要因素。

焦炉大型化主要在于提高炭化室高度并适当增加长度，由此在焦炉结构的发展上，越来越多地采用分段加热及贫煤气和空气全下喷的方式，加热煤气设备向全自动调节和程序加热方向发展。焦炉大型化对焦炉操作的机械化和自动化提出了更高的要求，焦炉机械化和自动化为改善环境污染创造了有利条件，各种装煤出焦的防尘措施不断出现。焦炉大型化也给焦炉的加热管理提出了更高的要求，采用计算机对焦炉的加热过程进行管理和控制是解决这一问题的最佳途径。

由于高炉炼铁工艺技术的进步，高炉向大容积发展，高炉采用富氧鼓风以及喷吹技术，大大降低了焦比，导致高炉对焦炭质量的要求越来越高。另一方面，由于世界范围内优质炼焦煤资源明显短缺并日趋严重，优质焦炭与低质煤源之间的矛盾是推动配煤炼焦技术以及非炼焦煤炼焦技术发展的主要原因和动力。因此提高焦炭质量，扩大炼焦煤源是炼焦工业面临的重要课题。

为了扩大炼焦煤源，将弱黏结煤和不黏结煤用于炼焦，适合于常规焦炉配煤炼焦的各种新技术（煤干燥、预热、选择粉碎、捣固、配型煤、配用人造黏结煤或抗碎剂等）已达到工业化水平，这种方法成为用较差的炼焦煤炼出优质焦炭的主要方法。型焦法作为广泛利用劣质煤的最有效方法，经过多年的试验和发展，世界上已有年产 20 万～50 万吨的工业性试验装置，这将成为今后发展冶金和非冶金用焦的重要方向。

二、焦炭的性质

焦炭的 90%以上用于冶金工业的高炉炼铁，其余的用于铸造、气化、电石生产及有色金属冶炼等。焦炭的性质是多方面的，不同用途的焦炭对其性质的要求也不同，因此对焦炭既要了解其共性，更要掌握不同用途焦炭的特性。与焦炭质量有关的性质主要有以下几个方面：

（一）焦炭的宏观构造

焦炭是一种质地坚硬、多孔并有不同粗细裂纹的碳质固体块状材料，呈银灰色。其真密度为 1.80～1.95g/cm^3，视密度为 0.80～1.08g/cm^3，堆密度为 400～520kg/m^3。用肉眼观察焦炭可看到明显的纵横裂纹。沿粗大的纵横裂纹掰开，仍含有微裂纹的即为焦块；将焦块沿微裂纹分开，即为焦体；焦体由气孔和气孔壁构成，气孔壁即为焦质。焦炭的裂纹多少直接影响焦炭的粒度和抗碎强度。焦块微裂纹的多少和焦体的孔孢结构与焦炭的耐磨强度和高温反应性能密切相关。孔孢结构通常用气孔平均直径、孔径分布、气孔壁厚度和比表面积等参数表示。

（二）焦炭的物理力学性能

高炉生产对焦炭的基本要求是：粒度均匀、耐磨性和抗碎性强。焦炭的这些物理力学性能主要由筛分组成和转鼓试验来评定。

1. 粒度——筛分组成

焦炭是外形和尺寸不规则的物体，只能用统计的方法来表示其粒度，即用筛分试验获得的筛分组成计算其平均粒度。一般用一套具有标准规格和规定孔径的多级振动筛将焦炭试样筛分，然后分别称量各级筛上焦炭和最小筛孔的筛下焦炭质量，得各级焦炭占试样总量的比例 ω_i（即焦炭的筛分组成）和该级焦炭上下两层筛孔的平均尺寸 d_i，由筛分组成及筛孔平均直径可算出焦炭试样的算术平均粒度。

$$d_s = \sum \omega_i d_i \tag{2-1}$$

这样，由 d_i 将焦炭分为不同块度的级别。若焦炭的平均粒径大于 25mm，称冶金焦，一般用于高炉炼铁；若平均粒径在 10～25mm，称粒焦，用作燃料；小于 15mm 的称粉焦。全焦中冶金焦的产率应达到 95%以上。

2. 机械强度——转鼓实验

焦炭机械强度通常用抗碎强度和耐磨强度两个指标来表示。各国均以转鼓法测定，因焦炭在一定转速的转鼓内运行，可以模仿其在运输和使用过程中的受力情况。虽然装置和转鼓特性各不相同，反映焦炭强度的灵敏性也不相同，但各种转鼓都对焦炭施加摩擦力和冲击力的作用。当焦炭外表面承受的摩擦力超过气孔壁强度时，就会产生表面薄层分离现象，形成碎末，焦炭抵抗这种破坏的能力称耐磨性或耐磨强度，用 M_{10}（质量分数）表示。

$$M_{10}=\frac{\text{出鼓焦炭中小于 10mm 的质量}}{\text{入鼓焦炭质量}}\times 100\% \tag{2-2}$$

当焦炭承受冲击力时，焦炭沿结构的裂纹或缺陷处碎成小块，焦炭抵抗这种破坏的能力称抗碎性或抗碎强度，用 M_{25}（M_{40}）（质量分数）表示。

$$M_{25}=\frac{\text{出鼓焦炭中大于 25mm 的质量}}{\text{入鼓焦炭质量}}\times 100\% \tag{2-3}$$

（三）焦炭的化学组成

1. 工业分析

焦炭的工业分析包括水分、灰分、挥发分和固定碳的测定，其测定方法与煤的工业分析方法基本相同。

（1）水分　焦炭的水分（M_t）是焦炭试样在一定温度下干燥后的失重占干燥前焦样的百分率。焦炭水分与炼焦煤料的水分无关，也不取决于炼焦工艺条件，焦炭的水分因熄焦方式而异，并与焦炭粒度、焦粉含量、采样地点、取样方法等因素有关。刚出炉的焦不含水分，湿法熄焦时，焦炭的水分含量为 2%～6%，而干法熄焦的焦炭水分含量较低，因吸附大气中的水汽使其含水量为 1%～1.5%。

水分含量的高低对焦炭的质量并无太大影响，但若作为冶金焦使用时，生产上要求稳定控制焦炭的水分，因水分波动会使焦炭计量不准，从而引起炉况波动。此外，焦炭水分含量提高会使 M_{25} 偏高，M_{10} 偏低，给转鼓指标带来误差。水分含量也不宜过低，否则不利于降低高炉炉顶温度，且会增加装卸及使用中的粉尘污染。

（2）灰分

焦炭中的灰分（A_d）来自煤中的矿物质，是焦炭中的有害杂质，主要成分是高熔点的 SiO_2 和 Al_2O_3 等酸性氧化物。灰分的存在，降低了焦炭的质量，对高炉生产带来了诸多不利的影响。

（3）挥发分和固定碳

挥发分（V_{daf}）是衡量焦炭成熟程度的标志，通常规定高炉焦的挥发分应为 1.2%左右，若挥发分大于 1.9%则表示生焦，不耐磨，强度差；若挥发分小于 0.7%，则表示过火，过火焦裂纹多且易碎。焦炭的挥发分同原料煤的煤化度及炼焦最终温度有关。

焦炭挥发分也是焦化厂污染控制的指标之一，挥发分升高，推焦时粉尘放散量显著增加，烟气量及烟气中的多环芳烃含量也增加。

固定碳［$\omega(FC)$］是煤干馏后残留的固态可燃性物质，由计算得：

$$\text{固定碳}=100-\text{水分}-\text{灰分}-\text{挥发分}(\%)$$

2. 元素分析

焦炭元素分析是指焦炭按碳、氢、氧、氮、硫和磷等元素组成确定其化学成分时，称为元素分析，其测定方法与煤的元素分析方法基本相同。

（1）碳和氢　碳和氢是焦炭中的有效元素，碳是构成焦炭气孔壁的主要成分，而氢元素主要来源于焦炭中残余挥发分。研究表明用氢含量的高低表示焦炭的成熟度，可靠性更高。焦炭中碳的微晶结构对焦炭的性质有较大的影响，单纯给出碳含量的指标不能评定焦炭的质量。

（2）氮　焦炭中的氮是焦炭燃烧时生成 NO_x 的来源，结焦过程中氮含量变化不大，仅在干馏温度达800℃以上时才稍有降低。焦炭中氮含量为0.5%～0.7%。

（3）氧　焦炭中氧含量很少，常用减差法计算得到，其含量为0.4%～0.7%。

（4）硫　焦炭中的硫包括：煤和矿物质转变而来的无机硫化物（FeS、CaS等），熄焦过程中部分硫化物被氧化生成的硫酸盐（$FeSO_4$、$CaSO_4$），炼焦过程中生成的气态硫化物在析出途中与高温焦炭作用而进入焦炭的有机硫，这些硫的总和称全硫。工业上通常用重量法测定。其含量为0.7%～1.0%。

一般焦炭含硫每增加0.1%，高炉焦比增加1.2%～2.0%，高炉熔剂用量约增加2%，生铁产量减少2.0%～2.5%。因此，降低焦炭的硫分对高炉炼铁具有重要意义，硫成为考核焦炭质量的一项重要指标。

（5）磷　焦炭中的磷主要以无机盐类形式存在。磷也是焦炭中的有害元素，通常焦炭含磷约0.02%。高炉炉料中的磷全部转入生铁，转炉炼钢不易除磷，要求生铁含磷低于0.01%～0.015%。煤中的磷几乎全部残留在焦炭中，高炉焦一般对含磷不作特定要求。

（四）焦炭的化学反应性能

1. 焦炭反应性

焦炭的反应性是指焦炭与 CO_2 的碳溶反应性，即将一定量的焦炭试样在规定的条件下与纯 CO_2 气体反应一定时间，然后充氮气冷却、称重，反应前后焦炭试样质量差（m_0-m_1）与焦炭试样质量（m_0）之比称为焦炭反应性（CRI）。它与原料煤的性质、组成、炼焦工艺和高炉冶炼条件等都有关系。

$$\mathrm{CRI}=\frac{m_0-m_1}{m_0}\times 100\% \tag{2-4}$$

2. 反应后强度

由于焦炭的高温转鼓试验受转鼓材料的制约，很难反映焦炭受化学反应的影响。因此，测定焦炭与 CO_2 反应后的转鼓强度，成为评价焦炭反应性能和高温强度的一项简便的试验方法。具体方法是将经过与 CO_2 反应后的焦炭，先用氮气冷却，然后全部装入特定的转鼓内进行转鼓试验，试验后粒度大于某规定值的焦炭质量 m_2 占装入转鼓的反应后焦炭重量 m_1 的比例即为焦炭的反应后强度（CSR）。

$$\mathrm{CSR}=\frac{m_2}{m_1}\times 100\% \tag{2-5}$$

三、焦炭的用途及其质量指标

焦炭主要用于高炉炼铁，其余用于铸造、气化、电石和有色金属冶炼等。

1. 冶金焦

高炉炼铁用焦炭（冶金焦）在高炉内主要作为供热燃料、还原剂和疏松骨架。

焦炭、铁矿石和石灰石自高炉顶加入，热空气从风口送入，焦炭不断燃烧，维持炉内必要的温度。燃烧生成的 CO_2，当其上升时与赤热的焦炭反应生成 CO。矿石在炉内下降过程中，先在炉的上部预热，然后与 CO 反应还原成铁，流至炉底。此外，位于风口以上地区的焦炭始终处于固体状态，对上部炉料起支撑作用，并成为煤气上升和铁水、熔渣下降所必不可少的疏松骨架。

对冶金焦的质量要求主要有以下几方面：

（1）强度　焦炭在高炉中下降时，受到摩擦和冲击作用，而且高炉越大，此作用也越大。所以，越大的焦炉，要求焦炭的强度也越高。

（2）粒度　焦炭和矿石是粒度不均一的散状物料，散料层的相对阻力随着散料的平均当量直径和粒度均匀性的增加而减少。所以，炉料粒度不能太小，矿石应筛除小于 50mm 的矿粉，焦炭应筛除小于 10mm 的焦粉。焦炭粒度不应比矿石粒度大得太多，一般认为，入炉焦炭的平均粒度以 50mm 左右为合适。

（3）反应性　高炉内焦炭降解的主要原因是碳溶反应。高炉焦作为料柱的疏松骨架，最重要的性质是反应性低。碱金属对碳溶反应有催化作用。焦炭和矿石带入高炉的碱金属，只有一部分排出炉外，大部分在炉内循环，循环碱量是炉料带入量的 6 倍，并富集于发生碳溶反应的直接还原区，碱金属吸附在焦炭表面，催化碳溶反应。

因此，为了使焦炭反应性低，除了提高炉渣带出碱量，还应力求控制焦炭和矿石的带入碱量。

（4）灰分和硫分　焦炭中的灰分主要成分是 SiO_2 和 Al_2O_3，它们的熔点分别为 1713℃和 2050℃，为了脱除这些灰分，必须加入 CaO、MgO 等碱性氧化物或相应的碳酸盐，使之和 SiO_2、Al_2O_3 反应生成低熔点化合物，从而在高炉内形成流动性的熔融炉渣，借密度的不同和相互不熔性与铁水分离。因此当焦炭带入炉内的灰分增多时，加入的熔剂也必须增加，即增加炉内的碱量，促进焦炭的降解。

高炉内的硫主要来自焦炭，降低生铁含硫量的途径是减少炉料带入硫量、提高炉渣的脱硫能力，炉渣的脱硫能力与炉渣温度和碱度有关。当炉料带入硫量较高时，必须提高炉缸温度和炉渣碱度。因为当炉渣碱度高时，CaO 相对过剩，SiO_2 处于较完全的束缚状态，使得 SiO_2 与 K_2O 反应的概率下降。

这样做将使炉渣带出的碱量减少，增加了炉内的碱循环，加剧了碳溶反应，促进了焦炭的降解。由此可见，降低焦炭的灰分、硫分，对高炉生产具有重要意义。

2. 铸造焦

铸造焦是冲天炉熔铁的主要燃料，用于熔化炉料，以焦炭燃烧放出的热量熔化铁并使铁水过热，还起支撑料柱、保证良好透气性和供碳等作用。要求铸造焦具有以下性能：

① 粒度适宜：一般要求粒度大于 60mm；

② 硫含量较低：通常控制在 0.1%以下；

③ 足够高的转鼓强度：以保证炉内焦炭的块度和均匀性；

④ 灰分和挥发分尽可能低；

⑤ 气孔率小，反应性低。

3. 电石焦

电石焦是生产电石（CaC_2）的原料。每生产 1 吨电石约需 0.5 吨焦炭。电石生产过程是在电炉内将生石灰熔融，并使其与碳素材料发生如下反应：

$$CaO + 3C \xrightarrow{1800 \sim 2200℃} CaC_2 + CO$$

对电石焦的要求如下：

① 粒度为3～20mm，因为生石灰的导热系数约为焦炭的2倍，所以，其粒度也为焦炭的2倍。

② 电石焦作为碳素材料，含碳量要高，灰分要低。通常规定：含碳量＞80%；灰分＜8%。

③ 为避免生石灰消化，电石焦水分含量应控制在6%以下。

④ 硫分＜1.5%，磷分＜0.04%。

4. 气化焦

气化焦是用于生产炉煤气或水煤气的焦炭，以作为合成氨的原料或民用煤气。气化的基本反应是：

$$2C + O_2 \longrightarrow 2CO$$

$$C + H_2O \longrightarrow CO + H_2$$

由上述反应可知，为提高气化效率，气化焦应尽量减少杂质以提高有效成分含量，力求粒度均匀，改善料层的透气性。气化焦的炼焦煤可以多配气煤，甚至可以以单独气煤炼焦，气化焦的挥发分也可以高些，甚至半焦也可选用。以焦炭为原料的煤气发生炉为固定床形式，气化后残渣以固体排出，所以焦炭灰分应有较高的灰熔点，一般应在1300℃以上，以免造成煤气发生炉内形成液态炉渣而使气流难以均匀分布，灰分组成应该以 SiO_2 和 Al_2O_3 为主。此外，煤气中硫含量正比于焦炭硫分，所以气化焦的硫含量不宜过高。

根据以上气化焦的质量标准，要求原料煤的质量指标应该是：灰分（A_d）＜11.3%，硫分（S_t）＜1.8%。

四、室式结焦过程

（一）煤的成焦过程机理

烟煤是组成复杂的高分子有机混合物。它的基本结构单元是不同缩合程度的芳香核，其核周边带有侧链，结构单元之间以交联键连接。高温炼焦过程可分为以下四个阶段。

1. 干燥预热阶段

煤由常温逐渐加热到350℃，失去水分。

2. 胶质体形成阶段

当煤受热到350～480℃时，一些侧链和交联键断裂，发生缩聚和重排等反应，形成分子量较小的有机物，但是次要的。黏结性煤转化为胶质状态，分子量较小的以气态形式析出或存在于胶质体中，分子量较大的以固态形式存在于胶质体中，形成了气、液、固三相共存的胶质体。由于液相在煤粒表面形成，将许多粒子汇集在一起，所以，胶质体的形成对煤的黏结成焦十分重要。不能形成胶质体的煤，没有黏结性；黏结性好的煤，热解时形成的胶质状的液相物质多，而且热稳定性好。又因为胶质体透气性差，气体析出不易，故产生一定的膨胀压力。

3. 半焦形成阶段

当温度超过胶质体固化温度（480～650℃）时，液相的热缩聚速度超过其热解速度，增加了气相和固相的生成，煤的胶质体逐渐固化，形成半焦。胶质体的固化是液相缩聚的结果，这种缩聚产生于液相之间或吸附了液相的固体颗粒表面。

4. 焦炭形成阶段

当温度升高到650～1000℃时，半焦内的不稳定有机物继续进行热分解和热缩聚，此时热分解的产物主要是气体，前期主要是甲烷和氢，随后，气体分子量越来越小，750℃以后主要是氢。随着气体的不断析出，半焦的质量减少较多，因而体积收缩。由于煤在干馏时是分层结焦的，在同一时刻，煤料内部各层所处的成焦阶段不同，所以收缩速度也不同；又由于煤中有惰性颗粒，故而产生较大的内应力，当此应力大于焦饼强度时，焦饼上形成裂纹，焦饼分裂成焦块。

（二）煤在炭化室内的结焦特征

1. 单向供热、成层结焦

由于炭化室的侧向供热，炭化室内煤料的结焦过程所需热能是以高温炉墙侧向炭化室中心逐渐传递的。由于煤料的导热系数低，在炭化室中心面的垂直方向上，煤料内的温度差较大，所以在同一时间，距炉墙不同距离的各层煤料的温度不同，炉料的状态也就不同，如图2-10所示。各层处于结焦过程的不同阶段，总是靠近炉墙的煤先结成焦炭，而后逐层向炭化室中心推移，这就是所谓的“成层结焦”。炭化室中心面上炉料温度始终最低，因此结焦末期炭化室中心面温度（焦饼中心温度）可以作为焦饼成熟程度的标志，称为炼焦最终温度。据此，生产上常测定焦饼中心温度以考察焦炭的成熟程度，并要求测温管位于炭化室中心线上。

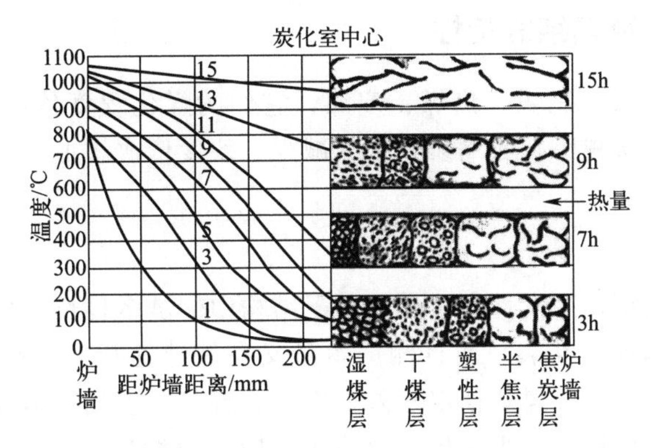

图2-10　不同结焦时间炭化室内各层煤料的温度与状态

2. 结焦过程中各层炉料的传热性能随温度的变化而变化

各层煤料的温度与状态由于单向供热和成层结焦，各层的升温速度也不同。结焦过程中，不同状态的各种中间产物的比热容、导热系数、相变热、反应热等都不相同，如最靠近炉墙的炉料升温速度最快，在5℃/min以上，而位于炭化室中心部位的炉料升温速度最慢，在2℃/min以下，这种温度上的变化必然导致焦炭质量的差异。所以炭化室内煤料中是不均匀、不稳定的温度场，其传热过程属于不稳定传热。

常规炼焦采用湿煤装炉，结焦过程中湿煤层被夹在两个塑性层之间，这样湿煤层内的水汽不易透过塑性层向两层外流出，致使大部分水汽串入内层湿煤中，并因内层温度低而冷凝下来，这样内层湿煤水分增加，加之煤的导热系数小，使得炭化室内中心煤料长时间停留在110℃以下，煤料水分愈多，结焦时间就愈长，炼焦耗热量也就愈大。

3. 炭化室内产生膨胀压力

由于成层结焦，两个大体上平行于两侧炭化室墙面的塑性层从两侧向炭化室中心面逐渐移动，又因炭化室底面温度和顶面温度也很高，在煤料的上层和下层也会形成塑性层。这样，围绕中心煤料形成的塑性层如同一个膜袋，膜袋内的煤热解产生气态产物，由于塑性层的不透气性而使膜袋膨胀，塑性层又通过半焦层和焦炭层将压力施加于炭化室墙，这种压力称之为膨胀压力。

膨胀压力的大小是随结焦过程而变化的，当两个塑性层面在炭化室中心面汇合时，两边外侧已是焦炭和半焦，由于焦炭和半焦需热少而且传热好，致使塑性层内的温度急剧升高，气态产物迅速增加，这时膨胀压力达到最大值，通常所说的膨胀压力即指最大值。

煤料结焦过程中产生适当大小的膨胀压力有利于煤的黏结，但要考虑到炭化室墙的结构强度。炼焦炉组的相邻两个炭化室总处于不同的结焦阶段，每个炭化室内煤料膨胀压力方向都是从炭化室中心向两侧炭化室墙面。所以相邻两个炭化室施于其所夹炉墙的侧负荷是膨胀压力之差 Δp。为了保证炉墙结构不致破裂，焦炉设计时，要求 Δp 小于导致炉墙结构破裂的侧负荷值——极限负荷 W。

五、配煤炼焦

配煤炼焦就是将两种或两种以上的单种煤，均匀地按适当的比例配合，使各种煤之间取长补短，生产出优质焦炭，并能合理利用煤炭资源，增加炼焦化学产品。

（一）炼焦用煤及其结焦特性

炼焦用煤主要有气煤、肥煤、焦煤、瘦煤，它们的煤化程度依次增大，挥发分依次减小，因此半焦收缩度依次减小，收缩裂纹依次减少，块度依次增加。以上各种煤的结焦特性如下：

1. 气煤

气煤的煤化程度较小，挥发性大，煤的分子结构中侧链多且长，含氧量高。在热解过程中，不仅侧链从缩合芳环上断裂，而且侧链本身又在氧键处断裂，所以生成了较多的胶质体，但黏度小，流动性大，气煤热稳定性差，容易分解。在生成半焦时，分解出大量的挥发性气体，能够固化的部分较少。当半焦转化成焦炭时，收缩性大，所以，成焦后裂纹最多、最宽、最长，大部分为纵裂纹，所以焦炭细长易碎。

配煤炼焦时加入适当的气煤，可以增加焦炭的收缩性，便于推焦，又保护了炉体，同时可以得到较多的化学产品。由于我国气煤贮存量大，为了合理利用炼焦煤资源，在炼焦时应尽量多配气煤。

2. 肥煤

肥煤的煤化程度比气煤高，属于中等变质程度的煤。从分子结构看，肥煤所含的侧链较多，但含氧量少，隔绝空气加热时能产生大量的分子量较大的液态产物。因此，肥煤产生的胶质体数量最多，其最大胶质体厚度可达25mm以上，并具有良好的流动性能，且热稳定性能也好。肥煤胶质体生成温度为320℃，固化温度为460℃，处于胶质体状态的温度间隔为140℃。如果升温速度为3℃/min，胶质体的存在时间可达50min，由此决定了肥煤黏结性最强，是我国炼焦煤的基础煤种之一。由于其挥发分高，半焦的热分解和热缩聚都比较剧烈，最终收缩量很大，所以生成焦炭的裂纹较多，又深又宽，且多以横裂纹出现，故易碎成小块。肥煤单独炼焦时，由于胶质体数量多，又有一定的黏性，膨胀性较大，导致推焦困难。

在配煤中，加入肥煤后，可起到提高黏结性的作用，为多配入黏结性差的煤创造了条件，如多加瘦煤等弱黏煤，既可扩大煤源，又可减轻炭化室墙的压力，以利推焦。但是，肥煤的结焦性较差，配合煤中用此煤时，气煤用量应该减少。

3. 焦煤

焦煤的挥发分适中，比肥煤低，分子结构中大分子侧链比肥煤少，含氧量较低。热分解时生成的液态产物比肥煤少，但热稳定性更高，胶质体数量多，黏性大，因此膨胀压力很大。半焦最大收缩的温度（即开始出现裂纹的温度）较高，为600～700℃，收缩过程缓和，最终收缩量也较低，所以，焦块裂纹少、块大、气孔壁厚、机械强度高。就结焦性而言，焦煤是最好的能炼制出高质量焦炭的煤。

炼焦时，为提高焦炭强度，调节配合煤半焦的收缩度，可适量配入焦煤，但不宜多用。因为焦煤储量少，膨胀压力大，收缩量小，在炼焦过程中对炉墙极为不利，并且容易造成推焦困难。

4. 瘦煤

瘦煤的煤化程度较高，是低挥发分的中等变质程度的黏结性煤，热解时产生的液体产物少，热解温度区间最窄，故黏结性差。半焦收缩过程平缓，最终收缩量最低，最大收缩温度较高，瘦煤炼成的焦炭块度大，裂纹少，但熔融性较差，因其碳结构的层面间容易撕裂，耐磨性能也差。

炼焦时，在黏结性较好、收缩量大的煤中适当配入，既可增大焦炭的块度，又能充分利用煤炭资源。

（二）配煤的质量

1. 配煤的意义

从以上几种炼焦煤的结焦特性看，若用它们单独炼焦，不是焦炭的质量不符合要求，就是使操作困难。早期只用单种煤炼焦，如焦煤，其缺点是：焦煤储量不足；焦饼收缩小，造成推焦困难；膨胀压力大，容易胀坏炉墙；化学产品产率低等。针对此种现象，从国情出发，我国的煤源丰富，煤种齐全，但焦煤储量较少。从长远看，走配煤炼焦之路势在必行。因此炼焦工艺中，普遍采用多种煤的配煤技术。合理的配煤不仅同样能够炼出好的焦炭，还可以扩大炼焦煤源，同时有利于操作和增加化学产品，使资源得到合理利用。

2. 配煤的质量指标

（1）水分　配煤水分是否稳定，主要取决于单种煤的水分。配煤水分太低时，在破碎和装煤时造成煤尘飞扬，会恶化焦炉装煤的操作环境；水分过大，会使结焦时间延长，炼焦耗热量增高，同时影响焦炭产量、炼焦速度和焦炉寿命，对炼焦过程带来种种不利影响。所以要力求配煤的水分稳定，以利于焦炉加热过程稳定。操作时，来煤应尽量避免直接进配煤槽，应在煤场堆放一定时期，通过沥水稳定水分，也可通过干燥，稳定装炉煤的水分。一般情况下，配煤水分稳定在8%～12%较为合适。

(2) 灰分　配煤灰分可直接测定，也可将各单种煤的灰分用加权平均计算得到。炼焦时配煤中的灰分几乎全部转入焦炭，配煤的灰分控制值可根据焦炭灰分要求按下式计算：

$$A_{煤}=KA_{焦} \tag{2-6}$$

式中　$A_{煤}$，$A_{焦}$——煤、焦炭的灰分，%；

K——全焦率，%。

计算出的配煤灰分值是控制的上限，降低配煤灰分有利于焦炭灰分降低，可使高炉、化铁炉等降低焦耗，提高产量；但降低灰分使洗煤厂的洗精煤产率降低，提高了洗精煤成本，因此应从资源利用、经济效益等方面综合权衡。我国的煤炭资源中，多数中等煤化程度的焦煤和肥煤属高灰难洗煤，而低煤化程度的高挥发分弱黏结气煤，则储量较多，且低灰易洗。因此，为了降低配煤中的灰分，应适当少配中等煤化程度的焦煤、肥煤，多配高挥发分弱黏煤。

(3) 挥发分　配煤挥发分是煤中有机质热分解的产物，可按配煤中各单种煤的挥发分加权平均计算得到。评价煤质时，须排除水分和灰分产生的影响，所以是可燃基的挥发分。配煤挥发分的高低，决定煤气等化学产品的产率，同时对焦炭强度也有影响。

对大型高炉用焦炭，在常规炼焦时，配煤料适宜的挥发分在25%～28%，此时焦炭的气孔率和比表面积最小，焦炭的强度最好。若挥发分过高，焦炭的平均粒度小，抗碎强度低，而且焦炭的气孔率高，各向异性程度低，对焦炭质量不利。若挥发分过低，尽管各向异性程度高，但煤料的黏结性变差，熔融性变差，耐磨强度降低，可能导致推焦困难。确定配煤的挥发分值，应根据我国煤炭资源的特点，合理利用煤炭资源，尽量提高化学产品的产率，尽可能多配气煤，也可使配煤挥发分控制在28%～32%。

(4) 硫分　我国不同地区所产的煤含硫量不同，东北、华北地区的煤含硫量较低，中南、西南地区的煤含硫量较高。硫是高炉炼铁的有害成分，配煤中的硫分有80%左右转入焦炭，焦炭硫分一般要求小于1.0%～1.2%，因此配煤的硫分应控制在1%以下。降低配煤硫含量的途径，一是通过洗选除掉部分无机硫，二是配合煤料时，适当将高、低硫煤调配使用。

(5) 黏结性　黏结性是配煤炼焦中首先考虑的指标。煤的黏结性是指烟煤粉碎后，在隔绝空气的条件下加热至一定温度，发生热分解，产生具有一定流动性的胶质体，可与一定量的惰性颗粒混熔结合，形成气、液、固相的均匀体，其体积有所膨胀，这种在干馏时黏结本身和惰性物的能力，就是煤的黏结性。煤的黏结性大小可用多种指标表示，我国最常用的是胶质层最大厚度Y和黏结指数G，它们的数值越大，煤的黏结性越好。为了获得熔融性良好、耐磨性强的焦炭，配煤必须具有适当的Y和G值。黏结性好的煤，Y为16～18mm，G为65%～78%。

(6) 膨胀压力　膨胀压力是配煤中另一个必须考虑的指标。膨胀压力的大小与煤的黏结性和煤在热解时形成的胶质体性质有关。一般挥发分高的弱黏结性煤，膨胀压力小；胶质体透气性不强，膨胀压力大。膨胀压力可促进胶质体均匀化，有助于加强煤的黏结。对黏结性弱的煤，可通过提高堆密度的办法来增大膨胀压力。但膨胀压力过大，能损坏炉墙。试验表明，安全膨胀压力应小于10kPa。膨胀压力和胶质层最大厚度分别是胶质体的质和量的指标，黏结性好的煤，膨胀压力为8～15kPa。

(7) 煤料细度　煤料必须粉碎才能均匀混合。煤料细度是指粉碎后配煤中小于3mm的煤料量占全部煤料的比例。常规炼焦煤料细度要求为80%左右。

细度过低，配煤混合不均匀，焦炭内部结构不均一，强度降低。细度过高，不仅粉碎机动力消耗增大，设备生产能力降低，而且装炉煤的堆密度下降，更主要的是细度过高，煤料的表面积增大，生成胶质体时，由于固体颗粒对液相量的吸附作用增强，使胶质体的黏度增大而流动性变差，因此细度过高不利于黏结，反而使焦炭质量受到影响。故要尽量减少粒度小于0.5mm的细粉含量，以减轻装炉时的烟尘逸散，以免造成集气管内焦油渣增加，焦油质量变坏，甚至加速上升管的堵塞。

第三节　煤焦油的加工

一、煤焦油加工概述

煤焦油是煤炭分质利用最主要的产品，也是炼焦、煤气化工业重要副产品之一，其组成极为复杂，种类超过万种，目前已鉴定的约500种。根据煤热解温度可将获得的焦油相应地区分为中低温和高温煤焦油，焦油的加工过程步骤有重要组分的回收，通过蒸馏进行馏分分离，煤焦油制精细化学品，煤焦油加氢精制、裂化制轻质燃料油，以及煤焦油沥青加工等。

传统煤焦油加工主要依托炼焦工业，随着我国经济的快速发展，我国钢铁产能迅速扩张。焦炭作为钢铁生产的大宗原料，在钢铁生产需求的带动下产量逐年增加，与此同时焦化主要副产品煤焦油的回收量也随之增加。煤焦油是炼焦工业重点副产物，它的质量能达到投炉煤量的4%左右，大部分是芳烃，组分相对比较集中，超过1%的组分不足10种，它们里面的很多成分含量较小且没办法采取化学合成法进行工业化生产。尤其是像喹啉类、咔唑和噻吩等物质近乎全部从它提取，九成以上的蒽、芘等物质，大部分的工业萘等物质同样如此。而这些物质恰好又是塑料、合成橡胶、纤维等不可替代的原材料，这就让煤焦油深加工变得更加有意义和必要。

2015年1月1日，史上最严环保法正式实施。我国煤炭清洁高效利用日益受到重视，随着我国煤炭分质利用产业的快速发展和完善，褐煤提质干燥技术和煤炭分质利用的推进，我国的中低温煤焦油产量逐年增加，与之相对应的煤焦油加氢制取燃料油的技术也得到了快速开发与应用。目前已应用和在开发的技术主要是在固定床和悬浮床的基础上开发的轻馏分、减压馏分和全馏分的加氢精制和加氢裂化技术。

近几年我国的煤焦油加工能力稳定在2500万吨左右，并出现了一定的增长趋势。在快速发展的同时，应注意对形势的判断，目前我国在煤焦油加工行业，应避免小规模装置的盲目乱建，要对资源加以整合，同时改进现有落后的生产工艺，并重视资源的集中规模加工。提高资源利用率和发展循环经济，对于环境保护和促进产业的可持续健康发展都具有重要的意义，在我国发展煤焦油深加工具有广阔的前景。

二、煤焦油的预处理

随着市场需求量的增大以及要求的提高，煤焦油进行深加工的占比不断扩大，深加工技术也日渐完善。为了满足市场需求和实现可持续发展，煤焦油加工必须重视规模化加工，高效绿色无污染，开发多元化产品。无论何种热解工艺，在热解过程中都会将灰尘混进煤焦油中，不仅降低了产品的品质，还会影响后续的深加工。因此，煤焦油在进行深加工前必须进行预处理，主要为脱水、脱盐、脱除（机械）杂质等。

（一）煤焦油脱水

煤焦油的脱水一般分为两个步骤：初步脱水和最终脱水。对于初步脱水而言，它的主要目的就是在简单的工艺下先脱除大部分的水和溶解在其中的盐分，最常见的就是在加热的状况下静置分层。它利用的原理主要是水和油的密度差，且温度升高后油水相溶性降低，从而实现油水分层，工业上加热温度在80℃左右，静置的时间超过36h，一般可以将煤焦油的水分控制在4%以下。有时为了提高脱水的效率，还会采用加压或者离心的方法进行初步脱水。

对于最终脱水，一般包括间歇釜脱水和管式炉脱水，具体的情况如下：

① 间歇釜脱水。这个常见于间歇蒸馏操作，在蒸馏塔下方设有两个容积相同的釜，一个用于给蒸馏塔供热，一个用于煤焦油的加热脱水，通常脱水温度在100℃以上。

② 管式炉脱水。为了提高焦油脱水的处理能力，对于处理量1.2万t/a煤焦油间歇蒸馏装置以及连续蒸馏装置，通常的间歇釜已经无法满足要求，大多需要用到管式加热炉进行脱水，它的工作温度一般在130℃以上，加热后去蒸发器脱水，此时焦油含水量降至0.3%～0.5%。对于连续式管式炉蒸馏操作，一般最终脱水不需要外加设备，只需在其对流段便可完成焦油的最终脱水，也能保证焦油出装置后含水量在0.4%以下。

（二）煤焦油脱盐

对于含氮量较高的煤种，煤焦油的水分中往往会具有大量的铵盐，一般以NH_4Cl为主。由于它在水中的溶解度较大，一般很难除净，冷凝时会固化，加热时会分解，如：

$$NH_4Cl \longrightarrow HCl + NH_3$$

在后续加工中，冷凝固化的铵盐会堵塞管道；高温分解的盐酸同样会腐蚀设备与管道；水中的铵盐还会造成馏分油和水的乳化现象，严重影响进一步的分离。以上种种不利因素要求煤焦油在深加工前必须脱盐。

传统焦油脱盐方法主要有：

① 在煤焦油回收过程中，改进冷凝工艺，通过加大冷凝氨水的量并降低循环氨水的量来减小水中氨的浓度。

② 在粗苯回收工段，加大终冷循环水的通量，从而使氨溶于水中，以降低产品中铵盐的浓度。

③ 根据焦油中铵盐的含量加入一定量的Na_2CO_3，使其转化为碳酸铵，以防止NH_4Cl的分解。

为了使管式炉正常运转，焦油进炉以前必须保证单位质量的煤焦油中固定氨的含量要在0.01kg以下。一般残留在煤焦油中的钠盐会到沥青中去，会降低沥青的品位，尤其会影响沥青焦的制备。

（三）煤焦油常用净化方法

1. 沉降分离

沉降分离的原理就是杂质和煤焦油具有密度差，另外长时间加热可以促进分离。为了提高单位时间处理量，通常采用较大容积的储槽，由于操作和运行费用都低，一般在初步的脱水和除杂中应用广泛。

由于煤焦油的黏度大，存在一定量的固体机械杂质及油水两相，而且水相比油相轻，所以传统工艺对除杂没有好的办法。煤焦油的最终脱水，为了使效率提高和分离更加充分，通常采用加压静置沉降法。目前，三相离心分离技术已逐步成熟，在煤焦油预处理阶段应用是完全可行的。

2. 离心分离

在煤焦油的初步净化工程中，三相分离是最关键的一环，常用的是卧式螺旋卸料沉降离心机，一般是实现固-液-液的三相分离。它的分离原理：首先对于固-液，由于密度差的存在，由于固体杂质的密度较大，在离心力作用下会被甩到转鼓内壁上，以沉渣的形式被分离出去；其次在液相，水和煤焦油也会因密度差而被分为轻液和重液两层，从而实现油水的离心分离。三相卧式螺旋卸料沉降离心机的具体构造见图 2-11。

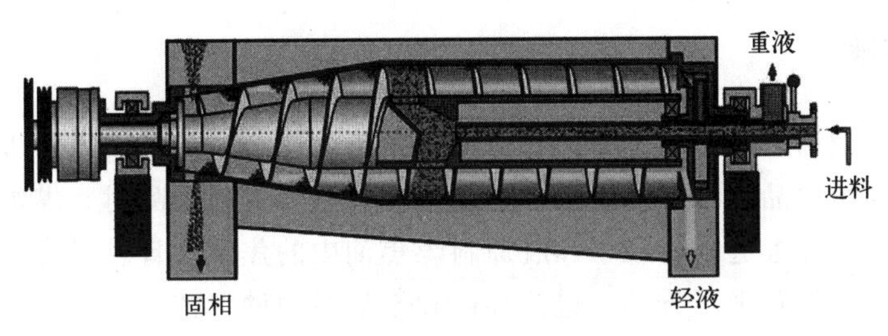

图 2-11　三相卧式螺旋卸料沉降离心机

3. 电场净化

在石油加工过程中，常规的方法是在电场作用下脱除原油中的水分和盐分，通称为原油电脱盐，其主要作用是：将大部分水脱除，减少焦油加工中的无用功；脱除煤焦油中携带的固体杂质，以防固体颗粒对设备和管道造成摩擦损耗，对降低结垢效果明显；除掉煤焦油中的金属杂质，降低催化剂损耗及中毒的概率，延长催化剂的使用寿命。

由于煤焦油的性质和组成与原油具有相似性，因此国内对煤焦油电场净化技术进行了研究，并在焦油加氢制燃料油的生产过程中，将电脱盐技术用于焦油的预处理。电场净化的原理就是在破乳剂和外加电场作用下，破坏煤焦油中形成的乳化状态，使得水分、固体杂质等充分暴露，并被脱除。

4. 溶剂萃取

工业上常见的煤焦油萃取净化工艺流程见图 2-12。具体流程：被加热后的煤焦油先进入脱水塔脱水，塔顶的回流装置会将水分出，并得到一部分轻油，塔底剩余的就是无水焦油。萃取器处理塔底的无水焦油，通常采用的萃取剂是脂肪族和芳香族混合物。经过充分萃取、静置分层，上层轻相为净化焦油，下层是喹啉不溶物。两相经溶剂蒸出器后实现溶剂回收利用和焦油的净化。

除此之外，煤焦油的预处理方法还包括化学分离（通过化学反应除去铵盐等），过滤分离（采用加压过滤除掉粉尘及大组分分子），微波脱水（利用微波选择性加热的特点除水），共沸蒸馏脱水（在共沸剂存在情况下蒸馏脱水），超声波脱水（依靠它较强穿透能力，通过空化、热学作用除杂）等。

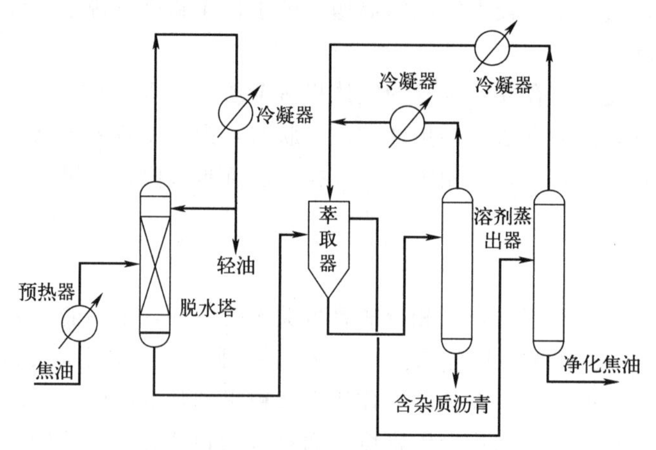

图 2-12　煤焦油萃取净化工艺流程

三、煤焦油蒸馏

通过煤焦油蒸馏后，将煤焦油分为几个沸点接近的馏分，使它获得初步分离，为实现煤焦油下一步制备纯净单品做准备。当煤焦油用于加氢制取燃料油品时，煤焦油蒸馏不需要精细分离，只需要通过蒸馏进一步脱水和脱原料煤焦油中的焦油沥青。目前工业上的蒸馏工艺分类是以工艺中是否加碱来区分的，包括加碱和不加碱两种工艺。

（一）煤焦油的初步蒸馏

当煤焦油中水含量大时会具有很多危害，水的增加会额外消耗热能，使设备压力增加，有效生产降低，一旦水中溶有腐蚀性物质时，还会造成设备与管道的腐蚀，降低设备的使用寿命。焦油初步蒸馏的一个目的是除去大量的水以及溶解在水中的铵盐，它和闪蒸系统有一定的相似性。焦油的最终脱水一般采用的都是管式炉加热脱水，具有处理量大、脱水效率高等优点。经过处理后，它可以将水分控制在0.4%左右，甚至更低。另一个目的就是将煤焦油中沸点接近的物质集中在同一馏分中，实现焦油组分的大致分离，为后面单体产品的精细分离做准备。

（二）焦油蒸馏工艺

通常把煤焦油蒸馏分为常压、减压和常减压蒸馏三种工艺，而根据项目处理量的大小又分为连续和间歇两种装置。其中常减压蒸馏的产率最高，且分离效果也较好；连续蒸馏的处理量远大于间歇操作，在工业应用较广。

1. 常压蒸馏工艺

对于常压蒸馏工艺（图 2-13）来说，由于它的工艺简单，与减压蒸馏工艺相比，在投资和设备的运行维护方面有着突出的优势。但相应也存在操作温度高、沥青二次加工困难、废水量大、煤气耗量高等缺点。项目的煤焦油年处理量在 15×10^4t 以下时采用此种工艺较为合适。

2. 减压蒸馏工艺

减压蒸馏工艺（图 2-14）具有的优点：与常压蒸馏相比，蒸馏温度较低，相应的能耗

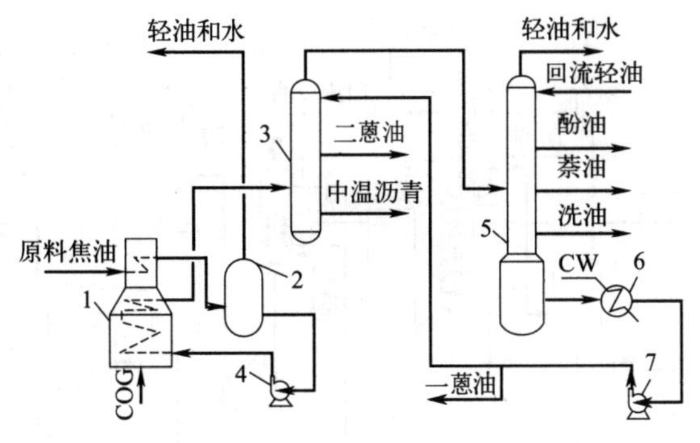

图 2-13　常压蒸馏工艺流程

1—焦油管式炉；2—一段蒸发器；3—二段蒸发器；4—焦油泵；5—馏分塔；6—蒽油冷却器；7—蒽油泵

大幅降低；由于在负压下蒸馏，操作压力较低，环保效果突出；少了喹啉不溶物，对于沥青的再加工也有重大益处。减压蒸馏工艺缺点如下：真空系统的引入，使操作变得复杂，且对相应的设备要求也更加严格，项目投资将会增加。由于在煤焦油系统中真空系统经常面临腐蚀威胁，项目投资将会增加。

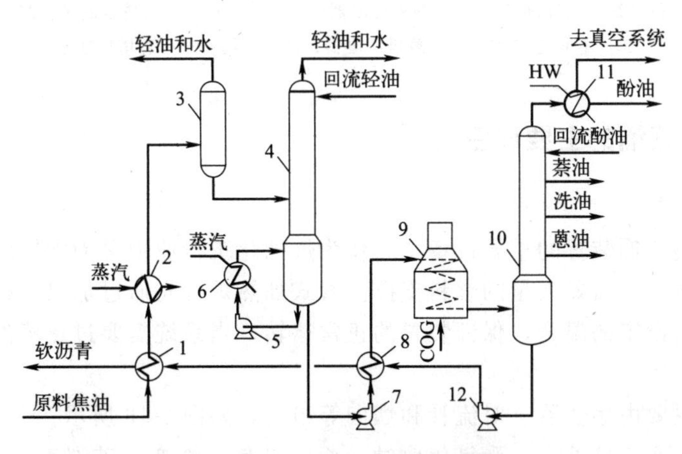

图 2-14　减压蒸馏工艺流程

1—原料焦油软沥青换热器；2—焦油预热器；3—预脱水塔；4—脱水塔；5—无水焦油循环泵；6—重沸器；7—无水焦油输送泵；8—无水焦油软沥青换热器；9—焦油管式炉；10—主塔；11—酚油冷凝冷却器；12—软沥青泵

3. 常减压蒸馏工艺

常减压蒸馏工艺（图 2-15）是常压和减压的组合，通过两者有机结合会使煤焦油蒸馏工艺具有更好的原料适应性，操作也更加灵活。

4. 不加碱的焦油蒸馏工艺

为了充分利用资源，国内外以煤焦油沥青开发了多种高附加值产品，但是对于加碱的煤焦油蒸馏工艺来说，加入的碱最终会进入沥青组分中。这些碱的存在极大地影响了沥青的质量，并降低了以沥青为原材料制取的其他高附加值产品的质量，尤其是中高端炭黑产品。为了克服以上缺点，开发了常减压不加碱的煤焦油蒸馏工艺，该工艺既吸收了减压蒸馏的优点，同时又提高了沥青及沥青制品的质量，具有较大的市场需求。

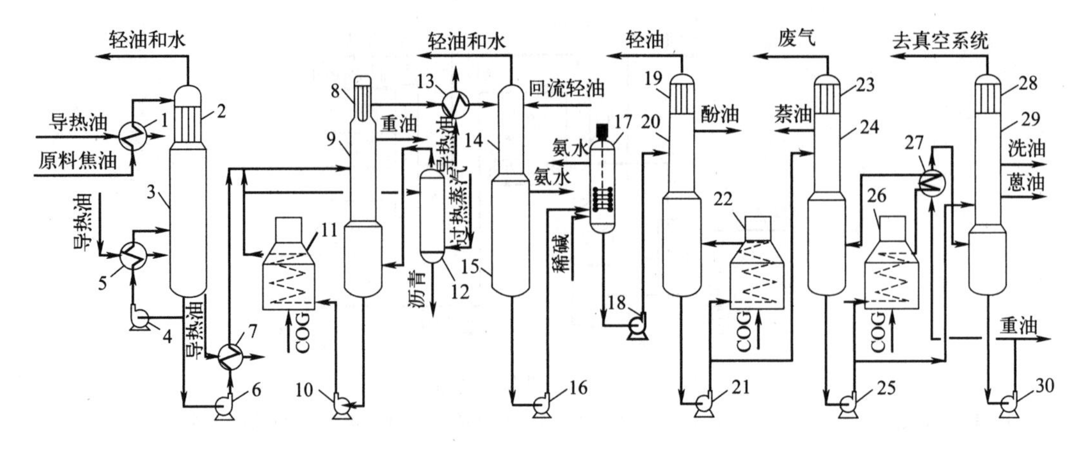

图 2-15　常减压蒸馏工艺流程

1—原料焦油换热器；2—原料焦油预热器；3—脱水塔；4—无水焦油循环泵；5—脱水塔加热器；6—无水焦油泵；7—无水焦油加热器；8—预分馏塔冷凝器；9—预分馏塔；10—软沥青循环泵；11—软沥青加热护；12—软沥青汽提塔；13—预分馏气冷凝器；14—急冷塔；15—宽馏分分离器；16—宽馏分油输送泵；17—中和塔；18—中性宽馏分油泵；19—主塔冷凝器；20—主塔；21—主塔塔底泵；22—主塔加热炉；23—萘塔冷凝器；24—萘塔；25—萘塔塔底泵；26—萘塔加热炉；27—蒽塔重沸器；28—蒽塔冷凝器；29—蒽塔；30—蒽塔塔底泵

（三）焦油蒸馏的主要设备

1. 管式加热炉

管式加热炉是蒸馏装置的重要设备，它作为炼油化工行业中最为常用的加热装置，也是最为主要的耗能设备，需要大量的燃料支撑。管式加热炉首先通过加热，把原料或中间物料加热到工艺条件所设定的温度，保证装置的正常运转，当系统需要过热蒸汽时偶尔也需要加热炉来承担。

管式加热炉主要由燃烧器、对流管和烟囱等组成，如图 2-16 所示。

炉管作为传热面直接见火，受氧化腐蚀，面对结焦、蠕变、破裂等威胁，金属耗量大，因此炉管在选材时有如下要求：①炉管材料的强度尤其是它的持久强度要求高；②具有良好的耐腐蚀性能和较强的抗氧化性能；③炉管材料在高温状态下能够保持组织结构的稳定性；④热加工工艺性能良好；⑤材料的来源比较经济，而且管材供货方便可靠。

2. 闪蒸塔与脱水塔

闪蒸塔的主要目的就是快速将煤焦油中的轻油和水分蒸出，也称其为一段蒸发器。经过管式炉加热后焦油进入脱水塔，有时被称为二段蒸发器。其本质是一个蒸馏塔。脱水塔的设计压力温度依据操作工况不同而不同。由于所处工况较为恶劣，设备制造选材应注意防腐蚀。

3. 分馏塔

煤焦油蒸馏过程中，分馏塔（图 2-17）是最关键的设备，它的结构及内件直接决定着煤焦油的分离效果和装置的效率。分馏塔包括常压塔和减压塔。常减压蒸馏则将常压塔和减压塔有机结合起来。

常压塔包括塔顶的冷凝系统、中部进料位置、上部精馏段、下部提馏段等，有填料塔和

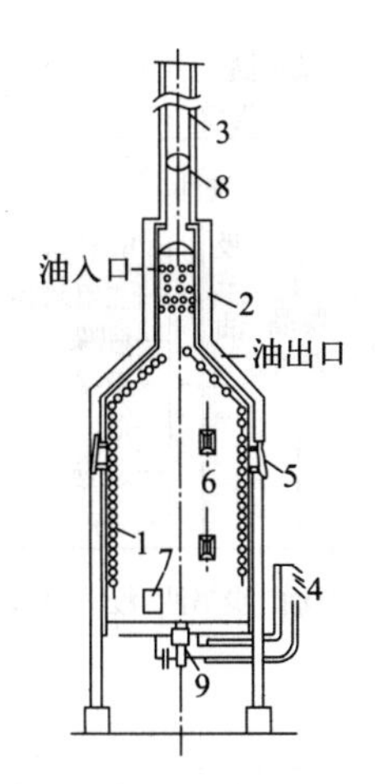

图 2-16　管式加热炉简易结构

1—辐射管；2—对流管；3—烟囱；4—风箱；5—防爆门；
6—观察孔；7—人孔；8—烟囱翻板；9—燃烧器

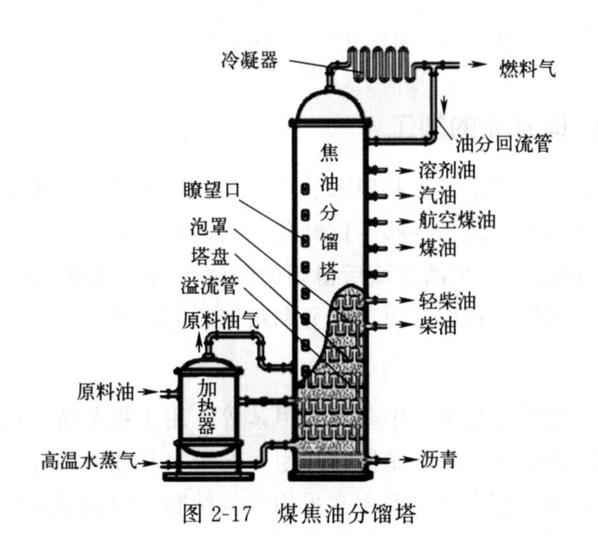

图 2-17　煤焦油分馏塔

板式塔之分。由于是常压操作，为获得充分分离，塔板一般要在 42～52 层之间，塔体一般为碳钢，内部设置不锈钢复合层。

减压塔与常压塔相比，它多了一个或两个洗涤段。若分馏塔的产物适用于加氢制燃料油品，则一般的分离要求都不高，相应的塔板也就不需要常压塔那么多。新上生产线多采用高效规整填料，其突出优点就是可降低塔高，压降小、操作弹性好，传热、传质性能好。

四、焦油馏分加工精制

焦油组分众多，且大部分物质的性质十分接近，一般要通过初步蒸馏将焦油切分为各种馏分（图 2-18）。在此基础上再通过精馏等物理、化学方法实现单组分的精细分离。焦油通过连续蒸馏工艺后，初步切分为：轻油馏分、酚油馏分、萘油馏分、洗油馏分、一蒽油馏分、二蒽油馏分和沥青等。

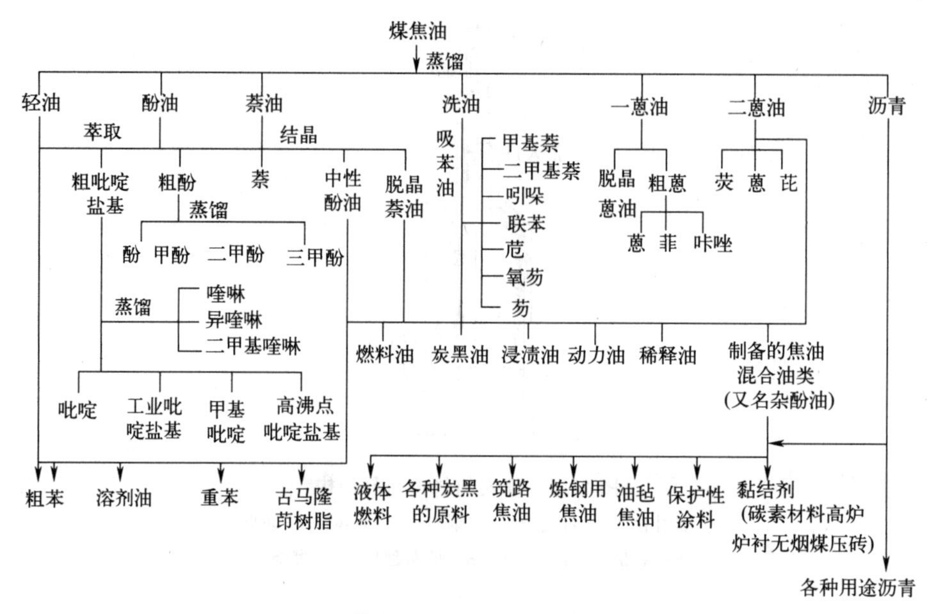

图 2-18　煤焦油分离出各主要组分示意图

(一)粗苯及轻馏分油的加工

粗苯中主要组分为苯、甲苯、乙基甲苯、二甲苯、三甲苯和重苯及其同系物等。通常还含有一些环戊二烯、茚和古马隆等一些不饱和化合物，噻吩等硫化物，饱和烃（环己烷、庚烷等），以及萘、酚、吡啶等。焦油蒸馏后得到的轻油馏分经过碱洗提酚后，剩余的大部分为苯族烃及一些茚、古马隆等物质，由于成分和粗苯相似，经常会混在一起同时处理。

1. 粗苯精制

粗苯经过精制后主要产品是苯、甲苯和二甲苯等。用于粗苯精制的方法常见有三种，即酸洗法、加氢法和萃取精馏法。酸洗精制会产生含酸废水和残渣破坏环境，因此该方法在国内已经不再使用；欧美等一些发达国家大多采用加氢精制，国内引进后，该工艺在焦化行业得到了快速发展和应用。萃取精馏法是由天津大学相关实验室自主开发的粗苯精制方法，该方法生产的苯、甲苯和二甲苯的产品质量高，且回收的噻吩纯度可达 99%。

(1) 酸洗精制　由于早期酸洗精制的工艺比较简单、项目投资低、操作简单，且当时我国粗苯加工工艺落后，国家环保不够重视等因素，使得早期酸洗精制在我国曾作为主要精制方法。其主要原理是通过硫酸与粗苯中的物质发生反应，物性发生变化而实现组分分离。常见反应如下：

① 不饱和化合物的聚合反应；

② 不饱和化合物的成酯反应；

③ 苯族烃与不饱和物的共聚反应；

④ 噻吩及其同系物与硫酸的磺化及与不饱和物的共聚反应。

由于生产过程处在强酸环境，造成设备和管道腐蚀严重；由于反应不能充分进行，产品纯度不高，降低了产品质量；当处理量大时还会带来相当多的再生酸和酸焦油，给后续的处理工序以及再利用都带来了较大的困难，还造成了环境污染。随着粗苯精制技术的更新换代，以及该法所产生的巨大污染，国家对此类工艺已经禁止再建且相关在运行的项目要限期取缔。

（2）加氢精制　伴随着煤焦油加工能力不断增大及人们对环保要求越来越高，酸洗精制在我国已被市场所淘汰。而对于加氢精制，它可以提高产品的收率和纯度，且生产过程污染大幅减小，操作更加便捷，快速得到了市场的认可，新上的大型粗苯精制装置大多采用此工艺，具有更强的生命力。

粗苯加氢精制法的原理：在高温、高压和催化剂存在的情况下，氢气与粗苯中的物质发生一系列反应而实现精制。具体包括：含硫物质和氢气反应生成相应的烃和硫化氢，从而实现脱硫；与烯烃等不饱和物质发生加氢反应使其饱和；与非芳烃类物质发生裂解反应，使其变成气体而除去；环烷烃脱氢芳烃化；含氧官能团的脱除；芳烃侧链分子脱除等。各粗苯加氢精制工艺根据项目的实际情况会有一定的不同。一般的粗苯加氢精制工艺按照工艺温度可分为：高温加氢（600～630℃）、中温加氢（480～550℃）和低温加氢（350～380℃）3 种工艺。

① 高温加氢工艺：典型的工艺就是美国 Houdry 公司开发的 Litol 工艺，该法主要处理轻苯成分，通过该工艺可以完成粗苯的脱硫和脱烷基，并通过配套的分离工艺获得高纯度轻苯产品。

② 中温加氢工艺：这项加氢工艺是由我国中国科学院山西煤炭化学研究所开发的，工艺包括预加氢部分和主加氢部分两个工段。其中预加氢的主要目的就是在 Co-Mo 或 Ni-Mo 催化剂的作用下先脱除原料中的少量硫，并饱和部分烯烃等物质。主加氢工段常用 Cr-Mo 催化剂，在这个工段通过深度反应，绝大多数硫会被脱除，两段反应压力均为 3.0～5.0MPa。

③ 低温加氢工艺：由于反应温度的降低，设备所处的环境相对比较缓和，设备选材成本、制造成本等都会降低，使得投资大为减少；低温加氢提供的产品体系更加完善，满足了市场的多样性需求；相对结晶点提高后，分离的产品纯度要明显高于高温法和中温法。典型工艺有 Lurgi 法和 Krupp-Koppers 法，两者工艺流程相似，但它们的精馏系统以及在具体操作中的控制条件有差异。作为一种相对理想的粗苯精制方法，低温法既能保证产品的纯度和质量，又可以实现洁净环保的生产过程。

2. 轻馏分油加工

煤焦油蒸馏时在 170℃之前的馏分被称为轻油馏分，它一般包括两个部分：闪蒸罐脱水时的气相冷凝液；蒸馏时精馏塔的塔顶采出液。两部分加起来为全部脱水煤焦油量的 0.4%～0.8%，由于它的量不大，通常会和粗苯或者是洗油合并加工，经过一系列操作后得到净化的苯、溶剂油和古马隆等产品。

在轻苯的馏分中，含有一大部分环戊二烯，它经常作为原料来制备杀虫剂或者二烯类的农药，在轻苯中占比可达 20%～30%。环戊二烯的热聚合制备方法：在 70℃左右保温 16～20h，环戊二烯便会聚合成沸点较高的二聚类物质，对反应产物进行蒸馏操作，利用沸点差将低沸点的轻组分蒸出，留下的是高沸点的纯度约为 95%的二聚体，通过热解聚过程使得二聚体又重新回到单体状态，从而实现了环戊二烯的精制。

重苯馏分中含有部分不饱和芳烃：苯乙烯、茚（苯并戊二烯）、古马隆（苯并呋喃）。茚在粗苯中的含量约为 2%，而古马隆的含量约为 1%。两者通常在酸催化作用下聚合得到古马隆-茚树脂，分子量为 500～2000。

（二）焦油馏分中酚类化合物的精制

煤焦油中的酚类产品占比较大，通常在14%左右，馏分范围主要有两个：170～210℃和210～230℃，可见他们大多是低级酚，酚类物质是防腐剂、杀虫剂、染料、增塑剂等的重要原料。酚类常用的精制方法第一步都是先加碱处理，将其变为酚钠盐而和油相分开，之后再酸化精馏。

由于酚的主要产品有苯酚、间对甲酚、邻甲酚和少量二甲酚等，它们的沸点差距明显，最适宜采取的就是精馏分离。目前国内主流的精制工艺就是五塔连续精馏，且之后还有一个间歇操作塔。在减压情况下，一般能够回收四成以上的苯酚。由于间甲酚和对位甲酚的沸点非常接近，一般的精馏无法彻底分离，通常采用结晶法、分子筛法和配合加成的方法进行分离。精馏按操作方式通常分为间歇精馏和连续精馏。

1. 间歇精馏工艺

目前粗酚精制在我国应用最多的就是间歇蒸馏，它包括前期的脱水、脱渣过程以及后续的精馏过程。通过脱水和脱渣等间歇操作，它可以将大部分的水和高沸点的热聚物脱除，从而降低了后续精馏过程的处理量和无谓的热损耗，使整个装置的效率大幅提高。

脱水步骤一般是常压操作，完成脱水后加热升高温度并启动真空系统，逐步蒸出苯酚、邻甲酚、间甲酚、对甲酚和二甲酚等馏分，待馏分全部蒸出便完成了脱渣工序。之所以采用真空减压操作，主要是为了避免高温时酚类化合物分解及结渣。此外通过精馏温度的降低，使能量消耗减少，产品质量得到优化。

2. 减压连续精馏

为了提高酚的纯度和质量，并降低装置的操作温度，通常采用减压连续精馏操作，具体工艺流程见图2-19。

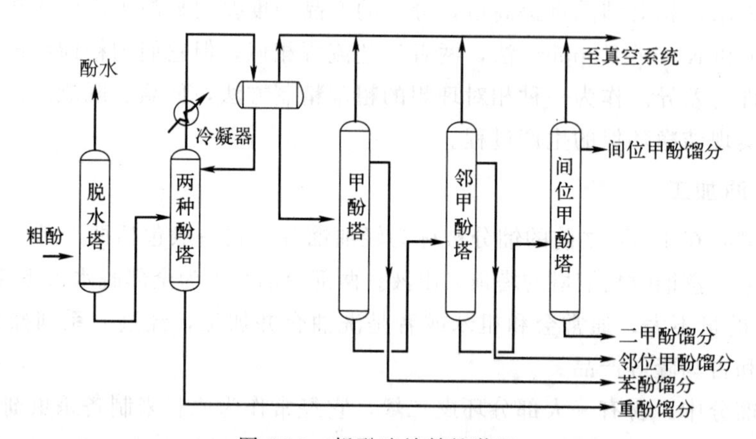

图2-19 粗酚连续精馏装置

首先是粗酚的脱水过程，之后是脱水塔底的物质进入两种酚塔，在两种酚塔经过精馏，塔顶能够得到苯酚以及甲酚的轻组分，塔底剩余物质就是高沸点的重酚馏分，需要去做进一步处理。两种酚塔塔顶的轻组分进入甲酚塔精馏工段，在此工段沸点较低的苯酚馏分最先由塔顶分出，而塔底剩余物质为甲酚的混合物。

甲酚的混合物进入邻甲酚塔，塔顶分出邻甲酚后，塔底残液进入间位甲酚塔，塔顶的冷凝液为间位甲酚馏分，在塔底得到的残液一般作为二甲酚加工的原料。

以上各塔需要的热源均采用导热油。

（三）焦油馏分中萘的精制

萘是化学工业中很重要的原料，它在合成纤维、增塑剂、偶氮染料和一些化学助剂等领域获得了广泛的应用。化学工业中用到的萘85%以上来自煤焦油加工精制，具有不可替代的作用。工业级别的萘的纯度在95%左右，当在医药合成、精细化工领域应用时会影响产品质量，甚至导致产品不合格，受到了极大限制。因此，为了提高萘的品质，扩大其应用范围，必须对工业萘加以精制，工业萘里面的杂质最主要的就是苯并噻吩，在杂质中含量超过一半，此外还包括四氢化萘等沸点相近的物质。常用的精制方法为化学法、物理法以及两者联合精制法。

1. 化学法

对于萘的化学精制，其最主要的就是要除掉苯并噻吩，由于它和萘的化学性质有一定的区别。利用这一点，可以通过加入化学物质，让其在特定的条件下与苯并噻吩发生化学反应，利用产物与萘的性质差异而除掉杂质，其化学原理主要有三类：甲醛与苯并噻吩的缩聚反应、苯并噻吩的过氧化氢氧化法、苯并噻吩在选择性催化剂的作用下发生氢解反应。

通过对这三种精制方法比较可知，甲醛缩合工艺简单，反应条件也比较温和，设备投资也低，萘的纯度也比较高，具有很好的发展前景。过氧化氢氧化法虽然工艺简单、收率高，但由于是酸性和氧化环境，很容易腐蚀设备，且有一定的潜在的安全风险，使其工业应用存在一定的限制。对于催化加氢而言，氢气除了会与苯并噻吩发生反应外，它还会和萘发生反应，降低了萘的收率，且该工艺相对比较复杂，投资成本高，很难在工业上推广应用。

2. 物理法

物理精制主要依据就是各物质的物理性质差别，例如熔点和溶解度的差异等，物理精制方法主要分为：结晶法、萃取精馏法、乳化液膜法。对于结晶法，主要是利用萘和苯并噻吩、四氢化萘的熔点不同，通过反复的结晶和重结晶过程而实现物质分离净化。对于萃取精馏法，主要是利用萘和杂质在萃取溶剂中的溶解度差异，通过多次萃取和精馏分离，最终得到高纯净的精制萘。此外，乳化液膜法主要是利用表面活性剂实现杂质与萘的分离。总的来看，物理精制法相对比较温和，投资也比较低，值得深入开发与推广应用。

3. 物理化学联合法

物理化学联合法常指蒸馏-结晶连用的萘精制方法，其大致过程为：工业萘首先在精馏塔进行初步分离，之后将收集到的塔顶冷凝液送至结晶器结晶，从而避免多级结晶器的投入，从而实现产品的高效分离。精馏塔在这里有两个作用，一是实现了工业萘的初步分离，二是将粗萘进行了加热熔融，为后一步的降温结晶做准备。此法既避免了各自单独使用的缺点，又充分吸收了两者的优点，具有较高的热效率，且所得产品的纯度也较高。

（四）洗油馏分加工与精制

洗油馏分为230～300℃馏分。产率一般为无水焦油的4.5%～6.5%。洗油在工业上应用最多的就是焦化工业，通过对粗煤气的洗涤，可以将苯族烃回收。另外，洗油通过精制可以获得酚类、喹啉类、甲基萘、苊和芴等产品。洗油馏分加工时一般先用酸和碱洗涤洗油，以获得喹啉类和酚类化合物。洗涤后剩余产物去精馏，在塔板相应位置内切取窄馏分。洗油馏分依次经过预处理、富集和产物提纯与精制后得到纯度较高的单品。

1. 原料预处理

通过原料预处理工序后，其中大量的酚和喹啉会被脱除。目前市场上采用的方法就是碱洗加酸洗的组合工艺。该工艺采用氨中和产生的废硫酸，避免了硫酸带来的污染，工艺成熟可靠，工艺的具体流程见图 2-20。

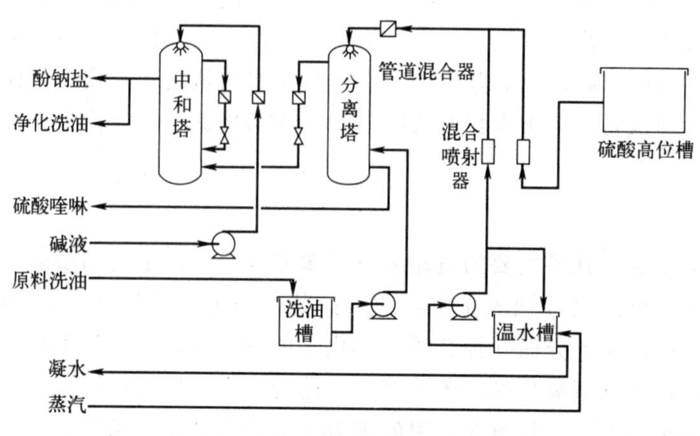

图 2-20 洗油精制原料预处理流程图

该工艺的第一步就是硫酸脱喹啉过程，反应在脱喹啉分离塔中完成。具体的就是由泵将洗油槽的原料洗油从塔的下部喷入，而硫酸和温水充分混合后，由塔顶泵送到塔内，原料洗油和硫酸溶液在分离塔充分接触并发生反应，并生成硫酸喹啉，硫酸的流量一般要根据喹啉的含量大小来定。当两者反应完成后，洗油层和硫酸喹啉层由于密度不同而出现上下分层，硫酸喹啉因密度大直接从塔底放出至相应储槽中做下一步处理，从塔体上段溢流得到的不含喹啉的洗油送至中和塔加碱中和，得到净化洗油和酚钠盐。至此，完成了原料洗油的脱喹啉和脱酚过程，实现了原料洗油的净化。

2. 馏分富集

经过脱酚和脱喹啉等预处理后的洗油，进行下一步的馏分切分富集工序，富集后得到萘油、甲基萘油和苊油等单品。当前主流的馏分富集技术有：净化洗油连续精馏以获取窄馏分的工艺技术；净化洗油恒沸精馏工艺技术；净化洗油的萃取精馏工艺技术；精馏与洗涤相结合的工艺技术等 4 种工艺技术。

（1）净化洗油连续精馏获得窄馏分　由于工艺较为成熟，在工业上获得了广泛的应用，不同的项目差异之处主要体现在粗产品具体的分离顺序上。本书介绍的工艺流程以图 2-21 为例，具体的流程是：经过脱喹啉、脱酚后的洗油在第一级精馏塔首先分出轻重组分，在轻组分中可以获得萘油成分；重质油部分进入下一级精馏塔，继续分离出混合甲基萘成分；二级精馏的重组分经过下一级的精馏过后，便获得了苊油和中质洗油。在切取窄馏分的基础上经过加工获得纯净单品。其中，中质洗油重组分加工后可获得芴与氧芴；混合甲基萘馏分可加工得到甲基萘与 β-甲基萘。

（2）净化洗油恒沸精馏　净化洗油恒沸精馏是以各馏分的沸点为基础，依次经过几个恒沸精馏后便得到相应馏分的物质。该工艺的具体过程如图 2-22 所示，净化后的洗油先蒸出低沸点的萘油馏分，脱萘塔塔底的剩余油相加入共沸精馏剂进行蒸馏。在共沸塔顶获得甲基

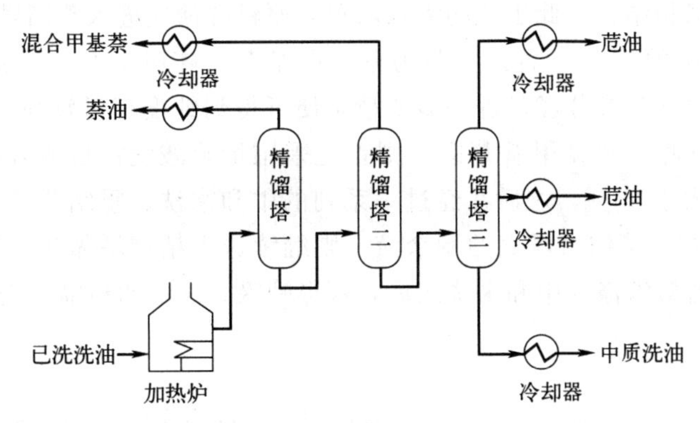

图 2-21　净化洗油连续精馏获取窄馏分流程图

萘的恒沸馏分，经过共沸剂回收之后便获得了甲基萘馏分，再经详细精馏便可得到相应的纯品。共沸塔底剩余油相的主要组分为联苯、喹啉和吲哚等，同样送去下游精制工序进一步分离。

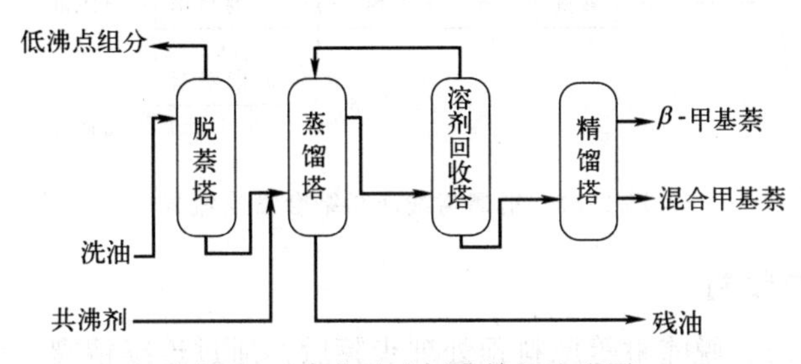

图 2-22　净化洗油恒沸精馏流程图

（3）净化洗油萃取精馏　洗油在经过脱酚和脱吡啶盐后加入含有乙二醇萃取剂的萃取塔进行充分的混合萃取，下部的萃余相经过中和分离后获得联苯和二氢苊组分；上部的萃取相进入蒸馏塔进行蒸馏操作，塔底的热量由再沸器提供，塔顶的轻组分经过冷凝后分为两部分，一部分回流继续蒸馏，而另一部分作为产品采出，采出馏分进入分离器做进一步的分离，最终获得 α-甲基萘、β-甲基萘、联苯和二氢苊的馏分。其中分配器中吲哚与乙二醇的混合相去结晶器进行进一步分离。详细的工艺流程如图 2-23 所示。

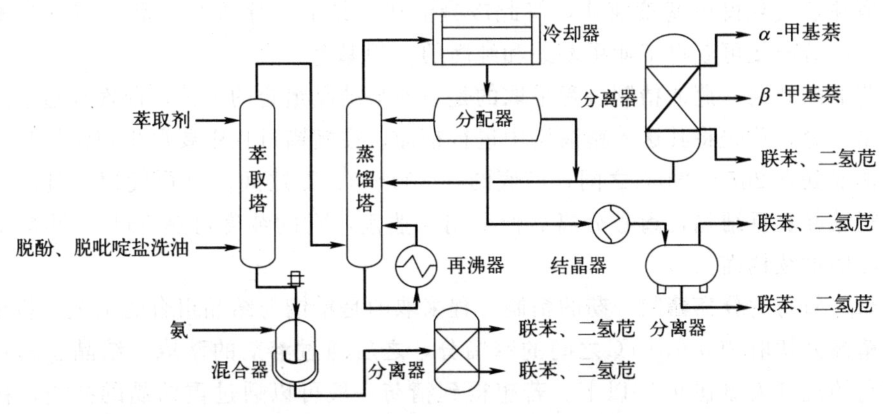

图 2-23　净化洗油的萃取精馏流程图

（4）精馏与洗涤相结合　此工艺的大致流程：原料洗油先进入蒸馏塔，在一定的温度下在塔顶获得间歇蒸出的馏分，馏分主要为萘、甲基萘、喹啉馏分，一般它们的纯度高于95%。其中的萘与甲基萘馏分经过进一步的精制便可得到纯度相对较高的萘和α、β-甲基萘成品。而对于其中的喹啉和β-甲基萘馏分则首先采用稀硫酸洗涤以脱除喹啉成分，此时得到的β-甲基萘纯度大于95%，之后在经过一系列的中和水洗、重结晶后β-甲基萘的纯度可以超过98%。对于初步蒸馏塔塔底的剩余液，则继续送入精馏塔做进一步的分离，塔顶馏分经过冷凝后用稀硫酸洗涤并中和水洗之后，获得吲哚。洗油的精馏与洗涤工艺简易流程见图2-24。

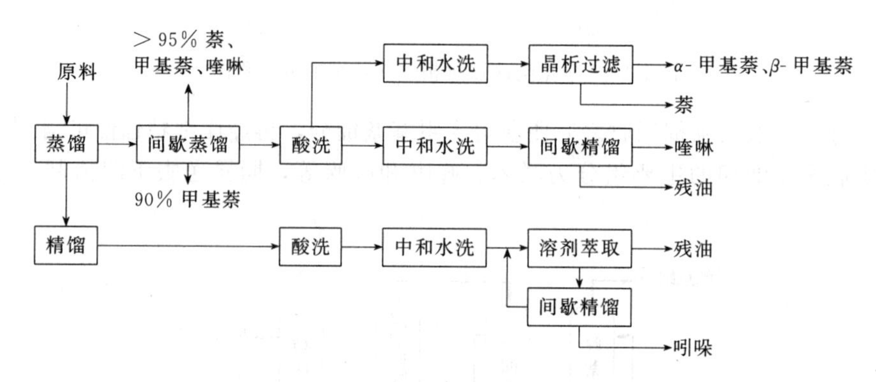

图2-24　精馏与洗涤相结合简易流程

3. 产物的提纯与精制

洗油馏分先经脱酚、脱喹啉等原料预处理步骤后，通过连续精馏、结晶与重结晶、萃取精馏、酸碱洗等一种或几种组合工艺处理获得了萘，α、β-甲基萘粗品，中质洗油，苊、芴和氧芴等工业粗品。在之后需要进一步的精制才能满足市场需求，各自相关的精制工艺如下：

（1）甲基萘油的精制　甲基萘油在工业规模上的精制方法主要有冷冻法和精馏法。两者相比较而言，冷冻法的能耗要低得多，且由于冷冻法制得的产品性质相对可靠，投资也较低，获得了市场的广泛认可与应用。

冷冻法精制甲基萘油馏分的具体过程：首先将此前收集的混合甲基萘馏分送入蒸馏塔进行蒸馏，塔顶蒸气获得甲基萘液体，将此冷凝液送到结晶工序进行产品的结晶与重结晶分离，再经离心分离便可获得工业甲基萘和纯净的β-甲基萘。

（2）苊油的精制　苊油精制过程采取的是精馏与结晶组合的工艺，前面经过连续精馏获得了苊油窄馏分，首先将其送入精馏塔中进行精馏。在精馏过程中要严格控制塔顶和塔底的温度，塔顶要处在265～280℃之间，塔底的在300～310℃之间。塔顶气相经过冷凝后送入结晶器进行结晶和重结晶，离心分离后便分出工业苊，它的纯度可达96%，其余未结晶物质重回精馏塔继续精馏。

（3）芴、氧芴的分离精制　芴的精制过程采取的是精馏与结晶组合的工艺，将重质洗油进行二次精馏并切取290～310℃之间的窄馏分，之后通过溶剂的萃取、结晶、离心后获得工业芴，它的纯度大概在95%以上。若想得到精芴一般可以通过重结晶的办法，在结晶过程中的溶剂可以回收循环再利用。

氧芴和芴的精制方法极为相似，只不过氧芴切取的馏分范围在280～286℃之间，窄馏分中氧芴的纯度可达到 86%以上，而经过进一步的结晶和重结晶之后，纯度完全可以超过 95%。

（4）喹啉的精制　喹啉精制的主要依据就是喹啉和硫酸先生成硫酸喹啉，然后在此基础上进行碱中和将喹啉再释放出来而达到精制的目的。由于碱中和容易产生硫酸钠，且它不易处理还容易造成环境污染，因此主要的工业生产方法是氨中和法。

氨中和法具体的操作步骤是：对于洗油馏分酸洗后得到的硫酸喹啉溶液，萃取净化后得到更纯的硫酸喹啉，将氨水加入其中中和便得到粗喹啉，将粗喹啉蒸馏除去水之后，再切去前后馏分，便可以得到纯度在 95%以上的喹啉。而蒸馏塔的釜底液经过精馏结晶净化之后便可以得到质量分数超过 97%的异喹啉。

（五）蒽油馏分的分离与精制

蒽油馏分在煤焦油中占有较大的比例，可以达到煤焦油总质量的 16%～22%，它的馏程范围在 280～360℃。工业上得到的粗蒽为黄绿色结晶，通过加工精制可变为精蒽，也可用于生产高端炭黑产品。粗蒽中最有提取价值的三种产品是蒽、菲和咔唑，其中蒽的含量最高，占比可达 30%～34%，其次是 25%～30%的菲，最后是占比为 13%～17%的咔唑。蒽和菲为同分异构体，这三者在分离精制时，极易出现低共熔现象或者固熔体，导致分离需要的能耗增大，且易带来环境污染。

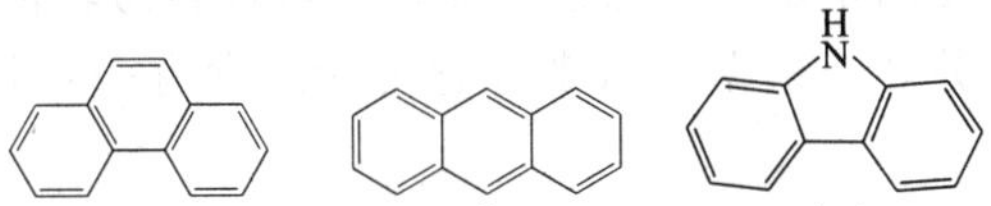

H N

蒽　　菲　　咔唑

和前文讲到的分离方法类似，它们三者的分离也是基于其物理化学性质的差异，如它们在不同物质中具有不同的溶解能力，蒸馏时沸点不同等。三者经常用溶剂洗涤结晶法、精馏法和化学法等方法来进行分离精制。

（1）溶剂洗涤结晶法　溶剂洗涤结晶法是早期加工蒽油的重要方法，它主要依据蒽油中各个组分在相关溶剂中具有不同的溶解度。其主要的加工过程为先将蒽油加热溶解在相关溶剂中，然后通过降温冷却结晶，再经过离心分离即可获得相应组分的结晶。若想获得纯度较高的组分只需经过多次洗涤和结晶即可，通常经过 2～5 次洗涤和结晶便可获得较为纯净的产品。

当前国内常用且效果较好的溶剂有丙酮、苯乙酮、环已酮等，此外被证明具有较好分离效果的溶剂还有二甲苯和 DMF 等。虽然溶剂法具有投资成本低、分离效果好、操作简单等诸多优点，但是这些溶剂给人身健康和环境安全都带来了莫大的危害，人们已经在逐渐寻求替代溶剂或者替代的分离方法。

（2）精馏法　精馏法的基本依据就是蒽、菲和咔唑等蒽油中关键组分的沸点不同，通过精馏切取相应的馏分便得到对应纯度较高的物质。蒽和菲属于同分异构体，它们的沸点非常接近，单纯采取精馏的办法不仅能耗高，而且分离效果也不太好。通常比较先进的技术就是引入溶剂法，此处也称共沸蒸馏，为了提高效率降低反应压力，有时会采用负压的共沸蒸馏。对于蒽油一般常选择乙二醇、辛醇等作为共沸剂。

具有代表性的方法就是粗蒽进行减压蒸馏，将原料分为蒽-菲和咔唑两个体系，然后根据蒽和菲在重苯中溶解度的差异，进行萃取分离精制。共沸蒸馏法通常可以获得纯度较高的单品，但是在分离精制的过程中由于引入了大量的溶剂，加大了操作和运行费用，提高了生产成本。总体来说，精馏法具有较长的研究和应用基础，技术相对成熟，尤其适用于处理量比较大的蒽油加工厂家。

(3) 化学法　化学法分离精制蒽、菲和咔唑的方法属于新型分离方法，化学法分离的基础就是三者化学性质的差异。咔唑中的氮原子具有一个未共用的电子对，它具有较好的给电子性和可取代性，具有较高的化学活性，常常作为三者化学分离的切入点。常用的化学法有 KOH 溶液对高纯咔唑的精制，CCl_4 和浓硫酸提取高纯度菲。

除了以上的三种分离方法之外，区域熔融法、超临界萃取法和乳化液膜法等一些新的分离技术也开始应用于蒽、菲和咔唑的分离精制。

我国几乎全部的蒽和咔唑都来源于煤焦油的提取，因此，蒽油的分离与精制具有重要意义。随着市场需求的不断增加，它们的加工量也必将扩大，行业发展逐渐表现出以下趋势：开发先进蒽油分离精制工艺，并开发配套先进环保的分离精制装备，提高蒽油分离精制的效率并提高产品的纯度。

（六）煤焦油沥青加工与利用

煤焦油沥青在煤焦油经过蒸馏后留下的切尾部分，通常简称为煤沥青，它在煤焦油中的质量占一半以上，因此煤沥青的经济性对整个煤焦油加工利用的价值影响重大。煤沥青的密度大约在 $1.30g/cm^3$，是无固定熔点的黑色固体，受热很容易软化甚至熔化。它的成分较为复杂，多为三元环以上的芳烃，根据原料来源它可能还含有一定量的炭粒等固体杂质和 S、N、O 等杂质元素。

从软化点来区分煤沥青：软沥青的软化点在 40～55℃之间，它的主要用途在于建筑、铺路，生产炭黑以及针状焦电极材料，此外有时会用于黏结炉衬内件，用作燃料等；中温沥青的软化点在 65～90℃之间，其可作为油毡、高级沥青漆和建筑物防水层的原料，还可以用于生产沥青焦或改质生产其他高端产品；硬沥青的软化点在 90℃以上；而软化点在 130～150℃之间的沥青可以制备低灰沥青焦；软化点在 200℃左右的沥青常用作铸钢模的漆。

练习题

一、填空题

1. 煤通过热解生成气体__________、液体__________、固体__________三种形态的产品。

2. 煤热解按照热解温度分为__________、__________、__________和__________。

3. 煤热解按照固体物料的运行状态分为________、________、________、________。

4. 黏结性烟煤的解热过程大致可分为__________、__________和__________三个阶段。

5. 焦炭的强度包括__________和__________。

6. 高炉炼铁中焦炭在高炉中起到__________、__________和__________的作用。

7. 将两种或两种以上的单种煤，均匀地按适当的比例配合，使各种煤之间取长补短，生产出优质焦炭的过程称为__________。

8. 在配煤炼焦过程中，加入肥煤，可提高焦炭的__________，加入焦煤，可提高焦炭的__________，加入瘦煤，可提高焦炭的__________。

9. 焦炉的煤气设备包括__________的导出设备和__________的供入设备。

10. 干熄焦技术曾出现过多种型式的干熄焦装置，有__________、__________和__________等。

11. 熄焦方法包括__________和__________。

12. 干燥煤炼焦是将入炉煤预先干燥使其水分降到__________以下。

13. 炼焦配煤中添加瘦化剂的作用是______________________________。

14. 煤焦油的预处理主要包括__________、__________和__________等。

15. 焦油的最终脱水，须保证焦油出装置后含水量在__________以下。

16. 焦油进管式炉以前，必须保证单位质量的煤焦油中固定氨的含量要在__________以下。

17. 粗苯精制常见的方法有三种，即__________、__________和__________。

18. 煤焦油中的酚类产品馏分范围主要为__________和__________。

二、选择题

1. 低温热解的温度范围为（　　）。

A. 500～650℃　　B. 650～800℃　　C. 550～800℃　　D. >1200℃

2. 固体半焦热载体为基础的干馏多联产工艺（DG 工艺）的原煤粒径为小于（　　）。

A. 4mm　　B. 6mm　　C. 8mm　　D. 10mm

3. 通过转鼓实验测定焦炭的强度，已知入鼓焦炭 100g，出鼓焦炭中粒度小于 10mm 的焦炭质量为 10g，大于 25mm 的焦炭质量为 55g，则焦炭的抗碎强度为（　　）。

A. 10%　　B. 35%　　C. 45%　　D. 55%

4. 对于单种煤炼焦，（　　）的黏结性最好。

A. 气煤　　B. 肥煤　　C. 焦煤　　D. 瘦煤

5. 对于单种煤炼焦，（　　）的结焦性最好。

A. 气煤　　B. 肥煤　　C. 焦煤　　D. 瘦煤

6. 常规炼焦时炭化室的宽度，焦侧比机侧（　　）。

A. 宽　　B. 窄　　C. 一样宽　　D. 不能确定

7. 对于常规炼焦配煤，配煤适宜的挥发分应控制在（　　）。

A. 22%～24%　　B. 24%～26%　　C. 26%～28%　　D. 28%～30%

8. 通常把煤焦油蒸馏分为常压、减压和常减压蒸馏三种工艺，其中（　　）的产率最高，且分离效果也较好。

A. 常压蒸馏　　B. 减压蒸馏　　C. 常减压蒸馏　　D. 不能确定

9. 一般的粗苯加氢精制工艺按照工艺温度可分为：高温加氢、中温加氢和低温加氢，其中中温加氢的温度范围为（　　）。

A. 350～380℃　　B. 410～450℃　　C. 480～550℃　　D. 600～630℃

10. 中温沥青的软化点在（　　）之间。

A. 40～55℃　　B. 65～90℃　　C. 130～150℃　　D. 180～200℃

三、判断题

1. 焦炭的裂纹多少直接影响焦炭的粒度和抗碎强度。（　　）

2. 碱金属对焦炭的反应性有抑制作用。（　　）

3. 原料煤灰分中的金属氧化物含量增加时，焦炭反应活性提高。 ( )
4. 对于铸造焦，一般要求粒度在 3～20mm 为宜。 ( )
5. 炼焦过程中，煤料水分越多，结焦时间越长，炼焦耗热量越大。 ( )
6. 在炼焦过程中，煤中的硫分全部转入焦炭。 ( )
7. 煤热解的前期以缩聚反应为主，后期以裂解反应为主。 ( )
8. 煤料细度是指粉碎后配煤中小于 0.3mm 的煤料量占全部煤料量的比例。 ( )
9. 采用预热煤炼焦可以延长硅砖炉墙的使用寿命。 ( )
10. 焦炉的燃烧室长度与炭化室长度相等，宽度比炭化室稍宽，高度比炭化室略高。 ( )

四、简答题

1. 简述煤热解产物的利用。
2. 简述煤热解的主要影响因素。
3. 鲁奇低温热解工艺的优缺点有哪些？
4. 什么叫炼焦？炼焦过程中得到的产品有何用途？
5. 简述焦炭的性质和用途。
6. 分别指出不同用途焦炭的质量指标。
7. 煤焦油常用的净化方法有哪些？
8. 简述煤焦油加氢工艺技术，并指出各技术的优缺点。

第三章 空气深冷液化分离

随着煤化工产业链的延伸和发展，对空气深冷液化分离（空分）装置的可靠性要求越来越高。首先，空分装置作为化工的龙头装置，已成为煤化工中重要的生产装置，可靠性、开车周期等对全系统的影响越来越大。其次，围绕空分装置的公用工程岛使空分装置成为核心，空分装置提供的氧气、氮气、仪表空气等是整个装置安全、稳定运行的重要前提。

空分系统是一个大型的复杂系统，主要由以下子系统组成：动力系统、净化系统、制冷系统、热交换系统、精馏系统、产品输送系统、液体贮存系统和控制系统等。

动力系统：主要是指原料空气压缩机。空分设备将空气低温分离得到氧、氮等产品，从本质上说是通过能量转换来完成的。而装置的能量主要是由原料空气压缩机输入的。相应的，空气分离所需的总能耗中绝大部分是原料空气压缩机的能耗。

净化系统：由空气预冷系统（空冷系统）和分子筛纯化系统（纯化系统）组成。经压缩后的原料空气温度较高，空气预冷系统通过接触式换热降低空气的温度，同时可以洗涤其中的酸性物质等有害杂质。分子筛纯化系统则进一步除去空气中的水分、二氧化碳、乙炔、丙烯、丙烷、重烃和氧化亚氮等对空分设备运行有害的物质。

制冷系统：空分设备是通过膨胀制冷的，整个空分设备的制冷严格遵循经典的制冷循环。不过通常提到空分设备的制冷系统，主要是指膨胀机。

热交换系统：空分设备的热平衡是通过制冷系统和热交换系统来完成的。随着技术的发展，现在的换热器主要使用铝制板翅式换热器。

精馏系统：精馏系统是空分设备的核心，实现低温分离的重要设备。通常采用高、低压两级精馏方式。主要由低压塔、中压塔和冷凝蒸发器组成。

产品输送系统：空分设备生产的氧气和氮气需要有一定的压力才能满足后续系统的使用。主要由各种不同规格的氧气压缩机和氮气压缩机组成。

液体贮存系统：空分设备能生产一定的液氧和液氮等产品进入液体贮存系统，以备需要时使用。主要由各种不同规格的贮槽、低温液体泵和汽化器组成。

控制系统：大型空分设备都采用计算机集散控制系统，可以实现自动控制。

第一节　空分概述

空气深冷液化分离装置（简称空分装置或制氧机）是利用深度冷冻原理将空气液化，然后根据空气中各组分沸点的不同，在精馏塔内进行精馏，获得氧、氮等一种常规气体或几种稀有气体（氩、氖、氦、氪、氙）的装置。氧气可用于煤气化及煤气化联合发电；氮气用于合成氨，生产化肥、硝酸、塑料等。

空气主要是由氧和氮组成，在气体状态，它们均匀地混合在一起。空气中还含有氩、氖、氦、氪、氙、氡等气体。这些气体化学性质稳定，在空气中含量甚少，在自然界不易得到，所以称为稀有气体。空气中含有的主要成分及各组分的沸点见表 3-1。

表 3-1　空气中含有的主要成分及各组分的沸点

组分	分子式	含量/%	沸点/℃	组分	分子式	含量/%	沸点/℃
氧	O_2	20.95	−182.97	氪	Kr	1.08×10^{-4}	−153.4
氮	N_2	78.09	−195.79	氙	Xe	8.0×10^{-6}	−108.11
氩	Ar	0.932	−185.86	氢	H_2	5.0×10^{-5}	−252.76
氖	Ne	$(1.5\sim1.8)\times10^{-3}$	−246.08	臭氧	O_3	$(1\sim2)\times10^{-6}$	−111.90
氦	He	$(4.6\sim5.3)\times10^{-4}$	−268.94	二氧化碳	CO_2	0.03	−78.44

同时，空气中还含有少量的烃类（C_mH_n）、氮氧化物（NO_x）和机械杂质等。

一、空分装置发展简况

M3-1　空气中主要组分的沸点及物性

1891 年，德国林德公司在冷冻机械制造公司的实验室开始进行空气液化工作。1903 年，林德公司制成第一台采用高压节流制冷循环的工业制氧机，生产氧气能力为 $10m^3/h$。开辟了低温精馏空气，工业制取氧气的工艺流程。

随后的发展主要为：制冷循环中膨胀机的使用和改进；冻结法清除空气中的水分和二氧化碳；高效板翅式换热器的使用；应用常温分子筛吸附空气中的杂质；电子计算机自动控制；液氧泵内压缩流程取代氧压机；规整填料塔的使用等。

经过一百多年的改进和发展，空分装置的操作压力从最初的高压（20MPa），发展为现今的中压和全低压（0.5MPa）；生产规模从最初的 $10m^3/h$ 制氧量，到现在的几万甚至十几万的制氧量。氧提取率达 99%，氩提取率达 93%，单位体积氧电耗降到 0.55kW・h 以下。

二、空气分离的基本过程

空气分离是利用液化空气中氧、氮等各组分沸点的不同，采用精馏的方法，将各组分分离开来。为达此目的，空分装置的工作应包括下列几个过程。

（1）空气的压缩　将经原料空气过滤器清除了灰尘和其他机械杂质的原料空气，在空气压缩机中被压缩到工艺流程所需的压力，其中一小部分空气在纯化后再经与膨胀机同轴异端的匹配增压到更高压力。空气由于压缩而产生的热量由空气冷却器中的冷却水带走。

（2）空气中水分和二氧化碳的清除　空气中的水分和二氧化碳由于凝固点较高，在进入空分装置低温设备后将会形成冰和干冰，堵塞低温设备的通道，从而影响空分装置的正常工作。为此需要利用分子筛纯化器预先把空气中的水分和二氧化碳清除掉。进入分子筛纯化器的空气温度约为8℃，出纯化器的空气温度由于分子筛吸附而产生的吸附热约上升到14℃。

（3）空气被冷却到液化温度　空气的冷却是在主换热器中进行的，在主换热器中，空气被来自精馏后的返流产品气体和污氮气冷却到接近液化温度，产品气体及污氮气则被复热到接近常温。

（4）冷量的制取　为了确保和维持装置正常生产运行所需的热量平衡，克服由于绝热跑冷、换热器复热不足及直接从冷箱中向外排放低温液体等引起的冷量损失，需要不断地向装置补充冷量，装置所需的补充冷量是由等温节流效应和压缩空气在膨胀机中绝热膨胀对外做功而制取的。

（5）空气的液化　空气的液化是进行氧、氮分离的首要条件，空气在主热交换器中被返流气冷却到接近液化温度，并在下塔实现空气的液化。

对于同一种物质，在不同的压力下，其对应的饱和温度不同，压力高，其饱和温度也高，即压力越高，蒸气越容易液化，反之亦然。

氮气和液氧的热交换是在冷凝蒸发器中进行的。由于氮气和液氧两种流体所处的压力不同，所以在氮气和液氧的热交换过程中，氮气被液化而液氧被蒸发。氮气和液氧分别由下塔和上塔供给，这是保证上、下塔精馏过程的进行所必须具备的条件。

（6）精馏　空气的精馏是在精馏塔亦即上、下塔中进行的。在下塔中空气被初次分离成富氧液空和氮气，液空由下塔底部抽出后，经节流送入与液空组分相近的上塔塔板上，一部分液氮由下塔顶部抽出后经节流送入上塔副塔顶部。液空和液氮在节流前先在过冷器中过冷。减少节流汽化，在下塔中部又抽出部分污液氮经节流送入上塔副塔底部。

空气的最终分离是在上塔进行的。产品氧气由上塔底部抽出，而产品氮气则是在上塔副塔顶部抽出，并通过主换热器与进塔的加工空气进行热交换，复热到常温后送出冷箱。上塔在塔底部抽出的污氮气在主换热器内复热后出冷箱。

（7）危险杂质的清除　采用分子筛纯化流程，大部分碳氢化合物等危险杂质已在纯化器内清除掉，残留部分仍要进入塔内，并积蓄在冷凝蒸发器中。由于液氧的不断蒸发，将会有使碳氢化合物浓缩的危险，但只要从冷凝蒸发器中连续排放部分液氧就可防止碳氢化合物的浓缩。而当在冷凝蒸发器中提取液氧产品时，就可不用另外排放液氧来防止碳氢化合物浓缩了。

三、空分装置类型

根据冷冻循环压力的大小，空分装置分为高压（7～20MPa）、中压（1.5～5MPa）、低压（0.5～0.8MPa）和超低压（0.3MPa以下）。

高压装置一般为小型制取气态产品和液态产品的装置；中压装置主要为小型制取气态产品的装置；低压装置多为中型和大型制取气态产品的装置。对于国产空分装置，一般产氧量在20m³/h以下的小型制取液氧、液氮的装置为高压装置；产氧量为50m³/h、150m³/h、300m³/h的装置为中压装置；产氧量大于800m³/h的装置均为低压装置。空分装置参数见表3-2。

表3-2　空分装置参数

产氧量/(m³/h)		8～20	50～150	300	>800
纯度/%	氧气	>99.2			>99.5
	氮气	>99.5			>99.99
操作压力/MPa		7～20	1.5～2.5		<1

四、氧气、氮气的应用

1. 氧气的应用

氧气的化学性质非常活泼，它跟许多物质（单质或化合物）发生化学反应，同时放出热量；反应剧烈时还燃烧发光。由于氧的化学活性很强，是一种强氧化剂，所以氧同碳氢化合物混合是很危险的，液氧中存在碳氢化合物结晶体不止一次引起过严重的爆炸事故。因此，液氧必须严格避免同各种油脂、润滑油、炭、木材、沥青、纺织物品接触。

氧气用于金属的焊接及切割，气焊时氧与乙炔相混合可以加速乙炔的燃烧过程。

氧气被广泛地应用于高炉及炼钢生产中和钢铁的熔炼过程及轧钢过程中，在由矿石熔炼生铁的高炉中把氧吹入炉中可使高炉的生产能力提高 80%。当在转炉顶吹氧气炼钢时可大大提高炼钢速度，提高生产能力，改善钢的质量，降低成本并节省燃料。

氧气也是化肥工业上的煤气化、重油汽化常用的气化剂和氧化剂。

2. 氮气的应用

氮气的化学性质不活泼，在通常情况下很难跟其他元素直接化合，故可用作保护气体；但在高温下，氮能够同氢、氧及某些金属发生化学反应。氮无毒，又不能磁化，其沸点比空气低，所以液氮是低温研究中最常用的安全冷却剂，但需当心窒息。液氮也用于氢、氦液化装置中，作为预冷剂。液氮应小心储存，避免同碳氢化合物长时间接触，以防止碳氢化合物过量溶于其中而引起爆炸。

M3-2　氧气、氮气的应用

氮气除了用作化肥工业上的合成氨的原料气外，还用于炼钢、吹洗设备、压送氧化剂等。

氮气在许多场合可作为易燃易爆物质的保护气。在空分装置的保冷箱内充以干燥氮气，保证一定正压，可以排除湿气和防止氧的积聚。

第二节　空气的净化

空气净化的目的是脱除空气中所含的机械杂质、水分、二氧化碳、烃类化合物（主要为乙炔）等杂质，以保证空分装置顺利运行和长期安全运转。这些杂质在空气中的一般含量见表 3-3。

表 3-3　空气中主要杂质的含量

机械杂质/(g/m^3)	水分/%	二氧化碳/%	乙炔/(mg/m^3)
0.005～0.01	2～3	0.03	0.001～1

一、机械杂质的脱除

空气中的机械杂质进入装置，会损坏压缩机和阻塞设备。机械杂质一般用设置在空气压缩机入口管道上的空气过滤器脱除。

常用的空气过滤器分湿式和干式两类。湿式包括拉西环式和油浸式；干式包括袋式、干带式和自洁式空气过滤器等。

1. 拉西环式过滤器

拉西环式过滤器由钢制外壳和装有拉西环的插入盒构成，拉西环上涂有低凝固点的过滤油。

空气通过时，灰尘等机械杂质便附着在拉西环的过滤油上，从而达到了净化的目的。

拉西环式过滤器通常适用于小型空分装置。

2. 油浸式过滤器

油浸式过滤器由许多片状链组成，链借链轮的作用以2mm/min的速度移动或间歇移动。片状链上有钢架，钢架悬挂在链的活动接头上，架上铺有孔为1mm^{2}的细网。空气通过网架时，将所含灰尘留在网上的油膜中。随着链的回转，附着的灰尘通过油槽时被洗掉，并重新被覆盖一层新的油膜。

油浸式过滤器的效率一般为93％～99％，通常用于大型空分装置或含大量灰尘的场合，并常与干带式过滤器串联使用。

3. 袋式过滤器

一般由滤袋、清灰装置、清灰控制装置等组成。滤袋是过滤除尘的主体，它由滤布和固定框架组成。滤布及所吸附的粉尘层构成过滤层，为了保证袋式除尘器的正常工作，要求滤布耐温，耐腐，耐磨，有足够的机械强度，除尘效率高，阻力低，使用寿命长，成本低等。

空气从滤袋流过时，灰尘被滤布截留，变为洁净空气；滤布上的灰尘积累到一定厚度时，清灰装置启动，使灰尘落入灰箱。

袋式过滤器可避免空气夹带油分，效率可达98％～99％，但其阻力较油浸式过滤器大。

袋式过滤器主要用于大型空分装置以及含灰尘量少的场合。

4. 干带式过滤器

M3-3 袋式空气过滤器实物图

干带式过滤器所用的干带，是一种尼龙丝组成的长毛绒状制品或毛质滤带。干带上、下两端装有滚筒，滚筒由电动机及变速器传动。当通过干带的空气阻力超过规定值（200Pa）时，滚筒电动机启动，使干带转动，脏带存入上滚筒。当阻力恢复正常后，即自动停止转动。干带用完后，拆下上滚筒取出脏带进行清洗。

干带式过滤器一般与油浸式过滤器串联使用，其主要作用是清除通过油浸式过滤器后空气中所带的油雾。

二、水分、二氧化碳和乙炔的脱除

空气中的水分、二氧化碳如进入空分装置，在低温下会冻结、积聚，堵塞设备。乙炔进入装置，在含氧介质中受到摩擦、冲击或静电放电等作用，会引起爆炸。

脱除水分、二氧化碳、乙炔的常用方法有吸附法和冻结法等。视装置不同特点，采用不同方法。在此仅介绍大型空分装置所有的空气预冷和分子筛吸附法。

（一）空气预冷系统

空气预冷系统是空气分离设备的一个重要组成部分，它位于空气压缩机和分子筛吸附系统之间，用来降低进分子筛吸附系统空气的温度及 H_2O（g）、CO_2 含量，合理利用空气分离系统的冷量。

在填料式空气冷却塔（简称空冷塔）的下段，出空压机的热空气被常温的水喷淋降温，并洗涤空气中的灰尘和能溶于水的 NO_2、SO_2、Cl_2、HF 等对分子筛有毒害作用的物质；在空冷塔的上段，用经污氮降温过的冷水喷淋热空气，使空气的温度降至 10～20℃。

（二）分子筛吸附法

自 20 世纪 70 年代开始，在全低压空分设备上，逐渐用常温分子筛净化空气的技术来取代原先使用的碱洗及干燥法脱除水分和二氧化碳的方法。此法让空冷塔预冷后的空气，自下而上流过分子筛吸附器（以下简称吸附器），空气中所含有的 H_2O、CO_2、C_2H_2 等杂质相继被吸附剂吸附清除。吸附器一般有两台，一台吸附，另一台再生，两台交替使用。此种流程具有产品处理量大、操作简便、运转周期长和使用安全可靠等许多优点，成为现代空分工艺的主流技术。

1. 吸附剂

空分系统中常用的吸附剂有硅胶、活性氧化铝和分子筛等。

（1）硅胶　硅胶是人造硅石，是用硅酸钠与硫酸反应生成的硅酸凝胶，经脱水制成。其分子式可写为 $SiO_2 \cdot nH_2O$。硅胶具有较高的化学稳定性和热稳定性，不溶于水和各种溶剂（氢氟酸和强碱除外）。按孔隙大小的不同，可分为粗、细孔两种。

M3-4　硅胶图片

（2）活性氧化铝　活性氧化铝是用碱或酸从铝盐溶液中沉淀出水合氧化铝，然后经过老化、洗涤、胶溶、干燥和成形而制得氢氧化铝，氢氧化铝再经脱水制得活性氧化铝。其分子式为 Al_2O_3，呈白色，具有较好的化学稳定性和机械强度。

M3-5　活性氧化铝图片

（3）分子筛　分子筛是人工合成的泡沸石，是硅铝酸盐的晶体，为白色粉末，加入黏结剂后可挤压成条状、片状和球状。分子筛无毒、无味、无腐蚀性，不溶于水及有机溶剂，但能溶于强酸和强碱。分子筛经加热失去结晶水，晶体内形成许多毛细孔，其孔径大小与气体分子直径相近，且非常均匀。它允许小于孔径的分子通过，而大于孔径的分子被阻挡。它可以根据分子的大小，实现组分分离，因此称为“分子筛”。

M3-6　分子筛图片

2. 吸附原理

吸附是利用一种多孔性固体物质去吸取气体（或液体）混合物中的某种组分，使该组分从混合物中分离出来的操作。通常把被吸附物含量低于 3%，并且被吸附物是弃之不用的吸附称为吸附净化；若被吸附物含量高于 3%或虽低于 3%，但被吸附物是有用而不弃去的吸附称为吸附分离。空气中的水分、二氧化碳等杂质含量都低于 3%，并弃去不用，所以这种吸附被称为空气的吸附净化或吸附纯化。把吸附用的多孔性固体称为吸附剂，把被吸附的组分称为吸附质。吸附所用的设备称为吸附器。

吸附时间的长短取决于吸附剂颗粒的大小，吸附床层高低，气体通过床层的气速，气体中吸附质的浓度高低。通常吸附剂颗粒大，吸附床层低，气体通过床层的气速快，气体中吸附质的浓度高，吸附时间短。

3. 吸附剂的吸附容量

吸附剂的吸附容量指单位数量的吸附剂最多吸附的吸附质的量。吸附容量大，吸附时间长，吸附效果好。吸附容量通常受吸附过程的温度和被吸附组分的分压力（或浓度）、气体流速、气体湿度和吸附剂再生完善程度的影响。

吸附容量随吸附质分压的增加而增大，但增大到一定程度以后，吸附容量大体上与分压力无关。吸附容量随吸附温度的降低而增大，所以应尽量降低吸附温度；同时，温度降低，饱和水分含量也相应减少，有利于吸附器的正常工作。

流速越高，吸附剂的吸附容量越小，吸附效果越差。流速不仅影响吸附能力，而且影响气体的干燥程度。

分子筛对相对湿度较低的气体吸附能力较大。

吸附剂再生越彻底，吸附容量就越大。而再生的完善程度与再生温度有关（应在吸附剂热稳定性温度允许的范围内），也与再生气体中含有多少吸附质有关。

4. 大气中有害杂质的吸附及其影响

对分子筛有害的杂质有：二氧化硫、氧化氮、氯化氢、氯、硫化氢和氨等。这些成分被分子筛吸附后又遇到水分的情况下，会与分子筛起反应而使分子筛的晶格发生变化。它们与分子筛的反应是不可逆的，因而降低了分子筛的吸附能力。其结果是：随着使用时间的延长，吸附器的运转周期就会缩短。

在上述有害杂质中，氯化氢、氯化铵最易被水洗涤，二氧化硫、三氧化硫和二氧化氮也可被水洗涤，而硫化氢、一氧化氮不能被水洗涤清除。再生气中含有的微量氧，可与被分子筛吸附的硫化氢、二氧化硫和氧化氮发生化学反应，生成硫酸和硝酸。其化学反应如下。

$$2H_2S+3O_2 \longrightarrow 2SO_2+2H_2O$$

$$2SO_2+O_2 \longrightarrow 2SO_3$$

$$SO_3+H_2O \longrightarrow H_2SO_4$$

$$2NO+O_2 \longrightarrow 2NO_2$$

$$3NO_2+H_2O \longrightarrow 2HNO_3+NO$$

生成的硫酸和硝酸会对分子筛产生更大的危害。

一般情况下，在分子筛吸附器前面有空气预冷系统时，要求空气中二氧化硫、氧化氮、氯化氢、氯、硫化氢和氨等有害物质的总量小于 $1mg/m^3$；没有空气预冷系统时，要求空气中有害物质的总量小于 $0.1mg/m^3$。

在正常情况下，空气中的氧化氮含量小于 $0.1mg/m^3$。但由于工业的污染，空气中的氧化氮含量会增加。尤其在合成氨厂、化肥厂和硝酸厂，其排放气中的氧化氮含量较高。故此类工厂的空分设备不宜安放在常年主风向的下游。

5. 吸附剂的再生

吸附剂的再生是吸附的吸附质脱附的过程。干燥的热气流流过吸附剂床层时，在高温的作用下，被吸附的吸附质脱附，并被热气流带走。

第三节　空气的液化

空气的液化指将空气由气相变为液相的过程，目前采用的方法为给空气降温，让其冷凝。在空气液化的过程中，为了补充冷量损失、维持工况以及弥补换热器复热的不足，需要用到制冷循环，而制冷循环与空气的许多热力学性质有关。下面首先对制冷循环所用到的主要热力学性质和温-熵（T-S）图做一简单介绍。

一、制冷的热力学基础

1. 空气的一些热力学参数

（1）内能　气体是由分子组成的，其内部分子不停地运动而具有动能。气体分子之间存在着作用力，因而具有位能。分子的动能和位能之和称为气体的内能，通常用 U 来表示，单位为 J（焦）。分子动能和位能的变化都会引起内能的变化。分子动能的大小与气体的温度有关，温度越高分子的动能越大。而分子位能的大小取决于分子之间的距离，即由气体的体积来决定。由于温度与体积都是状态函数，所以内能也是状态参数。也就是内能只与状态有关，与变化过程无关。内能的改变通常通过传热和做功两种方式来完成。

（2）焓　流体在流动时，后面流体对前面的流体做了功，这个功会转变为流体的一部分能量，叫流动能，其在数值上等于流体的压力 p 与所流过的容积 ΔV 的乘积。流体所具有的能量等于内能和流动能之和，这两者之和通常称为焓，用符号 H 表示，其单位也为 J（焦）。即

$$H=U+p\Delta V$$

（3）可逆过程和不可逆过程　当物系由某一状态变化到另一状态时，若过程进行得足够缓慢，或内部分子能量平衡的时间极短，则这个过程反过来进行时，能使物系和外界完全复原，称此过程为可逆过程。如不能完全复原，称为不可逆过程。

（4）熵　自然界许多现象都有方向性，即向某一个方向可以自发地进行。如热量可自发地从高温物体传给低温物体，高压气体会自发地向低压方向膨胀，不同性质的气体会自发地均匀混合，一块赤热的铁会自然冷却，水会自发地从高处流向低处等。它们的逆过程均不能自发进行。这种有方向性的过程，都为“不可逆过程”。

熵可以用来度量不可逆过程前后两个状态的不等价性。自发过程总是朝着熵增大的方向进行，或者说，熵增加的大小反映了过程不可逆的程度。

熵的定义为

$$\mathrm{d}S=\partial p/T \text{ 或 } \Delta S=q/T$$

式中表明，熵的增量等于系统在不可逆过程中从外界传入的热量除以传热当时的绝对温度所得的商。或者说，物质熵的变化可用过程中物质得到的热量除以当时的绝对温度来计算（如果过程中温度不是常数，熵的增减需用数学积分计算）。熵的单位为 J/K。

熵对制冷的价值可用节流过程和膨胀过程为例加以说明。如果空气通过节流阀和膨胀机时，压力均从 p_1 降到 p_2，在理想情况下，两个过程均可看成是绝热过程。但是，由于节流过程没有对外做机械功，压力降完全消耗在节流阀的摩擦、涡流及气流撞击损失上，要使气流自发地从压力低的状态变回压力高的状态是不可能的，因此它是一个不可逆过程。对膨胀机而言，膨胀机叶轮对外做功，使气体的压力降低，内部能量减少。在理论情况下，如果将所做出的功用压缩机加以收回，则仍可以将气体由 p_2 压缩至 p_1，没有消耗外界的能量，因此，膨胀机的理想绝热膨胀过程是一可逆的过程。

节流过程是绝热的不可逆过程，熵是增大的。增大得越多，说明不可逆程度越大。对膨

胀机来说，在理想情况下，为一可逆过程，熵不变。

2. 空气的温-熵图

以空气的温度 T 为纵坐标，以熵 S 为横坐标，并将压力 p、焓 H 及它们之间的关系，直观地表示在一张图上，这个图就称为空气的温-熵图，简称空气的 T-S 图。在空气的液化过程中，用 T-S 图可表示出物系的变化过程，并可直接从图上求出温度、压力、熵和焓的变化值。

图 3-1 为空气的 T-S 简图。

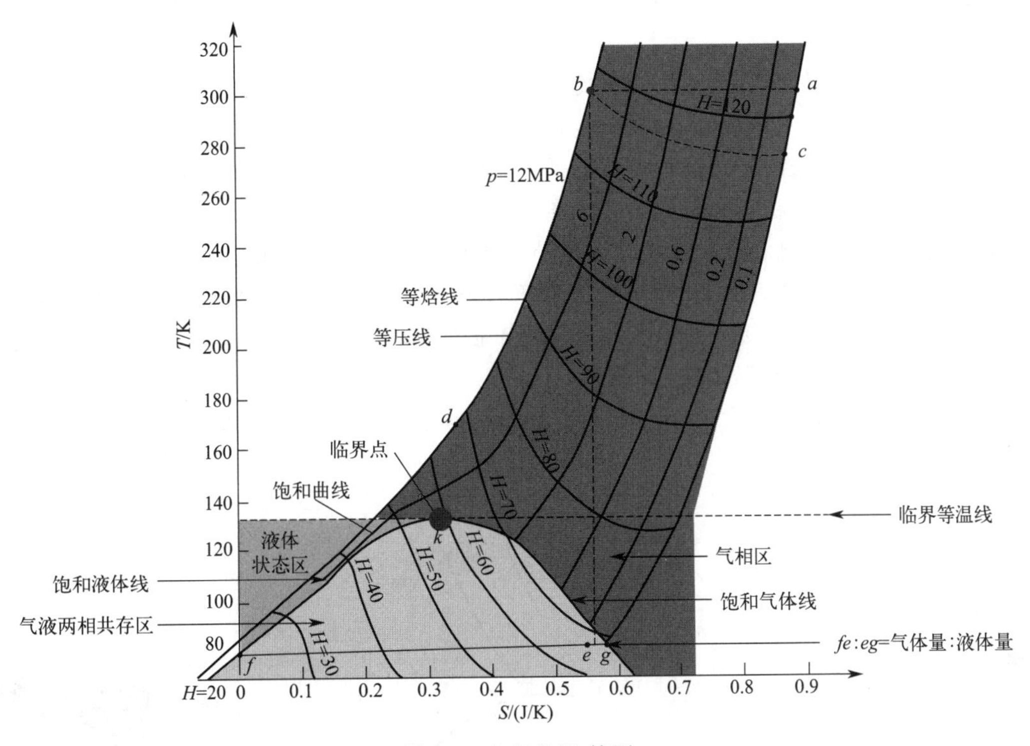

图 3-1　空气的温-熵图

图中向右上方的一组斜线为等压线；向右下方的一组线为等焓线；图下部山形曲线为饱和曲线，山形曲线的顶点 k 是临界点，通过临界点的等温线称为临界等温线。在临界点左边的山形曲线为饱和液体线，临界点右边的山形曲线为饱和气体线。临界等温线下侧和饱和液体线左侧的区域为液体状态区；临界等温线下侧和饱和气体线右侧，以及临界等温线以上的区域是气相区；山形曲线的内部是气液两相共存区，亦称为湿蒸汽区。两相共存区内任意一点表示一个气液混合物。例如 e 点为气体空气 g 和液体空气 f 组成的气液混合物；线段 fe 和 eg 的长度比，表示气液混合物中气体与液体的数量之比，即 fe ∶ eg ＝气体量∶液体量。

在温度、压力、熵、焓四个状态函数中已知任意两个，便可利用空气的 T-S 图确定空气的状态。例如，当空气压力为 0.1MPa，温度为 30℃时，在 T-S 图上可用点 a 表示，点 a 的状态呈气态。利用空气的 T-S 图还可以表示各种变化前后的状态。例如，线段 ab 表示由压力为 0.1MPa、温度为 30℃的 a 点，等温加压到压力为 12MPa 的 b 点的等温加压过程。曲线表示由压力为 12MPa 的 b 点，等焓膨胀到 c 点的等焓膨胀过程。曲线 bd 表示当压力为

12MPa 时，空气由 b 点冷却到 d 点的等压冷却过程。

二、空气液化时的制冷原理

（一）制冷常用方法

工业上空气液化常用两种方法获得低温，即空气的节流膨胀和膨胀机的绝热膨胀制冷。

1. 节流膨胀

连续流动的高压气体，在绝热和不对外做功的情况下，经过节流阀急剧膨胀到低压的过程，称为节流膨胀。

由于节流前后气体压力差较大，因此节流过程是不可逆过程。气体在节流过程既无能量收入，又无能量支出，节流前后能量不变，故节流膨胀为等焓过程。

气体经过节流膨胀后，一般温度要降低。温度降低的原因是气体分子间具有吸引力，气体膨胀后压力降低，体积膨胀，分子间距离增大，分子位能增加，必须消耗分子的动能。

利用气体 T-S 图能十分方便地计算出节流膨胀前后温度的变化。例如在图 3-2 中，为了求出气体从状态 2（T_2，p_2）节流膨胀到压力为 p_1 时的温度，只要由点 2 作等焓线 H_2，与等压线 p_1 相交于点 1，线段 2→1 表示节流膨胀过程，点 1 的温度 T_1 即为节流膨胀后的温度，（T_2-T_1）为节流膨胀前后的温度差。

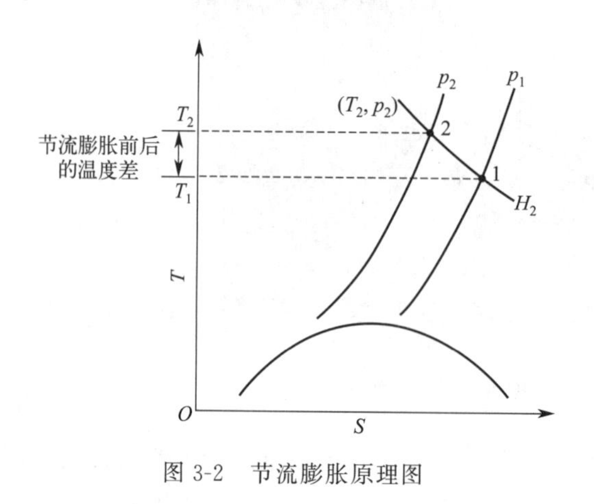

图 3-2　节流膨胀原理图

M3-7　节流膨胀

2. 膨胀机的绝热膨胀

压缩气体经过膨胀机在绝热下膨胀到低压，同时输出外功的过程称为膨胀机的绝热膨胀。由于气体在膨胀机内以微小的推动力逐渐膨胀，因此过程是可逆的。可逆绝热过程的熵不变，故膨胀机的绝热膨胀为等熵过程。

气体经过等熵膨胀后温度总是降低的，主要原因是气体通过膨胀机对外做了功，消耗了气体的内能，另一个原因是膨胀时为了克服气体分子间的吸引力，消耗了分子的动能。

在图 3-3 中，线段 2→3 表示气体由压力为 p_2、温度为 T_2 的点 2，等熵膨胀到 p_1 时的过程，（T_2-T_3）为膨胀前后气体的温度差。由图 3-3 可见，气体同样从状态 2（p_2，T_2）膨胀到低压 p_1 时，等熵膨胀前后的温差（T_2-T_3）大于节流膨胀前后的温差（T_2-T_1），因此等熵膨胀的降温效果比节流膨胀的降温效果好。但膨胀机的结构比节流阀复杂。

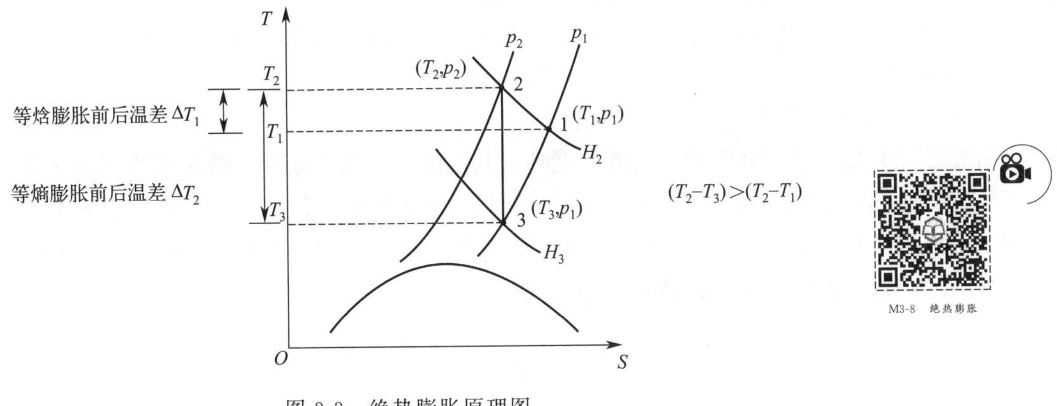

图 3-3 绝热膨胀原理图

（二）制冷常见液化循环

1. 以节流膨胀为基础的液化循环

节流膨胀循环，由德国的林德首先研究成功，故亦称简单林德循环。

如前所述，节流的温降很小，制冷量也很少，所以在室温下通过节流膨胀不可能使空气液化，必须在接近液化温度的低温下节流才有可能液化。因此，以节流为基础的液化循环，必须使空气预冷，常采用逆流换热器，回收冷量预冷空气。林德循环流程图及其 T-S 图见图 3-4。系统由压缩机、中间冷却器、逆流换热器、节流阀及气液分离器组成。应用简单林德循环液化空气需要有一个启动过程，首先要经过多次节流，回收等焓节流制冷量预冷加工空气，使节流前的温度逐步降低。其制冷量也逐渐增加，直至逼近液化温度，产生液化空气。这一连串多次节流循环即林德循环启动阶段，如图 3-4（c）所示。

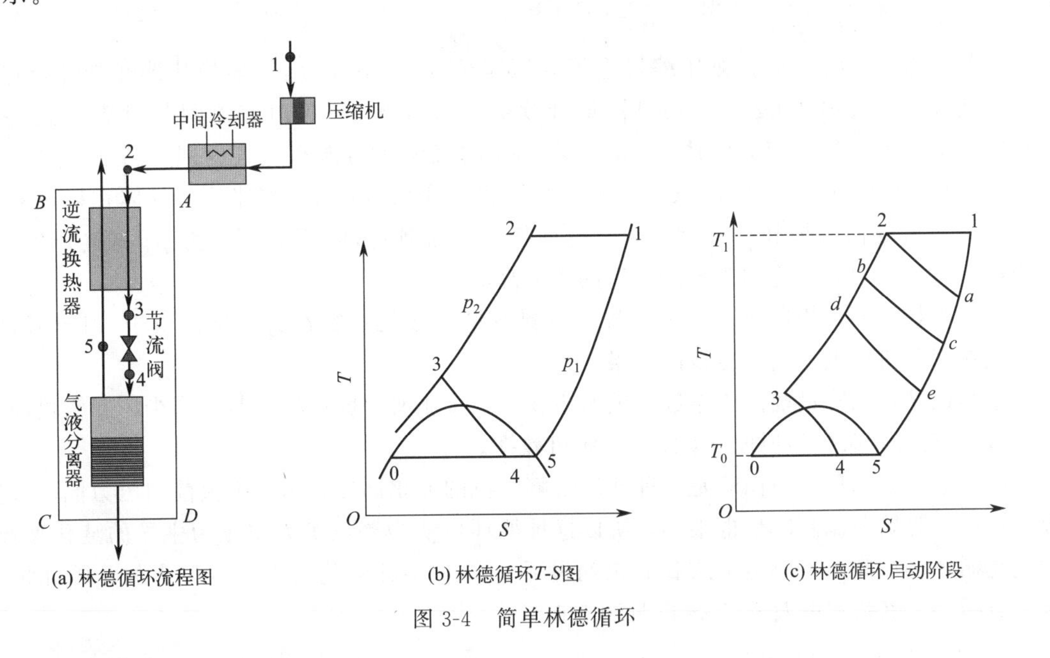

(a) 林德循环流程图　(b) 林德循环T-S图　(c) 林德循环启动阶段

图 3-4 简单林德循环

实际林德循环存在着许多不可逆损失，主要有：

① 压缩机组（包括压缩和水冷却过程）中的不可逆性，引起的能量损失；

② 逆流换热器中存在温差，即换热不完善损失；

③ 周围介质传入的热量，即跑冷损失。

林德循环是以节流膨胀为基础的液化循环，其温降小，制冷量少，液化系数（液化空气占加工空气的比例）及制冷系数（单位功耗所能获得的冷量）都很低，而且节流过程的不可逆损失很大并无法回收。而采用等熵膨胀，气体工质对外做功，能够有效地提高循环的经济性。

2. 以等熵膨胀与节流相结合的液化循环

（1）克劳特循环　1902年，克劳特提出了膨胀机膨胀与节流相结合的液化循环，称之为克劳特循环，其流程及在 T-S 图中的表示见图3-5。

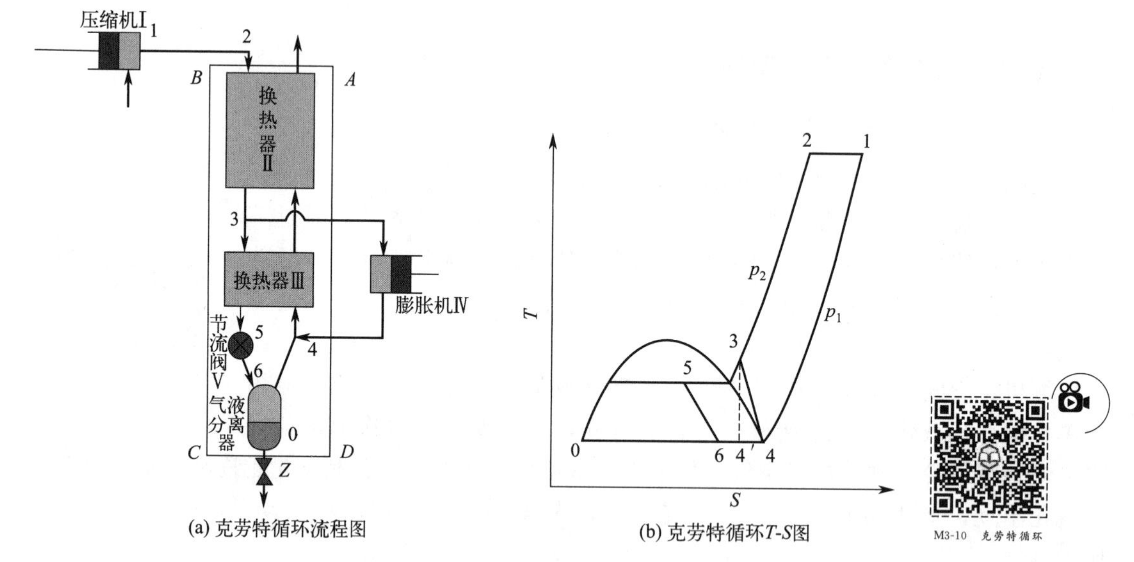

图3-5　克劳特循环

空气由点1（T_1，p_1）被压缩机Ⅰ等温压缩至点2（p_2，T_1）经换热器Ⅱ冷却至点3后分为两部分，其中 Mkg 进入换热器Ⅲ继续被冷却至点5，再由节流阀Ⅴ节流至大气压（点6），这时 Zkg 气体变为液体。（$M-Z$）kg 的气体成为饱和蒸气返回。当加工空气为1kg时，另一部分（$1-M$）kg 气体，进入膨胀机Ⅳ膨胀至点4，膨胀后的气体在换热器Ⅲ热端与节流后返回的饱和空气相汇合，返回换热器Ⅲ预冷却 Mkg 压力为 p_2 的高压空气，再逆向流过换热器Ⅱ，冷却等温压缩后的正流高压空气。

与简单林德循环相比较，克劳特循环的制冷量和液化系数都大，这是由于（$1-M$）kg 的空气在膨胀机中做功制取冷量的结果。

影响该循环制冷量及液化系数的因素主要有：膨胀机中膨胀空气量的多少，膨胀机前压力 p_2，空气进膨胀机的温度 T_3 以及膨胀机效率。

（2）卡皮查循环　该循环是一种低压带膨胀机的液化循环，由于节流前的压力低，节流效应很小，等焓节流制冷量也很小，所以这种循环可认为是以等熵膨胀为主导的液化循环。此液化循环是在高效离心透平式膨胀机问世后，1937年苏联院士卡皮查提出的，因此称为卡皮查循环。其流程图及其 T-S 图见图3-6。

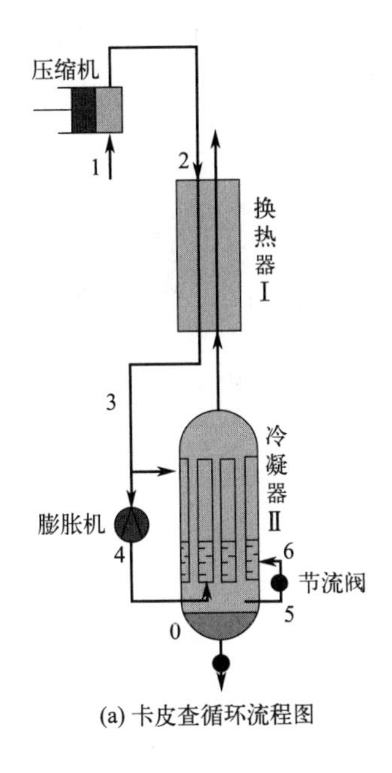

(a) 卡皮查循环流程图

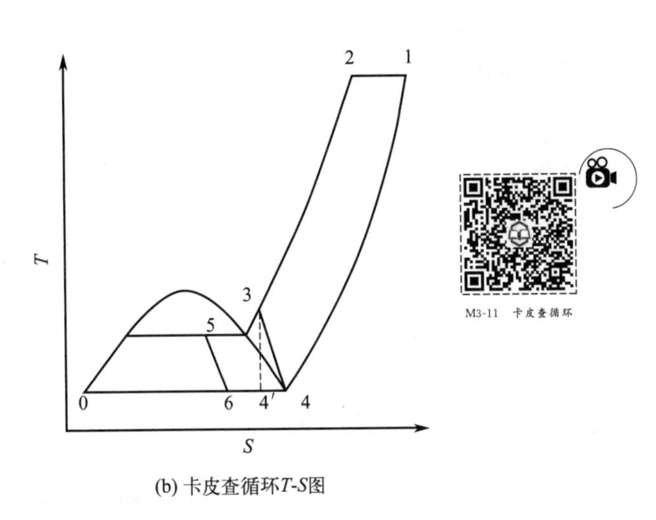

(b) 卡皮查循环T-S图

图 3-6 卡皮查循环

空气（假设有 1kg）在透平压缩机中被压缩至约 0.6MPa，经换热器Ⅰ冷却后，分成两部分，绝大部分 Gkg 进膨胀机膨胀，膨胀至大气压，然后进入冷凝器Ⅱ，将其冷量传递给未进膨胀机的另一部分空气。未进膨胀机的空气数量较小，数量为（$1-G$)kg，它在冷凝器的管间，被从膨胀机出来的冷气流冷却，在 0.6MPa 的压力下冷凝成液体，而后节流到大气压。节流后小部分汽化变成饱和蒸气，与来自膨胀机的冷气流汇合，通过冷凝器管逆流，流经换热器Ⅰ冷却等温压缩后的加工空气。而液体留在冷凝器的底部。

从实质上来看，卡皮查循环是克劳特循环的特例。在循环中采用了高效离心空压机及透平膨胀机，其制冷效率等于 0.8 或更高，大大提高了液化循环的经济性。

通常卡皮查循环的高效透平膨胀机制冷量占总制冷量的 80%～90%，而且应用的高效换热器减少了传热过程中的不可逆损失。但由于 p_2 压力只有 0.5～0.6MPa，所以循环的液化系数不超过 5.8%。

由于卡皮查循环在低压下运行，运行安全可靠、流程简单、单位能耗低，已在现代大、中型工艺中得到广泛应用。

第四节 空气的分离

空气分离的基本原理是利用低温精馏法，将空气冷凝成液体，然后按各组分蒸发温度的不同将空气分离。

空气的精馏在精馏塔中进行。以筛板塔为例，在圆柱形筒内装有水平放置的筛孔板，温度较低的液体自上一块塔板经溢流管流下来，温度较高的蒸气由塔板下方通过小孔往上流动，与筛孔板上液体相遇，进行热质交换，实现气相的部分冷凝和液相的部分汽化，从而使气相中的氮含量提高，液相中的氧含量提高。连续经过多块塔板后就能够完成整个精馏过程，从而得到所要求的氧、氮产品。

空气的精馏根据所需的产品不同，通常有单级精馏和双级精馏，两者的区别在于：单级精馏以仅分离出空气中的某一组分（氧或氮）为目的；而双级精馏以同时分离出空气中的多个组分为目的。

一、单级精馏

单级精馏塔有两类：一类是制取高纯度液氮（或气氮），如图 3-7 所示；一类是制取高纯度液氧（或气氧），如图 3-8 所示。

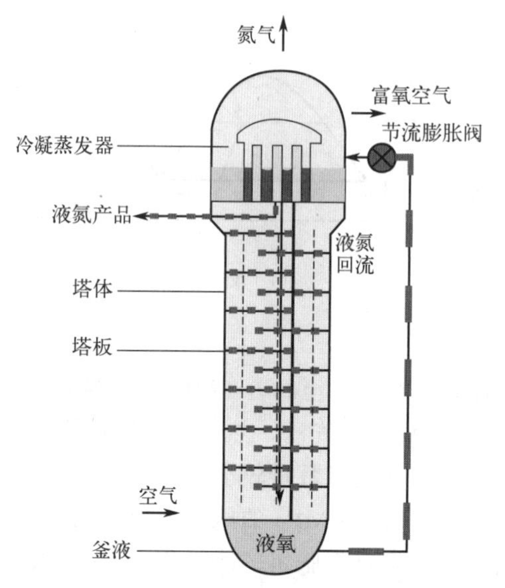

图 3-7　制取高纯度液氮（或气氮）的单级精馏塔

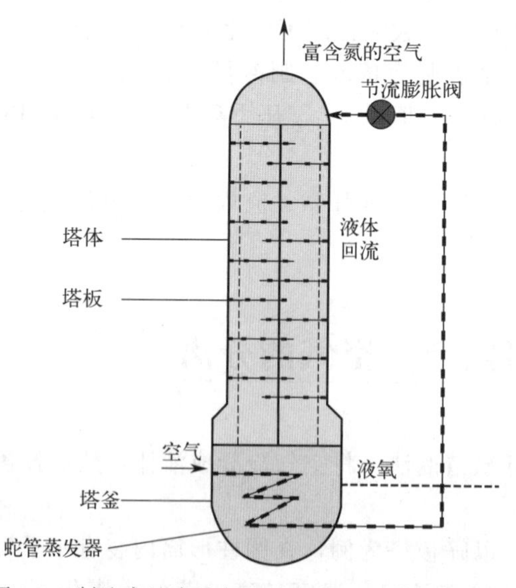

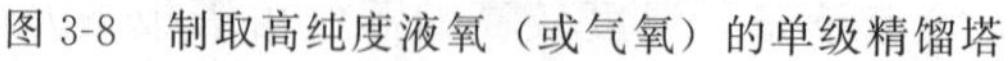
图 3-8　制取高纯度液氧（或气氧）的单级精馏塔

制取高纯度液氮（或气氮）的单级精馏塔由塔体、塔板及冷凝蒸发器三部分组成。塔釜和冷凝蒸发器之间装有节流阀。压缩空气经净化系统和换热系统，除去杂质并冷却后进入塔底部，并自下向上地穿过每块塔板，与塔板上的液体接触，进行热质交换。只要塔板数目足够多，在塔的顶部就能得到高纯度的气氮。该气氮在冷凝蒸发器内被冷却变成液体，一部分作为液氮产品，由冷凝蒸发器引出；另一部分作为回流液，沿塔板自上而下地流动。回流液与上升的蒸气进行热质交换，最后塔底得到含氧较多的液体，叫富氧液化空气，或称釜液。釜液经节流阀进入冷凝蒸发器的蒸发侧（用来冷却冷凝侧的氮气）被加热而蒸发，变成富氧气体引出。如果需要获得气氮，则可从冷凝蒸发器的顶盖下引出。由于釜液与进塔的空气处于接近平衡的状态，故该塔仅能获得纯氮。

制取高纯度液氧（或气氧）的单级精馏塔由塔体、塔板、塔釜和釜中的蛇管蒸发器组成。被净化和冷却的压缩空气经过蛇管蒸发器时逐渐被冷凝，同时将它外面的液氧蒸发。冷凝后的压缩空气经节流阀进入精馏塔的顶端。此时由于节流降压，有一部分液体汽化，大部分液体自塔顶沿塔板流下，与上升蒸气在塔板上充分接触，氧含量逐步增加。当塔内有足够多的塔板数时，在塔底可以得到纯液氧。所得产品氧可以气态或液态引出。由于从塔顶引出的气体和节流后的液化空气处于接近平衡的状态，故该塔不能获得纯氮。

单级精馏塔分离空气是不完善的，不能同时获得纯氧和纯氮，只能在少数情况下使用。为了弥补单级精馏塔的不足，便产生了双级精馏塔。

二、双级精馏

双级精馏塔如图 3-9 所示，双级精馏塔由下塔、上塔和上、下塔之间的冷凝蒸发器组成。经过压缩、净化并冷却后的空气进入下塔底部，自下向上穿过每块塔板，至下塔顶部得到一定纯度的气氮。下塔塔板数越多，气氮纯度越高。氮进入冷凝蒸发器的冷凝侧时，由于它的温度比蒸发侧液氧温度高，被液氧冷却变成液氮。一部分作为下塔回流液沿塔板流下，至下塔塔釜便得到氧含量 36%～40% 的富氧液化空气；另一部分聚集在液氮槽中，经液氮节流阀节流后，进入上塔顶部作为上塔的回流液。

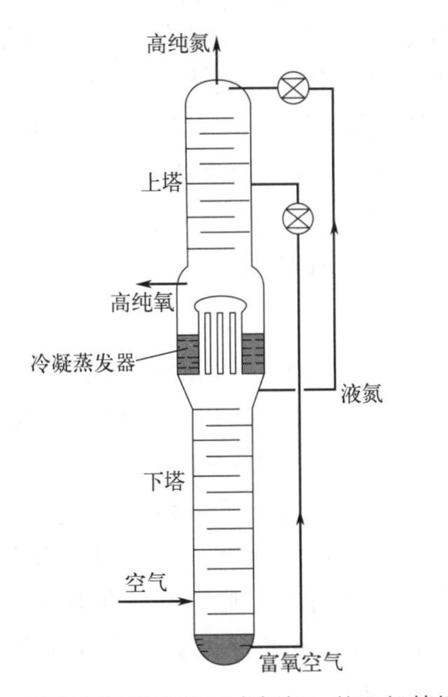

图 3-9　制取高纯度液氧（或气氧）的双级精馏塔

下塔塔釜中的液化空气经液化空气节流阀节流后进入上塔中部，沿塔板逐块流下，参与精馏过程。只要有足够多的塔板，在上塔的最下一块塔板上可以得到纯度很高的液氧。液氧进入冷凝蒸发器的蒸发侧，被下塔的气氮加热蒸发。蒸发出来的气氧一部分作为产品引出，另一部分自下向上穿过每块塔板进行精馏，气体越往上升，其氮含量越高。

双级精馏塔可在上塔顶部和底部同时获得纯氮气和纯氧气；也可以在冷凝蒸发器的蒸发侧和冷凝侧分别取出液氧和液氮。精馏塔中的空气分离分为两级，空气首先在下塔进行第一次分离，获得液氮，同时得到富氧液化空气；富氧液化空气被送往上塔进行进一步精馏，从而获得纯氧和纯氮。上塔又分为两段，一段是从液化空气进料口至上塔底部，是为了将液体中氮组分分离出来，提高液体中的氧含量，称为提馏段。从富氧液化空气进料口至上塔顶部的一段称为精馏段，它是用来进一步精馏上升气体，回收其中氧组分，不断提高气体中氮组分的含量。冷凝蒸发器是连接上、下塔，使两者进行热量交换的设备，对下塔而言是冷凝器，对上塔则是蒸发器。

三、空分塔的种类

目前工业上用的空分塔主要有板式塔和填料塔两大类。在板式塔中有筛板塔和泡罩塔之分；在填料塔中又有散装填料和规整填料之分。下面对它们的结构和特点做简要介绍。

1. 筛板塔

筛板塔是空分装置中最常用的一种塔。筛板塔主要由塔体和一定数量的筛孔塔板组成。筛孔塔板上具有按一定规则排列的筛孔，孔径为 0.8～1.3mm，孔间距为 2.1～3.25mm，同时板上还装有溢流和降液装置。

在塔内蒸气自下而上穿过小孔，以细小的气流分散于液体层中，进行热量和质量交换。上升蒸气由于含有较多的氧组分，温度相对比较高。而下流的液体含氮组分较多，温度相对较低，通过热质交换后，蒸气中氧组分冷凝混入液体中，而液体中的氮组分则蒸发至蒸气中。氮组分增浓以后的蒸气上升到上一块塔板又遇到氮组分浓度更大的回流液。此时蒸气相对于液体仍然具有较高的温度和较多的氧组分，所以蒸气中的氧组分又被冷凝进入液体，这样蒸气中的氮组分不断地提高。同样道理，回流液下流的过程是一个氧组分不断增浓的过程，经过许多块塔板的气液接触，反复进行了部分冷凝和部分蒸发的过程，最后在塔顶得到温度较低的氮气，在塔底部得到温度较高的液氧。

M3-15 筛板塔图片

2. 泡罩塔

泡罩塔是由很多构造相同的泡罩塔板组成的。泡罩由罩帽、升气管、支承板等组成。泡罩在塔板上的排列一般有两种：一是正三角形排列，二是正方形排列，但常用的是正三角形排列。泡罩的中心距一般为泡罩直径的 1.25～1.5 倍。

与筛板塔一样，回流液体通过溢流装置溢流到下一块板，塔板上的液层高度由溢流挡板来维持，使泡罩淹没一定的深度。操作时上升蒸气通过塔板上的升气管，进入升气管和泡罩之间的环形空间，再从泡罩下端的齿缝以鼓泡的形式穿过塔板上的液层与液体进行热量和质量的交换。塔板上的液体沿溢流装置下流至下一块塔板。

M3-16 泡罩塔图片

泡罩塔板的传质情况和上升蒸气速度与泡罩的浸没深度、齿缝的形状和大小有关。一般而言，蒸气的速度加快到一定速度，且泡罩浸没深度较为合适，齿缝开度全部暴露，气液接触良好，形成的泡沫和雾沫的数量较多，则传质情况较好。

泡罩塔与筛板塔相比有下列特点。

① 变负荷的适应性较强，在减少蒸气量和短期停车时，不易发生塔板上液体的泄漏。对稳定性要求较高的塔段，采用泡罩塔与筛孔板间隔设置的方案比较好。

② 泡罩塔板水平度的要求比筛板塔低。

③ 泡罩板压力降大，结构复杂，造价高。在设计工况下的塔板效率不如筛板塔，同时在停车时还容易发生爆炸，使它的使用受限。

由于泡罩塔板上蒸气流道较大，不易被 CO_2 等固体颗粒堵塞，所以空分装置下塔的最下面一块塔板通常采用泡罩塔板，用于洗涤空气中的固体杂质。

3. 填料塔

填料塔内装有一定高度的填料，液体自塔顶经喷淋装置喷淋下来，均匀地沿着填料的表面自上而下地流动，气体自塔底沿着填料的空隙均匀上升。气液两相间的热量和质量交换是在填料表面形成的较薄的液膜表面上进行的。由于填料和塔壁之间的缝隙比填料层的缝隙大，这样沿填料表面下流的液体容易向塔壁处流动，产生壁流现象，使传质效果变差。因此，在较高的填料层高度中分段填装或设液体再分配器。塔内上升蒸气的速度和塔顶喷淋强度必须达到一定值时，才能使传质效果最佳。

根据上升蒸气速度和喷淋液体强度的不同，塔内流动工况基本可分为下列 5 种工况。

M3-17 填料塔图片

（1）稳流工况　当液体喷淋强度和蒸气流速不大时，液体在填料表面形成薄膜和液滴，蒸气上升时在填料表面与液膜进行传热和传质。

（2）中间工况　若继续加大液体喷淋强度和蒸气流速，开始产生气体使液体不能畅通地往下流的凝滞作用，塔内气体中会产生涡流。这种情况较稳流工况更有利于热质交换。

（3）湍流工况　达到中间工况后再增加液体喷淋强度和蒸气流速，则气流在液体中形成涡流，此时热质交换比中间工况更为剧烈。

（4）乳化工况　湍流工况后继续加大液体喷淋强度和蒸气速度，这时气体和液体剧烈混合，并难以分清，在填料层组成的自由空间中充满了泡沫，这种工况气体和液体具有最大的接触面积。生产实践证明，当湍流工况开始转入乳化工况时是填料塔工作的最佳工况。

（5）液泛工况　气流速度高于乳化工况的蒸气速度时，气流夹带着液体往塔的上方流动，正常的精馏过程受到破坏，这就是填料塔的液泛工况。

填料塔的最佳蒸气速度一般取 60%～85%的液泛速度。

填料塔的特点在于：

① 结构简单，造价低，安装检修方便，特别适用于小直径的精馏塔；

② 流体流动阻力较小；

③ 随着装置容量的增加，填料塔径增加，这样容易使气液分配不均匀，使传质效果降低。

近年来对填料塔形状及流体分布器作了改革，提高了大直径塔的生产稳定性。

4. 规整填料塔

填料塔传质效果的好坏与填料的结构形式有很大关系。过去所用的填料主要是散装环形填料（如拉西环等）。这种填料笨重，传质效果差，现已很少使用。目前在空分装置中使用较多的为规整金属波纹填料。

规整金属波纹填料的每个单元是由带斜齿的波纹金属片组成的圆柱体。在薄片上冲有小孔，可以粗分配薄片上的液体，加强横向混合。薄片上的波纹起到细分配液体的作用，增强了液体均布和填料润湿性能，提高传质效率。规整波纹填料的单元高度为 50～200mm，每盘填料的直径比塔内径略小，相邻两盘交错 90°安装。根据塔的结构和安装条件，填料也可制成分块形式，在塔内拼装成一盘填料。

填料层在物料进口处和理论板数超过 20～30 时分段，每段填料的顶部都设有液体（再）分布器，使得液体均匀地分布于填料之中。从上段填料中流下的液体在液体收集器中混合，一方面用来消除上段填料中由于液体分布不均匀所引起的浓度差异，另一方面如果有液相进料，液相进料也在液体收集器中与从上段填料中流下的液体混合，从而达到浓度均一。在填料塔中，整个填料层都发生传质分离，因此在空间利用方面明显优于板式塔。

除液膜控制的传质分离过程（如有些气体吸收和高压精馏）和需要经常取出填料清洗的情况外，规整填料与散装填料相比，具有明显的优越性。散装填料在塔中的装填是随机的，即相邻填料单体间的接触和气液两相的流道亦是随机的，而规整填料片以网格状接触，气液两相的流道是完全对称均一的，因此气液两相流动的分布质量好、效率高。另外，规整填料片间的网格接触，使得装填后的规整填料具有很高的强度，制造规整填料所用板材的厚度只有散装填料的 1/2～1/3，而且加工制造相对简单，所以规整填料比相近规格（指比表面积相近）的散装填料要便宜得多。

四、空分塔中稀有气体的分布

氦、氖、氩、氪、氙和氧、氮的沸点不同，它们在空气中的数量不同，因此在空分塔中汇集的部位也不同。

氖、氦的沸点较氮气低得多，当空气进入下塔后，精馏过程中大部分氖、氦同氮混合进入主冷凝蒸发器管内，氮气冷凝后沿壁流下，但氖、氦气不能冷凝，因而汇集在冷凝蒸发器的顶部，达一定数量后就会破坏冷凝蒸发器的传热工况，影响精馏过程，故应定期排出。从空分塔中提取氖、氦也于此处引出。

氪、氙的沸点高，当空气进入下塔后，氪、氙均冷凝在底部的液化空气中，经节流后送入上塔，汇集在液氧和气氧中。空分塔中提取氪、氙混合物一般从氧气中取得。

氩在空气中含量为 0.932%，由于氩的沸点介于氧、氮之间，因此造成空气分离的困难，在上塔的提馏段中，氩相对于氧是易挥发的组分，因此氩的浓度将沿塔自上而下逐渐减少。精馏段中的氩相对于氮是难挥发的组分，因而它的浓度沿塔自上而下逐渐增加。上塔内精馏段和提馏段中均有氩浓度高的区域，上塔中氩分布特性取决于上塔分离产品（氧和氮）的纯度，若产品氮中的氩含量相当大，则最高氩浓度是在上塔的精馏段，若产品氧中含氩量高于氮中的含量（制氮条件），则最高的氩浓度是在上塔的提馏段，如果氧的产量下降、纯度提高，则氩的富集区上移，反之则下移。

对于氩的存在，如果不采取措施，要在一个塔内同时制取纯氮和纯氧是不可能的。如制取纯氧，则上塔氮中含有氩的量为 1.18%；制取纯氮，则氧中含氩量为 4.45%；如同时制取纯氮和纯氧，必须从上塔中适当位置抽出含氩量大的馏分。若抽出的氩馏分不进行提纯处理，抽出的最佳位置在精馏段中，这样可减少氧损失；如果抽出氩馏分是为了制取纯氩，抽出的最佳位置在提馏段，因为此段内有氮含量最低而氩含量较高的位置。

第五节　空分流程

随着空分技术的改进，我国的空分装置经历了铝带蓄冷器冻结高低压空分流程、石头蓄冷器冻结全低压空分流程、切换式换热器冻结全低压空分流程、常温分子筛净化全低压空分流程、常温分子筛净化增压膨胀空分流程和常温分子筛净化规整填料精馏空分流程等多次技术革命。装置规模日趋大型化，能耗越来越低，从最初的主要用于冶金行业，到今天服务于大型煤气化工艺。

深冷空分流程从原理来看，都包括空气的压缩、净化、热交换、制冷、精馏等过程，有的流程还包括氩和其他稀有气体的提取过程。流程的主要区别在于各过程所用的设备不同，操作条件不同，所生产的氧产品的量和压力不同。

一、空分流程的演变

1. 铝带蓄冷器冻结高低压空分流程

流程主要由空气过滤压缩、CO_2 碱洗、氨预冷、膨胀制冷、换热精馏等系统组成。

流程缺点如下。

① 流程复杂。

② 蓄冷器的自清除问题没有得到妥善解决，氧气（或氮气）和空气的传质和传热虽按时间间隔错开，但却在同一腔内进行，使产品的纯度受到较大影响。

③ 膨胀机为冲动式固定喷嘴的结构形式，效率较低，只有 60%。

④ 氧提取率低，一般只有 83.3%。

⑤ 能耗高，设计值为 $0.66\text{kW}\cdot\text{h/m}^3\ O_2$，而实际运行值高达 $0.7\sim0.9\text{kW}\cdot\text{h/m}^3\ O_2$。

2. 石头蓄冷器冻结全低压空分流程

随着透平膨胀机技术的开发、蛇管式石头蓄冷器的出现及其自清除技术的改进，出现了石头蓄冷器冻结全低压空分流程。该流程大为简化，主要由空气过滤压缩、空气预冷、膨胀制冷、换热精馏等系统组成。

流程缺点如下。

① 石头蓄冷器中的石头填料单位体积所具有的比表面积只有铝带的 1/5，而密度却远比铝带要大。

② 由于采用中间抽气法来保证蓄冷器的不冻结性，因而设置了相应所需的抽气阀箱和 CO_2 吸附器，使冷箱内设备及配管复杂化。

③ 膨胀机采用的固定喷嘴，只能依靠调节压力来调节气量，因而膨胀量调节范围较小。

④ 冷凝蒸发器为长列管式，管子数目仍然较多，体积大，制造难。

3. 切换式换热器冻结全低压空分流程

随着高效率板翅式换热器的研制成功和反动式透平膨胀机技术的进一步发展，空分流程水平又大大向前推进了一步，出现了切换式换热器冻结全低压空分流程。该流程同样也由过滤压缩、预冷、换热精馏等系统组成。

(1) 流程特点

① 以传热效率高、结构紧凑轻巧、适应性大的板翅式换热器取代了石头蓄冷器、列管式冷凝蒸发器及盘管式过冷器、液化器等，使单元设备的外形尺寸大大缩小，促进了空分设备冷箱相应缩小，跑冷损失减少，膨胀量下降，启动时间缩短等一系列的良性循环，提高了空分设备的技术经济性。

② 氧提取率达 87%。

③ 能耗低。10000m^3/h 空分设备一般为 0.49～0.52$kW \cdot h/m^3 O_2$；6000m^3/h 空分设备一般为 0.53～0.55$kW \cdot h/m^3 O_2$。

(2) 流程缺点

① 为了满足切换式换热器自清除要求，需要返流污氮气量较大，一般而言，污氮气量与总加工空气量之比不得少于 0.55，即纯产品产量只能达到总加工空气量的 45%，这样纯氮气和氧气产量之比最多只能达到 1∶1，这无法满足需要大量纯氮气的用户的要求。

② 为满足切换式换热器的不冻结性要求，冷端要保证有一个最小温差，空分设备的启动要分 4 个阶段来完成，启动操作比较麻烦。

4. 常温分子筛净化全低压空分流程

常温分子筛净化全低压空分流程和切换式换热器冻结全低压空分流程之根本区别在于：将切换式换热器的传质和换热两种功能分开，在冷箱外用分子筛吸附器清除空气中水分和 CO_2，在冷箱内的主换热器仅起换热作用。

(1) 流程特点

① 以分子筛吸附剂在常温状态下吸附空气中的水分、CO_2 及碳氢化合物，使空分设备的空气比较干净，主换热器只起换热作用，不用交替切换工作，不仅延长了主换热器的使用寿命，而且不再需要设置自动阀箱、液化空气吸附器、液氧吸附器、循环液氧泵及相应阀门、管道、仪表等；

② 氧提取率为 90%～92%，氩提取率约为 52%。

(2) 流程缺点

① 为了保证分子筛吸附器能在较佳的温度（8～10℃）下工作，以充分发挥分子筛吸附剂的最佳吸附效果，设置了制冷机来冷却空气冷却塔的上部用水。

② 为了分子筛吸附剂的解吸，设置了电（或蒸汽）加热器，这样就要多消耗一部分能量。

③ 为了保证再生时污氮气有足够的压力通过分子筛吸附剂床层，要求空压机的排压也要适当提高；这导致能耗要比切换式换热器冻结全低压空分流程约增加 4%。

5. 常温分子筛净化增压膨胀空分流程

该流程是在常温分子筛净化全低压空分流程的基础上，将膨胀机的制动发电机改成了增压机。增压机的作用是将膨胀空气在膨胀过程中产生的功，直接用来增加进膨胀机的空气压力，膨胀机前压力的提高，就增加了单位膨胀空气的制冷量，在空分设备所需冷量一定的情况下，膨胀量就可减少下来，总的加工空气量也就相应降低。这就是常温分子筛净化增压膨胀空分流程氧提取率能进一步提高，能耗得以下降的原因。

流程特点如下：

① 继承了常温分子筛净化全低压空分流程的所有优点。

② 氧提取率可达 93%～97%；氩提取率为 54%～60%。

6. 常温分子筛净化规整填料精馏空分流程

为了进一步提高装置效率，降低能耗，国外在常温分子筛净化增压膨胀空分流程的基础上，对其配套的单元设备的设计技术采用了“各个击破”的战略，进行了深入的研究和开发，并取得了使空分设备获得大幅度增效减耗的整体效应。

此流程采用了规整填料塔、全精馏制氩、膜式蒸发、蒸发降温等新技术，分别被用于上塔、氩塔、冷凝蒸发器、水冷却塔等设备，压缩机、膨胀机效率的提高也有新的成果。

流程特点如下。

① 将规整填料应用于上塔后，和筛板塔相比，上塔阻力降低 80%～85%，精馏塔的氧提取率可高达 98%～99%，能耗下降 4%～5%。

② 采用了规整填料塔后，精馏压力降低，增大了各组分的相对挥发度，改善了上塔提馏段氧、氩的分离，粗氩塔、精氩塔皆采用了规整填料塔，更进一步降低了精馏阻力，使理论塔板数的设置可以增多，大大提高了精馏效率和氩的纯度。

③ 冷凝蒸发器采用膜式蒸发技术，使传热温差可降为 0.55～0.8K。空压机出口压力下降 0.035～0.04MPa，能耗下降 3%。

④ 在水冷塔中，用污氮降温，取消制冷机组，扣除因进分子筛纯化系统空气温度升高导致再生能耗的增加值后，节能约 1%。

7. 外压缩与内压缩流程

外压缩流程是在冷箱外设氧气压缩机，将空分设备生产的低压氧气加压至用户所需压力；内压缩流程的供氧压力是由冷箱内（原理上）的液氧泵加压实现的。目前，内压缩流程较广泛地应用于液体需求量大、产品终压高和容量大的空分设备中。

与外压缩流程相比，内压缩流程主要的技术变化有两个部分：精馏与换热。外压缩流程空分设备由精馏塔产生低压氧气，经主换热器复热出冷箱；而内压缩流程空分设备是从精馏塔的主冷凝蒸发器抽取液氧，由液氧泵加压，然后与一股高压空气换热，使其汽化后出冷箱。可以简单地认为，内压缩流程是用液氧泵加上空气增压机取代了外压缩流程的氧压机。

相对于外压缩流程，内压缩流程在技术上主要有以下几个特点。

① 内压缩流程空分设备是采用液氧泵对氧产品进行压缩，然后换热汽化的一种流程形式。为了使加压后液氧的低温冷量能够转换成为同一低温级的冷量，使空分设备实现能量平衡，必须要有一股逆向流动的压缩气体在换热器中与加压后的液氧进行换热。在使液氧汽化和复热的同时，这股压缩气体则被冷却和液化，然后进入精馏塔内参与精馏。根据热力学原理，参与换热的这股高压气体的压力必须高于被压缩液氧的压力，所以在内压缩流程中需设置一台循环增压机和一个高压换热器。

② 与加压液氧进行换热的空气压力和流量的确定、高压换热系统的组织和精馏的组织等是内压缩流程的核心问题。所以，与常规外压缩流程不同的是：内压缩流程要根据最终产

品的压力、流量及使用特点等具体情况，经过不断地优化计算，选择合理的流程组织方式、最佳的汽化压力和循环流量，使空分设备的氧、氩提取率最高，经济性最好。

③ 内压缩流程取消了氧压机，因而无高温气氧，火险隐患小、安全性好。从主冷中大量抽取液氧，使碳氢化合物的积聚可能性降到最低。产品液氧在高压下蒸发，使烃类物质积累的可能性大大降低。特殊设计的液氧泵可自动启动，与运行程序协同可有效地保证装置的安全运行与连续供氧。

④ 内压缩流程的单位产品能耗与空分设备的规模、产品压力、液体产品的多少有较大关系。由于内压缩的不可逆损失大，产品的提取率略低。以气态产品为主的空分设备，采用内压缩流程的单位产品能耗要比常规外压缩流程约高 5%（按相同产品工况比较）。

化工（石化）行业对用氧压力的要求较高，低则 4.0MPa，高的达到 90MPa 以上，而其所需的制氧规模也非常大，一般都在 30000m^3/h 以上。如果采用外压缩流程，常规的氧气透平压缩机的排气压力就达不到要求，还要增加活塞式氧压机。外压缩投资成本增高，占地面积也大，还增添了不安全因素，采用内压缩流程的空分设备就是唯一的选择。同时，因为通常化工行业的空分设备的产品结构比较复杂，要求同时生产多种压力等级的氧、氮产品，这就需要根据具体的要求，进行多种方案的比较，如采用单泵还是双泵内压缩，采用空气循环还是氮气循环，最佳的方案一定要遵循一次性投资成本和长期运行费用的最佳结合原则。

二、空分流程的介绍

1. 工艺流程

适用于大型煤气化技术的内压缩空分装置的流程如图 3-10 所示。

原料空气在过滤器中除去灰尘和机械杂质后，进入空气透平压缩机加压至 0.6MPa 左右，然后被送入空气冷却塔进行清洗和预冷。空气从空气冷却塔的下部进入，从顶部出来。空气冷却塔的给水分为两段，下段使用经水处理系统冷却过的循环水，而冷却塔的上段则使用经水冷却塔冷却后的水，使空气冷却塔出口空气温度降至 15℃左右。空气冷却塔顶部设有丝网除雾器，以除去空气中的水滴。

M3-18 内压缩空分装置的流程动画

出空气冷却塔的空气进入交替使用的分子筛吸附器。在吸附器内原料空气中的水分、二氧化碳、乙炔等杂质被分子筛吸附。分子筛设有两台，定期自动切换使用，其中一台在工作时，另一台进行活化再生。活化再生时被吸附的杂质被污氮带出，排入大气。

净化后的加压空气分为三股。一股引出作仪表空气；一股进入主换热器，与返流的污氮气和产品气换热，被降温至－171℃后进入空分塔下塔进行精馏；另一股经空气增压机压缩后再分为两股，一股相当于膨胀量的空气从增压机一段抽出，经增压膨胀机的增压端增压至 3.8MPa 后，经气体冷却器冷却，进入主换热器冷却至－118℃，从中部抽出，经膨胀机膨胀后，进入空分塔下塔进行精馏，另一股气体经增压机继续增压至 6.96MPa，再进入主换热器换热降温至－161℃，节流减压后进入空分塔下塔。

空气经空分塔下塔初步精馏后，在下塔底部获得液化空气，在下塔顶部获得纯氮。从下塔抽取的液化空气、纯液氮，经过冷器过冷后进入上塔相应部位。另抽取一部分液氮直接送入液氮贮槽。

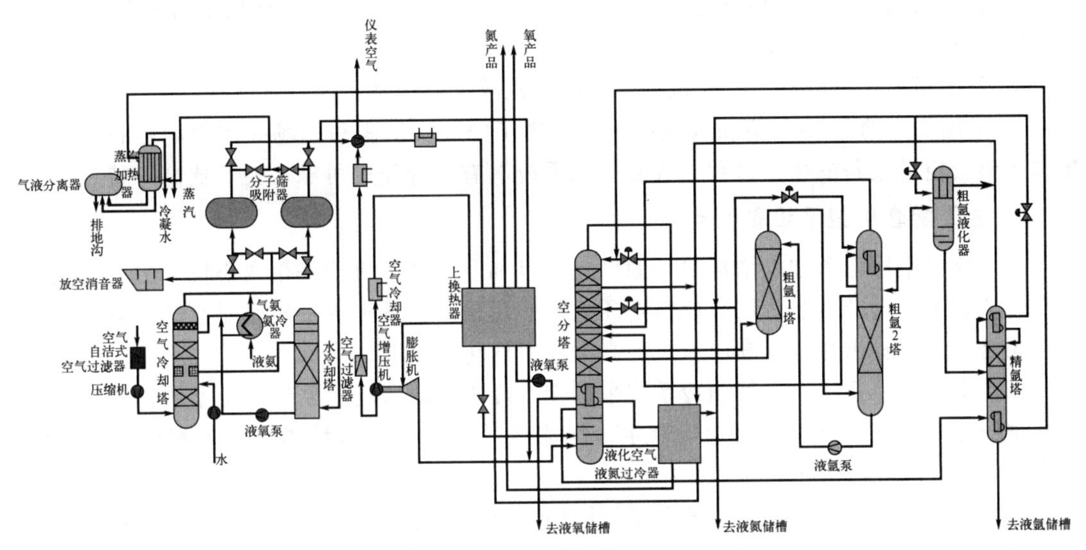

图 3-10　内压缩空分装置的流程

经上塔进一步精馏后，在上塔底部获得纯液氧，经液氧泵加压至所需压力后，经主换热器复热至 20℃出冷箱，得到带压氧气产品。液氧产品从冷凝蒸发器底部抽出，进入贮槽。

从上塔顶部得到的氮气，经过冷器、主换热器复热后出冷箱作为产品输出。

从上塔中上部引出的污氮气，经过冷器、主换热器复热后出冷箱，一部分进入蒸汽加热器作为分子筛再生气体，另一部分送水冷却塔冷却水。

从上塔中部抽取一定量的氩馏分送入粗氩塔。粗氩塔在结构上分为两段，即粗氩 1 塔和 2 塔，粗氩 2 塔底部抽取的液体经循环液氩泵送入粗氩 1 塔顶部作为回流液。经粗氩塔精馏得到氩含量 99.6%、氧含量 $1mg/m^3$ 的粗氩气，进入精氩塔中部分离氮。经精氩塔精馏，在精氩塔底部得到氩含量 99.999%的精液氩。

2. 流程特点

此装置是目前大型煤化工项目常用的，适用于氧压力高、产量要求大的内压缩空分装置。其主要特点如下。

① 属于常温分子筛净化增压膨胀流程，流程简单，操作维护方便，采用 DCS 集散系统，切换损失少，碳氢化合物清除彻底，空分设备的操作安全性好，连续运行周期大于两年。

② 采用规整填料型上塔代替筛板型上塔，由于上塔阻力只有相应筛板塔的 1/4～1/6，使空压机的出口压力降低，空压机的能耗下降 5%～7%。

③ 由于上塔操作压力降低、操作弹性大，空分设备的氧提取率进一步提高，精馏塔的氧提取率可达 99.5%，空分设备氧提取率达 97%～99%。

④ 精氩的制取采用低温精馏法直接获得，即全精馏无氢制氩技术。粗氩塔和精氩塔皆采用规整填料塔。为降低冷箱的高度，粗氩塔在结构上分为两段，用循环液氩泵为粗氩上塔提供回流液。采用全精馏无氢制氩技术，取消了一整套氩纯化设备和制氢设备，流程简化，节省厂房投资和运行费用，节约了制氩能耗。同时，氩提取率大大提高，可达 65%～84%。精氩产品的品质高，氧含量可以低于 $2mg/m^3$。

⑤ 采用了高效空气预冷系统。空气预冷系统设置水冷却塔，充分利用氮气冷量，使冷却水温度降低，可减少冷水机组的制冷负荷。根据用户用氮情况也可不另配冷水机组。

⑥ 分子筛纯化系统采用活性氧化铝-分子筛双层床结构，大大延长了分子筛的使用寿命，同时可使床层阻力减少。

⑦ 采用了高效增压透平膨胀机技术，膨胀机效率可达到83%～88%。

⑧ 采用先进的DCS计算机控制技术，实现了中控、机房和现场一体化的控制，可有效地监控整套空分设备的生产过程。成套控制系统具有设计先进可靠、性价比高等特点。

3. 主要配套机组及设备特点

（1）原料空压机和空气增压机　原料空压机和空气增压机均采用离心机，由1台汽轮机拖动，节省了投资及运行费用。原料空压机的作用是为装置提供带压原料空气，空气增压机的作用是为装置提供膨胀及高压液氧、高压液氮汽化的气源。

（2）空气预冷系统　空气预冷系统采用带水冷塔的新型高效空气预冷系统，其作用是冷却和洗涤原料空气。空冷塔的上段和水冷塔采用特殊设计的散堆填料，具有传热传质效率高、操作弹性大和阻力小的特点。

（3）分子筛　分子筛纯化系统采用长周期、双层净化技术及系统无冲击切换技术，其作用是吸附空气中的水分、乙炔、二氧化碳和氧化亚氮（部分吸附）等。分子筛吸附器采用双层床结构，底层活性氧化铝因吸附水的容量大，可有效地保护分子筛，延长分子筛使用寿命；同时采用双层床，再生温度降低，再生能耗减少。

（4）精馏塔系统　精馏塔系统是本套空分设备的核心系统，其作用是利用低温精馏来分离原料空气中的氧、氮及氩。上塔、粗氩1塔、粗氩2塔和精氩塔均采用规整填料塔，具有氧提取率高、能耗低、工艺先进、运行安全可靠及操作维护方便等优点；下塔采用专用于大型空分设备的四溢塔板技术；而膨胀机、高压换热器及低温液体泵则采用进口产品，确保装置运行的可靠性。

① 下塔、主冷凝蒸发器及上塔复合布置，既减少了占地面积，又取消了液氧泵。

② 本套空分设备有低压、高压两组换热器，为便于检修，分别设置单独冷箱，与主冷箱隔开，为防止与主冷箱连接处型钢在低温下冷缩变形，换热器冷箱与主冷箱分开布置，采用过桥连接。

③ 本套空分设备共有液氧产品泵、液氮产品泵和液氩产品泵三种泵，一用一备（一台运转，另一台在线冷备），共6台，保证了运行的连续性。为便于检修及从安全角度考虑，6台泵均单独布置，即设置单独隔箱，置于主冷箱外。

④ 对部分重要的高压、低温液体阀门采用独立隔箱，方便维修。

第六节　空气深冷分离的操作控制

一、空分系统的主要开车步骤

1. 启动准备

启动准备指在供电、供水、供气正常，空分系统的各设备、仪表、控制程序具备了启动条件后，启动空分系统的空气输送及净化系统，产生洁净的空气，对冷箱内的设备、管道、阀门等进行吹刷，降低冷箱内装置中的水蒸气及灰尘含量。

其主要操作步骤为：启动冷却水系统；启动用户仪表空气系统；启动分子筛纯化系统切

换程序；启动空气透平压缩机；启动空气预冷系统；启动分子筛纯化系统；加温、吹刷和干燥精馏系统的设备和管路。

2. 冷却阶段

冷却空分塔的目的，是将正常生产时的低温部分设备从常温冷却到接近空气液化温度，为积累液体及氧和氮分离准备低温条件。

其主要步骤为：启动增压透平膨胀机制冷；按各冷却管路逐渐给装置降温，直至下塔底部出现液体。

3. 积液和调整阶段

此阶段的主要任务为逐步建立各精馏设备的液位，调整各精馏装置至正常操作状态。

其主要步骤为：控制主换热器冷端的温度接近液化点，约为－173℃，中部空气温度约为－108℃；建立空分塔和粗氩塔的液位；调整空分塔和粗氩塔的工况；建立精氩塔的液位并调整其工况。

二、空分的正常操作管理

（一）正常操作

1. 主冷凝蒸发器的液位调节

冷凝蒸发器中液氧的液位与制冷量相关，冷量增加，液位上升；反之，则下降。冷量主要由膨胀机产生，所以产冷量的调节是通过对膨胀机膨胀气量的调节来达到的，通过调节，使在各种情况下的冷凝蒸发器液氧液位稳定在规定的范围内。

2. 精馏控制

精馏控制主要指控制好塔内的液位，使出塔的各物料成分稳定。

① 下塔塔釜的液位必须稳定，可将液化空气进上塔调节阀投入自动控制，使下塔液位保持在规定的高度。

② 精馏过程的控制主要由液氮进上塔调节阀控制。液氮进上塔调节阀开大，则液氮中的氧含量升高；关小，则液氮中的氧含量降低。

③ 产品气取出量的多少也将影响产品的纯度，取出量增加，纯度下降；取出量减少，则纯度升高。

3. 达到规定指标的调节

① 把全部仪表调节至设定值。

② 用液氮进上塔调节阀调节下塔顶部氮气的浓度和底部液化空气纯度，使其达到规定值。

③ 上塔产品气的纯度调节，应先减少产品取出量，待纯度达标后再逐步增大取出量，直至达到规定值。

（二）维护

这里仅对空分设备的主要装置的使用维护进行说明。

1. 热交换器维护

热交换器的维护，主要是注意压力和温度的变化。热交换器的异常情况通常由冰、干冰和粉末阻塞引起，当发生换热器阻力过大影响正常运行时，只有使装置停车，通过加温吹除来消除。另外通过分析热交换器进、出口气体的组分，判断热交换器有无渗漏。

2. 主冷凝蒸发器维护

需控制冷凝蒸发器中液氧的乙炔及其他烃类化合物含量不超过 0.1mg/m^3。当乙炔含量过高时，应尽可能多地加大排液量，同时需加大膨胀量以保持液氧液位，并对冷凝蒸发器中的液氧成分不断进行分析。如果乙炔含量继续上升，并达到 1mg/m^3，应把所有的液体全部排空，并停车加温和进行分子筛吸附再生，还需分析原因，并采取相应的措施。为防止乙炔的局部增浓和二氧化碳堵塞冷凝蒸发器的换热单元，一定要避免冷凝蒸发器在低液氧液位下长时间运行。若液面过低应立即增加制冷量，使液位上升到规定范围。正常情况下应保持主冷凝蒸发器在液氧完全淹没条件下操作。

3. 空分塔

在空分塔上、下设有压差计，可以测定精馏过程中的压降。第一次启动空分设备时，应将工况调整正常以后所测的压降作为运转的依据。当压降减小时，表明有渗漏或者塔板上液位太低。如果阻力增大，通常是由于塔内液泛或塔板（填料）堵塞造成。在这种情况下，应首先降低负荷，若压降仍大，则只有通过加温精馏塔实现消除。当精馏塔底部液位升得太高，将最下一块塔板淹没，就会造成淹塔，此时阻力会显著增大。

4. 分子筛吸附器

分子筛吸附器管理的一个重要方面是切换程序管理。需定时检查吸附器，看再生和冷却期间是否达到规定的温度，切换时间是否符合规定。如有异常，应进行调整。

吸附器使用两年后，要测定分子筛颗粒破碎情况。必要时，要全部取出分子筛过筛，以清除沉积在上面的微粒和粉末。要按规定添加或更换分子筛，不得选用未经鉴定的分子筛，并要确保吸附层达到规定厚度。

（三）变工况操作

空分设备在正常运行中的主要生产成本是电力消耗。减少无功生产，降低氧气放空率，是节约电耗的重要措施。

当氧气等产品需要量减少时，需要进行变工况的操作。此时需降低气体产品量，或在进气量不变的情况下，增加液体产品量。

1. 减少氧气产量的变负荷操作

由于氧气等产品的需要量减少或氧气管网压力增高等，往往会要求减少氧气的生产量，即降低装置的负荷。其具体操作步骤如下。

① 先减少氧气产品的输出量，同时按比例减少氮气产品量。一般情况下，污氮气量仍然处于污氮气出冷箱总管压力自动控制状态下。

② 根据已减少的氧化量，以大于或等于 5 倍的比例减少进冷箱空气量，即关小空压机导叶开度。

③ 通过调节（微关）下塔纯液氮回流阀，保持下塔底部压力基本不变。

④ 通过调节纯液氮进上塔阀，保持下塔液化空气中氧含量不变。

⑤ 根据冷凝蒸发器液氧液位和液氧产品量的需求情况，调节膨胀空气量。如冷凝蒸发

器液氧液位过高，又不特别需要液氧产品，这时应适当减少膨胀空气量。

⑥ 适当降低粗氩冷凝器液化空气液位，调低粗氩冷凝器负荷，同时调小粗氩产品输出量。

2. 增加氧气产量的变负荷操作

增加氧气产量的操作，其实是减负荷操作的一个反向操作，其操作步骤如下。

① 适当开大空压机的导叶，增加加工空气量。

② 通过调节下塔纯液氮回流阀，控制下塔底部压力，使其压力保持不变。

③ 调节液氮进上塔调节阀，注意下塔液化空气氧含量。

④ 缓慢增加氧气取出量。

⑤ 同比例增加氮气产量。

⑥ 根据冷凝蒸发器液氧液位，可以适当增加膨胀空气量。

3. 增加液氧产量的变负荷操作

当氧气需要量减少时，可通过增加膨胀空气量多生产液氧产品，其操作步骤如下。

① 关小氧气输出阀，减少氧气产量。

② 缓慢增加膨胀空气量，必要时可以增开一台膨胀机。但在增开一台膨胀机时必须先把另一台膨胀机的负荷降下来，然后两台膨胀机逐步加大负荷。膨胀空气量必须缓慢增加，同时通过旁通阀旁通所增加的膨胀空气量。

③ 缓慢关小下塔纯液氮回流阀，使下塔底部压力保持不变。

④ 调节液氮进上塔调节阀，使下塔液化空气纯度不变。

⑤ 适当降低粗氩冷凝器液化空气液位，使粗氩塔负荷下降，同时调小粗氩产品输出量。

4. 手动变负荷操作中应注意的问题

手动变负荷操作过程中，必须遵循“稳中求变，变中求稳”的原则。增加负荷时，应从增加加工空气量开始，从头到尾依次改变相关参数的设定点。每次改变幅度应不大于氧气产量的0.5%。一般情况下，从头到尾改变一次设定点的周期为10min。反之，当减少负荷时，先从减少出冷箱氧气流量开始，反方向依次改变各个设定点，减少氧气产量的幅度应大于减少空气量的幅度。

手动变负荷操作时，应尽量避开其他外界因素的影响，例如在分子筛吸附器均压前10min到均压结束后10min这段时间内不做变负荷的操作。

5. 变负荷范围的技术限制

在变负荷操作过程中，最容易受影响的是粗氩塔的运行工况。提取粗氩是以从上塔下部抽出的氩馏分气为原料的，上塔精馏工况的好坏直接影响到粗氩塔的精馏工况。但是，有时氧、氮产品纯度未被破坏，上塔精馏工况也达到了正常状态，粗氩塔的精馏工况反而被破坏了。

经过分析发现，这是因为上塔的上升蒸气和下流液体自上而下的浓度梯度分布发生了变化。例如，当上塔的上升蒸气的浓度梯度发生变化时，容易影响到氩馏分的纯度，特别在氩馏分中的氮含量增加后，不凝性气体（氮气）在粗氩冷凝器中突然积聚，使换热温差减小，粗氩冷凝器的换热效果变差，粗氩塔的回流液突然减少，粗氩中的氧含量升高，伴随而来的是粗氩中的氧含量、氮含量同时增加。如果单纯根据粗氩氧含量高低来调节或降低氮馏分中的氧含量，情况会变得更糟。

因此，在不带制氩系统的空分设备上进行变负荷操作比较简单，仅需考虑上塔顶部氮气的纯度和底部氧气的纯度就够了，而且在变负荷生产过程中氧、氮产品的纯度容易得到保证。但在带制氩系统的空分设备上，还要考虑到上塔每段浓度梯度的分布情况，否则就无法保证制氩系统的正常生产。在变负荷生产过程中，要保证上塔的浓度梯度不发生变化是非常困难的，在低负荷生产的情况下，各块塔板的精馏效率降低，浓度梯度一定会发生变化，制氩系统的正常生产运行将不能得到保证。所以，在保证不影响制氩系统生产的前提下，空分设备变负荷生产的范围就有了限制。在生产实践中发现，空分设备的负荷低于80%时，制氩系统工况被破坏的现象时有发生，而氧、氮产品的纯度和产量很少受到影响。

三、停车和升温

1. 正常停车

正常停车时，迅速依次按以下步骤进行。

① 停止供产品气。

② 开启产品管线上的放空阀。

③ 把仪表空气系统切换到备用仪表空气管线上。

④ 停运透平膨胀机。

⑤ 开启空压机空气管路放空阀。

⑥ 停运空气压缩机。

⑦ 停运空冷系统的水泵。

⑧ 停运分子筛纯化系统的切换系统。

⑨ 关闭空气和产品管线，打开冷箱内管线上的排气阀（视压力情况而定）。

⑩ 停运液氧、液氮泵。

⑪ 如停车时间超过48h，应排放液体。

⑫ 关闭所有的阀门（不包括上面提到的阀门）。

⑬ 对各装置进行升温。

如停车时间较短，则只按①～⑩步进行操作。

注意：在室外气温低于零度时，停车后需把容器和管道中的水排尽，以免冻结；低温液体不允许在容器内低液位蒸发，当容器内液体只剩下正常液位的20%时，必须全部排放干净。

2. 临时停车

由于发生故障，需短时间停车处理时，可对精馏塔进行保冷停车。执行正常停车的①～⑩步操作，并视消除故障时间快慢，决定执行第⑪步，直至第⑬步。一般停车时间大于48h应进行全系统加温再启动。

3. 临时停车后的启动

空分设备在临时停车后重新启动时，其操作步骤应从哪一阶段开始，应视冷箱内的温度来决定，保冷状态下的冷箱内设备不必进行吹扫。如在冷态启动时主冷液氧液位高出正常操作液位，则应先使液位降至正常操作液位。

其步骤如下。

① 启动空气压缩机，缓慢提高压力。

② 启动空气预冷系统的水泵。

③ 启动分子筛纯化系统。为避免湿空气进入主换热器，应将另一只吸附器再生彻底，需在空气送入精馏塔前经过一个切换周期。

④ 慢慢向精馏塔送气、加压。

⑤ 启动和调整透平膨胀机。

⑥ 调整精馏塔系统。

⑦ 调整产品产量和纯度到规定指标。

4. 全面加温精馏塔

空分设备经过长期运转，在精馏塔系统的低温容器和管道内可能产生冰、干冰或机械粉末的沉积，阻力逐步增大。因此，运转一定时间后，一般应对精馏塔进行加温解冻以除去这些沉积物。如果在运转过程中发现热交换器的阻力和精馏塔的阻力增加，以致在产量和纯度上达不到规定指标，这时就要提前对精馏塔进行加温解冻。这种情况往往是与操作维护不当有关。加热气体为经过分子筛纯化系统吸附后的干燥空气。加温时，应尽量做到各部分温度缓慢而均匀回升，以免由于温差过大造成应力，损坏设备或管道。加温时所有的测量、分析等检测管线亦必须加温和吹扫。

5. 紧急停车

空压机岗位紧急停车的规定如下。

① 空压机任何部位冒烟着火，发生异响，机械强烈振动，严重脉振处理无效。

② 油压急剧下降，大量漏油，油过滤器严重堵塞，轴承温度超过 75℃。

③ 轴位移超过规定而未跳车时。

④ 超过“自动停车”联锁值而未动时。

⑤ 冷却水中断，油温升高而来不及处理。

空分岗位紧急停车的规定如下。

① 空压机跳车，空分装置仪表电源、气源断。

② 空冷塔不正常使分子筛纯化器大量进水。

③ 上塔严重超压，来不及判断及处理。

④ 切换程序失灵，短时间内修复不好。

氧活塞岗位紧急停车的规定如下。

① 压缩机内发出异响，强烈振动或发生撞缸现象，O_2 系统出现大漏无法进行生产。

② 油压低于 0.15MPa，联锁没动作，应采取手动紧急停车。

③ 某级出现严重超压，出口温度超过工艺条件较多时。

④ 系统发生爆炸。

冰机岗位紧急停车规定如下。

① 冷却水或冷冻水突然中断。

② 液体制冷剂大量进入汽缸。

③ 油压下降经调节无效时，电机冒烟，压缩机出现异响、振动，制冷剂大量泄漏。

6. 冬季生产操作规定

① 生产装置内对停车检修的设备，必须停冷却水，排尽设备、管道内积水。

② 生产装置内备用设备可根据室温情况而定，室内温度高可停设备冷却水，室内温度低应开设备冷却水，以防冻坏设备。

③ 要加强防冻保温检查，特别是消防用水系统，用水设备的检查要严、细、认真，不留死角，发现问题及时加以处理，防止冻坏设备、发生管道事故。

④ 在空分装置冷态备用或短期停车状态过程中，需要对空气冷却器进行检查清理或维修作业前，应在空气进空气冷却器入口管法兰处加盲板。

⑤ 在空分装置冷态备用或短期停车状态过程中，需要对纯化器内分子筛床层情况进行检查或维修时，应联系当班岗位人员或班长确认其系统电磁阀电源、气源均已切断，阀门均在关闭状态。

⑥ 冬季为节省电耗，冰机、冷冻泵要停车，开冷却泵和冷却泵出口至冷冻泵出口的连通阀向空冷塔上部、下部供水；当春、夏、秋季开冷却泵和冰机时，要关闭冷却泵出口与冷冻泵出口的连通阀，以免水量过大，发生分子筛带水的恶性事故。

四、故障及排除方法

这里仅对运行期间可能出现的一些故障加以说明，其他意外故障必须由现场人员根据具体情况，及时予以处理。

1. 加工空气供气停止

（1）信号　空压机报警装置鸣响。

（2）后果　系统压力和精馏塔阻力下降；产品气体压缩机若继续运转，会造成精馏塔及有关管道出现负压。

（3）紧急措施　停止产品气体压缩机运转；把精馏塔产品气放空；停止透平膨胀机运转；关闭液体排放阀；停止纯化系统再生。

（4）进一步措施　空分设备停止运行。

（5）排除故障方法　按空压机使用维护说明书的规定查明原因，并采取相应的措施。

2. 供电中断

（1）信号　所有电驱动的机器均停止工作，这些机器上的报警装置鸣响。

（2）后果　系统压力和精馏塔阻力下降，产品纯度被破坏。

（3）紧急措施　关透平膨胀机及有关机器的停止按钮；把精馏塔产品气放空；关闭液体排放阀；停止分子筛吸附器再生。

（4）进一步措施　把全部由电驱动的机器从供电网断开，空分设备停止运行。

（5）排除故障方法　排除电源故障；电路恢复后，视停电时间长短决定精馏塔系统是否需重新加温；按启动程序重新启动。

3. 透平膨胀机发生故障

（1）信号　透平膨胀机报警装置鸣响。

（2）后果　若转速过高，影响膨胀机正常运行；若转速过低，制冷量降低，冷凝蒸发器液氧液面下降，产量下降。

（3）紧急措施　启动备用膨胀机；调整转速，使膨胀机稳定；减少产品量，检验产品的纯度，必要时减少产品产量或液体排出量或完全停车。

（4）进一步措施　立即排除故障；调整流量、转速和产量到正常值。

（5）排除故障方法　透平膨胀机的常见故障是冰和干冰引起的堵塞。必须进行加热，才能排除故障。至于其他的故障，则应按透平膨胀机的使用说明书查明原因，并排除之。

4. 吸附器切换装置发生故障

（1）信号　切换周期失控。

（2）后果　若分子筛纯化系统的切换过程停止进行，正在工作的分子筛吸附器的吸附时间势必延长，先是二氧化碳，后是水分进入冷箱内，使板翅式换热器堵塞。

（3）紧急措施　紧急暂停分子筛切换程序。

（4）进一步措施　如果预计排除时间要很长时间，则空分设备停止运行。

（5）排除故障方法　按照仪控说明书规定查明原因，并排除之。

5. 仪表空气中断

（1）信号　仪表空气压力报警器鸣响。

（2）后果　吸附器切换装置失效；所有气动仪表失效；整个空分设备调节失控。

（3）紧急措施　把备用仪表空气阀门打开，空分设备即可恢复运行。如果不能正常运行，则空分设备停止运行。

（4）进一步措施　如空分设备继续运行，应检验产品纯度，检查分子筛吸附器再生和吹冷程度。如不正常应做相应调整。

（5）排除故障的方法　故障可能是由仪表空气过滤器堵塞或是阀门和管道的泄漏造成，应清洗过滤器，消除泄漏。

五、空分装置安全运行规定

1. 正常运行规定

① 空分装置操作人员应进行安全技术和操作技能的教育培训，经考试合格后持证上岗。操作人员应熟悉并严格遵守本岗位操作法。

② 空分装置空气吸入口安全要求如下。

a. 空分装置应在空气吸入口附近设风向标，监视风向变化带来空气质量的变化。

b. 每周至少应对吸入口空气分析一次；周围空气质量发生变化时，随时进行分析。当吸气条件超标时，应及时查清原因，消除污染源或采取其他安全运行措施。

c. 加强与周围装置的联系，当有大量碳氢化合物排放或紧急放空时，应及时通报并立即采取防范应急措施。

③ 防止碳氢化合物进入液氧系统或积聚。

④ 分子筛吸附应严格做到：装入的分子筛质量应保证；空气温度应控制准确；分子筛再生应彻底；再生切换周期应按操作规程准时进行，特殊情况应缩短再生切换周期。

⑤ 硅胶吸附器应按规定定期切换，保证硅胶的再生温度和时间。

⑥ 分离装置液面和工况，禁止大幅度波动。分子筛流程的主冷凝蒸发器应采取全浸式操作，即让主冷换热器浸没在液氧中，减少乙炔等碳氢化合物在换热翅片等部位的积聚。

⑦ 保持主冷凝蒸发器液氧连续排放，不能连续排放时要求每班排液氧一次，排放量应等于或大于1%氧气产量。当液氧中碳氢化合物超标时应增加排放量，严重超标时，应及时采取措施直至停车。

⑧ 循环液氧泵应保持连续运转，停运检修时主冷凝蒸发器应每班排液三次，每次1%左右，同时尽快恢复运转。纯氮空分设备可视化验情况定期排放，每次1～3min，当富氧液空中碳氢化合物超标时，可加大排放频率，延长排放时间。

⑨ 1000m^3/h以上大、中型空分设备必须安装在线气相色谱分析仪，连续监测液氧中的总烃及碳氢化合物单组分的含量，液氧系统的在线监测色谱分析仪应完好投用、分析准确。

⑩ 大、中型空分设备必须采用浓缩气相色谱法分析液氧中乙炔及其他碳氢化合物的含量，分析频率为每天至少一次，遇有特殊情况应增加分析次数。

⑪ 1000m^3/h以下小型空分设备及纯氮空分设备采用比色法或浓缩气相色谱法分析液氧中乙炔及总烃含量，分析频率为每天至少一次，遇有特殊情况增加分析次数。

⑫ 严格忌油和油脂。

a. 所有和氧接触的部件和零件应进行脱脂清洗，做到绝对无油和油脂。

b. 使用铜制专用工具。

c. 空压机、膨胀机等机组密封应完好、不漏油。

d. 空气冷却塔的冷却水应严防带油，宜单独使用循环水。

⑬ 防止、减少二氧化碳带入空分装置。对采用自清除装置的空分装置，过滤器、吸附器应完好投用；严格控制蓄冷器或板式温度，必要时缩短切换周期。

2. 运行操作的安全要求

① 排放液氧的安全要求如下。

a. 液氧应排入氧蒸发器，不得在室内排放。

b. 严格控制液氧排放速度，避免发生燃烧爆炸事故。

c. 液氧分析采样和处理液态气体时，应做好劳动保护，防止液态气体冻伤人体。

d. 空分装置属一级动火。应按《用火作业安全管理规定》严格执行。

e. 严禁在泄漏氧气的设备周围动火。

② 空分装置停车安全要求如下。

分馏塔的停车要从里向外停车，即先将氧气、氮气放空，停膨胀机。切断入塔气源，压缩机保压放空，停冰机，停分子筛加热器及分子筛程序，最后停压缩机。

需要注意的是：冷态停车时不可将温度过高的气体导入分馏塔内，以免造成装置主换热器阻力过大，引起装置停车的事故发生。

a. 空分装置应减少开、停车次数，短期停车应分析主冷凝蒸发器液氧中有害物质的含量，如超标或液位过低，应将流体排放干净。

b. 当发生净化系统堵塞、板式换热器或精馏塔阻力增大等不正常现象时，应及时安排系统冷吹或加热吹除。

c. 检修冷箱时，应对冷箱中氧含量进行分析，打开人孔自然升温，待氧含量下降后再扒珠光砂，并应注意防止珠光砂快速下塌发生空间爆炸。

d. 操作人员应避免在氧气、氮气浓度增高区域停留。进入氧气、氮气容器或管道前，应严格执行《进入受限空间作业安全管理规定》，液氧应排放干净，经取样分析确认氧含量正常后才能进入，防止氧气伤害和氮气窒息事故。

练习题

一、填空题

1. 全低压空分装置是根据低压带透平膨胀机液化循环工作的，其又叫作__________循环。

2. 当吸附达到饱和时，吸附质从吸附剂表面脱离，从而恢复吸附剂的使用能力的过程叫作__________。

3. 由性质相似的组分，分子间相互作用力与单组分时相同的溶液叫作__________。

4. 自发过程总是朝着__________增大的方向进行的。

5. 透平膨胀机的作用是__________。

6. 空分装置设置氮水预冷系统的作用是__________，洗涤空气中灰尘和缓冲作用。

7. 以等熵膨胀为主的液化循环称为__________。

8. 绝热膨胀又叫作__________过程。

9. 空分装置上塔提馏段主要是进行氧氩分离，精馏段主要是__________分离。

10. 分子筛纯化器的再生过程一般分为__________、加热、冷吹和升压四个阶段。

二、选择题

1. 压力较高的气体经过膨胀机膨胀，对外输出功，气体温度降低，其焓值（　　）。

A. 减小　　B. 增大　　C. 不变　　D. 无法确定

2. 在精馏塔内，氮浓度最高点在上塔的顶部，温度和压力最低点在（　　）。

A. 下塔顶部　　B. 上塔底部　　C. 上塔顶部　　D. 下塔底部

3. 筛板塔内的筛板上的气液层依次可分为静液、鼓泡层、泡沫层、雾沫层，其中主要的传质区域为（　　）。

A. 鼓泡层　　B. 泡沫层　　C. 雾沫层　　D. 静液

4. 在氧纯度一定的情况下，提高氮平均纯度，则氧产量（　　）。

A. 增加　　B. 减少　　C. 不变　　D. 无法确定

5. 以下阀门不能调节液空纯度的是（　　）。

A. 污氮节流阀　　B. 液空节流阀　　C. 液氮节流阀　　D. 液氧节流阀

6. 在同一温度下，越容易气化的物质其饱和蒸气压（　　）。

A. 越高　　B. 越低　　C. 无法确定　　D. 不变

7. 空气在冷凝过程中不断将冷凝液引走，使所剩的蒸气中的氮浓度不断提高的过程，叫作（　　）。

A. 简单冷凝　　B. 简单蒸发　　C. 部分冷凝　　D. 部分蒸发

8. 理想气体的内能与（　　）有关。

A. 压力　　B. 温度　　C. 比容　　D. 密度

9. 液空节流阀开度过小，则下塔液空液面（　　）。

A. 升高　　B. 降低　　C. 不变　　D. 无法确定

10. 主冷液氧中乙炔含量一般要求不超过（　　）。

A. 0.05μL/L　　B. 0.1μL/L　　C. 0.2μL/L　　D. 0.5μL/L

11. 进上塔膨胀空气量增加，精馏段回流比（　　）。

A. 增加　　B. 减少　　C. 不变　　D. 无法确定

12. 全精馏制氩系统中，粗氩塔主要是实现（　　）的分离。

A. 氧、氮　　B. 氮、氩　　C. 氧、氩

13. 空分低压流程的液化循环基础是（　　）。

A. 节流　　B. 克劳特循环　　C. 林德循环　　D. 卡皮查循环

14. 能够准确反映制氧机的经济性能指标的参数是（　　）。

A. 提取率　　B. 单位电耗　　C. 运转周期　　D. 启动时间

15. 制氧机是采用（　　）原理使空气分离的。

A. 低温法　　B. 吸附法　　C. 膜分离法　　D. 析出法

16. 具有焊接保护作用的气体是（　　）。

A. 氩气　　B. 氧气　　C. 氦气　　D. 氖气

17. 使不饱和蒸汽变为饱和蒸汽的方法是（　　）。

A. 降低压力　　B. 提高温度　　C. 降低温度　　D. 吸收热量

18. 粗氩塔工况不稳定，主要是（　　）不稳定造成的。

A. 粗氩塔　　B. 精氩塔　　C. 主塔　　D. 分子筛吸附器

19. 氩馏分中（　　）含量增加会造成粗氩塔工作工况恶化。

A. 氧　　B. 氩　　C. 氮　　D. 氦

20. 在进行热力学计算时，温度应该用（　　）。

A. 摄氏温度　　B. 华氏温度　　C. 热力学温度　　D. 国际实用温度

三、判断题

1. 分子筛纯化器中分子筛的量主要是由清除 CO_2 所需的量来决定的。（　　）
2. 同样条件下，采用逆流方式的换热器传热温差大。（　　）
3. 膨胀机后压力越低，膨胀机内的压降越大，单位制冷量越大。（　　）
4. 将双高塔改成生产单高产品后，可以提高产品产量。（　　）
5. 膨胀机前温度越低，膨胀机制冷量越大。（　　）
6. 空气能够液化，是因为压力的提高。（　　）
7. 氮气是一种保护气体，对人体无害。（　　）
8. 精馏塔内的塔板的数量越多越好，精馏效果也越好。（　　）
9. 双级精馏塔的各截面上的温度自下而上是降低的。（　　）
10. 在低压空分装置中，冷量的获得是由膨胀机膨胀和节流效应共同作用的结果。（　　）
11. 回流比在一定程度上代表了塔板上传热、传质的推动力。（　　）
12. 空分装置用的透平膨胀机一般均需通带压力的密封气。（　　）
13. 膨胀机外泄漏不影响膨胀气体的温度，但使系统的产冷量下降。（　　）
14. 正常情况下，膨胀机的制冷量主要用于补偿空分装置的跑冷损失。（　　）
15. 氧气具有易燃性，而不具备助燃性。（　　）
16. 离心式液氧泵产生气蚀的根本原因是部分液氧在泵内的气化。（　　）
17. 分子筛净化系统的净化效果不影响空分设备的运转周期。（　　）
18. 粗氩塔工况不稳定，主要是上塔工况不稳定造成的。（　　）
19. 净化空气采用的吸附法吸附水分、乙炔等杂质是一种物理吸附现象。（　　）

四、简答题

1. 对空分装置来说，空气中有哪些有害杂质？为什么要清除？
2. 膨胀机的制冷量与哪些因素有关？
3. 简述氧气、氮气、液氧、液氮的用途。
4. 什么叫节流膨胀？节流膨胀导致空气温度降低的原因是什么？
5. 脱除空气中机械杂质主要有哪些方法？
6. 什么叫单级精馏？什么叫双级精馏？

第四章
煤炭气化技术

煤炭气化的历史悠久。1780年，傅坦纳在炽热的煤上通以水蒸气得到水煤气。1839年，波索夫用空气使泥炭不完全燃烧，制得发生炉煤气。第一台阶梯式炉箅的西门子煤气发生炉是在19世纪50年代出现的。早期的煤气工业是以制取燃料气为唯一目的的。当时使用的炉子属于常压操作的固定床气化炉。第一次世界大战以后，出现了以生产甲醇、合成氨为代表的合成化学工业，为了满足对原料煤气的需要，20世纪20年代便研制出流化床气化炉。后来，由于加压技术的出现和工业生产富氧技术的成功，先进国家又发展了新的用氧气气化的技术。到20世纪30年代出现了加压气化技术，50年代出现了气流（夹带）床粉煤气化技术。所以，在20世纪30～50年代时期，煤炭气化技术已取得了相当好的成绩。后来，由于廉价的石油和天然气与之竞争，煤炭气化工业的发展一度停滞。尽管如此，煤炭作为能源和化学产品供应主要来源的这个局面仍然是存在的。特别是随着石油资源的日趋减少，更使人们清醒地认识到，对于那些容易进行化学加工的油、气已不能再无限制地利用了。从长远发展来看，煤在自然界的埋藏量丰富，而且分布广泛。

与煤的直接燃烧相比，煤炭气化具有更大的优越性。现在人类消耗的能源，大约80%是由可燃物煤、油和木材等直接燃烧供给，既不合理，又不便利，也有害于环境。无疑，气态燃料和原料是比液体燃料和原料更为优越的形态：燃烧稳定，无环境污染；便于输送、净化；原料组成和投料量更容易调节控制；有利于简化生产工艺和设备；此外，气态原料特别适于非均相催化的化工合成过程。

我国煤炭储量丰富，在国民经济的各个领域都有使用。因此，研究开发适用于我国国情的煤炭气化技术，具有特别重要的现实意义。

第一节　煤炭气化概述

煤的气化是煤炭转化的主要途径之一，它是洁净、高效利用煤炭的最主要途径之一，是许多能源高新技术的关键技术和重要环节。如燃料电池、煤气联合循环发电技术等，煤制气应用领域非常广泛。煤炭气化是煤或煤焦与气化剂（空气、氧气、水蒸气、氢等）在高温下发生化学反应将煤或煤焦中有机物转变为煤气的过程。煤气是指气化剂通过炽热固体燃料层时，所含游离氧或结合氧将燃料中的碳转化成的可燃性气体。进行煤炭气化的设备称为煤气发生炉。

气化过程中产生的混合气体组成，随气化时所用的煤或煤焦的性质、气化剂的类别、气化过程条件以及煤气发生炉的结构不同而不同。因此，在生产工业用煤气时，必须根据煤气所需的组成来选择气化剂的类别和气化条件，才能满足生产的需要。

M4-1 煤气的相关知识

煤气的有效成分为一氧化碳、氢气、甲烷等，可作为化工原料、城市煤气和工业燃气等。煤炭气化分为完全气化和部分气化。部分气化指煤的干馏技术。根据干馏温度的高低又分为高温干馏、低温干馏。高温干馏主要在冶金工业中用于炼焦，焦炭是主产品。低温干馏又称温和气化。由于温和气化工艺简单，加工条件温和，投资省，可获得煤气、焦油和半焦而受到国内外的重视，是洁净煤技术的一个重要组成部分。但煤炭干馏技术毕竟受到煤种和产品综合发展的制约，只能满足于局部的需要，而我国煤炭资源中有一半以上煤种适合于完全气化技术，因此煤制气技术的立足点应放在完全气化方面。

一、煤炭气化工艺的分类

目前正在应用和开发的煤气化炉有很多类型。尽管我们把所讨论的气化炉局限于已经工业化的和大型示范装置的范围内，其数量仍然相当大。所有这些气化炉都有一个共同的特征，煤在气化炉中，在高温条件下与气化剂反应，使固体燃料转化成气体燃料，只剩下含灰的残渣。通常气化剂用水蒸气、氧（空气）和 CO_2。粗煤气中的产物是 CO、H_2 和 CH_4，伴生气体是 CO_2、H_2O 等。此外，还有硫化物、烃类产物和其他微量成分。各种煤气组成取决于煤的种类、气化工艺、气化剂的组成、影响气化反应的热力学和动力学条件。气化方法的分类有多种方法，分述如下：

1. 按制取煤气的热值分类

按制取煤气在标准状态下的热值分类：

① 制取低热值煤气方法，煤气热值低于 $8347kJ/m^3$；

② 制取中热值煤气方法，煤气热值为 $16747 \sim 33494kJ/m^3$；

③ 制取高热值煤气方法，煤气热值高于 $33494kJ/m^3$。

2. 按供热方式分类

煤气化过程的整个热平衡表明，总的反应是吸热的，因此必须提供热量。各种过程需要的热量各不相同，这主要是由过程的设计和煤的性质决定的，一般需要气化用煤发热量的 15%～35%，顺流式气化取上限，逆流式气化取下限，其供热方式有几种途径：

（1）部分氧化方法　这是一种直接的供热方式，通过煤或残碳和氧（或空气），在气化炉内燃烧供热。如图 4-1 所示。

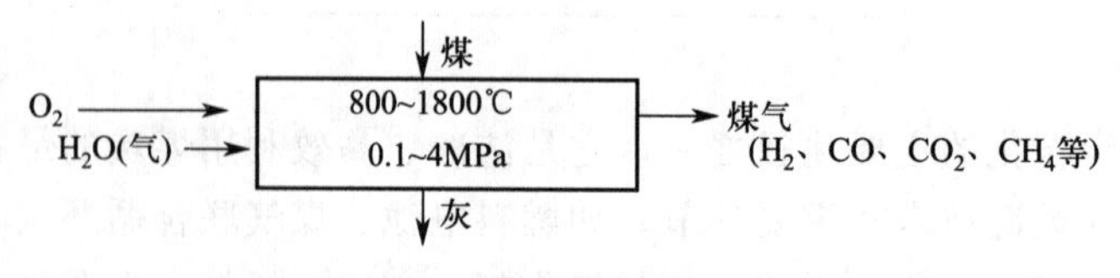

图 4-1　部分氧化原理

（2）外热式气化　从气化炉外部供热，因为制氧投资运行费用都比较高，又因为部分煤

燃烧生成 CO_2，气化效率降低。让煤仅与水蒸气反应，热量通过间壁传给煤或气化介质，也可用电热或核反应热间接加热。这种过程称为配热式水蒸气气化。如图 4-2 所示。

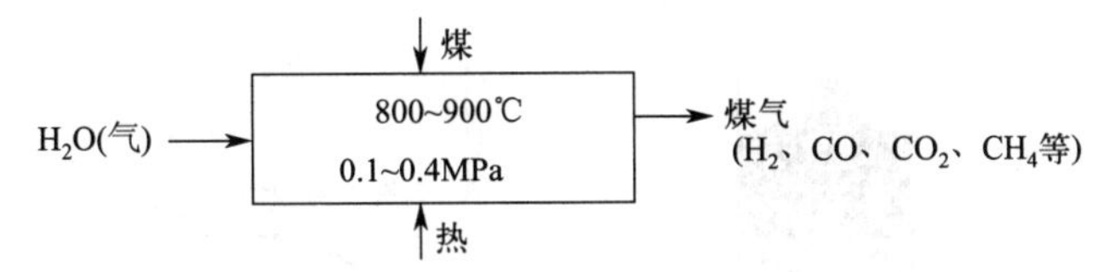

图 4-2　煤的外热式气化原理

（3）加氢气化　由平行进行的化学反应直接供热，如

$$C+2H_2 \rightleftharpoons CH_4+7280kJ/kg$$

根据上述加氢反应设计的气化反应过程，见图 4-3。这个过程的原理在于：煤先进行加氢气化，加氢气化后残焦用部分氧化方法气化，产生的合成气为加氢阶段提供氢源。

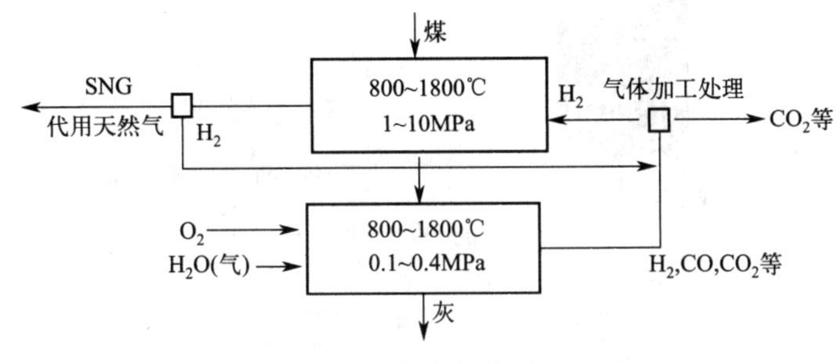

图 4-3　加氢气化原理

3. 按固体燃料的运动状态分类

气化方法按固体燃料的运动状态可分为：

（1）移动床（固定床）气化法　如图 4-4(a) 所示，在气化过程中，煤由气化炉顶部加入，气化剂由气化炉底部加入，煤料与气化剂逆流接触，相对于气体的上升速度而言，煤料下降速度很慢，甚至可视为固定不动，因此称之为固定床气化。而实际上，煤料在气化过程中是以很慢的速度向下移动的，比较准确地称其为移动床气化。

（2）流化床气化法　是用流态化技术来制取煤气的一种方法，流化床气化炉如图 4-4(b) 所示，它是以粒度为 0～10mm 的小颗粒煤为气化原料，由于煤粒小，表面积大，气化剂经过煤粉层，在气化炉内使其悬浮分散在垂直上升的气流中，使燃料处于悬浮运动状态，固体颗粒的运动如沸腾着的液体。煤粒在沸腾状态进行气化反应，从而使得煤料层内温度均匀，气相和固相相对运动激烈，对流传热效率高，这种煤气发生炉也称为沸腾炉。

（3）气流床气化法　是将颗粒很小的煤粒与气化剂一起喷入气化燃料炉内，产生的煤气在高温下离开反应器，气流床气化炉如图 4-4(c) 所示。它是一种并流气化，用气化剂将粒度为 10μm 以下的煤粉带入气化炉内，也可将煤粉先制成水煤浆，然后用泵打入气化炉内。煤料在高于其灰熔点的温度下与气化剂发生燃烧反应和气化反应，灰渣以液态形式排出气化炉。

（4）熔融床气化法　它是将粉煤和气化剂从切线方向高速喷入一个温度较高且高度稳定的熔池内，把一部分动能传给熔渣，使池内熔融物做螺旋状的旋转运动并气化。目前此气化工艺已不再发展。故本书中不再详细介绍这方面的内容。

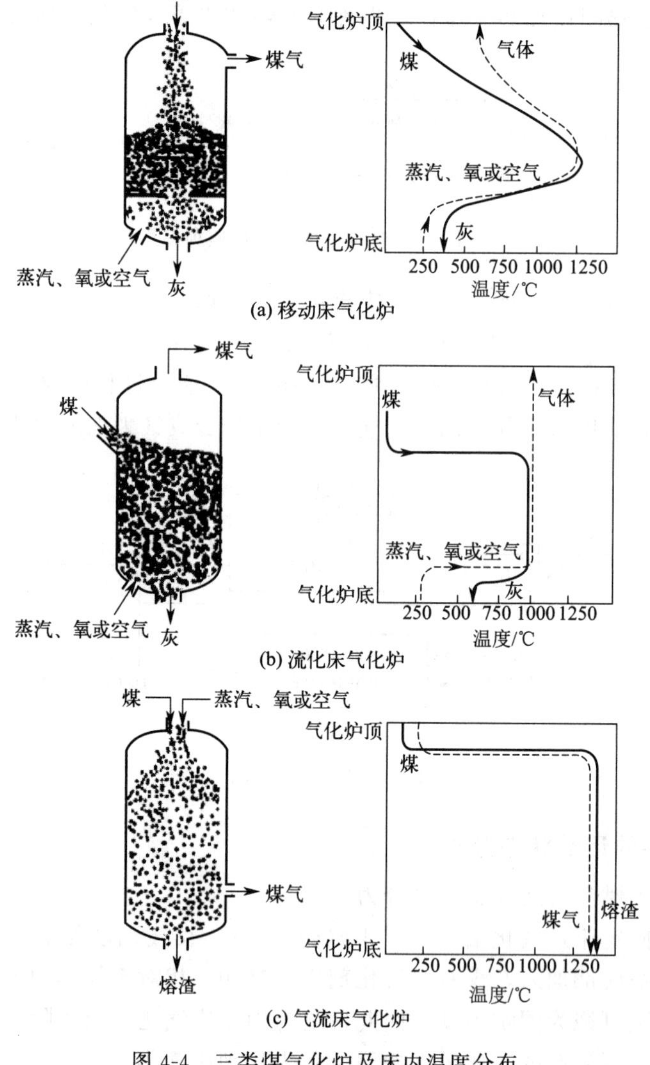

图 4-4 三类煤气化炉及床内温度分布

4. 按气化介质分类

根据气化剂不同，煤炭气化又分为富氧气化、纯氧气化、水蒸气气化、加氢气化等。几种气化方式按所得煤气组成不同又分为空气煤气、混合煤气、水煤气和半水煤气。

由氧气、水蒸气作气化剂，反应温度在 800～1800℃之间，压力在 0.1～4MPa 下生成的发生炉煤气又常分为以下几种。

① 空气煤气是以空气为气化剂生成的煤气。其中含有 60%（体积分数）的氮及一定量的一氧化碳、少量二氧化碳和氢气。在煤气中，空气煤气的热值最低，主要作为化学工业原料、煤气发动机燃料等。

② 混合煤气是以空气和适量的水蒸气的混合物为气化剂所生成的煤气。这种煤气在工业上一般用作燃料。

③ 水煤气是以水蒸气作为气化剂生成的煤气，其中氢气和一氧化碳的含量共达 85%（体积分数）以上，用作化工原料。

④ 半水煤气是以水蒸气为主，加适量的空气或富氧空气同时作为气化剂制得的煤气。合成氨时较多使用半水煤气，此时氢气与一氧化碳的总质量是氮气质量的 3 倍。

二、煤炭气化过程的主要评价指标

一种煤炭气化工艺的经济性取决于许多因素，例如，原料煤的合理选择，气化炉的类型、大小，操作指标的控制，自动化水平和日常的操作管理等。在综合考虑众多因素的前提下，选择合适的原料路线和工艺路线，生产经济、合格的煤气。反映煤炭气化过程经济性的主要评价指标有气化强度、单炉生产能力、气化效率、热效率、蒸汽消耗量、蒸汽分解率等。

1. 气化强度

所谓气化强度，即单位时间、单位气化炉截面积上处理的原料煤质量或产生的煤气量。气化强度的两种表示方法如下：

$$q_1=\frac{\text{消耗原料量}}{\text{单位时间、单位炉截面积}}$$

$$q_1=\frac{\text{产生煤气量}}{\text{单位时间、单位炉截面积}}$$

但一般常用处理煤量来表示。气化强度越大，炉子的生产能力越大。气化强度与煤的性质、气化剂供给量、气化炉炉型结构及气化操作条件有关。

实际的气化生产过程中，要结合气化的煤种和气化炉确定合理的气化强度。气化烟煤炭时，可以适当采用较高的气化强度，因其在干馏段挥发物较多，所以形成的半焦化学反应性较好，同时进入气化段的固体物料也较少。而在气化无烟煤时，因其结构致密，挥发分少，气化强度就不能太大。以大同烟煤和阳泉无烟煤为例，大同煤的挥发分为 28%～30%，阳泉煤的挥发分为 8%～9.5%，采用 13～50mm 的煤粒度进行气化时的气化强度分别为 300～350kg/(m^2 · h) 和 180～220kg/(m^2 · h)。另外对于较高灰熔点的煤炭气化时，可以适当提高气化温度，相应也提高了气化强度。

2. 单炉生产能力

煤气炉的单炉生产能力是工厂企业综合经济效益中的一项重要考核指标，在生产规模确定的前提下，可以作为选择气化炉类型的依据。气化炉单台生产能力是指单位时间内，一台炉子能生产的煤气量。它主要与炉子的直径大小、气化强度和原料煤的产气率有关，计算公式如下：

$$V=\frac{\pi}{4}q_1D^2V_g$$

式中 V——单炉生产能力，m^3/h；

D——气化炉内径，m；

V_g——煤气产率，m^3/kg；

q_1——气化强度，kg/(m^2 · h)。

式中的煤气产率是指每千克燃料（煤或焦炭）在气化后转化为煤气的体积，它也是重要的技术经济指标之一，一般通过试烧试验来确定。在生产中也经常使用另一个与煤气产率意义相近的指标，即煤气单耗，定义为每生产单位体积的煤气需要消耗的燃料质量，以 kg/

m^3 计。

3. 气化效率

气化效率以及下面要提到的热效率都是衡量煤炭气化过程能量合理利用的重要指标。煤炭气化过程实质是燃料形态的转变过程，即从固态的煤通过一定的工艺方法转化为气态的煤气。这一转化过程伴随着能量的转化和转移，通常是首先燃烧部分煤提供热量（化学能转化为热能），然后在高温条件下，气化剂和炽热的煤进行气化反应，消耗了燃烧过程提供的能量，生成可燃性的一氧化碳、氢气或甲烷等（这实际上是能量的一个转移过程）。

由此可见，要制得煤气，即使在理想情况下，消耗一定的能量也是不可避免的，再加上在氧化过程中必然会有热量的散失、可燃气体的泄漏等引起的损耗，也就是说煤所能够提供的总能量并不能完全转移到煤气中，这种转化关系可以用气化效率来表示。所谓的气化效率是指所制得的煤气热值和所提供的燃料热值之比，用公式表示为：

$$\eta=\frac{Q'}{Q}\times 100\%$$

式中 η——气化效率，%；

Q'——1kg 煤所制得煤气的热值，kJ/kg；

Q——1kg 煤所提供的热值，kJ/kg。

4. 热效率

热效率是评价整个煤炭气化过程能量利用的经济技术指标。气化效率侧重于评价能量的转移程度，即煤中的能量有多少转移到煤气中；而热效率则侧重于反映能量的利用程度。热效率计算公式如下：

$$\eta'=\frac{\sum Q_{\text{入}}-\sum Q_{\text{热损失}}}{\sum Q_{\text{入}}}$$

$$\sum Q_{\text{入}}=\sum Q_{\text{煤气}}+\sum Q_{\text{热损失}}$$

式中 η'——热效率，%；

$Q_{\text{煤气}}$——煤气的热值，MJ；

$\sum Q_{\text{入}}$——进入气化炉的总热量，MJ；

$\sum Q_{\text{热损失}}$——气化过程的各项热损失之和，MJ。

进入气化炉的热量有燃料带入热、水蒸气和空气等的显热。气化过程的热损失主要有通过炉壁散失到大气中的热量、高温煤气的热损失、灰渣热损失、煤气泄漏热损失等。

5. 水蒸气消耗量和水蒸气分解率

水蒸气消耗量和水蒸气分解率是评价煤炭气化过程经济性的重要指标。它关系到气化炉是否能正常运行，是否能够将煤最大限度地转化为煤气。一般地，水蒸气的消耗量是指气化1kg 煤所消耗蒸汽的量，水蒸气消耗量的差异主要是由于原料煤的理化性质不同而引起的。

水蒸气分解率是指被分解掉的蒸汽与入炉水蒸气总量之比。蒸汽分解率高，得到的煤气质量好，粗煤气中水蒸气含量低；反之，煤气质量差，粗煤气中水蒸气含量高。

三、煤炭气化工艺的原则流程

由于煤炭的性质和煤气产品用途不同，所采用的气化工艺流程也不一样，很难用一种系统流程将如此众多的气化工艺加以概括。为了说明煤气化流程的概念，取气化过程的共性，将主要的工作单元组合成一个原则流程，图 4-5 所示是煤炭气化工艺的原则流程，包括原煤准备、煤气的生产、净化及脱硫、煤气变换、煤气精制以及甲烷合成 6 个主要单元。

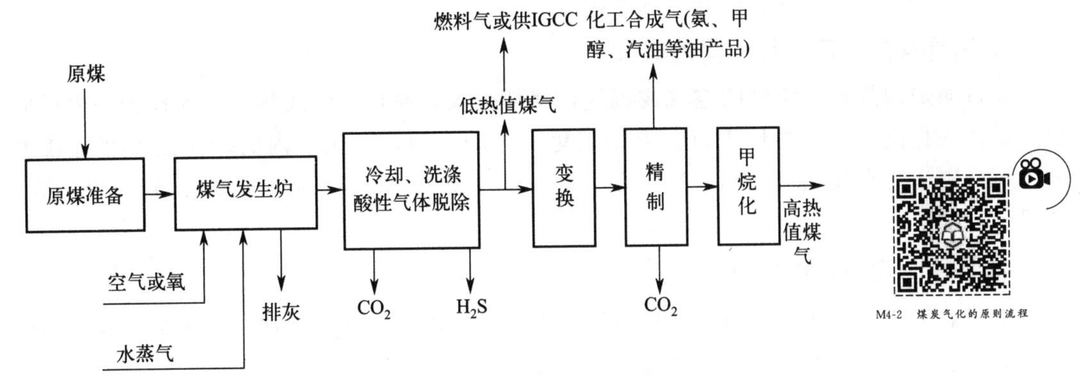

图 4-5 煤炭气化工艺的原则流程

在仅需要生产低热值煤气时，一般只用前三个单元组成气化工艺，即原料准备、煤气的生产和净化。在需要生产高热值煤气时，为了在煤气生产过程中获得富氢和甲烷含量较高的气体产物，还需要煤气变换、精制和甲烷合成等 3 个环节。在生产合成氨原料时，则无需甲烷化这一转换单元。

第二节 煤炭气化原理

煤的气化过程是一个复杂的物理化学过程。涉及的化学反应过程包括温度、压力、反应速度的影响和化学反应平衡及移动等问题，涉及的物理过程包括物料及气化剂的传质、传热、流体力学等问题。

煤的气化过程是煤的部分燃烧与气化过程的组合。在无外界提供热源的情况下，煤气化炉内的气化热源依靠自身部分煤炭的燃烧，生成 CO_2，并放出热量，为煤的气化过程提供必要的热力反应条件。

值得一提的是，煤的气化与煤的干馏过程和产物是有显著区别的，煤的干馏过程是煤炭在隔绝空气的条件下，在一定的温度下（分为低温、中温和高温干馏）进行的热加工过程，干馏的目的在于得到焦炭、焦油和其他若干化学产品，同时也得到一定数量的煤气（焦炉煤气）。而煤的气化过程是利用气化剂（氧气、空气或水蒸气）与高温煤层或煤粒接触并相互作用，使煤中的有机化合物在氧气不足的条件下进行不完全氧化，尽可能完全地转化成含氢、甲烷和 CO 等可燃物的混合气体。

一、煤气化的基本条件

1. 气化原料和气化剂

气化原料一般为煤、焦炭。气化剂可选择空气、空气-蒸汽混合气、富氧空气-蒸汽、氧气-蒸汽、蒸汽或 CO_2 等。

2. 发生气化的反应容器

发生气化的反应容器即煤气化炉或煤气发生炉。气化原料和气化剂被连续送入反应器，在反应器内完成煤的气化反应，输出粗煤气，并排出煤炭气化后的残余灰渣。煤气发生炉的炉体外壳一般由钢板构成，内衬耐火层，装有加煤和排灰渣设备、调节空气（富氧气体）和水蒸气用量的装置、鼓风管道和煤气导出管等。

3. 煤气发生炉内保持一定的温度

通过向炉内鼓入一定量的空气或氧气，使部分入炉原料燃烧放热，以此作为炉内反应的热源，使气化反应不间断地进行。根据气化工艺的不同，气化炉内的操作温度亦有较大不同。可分别运行在高温（1100～2000℃）、中温（950～1100℃）或较低的温度（900℃左右）区段。

4. 维持一定的炉内压力

不同的气化工艺所要求的气化炉内的压力也不同，分为常压和加压气化炉，较高的运行压力有利于气化反应的进行和提高煤气的产量。

二、气化的几个重要过程

具体的气化过程所采用的炉型不同，操作条件不同，所使用的气化剂及燃料组成不同，但基本包括几个主要的过程，即煤的干燥、热解、主要的化学反应。

1. 煤的干燥

煤的干燥过程受干燥温度、气流速度等因素的影响。气流中水分含量的高峰期处于碳床层温度 100℃左右，水分的产生速度和煤的颗粒大小无关。也就是说干燥过程主要是与水分的蒸发温度有关。煤的干燥过程，实质上是水分从微孔中蒸发的过程，理论上应在接近水的沸点下进行，但实际生产中，和具体的气化工艺过程及其操作条件又有很大的关系，例如，对于移动床气化而言，由于煤不断向高温区缓慢移动，且水分蒸发需要一定的时间，因此水分全部蒸发的温度稍大于 100℃。当气化煤中水分含量较大时，干燥期间，煤料温度在一定时间内处于不变的 100℃左右。而在其他的一些气化工艺过程当中，例如，气流床气化时，由于粉煤是直接被喷入高温区内，几乎是在 2000℃左右的高温条件下被瞬间干燥。

一般地，增加气体流速，提高气体温度都可以增加干燥速度。煤中水分含量低、干燥温度高、气流速度大，则干燥时间短；反之，煤的干燥时间就长。

从能量消耗的角度来看，以机械形式和煤结合的外在水分，在蒸发时需要消耗的能量相对较少；而以吸附方式存在于煤微孔内的内在水分，蒸发时消耗的能量相对较多。

煤干燥过程的主要产物是水蒸气，以及被煤吸附的少量的一氧化碳和二氧化碳等。

2. 煤的热解

煤是复杂的有机物质，从煤的成因可知，煤是由高等植物（或低等植物）在一定的条件下，经过相当长的物理、化学、生物及地质等作用而形成的。其主体是含碳、氢、氧和硫等元素的极其复杂的化合物，并夹杂一部分无机化合物。当加热时，分子键的重排将使煤分解为挥发性的有机物和固定碳。挥发分实质上是由低分子量的氢气、甲烷和一氧化碳等化合物及高分子量的焦油和焦炭的混合物构成。

一般来讲，热解反应的宏观形式为：

$$\text{煤}\xrightarrow{\text{加热}}\text{煤气}(CO_2,CO,CH_4,H_2O,H_2,NH_3,H_2S)+\text{焦油(液体)}+\text{焦炭}$$

煤炭气化过程中煤热解与炼焦和煤液化过程中煤热解行为有所区别，其主要区别在于：

① 在块状或大颗粒状煤存在的固定床气化过程中，热解温度较低，通常在600℃以下，属于低温干馏（低温热解）；

② 热解过程中，床层中煤粒间有较强烈的气流流动，不同于炼焦炉中自身生成物的缓慢流动，其对煤的升温速度及热解产物的二次热解反应影响较大；

③ 在粉煤气化（流化床和气流床）工艺中，煤炭中水分的增发、煤热解以及煤粒与气化剂之间的化学反应几乎是同时并存，且在瞬间完成。

煤的加热分解除了和煤的品位有关系，还与煤的颗粒粒径、加热速度、分解温度、压力和周围气体介质有关系。

无烟煤中的氢和氧元素含量较低，加热分解仅放出少量的挥发分。烟煤加热时经历软化为类原生质的过程。在煤颗粒中心达到软化温度以前，开始分解出挥发物，同时其本身发生膨胀。

煤颗粒粒径小于50μm时，热解过程将为挥发形成的化学反应所控制，热解与颗粒大小基本没有关系。当颗粒粒径大于100μm后，热解速度取决于挥发分从固定碳中的扩散逸出速度。

压力对热解有重要影响，随压力的升高，液体碳氢化合物相对减少，而气体碳氢化合物相对增加。

一般来说，在200℃以前，并不发生热解作用，只是放出吸附的气体，如水蒸气等。在大于200℃后，才开始发生煤的热分解，放出大量的水蒸气和二氧化碳，同时，有少量的硫化氢和有机硫化物放出。继续升高温度，达到400℃左右时煤开始剧烈热解，放出大量的甲烷和同系物、烯烃等，此时煤转变为塑性状态。温度达到500℃时，开始产生大量的焦油蒸气和氢气，此时塑性状态的煤随分解作用的进行而变硬。

煤热解的结果是生成三类分子：小分子（气体）、中等分子（焦油）、大分子（半焦）。

就单纯热解作用的气态而言，煤气热值随煤中挥发分的增加而增加，随煤的变质程度的加深，氢气含量增加而烃类和二氧化碳含量减少。煤中的氧含量增加时，煤气中二氧化碳和水含量增加。煤气的平均分子量则随热解的温度升高而下降，即随温度的升高大分子变小，煤气数量增加。

随温度的升高，煤的干燥和气化产物的释放进程大致如下。

100～200℃　放出水分及吸附的CO_2；

200～300℃　放出CO_2、CO和热分解水；

300～400℃　放出焦油蒸气、CO和气态碳氢化合物；

400～500℃　焦油蒸气产生达到最多，CO逸出减少直至终止；

500～600℃　放出H_2、CH_4和碳氢化合物；

600℃以上　碳氢化合物分解为甲烷和氢。

这取决于不同煤种的不同煤化程度，由于各种煤的热稳定性差别较大，因此随温度的升高，挥发性气体释放的速率也不同，煤干燥与挥发后的产物是焦炭。

在煤气化过程中，干燥与挥发阶段对煤化程度浅的多水分褐煤具有重要的作用，而对烟煤、半焦和无烟煤则意义不大，且除两段气化工艺以外，其他气化工艺中的此阶段也不是主要的。

3. 主要的化学反应

煤炭气化过程中存在许多化学反应，既有煤和气化剂之间的反应，也有气化剂与生成物之间的反应，煤炭气化过程的两类主要反应（即燃烧反应和还原反应）是密切相关的，是煤炭气化过程的基本反应。

三、气化过程的主要化学反应

一般认为，在煤的气化阶段中发生了下述反应。

1. 碳的氧化燃烧反应

M4-3 气化过程的主要化学反应

煤中的部分碳和氢经氧化燃烧放热并生成 CO_2 和水蒸气，由于处于缺氧环境下，该反应仅限于提供气化反应所必需的热量。

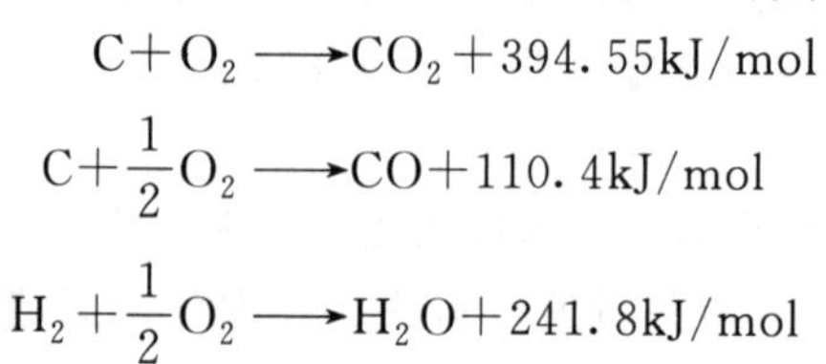

$$C+O_2 \longrightarrow CO_2+394.55kJ/mol$$

$$C+\frac{1}{2}O_2 \longrightarrow CO+110.4kJ/mol$$

$$H_2+\frac{1}{2}O_2 \longrightarrow H_2O+241.8kJ/mol$$

2. 气化反应

这是气化炉中最重要的还原反应，发生于正在燃烧而未燃烧完的燃料中，碳与 CO_2 反应生成 CO，在有水蒸气参与反应的条件下，碳还与水蒸气反应生成 H_2 和 CO（即水煤气反应），这些均为吸热化学反应。

$$CO_2+C \rightleftharpoons 2CO-173.1kJ/mol$$

$$C+H_2O \rightleftharpoons CO+H_2-135.0kJ/mol$$

在实际过程中，随着参加反应的水蒸气浓度增大，还可能发生如下水煤气平衡反应（也称为一氧化碳变换反应）。在有关工艺过程中，为了把一氧化碳全部或部分转变为氢气，往往在气化炉外利用这个反应。现今所有的合成氨厂和煤气厂制氢装置均设有变换工序，采用专有催化剂，使用专有技术名词“变换反应”。

$$CO+H_2O \longrightarrow CO_2+H_2+38.4kJ/mol$$

3. 甲烷生成反应

当炉内反应温度在 700～800℃时，还伴有以下的甲烷生成反应，对煤化程度浅的煤，还有部分甲烷产生自煤的大分子裂解反应。

$$C+2H_2 \xrightarrow{\text{催化剂}} CH_4$$

$$CO+3H_2 \xrightarrow{\text{催化剂}} CH_4+H_2O$$

$$CO_2+4H_2 \xrightarrow{\text{催化剂}} CH_4+2H_2O$$

$$2CO+2H_2 \xrightarrow{\text{催化剂}} CH_4+CO_2$$

$$C+2H_2O \xrightarrow{\text{催化剂}} 2H_2+CO_2$$

在煤的气化过程中，根据气化工艺的不同，上述各个基本反应过程可以在反应器空间中同时发生，或不同的反应过程限制在反应器的不同区域中进行，亦可以在分离的反应器中分别进行。

根据以上反应产物，煤炭气化过程可用下式表示：

$$\text{煤} \xrightarrow{\text{高温、高压、气化剂}} C+CH_4+CO+CO_2+H_2+H_2O$$

4. 其他反应

因为煤中有杂质硫存在，气化过程中还可能同时发生以下反应：

$$S+O_2 \rightleftharpoons SO_2$$

$$SO_2+3H_2 \rightleftharpoons H_2S+2H_2O$$

$$SO_2+2CO \rightleftharpoons S+2CO_2$$

$$2H_2S+SO_2 \rightleftharpoons 3S+2H_2O$$

$$C+2S \rightleftharpoons CS_2$$

$$CO+S \rightleftharpoons COS$$

$$N_2+3H_2 \rightleftharpoons 2NH_3$$

$$N_2+H_2O+2CO \rightleftharpoons 2HCN+\frac{3}{2}O_2$$

$$N_2+xO_2 \rightleftharpoons 2NO_x$$

在以上反应生成物中生成许多硫及硫的化合物，它们的存在可能造成对设备的腐蚀和对环境的污染。

前已述及，煤炭与不同气化剂反应可获得空气煤气、水煤气、混合煤气、半水煤气等，其反应后工业煤气组成如表 4-1 所示。

表 4-1　工业煤气组成

种类	气体组成						
	$\varphi(H_2)/\%$	$\varphi(CO)/\%$	$\varphi(CO_2)/\%$	$\varphi(N_2)/\%$	$\varphi(CH_4)/\%$	$\varphi(O_2)/\%$	$\varphi(H_2S)/\%$
空气煤气	0.9	33.4	0.6	64.6	0.5		
水煤气	50.0	37.3	6.5	5.5	0.3	0.2	0.2
混合煤气	11.0	27.5	6.0	55.0	0.3	0.2	
半水煤气	37.0	33.3	6.6	22.4	0.3	0.2	0.2

四、气化过程的物理化学基础

煤的气化过程是一个热化学过程，影响其化学过程的因素很多，除了气化介质、燃料接触方式外，其工艺条件的影响也必须考虑。为了清楚地分析、选择工艺条件，现首先分析煤炭气化过程中的化学平衡及反应速度。

M4-4　温度、压力对气化的影响

（一）气化反应的化学平衡

1. 化学平衡常数

在煤炭气化过程中，有相当多的反应是可逆过程。特别是在煤的二次气化中，几乎均为可逆反应。在一定条件下，当正反应速度与逆反应速度相等时，化学反应达到化学平衡。

$$mA+nB \rightleftharpoons pC+qD$$

$$\nu_{正}=k_{正}[p_A]^m[p_B]^n$$

$$\nu_{逆}=k_{逆}[p_C]^p[p_D]^q$$

$$k_{正}[p_A]^m[p_B]^n=k_{逆}[p_C]^p[p_D]^q$$

$$K_p=\frac{k_{正}}{k_{逆}}=\frac{[p_C]^p[p_D]^q}{[p_A]^a[p_B]^b}$$

式中　K_p——化学反应平衡常数；

p_i——各气体组分分压，kPa；

$k_{正}$，$k_{逆}$——正、逆反应速率常数。

2. 影响化学平衡的因素

化学平衡只有在一定的条件下才能保持，当条件改变时，平衡就破坏了，直到与新条件相适应，才能达到新的平衡，因平衡破坏而引起含量（摩尔分数）的变化过程，称为平衡的移动。平衡移动的根本原因是外界条件的改变，对正逆反应速度产生了不同的影响。

吕·查德理（Le Chatelier）原理：处于平衡状态的体系，当外界条件［温度、压力及含量（摩尔分数）等］发生变化时，则平衡发生移动，其移动方向总是向着削弱或者抗拒外界条件改变的方向移动。

（1）温度的影响　温度是影响气化反应过程煤气产率和化学组成的决定性因素。温度与化学平衡的关系如下：

$$\lg K_p=\frac{-\Delta H}{2.303RT}+C$$

式中　R——气体常数，8.314kJ/(kmol·K)；

T——绝对温度，K；

ΔH——反应热效应，放热为负，吸热为正；

C——常数。

从上式可以看出，若 ΔH 为负值时，为放热反应，温度升高，K_p 值减小，对于这类反应，一般来说降低反应温度有利于反应的进行。反之，若 ΔH 为正值时，即吸热反应，温度升高，K_p 值增大，此时升高温度有利于反应的进行。

例如气化反应式：

$$C+H_2O \rightleftharpoons H_2+CO-135.0\text{kJ/mol}$$

$$C+CO_2 \rightleftharpoons 2CO-173.1\text{kJ/mol}$$

两反应过程均为吸热反应，在这两个反应进行过程中，升高温度，平衡向吸热方向移动，即升高温度对主反应有利。

C 与 CO_2 反应生成 CO，反应式为 $CO_2+C \rightleftharpoons 2CO-173.1\text{kJ/mol}$，反应在不同温度下 CO_2 与 CO 的平衡组成如表 4-2 所示。

表 4-2　在不同温度下的反应中 CO_2 与 CO 的平衡组成

温度/℃	450	650	700	750	800	850	900	950	1000
$\varphi(CO_2)$/%	97.8	60.2	41.3	24.1	12.4	5.9	2.9	1.2	0.9
$\varphi(CO)$/%	2.2	39.8	58.7	75.9	87.6	94.1	97.1	98.8	99.1

从表 4-2 中可以看到，随着温度升高，其还原产物 CO 的含量增加。当温度升高到 1000℃时，CO 的平衡组成为 99.1%。

在前面提到的可逆反应中，有很多是放热反应，温度过高对反应不利，如：

$$CO+\frac{1}{2}O_2 \rightleftharpoons CO_2+283.7kJ/mol$$

$$CO+3H_2 \rightleftharpoons CH_4+H_2O+219.3kJ/mol$$

如有1%的CO转化为甲烷，则气体的绝热温升为60～70℃。在合成气中CO的组成大约为30%，因此，反应过程中必须将反应热及时移走，使得反应在一定的温度范围内进行，以确保不发生由于温度过高而引起催化剂烧结的现象。

(2) 压力的影响　平衡常数K_p不仅是温度函数，而且随压力变化而变化。压力对于液相反应影响不大，而对于气相或气液相反应平衡的影响是比较显著的。根据化学平衡原理，升高压力平衡向气体体积减小的方向进行；反之，降低压力，平衡向气体体积增加方向进行。在煤炭气化的一次反应中，所有反应均为体积增大的反应，故增加压力，不利于反应进行。可由下列公式得出：

$$K_p=K_N p^{\Delta\upsilon}$$

式中　K_p——用压力表示的平衡常数；

K_N——用物质的量表示的平衡常数；

$\Delta\upsilon$——反应过程中气体物质分子数的增加（或体积的增加）。

理论产率决定于K_p，并随K_N的增加而增大。当反应体系的平衡压力p增加时，$p^{\Delta\upsilon}$的值由$\Delta\upsilon$决定。

如果$\Delta\upsilon<0$，增大压力p后，$p^{\Delta\upsilon}$减小。由于K_p是不变的，如果K_N保持原来的值不变，就不能维持平衡，所以当压力增高时，K_N必然增加，因此加压有利。即加压使平衡向体积减小或分子数减小的方向移动。

如果$\Delta\upsilon>0$，则正好相反，加压将使平衡向反应物方向移动，因此，加压对反应不利，这类反应适宜在常压甚至减压下进行。

如果$\Delta\upsilon=0$，反应前后体积或分子数无变化，则压力对理论产率无影响。

图4-6为粗煤气组成与气化压力的关系图，从图中可见，压力对煤气中各气体组成的影响不同，随着压力的增加，粗煤气中甲烷和二氧化碳含量增加，而氢气和一氧化碳含量则减少。因此，压力越高，一氧化碳平衡浓度越低，煤气产率随之降低。

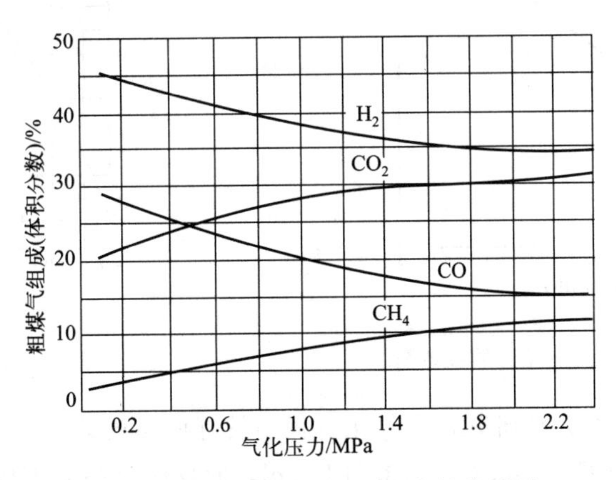

图4-6　粗煤气组成与气化压力的关系图

由上述可知，在煤炭气化中，可根据生产产品的要求确定气化压力。当气化炉煤气主要用作化工原料时，可在低压下生产；当所生产气化煤气需要较高热值时，可采用加压气化。

这是因为压力提高后，在气化炉内，在 H_2 气氛中，CH_4 产率随压力提高迅速增加，发生如下反应：

$$C+2H_2 \rightleftharpoons CH_4 \qquad \Delta H=-84.3kJ/mol$$
$$CO+3H_2 \rightleftharpoons CH_4+H_2O \qquad \Delta H=-219.31kJ/mol$$
$$CO_2+4H_2 \rightleftharpoons CH_4+2H_2O \qquad \Delta H=-162.8kJ/mol$$
$$2CO+2H_2 \rightleftharpoons CO_2+CH_4 \qquad \Delta H=-247.3kJ/mol$$

上述反应均为缩小体积的反应，加压有利于 CH_4 生成，而甲烷生成反应为放热反应，其反应热可作为水蒸气分解、二氧化碳还原等吸热反应热源，从而减少了碳燃烧中氧的消耗。也就是说，随着压力的增加，气化反应中氧气消耗量减少；同时，加压可阻止气化时上升气体中所带出物料的量，有效提高鼓风速度，增大其生产能力。

在常压气化炉和加压气化炉中，假定带出物的数量相等，则出炉煤气动压头相等，可近似得出，加压气化炉与常压气化炉生产能力之比为：

$$\frac{V_2}{V_1}=\sqrt{\frac{T_1 p_2}{T_2 p_1}}$$

对于常压气化炉，p_1 通常略高于大气压，当 $p_1=0.1078$MPa 左右时，常压、加压炉的气化温度之比 $T_1/T_2=1.1\sim1.25$，则由上式可得：

$$V_2/V_1=3.19\sim3.41\sqrt{p_2}$$

例如气化压力为 2.5～3MPa 的鲁奇加压气化炉，其生产能力将比常压下高 5～6 倍；又如鲁尔-100 气化炉，当把压力从 2.5MPa 提高到 9.5MPa 时，粗煤气中甲烷含量从 9%增至 17%，气化效率从 8%提高到 85%，煤处理量增加一倍，氧耗量降低 10%～30%。但是，从下列反应：$C+H_2O \rightleftharpoons H_2+CO \quad \Delta H=135.0kJ/mol$ 可知，增加压力，平衡左移，不利于水蒸气分解，即降低了氢气生成量。故增加压力，水蒸气消耗量增多。图 4-7 为气化压力与蒸汽消耗量的关系图。

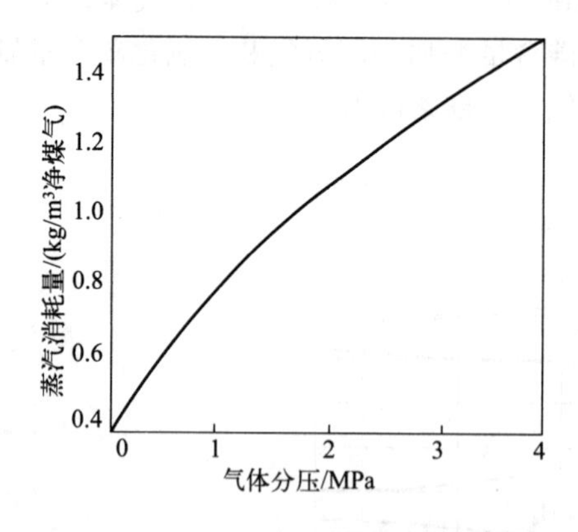

图 4-7　气化压力与蒸汽消耗量的关系图

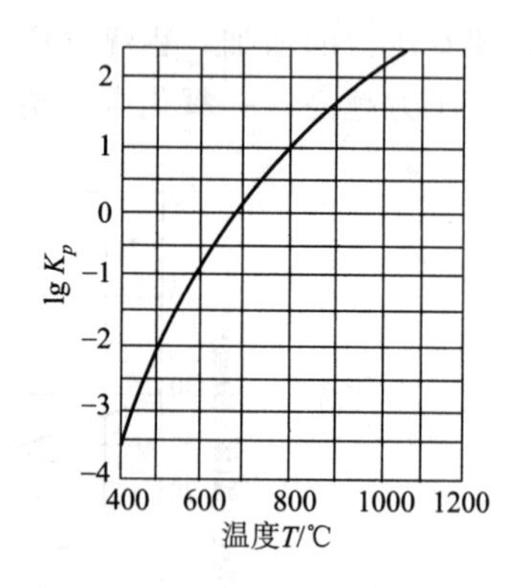

图 4-8　K_p-T 图

(3) 具体分析　下面分别研究，在气化过程中具有重要意义的几类反应。

① 还原反应 $CO_2+C \rightleftharpoons 2CO-173.1kJ/mol$，此反应是高温下碳与氧作用时，发生的许多反应中的一个。它是一个强吸热反应，当温度上升时，平衡常数 K_p 急剧增加，显然温度愈高，愈有利于这个反应进行。K_p 与温度的变化关系如图 4-8 所示。该反应中平衡混合物组成与压力的关系如图 4-9 所示。在一定温度下，反应的 K_p 与压力无关。但由于反应之后

体积的增加，所以在总压增加时，将会影响平衡点的移动，使反应向体积缩小的方向进行。

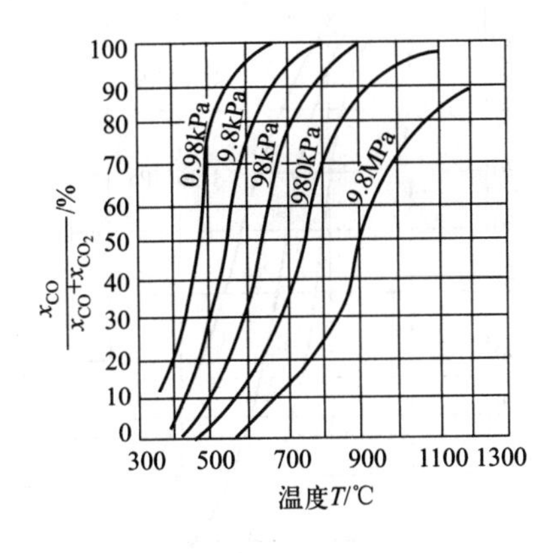

图 4-9　平衡混合物组成与压力关系图

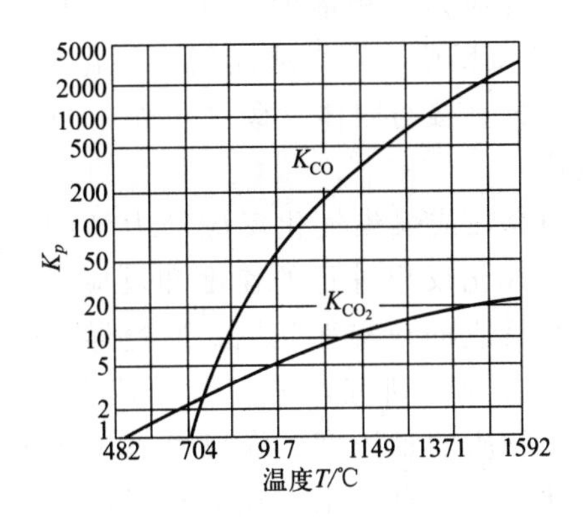

图 4-10　碳和水蒸气反应的平衡常数与温度的关系

② 对气化有重要意义的碳与水蒸气反应，大量的研究表明，其首次发生的反应是：

$$C+H_2O \rightleftharpoons H_2+CO-135.0kJ/mol$$

但在过量水蒸气的参与下，又继而发生了反应：

$$CO+H_2O \rightleftharpoons CO_2+H_2+38.4kJ/mol$$

把这两个反应组合在一起即得 2 个分子水蒸气与碳的反应：

$$C+2H_2O \longrightarrow 2H_2+CO_2$$

这两个水蒸气反应的平衡常数与温度的关系如图 4-10 所示。从图上可以看出，温度对于两个反应平衡常数的影响有所不同。在 800℃以上，温度上升，则第一个反应的平衡常数要比第二个反应的平衡常数增加得快，所以，提高温度可以相对地提高一氧化碳含量而降低二氧化碳的含量。

然而 $K_c\frac{RT}{p}=\frac{x_{CO}x_{H_2}}{x_{H_2O}}$，因此，在温度不变的情况下，随压力增加，水蒸气含量增加，CO 和 H_2 的含量减少。

③ 生成甲烷的反应 $C+2H_2 \longrightarrow CH_4+84.3kJ/mol$ 是气化过程中生成甲烷的主要反应。对其进行较为详细的研究，得到在 300～1500℃范围内，系统处于平衡时的混合物组成和平衡常数 K_p 见表 4-3。

表 4-3　反应混合物组成和平衡常数 K_p 关系

温度/℃	x_{CH_4}/%	x_{H_2}/%	K_p	温度/℃	x_{CH_4}/%	x_{H_2}/%	K_p
300	96.90	3.10	2.33	700	11.07	88.93	−0.99
400	86.16	13.84	1.32	800	4.41	95.39	−1.26
500	62.53	16.47	0.57	1000	0.50	99.50	−1.83
550	46.69	53.31	−0.05	1100	0.20	99.80	−2.22
600	31.68	68.32	−0.32	1150	0.10	99.90	−2.48
650	19.03	80.97	−0.63				

由表 4-3 可以看出：提高温度，使反应平衡常数下降，在平衡状态下甲烷的含量降低。压力对甲烷化反应有着特殊意义，见图 4-11。

（二）煤炭气化的反应动力学

煤或煤焦的气化反应是非均相反应中的一种。非均相反应是指反应物系不处于同一相态之中，在反应物料之间存在着相界面。最常见的非均相反应是气相借助于催化剂作用而进行的气-固催化反应，而煤或煤焦的气化反应，属于气相组分直接与固体含碳物质作用的气-固非催化反应。

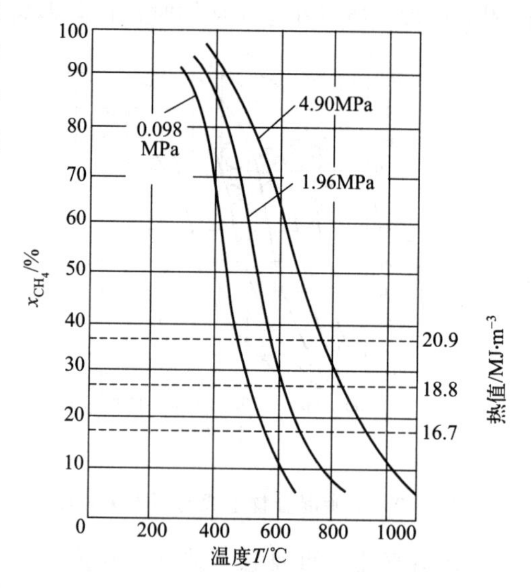

图 4-11 温度和压力对甲烷的影响

研究煤或煤焦气化反应动力学的基本任务是讨论气化反应进行的速度和反应机理，以解决气化反应的现实性问题。通过煤或煤焦气化反应动力学的研究，确定反应速度以及温度、压力、物质的量浓度、煤或煤焦中矿物质或外加催化剂等各种因素对反应速度的影响，可求得最适宜的反应条件，使反应按人们所希望的速度进行。

煤或煤焦的气化反应，通常必须经过如下七步：

① 反应气体从气相扩散到固体碳表面（外扩散）；

② 反应气体再通过颗粒的孔道进入小孔的内表面（内扩散）；

③ 反应气体分子吸附在固体表面上，形成中间配合物；

④ 吸附的中间配合物之间，或吸附的中间配合物和气相分子之间进行反应，这称为表面反应步骤；

⑤ 吸附态的产物从固体表面脱附；

⑥ 产物分子通过固体的内部孔道扩散出来（内扩散）；

⑦ 产物分子从颗粒表面扩散到气相中（外扩散）。

以上七步骤可归纳为两类，①、②、⑥、⑦为扩散过程，其中又有外扩散或内扩散之分；而③、④、⑤为吸附、表面反应和脱附，其本质上都是化学过程，故合称表面反应过程。由于各步骤的阻力不同，反应过程的总速度将取决于阻力最大的步骤，即速度最慢的步骤，该步骤是速度控制步骤。因而，总反应速度可以由外扩散过程、内扩散过程或表面反应过程控制。如果反应总速度受化学反应速度限制，称为化学动力控制；如果受物理过程速度限制时，则称为扩散控制。

温度是影响反应速率的重要因素。为了表达清楚，用图 4-12 加以说明。其上图表示气相和碳反应的反应速度的常用对数值随反应温度倒数的变化关系。下图表示在相应情况下，反应物在气固界面和颗粒内部物质的量浓度分布状况，R 是颗粒半径，c_g 是反应物气相物质的量浓度，δ 是滞流边界层厚度。

由图 4-12 可见，理论上可把气-碳反应的反应速度随反应温度的变化划分成低温、中温、高温三个区域和两个过渡区。

(1) 低温区Ⅰ　此时因温度很低，反应速度很慢。表面反应过程是整个过程的控制步骤，称为动力区。反应剂物质的量浓度在整个碳颗粒内外近似相等，当然反应物在固体内部仍可能有一定的物质的量浓度梯度，但它非常小，以至于可以假定固体内部物质的量浓度近似为 x，实验测得的表观活化能 E_a 等于真活化能 E_T。假设固体颗粒内表面所接触的反应物物质的量浓度都是 c_g 时的反应速率为 r_0，而接触的反应剂只有图中所示的各种情况时的

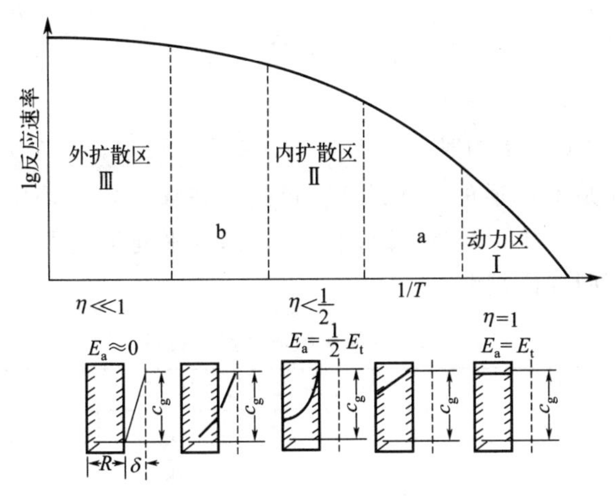

图 4-12 多孔碳反应速率随温度 T 变化的三区域图

实际反应速率为 r，若定义表面利用系数 $\eta=r/r_0$，则在化学动力区 $\eta=1$。

（2）中温区Ⅱ 这时总过程的速度由表面反应和内扩散所控制，称内扩散区。气相反应剂在颗粒内部渗入深度远小于颗粒半径 R，化学反应在碳粒表面和深度为 ε 的薄层中进行。实验测得的表观活化能 $E_a=1/2E_t$，表面利用系数 η 小于 1/2。

（3）高温区Ⅲ 这时反应速度由外扩散控制，也即由反应剂或产物通过固体表面的滞流边界层的扩散控制，称外扩散区。因化学反应速率在高温下大大加快，故反应剂物质的量浓度在固体表面已接近为零，因此内表面利用系数 $\eta \ll 1$。表观活化能反映了高温变化对于过程速率的影响程度，扩散系数对温度的变化并不敏感。实验测得的表观活化能 $E_a \approx 0$。

（4）过渡区 a 和 b 在动力区和内扩散区之间有一过渡区 a；在内扩散区和外扩散区之间有一过渡区 b。在过渡区要确定总的过程速率必须同时考虑两类过程速率的影响。

此外，必须指出，不能固定不变地看待反应系统的控制步骤，条件的改变可以导致各步骤相对阻力的改变，从而使控制步骤改变。了解固体含碳物质气化反应的分区和控制步骤分析方法，对于描述气化反应过程和设计实际反应条件都是非常重要的。

目前有很多学者都在进行这方面的研究，由于不同学者研究的条件和方法不同，得出的看法和动力学方程往往也不尽相同，故有待于进一步的研究与发展，在这里不再详细叙述。

五、 煤气平衡组成的计算

（一）以空气为气化剂时煤气组成的计算

1. 碳与氧平衡组成的计算

以空气为气化剂的生产过程中，煤气组成主要由下面四个反应平衡状态确定：

$$C+O_2 \longrightarrow CO_2 \qquad \Delta H=-394.55\text{kJ/mol}$$

$$2C+O_2 \longrightarrow 2CO \qquad \Delta H=-220.8\text{kJ/mol}$$

$$C+CO_2 \rightleftharpoons 2CO \qquad \Delta H=173.1\text{kJ/mol}$$

$$2CO+O_2 \longrightarrow 2CO_2 \qquad \Delta H=-566.6\text{kJ/mol}$$

$$K_{p_1}=\frac{p_{CO_2}}{p_{O_2}} \quad K_{p_2}=\frac{p_{CO}^2}{p_{O_2}} \quad K_{p_3}=\frac{p_{CO}^2}{p_{CO_2}} \quad K_{p_4}=\frac{p_{CO_2}^2}{p_{O_2}p_{CO}^2}$$

平衡常数与温度的关系见表 4-4。

在温度为 700～1700℃范围内时，由 K_{p_1}、K_{p_2}、K_{p_4} 可见，三个方程中反应物几乎完全反应，即以上三个反应是不可逆的。而从 K_{p_3} 可见，在煤气发生炉中可能的温度变化范围内，其平衡常数的对数值，在正、负值之间变动，即其平衡组成中的 CO 和 CO_2 的相对含量，随平衡时温度的不同变化很大。

表 4-4　平衡常数与温度的关系

平衡常数	$\lg K_p$	500℃	700℃	900℃	1000℃	1100℃	1300℃	1700℃
K_{p_1}	$\lg K_{p_1}$	—	20.8	15.82	13.93	12.12	9.38	7.25
K_{p_2}	$\lg K_{p_2}$	—	—	—	18.7	17.43	16.33	—
K_{p_3}	$\lg K_{p_3}$	−2.49	−0.05	1.55	2.12	2.65	3.48	4.10
K_{p_4}	$\lg K_{p_4}$	—	20.8	17.37	16.05	14.78	12.85	—

$C+CO_2 \rightleftharpoons 2CO-173.1kJ/mol$ 的平衡常数与温度的关系可用如下经验式表示：

$$\ln K_{p_3}=-\frac{21000}{T}+21.4$$

如平衡时气体总压为 p，各组分的分压分别为 p_{CO} 和 p_{CO_2}，设气体中只有 CO 和 CO_2 两种气体，CO 的摩尔分数为 x，则 $p_{CO}=p_x$，$p_{CO_2}=p(1-x)$，由此可得 K_{p_3}：

$$K_{p_3}=\frac{p_{CO}^2}{p_{CO_2}}=\frac{px^2}{1-x}$$

由表 4-4、上式可计算出不同压力、不同温度下的 x 值，即可求出平衡时 CO、CO_2 的组成。

工业生产中如果以空气为气化剂，则与空气中的氧同时进入煤气发生炉的还有氮气。由于氮气的存在，稀释了气体混合物中一氧化碳与二氧化碳的浓度，也就是降低了它们的分压，因此，平衡向生成一氧化碳的方向移动。

空气中氮与氧的体积比为 79/21＝3.76，因体积比即为物质的量之比，由于每生成 1mol CO_2 总是同时消耗 1mol O_2，若设式 $C+O_2 \longrightarrow CO_2$ 反应之前已有 1mol CO_2 生成，即反应消耗了 1mol O_2，并带入 3.76mol 的氮，那么空气的物质的量为 3.76＋1＝4.76(mol)。也就是说，CO_2 还原前空气的总物质的量为 4.76mol。若按式 $C+O_2 \longrightarrow CO_2$ 进行反应，设二氧化碳的平衡转化率为 a，则平衡时二氧化碳的物质的量为 $(1-a)$mol，一氧化碳的物质的量为 $2a$mol，平衡时的气体总数为 $3.76+(1-a)+2a=4.76+a$，即反应后气体总量比反应前增加了 $a$mol。

由此可得平衡时的二氧化碳和一氧化碳的分压如下：

$$p_{CO_2}=p\,\frac{1-a}{4.76+a}$$

$$p_{CO}=p\,\frac{2a}{4.76+a}$$

$$K_{p_3}=\frac{p_{CO}^2}{p_{CO_2}}=p\,\frac{4a^2}{(4.76+a)(1-a)}$$

$$a=\frac{3.76K_{p_3}+\sqrt{33.18K_{p_3}^2+76.16pK_{p_3}}}{8p+2K_{p_3}}$$

由此式可求得不同压力与温度的 a 值。表 4-5 为压力为 101.3kPa 时空气煤气的平衡组成。

表 4-5　压力为 101.3kPa 时空气煤气的平衡组成

温度/℃	$\varphi(CO_2)$/%	$\varphi(CO)$/%	$\varphi(N_2)$/%	$\varphi(CO)/[\varphi(CO+CO_2)]$
650	10.8	16.9	72.3	0.610
800	1.6	31.3	66.5	0.952
900	0.4	34.1	65.5	0.988
1000	0.2	34.4	65.6	0.994

2. 碳与氧反应的产物组成和用气量计算

在生产过程中，碳与氧的反应难以达到平衡，一氧化碳、二氧化碳和没有消耗尽的氧气同时存在。如以空气为气化剂，空气用量为 $V_空$，发生一次反应产生煤气为 V，煤气中一氧化碳、二氧化碳、氮气与过剩的氧气分别用 y_{CO}、y_{CO_2}、y_{N_2}、y_{O_2} 表示，则产物组成和用量可计算如下。

一次反应（空气吹风）：

$$C+O_2 \longrightarrow CO_2$$

$$C+\frac{1}{2}O_2 \longrightarrow CO$$

取 $V_空$ 等于 $1m^3$ 为计算基准，由上述反应可知，当生成二氧化碳时，反应前后无体积变化，而当生成一氧化碳时，因 $V(O_2):V(CO)=1:2$，即 0.5mol 氧气反应，生成 1mol 一氧化碳，气体体积则增加了一氧化碳体积的 0.5 倍。

$$V=V_空+\frac{1}{2}V_{CO}$$

$$V_{CO}=Vy_{CO}$$

$$V=V_空+\frac{1}{2}Vy_{CO}$$

$$V=\frac{V_空}{1-\frac{1}{2}y_{CO}}$$

又根据气化过程的氧原子平衡关系：

$$V_空\times 0.21=V(y_{CO_2}+\frac{1}{2}y_{CO}+y_{O_2})$$

$$\frac{y_{CO_2}+\frac{1}{2}y_{CO}+y_{O_2}}{1-\frac{1}{2}y_{CO}}=0.21$$

可用此式计算以空气为气化剂时一次反应（吹风气）中一氧化碳、二氧化碳的组成。

【例 4-1】 已知吹风气中 CO_2 的含量为 16%、O_2 的含量为 0.5%（如不考虑吹风气中氢、甲烷的含量及煤中含氧量），试求吹风气中一氧化碳组成及通入 $1m^3$（标准状况）空气，所得吹风气的量。

解 已知 $y_{CO}=0.16$，$y_{O_2}=0.005$

$$\frac{y_{CO_2}+\frac{1}{2}y_{CO}+y_{O_2}}{1-\frac{1}{2}y_{CO}}=0.21$$

$$\frac{0.16+0.5y_{CO}+0.005}{1-0.5y_{CO}}=0.21$$

$$y_{CO}=0.074=7.4\%$$

$$V=\frac{V_{空}}{1-\frac{1}{2}y_{CO}}=\frac{1}{1-0.5\times0.074}=1.04(m^3)$$

3. 理想空气煤气组成、产率、热值及气化效率的计算

空气煤气是以空气作气化剂反应产生的煤气。在理想状态下的气化过程中，碳全部转化为一氧化碳。此时煤气生成的总过程可用下式表示：

$$2C+O_2+3.76N_2 \longrightarrow 2CO+3.76N_2$$

组成计算

$$\varphi(N_2)=\frac{3.76}{2+3.76}\times100\%=65.3\%$$

$$\varphi(CO)=\frac{2}{2+3.76}\times100\%=34.7\%$$

产率计算

理想空气煤气的单位产率为 $V=\frac{22.4\times(2+3.76)}{2\times12}=5.38(m^3/kg)$

热值计算

CO 的燃烧热为 283.7kJ/mol，煤气的热值 Q 计算如下；

$$Q=\frac{283.7\times1000}{5.38\times12}=4394.4(kJ/m^3)$$

气化效率（η）计算

气化效率等于煤气的热值与碳的燃烧热之比，碳的燃烧热为 34069.6kJ/kg，则气化效率的计算如下：

$$\eta=\frac{QV}{34069.6}\times100\%=\frac{4394.4\times5.38}{34069.6}\times100\%=69.4\%$$

式中 η——气化效率，%；

Q——煤气热值，kJ/m^3；

V——煤气的单位产率，m^3/kg。

可见，空气煤气的生产在理想状态下，转入煤气中的热能也不会超过碳燃烧热能的69.4%，而其余的热能则消耗在气体的加热和炉渣带走的热量中。

（二）以水蒸气为气化剂时煤气组成的计算

1. 碳与水蒸气反应的化学平衡

高温下的碳与水蒸气反应，可生成含有氢气、一氧化碳和二氧化碳的混合气体。反应

如下：

$C+H_2O \rightleftharpoons CO+H_2$　　$\Delta H=135.0kJ/mol$

$C+2H_2O \longrightarrow CO_2+2H_2$　　$\Delta H=96.6kJ/mol$

反应生成的 CO、CO_2 和 H_2 能继续与碳或水蒸气反应

$C+2H_2 \rightleftharpoons CH_4$　　$\Delta H=-84.3kJ/mol$

$C+CO_2 \rightleftharpoons 2CO$　　$\Delta H=173.1kJ/mol$

$CO+H_2O \rightleftharpoons H_2+CO_2$　　$\Delta H=-38.4kJ/mol$

上述反应中有吸热反应，也有放热反应。平衡常数分别表示为：

$$K_{p_5}=\frac{p_{CO}p_{H_2}}{p_{H_2O}}$$

$$K_{p_6}=\frac{p_{CO_2}p_{H_2}^2}{p_{H_2O}^2}$$

$$K_{p_7}=\frac{p_{CH_4}}{p_{H_2}^2}$$

$$K_{p_8}=\frac{p_{CO_2}p_{H_2}}{p_{CO}p_{H_2O}}$$

平衡常数与温度的关系如表 4-6 所示。

表 4-6　平衡常数与温度的关系

平衡常数	$\lg K_p$	600℃	800℃	1000℃	1200℃	1400℃
K_{p5}	$\lg K_{p5}$	−4.240	−1.330	0.450	1.650	2.500
K_{p6}	$\lg K_{p6}$	−5.050	−2.960	−1.660	−0.763	−0.107
K_{p7}	$\lg K_{p7}$	—	−3.316	−4.301	—	—
K_{p8}	$\lg K_{p8}$	1.396	0.553	0.076	−0.222	−0.424

根据平衡常数与煤气组成计算式可求出各温度下的水煤气组成。

2. 碳与水蒸气反应的产物组成和用气量计算

如水蒸气与碳的反应程度可用蒸汽分解率进行表示：

$$水蒸气分解率\ \eta_水=\frac{水蒸气分解量}{水蒸气通入量}\times 100\%$$

碳与水蒸气的反应和碳与氧的反应相似，一般难以达到平衡。反应产物中除一氧化碳、氢气、二氧化碳、甲烷外，还有大量未分解的水蒸气。如水蒸气通入量为 V(标准状况)，得到的干燥水煤气量为 $V_干$(标准状况)，水蒸气分解率为 $\eta_水$，干水煤气中的 CO、CO_2、H_2、CH_4 的组成分别为 y_{CO}、y_{CO_2}、y_{H_2}、y_{CH_4}，则

$$V\eta_水=V_干(y_{H_2}+2y_{CH_4})$$

$$V_干=\frac{V\eta_水}{(y_{H_2}+2y_{CH_4})}$$

干水煤气中各组分间的关系如下。

$$y_{H_2}+2y_{CH_4}=y_{CO}+2y_{CO_2}$$

$$y_{H_2}+y_{CH_4}+y_{CO}+y_{CO_2}=1$$

第三节　原料煤对气化工艺的影响

煤是由植物残骸经过复杂的生物化学作用和物理化学作用转变而成的，这个转变过程叫作植物的成煤作用。一般认为，成煤过程分为两个阶段：泥炭化阶段和煤化阶段。

不同煤种的组成和性质相差是非常大的，即使是同一煤种，由于成煤的条件不同，性质的差异也较大。煤结构、组成以及变质程度之间的差异，会直接影响和决定煤炭气化过程工艺条件的选择，也会影响煤炭气化的结果，如煤气的组成和产率，灰渣的熔点和黏结性以及焦油的产率和组成等。

一、煤种对气化的影响

气化用煤的种类对气化过程有很大的影响，煤种不仅影响气化产品的产率与质量，而且关系到气化的生产操作条件。所以，在选择气化用原料的种类时，必须结合气化方式和气化炉的结构进行考虑，也要充分利用资源，合理选用原料。

根据气化用煤的主要特征，将气化用煤大致分为以下四类。

第一类，气化时不黏结也不产生焦油，代表性原料有无烟煤、焦炭、半焦和贫煤。

第二类，气化时黏结并产生焦油，代表性原料有弱黏结或不黏结烟煤。

第三类，气化时不黏结但产生焦油，代表性原料有褐煤。

第四类，气化时不黏结，能产生大量的甲烷，代表性原料有泥炭煤。

在煤的气化过程中，气化用的介质气化剂与燃料的接触方式起主导作用，但工艺条件和气化炉的选择和控制对气化过程所起的作用不可忽视，而煤的特性是比较重要的因素，其中又以煤的组成最为重要。准确把握各种煤的特性，一方面对控制实际的生产过程有利，另一方面，我国气化的装置多是用运输到现场的煤生产合成气或燃料气，这就有一个选择煤种的自由，能够通过变化煤种来获得优质经济的煤气。

1. 气化用煤种的主要特性

（1）无烟煤、焦炭、半焦和贫煤　这类原料气化时不黏结，不会产生焦油，所生产的煤气中只含有少量的甲烷，不饱和碳氢化合物极少，但煤气热值较低。其中的无烟煤和贫煤都属于变质程度非常高的煤种，加热时不产生胶质体。无烟煤在我国的储量约占总储量的18%，无烟煤一号（年老无烟煤）产地主要有北京门头沟、福建龙岩和广东梅县，无烟煤二号（中等无烟煤）主要产地在山西晋城和河南焦作，无烟煤三号（年轻无烟煤）主要产地在山西阳泉和宁夏汝箕沟。

（2）烟煤　这种煤炭气化时黏结，并且产生焦油，煤气中的不饱和烃、碳氢化合物较多，煤气净化系统较复杂，煤气的热值较高。烟煤属于中等变质程度的煤种，在中国的煤炭分布中，烟煤分为长焰煤、气煤、气肥煤、肥煤、1/3 焦煤、焦煤、1/2 中黏煤、弱黏煤、不黏煤、瘦煤、贫瘦煤和贫煤十二个类别，其中，贫煤无黏结性，归入第一类，长焰煤、不黏煤和弱黏煤在一定条件下可作为气化用煤。中国的烟煤主要分布在北方各省，华北地区的储量占全国总储量的 60%以上。

（3）褐煤　气化时不黏结但产生焦油。褐煤是变质程度较低的煤，加热时不产生胶质体，含有较高的内在水分和数量不等的腐殖酸，挥发分高，加热时不软化、不熔融。中国褐煤的储量约占总储量的10%，主要的褐煤产地有内蒙古的平庄、扎赉诺尔和大雁，吉林的舒兰，云南的小龙潭和广西的百色。

（4）泥炭煤　泥炭煤中含有大量的腐殖酸，挥发分产率在70%左右。气化时不黏结，但产生焦油和脂肪酸，所生产的煤气中含有大量的甲烷和不饱和碳氢化合物。

2. 不同煤种对气化的影响

（1）对煤气的组分和产率的影响

① 对发热值与组成的影响。煤气的发热值（也可称热值）是指标准状态下1m^3煤气在完全燃烧时所放出的热量，如果燃烧产物中的水分以液态形式存在称高发热值，如果水以气态形式存在称低发热值。在相同的操作条件下，不同的煤种所产煤气的发热值不同，组成也不同。例如，以年轻的褐煤为气化原料时，所制得的煤气甲烷含量高，发热值比其他煤种都高。这是由于褐煤的挥发分高、变质程度低，煤气中的干馏气比例大，而干馏气中的甲烷含量高，同时年轻煤的气化温度低也有利于甲烷的生成。煤种与净煤气发热值和粗煤气组成与挥发分的关系如图4-13和图4-14所示。

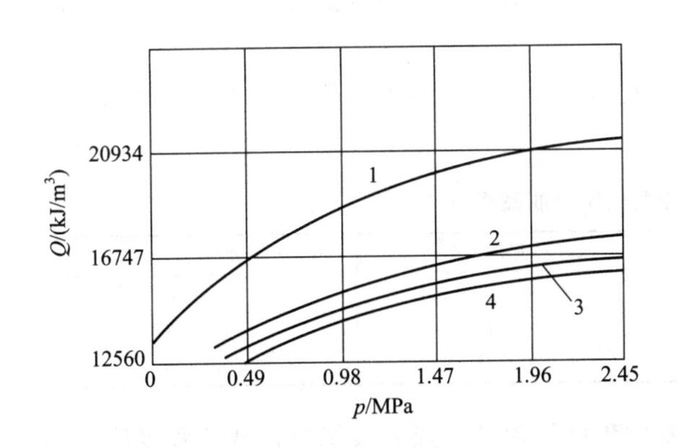

图4-13　煤种与净煤气发热值的关系

1—热力学平衡态；2—褐煤；3—气煤；4—无烟煤

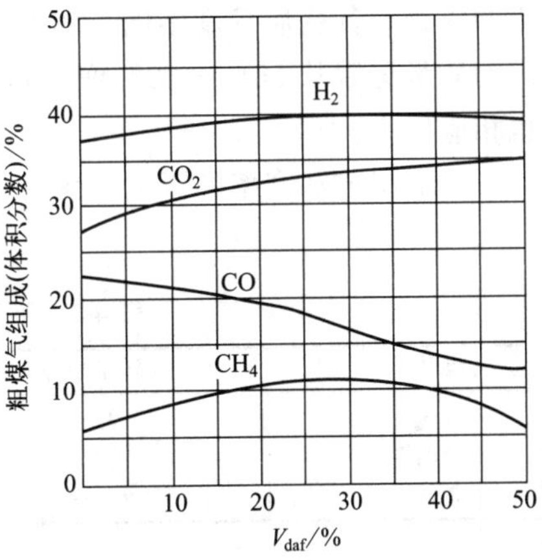

图4-14　粗煤气组成与挥发分的关系

从图4-13可知，压力增大，同一煤种制取的煤气的发热值升高，同一操作压力下，煤气发热值由高到低的顺序依次是褐煤、气煤、无烟煤。这是由于随着变质程度的提高，煤的挥发分逐渐降低。如煤化程度低的褐煤，挥发分产率为37%～65%；变质阶段进入烟煤阶段时，挥发分为10%～55%；到达无烟煤阶段，挥发分就降到10%甚至3%以下。由图4-14可知，随着煤中挥发分V_{daf}的提高，制得的煤气中二氧化碳的含量上升，在脱除二氧化碳后的净煤气中的甲烷含量更高，相应使煤气的发热值提高。

② 对煤气产率的影响。一般来说，煤中挥发分越高，转变为焦油的有机物就越多，煤气的产率越低。例如，在气化泥炭煤时，煤中有20%的碳被消耗在生成焦油上；气化无烟煤时，这种消耗却很少。此外，随着煤中挥发分的增加，粗煤气中的二氧化碳是增加的，这样在脱除二氧化碳后的净煤气产率下降得更快，如图4-15所示。

（2）对消耗指标的影响　煤炭气化过程主要是煤中的碳和水蒸气反应生成氢气和一氧化碳，这一反应需要吸收大量的热量，该热量是通过炉内的碳和氧气燃烧以后放出的热量来维

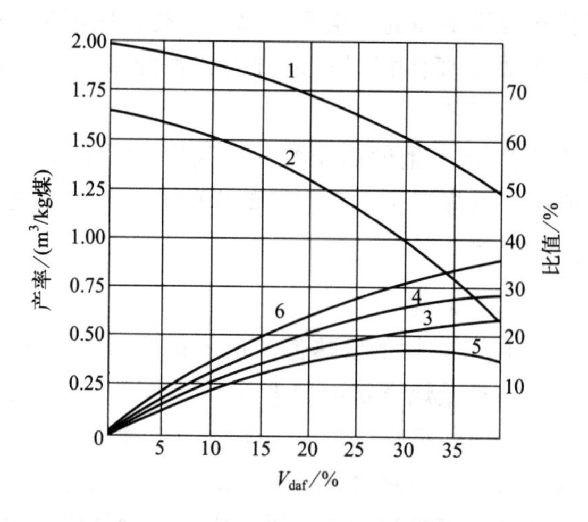

图 4-15　煤中挥发分与煤气产率、干馏煤气量之间的关系

1—粗煤气产率；2—净煤气产率；3—干馏煤气占净煤气体积分数；
4—干馏煤气占净煤气热能分数；5—干馏煤气占粗煤气体积分数；6—干馏煤气占粗煤气热能分数

持。不同煤种，其变质程度不同，随着变质程度的加深，从泥炭煤、褐煤、烟煤到无烟煤，煤中碳的质量分数从55%～62%增至88.98%，在气化时所消耗的水蒸气、氧气等气化剂的数量也相应增大。

（3）焦油组成和产率的影响　焦油分重焦油和轻焦油，不同煤种气化时产生的油品组成见表 4-7。

表 4-7　不同煤种气化所得油品组成

煤种	ω(轻质油)/%	ω(轻焦油)/%	ω(重焦油)/%
褐煤	10～15	38～42	45～50
年轻烟煤	15～20	35～40	42～48
年老烟煤	25～30	30～35	40～45

焦油产率与煤种性质有关：一般地说，变质程度较深的气煤和长焰煤比变质程度浅的褐煤焦油产率大，而变质程度更深的烟煤和无烟煤，其焦油产率却更低。

二、煤炭性质对气化的影响

气化反应过程与煤的性质有着非常密切的关系：煤的气化过程在工艺上有着多种多样的选择，一种特定的气化方法，往往对煤的性质有特定的要求。下面对与煤的气化工艺过程有关的煤的气化性质作必要的阐述。

1. 水分含量对气化的影响

煤中的水分存在形式有三种，包括外在水分、内在水分和结晶水。外在水分是在煤的开采、运输、储存和洗选过程中润湿在煤的外表面以及大毛细孔而形成的。含有外在水分的煤为应用煤，失去外在水分的煤为风干煤。内在水分是吸附或凝聚在煤内部较小的毛细孔中的水分，失去内在水分的煤为绝对干燥煤。结晶水在煤中是以硫酸钙（$CaSO_4 \cdot 2H_2O$）、高岭土（$Al_2O_3 \cdot 2SiO_2 \cdot 2H_2O$）等形式存在的，通常大于200℃以上才能析出。

对固定床气化炉，煤的水分必须保证气化炉顶部入口煤气温度高于气体露点温度，否则需将入炉煤进行预干燥。煤中含水量过多而加热速度太快时，易导致煤料破碎，使出炉煤气带出大量煤尘。同时，水分含量多的煤在固定床气化炉中气化所产生的煤气冷却后将产生大量废液，增加废水处理量。

在流化床和气流床气化时，为了使煤在破碎、输送和加料时能保持自由流动状态而规定料煤的水分应小于5%。特别是使用烟煤的气流床气化法，采用干法加料时，一般要求原料的水分最好小于2%，以便于粉煤的气动输送。

加压气化对炉温的要求比常压气化炉低，而炉身一般比常压气化炉高，能提供较高的干燥层，允许进炉煤的水分含量高。适量的水分对加压气化是有好处的，水分高的煤，往往挥发分较高，在干馏阶段，煤半焦形成时的气孔率大，当其进入气化层时，反应气体通过内扩散连入固体内部使气化容易进行，因而气化的速度加快，生成的煤气质量也好。

M4-5 煤的水分

2. 挥发分对气化的影响

挥发分是指煤在加热时，有机质部分裂解、聚合、缩聚，低分子部分呈气态逸出，水分也随着蒸发，矿物质中的碳酸盐分解，逸出二氧化碳等。除去水分的部分即为挥发分产率，挥发分中有干馏时放出的煤气、焦油、油类。干馏煤气中含有氢、一氧化碳、二氧化碳、轻质烃类和微量氮化合物等。这些气体添加到煤气中，可增加煤气的产率和热值。煤的挥发分产率与煤的变质程度有密切的关系。随着变质程度的提高，煤的挥发分产率逐渐降低。

煤的种类以及它们逸出条件的不同，将在很大程度上影响到残余固定碳或焦炭的性质。煤的挥发分作为煤利用价值和煤分类的重要指标，它与煤的性质存在一定的关系。一般，年轻煤的挥发分产率高，年老煤的低。

确定气化用煤中挥发分含量的大小要根据煤气的用途来确定。当煤气用作燃料时，要求甲烷含量高、热值大，则可以选用挥发分较高的煤作原料，在所得的煤气中甲烷的含量较大。当制取的煤气用作工业生产的合成气时，一般要求使用低挥发分、低硫的无烟煤、半焦或焦炭，因为变质程度浅（年轻）的煤种，生产的煤气中焦油产率高，焦油容易堵塞管道和阀门，给焦油分离带来一定的困难，同时也增加了含氰废水的处理量。更重要的是，对合成气来讲，甲烷可能成为一种有害的气体。例如，合成氨用的半水煤气，要求氢气含量高，而这时甲烷却变成了一种杂质，含量不能太大，要求挥发分小于10%。

M4-6 煤的挥发分

3. 灰分含量对气化的影响

将一定量的煤样在800℃的条件下完全燃烧，残余物即灰分，灰分含量表明了煤中矿物质含量的大小。常见的有硅、铝、铁、镁、钾、钙、硫、磷等元素和碳酸盐、硅酸盐、硫酸盐和硫化物等形式的盐类。

（1）灰渣中碳的损失　煤焦中灰分的多少及其性质、操作条件和气化炉构造都会影响灰渣中碳的损失，如气化过程中熔化的灰分将未反应的原料颗粒包起来而使碳损失。故原料中灰分愈多，随灰渣而损失的碳量就愈多。其关系可按下式计算。

$$C_A=\frac{(A_P-0.01ZA_Y)x}{100-x}$$

式中　C_A——灰渣中碳损失占燃料的比例，%；

A_P——工作燃料中的灰分，%；

x——干灰渣中碳的含量，%；

Z——带出物占工作燃料的质量，%；

A_Y——带出物的灰分，%。

此式说明，即使灰渣中含碳量相同，灰渣中碳损失量也将随原煤中灰分含量的增加而增多。当然，灰渣中的碳损失也可能受其他因素的影响。如操作中添加水蒸气量过多，使气化层温度过分降低，结果使一部分原料不能充分与气化剂发生反应，而随炉渣排出，导致增加了损失等。

低灰的煤种有利于煤的气化生产，能提高气化效率、生产出优质煤气，但低灰煤价格高，使煤气的综合成本上升。采用哪一种原料，要结合具体的气化工艺、当地的煤炭资源来综合考虑。

（2）煤中矿物质对环境的影响　煤中矿物质包含着许多成分，而其中的某些组分在气化过程中是形成污染的根源。如：

① 在 1350K 以上强碱金属盐可能挥发。

② 在高温条件下，重金属（如 As、Cd、Cr、Ni、Pb、Se、Sb、Ti 及 Zn）的化合物可能升华。

③ 如黄铁矿 FeS_2 等含硫金属化合物，当氧含量充足时可能形成 SO_x，当氧含量不足时则可能形成 H_2S、COS、CS_2 及含硫的碳氢化合物。

M4-7　煤的灰分

（3）灰熔点　简单地说，灰熔点就是灰分熔融时的温度，灰分在受热情况下，一般经过三个过程。开始变形，习惯上称为开始变形温度（DT），用 T_1 来表示；灰软化，相应的温度称为软化温度（ST），用 T_2 表示；灰分开始流动，相应的温度称为流动温度（FT），用 T_3 表示，对煤炭气化而言，一般用软化温度 T_2 作为原料灰熔融性的主要指标。

煤炭气化时的灰熔点有两方面的含义，一是气化炉正常操作时，不致使灰熔融而影响正常生产的最高温度，二是采用液态排渣的气化炉所必须超过的最低温度。灰熔点的大小与灰的组成有关，若灰中 SiO_2 和 Al_2O_3 的比例越大，其熔化温度越高，而 Fe_2O_3 和 MgO 等碱性成分比例越高，其熔化温度越低。可以用公式 $(SiO_2+Al_2O_3)/(Fe_2O_3+CaO+MgO)$ 来表示，该值越大，则灰熔点越高，灰分越难结渣，相反，则灰熔点越低，灰分越易结渣。

（4）结渣性　气化炉的氧化层，由于温度较高，灰分可能熔融成黏稠性物质并结成大块，这就是通常讲的结渣性。其危害性有下面几点。

① 影响气化剂的均匀分布，增加排灰的困难。

② 为防止结渣采用较低的操作温度而影响了煤气的质量和产量。

③ 气化炉的内壁由于结渣而缩短了寿命。

煤的结渣性与灰熔点有一定的关系。一般地，对于灰熔点低的煤在气化时容易结渣，为防止结渣，就要加大水蒸气的用量，使氧化层的温度维持在灰熔点以下。对于灰熔点高的煤种，可采用较高的操作温度，在较低的 $V[H_2O(g)]/V(O_2)$（汽氧比）下获得较高的气化强度。

一般用于固态排渣气化炉的煤，在气化时不能出现结渣，其灰熔点应大于 1250℃，液态排渣却相反，灰熔点越低越好，但要保证有一定的流动性，其黏度应小于 25Pa・s，黏度太大，液渣的流动性变差，还有可能出现结渣。

采用液态排渣的气化炉，可以对入炉煤采用混配的方法，对一些高黏度灰渣的煤，可以混配一些低黏度灰渣的煤，达到液态排渣的要求。也可以通过添加一定的助溶剂提高液渣的流动性，炼铁高炉和空气煤气发生炉即属于这种情况。高炉生产过程使用的原料有矿石、焦炭和熔剂。矿石中的废石和焦炭中的灰分在高温下都熔融成液体，以液渣的形式排出炉外。采用碳酸钙作助熔剂，在碳酸钙高温分解成碱性氧化钙的作用下，矿石和灰分在1150～1250℃时就可以形成熔融的物质。

空气煤气发生炉和高炉的情形十分相似，由于中国的煤灰渣多属于酸性渣，助熔剂常选用碱性的 CaO 或热解能产生 CaO 的 $CaCO_3$，一般添加原则如下。

① 煤灰中 SiO_2/Al_2O_3（质量比）小于3，CaO 在灰中的含量达30%～35%时熔点最低，若再增加 CaO，熔点不降低反而有可能升高。

② 煤灰中 SiO_2/Al_2O_3（质量比）大于3，$m(SiO_2)$ 大于50%，灰中 CaO 含量为20%～25%时熔点最低，如果再增加 CaO 含量，其熔点将超过1350℃。

需要说明的是，生产实践表明，灰熔点有时并不能完全反映煤在气化时的结渣情况。例如大同煤的灰熔点（T_2）并不高，一般在1200℃左右，在气化炉内气化工况很好，并不结渣。阜新等矿的煤灰熔点（T_2）尽管超过1250℃，但在气化时反而容易结渣，不好气化。

研究表明，煤的结渣性与煤灰中易熔成分的总量有关。因此确切地讲，煤的结渣性除与煤的灰熔点有关外，还与煤中灰分含量有关。当然，气化炉的操作条件也是影响结渣性的重要因素。一般，从加压气化炉排出的灰渣中碳含量在5%左右，常压气化炉在15%左右。

4. 固定碳对气化的影响

固定碳是煤在干馏后的焦炭中的主要成分。它将与 H_2O、H_2、CO_2 及 O_2 等反应。它在结构上可能是稠密的，或者是轻质多孔状的，它可能是硬的或易碎的，也可能是软性的或脆性的。当它与 H_2 或 H_2O 反应时，可能是很活泼的，也可能是惰性的。总之，上述特性与原料性质、压力、加热速度以及加热最终温度等条件有关。

5. 硫分对气化的影响

煤中的硫以有机硫和无机硫的形式存在，中国各地煤田的煤中硫含量都比较低，大多在1%以下。抚顺煤硫含量在0.32%～0.78%之间；本溪煤硫含量在0.49%～0.99%之间；山西烟煤硫含量较高，在1.39%左右；西南地区特别是贵州煤中硫含量也较高。

煤在气化时，其中80%～85%的硫以 H_2S 和 CS_2 的形式进入煤气当中。如果制得的煤气用于燃料时，比如用作城市民用煤气，其硫含量要达到国家标准，否则燃烧后大量的 SO_2 会排入大气，污染环境；用作合成原料气时，硫化物的存在会使得合成催化剂中毒，煤气中硫化物的含量越高，后面工段脱硫的负担会越重。所以，气化用燃料中硫含量应是越低越好。

M4-8 煤中的硫分

6. 粒度对气化的影响

煤的粒度在气化过程中占有非常重要的地位。由于粒度的不同，将直接影响到气化炉的运行负荷、煤气和焦油的产率以及气化时的各项消耗指标。通常，不同的煤种在不同的气化炉里进行时，对其粒度的要求不一样。

（1）粒度大小与比表面积的关系　煤的比表面积和煤的粒径有关，煤的粒径越小，其比表面积越大。煤有许多内孔，所以比表面积与煤的气孔率有关。几种煤的比表面积见表 4-8。

表 4-8 几种煤的比表面积

燃料		粒度/mm	总表面积/cm^2	体积/cm^3	比表面积/(cm^2/cm^3)
泥煤	煤砖	120×60×30	2340	216	10.8
	砖球	20	56.3	4.18	13.5
褐煤		15	28.8	1.76	16.4
气煤		12	13.5	0.904	14.8
黏结性烟煤		10	7.5	0.524	14.3
碎焦		6	1.48	0.113	13.2
无烟煤		4	0.51	0.042	12.1

表 4-8 中的数据对应的是球形颗粒，实际的气化生产用煤并不是球体，而且粒度大小不一，颗粒堆积时形成的空隙远比球形颗粒的大且结构也复杂，所占床层的总体积也大得多，气流通过床层的流通截面增大，气流速度有所增加。

(2) 粒度大小与传热的关系　煤和灰分都是热的不良导体，导热系数小，传热速度慢，因此粒度的大小对传热过程的影响尤其显著，进而影响焦油的产率。粒度越大，传热越慢，煤粒内外温差越大，粒内焦油蒸气的扩散和停留时间增加，焦油的热分解加剧。

(3) 粒度与煤的带出量的关系　煤的粒度太小，当气化速度较大时，小颗粒的煤有可能被带出气化炉外，从而使炉子的气化效率下降。为了控制煤的带出量，气化炉实际生产能力有一个上限，对加压气化而言，粉煤带出量不应超过入炉煤总量的 1%，为限制 2mm 的煤粒不被带出，炉内上部空间煤气的实际速度最大为 0.9～0.95m/s。

(4) 粒度与炉型之间的关系　对于移动床而言，其粒度范围一般在 6～50mm 之间，一般大于 6mm。粒度小有利于气化反应，但会增大气化剂通过燃料床层的阻力，粒度太小，会增加带出物的损失。反之，大块燃料会增加灰渣中可燃组分的含量。

流化床气化炉一般使用 3～5mm 的原料，要求煤颗粒的粒径非常接近，以免颗粒被大量带出炉外。

对气流床气化炉（干法进料）使用小于 0.1mm 的颗粒，至少要有 70%～90%的煤粉小于 200 目；水煤浆进料时，还要有一定的粒度匹配，以提高水煤浆中煤的浓度。

粒径与煤种也有一定的关系，例如在加压气化炉中，一般采用的煤的粒度大小是：褐煤 6～40mm；烟煤 5～25mm；焦炭和无烟煤 5～20 mm。

(5) 粒度的大小对各项气化指标的影响　煤粒度的大小以及粒度的分布对煤炭气化过程的各项指标有重要的影响。通常，煤的粒度减小，相应的氧气和水蒸气消耗将增大。表 4-9 给出了褐煤不同粒径的气化实验结果。

表 4-9 褐煤不同粒径的气化实验结果

项目	1	2	3	4
煤粒度/mm	0～40	3～40	6～40	10～40
0～6mm 的煤颗粒(质量分数)/%	28.4	—	—	3.0
灰分含量(质量分数)/%	32.41	28.80	23.62	21.46
水蒸气消耗量/[kg/m^3(粗煤气)]	1.26	1.05	0.97	0.94
氧气消耗量/[m^3/m^3(粗煤气)]	0.159	0.14	0.136	0.128
煤消耗量/[kg/m^3(粗煤气)]	1.23	1.022	0.97	0.93

由表 4-9 中可以看出，在气化煤粒度为 0～40mm 的未筛分原煤时，由于碎煤和灰量集中，煤耗高，水蒸气和氧气的消耗量增加。通常，2mm 以下的煤每增加 1.5%，氧气和水蒸气的消耗定额将提高 5%左右，气化炉的生产能力也有所下降。在入炉煤中，小于 2mm 的粉煤控制在 1.5%以下，小于 6mm 的细粒煤量应控制在 5%以下。

7. 反应性对气化的影响

燃料的反应性就是燃料的化学活性，是指燃料煤与气化剂中的氧气、水蒸气、二氧化碳的反应能力。一般以二氧化碳的还原系数来表示，如下式所示：

$$\alpha(CO_2)=\frac{100\varphi(CO)}{\varphi(CO_2)[200\varphi(CO)]}$$

式中 $\alpha(CO_2)$——二氧化碳的还原系数；

$\varphi(CO_2)$——还原反应前二氧化碳的体积分数，%；

$\varphi(CO)$——反应后一氧化碳的体积分数，%。

煤的反应性与煤的变质程度有密切的关系。一般地，变质程度浅的煤，其反应性高；而随着煤的变质程度的加深，煤的化学反应活性降低。

各种煤与 CO_2 和 H_2O 的反应活性，在一定程度上与 H_2 的反应活性差别很大。反应性强的煤在气化和燃烧过程中反应速度快、效率高。尤其对采用沸腾床和气流床等高效的新型气化技术，煤的反应性强弱直接影响煤在气化炉中反应的快慢、完成程度、耗煤量、耗氧量及煤气中的有效成分等。高反应性的煤可以在生产能力基本稳定的情况下，使气化炉可以在较低温度下操作，从而避免灰分结渣和破坏煤的气化过程。在流化燃烧新技术中，煤的反应性强弱与其燃烧速度也有密切关系。因此，反应性是煤气化和燃烧的重要特性指标。

通过实验可以测定煤焦的反应性，但这仅仅是在一定条件下的相互比较。因为实验很难模拟气化炉中的气化过程及其温度，煤焦的反应性除取决于煤焦的孔径和比表面积外，还与煤中的含氧基团及矿物组成中某些具有催化性质的碱金属和碱土金属等元素的含量有关。

反应活性具有三方面的重要影响。首先，当制造合成天然气时，是否有利于 CH_4 的生成。其次，反应活性好的原料，借助于水蒸气在更低的温度下可进行反应，同时还进行 CH_4 生成的放热反应，可减少氧的消耗。最后，当使用具有相同的灰熔点而反应活性较高的原料时，由于气化反应可在较低的温度下进行，可较易避免结渣现象。

8. 黏结性对气化的影响

煤在受热后是否形成熔融的胶质层及其不同的性质，会使煤发生黏结、格结或结焦等不同情况。一般结焦或较强黏结的煤不用于气化过程。

一般不带搅拌装置的固定床气化炉，应使用不黏结性煤或焦炭，带有搅拌装置时可使用弱黏结性煤。固定床两段炉仅能使用自由膨胀指数为 1.5 左右的煤为原料。弱黏结性煤在加压下，特别是在常压到 1MPa 之间其黏结性可能迅速增加。

流化床气化炉一般可使用自由膨胀指数为 2.5～4.0 的煤。当采用喷射进料时，喷入的煤很快与已部分气化所得的焦粒充分混合，这时可使用黏结性稍强的煤为原料。

由于气流床气化炉中煤粉微粒之间互相接触机会很少，整个反应又进行得很快，故可使用黏结性煤，但不应使用黏结性较强的煤为原料。

9. 煤的机械强度和热稳定性对气化的影响

煤的机械强度是指抗碎、抗磨和抗压等性能的综合体现。机械强度差的煤在运输过程中，会产生许多粉状颗粒，造成燃料损失，在进入气化炉后，粉状燃料的颗粒容易堵塞气道，造成炉内气流分布不均，严重影响气化效率。

在移动床气化炉中，煤的机械强度与灰带出量和气化强度有关。

在流化床气化炉中，煤的机械强度与流化床层中是否能保持煤粒大小均匀一致的状态有关。

在气流床气化炉中，煤的机械强度对生产操作不会产生太大的影响。

煤的热稳定性是指煤在加热时，是否容易碎裂的性质。热稳定性差的煤在气化时，伴随气化温度的升高，煤易碎裂成煤末和细粒，对移动床内的气流均匀分布和正常流动造成严重的影响。

M4-9 热稳定性对气化的影响

无烟煤的机械强度较大，但热稳定性却较差。用无烟煤为原料，在移动床内生产水煤气时，在鼓风阶段气流速度大，温度急剧上升，所以，需要无烟煤的热稳定性高，以保证气化的顺利进行。

第四节　移动床（固定床）气化法

煤炭气化技术是煤化工产业化发展很重要的单元技术。煤炭气化技术在中国被广泛应用于化工、冶金、机械、建材等工业行业和生产城市煤气，气化的核心设备气化炉以固定床气化炉为主。近20年来，中国引进的加压鲁奇炉、德士古、水煤浆气化炉等，主要用于生产合成氨、甲醇或城市煤气。

进行煤炭气化的设备叫气化炉（图4-16）。按照燃料在气化炉内的运动状况来分类是比较通行的方法，一般分为移动床（又叫固定床）、流化床（又叫沸腾床）、气流床等。

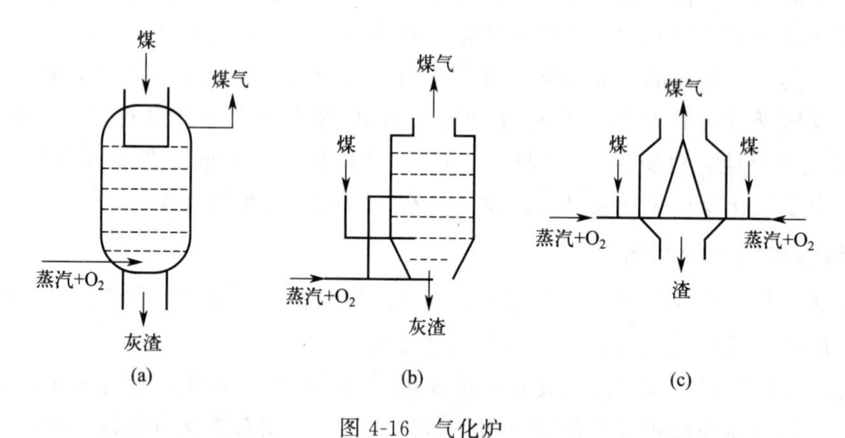

图4-16　气化炉

(a) 固定床，800～1000℃，块煤（3～30mm或6～50mm）；(b) 流化床，800～1000℃，碎粉煤（1～5mm）；(c) 气流床，1500～2000℃，煤粉（小于0.1mm）

此外，气化炉在生产操作过程中，根据使用的压力不同，又分为常压气化炉和加压气化炉；根据不同的排渣方式，可以分为固态排渣气化炉和液态排渣气化炉。

不论采用何种类型的气化炉，生产哪种煤气，燃料以一定的粒度和气化剂直接接触进行物理和化学变化过程，将燃料中的可燃成分转变为煤气，同时产生的灰渣从炉内排除出去，这一点是不变的。然而采用不同的炉型，不同种类和组成的气化剂，在不同的气化压力下，生产的煤气的组成、热值以及各项经济指标是有很大差异的。气化炉的结构、炉内的气固相反应过程及其各项经济指标，三者之间是紧密联系的。

一、固定床气化工艺简介

1. 固定床气化的特点

移动床（固定床）是一种较老的气化装置。燃料主要有褐煤、长焰煤、烟煤、无烟煤、焦炭等，气化剂有空气、空气-水蒸气、氧气-水蒸气等，燃料由移动床上部的加煤装置加入，底部通入气化剂，燃料与气化剂逆向流动，反应后的灰渣由底部排出。固定床气化炉又分为常压和加压气化炉两种，在运行方式上有连续式和间歇式的区分。

固定床气化炉的主要特点有：

① 在固定床气化炉中，气化剂与煤反向送入气化炉；

② 煤为块状，一般不适合用末煤和粉煤；

③ 一般为固态干灰排渣，也有采用液态排渣方式的；

④ 煤的碳转化效率高，耗氧量低；

⑤ 气化炉出口的煤气温度较低，通常无需煤气冷却器；

⑥ 一般容量较小。

2. 固定床气化的过程原理

固定床气化炉内的气化过程原理如图 4-17 所示。

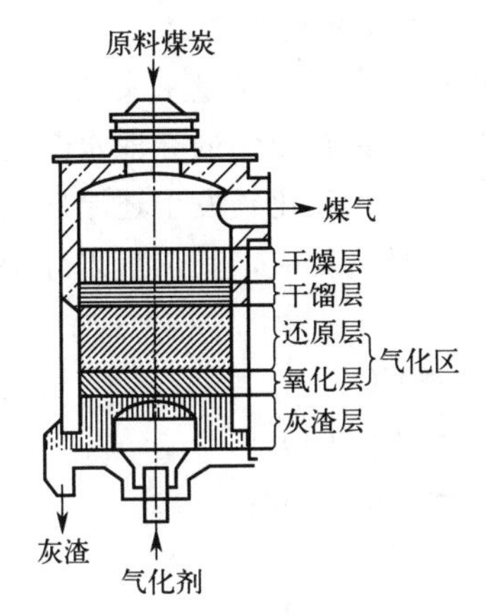

图 4-17　固定床气化炉内的气化过程原理

M4-10　移动床气化过程原理

可见，在固定床气化炉中的不同区域中，各个反应过程所对应的反应区域界面比较明显。当炉料装好进行气化时，以空气作为气化剂或以空气（氧气、富氧空气）与水蒸气作为气化剂时，炉内料层可分为六个层带，自上而下分别为：空层、干燥层、干馏层、还原层、氧化层、灰渣层，气化剂不同，发生的化学反应不同。由于各层带的气体组成不同，温度不同，固体物质的组成和结构不同，因此反应的生成物均有一定的区别。各层带在炉内的主要反应和作用都不同。

（1）灰渣层　灰渣层中的灰是煤炭气化后的固体残渣，煤灰堆积在炉底的气体分布板上具有以下三个方面的作用。

① 由于灰渣结构疏松并含有许多孔隙，对气化剂在炉内的均匀分布有一定的好处。

② 煤灰的温度比刚入炉的气化剂温度高，可使气化剂预热。

③ 灰层上面的氧化层温度很高，有了灰层的保护，避免了和气体分布板的直接接触，故能起到保护分布板的作用。

灰渣层对整个气化操作的正常进行作用很大，要严格控制。根据煤灰分含量的多少和炉子的气化能力制定合适的清灰操作。灰渣层一般控制在100～400mm较为合适，视具体情况而定。如果人工清灰，要多次少清，即清灰的次数要多而且每次清灰的数量要少，自动连续出灰效果要比人工清灰好。清灰太少，灰渣层加厚，氧化层和还原层相对减少，将影响气化反应的正常进行，增加炉内的阻力；清灰太多，灰渣层变薄，造成炉层波动，影响煤气质量和气化能力，容易出现灰渣熔化烧结，影响正常生产。

灰渣层温度较低，灰中的残碳较少，所以灰渣层中基本不发生化学反应。

(2) 氧化层　也称燃烧层或火层，是煤炭气化的重要反应区域，从灰渣中升上来的预热气化剂与煤接触发生燃烧反应，产生的热量是维持气化炉正常操作的必要条件。氧化层带温度高，气化剂浓度最大，发生的化学反应剧烈，主要的反应为：

$$C+O_2 \longrightarrow CO_2$$

$$2C+O_2 \longrightarrow 2CO$$

$$2CO+O_2 \longrightarrow 2CO_2$$

上面三个反应都是放热反应，因而氧化层的温度是最高的。

考虑到灰分的熔点，氧化层的温度太高有烧结的危险，所以一般在不烧结的情况下，氧化层温度越高越好，温度低于灰分熔点的80～120℃为宜，约1200℃。氧化层厚度控制在150～300mm，要根据气化强度、燃料块度和反应性能来具体确定。

氧化层温度低可以适当降低鼓风温度，也可以适当增大风量来实现。

(3) 还原层　氧化层的上面是还原层，赤热的炭具有很强的夺取水蒸气和二氧化碳中的氧而与之化合的能力，水（当气化剂中用蒸汽时）或二氧化碳发生还原反应而生成相应的氢气和一氧化碳，还原层也因此而得名。还原反应是吸热反应，其热量来源于氧化层的燃烧反应所放出的热。还原层的主要化学反应如下：

$$C+CO_2 \rightleftharpoons 2CO$$

$$C+H_2O \rightleftharpoons H_2+CO$$

$$C+2H_2O \rightleftharpoons 2H_2+CO_2$$

$$C+2H_2 \rightleftharpoons CH_4$$

$$CO+3H_2 \rightleftharpoons CH_4+H_2O$$

$$2CO+2H_2 \rightleftharpoons CO_2+CH_4$$

$$CO_2+4H_2 \rightleftharpoons CH_4+2H_2O$$

由上面的反应可以看出，反应物主要是碳、水蒸气、二氧化碳和二次反应产物中的氢气；生成物主要是一氧化碳、氢气、甲烷、二氧化碳、氮气（用空气作气化剂时）和未分解的水蒸气等。常压下气化主要的生成物是一氧化碳、二氧化碳、氢气和少量的甲烷，而加压气化时的甲烷和二氧化碳的含量较高。

还原层厚度一般控制在300～500mm。如果煤层太薄，还原反应进行不完全，煤气质量降低；煤层太厚，对气化过程也有不良影响，尤其是在气化黏结性强的烟煤时，容易造成气流分布不均、局部过热，甚至烧结和穿孔。

习惯上，把氧化层和还原层统称为气化层。气化层厚度与煤气出口温度有直接的关系，气化层薄，出口温度高；气化层厚，出口温度低。因此，在实际操作中，以煤气出口温度控制气化层厚度，一般煤气出口温度控制在600℃左右。

（4）干馏层　干馏层位于还原层的上部，气体在还原层释放大量的热量，进入干馏层时温度已经不太高了，气化剂中的氧气已基本耗尽，煤在这个过程历经低温干馏，煤中的挥发分发生裂解，产生甲烷、烯烃和焦油等物质，它们受热成为气态而进入干燥层。

干馏区生成的煤气中因为含有较多的甲烷，因而煤气的热值高，可以提高煤气的热值，但也产生硫化氢和焦油等杂质。

（5）干燥层　干燥层位于干馏层的上面，上升的热煤气与刚入炉的燃料在这一层相遇并进行换热，燃料中的水分受热蒸发。一般地，利用劣质煤时，因其水分含量较大，该层高度较大，如果煤中水分含量较少，干燥段的高度就小。脱水过程大致分为以下三个阶段。

第一阶段（图4-18中Ⅰ），如前所述，煤中的水分分外在水分和内在水分。干燥层的上部，上升的热煤气使煤受热，首先使煤表面的润湿水分即外在水分汽化，这时煤微孔内的吸附水即内在水分同时被加热。随燃料下移温度继续升高。

第二阶段（图4-18中Ⅱ），煤移动到干燥层的中部，煤表面的外在水分已基本蒸发干净，微孔中的内在水分保持较长时间，温度变化不大，继续汽化，直至水分全部蒸发干净，温度才继续上升，燃料被彻底干燥。

第三阶段（图4-18中Ⅲ），燃料移动到干燥层的下部时，水分已全部汽化，此时不需要大量的汽化热，上升的热气流主要是来预热煤料，同时煤中吸附的一些气体如二氧化碳逸出。在干燥段的升温曲线如图4-18所示。

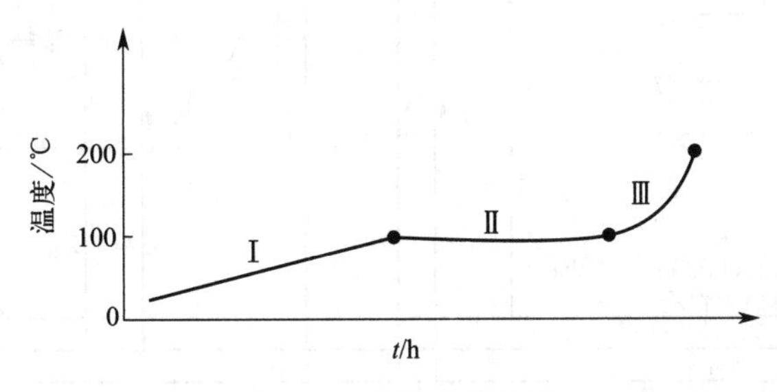

图4-18　燃料升温曲线

（6）空层　空层即燃料层的上部、炉体内的自由区，其主要作用是汇集煤气，并使炉内生成的还原层气体和干馏段生成的气体混合均匀。由于空层的自由截面积增大使得煤气的速度大大降低，气体夹带的颗粒返回床层，减小粉尘的带出量。控制空层高度一是要求在炉体横截面积上要下煤均匀，下煤量不能忽大忽小；二是按时清灰。必须指出，上述各层的划分及高度，随燃料的性质和气化条件而异，且各层间没有明显的界线，往往是相互交错的。

M4-11　空层的作用

二、常压发生炉煤气生产工艺

1. 简介

常压固定床煤气化工艺以空气和水蒸气为气化剂，生产的煤气称为混合煤气（发生炉煤气），主要作为工业用燃料气，亦可作为民用煤气的掺混气。具有投资费用低、建设周期短、电耗低、负荷调节方便等特点，是我国工业煤气生产的主要工艺方式，在机械、冶金、纺织等行业中的大型煤气站普遍使用。但是，在国外已经很少采用。

该工艺多以烟煤为原料，入炉煤粒度 3～30mm（或 6～50mm），单炉煤气产量 3000～5000m^3/h，煤气热值 5500～7000kJ/m^3。

发生炉煤气的工艺流程一般分为热煤气和冷煤气两种流程。

M4-12 常压移动床煤气的生产

（1）热煤气流程　如图 4-19 所示，饱和空气经与煤气炉的碳反应生成 500℃左右的粗煤气，经旋风除尘器除去带出物（煤粉粒、焦油等）以后，通过煤气管道直接送往用户。

这种流程简单，煤气的显热得到利用，但煤气含焦油和煤粉量较多，对后工序不利。

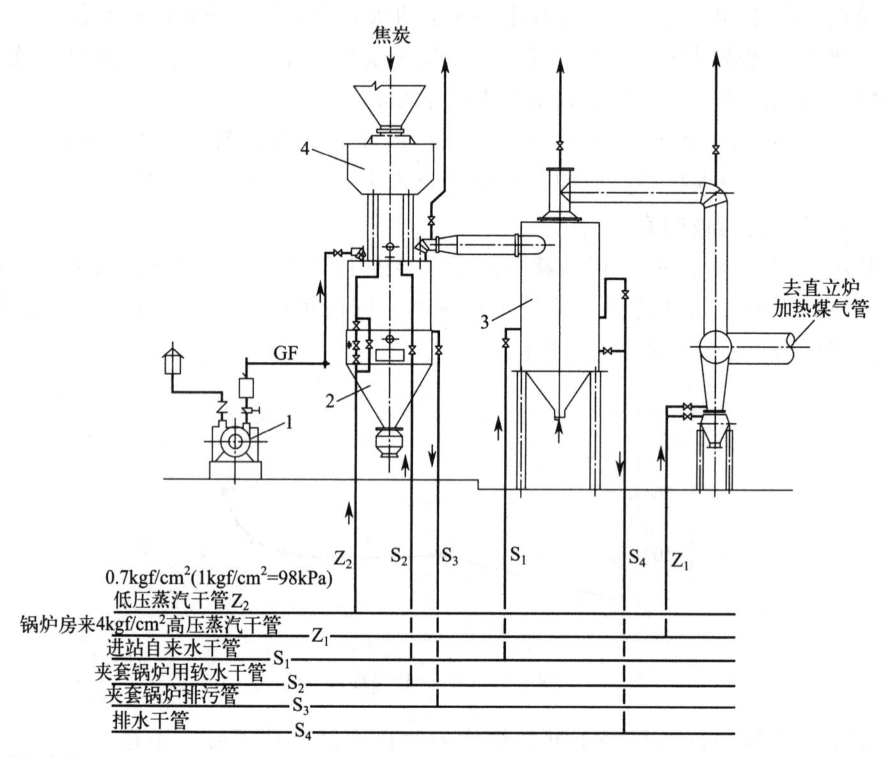

图 4-19　热煤气工艺流程图

1—鼓风机；2—威尔曼-格鲁夏型煤气发生炉；3—旋风除尘器；4—中间煤斗

（2）冷煤气流程　冷煤气工艺流程又因原料不同而分为焦炭（无烟煤）冷煤气流程和烟煤冷煤气流程。主要区分在于煤气的除焦油不同。

M4-13 冷煤气流程

① 焦炭（无烟煤）冷煤气流程（图 4-20）。煤气发生炉生成的约 500℃的粗煤气，出炉后进入双竖管，经循环水冷却至 80℃后，进入煤气洗涤塔，与冷却塔顶部喷下的冷却水逆流接触换热，煤气被冷却到 30～40℃，由洗涤塔上部导出，经气液分离器除去水分后再送至用户。

② 烟煤冷煤气流程（图 4-21）。煤气炉产生的粗煤气约 500℃，进入双竖管顶部，在塔内与冷却水逆流和并流接触，粗气中的焦油和带出物经洗涤自塔底排出，粗气则被冷却至

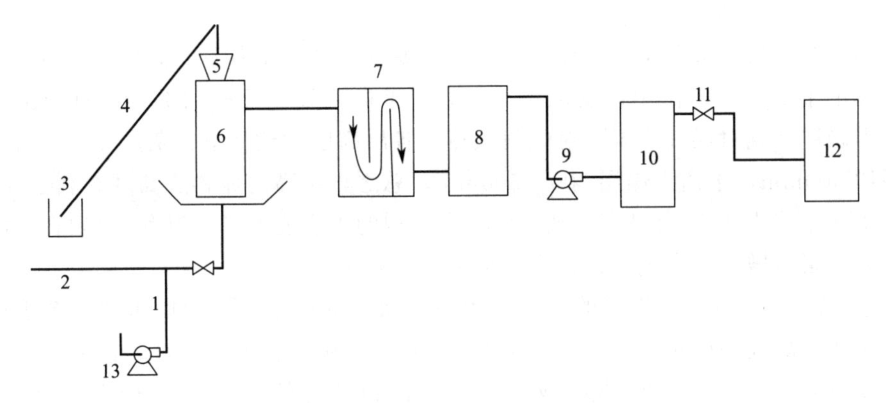

图 4-20　焦炭（无烟煤）冷煤气流程

1—空气管；2—蒸汽管；3—原料坑；4—提升机；5—煤料储斗；6—发生炉；
7—双竖管；8—洗涤塔；9，13—排送机；10—气液分离器；11—煤气主管；12—用户

80℃左右，出塔后经隔离水封去电捕焦油器脱除所夹带的95%以上的焦油雾。再进入三级洗涤塔，在塔内与冷却水逆流换热，煤气被冷却至35℃左右，洗涤水自塔底排出。出洗涤塔的冷煤气经气液分离器分离水滴后经排送机送往用户。

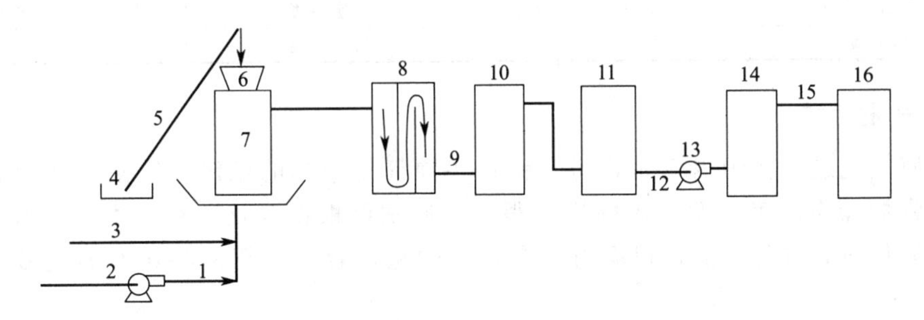

图 4-21　烟煤冷煤气流程

1—空气管；2—送风机；3—蒸汽管；4—原料坑；5—提升机；6—煤料储斗；
7—发生炉；8—双竖管；9—初净煤气总管；10—电捕焦油器；11—洗涤塔；
12—低压煤气总管；13—排送机；14—气液分离器；15—高压煤气总管；16—用户

2. 操作条件

（1）气化过程的工艺条件　对于既定的原料、设备和工艺流程，为了获得质量优良的煤气，和足够高的气化强度，就必须选择最佳的气化条件。

① 燃料层温度。合适的燃料层温度对煤气质量、气化强度及气化热效率至关重要。发生炉煤气中的有效成分（$CO+H_2$）的含量主要取决于碳的氧化与还原反应和水蒸气的分解反应。上面的两个反应均属吸热反应。而在煤气炉操作温度下，上述反应处于动力学控制区。所以提高炉温不仅有利于提高 CO 和 H_2 的平衡浓度，而且可以提高反应速度，增加气化强度，从而使气化炉的生产能力提高。但是燃料层的温度受到燃料煤（焦）的灰熔点的限制，也与煤的活性和炉体热损失有关。

② 燃料层的运移速度和料层高度。在固定床气化过程中，整个床层高度是相对稳定的。随着加料和排灰的进行，燃料以一定的速度向下移动。这个速度的选择主要依据气化炉的气化强度和燃料灰分含量。在气化强度较大或燃料灰分较高时，应加快料层的移动速度，反之

亦然。

燃料层分为灰层、氧化层、还原层和干馏干燥层，其作用各不相同。灰层有预热气化剂和保护炉箅不至于过热的作用，氧化层、还原层是进行气化反应的部分，直接影响煤气质量。干馏干燥层则既对煤气降温又对燃料预热。各层高度大致如下：灰层 100～300mm，氧化还原层约 500mm，干馏干燥层 300～500mm，总之，稍高的原料层高度有利于气化过程。

③ 鼓风量。鼓风量适当提高，既可增大发生炉的生产能力，又有利于提高煤气的质量。若过大则床层阻力增加，煤气出口带出物增加，不利于生产。

④ 饱和温度。在发生炉煤气的生产过程中，加入蒸汽是重要的操作和调节手段。蒸汽既参加反应增加煤气中的可燃组分，过量的蒸汽又是调节床层温度的重要手段。正常操作中，水蒸气单耗在 0.4～0.6kg/kg（碳）之间，饱和温度在 50～65℃之间，此时的蒸汽分解率为 60%～70%。发生炉的负荷变化时，饱和温度应随之改变，气化强度变高，应调高饱和温度，反之，则调低饱和温度。

（2）操作条件　因工艺流程、炉型、煤种而异。某厂煤气化炉的操作指标如表 4-10 所示。

表 4-10　某厂煤气化炉的操作指标

炉底压力	980～3430Pa	空气流量	3500～4000m³/h
炉出口压力	340～780Pa	灰层厚度	150～300mm
饱和温度	45～58℃	火层厚度	150～250mm
炉出口温度	450～600℃	料层厚度	450～600mm

3. 煤气发生炉

为了使气化过程在炉内正常进行，保持各项气化指标的稳定，发生炉必须有合理的结构和正常的操作制度。发生炉的型式很多，通常可根据气化原料种类、加料方法、排渣方法及操作方式进行分类，根据当前存在的炉型，着重介绍两种典型的机械化常压煤气发生炉。

（1）具有凸型炉箅的煤气发生炉　凸型炉箅的煤气发生炉中较普遍使用的有两种型式，即 3M-21 型和 3M-13 型。3M-21 型发生炉主要用于气化贫煤、无烟煤和焦炭等不黏结性燃料，而 3M13 型发生炉主要用于弱黏结烟煤。这两种发生炉都是湿法排灰，亦即灰渣通过具有水封的旋转灰盘排出。这两种发生炉的机械化程度较高，性能可靠。但发生炉的构件基本上都是铸造件，所以制造较复杂。3M-21 型煤气发生炉如图 4-22 所示。这是一种带搅拌装置的机械化煤气发生炉。设搅拌装置的目的是当气化弱黏结性烟煤时可用来搅动煤层，破坏煤的黏结性，并扒平煤层。上部加煤机构为双滚筒加料装置。搅拌装置是由电动机通过涡轮、蜗杆带动在煤层内转动，搅拌耙可根据需要在煤层内上下移动一定距离，搅拌杆内通循环水冷却，防止搅拌耙烧坏。

发生炉炉体包括耐火砖砌体和水夹套，水夹套产生蒸汽可作气化剂。在炉盖上设有汽封的探火孔，用以探视炉内作业情况或通过“打钎”处理局部高温和破碎渣块。发生炉下部为炉箅及除灰装置，包括炉箅、灰盘、排灰刀及气化剂入口管。灰盘和炉箅固定在铸铁大齿轮上，由电动机通过涡轮、蜗杆带动大齿轮转动，从而带动炉箅和灰盘转动。带有齿轮的灰盘坐落在滚珠上以减少转动时的摩擦力，排灰刀固定在灰盘边侧，灰盘转动时通过排灰刀将灰渣排出。

M4-14　3M-21 型气化炉

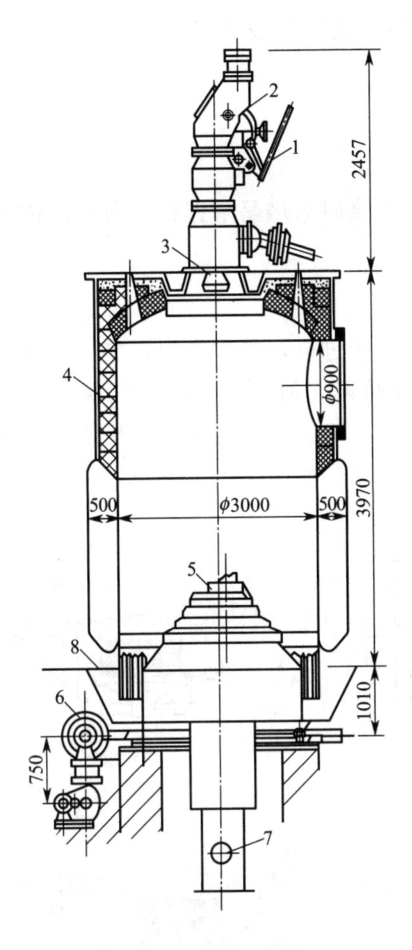

图 4-22　3M21 型煤气发生炉

1—传动装置；2—双钟罩加煤机；3—布料器；
4—炉体；5—炉算；6—炉盘传动；
7—气化剂进口；8—水封盘

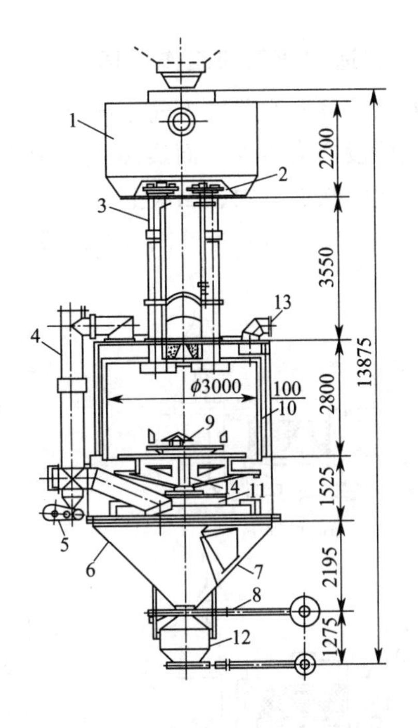

图 4-23　W-G 型煤气发生炉

1—煤箱；2—圆盘加料阀；3—煤料供给管；
4—气化剂管；5—传动机构；6—灰斗；
7—刮灰机；8—插板阀；9—炉算；10—水套；
11—支承板；12—下灰斗；13—风管；14—中央支柱

(2) 魏尔曼-格鲁夏（Wellman-Galusha）煤气发生炉　魏尔曼-格鲁夏煤气发生炉（图 4-23）有两种型式，一种是无搅拌装置的，用于气化无烟煤、焦炭等不黏结性燃料；另一种是有搅拌装置的，用于气化弱黏结性烟煤。

不带搅拌装置的魏尔曼-格鲁夏煤气发生炉，该炉总体高 17m，加煤部分分为两段，煤料由提升机送入炉子上面的受煤斗再进入煤箱，然后经煤箱下部四根煤料供给管加入炉内。在煤箱上部设有上阀门，在四根煤料供给管上各设有下阀门，下阀门经常打开，使煤箱中的煤连续不断地加入炉中。当下阀门开启时，关闭上阀门，以防煤气经煤箱逸出。只有当煤箱加煤时，先关闭四根煤料供给管上的下阀门，然后才能开启上阀门加料。当加料完毕后，关闭上阀门，接着开启下阀门，上、下阀门间有联锁装置。

发生炉炉体较一般发生炉高（炉径 3m 时，总高 17m，炉体高 3.6m，料层高度 2.7m），煤在炉内停留时间较长，有利于气化进行完全。发生炉炉体为全夹套，鼓风空气经炉子顶部夹套空间水面通过，使饱和了蒸汽的空气进入炉子底部灰箱经炉算缝隙进入炉内，灰盘为三层偏心锥形炉算，通过齿轮减速传动，炉渣通过炉算间隙落入炉底灰箱内，定期排出。由于煤层厚，煤气出口压力高，故为干法排灰。魏尔曼-格鲁夏煤气发生炉生产能力较大，操作方便，整个发生炉中铸件很少，故制造方便。

三、水煤气生产工艺

水煤气是炽热的碳与水蒸气反应所生成的煤气，燃烧时火焰呈现蓝色，所以又称为蓝水煤气。

1. 制造水煤气的工作循环

在以空气和水蒸气为气化剂时，为了维持气化的连续进行，必须有积累热量的吹风阶段和制气阶段两大步骤。而实际生产中常包括一些辅助阶段，通常分为：空气吹风、蒸汽吹净、一次上吹、下吹、二次上吹、空气吹净六个阶段。对于煤气质量要求不严或用于生产合成氨原料气时，常省掉蒸汽吹净阶段。每个阶段的气流方向如图 4-24 所示。

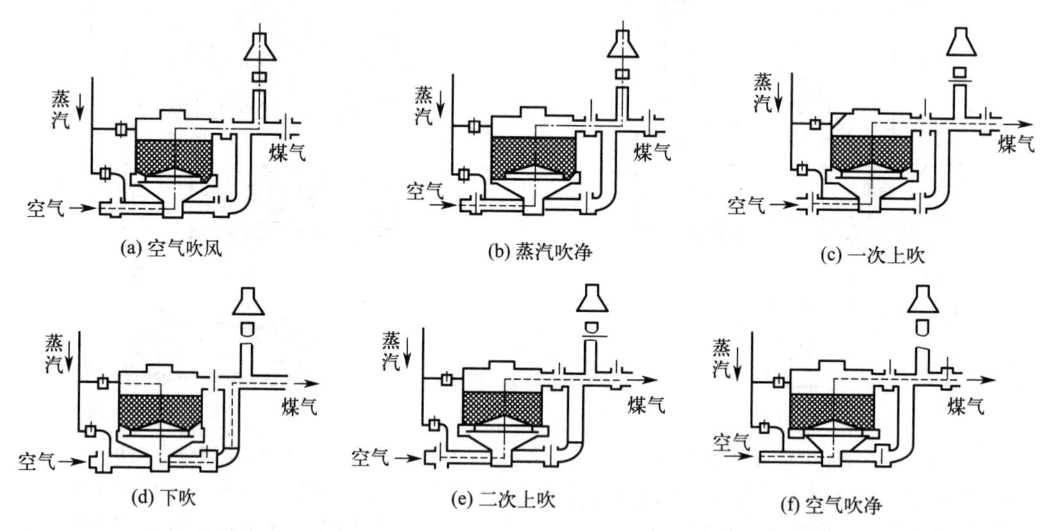

图 4-24 每个循环按六个阶段制水煤气的气流方向

首先是吹风阶段，此时向炉内自下而上吹入空气以使炭层温度上升；在吹风阶段之后将要送入水蒸气前，在炉上部和煤气管道中存有一些残余的吹风煤气，为了避免含有大量氮和二氧化碳的吹风气混入水煤气而影响质量，一般需要一个短时间的蒸汽吹净阶段。倘若生产合成氨的原料气或对水煤气质量要求不严时，可以不设这个阶段；然后送入水蒸气进入上吹制气阶段，此时床层底部逐渐被冷却，但炉子上部温度仍高，因而气化层逐渐上移；当蒸汽上吹了一个阶段后，改将水蒸气由煤气炉上部送入，进行下吹阶段；在下吹制气后，炉底有下行煤气，不可立即吹入空气，以免引起爆炸。为了安全起见，可以在下吹制气以后，再次进行上吹制气称为二次上吹阶段；在二次上吹制气后，本应开始下一轮的循环，但因炉上部和煤气管道中仍有煤气，需由空气吹净阶段将这部分煤气送入煤气系统，再进行下一循环。

2. 半水煤气生产

在合成氨生产中为获得氢氮比为 3∶1 的合成气，可以用发生炉煤气和水煤气混合的方法，亦可在同一煤气炉中制取。在生产中采用在水煤气中加氮的办法获取合格原料气。该法有利于提高煤气炉的生产能力。

半水煤气生产通常分为五个阶段。

吹风阶段：来自鼓风机的加压空气自炉底送入，与炭层反应后生成的吹风气，经除尘及余热回收系统回收余热后经烟囱放空。

上吹制气阶段：蒸汽与加氮空气自炉底同时送入，与灼热炭层反应生成的煤气经除尘器、废热锅炉、洗涤塔降温后由塔顶引出，送入气柜。加氮空气阀比上吹蒸汽阀早关3%～5%。

下吹制气阶段：为使气化层下移，蒸汽自炉顶送入。反应生成的煤气自炉底引出，经洗气箱和洗气塔降温除尘后送入气柜。加氮空气阀比蒸汽阀迟开3%～5%，早关3%～5%。

二次上吹阶段：气体流程基本同上吹制气阶段，但无加氮空气。目的在于置换炉下部和管道中残存的煤气，以防止爆炸。

吹净阶段：工艺流程同上吹制气阶段。只是改用空气以回收系统中的煤气到气柜。

实践证明，间歇法制造半水煤气时，在维持煤气炉温度、料层高度和气体成分的前提下，采用高炉温、高风速、高炭层、短循环（称三高一短）的操作方法，有利于气化效率和气化强度的提高。

（1）高炉温　在燃料灰熔点允许的情况下，提高炉温，炭层中积蓄的热量多，炭层温度高，对蒸汽的分解反应有利，可以提高蒸汽的分解率，相应半水煤气的产量和质量提高。

（2）高风速　在保证炭层不被吹翻的条件下，提高煤气炉的鼓风速度，碳与氧气的反应速度加快，吹风时间缩短；同时高风速还使二氧化碳在炉内的停留时间缩短，二氧化碳还原为一氧化碳的量相应减少，提高了吹风效率。但风速也不能太高，否则，燃料随煤气的带出损失增加，严重时有可能在料层中出现风洞。

（3）高炭层　炭层高度的稳定是稳定煤炭气化操作过程的一个十分重要的因素，加煤、出灰速度的变化会引起炭层高度的变动，进而影响炉内工况，煤气组成发生变化。在稳定炭层高度的前提下，适当增加炭层高度，有利于煤气炉内燃料各层高度的相对稳定，燃料层储存的热量多，炉面和炉底的温度不会太高，相应出炉煤气的显热损失减小；高炭层也有利于维持较高的气化层，增加水蒸气和炭层的接触时间，提高气体的分解率和出炉煤气的产量与质量；采用高炭层也是采用高风速的有利条件。但炭层太高，会增加气化炉的阻力，气化剂通过炭层的能量损耗增大，相应的动力消耗增加，因而要综合考虑高炭层带来的利弊。

（4）短循环　循环时间的长短，主要取决于燃料的化学活性，总的来讲，燃料活性好，循环时间短；燃料活性差，则循环时间长。

3. 工艺条件

（1）气化层温度　常用半水煤气中的CO_2含量高低来判断气化层温度的高低。一般控制CO_2含量为8%～12%，炉顶温度为350～400℃，炉底温度为200～250℃。

（2）吹风时间和入炉风量　提高风速可以减少CO的生成，增加炉内炭层蓄热。可缩短吹风时间，有利于提高煤气炉的生产能力。入炉空气量为0.95～1.05m^3/m^3（标）半水煤气（含加氮空气）。如是纯吹风，则空气量为0.65～0.7m^3/m^3（标）半水煤气。优质原料，蒸汽分解率高时取低值，反之取高值。

（3）上下吹制气时间和蒸汽用量　以不使煤气炉温度波动太大为原则。通常下吹蒸汽量为上吹气量的1.1～1.5倍。下吹时间在实际生产中根据炉型决定。现在多数企业采用蒸汽流量稳压自调技术，按炉温控制供给蒸汽量，以提高蒸汽分解率。

（4）炭层高度　高炭层有利于炉内燃料分区高度相对稳定，使燃料层储存较多的热量，而炉面和炉底温度不至于太高，有利于维持较高的气化层温度，也会延长气化剂与原料的接触时间；有利于提高蒸汽分解率和煤气中有效气体含量。但过高则使阻力增加，可能导致局部过热，引起煤气炉结疤。

（5）循环时间　较短的循环时间可以减少气化层的温度波动，有利于提高蒸汽分解率和煤气质量。循环时间根据燃料的化学活性而定。气化活性高的燃料循环时间可以较短。反之，则较长，一般以 120～150s 为宜。

（6）生产强度　应当适度。过分强调设备出力，增大生产强度，对生产操作和节能降耗不利。在实际生产中，应提倡经济运行，适当地减少吹风时间，相应地减少上、下吹蒸汽用量，虽然煤气炉的生产能力有所下降，但原料煤和蒸汽消耗可以大幅度降低。

4. 几种常用流程

间歇法气化工艺由煤气发生炉和煤气除尘降温、余热回收以及原料存储设备所构成。同时流程中还有必要的自控装置。典型的工艺流程有以下几种。

① 回收吹风气和水煤气显热的工艺流程见图 4-25。此流程设废热锅炉回收水煤气和吹风气显热产生蒸汽，采用 ϕ1980 和 ϕ2260 的水煤气炉。

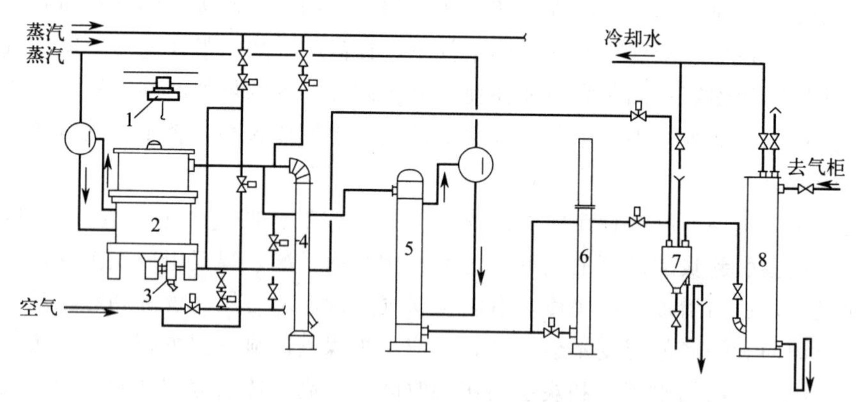

图 4-25　回收吹风气和水煤气显热的工艺流程

1—电动葫芦；2—水煤气炉；3—排灰箱；4—集尘器；5—废热锅炉；6—烟囱；7—洗气箱；8—洗涤塔

② 回收水煤气显热以及吹风气潜热、显热的工艺流程见图 4-26。该流程除设有废热锅炉外，增设了燃烧室以回收吹风气的潜热。

③ 制取半水煤气的工艺流程见图 4-27。其流程和制取水煤气流程大致相同。对于 ϕ3000 以下的煤气炉，流程中没有燃烧室，只回收吹风气和煤气的显热。此流程在氮肥行业特别是在小氮肥行业有许多变化。如在废热锅炉前增设蒸汽过热器，利用吹风气和煤气的显热提高入炉蒸汽的温度，使其成为过热蒸汽，以提高蒸汽分解率，并可延长制气时间。

5. 水煤气发生炉（UGI 型）

水煤气发生炉和混合煤气发生炉的构造基本相同，一般用于制造水煤气或作为合成氨原料气的加氮半水煤气，代表性的炉型是 UGI 型水煤气发生炉。

固定床气化炉常压 UGI 炉以块状无烟煤或焦炭为原料，以空气和水蒸气为气化剂，在常压下生产合成原料气或燃料气。世界上第一台气化炉是德国于 1882 年设计的规模为 200t/d 的煤气发生炉，1913 年在德国 OPPAU 建设第一套用炭制半水煤气的常压固定层造气炉，能力为 300t/d，这种炉子后来演变成 UGI 炉。该技术是 20 世纪 30 年代开发成功的，设备

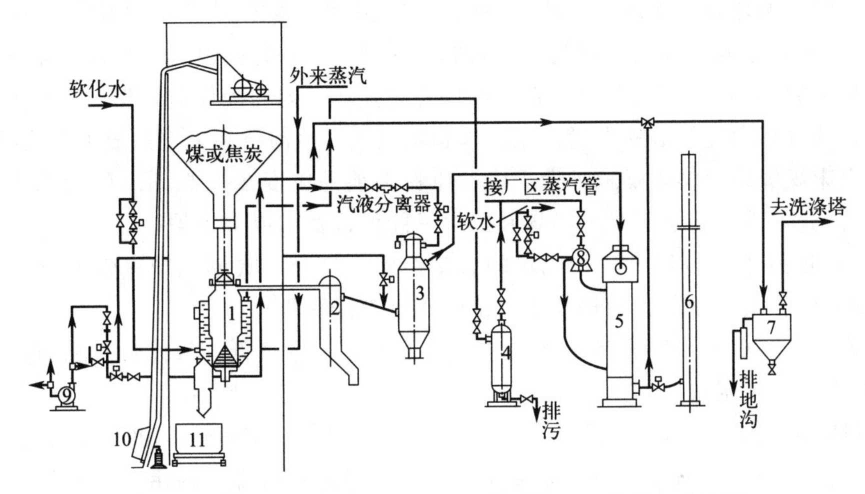

图 4-26　回收水煤气显热以及吹风气潜热、显热的工艺流程

1—水煤气发生炉；2—集尘器；3—燃烧室；4—蒸汽罐；5—废热锅炉；6—烟囱；7—洗气箱；8—废热锅炉汽包；9—鼓风机；10—加焦车；11—排灰车

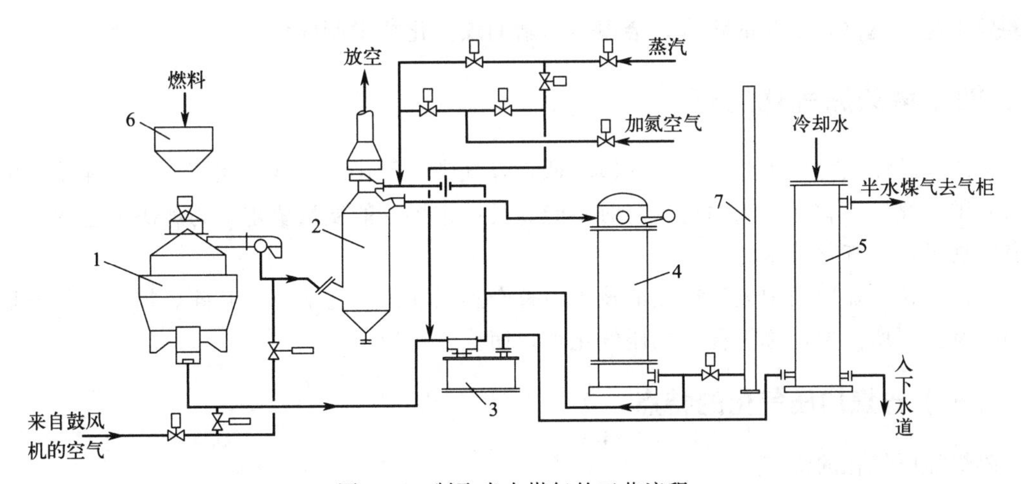

图 4-27　制取半水煤气的工艺流程

1—煤气炉；2—燃烧室；3—水封槽（洗气箱）；4—废热锅炉；5—洗气塔；6—原料仓；7—烟囱

容易制造、操作简单、投资少，50 年代以来在我国以焦炭或无烟煤为原料的中小氮肥厂广泛采用，最大炉径为 3.6m。

发生炉炉壳采用钢板焊制，上部衬有耐火砖和保温硅砖，使炉壳钢板免受高温的损害。下部外设水夹套锅炉，用来对氧化层降温，防止熔渣粘壁并副产水蒸气。探火孔设在水夹套两侧，用于测量氧化层温度。

但是，在日益重视规模化、环境保护和能源利用率的今天，这常压煤气化技术设备能力低、三废量大以及必须使用无烟块煤等缺点变得日益突出。

① 固定床煤气化技术单炉生产能力小。即使是最大的 3.6m 炉，单炉的产气量也只有 $12000m^3/h$（标准状况）左右，使得煤气炉数量增多布局十分困难。

② 固定床煤气炉生产现场操作环境恶劣。一层潮湿，二层闷热，三层升腾的蒸汽让人难以忍受。

③ 一个制气循环分为吹风、上吹、下吹、二次上吹、空气吹净 5 个阶段。气化过程中大约有 1/3 时间用于吹风和倒换阀门，有效制气时间少，气化强度低。另外，需要经常维持气化区的适当位置，加上阀门开启频繁，部件容易损坏，因而操作与管理比较烦琐。

④ 来自洗气箱和洗气塔的大量含氰废水和吹风气，给河流和天空造成了严重的威胁。

⑤ 固定床煤气炉对煤质要求极为严格，原料必须是粒度 25～80mm 的无烟块煤，入炉煤必须首先经过筛选，筛选下来的粉煤和碎煤只能低价卖出或烧锅炉；经过固定床煤气炉烧过的渣中含碳量高达 22%以上，造成炭的大量浪费。另外，吹风气中夹带大量的粉尘容易造成热量回收装置结垢堵灰，使得其中大量的热量难以回收。

⑥ 出炉煤气中 $CO+H_2$ 只有 70%左右，而且炉出口温度低，气体含有相当数量的煤焦油，给气体净化带来困难。

⑦ 大量吹风气排空对大气有污染，每吨合成氨吹风气放空多达 $5000m^3$，放空气体中含 CO、CO_2、H_2、H_2S、SO_2、NO_2 及粉尘；煤气冷却洗涤塔排出的污水含有焦油、酚类及氰化物，造成环境严重污染。

UGI 炉目前已属落后的技术，国外早已不再采用。我国中小化肥厂有些仍采用该技术生产合成氨原料气。这是国情和历史形成的，改变现状还需有个过程，但随着能源政策和环境的要求越来越高，不久的将来，会逐步为新的煤气化技术所取代。

四、加压移动床气化工艺

常压移动床气化炉生产的煤气热值较低，煤气中一氧化碳的含量较高，气化强度和生产能力有限，煤气不宜远距离输送，同时不能满足城市煤气的质量要求，为解决上述问题，故研究发展了加压气化技术。

目前，在工业应用中较为成熟的技术为鲁奇碎煤加压气化工艺，其碎煤加压气化炉是由德国鲁奇公司所开发，称为鲁奇加压气化炉，简称鲁奇炉。

（一）碎煤加压气化的特点

碎煤加压气化的优点：

(1) 原料适应性

① 原料适应范围广。除黏结性较强的烟煤外，从褐煤到无烟煤均可气化。

② 由于气化压力较高，气流速度低，可气化较小粒度的碎煤。

③ 可气化水分、灰分较高的劣质煤。

(2) 生产过程

① 单炉生产能力大，最高可达 $75000m^3$(标准状况)/h(干基)。

② 气化过程是连续进行的，有利于实现自动控制。

③ 气化压力高，可缩小设备和管道尺寸，利用气化后的余压可以进行长距离输送。

④ 气化年轻煤时，可以得到各种有价值的焦油、轻质油及粗酚等多种副产品。

⑤ 通过改变压力和后续工艺流程，可以制得 H_2/CO 各种不同比例的化工合成原料气，拓宽了加压气化的应用范围。

碎煤加压气化的缺点：①蒸汽分解率低。对于固态排渣气化炉，一般蒸汽分解率约为 40%，蒸汽消耗较大，未分解的蒸汽在后序工段冷却，造成气化废水较多，废水处理工序流程长，投资高。②需要配套相应的制氧装置，一次性投资较大。

（二）碎煤加压气化发展史

早在1927～1928年间，德国鲁奇公司在德国东易河矿区利用褐煤在常压下用氧气作气化剂来制取煤气。煤气经加压净化后分离出二氧化碳可以使煤气热值提高。但在常压下气化炉产气量有限，而且煤气输送的压缩费用较高，从而促使人们进行加压气化工艺的研究。通过理论计算，在压力为2.0MPa和温度为1000K的平衡气体中，甲烷含量可达20%以上，这将大大提高煤气的热值。随后的小型试验结果也证实了加压气化理论的正确性。由于这一切都是在鲁奇公司进行的，故将这种方法称为鲁奇式加压气化法。

鲁奇碎煤加压气化技术的发展根据炉型的变化大致可划分为三个发展阶段。

第一阶段（1930～1954年）。1930年在德国希尔士斐尔德建立了第一套加压气化试验装置，1936年设计了第一代工业化的鲁奇炉，以褐煤为原料生产城市煤气，气化剂为氧气和水蒸气，气化剂通过炉箅的中空转轴由炉底中心送入炉内，出灰口设在炉底侧面，炉内壁有耐火衬里，只能气化非黏结性煤，气化强度较低。

第二阶段（1954～1965年）。为了能够气化弱黏结性的烟煤，提高气化强度，鲁尔煤气公司与鲁奇公司合作建立了一套试验装置，对泥煤、褐煤、次烟煤、长焰煤、贫煤和无烟煤进行了气化试验，根据试验结果设计了第二代鲁奇炉。该炉型在炉内设置了搅拌装置，起到了破黏作用，从而可以气化弱黏结性煤，同时取消了炉内的耐火衬里，设置了水夹套，排灰改为炉底中心排灰，气化剂由炉底侧向进入炉箅下部。

第三阶段（1965～1980年）。为了进一步提高鲁奇炉的生产能力，扩大煤种的应用范围，满足现代化大型工厂的生产需要，经对第二代炉改进，开发了第三代鲁奇炉，其内径增大到3.8m，采用双层夹套外壳，炉内装有搅拌器和煤分布器，转动炉箅采用宝塔型结构，多层布气，单炉产气量提高到35000～55000m^3（标准状况）/h（干气），同时第三代炉的结构材料、制造方法、操作控制等均采用了现代技术，自动化程度较高。

1974年，鲁奇公司与南非萨索尔合作开发出直径为5m的第四代加压气化炉，该气化炉几乎能适应各种煤种，其单炉产气量可达75000m^3（标准状况）/h，比第三代炉能力提高50%。此外，鲁奇公司还开发研制了液态排渣气化炉。可以大幅提高气化炉内燃烧区的反应温度，这样不但减少了蒸汽消耗量，提高了蒸汽分解率，而且气化炉出口煤气有效成分增加，从而使煤气质量提高，单炉生产能力比固态排渣气化炉提高3～4倍。

鲁奇公司还进行了“鲁尔-100”气化炉的研究开发，该气化炉将气化压力提高到10MPa（约100atm），随着操作压力的提高，氧耗量降低，煤气中甲烷含量提高，以替代天然气。

（三）加压气化的实际过程

鲁奇加压气化炉内生产工况如图4-28所示。

在实际的加压气化过程中，原料煤从气化炉的上部加入，在炉内从上至下依次经过干燥、干馏、半焦气化、残焦燃烧、灰渣排出等物理化学过程。

鲁奇炉内有可转动的煤分布器和灰盘，气化介质氧气和水蒸气由转动炉箅的条状孔隙处进入炉内，灰渣由灰盘连续排入灰斗，以与加煤方向相反的顺序排出。块煤加入气化炉顶部的煤锁，在进入气化炉之前增压。一个旋转的煤分布器确保煤在反应器的整个截面上均布，煤缓慢下移到气化炉。气化产生的灰渣由旋转炉箅排出并在灰斗中减压，蒸汽和氧气被向上

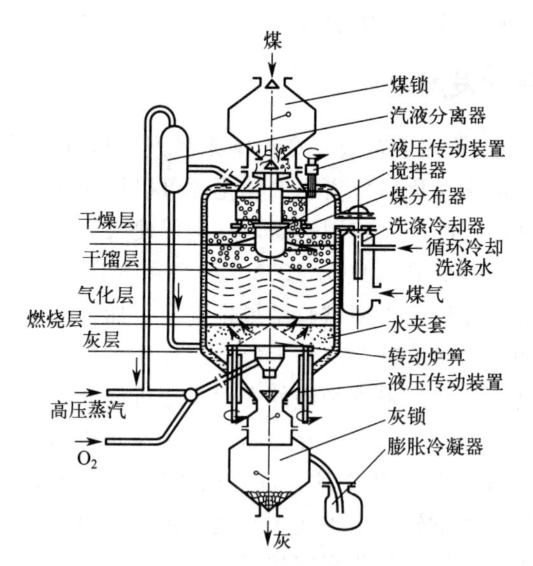

图 4-28　鲁奇加压气化炉内生产工况

吹，气化过程产生的煤气在 650～700℃时离开气化炉。该气化炉也由水夹套围绕，水夹套产生的水蒸气可用于工艺过程中。鲁奇炉使用的原料仍是块煤，且产生焦油。

鲁奇加压气化过程中的主要反应与产物如图 4-29 所示。

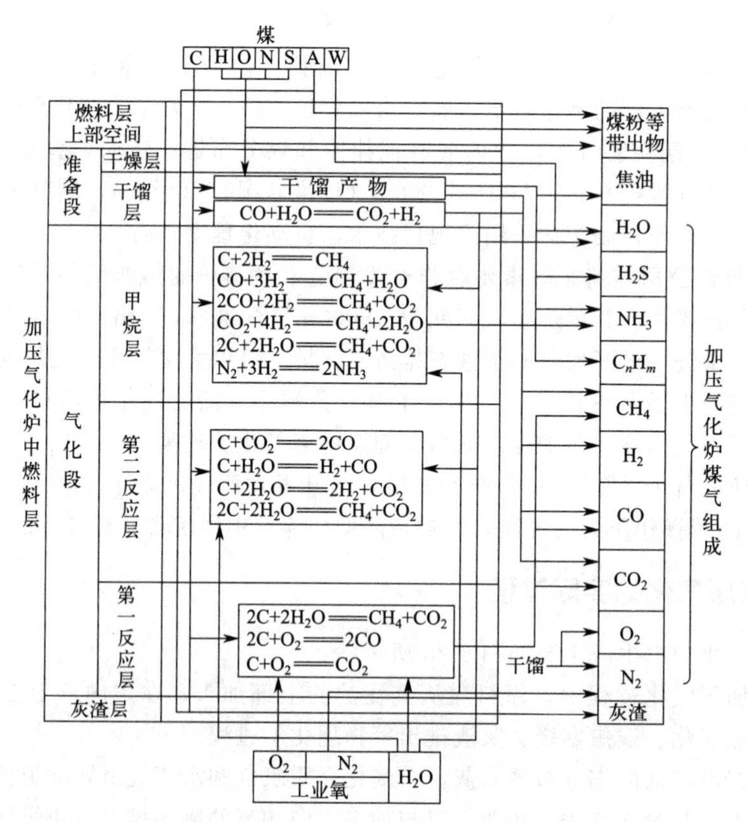

图 4-29　鲁奇加压气化过程中的主要反应与产物

（四）加压气化工艺

煤气的用途不同，其工艺流程差别很大。但基本上包括三个主要的部分：煤的气化、粗煤气的净化、煤气组成的调整处理。

气化炉出来的煤气称粗煤气，净化后的煤气称为净煤气。煤气净化的目的是清除有害杂质，回收其中一些有价值的副产品，回收粗煤气中的显热。

粗煤气中的杂质主要有固体粉尘及水蒸气、重质油组分、轻质油组分、各种含氧有机化合物（主要是酚类）、含氮化合物（如氨和微量的一氧化氮）、各种含硫化合物（主要是硫化氢）、煤气中的二氧化碳等。

自20世纪70年代以来，一些发达国家，如美国、德国就开始研究整体煤炭气化联合循环发电系统。世界上最早的IGCC示范厂采用的就是鲁奇固态排渣气化炉。

这里主要介绍有废热回收系统的煤气生产工艺流程、整体煤炭气化联合循环发电工艺流程。

1. 有废热回收系统的制气工艺流程

采用大型加压气化炉生产时，煤气携带出的显热较大。煤气显热的回收对能量的综合利用有极其重要的意义。工艺流程如图4-30所示。

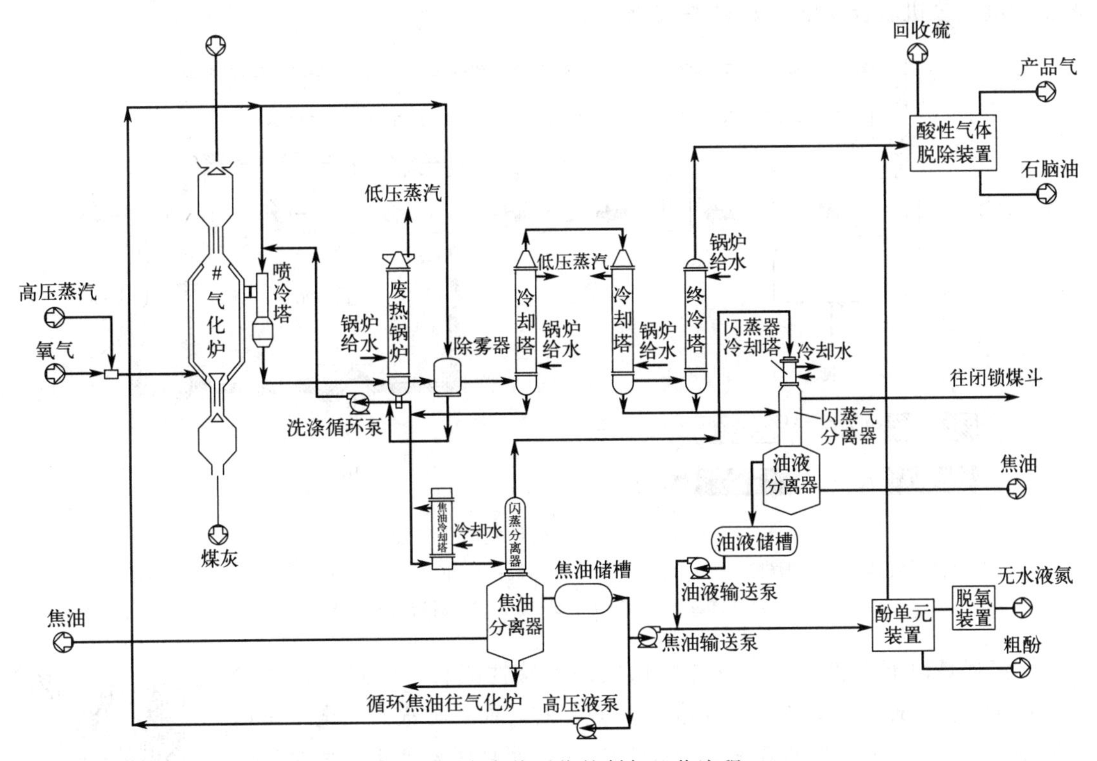

图4-30　有废热回收的制气工艺流程

原料煤经过破碎筛分后，粒度为4～50mm的煤加入上部的储煤斗，然后定期加入煤箱，煤箱中的煤不断加入炉内进行气化。反应完的灰渣经过转动炉箅借刮刀连续排入灰斗。从气化炉上侧方引出的粗煤气，温度高达400～600℃（由煤种和生产负荷来定），经过喷冷器喷淋冷却，除去煤气中的部分焦油和煤尘，温度降至200～210℃，煤气被水饱和，湿含量增加，露点提高。

粗煤气的余热通过废热锅炉回收废热后，温度降到180℃左右。温度降得太低，会出现焦油凝析，黏附在管壁上影响传热，并给清扫工作增加难度。废热锅炉生产的低压蒸汽，并入厂内的低压蒸汽总管，用来给一些设备加热和保温。

喷冷器洗涤下来的焦油水溶液由煤气管道进入废热锅炉的底部，初步分离油水。一部分油水由锅炉底部出来，送入处理工段加工，废水由循环泵加压送回喷冷器循环使用。

由锅炉顶部出来的粗煤气送下一工序继续处理。

煤从煤箱加入炉膛前需先进行加压，一般采用生成的煤气加压，而在向煤箱内加煤时，就应将煤箱内存在的压力煤气放出，使煤箱处于常压状态下。这一部分煤箱气送入低压储气柜，经过压缩和洗涤后作燃料使用。

2. 整体煤炭气化联合循环发电工艺流程（IGCC）

整体煤炭气化联合循环发电系统，是将煤的气化技术和高效的联合循环发电相结合的先进动力系统。该系统包括两大部分，第一部分是煤的气化、煤气的净化部分，第二部分是燃气与蒸汽联合循环发电部分。第一部分的主要设备有气化炉、空分装置、煤气净化设备（包括硫的回收装置），第二部分的主要设备有燃气轮机发电系统、蒸汽轮机发电系统、废热回收锅炉等。煤在一定压力下气化，所产的清洁煤气经过燃烧，来驱动燃气轮机，又产生蒸汽来驱动蒸汽轮机联合发电。如图4-31所示。

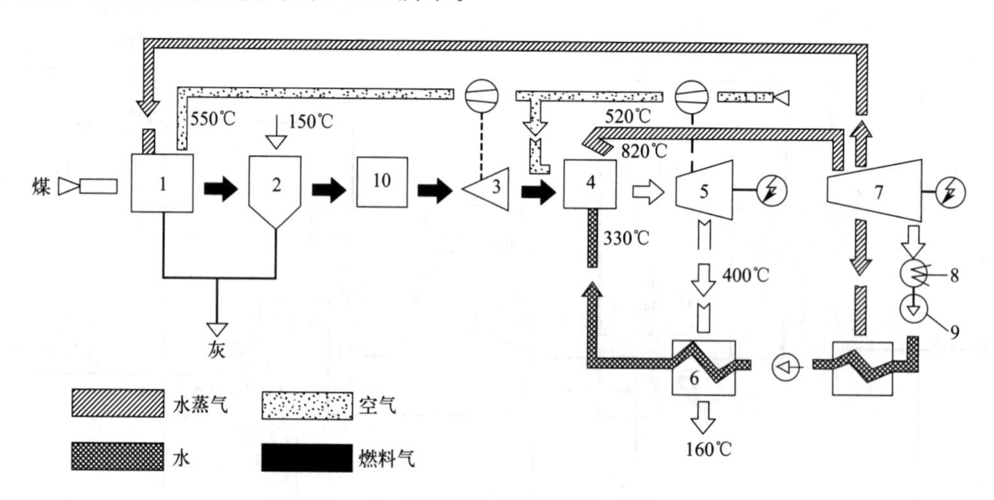

图4-31　律伦联合循环发电工艺流程

1—加压气化炉；2—洗涤除尘器；3—膨胀透平压缩机；4—正压锅炉；5—燃气轮机；6—加热器；7—蒸汽轮机；8—冷凝器；9—泵；10—脱硫装置（未建）

该流程是以五台鲁奇加压气化炉供气的实验性流程，经过德国律伦（Luenen）电厂试验，发电效率可达36.5%左右，而普通火力发电厂采用锅炉-汽轮机-发电机系统的效率仅为34%左右，而且污染严重，燃烧后的烟气脱硫系统装置庞大、运行费用高。

M4-15　律伦联合循环发电生产工艺流程

将空气和水蒸气作为气化剂送入鲁奇炉内，在2MPa的压力下气化，气化炉出口粗煤气的温度为550℃左右，发热值为6700kJ/m^3左右。煤气经洗涤除尘器除去其中的部分焦油蒸气和固体颗粒，同时煤气的温度降到160℃，并被水蒸气所饱和。煤气进一步经文丘里管除尘后，进入膨胀透平压缩机，压力下降到1MPa左右，气化用的空气在此由1MPa被压缩到2MPa后送入气化炉。

从透平压缩机来的煤气在正压锅炉中与空气透平压缩机一段来的空气燃烧，生产520℃、13MPa的高压水蒸气。煤气燃烧后产生820℃左右的高压烟气，进入燃气轮机中膨胀，产生的动力用于驱动压缩机一段，多余的能量发电。从燃气轮机出来的烟气温度约为400℃，压力为常压，通过加热器用于加热锅炉上水，水温提高到330℃左右，排出的烟气温度约为160℃。

正压锅炉所产的高温高压水蒸气带动蒸汽轮机发电机组发电，从蒸汽轮机抽出一部分蒸汽（压力约为2.5MPa）供加压气化炉用。

IGCC技术既有高发电效率，又有极好的环保性能，是一种有发展前景的洁净煤利用技术。在目前的技术水平下，发电效率最高可达45%左右。污染物的排放量仅为常规电站的1/10左右，二氧化硫的排放在25mg/m^{3}左右，氮氧化物的排放只有常规电站的15%～20%，而水的耗量只有常规电站的1/2～1/3，有利于环境保护。

（五）鲁奇加压气化炉

1. 第三代鲁奇加压气化炉

第三代鲁奇加压气化炉的内径为3.8m，最大外径为4.128m，高为12.5m，工艺操作压力为3MPa。主要部分有炉体、水夹套、布煤器和搅拌器、炉箅、灰锁和煤锁等，现分述如下。

（1）炉体　加压鲁奇炉的炉体由双层钢板制成，外壁按3.6MPa的压力设计，内壁仅能承受比气化炉内高0.25MPa的压力。

两个筒体（水夹套）之间装软化水，借以吸收炉膛所散失的一些热量产生工艺蒸汽，蒸汽经过液滴分离器分离液滴后送入气化剂系统，配成蒸汽/氧气混合物喷入气化炉内。水夹套内软化水的压力为3MPa，这样筒内外两侧的压力相同，因而受力小。

夹套内的给水由夹套水循环泵进行强制循环。同时，夹套给水流过布煤器和搅拌器内的通道，以防止这些部件超温损坏。

第三代鲁奇炉取消了早期鲁奇炉的内衬砖，一方面，燃料直接与水夹套内壁相接触，避免了在较高温度下衬砖壁挂渣现象，造成煤层下移困难等异常现象；另一方面，取消衬砖后，炉膛截面可以增大5%～10%，生产能力相应提高。

（2）布煤器和搅拌器　如果气化黏结性较强的煤，可以加设搅拌器。布煤器和搅拌器安装在同一转轴上，速度为15r/h左右。

从煤箱降下的煤通过转动布煤器上的两个扇形孔，均匀下落在炉内，平均每转可以在炉内加煤150～200mm厚。

搅拌器是一个壳体结构，由锥体和双桨叶组成，壳体内通软化水循环冷却。搅拌器深入煤层里的位置与煤的结焦性有关，煤一般在400～500℃结焦，桨叶要深入煤层约1.3m。

（3）炉箅　炉箅分四层，相互叠合固定在底座上，顶盖呈锥体。材质选用耐热的铬钢铸造，并在其表面加焊灰筋。炉箅上安装刮刀，刮刀的数量取决于下灰量。灰分含量低，装1～2把；对于灰分含量较高的煤可装3～4把。

炉箅各层上开有气孔，气化剂由此进入煤层中均匀分布。各层开孔数不太一样，例如某厂使用的炉箅开孔数从上至下为：第一层6个、第二层16个、第三层16个、第四层28个。

炉箅的转动采用液压传动装置，也有用电动机传动机构来驱动，液压传动机构有调速方便、结构简单、工作平稳等优点。由于气化炉炉径较大，为使炉箅受力均匀，采用两台液压马达对称布置。

（4）煤锁　煤锁是一个容积为 $12m^3$ 的压力容器，它通过上下阀定期定量地将煤加入气化炉内。根据负荷和煤质的情况，每小时加煤 3～5 次。加煤过程简述如下。

M4-16　煤锁的加煤过程

① 煤锁在大气压下（此时煤锁下阀关，煤锁上阀开），煤从煤斗经过给煤溜槽流入煤锁。

② 煤锁充满后，关闭煤锁上阀。煤锁用煤气充压到和炉内压力相同。

③ 充压完毕，煤锁下阀开启，煤开始落入炉内，当煤锁空后，煤锁下阀关闭。

④ 煤锁卸压，煤锁中的煤气送入煤锁气柜，残余的煤气由煤锁喷射器抽出，经过除尘后排入大气。煤锁上阀开启，新循环开始。

（5）灰锁　灰锁是一个可以装灰 $6m^3$ 的压力容器，和煤锁一样，采用液压操作系统，以驱动底部和顶部锥形阀和充、卸压阀。灰锁控制系统为自动可控电子程序装置，可以实现自动、半自动和手动操作，该循环过程如下。

① 连续转动的炉箅将灰排出气化炉，通过顶部锥形阀进入灰锁。此时灰锁底部锥形阀关闭，灰锁与气化炉压力相等。

② 当需要卸灰时，停止炉箅转动，灰锁顶部锥形阀关闭，再重新启动炉箅。

③ 灰锁降压到大气压后，打开底部锥形阀，灰从灰锁进入灰斗，在此，灰被急冷后去处理。

④ 关闭底部锥形阀，用过热蒸汽对灰锁充压，然后炉箅运行一段时间后，再打开顶部锥形阀，新循环开始。

2. 液态排渣加压气化炉

液态排渣加压气化炉的基本原理是，仅向气化炉内通入适量的水蒸气，控制炉温在灰熔点以上，灰渣要以熔融状态从炉底排出。气化层的温度较高，一般在 1100～1500℃之间，气化反应速度大，设备的生产能力大，灰渣中几乎无残碳。液态排渣加压气化炉如图 4-32 所示。

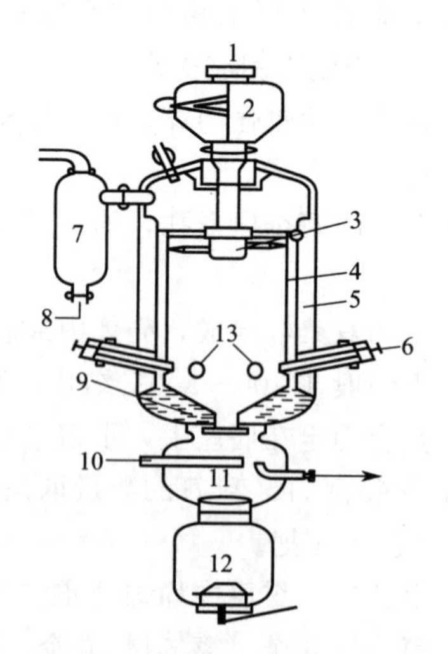

M4-17　加压固定床鲁奇炉

图 4-32　液态排渣加压气化炉

1—加煤口；2—煤箱；3—搅拌布煤器；4—耐火砖衬里；5—水夹套；6—气化剂入口；7—洗涤冷却器；8—煤气出口；9—耐压渣口；10—循环熄渣水；11—液渣急冷箱；12—渣箱；13—风口

液态排渣气化炉的主要特点是炉子下部的排灰机构特殊，取消了固态排渣炉的转动炉箅。

在炉体的下部设有熔渣池。在渣箱的上部有一液渣急冷箱，用循环熄渣水冷却，箱内充满70%左右的急冷水。由排渣口下落在急冷箱内淬冷形成渣粒，在急冷箱内达到一定量后，卸入渣箱内并定时排出炉外。由于灰箱中充满水，和固态排渣炉相比，灰箱的充、卸压就简单多了。

在熔渣池上方有8个均匀分布、按径向对称安装并稍向下倾斜、带水冷套的钛钢气化剂喷嘴。气化剂和煤粉及部分焦油由此喷入炉内，在熔渣池中心管的排渣口上部汇集，使得该区域的温度可达1500℃左右，使熔渣呈流动状态。

为避免回火，气化剂喷嘴口的气流喷入速度应不低于100m/s。如果要降低生产负荷，可以关闭一定数量的喷嘴来调节，因此它比一般气化炉调节生产负荷的灵活性大。

高温液态排渣和气化反应的速度大大提高，是熔渣气化炉的主要优点。所气化的煤中的灰分以液态形式存在，熔渣池的结构与材料是这种气化方法的关键。为了适应炉膛内的高温，炉体以耐高温的碳化硅耐火材料作内衬。

该炉型装上布煤器和搅拌器后，可以用来气化强黏结性的烟煤。与固态排渣炉相比，可以用来气化低灰熔点和低活性的无烟煤。在实际生产中，气化剂喷嘴可以携带部分粉煤和焦油进入炉膛内，因此可以直接用来气化煤矿开采的原煤，为粉煤和焦油的利用提供了一条较好的途径。

液态排渣气化炉有以下特点。

① 由于液态排渣气化剂的汽氧比远低于固态排渣，所以气化层的反应温度高，碳的转化率增大，煤气中的可燃成分增加，气化效率高。煤气中CO含量较高，有利于生成合成气。

② 水蒸气耗量大为降低，且配入的水蒸气仅满足于气化反应，蒸汽分解率高，煤气中的剩余水蒸气很少，故而产生的废水远少于固态排渣。

③ 气化强度大。由于液态排渣气化煤气中的水蒸气量很少，气化单位质量的煤所生成的湿粗煤气体积远小于固态排渣，因而煤气气流速度低，带出物减少，因此在相同带出物条件下，液态排渣气化强度可以有较大提高。

④ 液态排渣的氧气消耗较固态排渣要高，生成煤气中的甲烷含量少，不利于生产城市煤气，但有利于生产化工原料气。

⑤ 液态排渣气化炉炉体材料在高温下的耐磨、耐腐蚀性能要求高。在高温、高压下如何有效地控制熔渣的排出等问题是液态排渣的技术关键，尚需进一步研究。

3. 工艺参数的选择

（1）气化压力　和常压气化比较，煤在加压下气化时，气化过程在数量上和质量上的指标均发生重大变化。随着气化压力的提高，燃料中的碳将直接与氢反应生成甲烷，在这种情况下，在900～1000℃的低温下进行气化反应成为可能，同时，水煤气反应所需要的大量热量可以由甲烷生成反应放出的热量来提供，随着压力的提高，热量的需求量和氧气的需求量大大降低。

① 压力对煤气组成的影响。根据化学反应平衡规律，提高气化炉的压力有助于分子数减小的反应，而不利于分子数增大或不变的反应。因此，高压对下列反应有利：

$$C+2H_2 \rightleftharpoons CH_4$$
$$CO+3H_2 \rightleftharpoons CH_4+H_2O$$
$$CO_2+4H_2 \rightleftharpoons CH_4+2H_2O$$
$$2CO+2H_2 \rightleftharpoons CO_2+CH_4$$

提高气化压力不利于下列反应：

$$2H_2O \rightleftharpoons 2H_2+O_2$$
$$C+H_2O \rightleftharpoons H_2+CO$$
$$C+2H_2O \rightleftharpoons 2H_2+CO_2$$

由以上反应可以知道，随着气化压力的提高，煤气中的甲烷和二氧化碳含量增加，而氢气和一氧化碳的含量减少。

② 压力对氧气消耗量的影响。加压气化过程随压力的增大，甲烷的生成速率增加，由该反应提供给气化过程的热量亦增加。这样由碳燃烧提供的热量相对减少，因而氧气的消耗亦减少。

③ 压力对蒸汽消耗量的影响。加压蒸汽的消耗量比常压蒸汽的消耗量高2.5～3倍。原因有几个方面。一方面，加压时随甲烷的生成量增加，所消耗的氢气量增加，而氢气主要来源于水蒸气的分解。从上面的化学反应可知，加压气化不利于水蒸气的分解，因而只有通过增加水蒸气的加入量提高水蒸气的绝对分解量，来满足甲烷生成反应对氢气的需求。另一方面，在实际生产中，控制炉温是通过控制水蒸气的加入量来实现的，这也加剧了蒸汽消耗。

④ 压力对气化炉生产能力的影响。经过计算，加压气化炉的生产能力比常压气化炉的生产能力高$\sqrt{p}$倍，例如，气化压力在2.5MPa左右时，其气化强度比常压气化炉高4～5倍。

加压下气体密度大，气化反应的速度加快有助于生产能力的提高。加压气化的气固相接触时间长，一般加压气化料层高度较常压的大，因而加压气化具有较长的气固相接触时间，这有利于碳的转化率的提高，使得生成的煤气质量较好。

⑤ 压力对煤气产率的影响。气化压力对煤气产率的影响如图4-33所示。由图中可以看出，随着压力的提高，粗煤气的产率是下降的，净煤气的产率下降得更快。这是由于气化过程的主要反应中，如$C+H_2O \rightleftharpoons H_2+CO$，以及$C+CO_2 \rightleftharpoons 2CO$等都是气体分子数增大的反应，提高气化压力，气化反应将向分子数减小的方向进行，即不利于氢气和一氧化碳的生成，因此煤气的产率是降低的。加压使二氧化碳的含量增加，经过脱除二氧化碳后的净煤气的产率却下降。

从以上的分析来看，总体讲，加压对煤的气化是有利的，尤其用来生产燃烧气（如城市煤气），因为它的甲烷含量高。但加压气化对设备的要求较高，不同的煤种适宜气化压力也不尽相同，一般泥煤是1.57～1.96MPa；褐煤是1.77～2.16MPa；不黏结性烟煤是1.96～2.35MPa；黏结性烟煤、年老烟煤和焦炭均为2.16～2.55MPa；无烟煤为2.35～2.75MPa。

对于加压气化生产合成气来讲，甲烷的生成是不利的。为获得较多的氢气和一氧化碳气体，可采用挥发分低的原料，如年老烟煤、无烟煤以及焦炭；并采用低的压力、较高的操作温度和通入适当的气化剂等措施。另一种方法是在炉外将甲烷进行转化，但流程和操作都比较复杂。

（2）气化层的温度　甲烷的生成反应是放热反应，因而降低温度有利于甲烷的生成。但温度太低，化学反应的速度减慢。通常，生产城市煤气时，气化层的温度范围在950～

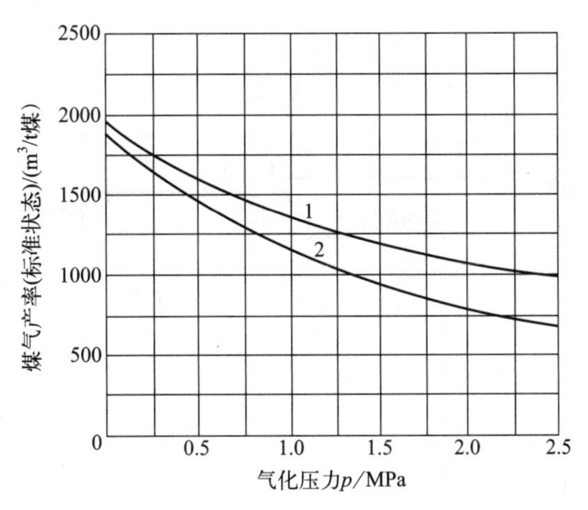

图 4-33　气化压力对煤气产率的影响（褐煤）

1—粗煤气；2—净煤气

1050℃；生产合成原料气时，可以提高到 1150℃左右。影响反应层温度最主要的因素是通入炉中气化剂的组成即汽氧比，汽氧比下降，温度上升。

（3）汽氧比的选择　汽氧比是指气化剂中水蒸气和氧气的组成比例。采用的汽氧比不同对加压气化过程的影响有如下几个方面。

① 在一定的热负荷下，汽氧比增大，水蒸气的消耗量增大而氧气的消耗量减少。

② 汽氧比提高，水蒸气的分解率显著降低。

③ 汽氧比增大，气化炉内一氧化碳的变换反应增强，使煤气中一氧化碳的含量降低，而氢气和二氧化碳的含量升高。

④ 提高汽氧比，焦油中的碱性组分下降而芳烃组分则增加。

通常，变质程度深的煤种，采用较小的汽氧比，能适当提高气化炉内的温度，以提高生产能力。加压气化炉在生产城市煤气时，各种煤的汽氧比大致范围是：褐煤 6～8kg/m^3；烟煤 5～7kg/m^3；无烟煤和焦炭 4.5～6kg/m^3。

（六）碎煤加压气化炉在中国的应用及工艺流程

碎煤加压气化炉在我国的应用始于 20 世纪 50 年代，从苏联引进，主要用于气化褐煤生产合成氨原料气。20 世纪 70 年代后期到 20 世纪末，又相继引进了几套气化炉，用于生产合成氨原料气、城市煤气，主要原料煤种为长焰煤、贫瘦煤。以下介绍中国几套大型气化装置。

1. 某省化肥厂气化装置

某省化肥厂气化装置于 20 世纪 50 年代建设，属典型的无废热回收第一代加压气化炉，其加压气化装置工艺流程如图 4-34 所示。

2. 山西省山西天脊煤化工（集团）公司

山西天脊煤化工（集团）公司（原山西化肥厂，以下简称天脊集团）气化装置于 20 世纪 80 年代初从德国鲁奇公司引进，设有四台 ϕ3.8m 第三代鲁奇加压气化炉，用于生产合成氨原料气。

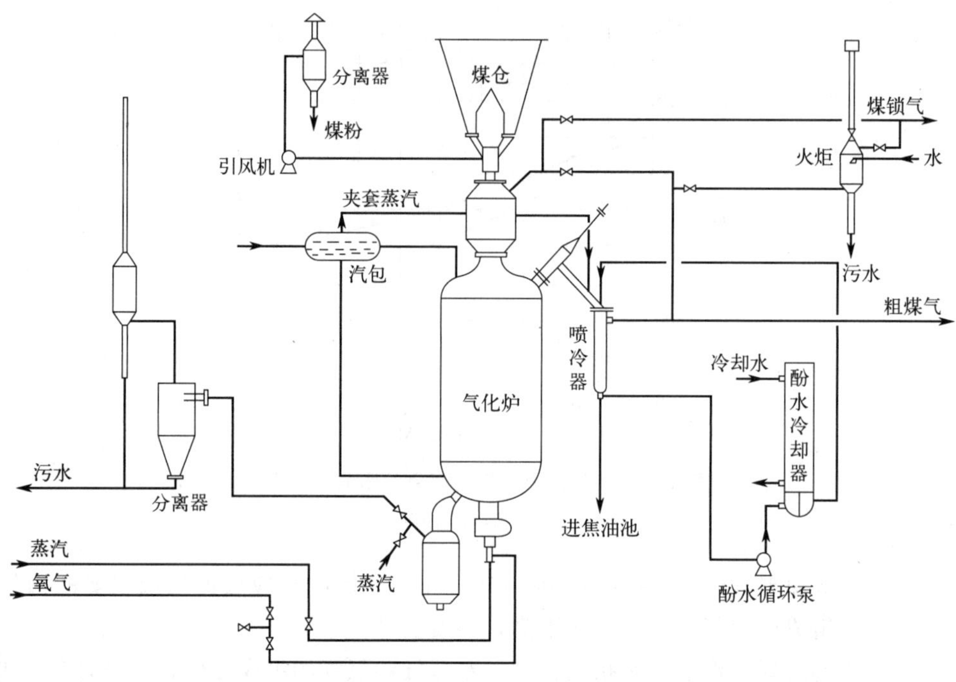

图 4-34　化肥厂加压气化工艺流程图

天脊集团的气化装置为带废热回收工艺流程，在气化炉后设有废热锅炉以回收煤气的废热，副产低压蒸汽。

气化装置工艺流程简述如下。

经筛分后，6～50mm 的碎煤由煤斗进入煤锁，煤锁在常压下加满煤后，由来自煤气冷却工号的冷粗煤气充压至 2.4MPa，然后再由气化炉顶部粗煤气将煤锁充压至与气化炉平衡，打开煤锁下阀，煤加入气化炉冷圈内。当煤锁中的煤全部加入气化炉后，由于气化炉内热气流的上升，使煤锁内温度升高，因此以煤锁中的温度监测煤锁空信号，然后煤锁关闭下阀泄压后再加煤，由此构成了间歇加煤循环。进入气化炉冷圈中的煤经转动的布煤搅拌器均匀分布于炉内，依次经过干燥、干馏、气化、氧化层，与气化剂反应后的灰渣经炉箅排入灰锁。当灰锁积满灰后，关闭灰锁上阀，通过膨胀冷凝器将灰锁泄压至常压，打开灰锁下阀，灰渣通过常压灰斗落入螺旋输灰机的水封槽内，灰渣在此被激冷，产生的灰蒸气通过灰蒸气风机经洗涤除尘后排入大气。冷却后的灰渣由螺旋输灰机排至输灰皮带外运。

气化炉内产生的粗煤气（约 650℃）汇集于炉顶部引出，首先进入文丘里式洗涤冷却器被高压喷射煤气水洗涤、除尘、降温，在此粗煤气被激冷至 200℃，然后粗煤气与煤气水一同进入废热锅炉。在废热锅炉中，粗煤气被壳程的锅炉水冷却至约 181℃，以回收废热产生 0.55MPa 的低压蒸汽，然后粗煤气经气液分离后并入总管，进入变换工号。煤气冷凝液与洗涤煤气水汇于废热锅炉底部积水槽中，大部分由煤气水循环泵打至洗涤冷却器循环洗涤粗煤气，多余的煤气水由液位调节阀控制排至煤气水分离工号。

3. 某省气化厂气化装置

某省气化厂气化装置于 20 世纪 90 年代初从德国引进，由黑水泵气化厂与 PKM 设计院设计，用于生产城市煤气并联产甲醇。共有五台 $\phi 3.8$m 气化炉，其中一台由中国制造。其工艺流程图见图 4-35。

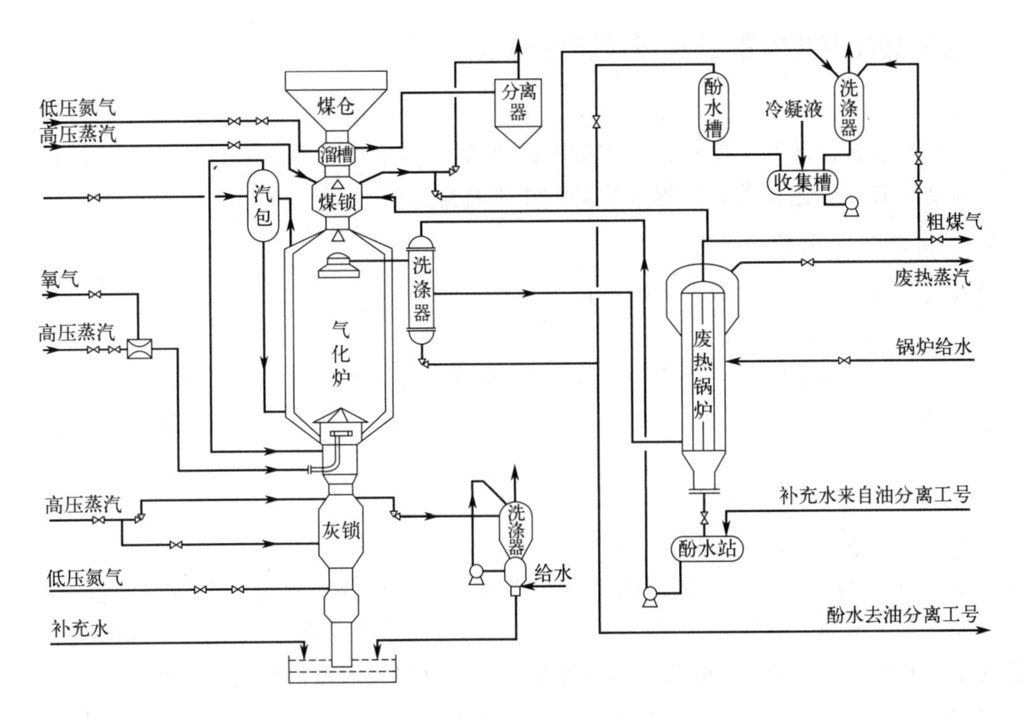

图 4-35　气化厂气化工艺流程图

气化装置工艺流程简述如下：

原料煤由煤斗经煤溜槽上的插板阀流入煤锁，加满后（由射线料位计监测）用来自于废热锅炉出口的粗煤气充压至 2.75MPa，然后打开下阀将煤加入气化炉。当煤锁中的煤全部加入气化炉后，射线料位计报警煤锁空，再次开始加煤循环。加入炉内的煤经固定钟罩式煤分布器（兼有集气作用）与炉内壁的间隙流入炉内，依次经过炉内各反应层反应，产生的灰渣由炉箅排入灰锁。灰锁满后关闭下灰翻板阀与上阀，然后灰锁泄压。

灰锁泄压为灰蒸气直接泄压后再进行洗涤除尘。灰锁泄压至常压后打开下翻板阀及下阀，灰渣经灰溜槽进入充满水的渣沟，再由刮式捞渣机送至皮带运输机送出界区。

气化剂由炉底侧向进入，由炉箅上的三层布气孔均匀分布，反应后产生的粗煤气（约 55℃）进入固定钟罩内部空间，通过钟罩顶部管线进入文丘里洗涤冷却器，在此粗煤气被喷入的酚水骤冷至约 210℃，然后进入废热锅炉。洗涤后的含尘酚水由洗涤冷却器底部排至酚水分离工号，进入酚水储槽。粗煤气经废热锅炉回收热量后送入变换工号，废热锅炉产生的低压蒸汽送入低压蒸汽管网，粗煤气的冷凝液由底部积水槽排至五台气化炉共用的酚水储槽，然后再用泵送至洗涤冷却器洗涤。

该装置有以下几个特点。

① 气化炉设计采用蒸汽升温后再通入氧气点火，而一般的鲁奇炉采取蒸汽升温、空气点火，然后再将空气切换为氧气。该装置简化了开车程序，缩短了开车时间。

② 煤锁空后，在泄压前先向煤锁内充入中压蒸汽，将煤锁中的煤气压入气化炉内，所以不用考虑回收煤锁气。

③ 气化炉内壁仍设置有耐火衬里。

（七）加压气化炉的正常操作调整与故障处理

加压气化炉在正常生产过程中通过工艺调整，维持正常的气化反应过程是极为重要的，操作人员应严格按设计的工艺指标，准确及时地发现不正常现象，通过调整汽氧比、负荷、压力、温度等各种工艺参数，确保气化炉的正常稳定运行。

1. 气化炉生产负荷的调整

当气化炉需要加负荷时应首先进行以下调整：

① 检查原料煤的粒度；

② 检查气化炉火层是否在较低位置，以炉顶及炉底（或灰锁）温度判断；

③ 检查排出灰渣的状态及灰中残碳含量，灰中应无大渣块或大量细灰，残碳含量应正常；

④ 保证有足够的蒸汽和氧气供应。

在满足上述条件后，气化炉进行加负荷调整。

① 入炉蒸汽与氧气流量、比值调节在自动状态，缓慢提高负荷调节器设定值。提高负荷应分阶段逐步增加，每次增加氧气量不超过 $200m^3$(标准状态)/h，每小时增加氧气量不应超过 $1000m^3$(标准状态)；若以手动控制方式加负荷应先加蒸汽量，后加氧气量。

② 相应提高炉箅转速（若气化炉设有转动布煤器，也应相应提高转速），使加煤、排灰量与负荷相匹配。

③ 检查气化炉床层压差及炉箅扭矩的变化情况。

④ 分析煤气成分，确认加负荷后工艺指标仍在控制范围内。

气化炉的生产负荷调节范围较宽，最大可达设计满负荷的 150%（以入炉氧气流量计）。负荷的大小与原料煤粒度、炉内火层的位置有关，当煤粒度过小、负荷较大时使带出物增加，严重时炉内床层由固定床变成流化床，料层处于悬浮状，使气化炉排不出灰，导致工况恶化；若气化炉负荷过低，会造成气化剂分布不均，使炉内产生风洞、火层偏斜等问题。根据运行经验，气化炉负荷一般应控制在设计满负荷的 85%～120%，最低负荷一般不得低于 50%。

2. 汽氧比的调整

汽氧比是气化炉正常操作的重要调整参数之一。调整汽氧比，实际上是调整炉内火层的反应温度，气化炉出口煤气成分也随之改变。改变汽氧比的主要依据如下。

① 气化炉排出灰渣的状态即颜色、粒度、含碳量。灰中渣块较大、渣量多说明火层温度过高，汽氧比偏低；灰中有大量残碳、细灰量较多无融渣说明火层温度过低，汽氧比偏高。

② 原料煤的灰熔点。在灰熔点允许的情况下，汽氧比应尽可能降低，以提高反应层温度。煤中灰熔点发生变化时应及时调整汽氧比。

③ 煤气中 CO_2 含量。煤气中 CO_2 含量的变化对汽氧比变化最敏感，在煤种相对稳定的情况下，煤气中 CO_2 含量超出设计范围应及时进行调整。由于汽氧比的调整对气化过程影响较大，稍有不慎将会造成炉内结渣或灰细，严重时会烧坏炉箅，所以，汽氧比的调整要小心谨慎，幅度要小，并且每次调整后要分析煤气成分及观察灰的状况。

氧气纯度发生变化时汽氧比也应相应进行调整。

3. 气化炉火层位置控制

炉内火层位置的控制非常重要。判断火层具体位置应根据气化炉工艺指标与经验综合而定。火层过高（即火层上移）使气化层缩短，煤气质量发生变化，严重时会造成氧穿透，即煤气中氧含量超标，导致事故发生；火层过低则会烧坏炉箅等炉内件。火层的控制主要通过调整炉箅转速、控制炉顶温度与灰锁温度（即炉底温度）来实现。

火层位置控制应综合炉顶与灰锁温度来调整：

① 炉顶温度升高，灰锁温度降低时，应提高炉箅转速，加大排灰量，使炉箅转速与气化炉负荷相匹配；

② 炉顶温度下降，灰锁温度升高时，应降低炉箅转速，减小排灰量；

③ 炉顶温度与灰锁温度同时升高时，说明炉内产生沟流现象，按处理沟流现象的方法进行调整。

4. 灰锁操作

灰锁操作对气化炉的正常运行影响较大。操作中应注意以下问题。

灰锁上、下阀应进行严密性试验。灰锁上、下阀能否关闭严密是灰锁操作的关键。一般关闭时应重复开、关几次，听到清脆的金属撞击声时说明已关严。在泄压、充压的过程中应按操作程序进行阀门的严密性试验，试验方法如下。

① 当灰锁压力泄压至 2.0MPa 时停止泄压，检查上阀严密性，查看灰锁压力是否回升。若在规定时间内（5s）压力回升大于 0.1MPa，则说明上阀泄漏，应充压后再次关闭；若在 5s 内回升小于 0.1MPa，说明上阀关闭严密。

② 当灰锁压力充压至 1.0MPa 时，停止充压，检查下阀严密性，检查方法和标准与上阀相同。

灰锁上、下阀的严密性试验压力必须按要求的压力进行，即试验时上、下阀承受的压差 Δp 为 1.0MPa，这样可以及时发现阀门泄漏，及时处理，以延长上、下阀的使用寿命。

5. 灰锁膨胀冷凝器的冲洗与充水

对于灰锁设有膨胀冷凝器的气化炉，其充水与冲洗的正确操作很重要。灰锁泄压后，应按规定时间对膨胀冷凝器底部进行冲洗，以防止灰尘堵塞灰锁泄压中心管。冲洗完毕后应将膨胀冷凝器充水至满液位，充水时应注意不能过满或过少，过满时水会溢入灰锁造成灰湿、灰锁挂壁，影响灰锁容积；过少则在灰锁泄压时很快蒸发，造成灰锁干泄，导致灰尘堵塞泄压中心管，使灰锁泄压困难。所以必须正确掌握冲洗与充水量，以保证灰锁的正常工作。

6. 煤锁操作

（1）煤锁上、下阀的严密性试验　煤锁上、下阀的工作环境比灰锁条件好，但其严密性试验也很重要。只有保证煤锁上、下阀关闭严密，才能保证煤锁向气化炉正常供煤。煤锁上、下阀的严密性试验方法和要求与灰锁上、下阀相同，可参照进行。

（2）煤溜槽阀的开、关　加压气化炉的煤溜槽阀是控制煤斗向煤锁加煤的阀门，以前为插板式，第三代炉以后改为圆筒形。不论何种结构形式的煤溜槽阀，其关闭后都与煤锁上阀之间有一定的空间，该空间用于煤锁上阀开、关动作，以使上阀关严。所以操作中要注意：在一个加煤循环中，煤溜槽阀只能开一次，以防止多次开关将上阀动作空间充满煤后造成上阀无法关严，而影响气化炉的运行。

7. 不正常现象判断及故障处理

(1) 炉内结渣

现象：排出灰中有大量渣块，炉箅驱动电机电流（液压电动机驱动时为液压压力）超高，煤气中 CO_2 含量偏低。

原因：a. 汽氧比过低；b. 灰熔点降低；c. 灰床过低；d. 气化炉内发生沟流现象。

处理：a. 增加汽氧比，使汽氧比与灰熔点相适应；b. 降低炉箅转速，使其与气化炉负荷相适应；c. 提高汽氧比，气化炉降负荷，短时提高炉箅转速以破坏风洞。

(2) 气化炉出口煤气温度与灰锁温度同时升高　如果气化炉出口煤气温度与灰锁温度同时升高，并且超过设计值，应立即进行以下检查和分析。

① 气化炉出现沟流。沟流现象：气化炉出口煤气温度高且大幅度波动；煤气中 CO_2 含量高；严重时粗煤气中氧含量超标；排出灰中有渣块和未燃烧的煤。

如果出现上述现象，采取以下措施处理：气化炉降至最小负荷；增加汽氧比；短时增加炉箅转速以破坏风洞；检查气化炉夹套是否漏水。当煤气中 O_2 含量超过 1%（体积分数）时，气化炉应停炉处理。

② 气化剂分布不均。气化剂分布不均是由灰或煤堵塞炉箅的部分气化剂通道或布气孔所造成，其现象及处理方法与炉内沟流现象基本相同。以上措施无效时，气化炉应停炉进行疏通清理。

(3) 炉内火层倾斜

现象：气化炉出口煤气温度高，灰渣中有未燃烧的煤。

原因：原料煤粒度不均匀，炉内料层布料不均；炉箅转速过低，排灰量不均。

处理：气化炉降负荷，短时加快炉箅转速，若无效应熄火停车处理。

(4) 气化炉夹套与炉内压差高　夹套与炉内压差过高时会造成夹套内鼓，当发现压差高时，应立即检查处理。检查下列问题。

① 负荷高、汽氧比过大：其现象为气化炉出口温度高、灰细、灰量小，此时应降低气化炉负荷，降低汽氧比。

② 炉内结渣严重：按炉内结渣现象进行处理。

③ 后序工号用气量大，使炉内气流速度加快，床层压降增大：此时应减小供气量，维持好气化炉的操作压力。

④ 开车过程中压差高：因为在低压时通入气化剂量过大，开车时加煤过多；应减小气化剂通入量，转动炉箅松动床层。

⑤ 炉箅布气环堵塞：若发现此问题，气化炉停炉处理。

(5) 炉箅及灰锁上、下阀传动轴漏气

原因：润滑油供油不足。

处理：检查润滑油泵是否正常供油；检查注油点压力；检查润滑油管线是否畅通，调整油泵出口压力，以满足各传动轴填料润滑要求。

(6) 煤锁膨料

现象：煤锁温度正常而气化炉内缺煤，温度高。

原因：煤中水分高，在煤锁中挂壁黏着。

处理：多次振动下阀，煤锁进行充、泄压；当处理无效时气化炉停车清理。

（7）灰锁膨料、挂壁

现象：灰锁下阀打开后不下灰或下灰量少。

原因：气化剂带水造成灰湿；膨胀冷凝器充水过满溢至灰锁；夹套漏水。

M4-18 煤炭地下气化

处理：提高过热蒸汽温度；向灰锁充入少量蒸汽，打开下阀吹扫灰锁；将挂壁灰渣吹出。

第五节 流化床气化法

由前面的叙述可知，在固定床阶段，燃料是以很小的速度下移，与气化剂逆流接触。当气流速度加快到一定程度时，床层膨胀，颗粒被气流冲击，悬浮起来。床层内的颗粒全部悬浮起来而又不被带出气化炉，这种气化方法即为流化床（沸腾床）气化法。

流化床煤气化技术是气化碎煤的主要方法。其过程是将气化剂（氧气或空气与水蒸气）从气化炉底部鼓入炉内，炉内煤的细颗粒被气化剂流化起来，在一定温度下发生燃烧和气化反应。

流化床气化经多年发展，形成很多炉型。美国有 U-GAS、KRW、HYGAS、COGAS、Exxon 催化气化等炉型；德国有高温温克勒 HTW 型及 Lurgi 公司的 CFB 型；日本有旋流板式 JSW 和喷射床气化炉；中国有 ICC 灰熔聚气化炉、循环制气流化床水煤气炉等。

一、流化床气化的特点

与移动床气化炉相比较，流化床煤气化具有如下特点：

M4-19 流化床气化的特点

① 直接利用碎粉煤，不用加工成块形（如移动床气化炉所要求），亦不用磨成细粉（如气流床气化炉所要求），备煤加工费最低，正适合煤炭机械化开采水平提高后粉煤率增加的特点。

② 床内物料均匀、温度均匀，便于操作控制，炉内存在的大量可燃物可保证生产的安全性。

③ 气化强度大，便于大规模设备的建设。目前长期生产应用 ϕ5m 的恩德炉，每台炉产合成气已达 $4\times10^4 m^3/h$，相当于产氨 $9\times10^4 t/a$ 。

④ 可在炉料中添加固硫剂。利用了循环流化床技术后，床内脱硫效果更佳。

⑤ 炉内温度足以裂解煤热解中产生的高烃类物质，简化了煤气净化及污水处理流程。

⑥ 炉内很少有机械运动及金属部件，维修工作量小。

⑦ 炉内反应温度一般不大于 1000℃，只需一般耐火材料就可以长期运行。

⑧ 对煤的灰含量敏感性不大，在几种气化方法中，最适合于高灰劣质煤的利用。

⑨ 气化时氧耗量比气流床低，蒸汽消耗量又比干式排灰的移动床低。

⑩ 既不如移动床气化炉那样有充分的气-固相反应时间，往往气化的还原反应进行得不充分，又不如气流床气化炉那样有很高的气化温度，可以保证气化反应快速进行。因而在煤种上要求使用较高活性和较高灰熔点的煤。

⑪ 因气化炉要保持产生煤气，必须要求炉内是还原性气氛，即要求炉内物料应有相当高的含碳量。这样，对常规的流化床气化炉来说，就带来了排出灰渣及随煤气带出的飞灰含

碳量高、损失大的问题。

⑫ 流化床气化炉煤气的出口温度基本上与炉内相差很小。在 HTW 型等一些气化炉中，因增加了二次风来燃尽带到自由空间的煤粉，往往使炉出口煤气温度比床层内温度还高 50～60℃，高温、高夹带物煤气的除尘及湿热回收带来了废热锅炉的磨损问题。

总之，煤的流化床气化有诸多吸引人的优点，初看技术也不复杂，但不少人为此花费了毕生的精力。但从目前的情况看来，进展不快。主要原因在于流化床现存基本问题的解决上，有一定的技术难度，需要有大量细致的实验工作。

二、常压流化床气化工艺

（一）温克勒气化炉

温克勒气化工艺是最早的以褐煤为气化原料的常压流化床气化工艺。图 4-36 是温克勒气化炉，气化炉为钢制立式圆筒形结构，内衬耐火材料。

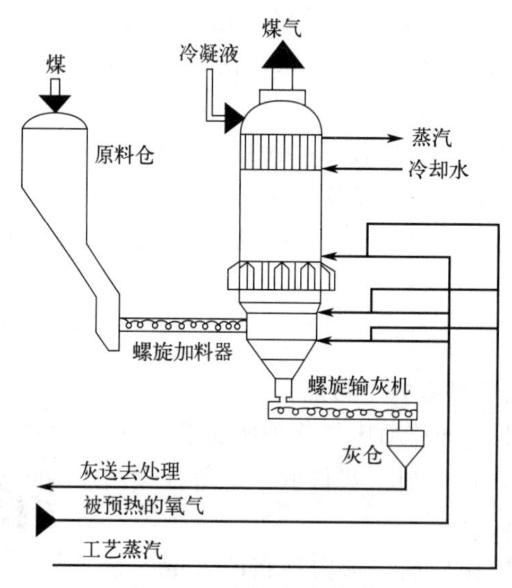

图 4-36　温克勒气化炉

温克勒气化炉采用粉煤为原料，粒度为 0～10mm。若煤不含表面水且能自由流动就不必干燥。对于黏结性煤，可能需要气流输送系统，借以解决螺旋给煤机端部容易出现堵塞的问题。粉煤由螺旋加料器加入圆锥部分的腰部，加煤量可以通过调节螺旋给料机的转数来调节。一般沿筒体的圆周设置 2～3 个加料口，互成 180°或 120°的角度，有利于煤在整个截面上的均匀分布。

温克勒气化炉的炉箅安装在圆锥体部分，蒸汽和氧（或空气）由炉箅底侧面送入，形成流化床。一般气化剂总量的 60%～75%由下面送入，其余的气化剂由燃料层上面 2.5～4m 处的许多喷嘴喷入，使煤在接近灰熔点的温度下气化，这样可以提高气化效率，有利于活性低的煤种气化。通过控制气化剂的组成和流速来调节流化床的温度不超过灰的软化点。较大的富灰颗粒比煤粒的密度大，因而沉到流化床底部，经过螺旋排灰机排出。大约有 30%的灰从底部排出，另外的 70%被气流带出流化床。

气化炉顶部装有辐射锅炉，是沿着内壁设置的一些水冷管，用以回收出炉煤气的显热，同时，由于温度降低，部分可能被熔融的灰颗粒在出气化炉之前重新固化。

（二）温克勒气化工艺流程

温克勒气化工艺流程包括煤的预处理、气化、气化产物显热的利用、煤气的除尘和冷却等。如图 4-37 所示。

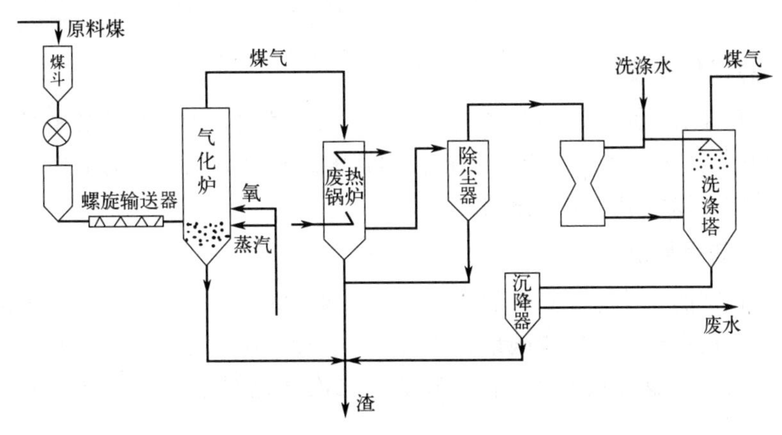

图 4-37　低温温克勒气化工艺

1. 原料的预处理

① 原料经破碎和筛分制成 0～10mm 级的入炉料，为了减少带出物，有时将 0.5mm 以下的细粒筛去，不加入炉内。

② 烟道气余热干燥，控制入炉原料水分在 8%～12%。经过干燥的原料，可使加料时不致发生困难，同时可提高气化效率，降低氧气消耗。

③ 对于有黏结性的煤料，需经破黏处理，以保证床层内正常的流化工况。

2. 气化

经预处理后的原料进入料斗，料斗中充以氮或二氧化碳气体，用螺旋加料器将原料送入炉内。一般蒸气-空气（或氧气）气化剂的 60%～70%由炉底经炉箅送入炉内，调节流速使料层全部流化，其余的 40%～30%作为二次气化剂由炉筒中部送入。生成的煤气由气化炉顶部引出，粗煤气中含有大量的粉尘和蒸汽。

3. 粗煤气的显热回收

粗煤气的出炉温度一般在 900℃左右，且含有大量粉尘，这给煤气的显热利用增加了困难。一般采用辐射式废热锅炉，生产压力为 1.96～2.1MPa，每立方米吹干煤气的蒸汽产量为 0.5～0.8kg。由于煤气含尘量大，对锅炉炉管的磨损严重，应定期保养和维修。

4. 煤气的除尘和冷却

粗煤气经废热锅炉回收热量后，经两级旋风分离器及洗涤塔，可除去煤气中大部分粉尘和水汽，使煤气的含尘量降至 6～20mg/m^3，煤气温度降至 35～40℃。

（三）工艺条件

1. 操作压力

操作压力为－0.098MPa。

2. 原料

粒度为 0～10mm 的褐煤、不黏煤、弱黏煤和长烟煤等均可使用，但要求具有较高的反应性。使用具有黏结性的煤时，由于在富灰的流化床内，新鲜煤料被迅速分散和稀释，故使用弱黏煤时一般不致造成床层中的黏结问题。但黏结性稍强的煤有时也需要进行预氧化破黏。由于流化床气化时床层温度较低，碳浓度也较低，故不适宜使用低活性、低灰熔点的煤料。

3. 气化炉的操作温度

高炉温对气化是有利的，可以提高气化强度和煤气质量，但炉温受原料的活性和灰熔点限制，一般在 900℃左右，影响气化炉温度的因素大致有汽氧比、煤的活性、水分含量、煤的加入量等。其中又以汽氧比最为重要。

4. 二次气化剂用量及组成

使用二次气化剂的目的是提高煤的气化效率和煤气质量。引入气化炉身中部的二次气化剂用量和组成需与被带出的未反应碳量成适当比例。如二次气化剂过少，则未反应碳得不到充分气化而被带出，造成气化效率下降；反之，二次气化剂过多，则产品气将被不必要地烧掉。

由以上的叙述可知，温克勒气化工艺的优点如下：

（1）单炉生产能力大　炉径为 5.5m，以褐煤为原料，蒸汽-氧气常压鼓风时，单炉生产能力为 60000m^3/h(标准状况)；蒸汽、空气常压鼓风时，单炉生产能力为 100000m^3/h(标准状况)，均大大高于常压固定床气化炉的产气量。

（2）气化炉结构　气化炉的结构较简单。如炉箅不进行转动，甚至改进的温克勒炉不设炉箅，因此操作维修费用较低。每年该项费用只占设备总投资的 1%～2%，炉子使用寿命放长。

（3）可气化细颗粒煤　随着采煤机械化程度的提高，原煤中细粒度煤的比例亦随之增加，现在，一般原煤中小于 10mm 的细粒度煤要占 40%甚至更多。流化床气化时可充分利用机械化采煤得到小于 10mm 的细粒度煤，可适当简化原煤的预处理。

（4）出炉煤气基本上不含焦油　由于煤的干馏和气化在相同温度下进行，相对于移动床干馏区来说，其干馏温度高得多，故煤气中几乎不存在焦油，酚和甲烷含量也很少，排放的洗涤水对环境污染影响较小。

（5）运行可靠，开停车容易　负荷可变动范围较大，可在正常负荷的 30%～150%范围内波动，而不影响气化效率。

流化床温克勒气化工艺的主要缺点如下：

（1）气化温度低　为防止细粒煤料中灰分在高温床中软化和结渣，以至于破坏气化剂在床层截面上的均匀分布，流化床气化时的操作温度应控制在 900℃左右，所以必须使用活性高的煤为原料，并因此对进一步提高煤气产量和碳转化率起了限制作用。

（2）气化炉设备庞大　由于流化床上部固体物料处于悬浮状态，物料运动空间比固定床气化炉中燃料层和上部空间所占的总空间大得多，故流化床气化时以容积计的气化强度比固定床的要小得多。

（3）热损失大　由于床层内温度分布均匀，出炉煤气温度几乎与炉床温度一致，故带走热量较多，热损失较大。

(4) 带出物损失较多　由于以细颗粒煤为原料，气流速度又较高。颗粒在流化床中磨损使细粉增加，故出炉煤气中带出物较多。

(5) 粗煤气质量较差　由于气化温度较低，不利于二氧化碳还原和蒸汽分解反应，故煤气中 CO_2 含量偏高，可燃组分（如 CO、H_2、CH_4 等）含量偏低，因此净化压缩煤气耗能较多。

温克勒气化工艺的缺点，主要是由于操作温度和压力偏低造成的。为克服上述存在的缺点，需提高操作温度和压力。为此，发展了高温温克勒法（HTW）气化工艺和流化床灰团聚气化工艺，如 U-GAS 气化法。

三、加压流化床气化工艺

（一）高温温克勒气化工艺（HTW）

1. 概述

在常压温克勒煤气化技术的基础上，通过提高气化温度和气化压力，成功开发了高温温克勒气化技术。HTW 除保留了传统温克勒气化技术的优点外，还进一步具备了以下特点。

① 提高了操作温度。由原来的 900～950℃提高到 950～1100℃，因而提高了碳转化率，增加了煤气产出率，降低了煤气中 CH_4 含量，氧耗量减少。

② 提高了操作压力。由常压提高到 1.0MPa，因而提高了反应速度和气化炉单位炉膛面积的生产能力。由于煤气压力提高使后工序合成气压缩机能耗有较大降低。

③ 气化炉粗煤气带出的固体煤粉尘，经分离后返回气化炉循环利用，使排出的灰渣中含碳量降低，碳转化率显著提高，可以气化含灰量高（＞20％）的次烟煤。

④ 由于气化压力和气化温度的提高，使气化炉大型化成为可能。

2. 工艺流程

高温温克勒气化工艺（HTW）流程如图 4-38 所示。

合格的原料煤储存在煤斗，煤经串联的几个锁斗逐级下移，经螺旋给煤机从气化炉下部加入炉内，被由气化炉底部吹入的气化剂（氧气和蒸汽）流化发生气化反应生成煤气，热煤气夹带细煤粉和灰尘上升，在炉体上部继续反应。从气化炉出来的粗煤气经一级旋风除尘。捕集的细粉循环入炉内，二级旋风捕集的细粉经灰锁斗系统排出。除尘后的煤气进入卧式火管锅炉，被冷却到 350℃，同时产生中压蒸汽，然后煤气依次进入激冷器、文氏洗涤器和水洗塔，使煤气降温并除尘。炉底灰渣经内冷却螺旋排渣机排入灰锁斗，经由螺旋输灰机排出。煤气洗涤冷却水经浓缩沉淀滤除粉尘，澄清后的水再循环使用。

3. 工艺条件和气化指标

① 气化温度。提高气化温度有利于二氧化碳的还原反应和水蒸气的分解反应，相应地提高了煤气中的一氧化碳和氢气的浓度，碳的转化率和煤气的产率也提高。

提高气化反应温度受灰熔点的限制。当灰分为碱性时，可以添加石灰石、石灰和白云石来提高煤的软化点和熔点。

② 气化压力。加压气化可以增加炉内反应气体的浓度；流量相同时，气体流速减小，气固接触时间增加，使碳的转化率提高；在生产能力提高的同时，原料的带出损失减小；在同样的生产能力下设备的体积相应减小。

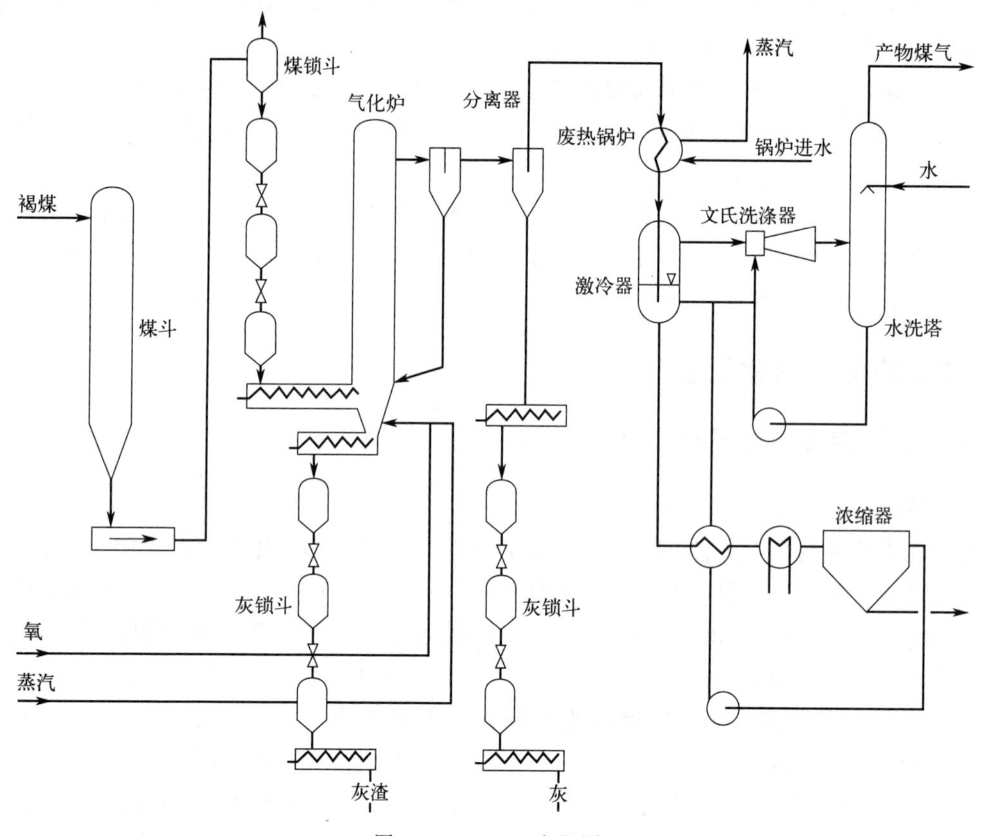

图 4-38 HTW 流程图

加压流化床的工作状态比常压的稳定。经研究，加压流化床内气泡含量少，固体颗粒在气相中的分散较常压流态化时均匀，更接近散式流态化，气固接触良好。此外，加压流化时，对甲烷的生成是有利的，相应提高了煤气的热值。

（二） U-GAS 灰熔聚气化法

灰熔聚气化法也属于加压流化床气化工艺。所谓的灰熔聚是指在一定的工艺条件下，煤被气化后，含碳量很少的灰分颗粒表面软化而未熔融的状态下，团聚成球形颗粒，当颗粒足够大时即向下沉降并从床层中分离出来。其主要特点是灰渣与半焦的选择性分离。即煤中的碳被气化成煤气，生成的灰分熔聚成球形颗粒，然后从床层中分离出来。

与传统的固态和液态方式不同，它是在流化床中导入氧化性高速射流，使煤中的灰分在软化而未熔融的状态下，在一个锥形床中相互熔聚而黏结成含碳量较低的球形灰渣，有选择性地排出炉外。与固态排渣相比，降低了灰渣中的碳损失；与液态排渣相比，减少了灰渣带走的显热损失，从而提高了气化过程的碳利用率，是煤气化排渣技术的重大发展。目前使用该技术的气化方法有 U-GAS 气化工艺和 KRW 气化工艺。

从 1980 年起，中国科学院山西煤炭化学研究所开始了灰熔聚流化床气化技术开发，1983 年底建成了小型装置，1986 年通过鉴定，完成了冶金焦粉、气煤、焦煤，贫煤、瘦煤乃至无烟煤炭的气化。1987 年灰熔聚流化床粉煤直接气化技术中间试验研究列入国家科技攻关项目，1991 年完成了太原东山瘦煤和焦粉两个煤种的空气/蒸汽鼓风条件试验与长时间稳定性运行。1992年至今完成了神木煤、洗中煤两个煤种的空气/蒸汽鼓风煤种试验及太原东山煤、西山煤和陕西彬县煤氧气/蒸汽鼓风煤种试验，取得了不同煤种气化的数据库。“八五”期间，“灰熔聚流化床粉煤气化成套装置研制”列入国家计委科技攻关项目，已完成工业装置工艺和工程设计。经过多年的研究开发，所取得的数据和经验达到了与国外同类技术相当的水平，依据国内市场的需要，正在进行制合成气示范厂项目。

M4-21 灰熔聚气化原理

U-GAS气化技术系美国芝加哥煤气工业研究院（下称IGT）开发，试验装置处理量25t/d，直径900mm试验炉已连续运行1000h。芬兰Tampella公司使用U-GAS气化技术的专利权，在芬兰Tampere地区建直径1200mm（4英尺）U-GAS纯氧气化炉用于联合发电，煤处理量为35～60t/d，操作压力为3MPa，总投资1000万美元。中国科学院山西煤炭化学研究所亦在从事灰熔聚气化炉的技术开发，已建成1000mm直径气化炉的中试装置。上海焦化有限公司的三联供工程中引进的U-GAS炉直径为2600mm。

1. U-GAS气化炉

U-GAS气化炉工艺基本上可达到原定的三个主要目标：①可利用各种煤有效地生产煤气；②煤中的碳高效地转化煤气而不产生焦油和油类；③减少对环境的污染。

U-GAS中试气化炉如图4-39所示。在气化炉内，完成四个重要功能：煤的破黏、脱挥发分、气化及灰的熔聚，并使团聚的灰渣从半焦中分离出来。

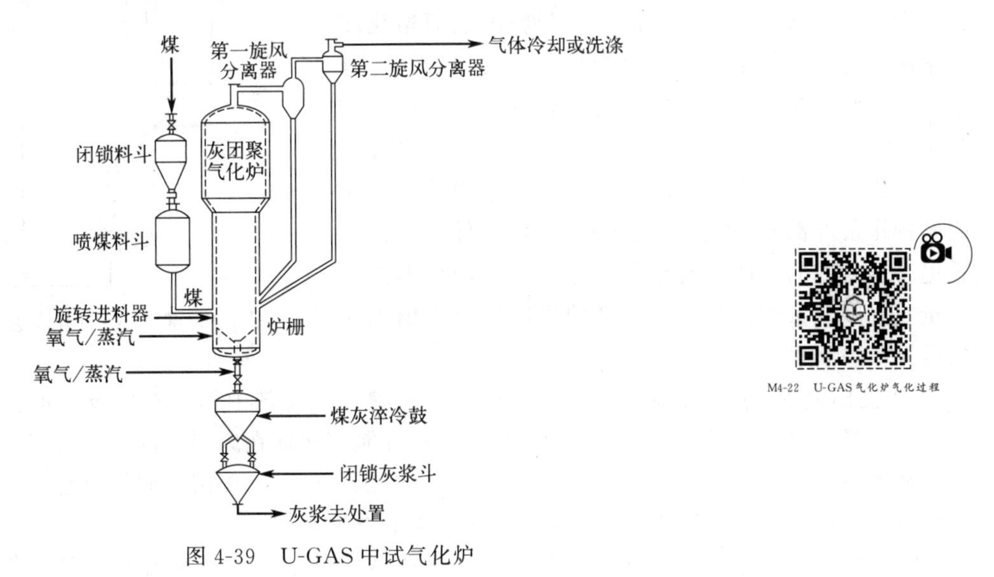

图4-39 U-GAS中试气化炉

M4-22 U-GAS气化炉气化过程

2. U-GAS气化工艺

首先将0～6mm级的煤料进行干燥，直到能满足输送的要求。通过闭锁料斗，用气动装置将煤料喷入气化炉内；或用螺旋加料器与气动阀控制进料相结合的方式，将煤料均匀、稳定地加入气化炉内。在流化床中，煤与水蒸气及氧气（或空气）在950～1100℃下进行反应。操作压力视煤气的最终用途而定，可在0.14～2.41MPa范围内变动，煤很快被气化成煤气。空气由炉底中心喷管喷入炉内，由于炉内压差，气泡由小至大，上升至物料表面，气泡爆破，造成炉内物料由中间提升至周围下降的循环。在中央部分空气喷入与炽热的炉料反应造成中央高温区，控制温度使之达到灰渣软化，渣料熔融成团由小至大最后排出。

煤气化过程中，灰分被团聚成球形粒子，从床层中分离出来。炉算呈倒锥格栅型。气化剂一部分自下而上流经炉算，创造流化条件；另一部分气化剂则通过炉子底部中心文氏管（文丘里管）高速向上流动，经过倒锥体顶端孔口，进入锥体内的灰熔聚区域，使该区域的温度高于周围流化床的温度，接近煤的灰熔点。在此温度下，含灰分较多的粒子互相黏结，逐渐长大、增重，直至能克服从锥顶逆向而来的气流阻力时，即从床层中分离出来，排到充满水的灰斗中，呈粒状排出。

床层上部空间的作用为裂解在床层内产生的焦油和轻油。

从气化炉逸出的煤气携带的煤粉由两个旋风分离器分离和收集。由第一旋风分离器收集的焦粉返回流化床内，由第二旋风分离器收集的焦粉则返回灰熔聚区，在该区内被气化，而后与床层中的灰一起熔聚，最终以团聚的灰球形式排出。

粗煤气实际上不含焦油和油类，因而有利于热量回收和净化过程。

3. U-GAS 气化工艺特点

（1）灰分熔聚及分离　U-GAS 气化工艺属流化床气化，见图 4-40。其主要特点是流化床中灰渣与半焦的选择分离，即煤中的碳被气化，同时灰被熔聚成球形颗粒，并从床层中分离出来。

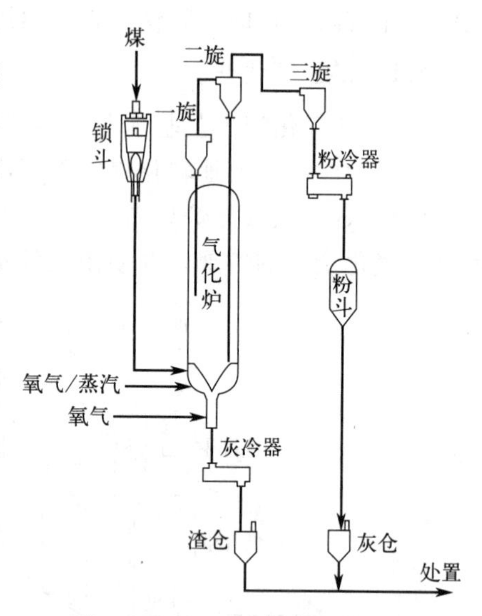

图 4-40　U-GAS 气化工艺流程

气化所形成的含灰较多的颗粒表面熔化和团聚成球形颗粒，并从床层中分离出来。灰粒的表面熔化或熔聚成球是一个复杂的物理化学过程。气化炉排渣是通过炉子底部文丘里管，依靠文丘里管的气速控制排灰塞。

气化炉中灰熔聚区域的几何形状、结构尺寸及相应的操作条件都起着重要的作用。操作条件包括：文丘里管颈部内的气速、流经文丘里管和流经炉算的氧气量与水蒸气量的比例，熔聚区的温度以及带出细粉的再循环等因素。

① 文丘里管内的气流速度。文丘里管内的气速及气化剂中的汽氧比极为重要，它直接关系到床层高温区的形成。文丘里管颈部的气速控制着灰球在床层中的停留时间，相应地决定了灰球中的含碳量。当灰球中的含碳量在允许范围以内时，停留时间越短越好，以免由于停留时间过长，床层中灰含量过高导致结渣现象的发生。

② 熔聚区的温度。熔聚区的温度是灰团聚成球的最重要的影响因素，它由煤和灰的性质所决定，必须控制在灰不熔化而又能团聚成球的程度。实验发现，此温度常比煤的灰熔点低 100～200℃，与灰中铁的含量有关。有的理论认为，煤中灰分的团聚是依靠灰粒外部生成黏度适宜的一定量的液相将灰粒表面润湿，在灰粒相互接触时，由于表面张力的作用，灰粒发生重排、熔融、沉积以及灰粒中晶粒长大。而黏度适宜的一定数量的液相只有在合适的温度下才能产生。温度过低，灰粒外表面难以生成液相，或生成的液相量太少，灰分不能团聚；温度过高，灰分熔化黏结成渣块，破坏了灰球的正常排出。一般，通过文丘里管的气化剂的汽氧比比通过炉算的气化剂的汽氧比低得多，这样才能形成灰熔聚所必需的高温区。气化炉操作温度控制在灰团聚温度，使灰渣表面软化，熔融成团排渣，故国内称灰团聚气化炉。

③ 带出细粉的再循环。U-GAS气化工艺借助两个旋风分离器实现细粉循环并进一步气化，生成的细灰与床层中的熔聚灰一起形成灰球排出。

由于细粉直接返回床层和熔聚区，在返回过程中细粉的冷却和热量损失，气化反应的吸热，使得细粉的循环量对灰熔聚区的温度有一定的影响。故要选择好细粉返回床层的适宜位置，加强返回系统的保温，使其对灰熔聚区温度的影响变得较小，既提高煤的利用率，又保证熔聚成球的正常进行。

（2）对煤种有较广泛的适应性　U-GAS气化工艺的主要优点在于它具有较广泛的煤种适应性和高的碳转化率。

流化床气化与固定床气化相比较，能用屑煤作原料，而固定床气化则以块煤作原料。流化床与气流床相比，操作温度大大降低。与同类型流化床相比，U-GAS炉随煤气带出的粉料由旋风分离器捕集后返回到炉内，旋风的料腿插入U-GAS炉内，使热效率提高。

四、国内外流化床气化装置

国内外流化床气化装置如表4-11所示

表4-11　国内外流化床气化装置一览表

工艺名称	国别	开发商	商业化程度
Winkler	德国	Davy Mokee公司	大规模商业化厂
HTW	德国	莱茵褐煤公司	示范厂
KRW	美国	Westinghouse公司 M. W. Kellogg公司	示范厂
U-GAS	美国	IGT	上海焦化厂工业化装置
ICC灰熔聚	中国	中科院山西煤化所	陕西城化示范装置
HYGAS	美国	IGT	中试装置
COGAS	美国	COGAS发展公司	中试装置
CO_2吸附剂工艺	美国	Conoco煤发展公司	中试装置
Battelle	美国	Battelle公司	中试装置
Svnthane	美国	DOE	中试装置
Exxon催化气化	美国	Exxon研究与工程公司	中试装置
CFB	德国	Lungi公司	中试装置
恩德气化炉	中国	抚顺恩德机械有限公司	江西工业化装置
FM1.6—Ⅰ型炉	中国	郑州永泰能源新设备公司	示范厂
载热体流化床	中国	上海申江化肥成套设备公司	宁夏昊忠示范装置

第六节　气流床气化法

气流床技术应用在煤的气化上，是将煤制成粉煤或煤浆，粉煤和气化剂经由烧嘴或燃烧器一起夹带、并流送入气化炉，在气化炉内进行充分的混合、燃烧和气化反应。由于在气化炉内气固相对速度很低，气体夹带固体几乎是以相同的速度向相同的方向运动，因此称为气流床气化或夹带床气化。

气流床气化炉内的反应基本上与流化床内的反应类似。

在反应区内，由于煤粒悬浮在气流中，随着气流并流运动。煤粒在受热情况下进行快速干馏和热解，同时煤焦与气化剂进行着燃烧和气化反应，反应产物间同时存在着均相反应，煤粒之间被气流隔开。所以，基本上煤粒单独进行膨胀、软化、燃尽及形成熔渣等过程，而煤粒相互之间的影响较小，原料煤的黏结性、机械强度、热稳定性对气化过程基本上不起作用。故气流床气化除对熔渣的黏度-温度特性有一定要求外，原则上可适用于所有煤种。

一、气流床气化概述

1. 气流床气化的主要特征

（1）气化温度高、气化强度大　气流床反应器中由于煤粒和气流的并流运动，煤料与气流接触时间很短，而且由于气流在反应器中的停留短暂，故要求气化过程在瞬间完成。为此，必须保持很高的反应温度（达2000℃左右）和使用煤粉（<200目）作为原料，以纯氧和蒸汽为气化剂，所以气化强度很大。

（2）煤种适应性强　气化时对原料煤除要注意熔渣的黏度-温度特性外，基本上可适用所有煤种。但褐煤不适宜制成水煤浆加料。

当然，挥发分含量较高、活性好的煤较易气化，完成反应所需要的空间小，反之，挥发分含量少、活性差的煤完成气化反应所需的空间较大。

（3）煤气中不含焦油　由于反应温度很高，炉床温度均一。煤中挥发分在高温下逸出后，迅速分解和燃烧生成二氧化碳和蒸汽，并放出热量。二氧化碳和蒸汽在高温下与脱挥发分后的残炭反应生成一氧化碳和氢，因而制得的煤气中不含焦油，甲烷含量亦极少。

（4）需设置较庞大的磨粉、余热回收等辅助装置　由于气流床气化时需用粉煤，要求粒度为70％～80％通过200目筛，故需较庞大的制粉设备，耗电量大。此外，由于气流床为并流操作，制得的煤气与入炉的燃料之间不能产生热交换，故出口煤气温度很高，需设置较庞大的余热回收装置。

2. 气流床气化的分类

气流床气化主要有如下几种分类方式：

① 根据入炉原料的输送性能可分为干法进料和湿法进料。

② 根据气化压力可分为常压气化和加压气化。

③ 根据气化剂可分为空气气化和氧气气化。

3. 气流床气化的技术特点

① 煤种适应性强。入炉煤以粉状（或湿式水煤浆状）喷入炉内，各个微粒被高速气流分隔，并单独完成热解、气化及形成熔渣，互不相干，不会在膨胀软化时造成黏结，即不受煤的黏结性影响。原则上各种煤都可用于气流床气化，但炉内气化温度应高于煤的灰熔点，以利于熔渣的形成。此外，气流床气化的反应受动力学控制，选用活性好的煤有利于碳转化率的提高。

② 由于反应物在炉内停留时间短暂，随煤气夹带出炉的飞灰中含有未反应完的碳，采取循环回炉的方法可以提高碳转化率。

③ 由于煤粉在气化炉内停留时间极短，为了完成反应必须维持很高的反应温度。所以常常采用纯氧作为气化剂，气化温度可达1500℃，灰渣以熔融状态排出，熔渣中含碳量低。液体熔渣的排渣结构简单，排渣顺利。但是炉壁衬里受高温熔渣流动侵蚀，易于损坏，影响

寿命。

④ 出炉煤气的组分以 CO、H_2、CO_2、H_2O 为主，CH_4 含量很低，热值并不高。

⑤ 为了达到 1500℃左右的气化温度，氧气耗量较大，影响经济性。随着高温下蒸汽分解率的提高，蒸汽耗量有所减少。

M4-23 气流床气化的特点

⑥ 出炉煤气温度很高，热损失大，可用废热锅炉回收热量，提高热效率。为了防止黏性灰渣进入废热锅炉，可先用循环煤气将出炉煤气激冷到 900～1100℃，并分离出灰渣，再进入废热锅炉。

4. 气流床气化炉型

有代表性的工业化气流床气化炉型主要有如下几种。

① K-T(Koppers-Totzek) 炉：常压气化、干粉进料、以氧气为气化剂。

② Shell-Koppers 炉、Prenflo(pressurized entrained flow gasification) 气化炉、Shell 气化炉、GSP(gaskombiant schwarze pumpe) 气化炉：这四种气化炉均为加压气化、干粉进料、以氧气为气化剂。

③ ABB-CE 气化炉：加压气化、干粉进料、以空气为气化剂。

④ Texaco 炉、Destec 炉：湿法水煤浆进料，加压气化、以氧气为气化剂。

二、常压气流床粉煤气化（K-T 炉）

K-T 是柯柏斯-托切克（Koppers-Totzek）的简称。1936 年，德国柯柏斯（Koppers）公司的托切克（Totzek）工程师提出了常压粉煤部分氧化的原理并进行了初步试验，因而取名为柯柏斯-托切克（Koppers-Totzek）炉，简称 K-T 炉。1948 年由德国 Koppers 公司、美国 Koppers 公司和美国矿务局共同在美国密苏里州进行中试，中试规模为 36t/d 干煤粉，用以生产费-托合成气。第一台工业化装置于 1952 年建于芬兰，此后在西班牙、日本、比利时、葡萄牙、希腊、埃及、泰国、土耳其、赞比亚、南非、印度、波兰等 17 个国家 20 家工厂先后建设了 77 台炉子，主要用于生产合成氨和燃料气。经过工业化验证，K-T 气化法是一种十分成熟的常压粉煤气化制合成气的气化技术。

M4-24 气流床气化的分类

1. K-T 炉

气化炉有双头和四头两种结构。双头 K-T 气化炉如图 4-41 所示。炉身是一圆筒体，用锅炉钢板焊成双壁外壳，通常衬有耐火材料。在内外壳的环隙间产生的低压蒸汽，同时把内壁冷到灰熔点以下，使内壁挂渣而起到一定的保护作用。

粉煤、氧气、蒸汽在炉头进行燃烧反应，火焰中心温度高达 2000℃，在炉上部出口处为 1400～1600℃，有 50%～60%的液态渣被气流带出，在缓慢冷却过程中，灰渣会黏附于废热锅炉表面，甚至结成大块渣瘤，破坏炉子的正常运行。为避免炉出口或废热锅炉结渣，必须在高温煤气中喷水，使气流温度在瞬间降至灰的软化温度以下，并使液渣固化以防黏壁。

在高温气化环境条件下，炉子的防护除了用挂渣来起一定的作用外，更重要的是耐火材料的选择。最初采用硅砖砌筑，经常发生故障，后改用含铬的混凝土。后来用的加压喷涂含铬耐火喷涂材料，涂层厚达 70mm，寿命可达 3～5 年。采用以氧化铝为主体的塑性捣实材料，效果也较好。

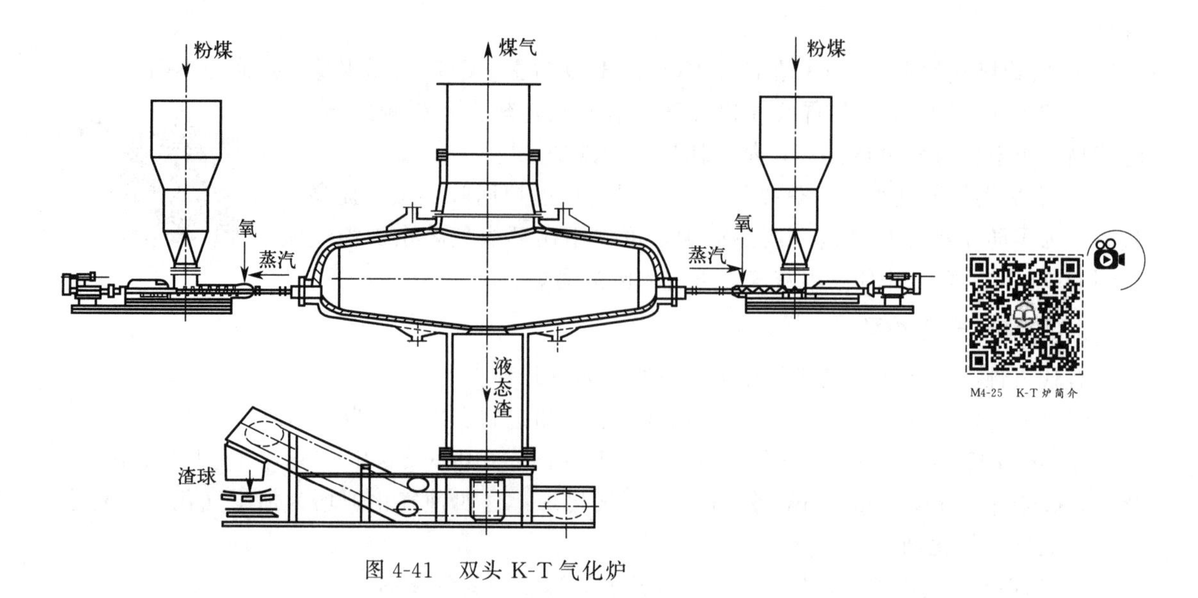

图 4-41　双头 K-T 气化炉

2. 工艺流程

K-T 气化工艺流程包括粉煤制备、制气、废热回收和洗涤冷却等部分。如图 4-42 所示。

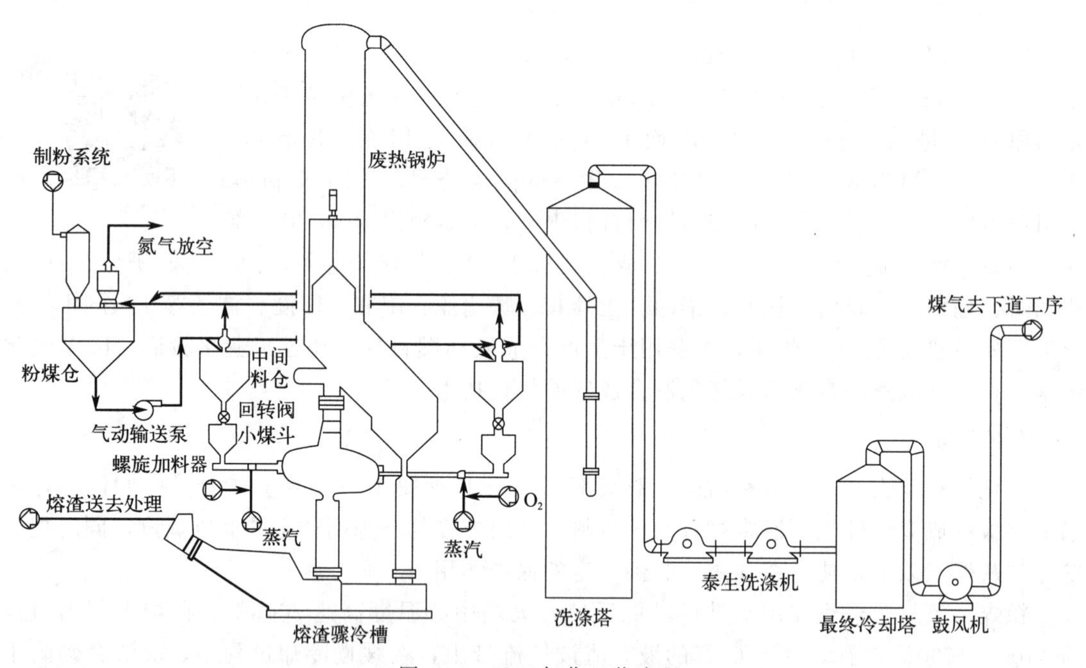

图 4-42　K-T 气化工艺流程

（1）煤粉制备　煤使用球磨机、棒磨机或辊磨机粉碎，同时使热烟道气（200℃）循环通过磨机，煤粉被热气体干燥到水分含量符合要求，一般烟煤在 1%左右，褐煤在 8%～10%。煤同时要被磨碎到 70%～80%通过 200 目筛。气流将煤粉干燥、夹带并送入分级器，细粒继续前进送至旋风分离器，不合格的粗粒返回磨机继续研磨。旋风分离器分离下来的合格煤粉送充氮的煤粉储仓。

M4-26 煤粉制备

M4-27 分级器工作原理

（2）原料输入　煤粉由煤仓用氮气通过气动输送系统送入煤粉料斗，全系统均以氮气充压，以防氧气倒流而爆炸。螺旋加料器将煤粉由料斗以一定的速度送入炉头，同时空分车间来的工业氧气和过热的工艺蒸汽混合后也送入炉头，混合气体将煤粉夹带一起由喷嘴喷入气化炉内。

（3）制气　采用K-T法时，粉状燃料、气化介质氧和水蒸气均匀混合，气化反应瞬时完成。因此，气化炉内的气化过程不是像固定床那样依次发生，大都是并行发生，碳的几个重要的气化反应如下；

$$C+\frac{1}{2}O_2 \longrightarrow CO$$

$$C+O_2 \longrightarrow CO_2$$

$$C+CO_2 \rightleftharpoons 2CO$$

$$C+H_2O \rightleftharpoons CO+H_2$$

同时在气相中进行下面的反应：$CO+H_2O \rightleftharpoons H_2+CO_2$，该反应是关系到水煤气组成的一个主要反应。

硫在气化过程中主要生成硫化氢和硫氧碳，其比例为：H_2S∶COS=(88～90)∶(12～10)。

气化生成的粗煤气去冷却净化，高温炉内产生的液态渣经过排渣口进入水封槽急冷后用捞渣机排出，运去铺筑场地或堆放。

（4）废热回收　由于反应是吸热的，而且辐射作用将一部分热量传递给炉内的耐火材料，因而气体出气化炉的温度降到1510℃左右。在出口处用饱和蒸汽急冷以固化夹带的熔渣小滴，以防止熔渣黏附在高压蒸汽锅炉的炉管上，气体温度被降至900℃。

高温生成气的显热用废热锅炉回收产生高压蒸汽，回收显热后的煤气温度降至300℃以下。

采用辐射式废热锅炉，可回收约70%的显热，由于炉内的空腔大，故结渣和结灰都不太严重；采用对流式废热锅炉会有炉管磨损严重等问题。

（5）洗涤冷却　洗涤冷却系统可根据出炉煤气的灰含量、回收利用的要求、煤气的具体用途等进行不同的组合。传统的柯柏斯除尘流程、干湿法联合除尘流程以及湿法文丘里流程等，都可供选择。

由于气化时的飞灰含碳量都很低，故不考虑飞灰的回收利用。

气体经过废热锅炉后进入冷却洗涤塔，直接用水喷淋冷却，再由机械除尘器（泰生洗涤机）和最终冷却塔除尘和冷却。冷却洗涤塔的除尘效率可达90%，经过泰生洗涤机和最终冷却塔后，气体含尘量可降至30～50mg/m^3。如果要得到含尘量更低的气体，可采用两套泰生洗涤机串联，并通过焦炭过滤，气体的含尘量可降至3mg/m^3。在其他的一些流程中，采用静电除尘可降至0.3～0.5mg/m^3。

洗涤塔中的洗涤水经过沉降可循环使用，泰生洗涤机要使用新水。

3. 操作条件

（1）原料　K-T 炉对煤种的适应性比较广，原则上可以用任何煤种，但亦有相应的要求，更适用于高活性、低灰熔点和低灰分的煤种，即所谓“一高二低”。由于反应时间极短，因此，降低气化煤粉粒度和采用变质程度较浅的年轻煤种（0.1mm，70%～80%过 200 目筛），有利于煤的转化。由于是液态排渣，要求气化反应温度大于煤的灰熔点流动温度，因此气化煤种以低灰熔点煤最好，对于高灰熔点煤可以通过添加助熔剂以降低煤炭的灰熔融温度来改善液渣的流动性。但粉煤采用气力输送，不仅能耗大，而且管道与设备的磨损也较为严重。

（2）温度　炉头内火焰中心的温度在 2000℃，粗煤气出口温度为 1500～1600℃，经过急冷后温度降到 900℃左右。高温有利于加快反应速度，提高气化强度和生产能力。同时，高温还可以获得比较高的碳转化率。

（3）压力　炉内压力（表压）为 196～294Pa，微正压。

（4）汽氧比　氧和水蒸气的体积比为 2∶1，此法要求维持高温，应尽量少加水蒸气，因而该法的氧耗高，用空气代替氧气的做法行不通，因为需要高度预热来保持灰分的液态排渣。对烟煤而言，每千克烟煤消耗的氧气为 0.85～0.9kg，消耗水蒸气为 0.30～0.34kg。

4. K-T 气化法的优缺点

K-T 气化法的技术成熟，有多年的运行经验，气化炉的结构简单，维护方便；煤种范围宽；煤气中不含焦油和烟尘，甲烷含量仅约 0.2%，$\varphi(CO+H_2)$ 可达 85%～90%；不产生含酚废水，煤气的净化工艺简单；碳的转化率高于流化床气化法。

但 K-T 法在运行过程中，由于煤要粉碎，因而制粉设备庞大，耗电量又高；气化需要消耗大量的氧，因此需加空分装置，又增大了电的消耗；为将煤气中的粉尘降到规定要求，需要有高效率的除尘设备。

三、加压气流床粉煤气化（Shell 炉）

针对 K-T 气化法存在的问题，进一步开发了加压下操作的干法进料的气流床气化法。主要有两种：①Shell 法；②Prenflo 法。这里只介绍 Shell 气化法。Shell 法原名 Shell-Koppers 法，它组合了 Shell 国际石油公司在高压下油气化的经验和柯柏斯公司在煤气化方面的经验。

1. 工艺流程

Shell 气化法流程如图 4-43 所示。原煤经粉碎、干燥至含水量＜2%，粒度 90%通过 170 目的筛孔，入常压煤仓和加压煤仓，粉煤用氮气加压至 4.2MPa 输入气化炉。气化炉也设置相对称的烧嘴，蒸汽、氧气和煤粉在炉内反应温度超过 1370℃。高温下煤灰熔融，沿水冷的耐火衬里壁流入水浴而固化，通过锁斗而排出。粗口煤气含有少量的未燃炭和相当量的熔融灰，用循环冷煤气激冷到 900～1100℃，以避免黏性灰渣进入废热锅炉。废热锅炉包括辐射室和对流室，使煤气冷却到 300℃，然后煤气再经除尘和水洗系统，送出合格的煤气（其中一部分返回到气化炉用于激冷粗煤气）。

2. Shell 气化炉

Shell 气化装置的核心设备是气化炉。Shell 气化炉采用膜式水冷壁形式。它主要由内筒和外筒两部分构成，包括膜式水冷壁、环形空间和高压容器外壳。膜式水冷壁向火侧敷有一层比较薄的耐火材料，一方面为了减少热损失；另一方面更主要的是为了挂渣，充分利用渣层的隔热功能，以渣抗渣，以渣护炉壁，可以使气化炉热损失减少到最低，以提高气化炉的可操作性和气化效率。环形空间位于压力容器外壳和膜式水冷壁之间。设计环形空间的目的是容纳水/蒸汽的输入/输出管和集汽管，另外，环形空间还有利于检查和维修。气化炉外壳为压力容器，一般小直径的气化炉用钨合金钢制造，其他用低铬钢制造。对于日产 1000t 合成氨的生产装置，气化炉壁设计温度一般为 350℃，设计压力为 3.5MPa。

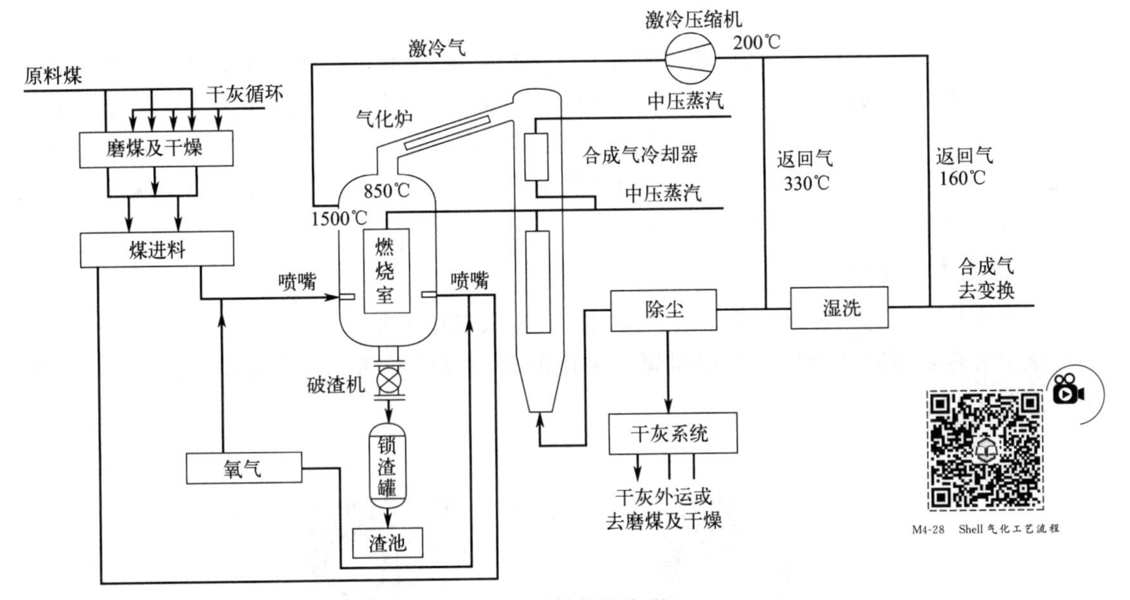

图 4-43 Shell 气化法流程

气化炉内筒上部为燃烧室（或气化区），下部为熔渣激冷室。煤粉及氧气在燃烧室反应，温度为 1700℃左右。Shell 气化炉由于采用了膜式水冷壁结构，内壁衬里设有水冷却管，副产部分蒸汽，正常操作时壁内形成渣保护层，用以渣抗渣的方式保护气化炉衬里不受侵蚀，避免了因高温、熔渣腐蚀及开停车产生应力破坏耐火材料而导致气化炉无法长周期运行。由于不需要耐火砖绝热层，运转周期长，可单炉运行，不需备用炉，可靠性高。

3. Shell 煤气化的主要特点

① 可以使用褐煤、烟煤和沥青砂等多种煤，碳转化率达 98%以上。煤中含的硫、氧、灰分及结焦性差异对过程均无显著影响。

② 产品气中（$CO+H_2$）含量达 90%以上，适宜作合成气，特别是煤气中 CO_2 相当少，可以大大减少酸性气体处理的费用，气化产物中无焦油等。

③ 由于采用干法进料，既降低了氧耗又增加了冷煤气效率，干法进料比湿法进料约高两个百分点，但干法进料提高气化压力是有限度的，不如煤浆进料可根据需要提高操作压力。

M4-29 Shell 气化炉的结构

④ 单炉生产能力大，装置处理能力可达 3000t/d。

⑤ 符合环保要求，粗煤气中硫和氨很容易被清除，煤中大部分灰分变成玻璃状的固体，可作建筑材料。

四、湿法气流床加压气化（TEXACO炉）

湿法气流床加压气化是指煤或石油焦等固体碳氢化合物以水煤浆或水炭浆的形式与气化剂一起通过喷嘴，气化剂高速喷出与料浆并流混合雾化，在气化炉内进行火焰型非催化部分氧化反应的工艺过程。具有代表性的工艺技术有美国德士古发展公司开发的水煤浆加压气化技术、道化学公司开发的两段式水煤浆气化技术、中国自主开发的多喷嘴煤浆气化技术。它们当中以德士古发展公司水煤浆加压气化技术开发最早、在世界范围内的工业化应用最为广泛。

德士古（TEXACO）气化工艺最早开发于20世纪40年代后期。开始的工作重点集中在开发一种天然气的重整工艺，以便为转换成液态烃化合物制造合成气。不久后，重点转向为氨的生产制造合成气。20世纪50年代，研究扩大该工艺以气化石油及少量的煤。兖矿鲁南化肥厂的德士古气化装置，是我国从国外引进的第一套德士古煤炭气化装置，采用水煤浆进料在加压下来生产合成氨的原料气体。

1. 德士古气化炉

德士古气化炉是一种以水煤浆进料的加压气流床气化装置。

该炉有两种不同的炉型，根据粗煤气采用的冷却方法不同，可分为淬冷型和全热回收型，如图4-44所示。

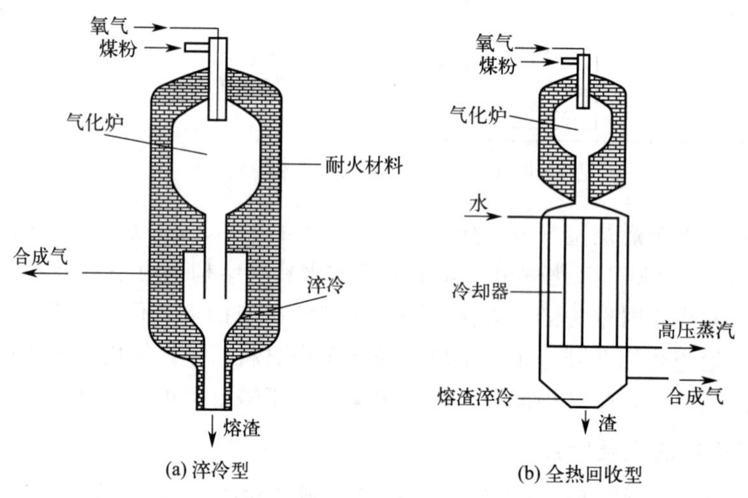

图4-44　德士古气化炉

两种炉型下部合成气的冷却方式不同，但炉子上部气化段的气化工艺是相同的。德士古加压水煤浆气化过程是并流反应过程。合格的水煤浆原料同氧气从气化炉顶部进入。煤浆由喷嘴导入，在高速氧气的作用下雾化。氧气和雾化后的水煤浆在炉内受到高温衬里的辐射作用，迅速进行着一系列的物理化学变化、预热、水分蒸发、煤的干馏、挥发物的裂解燃烧以及碳的气化等。气化后的煤气中主要是一氧化碳、氢气、二氧化碳和水蒸气。气体夹带灰分并流而下，粗合成气在冷却后，从炉子的底部排出。

在淬冷型气化炉中。粗合成气经过淬冷管离开气化段底部，淬冷管底端浸没在一水池中。粗气体经过急冷到水的饱和温度，并将煤气中的灰渣分离下来，灰熔渣被淬冷后截留在水中，落入渣罐，经过排渣系统定时排放。之后冷却了的煤气经过侧壁上的出口离开气化炉的淬冷段。然后按照用途和所用原料，粗合成气在使用前进一步冷却或净化。

在全热回收型炉中，粗合成气离开气化段后，在合成气冷却器中从1400℃被冷却到700℃，回收的热量用来生产高压蒸汽。熔渣向下流到冷却器被淬冷，再经过排渣系统排出。合成气由淬冷段底部送下一工序。

对于这两种工艺过程，目前大多数德士古气化炉采用淬冷型，优势在于它更廉价，可靠性更高，劣势是热效率较全热回收型的低。

2. 工艺流程

水煤浆加压气化炉燃烧室排出的高温气体和熔渣因冷却方式的不同而分为激冷流程（图4-45）和废热流程（图4-46）。高温粗煤气（含熔渣）的显热回收为高压蒸汽还是回收为工艺直接用蒸汽，取决于粗煤气的具体用途。德士古气化工艺可分为煤浆的制备和输送、气化和废热回收、煤气的冷却和净化等。

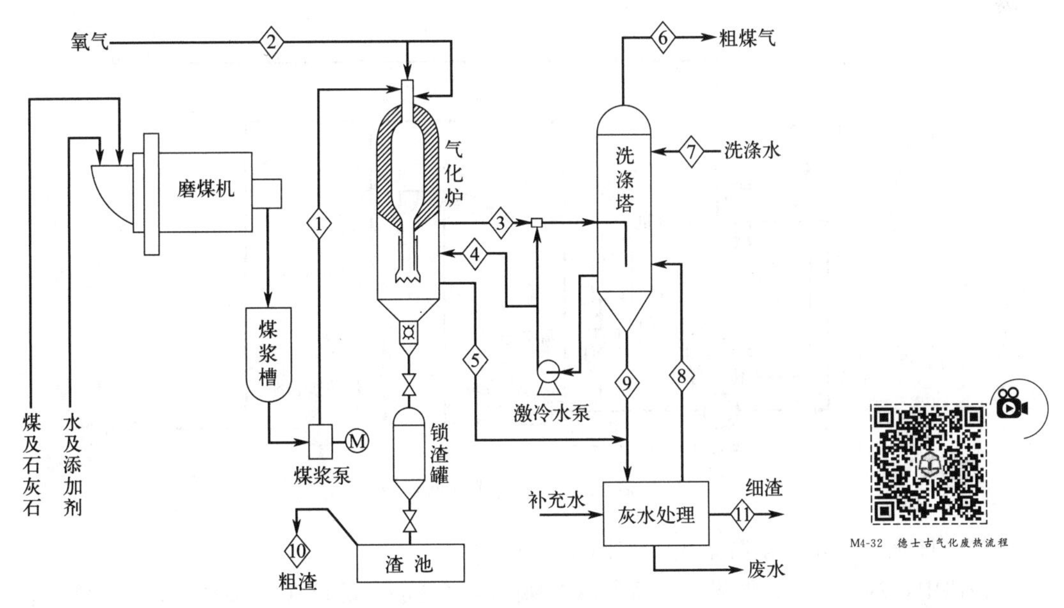

图4-45 德士古气化激冷流程示意图

（1）煤浆的制备和输送 合格煤浆的制备是德士古法应用的基本前提。煤浆的浓度、黏度、稳定性等对气化过程和物料的输送均有重要的影响，而这些指标与煤的研磨又有着密切的关系。

固体物料的研磨分为干法和湿法两大类。制取水煤浆时普遍采用的是湿法，这种方法又分为封闭式和非封闭式两种系统。

如图4-47所示为封闭式湿磨系统。

煤经过研磨后送到分级机中进行分选，过大的颗粒再返回到磨机中进一步研磨。这种方法的优点是得到的煤浆粒度范围较窄，对磨机无特殊要求；缺点是需要分级设备。为了达到适当的分级，煤浆的黏度就不能太大，这就意味着煤浆中的固含量不能太大，而水分含量相应就高，水分过高后系统需要增设稠化的专用设备，以达到该法的煤浆浓度要求。

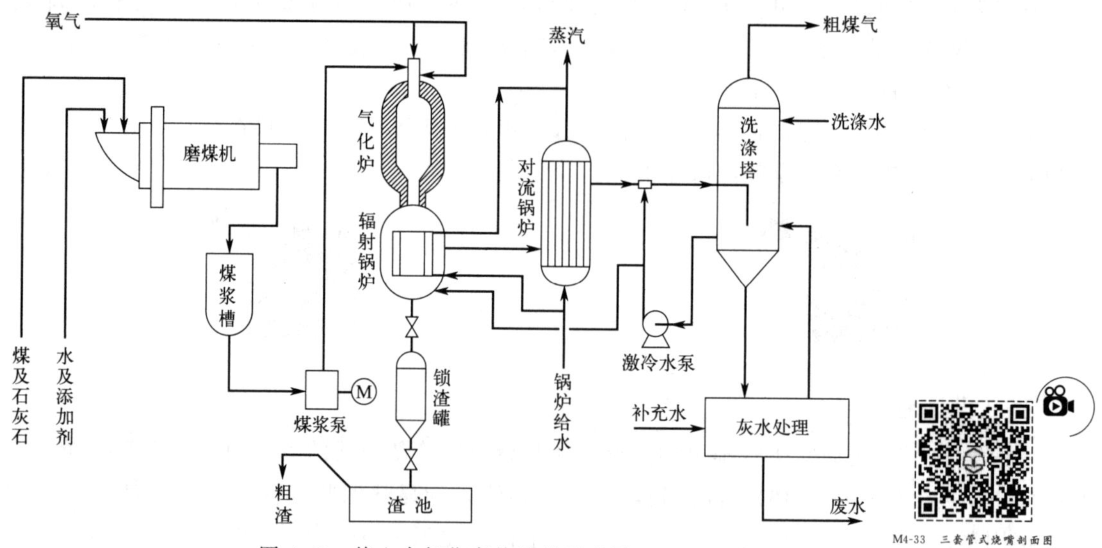

图 4-46　德士古气化废热流程示意图

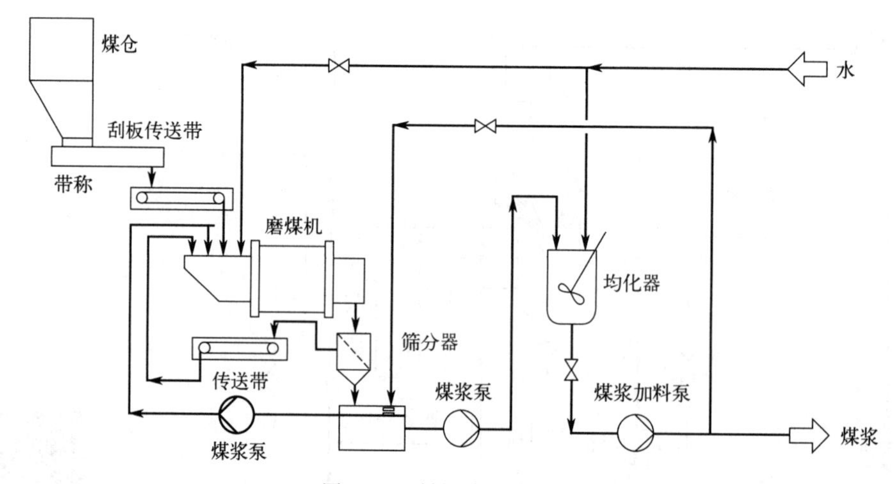

图 4-47　封闭式湿磨系统

另一种是非封闭式湿磨系统，如图 4-48 所示。

该法中，煤一次通过磨煤机，所制取的煤浆同时能够满足粒度和浓度的要求。煤在磨煤机中的停留时间相对长一些，这样可以保证较大的颗粒尽可能不太多。要达到合格的研磨，选择适当的磨煤机就变得很重要，最合适的是用充填球或棒的滚筒磨煤机，妥善选择磨煤机长度、球径及球数，使得煤通过磨煤机时一次即能达到高浓度的煤浆，并具有所需要的粒度。

需要指出的是，不管是哪一种制浆工艺，都是耗能大户。因此，为了减少磨矿功耗，磨矿前，除特殊情况外（如用粉煤或煤泥制浆），都必须经过破碎，预先破碎到粒度小于30mm，然后经过带秤送入磨煤机。

研磨好的煤浆首先要进入均化罐，然后用泵送到气化炉。煤浆是否能够顺利进入气化炉，在泵功率确定的前提下，取决于煤浆的浓度和颗粒的粒度，这又集中体现在煤浆的黏度上，为降低黏度可采用加入添加剂的方法降低黏度。

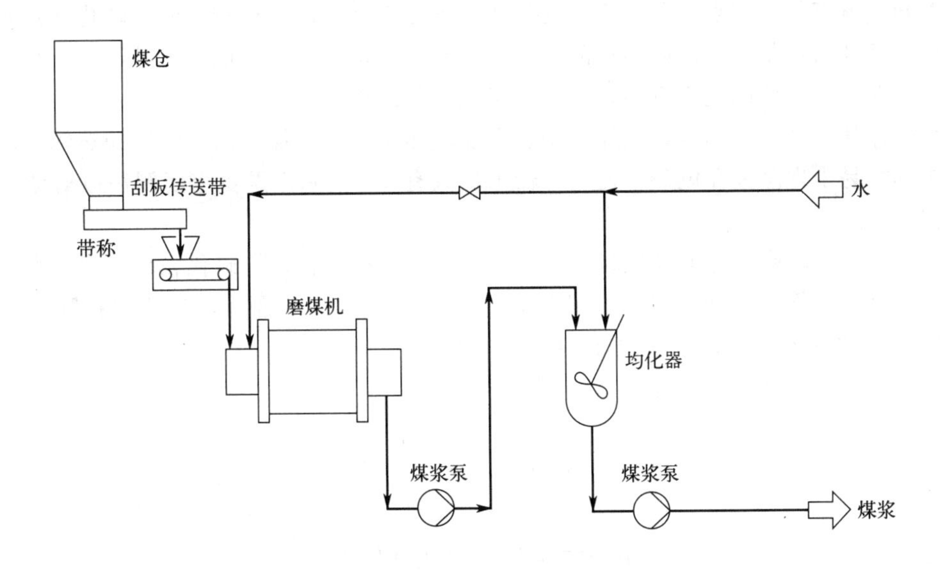

图 4-48 非封闭式湿磨系统

(2) 气化 气化炉是气化过程的核心，而喷嘴又是气化炉的关键设备。合格的水煤浆在进入气化炉时，首先要被喷嘴雾化，使煤粒均匀地分散在气化剂中，从而保证高的气化效率。良好的喷嘴设计可以保证煤浆和氧气的均匀混合。

国外使用的喷嘴结构多用三套管式（如图 4-49 所示），中心管和外环隙走氧气，中层环隙走煤浆。设置中心管走氧气的目的是保证煤浆和氧气的充分混合，中心氧量一般占总量的10%～25%。根据煤浆的性质可调节两股氧气的比例，以促使氧气和碳的反应。

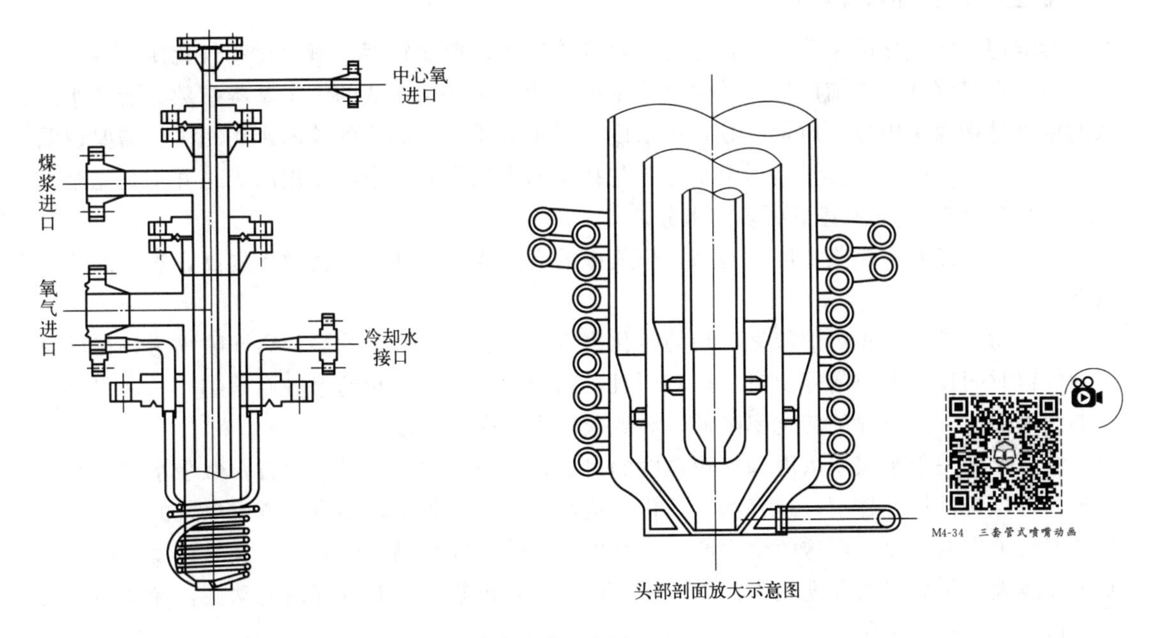

图 4-49 三套管式喷嘴示意图

喷嘴必须具有如下特点：要有良好的雾化及混合效果，以获得较高的碳转化率；要有良好的喷射角度和火焰长度，以防损坏耐火砖；要具有一定的操作弹性，以满足气化炉负荷变化的需要；要具有较长的使用寿命，以保证气化运行的连续性。

气化炉操作条件比较恶劣，固体冲刷、含硫气体腐蚀，再加上高温环境和热辐射，水煤浆喷嘴头部容易出现磨损和龟裂，使用寿命平均只有60～90d，需要定期倒炉以对喷嘴进行检查维护。

喷嘴要求采用耐磨性好的硬质材质，同时要求具有抗氧化、抗硫化和耐高温的特性。目前喷嘴的内管、中管、外管材料大多采用含镍高的Inconel600合金，头部材料则采用含钴高的UMCo50或Haynes188等镍基合金。

气化炉内进行的反应主要有：

$$C+O_2 \longrightarrow CO_2$$

$$C+CO_2 \longrightarrow 2CO$$

$$C+2H_2 \longrightarrow CH_4$$

$$CO+H_2O \longrightarrow H_2+CO_2$$

$$CO+3H_2 \longrightarrow CH_4+H_2O$$

还进行以下反应；

$$C_mH_n \rightleftharpoons (m-1)C+CH_4+0.5(n-4)H_2$$

$$C_mH_n+(m+0.25n)O_2 \rightleftharpoons mCO_2+0.5nH_2O$$

当煤浆进入气化炉被雾化后，部分煤燃烧而使气化炉温度很快达到1300℃以上的高温，由于高温气化在很高的速度下进行，平均停留时间仅几秒钟，高级烃完全分解，甲烷的含量也很低，不会产生焦油类物质。由于温度在灰熔点以上，灰分熔融并呈微细熔滴被气流夹带出，离开气化炉的粗煤气可用各种方法处理。

3. 工艺条件和气化指标

影响德士古气化的主要工艺指标有：水煤浆浓度、粉煤粒度、氧煤比和气化压力等。

(1) 水煤浆浓度　前已述及，水煤浆浓度是德士古气化方法的一个基本参数。所谓水煤浆的浓度是指煤浆中煤的质量分数，该浓度与煤炭的质量、制浆的技术密切相关。需要说明的是，水煤浆中的水分含量是指全水分，包括煤的内在水分。通常使用的煤也并不是完全干的，一般含有5%～8%甚至更多的水分。

一般地，随着水煤浆浓度的提高，煤气中的有效成分增加，气化效率提高，氧气的消耗量下降。

(2) 粉煤粒度　粉煤的粒度对炭的转化率有很大影响。较大的颗粒离开喷嘴后，在反应区的停留时间比小颗粒的停留时间短，而且，颗粒越大，气固相的接触面积越小。这双重的影响结果是，大颗粒煤的转化率降低，导致灰渣中的含碳量增大。

结合上面关于水煤浆浓度和煤粉粒度的讨论，就单纯的气化过程而言，似乎水煤浆的浓度越高、煤粉的粒度越小，越有利于气化。但实际生产过程中，不得不考虑煤浆的泵送和煤浆在气化炉中的雾化，而这两个生产环节又极大地受水煤浆黏度的限制。煤的粒度越小，煤浆浓度越大，则煤浆的黏度越大。为了便于使用，水煤浆应具有较好的流动性，黏度不能太大，以利于泵送和雾化。

德士古法的收益明显受到水煤浆浓度的影响。在工业规模的条件下，煤浆黏度是一限制因素。为使煤浆易于泵送和提高其浓度，工业上采用添加表面活性剂的方法来降低其黏度。

表面活性剂是一种两亲分子，由疏水基和亲水基两部分组成。在水煤浆中，表面活性剂的亲水基伸入水中，而疏水端却被煤粒的表面吸引，对煤粒起到很好的分散作用。水煤浆用的表面活性剂多选择芳烃类中与煤结构相近的物质，这样可以在煤的表面更好地吸附。因为添加剂的用量不小，一个日产千吨的氨厂按添加 0.5％计算，每年需表面活性剂 3000～4000t，这样就可以选择价廉的添加剂以降低生产成本。

（3）氧煤比　氧煤比是德士古气化法的重要指标。在其他条件不变时，氧煤比决定了气化炉的操作温度，如图 4-50 所示。同时，氧煤比增大，碳的转化率也增大，如图 4-51 所示。

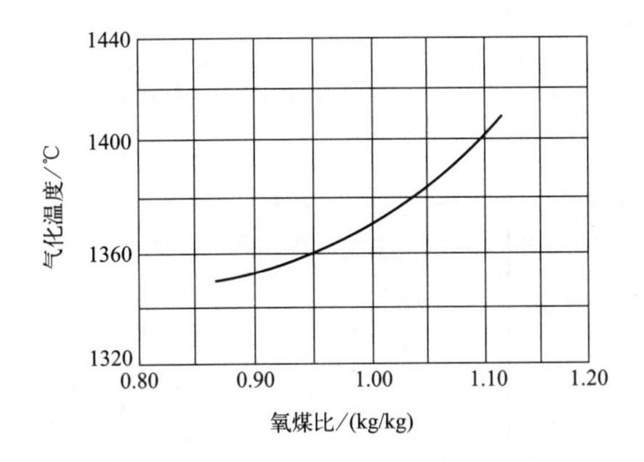

图 4-50　氧煤比与气化温度的关系

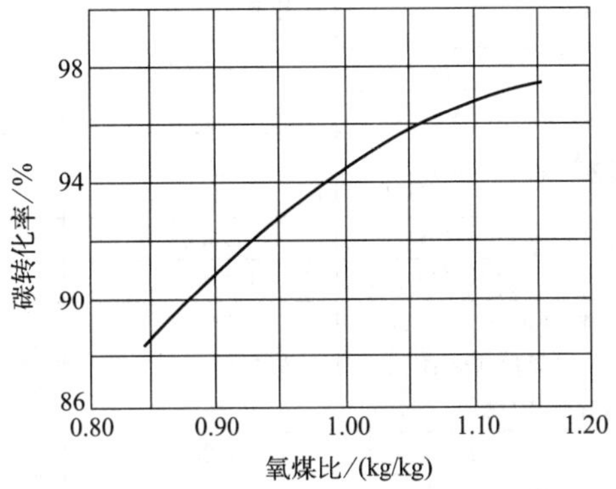

图 4-51　氧煤比与碳转化率的关系

虽然，氧气比例增大可以提高气化温度，有利于碳的转化，降低灰渣含碳量。但氧气过量会使二氧化碳的含量增加，从而造成煤气中的有效成分降低，气化效率下降。

某化肥厂曾经因为灰渣含碳量太高，在氧气流量不变的条件下，通过降低煤浆的加入量相应提高氧煤比的方法，在德士古气化装置上进行过验证性试验。当氧气的消耗量从每天的 263900m^3 提高到 267200m^3 后，有效气体（$CO+H_2$）的含量从试验前的 83.85％降低到 81.84％；而二氧化碳的含量从试验前的 15.94％提高到 17.74％；灰渣可燃物的含量从试验前的 43.96％降低到 31.83％。与此相应的比煤耗从试验前的 0.5653kg/m^3（$CO+H_2$），降低到 0.5410kg/m^3（$CO+H_2$）；煤气产量也从试验前的每天 873350m^3 提高到 887400m^3。由此可见适当提高氧气的消耗量，可以相应提高炉温，降低生产成本，但提高炉温还要考虑耐火砖和喷嘴等的寿命。

（4）气化压力　德士古工艺的气化压力最高可达 8.0MPa，通常根据煤气的最终用途，经过经济核算，选择合适的气化压力。

提高气化压力，可以增加反应物的浓度，加快反应速度；同时由于煤粒在炉内的停留时间延长，碳的转化率提高。其结果是气化炉的气化强度提高，后续工段压缩煤气的动力消耗相应减少。

（5）煤种的影响　德士古气化的煤种范围较宽，一般情况下不适宜气化褐煤，由于褐煤的内在水分含量高，内孔表面大，吸水能力强，在成浆时，煤粒上吸附的水量多。因此，相同的浓度下自由流动的水相对减少，煤浆的黏度大，成浆困难。

灰分含量是影响气化的一个重要因素。德士古法是在煤的灰熔点以上的温度操作，炉内灰分的熔融所需要的热量需燃烧部分煤来提供，因而煤灰分含量增大，氧消耗量会增大，同理煤的消耗量亦增大。

在选择煤种时，应选择活性好，灰熔点低（小于1300℃）的煤。对于灰分含量，一般应低于10%～15%，否则需加入助熔剂（CaO或Fe_2O_3），这又会增加运行成本，这一点特别不利于中国煤种的使用。

（6）气化指标　国内外德士古法的主要气化指标见表4-12。

表4-12　国内外德士古法的主要气化指标

项目		国外中试(美国)	国外中试(美国)	宇部工业(日本)	中国中试
煤种		伊利诺斯6号煤	伊利诺斯6号煤	澳洲煤	铜川煤
元素分析	ω(C)/%	65.64	65.64	66.80	69.34
	ω(H)/%	4.72	4.72	5.00	3.92
	ω(N)/%	1.32	1.32	1.70	0.60
	ω(S)/%	3.41	3.41	4.20	1.54
	ω(A)/%	13.01	13.01	15.00	15.17
	ω(O)/%	11.90	11.90	7.30	9.40
煤样高热值/(kJ/kg)		26796	26796	28931	28361
投煤量/(t/h)		0.365	6.35	20	1.2
气化压力(绝压)/MPa		2.58	—	3.49	2.56
气体组成	φ(CO)/%	42.2	39.5	41.8	36.1～43.1
	$φ(H_2)$/%	34.4	37.5	35.7	32.3～42.4
	$φ(CO_2)$/%	21.7	21.5	20.6	22.1～27.6
碳转化率/%		99.0	95.0	98.5	95～97
冷煤气效率/%		68.0	69.5	—	65.0～68.0

练习题

一、填空题

1. 煤炭气化是煤或煤焦与________在高温下发生化学反应将煤或煤焦中有机物转变为________的过程。

2. 气化剂一般有________、________、________、________等。

3. 煤气的有效成分为________、________、________等。

4. 煤炭气化如果按固体燃料的运动状态分类的话可以分为：________、流化床气化、________、熔融床气化。

5. 煤气化的基本条件包括：气化原料和________；发生气化的反应容器，即煤气化炉或煤气发生炉；________；维持一定的炉内压。

6. 一般认为，在煤的气化阶段中发生了下述反应：________、________、________及其他反应。

7. 在煤的气化过程中，影响化学平衡的因素主要有两个，首先是温度的影响：升高温度有利于________热反应的进行；降低反应温度有利于________热反应的进行；其次是压力的影响：加压使平衡向体积________或分子数________的方向移动，加压有利于生产能力的提高。

8. 和固定床相比较，流化床的特点是________。

9. 汽氧比是指气化剂中________和________的组成比例。

10. 脱硫方法分为干法和湿法两大类。而湿法脱硫则按溶液的吸收和再生性质又区分为________、________、________以及物理—化学吸收法。

二、选择题

1. 煤气的有效成分是（　　）。

A. CO　　B. CO_2　　C. H_2S　　D. N_2

2. 下列煤气只采用水蒸气作为气化剂的是（　　）。

A. 空气煤气　　B. 半水煤气　　C. 水煤气　　D. 混合煤气

3. 粗煤气组成与气化压力的关系是（　　）。

A. 气化压力上升，CH_4 含量上升　　B. 气化压力上升，CO 含量上升

C. CO 含量上升，气化压力下降　　D. 气化压力上升，H_2 含量上升

4. （　　）是煤炭气化的重要反应区域，产生的热量是维持气化炉正常操作的必要条件。

A. 还原层　　B. 干燥层　　C. 干馏层　　D. 氧化层

5. 下面不是碎煤加压气化的特点的是（　　）。

A. 原料适用范围广

B. 气化压力较高，气流速度低，可气化较小粒度的碎煤

C. 可气化水分、灰分含量较高的劣质煤

D. 气化强度大，便于大规模设备的建设

6. U-GAS 气化炉工艺基本上达到了原定的三个主要目标，其中不属于这三个目标的是（　　）。

A. 降低了反应温度

B. 煤中的碳高效地转化成煤气而不产生焦油和油类

C. 减少对环境的污染

D. 可利用各种煤有效地生产煤气

7. 对气流床气化特点描述不正确的是（　　）。

A. 煤种适应性强

B. 气化温度低，气化强度大

C. 煤气中不含有焦油

D. 需设置较庞大的磨粉、余热回收、除尘等装置

8. 采用湿法进料的是（　　）。

A. 德士古炉　　B. K-T 炉　　C. Shell 炉　　D. ABB-CE 气化炉

9. 气化过程的核心是（　　）。

A. 气化炉　　B. 燃烧室　　C. 炉箅　　D. 洗涤塔

10. 常温氧化铁脱硫方法中，当脱硫剂呈碱性时，脱硫后转化为（　　）。

A. $Fe_2S_3 \cdot H_2O$　　B. FeS　　C. Fe_2S_3　　D. $FeSO_4$

11. 不同煤种，其变质程度不同，随着变质程度的加深，气化时所消耗的水蒸气、氧气等气化剂的数量也相应（　　）。

A. 减小　　B. 增大　　C. 先增大后减小　　D. 先减小后增大

三、判断题

1. 一般来说，煤中挥发分越高，转变为焦油的有机物就越多，煤气的产率下降。（　）

2. 低灰的煤种有利于煤的气化生产，能提高气化效率、生产出优质煤气，但低灰煤价格高，使煤气的综合成本上升。（　）

3. 煤的比表面积和煤的粒径有关，煤的粒径越小，其比表面积越大。煤有许多内孔，所以比表面积与煤的气孔率有关。（　）

4. 煤的挥发分产率与煤的变质程度有密切的关系。随着变质程度的提高，煤的挥发分产率逐渐升高。（　）

5. 反应性主要影响气化过程的起始反应温度，反应性越高，则发生反应的起始温度越低。（　）

6. 所谓的气化效率是指所制得的煤气热值和所使用的燃料热值之比。（　）

7. 固定床气化炉内料层可分为六个层带，自下而上分别为：空层、干燥层、干馏层、还原层、氧化层、灰渣层。（　）

8. 气流床气化炉可使用黏结性煤，但不应使用黏结性较强的煤为原料。（　）

9. 煤中水分含量低、干燥温度高、气流速度大，则干燥时间短。（　）

10. 3M-21 发生炉主要用于气化贫煤、无烟煤和焦炭等不黏结性燃料。（　）

11. 一般来说，在 200℃以前，煤并不发生热解作用，只是放出吸附的气体，如水蒸气等。（　）

12. 一般来说，气化反应主要是放热反应，甲烷化反应主要是吸热反应。（　）

13. 将煤隔绝空气加强热使其分解的过程，叫作煤的干馏，也叫煤的焦化，属于物理变化。（　）

14. 随着变质程度的提高，煤的挥发分逐渐降低，煤气发热值逐渐降低，即煤气发热值由高到低的顺序依次是褐煤、气煤、无烟煤。（　）

15. 常压流化床气化工艺不适宜用低活性、低灰熔点的煤料。（　）

四、简答题

1. 简述移动床气化炉的燃料分层情况，并说明各层的主要作用。
2. 什么是沸腾床气化？沸腾床气化和移动床气化相比较，有什么优点？
3. 简述制取水煤气的工作循环。
4. 粗煤气主要由哪些成分组成？有哪些主要有害成分？这些有害成分有哪些危害？
5. 煤气中的硫主要以哪些形式存在？硫的存在对煤气有什么影响？
6. 简述移动床气化炉内结渣的原因。
7. 气化用煤分为哪几类？各有什么特点？
8. 简述气流床气化的技术特点。
9. 简述 Shell 煤气化的主要特点。
10. 制造水煤气、半水煤气的工作循环有哪些阶段？

第五章 煤气净化技术

无论是以空气、氧气还是水蒸气，或氧气与水蒸气混合气作气化剂制得的粗煤气，都含有各种杂质。例如，矿尘、硫化氢、有机硫化物、煤中的挥发分等，以及砷、镉、汞、铅等有害物质。这些杂质的存在，将给煤气的使用带来危害，必须将之清除干净，才能满足各用户的需求。本章分几个方面分别介绍固体杂质、硫化物及其他杂质清除的原理及方法。

第一节　煤气净化概述

一、煤气中的杂质及危害

各种煤气化技术制得的煤气中，通常都含有：

① H_2、CO、CO_2；

② CH_4、N_2；

③ 灰尘、硫化物、煤焦油的蒸气、卤化物、碱金属的化合物、砷化物、NH_3 和 HCN 等物质。

它们的含量随气化方法、煤种的不同而不同。

煤气中的第三类物质，在生产过程中由于会堵塞、腐蚀设备，导致催化剂中毒和产生环境污染等，在各种应用中必须考虑脱除；而第二类物质，由于是有用物质（如 CH_4 在城市煤气中，N_2 在合成氨中），或含量很少，对生产过程几乎没有影响，一般不考虑脱除；第一类物质中的 CO 和 CO_2，由于生产目的的不同，通常需要用变换和脱碳工序进行处理。

M5-1　煤气中的杂质

二、煤气杂质的脱除方法

1. 煤气除尘

煤气除尘就是从煤气中除去固体颗粒物。工业上实用的除尘方法有 4 大类：机械力分离、电除尘、过滤和洗涤。

（1）机械力分离　机械力分离的主要设备为重力沉降器和旋风分离器等。

重力沉降器依靠固体颗粒的重力沉降，实现和气体的分离。其结构最简单，造价低，但气速较低，使设备很庞大，而且一般只能分离 100μm 以上的粗颗粒。

旋风分离器利用含尘气流做旋转运动时所产生的对尘粒的离心力，将尘粒从气流中分离出来，是工业中应用最为广泛的一种除尘设备，尤其适用于高温、高压、高含尘浓度以及强腐蚀性环境等苛刻的场合。具有结构紧凑、简单，造价低，维护方便，除尘效率较高，对进口气流负荷和粉尘浓度适应性强以及操作与管理简便的优点。但是旋风除尘器的压降一般较高，对小于 5μm 的微细尘粒捕集效率不高。

(2) 电除尘　含有粉尘颗粒的气体通过高压直流电场时电离，产生负电荷，负电荷和尘粒结合后，使尘粒带负电荷。荷电的尘粒到达阳极后，放出所带的电荷，沉积于阳极板上，实现和气体的分离。

电除尘对 0.01～1μm 微粒有很好的分离效率，阻力小，但要求颗粒的比电阻（电阻率）在 10^4～$(5\times10^{10})\Omega/cm$ 间，所含颗粒浓度一般在 30g/m^3 以下为宜。同时设备造价高，操作管理的要求较高。

(3) 过滤　过滤法可将 0.1～1μm 微粒有效地捕集下来，只是滤速不能高，设备庞大，排料清灰较困难，滤料易损坏。常用的设备为袋式过滤器，近年来还发展了各种颗粒层过滤器及陶瓷、金属纤维制的过滤器等，可在高温下应用。

(4) 洗涤　洗涤可用于除去气体中颗粒物，又可同时脱除气体中的有害化学组分，所以用途十分广泛。但它只能用来处理温度不高的气体，排出的废液或泥浆尚需二次处理。常用的设备为文氏洗涤器和水洗塔等。

2. 焦油、卤化物等有害物质的脱除

对煤气中的煤焦油蒸气、卤化物、碳与金属的化合物、砷化物、NH_3 和 HCN 等有害物质，目前的脱除方法主要为湿法洗涤，所用的设备和灰尘洗涤一样。虽然也开发了其他干法净化技术，但仍处在研究、发展阶段。

3. 脱硫

煤气脱硫技术随环境保护要求的提高而逐渐发展。脱硫的方法有很多，按脱硫剂的状态，可分为干法脱硫和湿法脱硫两大类。

(1) 干法脱硫　干法脱硫所用的脱硫剂为固体。当含有硫化物的煤气流过固体脱硫剂时，由于选择性吸附、化学反应等，使硫化物被脱硫剂截留，而煤气得到净化。

干法脱硫的方法主要有：活性炭法、氧化铁法、氧化锌法、氧化锰法、分子筛法、加氢转化法、水解转化法和离子交换树脂法等。

(2) 湿法脱硫　湿法脱硫利用液体吸收剂选择性地吸收煤气中的硫化物，实现了煤气中硫化物的脱除。根据吸收原理不同，湿法脱硫可分为物理吸收法、化学吸收法和物理-化学吸收法三大类。

① 物理吸收法。在吸收设备内利用有机溶剂为吸收剂，吸收煤气中的硫化物，其原理完全依赖于 H_2S 的物理溶解。吸收硫化氢后的富液，当压力降低、温度升高时，即解吸出硫化氢，吸收剂复原，其吸收硫化物完全是一种物理过程。目前常用的方法为低温甲醇法、聚乙二醇二甲醚（NHD）法、碳酸丙烯酯法以及早期的加压水洗法等。

② 化学吸收法。化学吸收法又可分为湿式氧化法及中和法两类。

湿式氧化法是借助于吸收溶液中载氧体的催化作用，将吸收的 H_2S 氧化成为硫黄，从而使

吸收溶液获得再生。该法主要有改良 ADA 法、栲胶法、氨水催化法、PDS 法及配合铁法等。

中和法常以弱碱性溶液为吸收剂，与 H_2S 进行化学反应而形成有机化合物，当吸收富液温度升高，压力降低时，该化合物即分解放出 H_2S。N-甲基二乙醇胺（MDEA）法、碳酸钠法、氨水中和法等都是属于这类方法。

③ 物理-化学吸收法。该法的吸收液由物理溶剂和化学溶剂组成，因而其兼有物理吸收和化学反应两种性质，主要有环丁砜法、常温甲醇法等。环丁砜法是用环丁砜和烷基醇胺的混合物作吸收剂，烷基醇胺对硫化氢进行化学吸收，而环丁砜对硫化氢进行的是物理吸收。

M5-2 脱硫剂简介

M5-3 脱硫技术

4. CO 的变换

煤气中 CO 脱除所利用的原理为变换反应，即 CO 和 $H_2O(g)$ 反应生成 CO_2 和 H_2。通过此反应既实现了把 CO 转变为容易脱除的 CO_2，又制得了等体积的 H_2。

变换所用的催化剂有三种：高温或中温变换催化剂（Fe-Cr 系，活性温区 350～550℃）、低温变换催化剂（Cu-Zn 系，活性温区 180～280℃）和宽温变换催化剂（Co-Mo 系，活性温区 180～500℃）。

根据变换的温度不同，变换的流程分为：纯高温变换或中温变换流程，中温变换串低温变换流程。

先前的纯高温变换或中温变换流程指变换炉内只使用 Fe-Cr 系催化剂，变换温度高。中温变换串低温变换流程指中温变换炉内用 Fe-Cr 系催化剂，低温变换炉内用 Cu-Zn 系催化剂，两个变换炉串联使用，一个温度高，一个温度低。

现在的变换流程倾向于使用 Co-Mo 系催化剂，也有中温变换流程和中温变换串低温变换的流程之分，但所用的催化剂都为 Co-Mo 系催化剂，称之为宽温变换流程。

M5-4 煤气的变换

5. CO_2 的脱除

CO_2 的脱除工艺很多，分类和硫化物的分类相似。目前新型煤化工项目采用的多为能同时除去硫化物和 CO_2 的低温甲醇洗、NHD 和 MDEA 法。

第二节　煤气除尘

从发生炉出来的粗煤气温度很高，带有大量的热能，同时还带有大量的固体杂质。煤气的生产方法不同，粗煤气的温度和固体颗粒杂质的含量也不同。

固定床气化有连续法和间歇法之分。连续法中最有代表性的是鲁奇（Lurgi）气化法。间歇法在我国中小型氮肥厂和中小型城市煤气厂生产中还在广泛使用。

鲁奇（Lurgi）气化过程为加压操作，且气体中含有焦油和油，粗煤气的预净化比较复杂。从气化炉出来的粗煤气温度为 427～437℃，气体首先通过急冷冷却器，而后通过废热锅炉，离开时温度约为 154℃。焦油、油和冷凝液在此处收集予以分离。重质焦油（大部分颗粒物质积聚在此焦油内）返回到气化炉。接着进行两级气体间接冷却，在第一级即中间收集余下的焦油、油和水。在第二级，气体被冷却到 30～38℃，此处只收集油和水。最后为了脱除轻质油，用洗油对气体进行逆流洗涤。制取高热值煤气时，需在废热锅炉后的工序中加入变换炉。这种配置方式可使气体的冷却和再加热都简化到最低程度。另外，重质油在变换催化剂上部脱硫，同时 COS 和 CS_2 转变成 H_2S 和 CO_2。

间歇式气化制半水煤气或水煤气时，从煤气炉出来的半水煤气先经过燃烧蓄热室，再经过废热锅炉回收废热后，去洗气塔后进煤气柜，煤气柜体积很大，不仅可以起到储存气体的作用，同时还可以起到重力除尘的作用。从煤气柜中出来的气体再进入电除尘器最后除尘。

气流床气化的粗煤气温度高，固体颗粒含量也高。如 K-T 法中炉气出口温度约为 1816℃，并稍具正压。这时直接用水来使气体急冷，以使其挟带的熔渣微滴固化，然后使气体通过废热锅炉产生蒸汽，同时降低煤气自身温度到 177℃左右。气体再经两级文氏洗涤器洗涤净化和冷却，温度降至 35℃，然后进去脱硫。

前面介绍的固体颗粒脱除方法，都是在脱除粗煤气固体颗粒的同时，将气体冷却降温。然而在有些应用场合，趁热清除气体内的微粒杂质，并在高温下脱除各种有害的硫化物，可能是有利的，这样就不必使气体冷却然后在燃烧时重新加热。

工业上使用的除尘设备有 4 大类，它们的特点比较见表 5-1。应用较多的是旋风除尘器（尤其在高温部位）和电除尘器（主要在最后的净化），湿法洗涤有时可和脱硫等过程结合进行。

表 5-1　除尘方法与设备

分类	机械力分离			电除尘	过滤分离	洗涤分离
图例	(a)	(b)	(c)	(d)	(e)	(f)
主要作用力	重力	惯性力	离心力	库仑力	惯性碰撞拦截，扩散等	惯性碰撞拦截，扩散等
分离界面	流动死区	器壁	器壁	沉降电极	滤料层	液滴表面
排料	重力	重力	重力，气流曳力	振打	脉冲反吹	液体排走
气速/(m/s)	1.5～2	15～20	20～30	0.8～1.5	0.01～0.3	0.5～100
压降	很小	中等	较大	很小	中等	中等到较大
经济除净粒径/pm	≥100	≥40	6～10	≥0.01	≥0.1	≥0.01
使用温度	不限	不限	不限	对温度敏感	取决于滤料	常温
造价	低	低	低	很高	高	中等
操作费	很低	很低	低	中	较高	中等到高

煤气中矿尘清除的主要设备，按清除原理可分为：以重力沉降为主的沉降室，如煤气柜和废热锅炉就相当于重力沉降室；依靠离心力进行分离的旋风分离器；依靠高压静电场进行除尘的电除尘器；以及用水进行洗涤除尘的文氏洗涤器、水膜除尘器和洗涤塔等。

M5-5　袋式除尘器原理

M5-6　洗涤塔工作原理

第三节　煤气脱硫

不论是煤制煤气，还是炼焦所副产的焦炉煤气中，通常总含有数量不同的无机和有机硫化物，其含量和形态则取决于煤气化和炼焦所采用的煤种性质，以及加工方法和工艺条件。一般来说，煤气及焦炉煤气中的硫含量与其加工处理的煤种硫含量成正比。根据中国情况，以煤、焦为原料制得的水煤气和半水煤气中，H_2S 含量一般为 1～2g/m^3(标准状况)，少数可高达 5～10g/m^3(标准状况)，其中有机硫化物占 10%左右，有机硫的形态以 COS 为主，还含有少量的 CS_2 及其他有机硫化物。焦炉煤气中 H_2S 含量比较高，一般为 8～15g/m^3(标准状况)，有机硫含量为 0.5～0.8g/m^3(标准状况)，其形态为 COS 硫醇、硫醚以及难以脱除的噻吩等。应当指出的是，焦炉煤气中除含硫化物外，还含有 1.0～2.5g/m^3（标准状况）的氰化氢，以及氨和碱性氮化物，这将给后续的净化工艺过程造成技术上的困难。

煤气中的硫化物及焦炉气中硫化物和氰化物的存在，会造成生产设备和管道的腐蚀，引起合成气化学反应催化剂的中毒失活，直接影响最终产品的收率和质量。当其用作工业和民用燃料时，产生的燃烧排放废气中的硫化物，将严重污染大气环境，危害人民健康。因而不论是用于工业合成原料气，或者用作燃料气，都必须按照不同用途的技术要求，采用相适应的工艺方法，将煤气和焦炉气中的硫化物脱除至要求的技术指标。

应当指出在任何情况下，脱除煤气和焦炉气中的硫化物，不仅能够显著地提高工业原料气和燃料气的质量，同时也能够从中回收重要的硫黄资源。

化工行业对用作合成原料的煤气、焦炉气硫含量有比较严格的要求。合成氨及合成甲醇生产中，硫对以镍为活性组分的转化催化剂和甲烷化催化剂，对以铜为主要活性组分的合成甲醇催化剂和低温变换催化剂，以及对以铁为活性组分的氨合成催化剂来说，都是危害性很严重的毒物。硫中毒会造成催化剂丧失活性，直接危及生产装置的正常运行。现代大型氨厂和甲醇厂，要求合成气中硫含量控制在 0.1mg/m^3（标准状况）以下。

目前，世界各国都提出了严格的保护人类生存的环保法规，对燃烧排放气中的 SO_x 和 NO_x 等有害气体含量提出了更严格的指标，这就要求用作工业及民用的水煤气和焦炉煤气，在使用之前必须进行脱硫净化处理。

一、湿法脱硫及原理

（一）改良 ADA 法（亦称蒽醌二磺酸钠法）

蒽醌二磺酸钠法亦称改良 ADA 法，国外称为 Stretford 法，它是由英国 North Western Gas Board 与 Clayton Aniline 两公司共同开发的，1961 年实现工业化。其后该法在世界各国推广应用，主要应用于煤气、天然气、焦炉气及合成气等多种工艺气体的脱硫。

1. 基本原理

该法最初是在稀碱液中添加 2,6-蒽醌二磺酸钠和 2,7-蒽醌二磺酸钠作载氧体。但反应时间较长，所需反应设备大，硫容量低，副反应大，应用范围受到很大限制。后来，在溶液中添加 0.12%～0.28%的偏钒酸钠（$NaVO_3$）作催化剂及适量的酒石酸钾钠

（$NaKC_4H_4O_8$）作配合剂，取得了良好效果，该法开始得到广泛应用，因此又称为改良ADA法。该脱硫法的反应机理可分为四个阶段。

第一阶段，在pH＝8.5～9.2范围内，在脱硫塔内稀碱液吸收硫化氢生成硫氢化物。

$$Na_2CO_3 + H_2S \rightleftharpoons NaHS + NaHCO_3$$

第二阶段，在液相中，硫氢化物被偏钒酸钠迅速氧化成硫，而偏钒酸钠被还原成焦钒酸钠。

$$2NaHS + 4NaVO_3 + H_2O \rightleftharpoons Na_2V_4O_9 + 4NaOH + 2S\downarrow$$

第三阶段，还原性的焦钒酸钠与氧化态的ADA反应，生成还原态的ADA，而焦钒酸钠则被ADA氧化，再生成偏钒酸钠盐。

$$Na_2V_4O_9 + 2ADA(\text{氧化态}) + 2NaOH + H_2O \longrightarrow 4NaVO_3 + 2ADA(\text{还原态})$$

$$(NaO_3S)(SO_3Na)\text{-9,10-}(OH)_2\text{-anthracene} + \frac{1}{2}O_2 \longrightarrow (NaO_3S)(SO_3Na)\text{-anthraquinone} + H_2O$$

第四阶段，还原态ADA被空气中的氧氧化成氧化态的ADA，恢复了ADA的氧化性能。

反应式中消耗的碳酸钠由反应式生成的氢氧化钠得到了补偿。恢复活性后的溶液循环使用。

$$NaOH + NaHCO_3 \longrightarrow Na_2CO_3 + H_2O$$

当气体中含有二氧化碳、氧、氰化氢时，还有下列副反应发生：

$$Na_2CO_3 + CO_2 + H_2O \longrightarrow 2NaHCO_3$$

$$2NaHS + 2O_2 \longrightarrow Na_2S_2O_3 + H_2O$$

$$Na_2CO_3 + HCN + S \longrightarrow NaCNS + NaHCO_3$$

$$2NaCNS + 5O_2 \longrightarrow Na_2SO_4 + 2CO_2 + SO_2 + N_2$$

气体中含有这些杂质是不可避免的。可见，总有一些碳酸钠消耗在副反应上，因而在进行物料平衡计算时，应把这些反应计入。

2. 工艺流程

改良ADA法可用于常压和加压条件下煤气、焦炉气及天然气等工业原料气的脱硫。煤气的生产方法不同、原料气的组成不同，设备选型、操作压力、生产流程上都有所不同。但都少不了硫化氢的吸收、溶液的再生和硫黄的回收三个部分。

（1）塔式再生改良ADA法脱硫工艺流程　如图5-1所示，煤气进吸收塔后与从塔顶喷淋的ADA脱硫液逆流接触，脱硫后的净化气由塔顶引出，经气液分离器后送往下道工序。吸收H_2S后的富液从塔底引出，经液封进入溶液循环槽，进一步进行反应后，由富液泵经溶液加热器送入再生塔，与来自塔底的空气自下而上并流氧化再生。再生塔上部引出的贫液经液位调节器，返回吸收塔循环使用。再生过程中生成的硫黄被吹入空气工序。

浮选至塔顶扩大部分，并溢流至硫黄泡沫槽，再经过加热搅拌、澄清、分层后，其清液返回循环槽，硫黄泡沫至真空过滤器过滤，滤饼投入熔硫釜，滤液返回循环槽。

（2）无废液排放的改良ADA法脱硫工艺流程　20世纪70年代，英国Holmes公司开发出一种无废液排放的改良ADA法脱硫工艺流程，称为Holmes-Stretford process，如

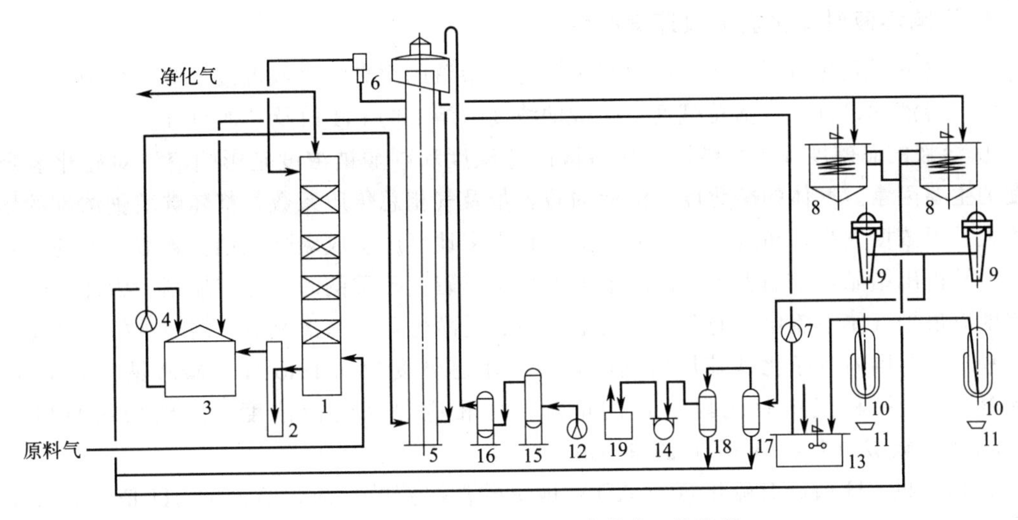

图 5-1　塔式再生改良 ADA 法脱硫工艺流程

1—吸收塔；2—液封；3—溶液循环槽；4—富液泵；5—再生塔；6—液位调节器；7—泵；8—硫黄泡沫槽；9—真空过滤机；10—熔硫釜；11—硫黄铸模；12—空压机；13—溶液加热器；14—真空泵；15—缓冲罐；16—空气过滤器；17—滤液收集器；18—分离器；19—水封

图 5-2 所示。从过滤机引出一部分滤液进入燃烧炉顶部喷洒，燃料气在一垂直向下流动的燃烧炉内，燃烧产生约 850℃的高温。给燃烧炉通入的空气量小于燃烧煤气所需理论量，迫使燃烧炉处于还原气氛条件下，这时将有约 90%的硫代硫酸钠，95%的硫氰化钠还原成碳酸氢钠和碳酸钠，还有 60%的硫酸钠还原成硫化钠，硫变成为 H_2S。燃烧后的气体夹带碳酸钠及其他钠盐一起通过燃烧器，进入盐类回收器，器内盛水使通过回收器的气体温度降至将近 90℃，且让钠盐溶解于水中，水溶液再返回作脱硫使用。排放出的气体含有大量水蒸气，经冷却器冷凝后，含 H_2S 的气体返回脱硫塔进口。

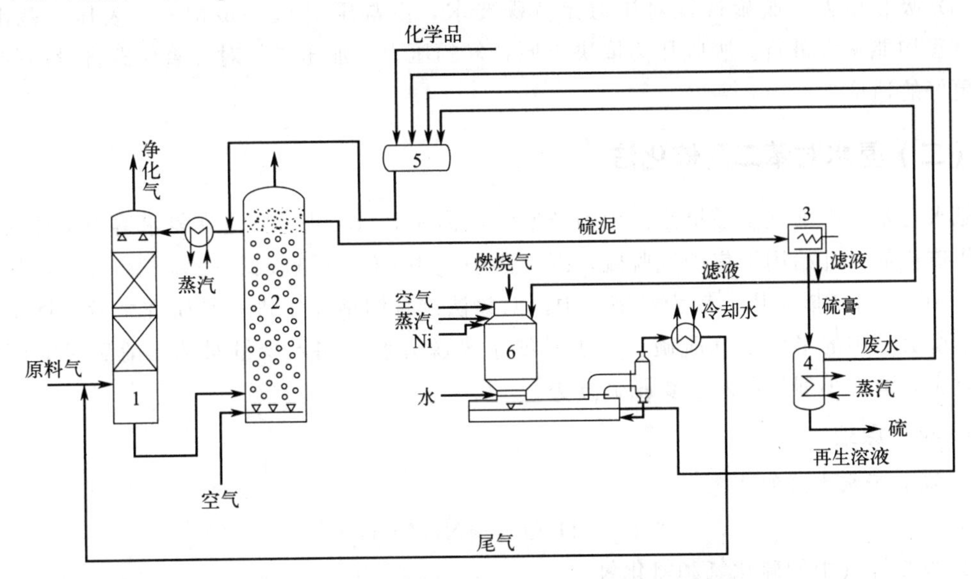

图 5-2　无废液排放的改良 ADA 法脱硫工艺流程

1—脱硫塔；2—氧化塔；3—过滤机；4—熔硫釜；5—制备槽；6—燃烧炉

3. 影响溶液对硫化氢吸收速度的因素

影响溶液对硫化氢吸收速度的因素主要有：溶液的组分、吸收温度、吸收压力等。

（1）溶液的组分　包括总碱度、碳酸钠浓度、溶液的 pH 值及其他组分。

① 溶液的总碱度和碳酸钠浓度。溶液的总碱度和碳酸钠浓度是影响溶液对硫化氢吸收速度的主要因素。气体的净化度、溶液的硫容量及气相总传质系数，都随碳酸钠浓度的增加而增大。但浓度太高，超过了反应的需要，将更多地反应生成碳酸氢钠。碳酸氢钠的溶解度较小，易析出结晶，影响生产。同时浓度太高生成硫代硫酸钠的反应亦加剧。因此，碳酸钠的浓度应根据气体中硫化氢的含量来决定。在满足净化要求的情况下，碳酸钠的浓度应尽量取低些。目前国内在净化低硫原料气时，多采用总碱度为 0.4mol/L、碳酸钠为 0.1mol/L 的稀溶液。随原料气中硫化氢含量的增加，可相应提高溶液浓度，直到采用总碱度为 1.0mol/L，碳酸钠为 0.4mol/L 的浓溶液。

② 溶液的 pH 值。对硫化氢与 ADA/偏钒酸盐溶液的反应，溶液的 pH 值高对反应有利。而氧同还原态 ADA/焦钒酸盐反应，溶液 pH 值低对反应有利。在实际生产中应综合考虑。

③ 溶液中其他组分的影响。偏钒酸盐与硫化氢反应相当快。但当出现硫化氢局部过浓时，会形成“钒-氧-硫”黑色沉淀。添加少量酒石酸钠钾可防止生成“钒-氧-硫”沉淀。酒石酸钠钾的用量应与钒浓度有一定比例，酒石酸钠钾的浓度一般是偏钒酸盐的一半左右。

溶液中的杂质对脱硫有很大影响，例如硫代硫酸钠、硫氰化钠以及原料气中夹带的焦油、苯、萘等对脱硫都有不利影响。

（2）吸收温度　吸收和再生过程对温度均无严格要求。温度在 15～60℃范围内均可正常操作。但温度太低，一方面会引起碳酸钠、ADA、偏钒酸钠盐等沉淀；另一方面，温度低吸收速度慢，溶液再生不好。温度太高时，会使生成硫代硫酸钠的副反应加速。通常溶液温度需维持在 40～45℃。这时生成的硫黄粒度也较大。

（3）吸收压力　脱硫过程对压力无特殊要求，由常压至 65～68MPa（表压）范围内，吸收过程均能正常进行。吸收压力取决于原料气的压力。加压操作对二氧化碳含量高的原料气有更好的适应性。

（二）氨水对苯二酚催化法

氨水对苯二酚催化法最早是由德国开发的，称为 Perox 法。它是在氨水溶液中加入对苯二酚作催化剂，开始用于焦炉气脱硫，因为焦炉气中 CO_2 含量较低（2%～3%），且其中含有约 1%的氨可加以利用，较为经济。中国对该法结合国情作了进一步研究之后，逐步推广于中小型氨厂中的半水煤气脱硫，由于其氨水来源方便，加入少量对苯二酚后又能回收硫黄，故成为国内小型氨厂的主要脱硫方法。

1. 吸收原理

① 氨溶于水生成氨水。

$$NH_3 + H_2O \longrightarrow NH_3 \cdot H_2O$$

② 吸收煤气中的硫化氢和氰化氢。

$$NH_3 \cdot H_2O + H_2S \longrightarrow NH_4HS + H_2O$$
$$NH_3 \cdot H_2O + HCN \longrightarrow NH_4CN + H_2O$$

③ 析硫。溶液吸收的硫化氢被对苯二酚（醌态）氧化，并析出元素硫。

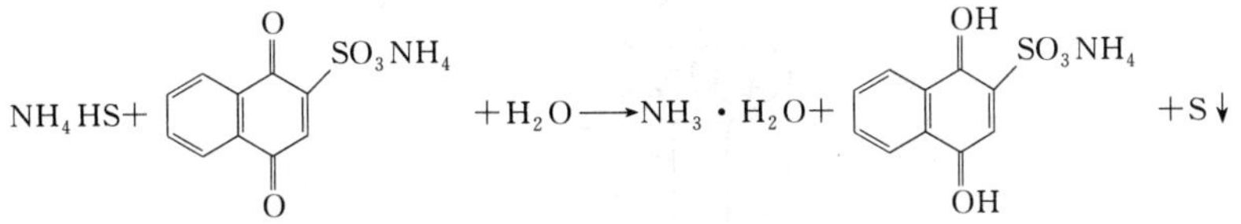

$$NH_4HS + \underset{O}{\overset{O}{\text{(萘醌)}}}SO_3NH_4 + H_2O \longrightarrow NH_3 \cdot H_2O + \underset{OH}{\overset{OH}{\text{(萘酚)}}}SO_3NH_4 + S\downarrow$$

④ 再生。

$$NH_4HS + \frac{1}{2}O_2 \xrightarrow{NO} NH_3 \cdot H_2O + S\downarrow$$

$$NH_4CN + S \longrightarrow NH_4SCN$$

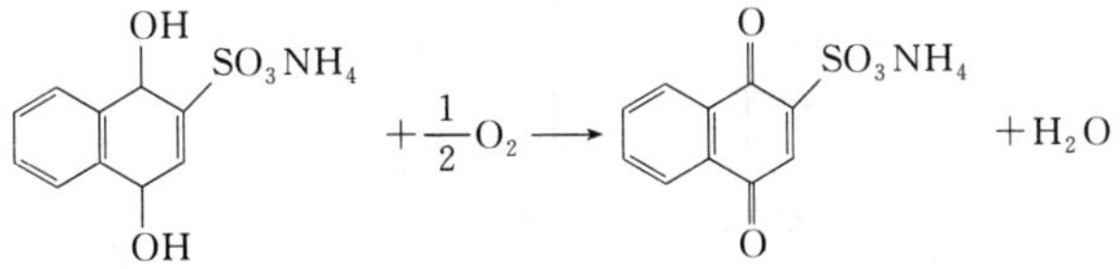

$$\underset{OH}{\overset{OH}{\text{(萘酚)}}}SO_3NH_4 + \frac{1}{2}O_2 \longrightarrow \underset{O}{\overset{O}{\text{(萘醌)}}}SO_3NH_4 + H_2O$$

2. 氨水脱硫塔的设计原则

为减少因溶液吸收 CO_2 而影响脱除 H_2S 的效率，增加有利于减少气膜阻力的因素，在设计脱硫塔时应考虑以下问题。

① 氨水脱硫塔应保证气体和氨水的短时间接触，并同时保证它们之间的均匀混合及分布。

② 脱硫塔应具有极大的气液接触表面，液相强烈扰动和选用合适的塔结构型式，例如湍流塔及喷射塔可认为是合适的新型塔结构。

③ 为了保证气体净化度要求，应使溶液中的游离氨量与气相中 H_2 的比例保持得足够高。

氨水对苯二酚催化法的脱硫塔，除早期用木格子填料外，近年来国内小型氨厂广泛使用湍流塔、喷射塔等新型塔结构。图 5-3 为喷射式脱硫塔简图。气体进入塔的顶部，通过锥形喷射管，在较高的线速度（20～25m/s）下与液体接触，然后再并流进入吸收管中。由于气体在高湍流条件下进行吸收，故其相接触表面积大，传质系数也较大，可在小型设备中取得较高的吸收效果。喷射式脱硫塔中无填料，不会在溶液中因析出硫黄而引起堵塔，再生时可使用卧式再生器代替立式再生塔。

还有一些湿法脱硫技术，如低温甲醇法、栲胶法、化学吸收法、配合铁法（FD 法）等，鉴于本书篇幅有限，不再介绍此部分内容。

二、干法脱硫

干法脱硫由于设备简单、操作平稳、脱硫精度高，已被各种原料气的大中小型氮肥厂、甲醇厂、城市煤气厂、石油化工厂等广泛采用，对天然气、半水煤气、变换气、碳化气、各种燃料气进行脱硫，都有良好的效果。特别是在常、低温条件下使用的，易再生的脱硫剂将会有非常广泛的应用前景。但干法脱硫的缺点是反应较慢、设备庞大，且需多个设备进行切换操作。干法脱硫剂的硫容量有限，对含高浓度硫的气体不适应，需要先用湿法粗脱硫后，再用干法精脱把关。

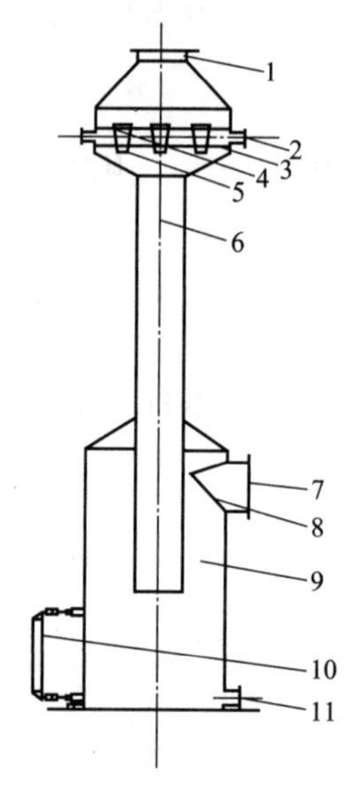

图 5-3 喷射式脱硫塔

1—气体进口；2—氨水进口；3—锥形喷射管；4—多孔分流板；5—管板；
6—吸收管；7—气体出口；8—捕沫挡板；9—分离器；10—液面计；11—氨水出口

（一）常温氧化铁法

1. 基本原理

常温下，氧化铁（Fe_2O_3）的α-水合物和γ-水合物具有脱硫作用，它与硫化氢发生下列反应：

$$Fe_2O_3 \cdot H_2O + 3H_2S \longrightarrow Fe_2S_3 \cdot H_2O + 3H_2O$$ （脱硫剂呈碱性时）

$$Fe_2O_3 \cdot H_2O + 3H_2S \longrightarrow 2FeS + 4H_2O + S$$ （脱硫剂呈酸性或中性时）

脱硫后生成的硫化铁，在有氧气存在下发生氧化反应，析出硫黄，脱硫剂再生，反应如下：

$$Fe_2S_3 \cdot H_2O + \frac{3}{2}O_2 \longrightarrow Fe_2O_3 \cdot H_2O + 3S$$ （再生反应速度很快，再生也较彻底）

$$2FeS + \frac{3}{2}O_2 + H_2O \longrightarrow Fe_2O_3 \cdot H_2O + 2S$$

（再生反应在常温下很难进行，不仅反应速度慢，而且再生也不完全）

所以在生产中应尽量使脱硫反应在碱性条件下进行。

2. 影响脱硫的因素

（1）温度　常温氧化铁脱硫剂的脱硫反应速度与温度有关，温度升高，活性增加；温度降低，活性减小。当温度低于5～10℃时，脱硫的活性急剧下降。常温型氧化铁脱硫剂的使用温度以20～40℃为宜，在此温度范围内，活性较大，硫容量大且较稳定。

（2）压力　氧化铁脱硫是不可逆反应，故不受压力的影响。但提高压力可提高硫化氢的浓度，提高脱硫剂的硫容量。同时还可提高设备的空间利用率，减少设备投资。

（3）脱硫剂的粒度　脱硫剂粒度越小，扩散阻力越小，反应速度越快；反之，则脱硫速度就慢。目前国内常用低温型氧化铁脱硫剂为圆柱形，直径范围在3～6mm。

(4) 脱硫剂的碱度　为使脱硫反应按下式进行，必须控制脱硫剂为碱性，生成极易再生的 Fe_2S_3，使脱硫剂易于再生。

$$Fe_2O_3 \cdot H_2O + 3H_2S \longrightarrow Fe_2S_3 \cdot H_2O + 3H_2O$$

除上述因素外，还有像气体的线速、脱硫剂的含水量和气体温度、气体中的酸性组分等均对脱硫过程有影响。

常温氧化铁法已在国内多家化肥厂得到应用，使用效果良好。

(二) 中温气化铁法

1. 基本原理

(1) 脱硫反应　当脱硫反应温度较高，达到 200～400℃时，氧化铁的脱硫机理与常温下不同，通常认为按下列三个步骤进行。

① 还原。在 200～400℃下具有脱硫活性的氧化铁为 Fe_3O_4，而购进的脱硫剂为 Fe_2O_3，因此在使用前应先用还原性气体（H_2 或 CO）还原，反应式为：

$$3Fe_2O_3 + H_2 \rightleftharpoons 2Fe_3O_4 + H_2O$$

$$3Fe_2O_3 + CO \rightleftharpoons 2Fe_3O_4 + CO_2$$

还原反应在 170～300℃下进行，如果还原温度超过 300℃，则会发生过度还原而生成单质铁，活性反而下降。因此在进行还原操作时，应严格控制还原温度及还原介质浓度。

② 有机硫转化。还原后的 Fe_3O_4 对部分有机硫具有催化加氢作用，反应如下：

$$COS + H_2 \rightleftharpoons H_2S + CO$$

$$COS + H_2O \rightleftharpoons H_2S + CO_2$$

③ 脱除硫化氢。在氢存在下，Fe_3O_4 的脱硫反应为：

$$Fe_3O_4 + 3H_2S + H_2 \longrightarrow 3FeS + 4H_2O$$

水蒸气的存在对该脱硫过程的影响较为明显，水蒸气含量越低，对脱硫越有利。温度对该脱硫过程的影响是：升高温度，脱硫反应平衡常数减小，硫化氢平衡分压增大；而温度降低，平衡浓度减小，脱硫效果提高。

(2) 再生原理　在较高温度下，生成的硫化铁可用蒸汽或氧再生，反应如下：

$$3FeS + 4H_2O \longrightarrow Fe_3O_4 + 3H_2S + H_2$$

$$2FeS + \frac{7}{2}O_2 \longrightarrow Fe_2O_3 + 2SO_2$$

再生反应在 400～550℃下进行。再生介质可用燃烧气加水蒸气稀释空气，也可不加水蒸气。但加水蒸气再生时，再生尾气处理较困难。

2. 脱硫剂的理化性质和使用条件

国内中温氧化铁脱硫剂的主要型号及特性见表 5-2，使用条件见表 5-3。

表 5-2　中温氧化铁脱硫剂的主要型号及特性

型号	组分	规格 /mm	比表面积 /(m^2/g)	堆积密度 /(t/m^3)	强度 /MPa	研制单位
6971	MoO_3 7.5% ～ 10% Fe_2O_3(余量)	$\phi4\times6$	200	—	18	抚顺石油三厂
S57-4	Fe_2O_3 加促进剂	$\phi6\times6$	—	—	—	四川石油炼制所

续表

型号	组分	规格/mm	比表面积/(m^2/g)	堆积密度/(t/m^3)	强度/MPa	研制单位
CLS-2	Fe_2O_3 加促进剂	$\phi14\times4$	—	—	2.4	四川石油炼制所
LA-1-1	Fe_2O_2	$\phi6\times5$	15～25	1.4～1.8	20～24	化工化肥研究所

表 5-3　脱硫剂的使用条件

型号	介质	温度/℃	压力/MPa	空速/h^{-1}	入口硫/10^{-6}	出口硫/10^{-6}	硫容量/%
6971	焦炉气	380～420	常压	1000	有机硫 200	(脱硫率>98%)	—
S57-4	催化裂化气	300	2.1	2(液)	有机硫 90	<3	—
CLS-2	直馏油	350	2.1	1(液)	有机硫 26.9	<0.3	—
LA-1-1	半水煤气	250～300	12	1000～2000	200	<3	>15

3. 主要影响因素及控制

(1) 温度　氧化铁脱硫属转化吸收型，有机硫经催化加氯，分解为无机硫。而后被氧化铁吸收。有机硫加氢分解有一定的温度要求，一些有机硫在 150～250℃就开始热分解，甲硫醇 300℃开始分解，而乙硫醚的分解温度为 400℃。当原料气中有机硫含量较高时，适当提高脱硫反应温度有利于有机硫的氢解，提高脱硫效率。但硫化氢的吸收要求采用较低的温度，以提高对硫化氢的吸收率，降低净化气中硫化氢的浓度。因此，综合两方面的因素，通常脱硫反应温度控制在 250～300℃。

(2) 压力　硫化氢的脱除反应为等分子反应，压力对反应平衡没有影响。但提高压力可提高硫化氢的分压，从而提高脱硫效率。

(3) 气体组分　影响最明显的是水蒸气，前面已经讨论过了，一般水蒸气含量低一些，脱硫效果好一些。当气流中有氢气存在时，则生成的硫化铁可与氢发生下列反应：

$$FeS+H_2 \longrightarrow Fe+H_2S$$

从而使硫化氢含量增大，影响脱硫效率。因此，氧也是影响脱硫的一个重要因素。

（三）氧化锌法

1. 基本原理

氧化锌脱硫以其脱硫精度高、使用便捷、稳妥可靠、硫容量高、起着“把关”和“保护”作用等特点而占据非常重要的地位。它广泛地应用在合成氨、制氢、煤化工、石油精制、饮料生产等行业以脱除天然气、石油馏分、油田气、炼厂气、合成气（$CO+H_2$）等原料中的硫化氢及某些有机硫。氧化锌脱硫可将原料气中的硫脱除至 0.5mg/kg，甚至 0.05mg/kg 以下。

脱硫过程的化学反应如下：

$$ZnO+H_2S \longrightarrow ZnS+H_2O$$

$$ZnO+C_2H_5SH \longrightarrow ZnS+C_2H_5OH$$

$$ZnO+C_2H_5SH \longrightarrow ZnS+C_2H_4+H_2O$$

当气体中有氢存在时，羰基硫、二硫化碳、硫醇、硫醚等会在反应温度下发生转化反应，反应生成的硫化氢被氧化锌吸收。有机硫的转化率与反应温度有一定比例关系，噻吩类硫化物及其衍生物在氧化锌上与氢发生转化反应的能力很低。因此，单独用氧化锌不能脱除噻吩类硫化物，需借助于钴钼催化剂加氢转化成硫化氢后才能被氧化锌脱硫剂脱除。

无论是有机硫还是无机硫的吸收反应，其平衡常数都很大，可以认为是不可逆反应。

2. 主要影响因素及控制条件

影响氧化锌脱硫的因素较多，主要有下列几个方面。

（1）有害杂质　对氧化锌脱硫剂有毒害的杂质主要是氯和砷。氯与脱硫剂中的锌在其表面形成氯化锌薄层，覆盖在氧化锌表面，阻止硫化氢进入脱硫剂内部，从而大大降低脱硫剂的性能。

砷对脱硫剂有毒害，含量一般应控制在0.001%以下。

（2）反应温度　一般，氧化锌脱除硫化氢在较低温度（200℃）即很快进行。而要脱除有机硫化物，则要求在较高温度（350～400℃）下进行。操作温度的选择不仅要考虑反应速度、需要脱除的硫化物种类、原料气中水蒸气含量，还要考虑氧化锌脱硫剂的硫容量与温度的关系，提高操作温度可提高硫容量，特别在200～400℃之间增加较明显。但不要超过400℃，以防止烃类的热解而造成结炭。

（3）空速与线速度　脱硫反应需要一定的接触时间，如果空速太大，反应物在脱硫剂床层停留时间过短，会使穿透硫容量下降。因此操作压力较低时，空速应选低些。

氧化锌吸收硫化氢的反应平衡常数很大，如果空速过小，则会导致气体线速度太小，从而使反应变成扩散控制。因此必须保证一定的线速度，也就是要选择合适的脱硫槽直径，一般要求脱硫槽的高径比大于3。

（4）操作压力　提高操作压力对脱硫有利，可大大提高线速度，有利于提高反应速度。因此操作压力高时，空速可相应加大。

（5）水蒸气含量　水蒸气的存在对氧化锌脱硫影响不大，但当水蒸气含量较高而温度也高时，会使硫化氢的平衡浓度大大超过脱硫净化度指标的要求。而且水蒸气含量高时，还会与金属氧化物反应生成碱。氧化锌最不易发生水合反应，当催化剂中非氧化锌成分较高时，会不同程度地降低催化剂的抗水合能力。

另外，含硫化物的类型与浓度、二氧化碳含量等均对脱硫过程有影响。

3. 工艺流程

氧化锌脱硫剂由于其脱硫净化度极高、稳定可靠，常放在最后把关。根据气、液原料含硫物的品种和数量不同，氧化锌脱硫剂常在下列五种情况下使用。

① 单用氧化锌。适用于含硫量低、要求精度高的场合。

② 同钴钼加氢转化催化剂或铁钼加氢转化催化剂串联使用。适用于含复杂有机硫（如噻吩）的天然气、油田气、石油加工气、轻油等脱硫。

③ 酸性气洗涤＋钴钼催化转化＋氧化锌脱硫。适用于油田伴生气之类总硫含量较高的气态烃脱硫。

④ 钴钼加氢转化＋酸性气洗涤＋氧化锌脱硫。适用于有机硫含量较高的液化石油气等气态烃脱硫。

⑤ 两个（或一个）钴钼加氢（其间设汽提塔），后设氧化锌脱硫。适用于石脑油脱硫，含硫量小于50×10^{-6}时可只用一个钴钼加氢槽。

（四）活性炭法

应用活性炭脱除工业气体中硫化氢及有机硫化物，称为活性炭脱硫。目前广泛应用的是活性炭脱硫过热蒸汽再生工艺。

1. 基本原理

M5-8 活性炭法脱硫

在室温下，气态的硫化氢与空气中的氧能发生下列反应：

$$2H_2S+O_2 \longrightarrow 2H_2O+2S\downarrow$$

在一般条件下，该反应速度较慢。而活性炭对这一反应具有良好的催化作用，并兼有吸附作用。

活性炭是一种孔隙性大的黑色固体，主要成分为石墨微晶，呈不规则排列，属无定形。活性炭中的孔隙大小不是均匀一致的，可分为大孔（2000～100000Å）、过渡孔（100～2000Å）及微孔（10～100Å），但主要是微孔。孔隙体积 $8.0\times10^{-3}m^3/kg$，比表面积最高可达 $18\times10^5m^2/kg$，一般为 $(5\sim10)\times10^5m^2/kg$。

活性炭脱硫属多相反应。研究证明，硫化氢及氧在活性炭表面的反应分两步进行。第一步是活性炭表面化学吸附氧，形成作为催化中心的表面氧化物。这一步极易进行，因此工业气体中只要含少量氧（0.1%～0.5%）便已能满足活性炭脱硫的需要。第二步是气体中的硫化氢分子碰撞活性炭表面，与化学吸附的氧发生反应，生成的硫黄分子沉积在活性炭的孔隙中。沉积在活性炭表面的硫，对脱硫反应也有催化作用。在脱硫过程中生成的硫，呈多分子层吸附于活性炭的孔隙中，活性炭中的孔隙越大，则沉积于孔隙内表面上的硫分子愈厚，可超过 20 个硫原子。在微孔中，硫层的厚度一般为 4 个硫原子。活性炭失效时，孔隙中基本上塞满了硫。活性炭具有很大的空隙性，因此，活性炭的硫容量比其他固体脱硫剂（例如活性氧化铁、氧化锌、分子筛等）的大。脱硫性能好的活性炭，其硫容量可超过 100%。

活性炭脱硫的反应，主要在活性炭孔隙的内表面上进行。由于表面张力的存在，其对工业气体中分子具有一定的吸附作用。水蒸气在活性炭中，除存在多分子层的吸附外，还存在毛细管的凝结作用。因此在常温下进行脱硫时，活性炭孔隙的表面上凝结着一薄层的水膜。利用硫化氢在水中的溶解作用，使活性炭容易吸附硫化氢，从而能加速脱硫作用。这时硫化氢的氧化作用将在液相水膜中进行。所以，只有当气体中存在足够的水蒸气时，才能使硫化氢更快地被吸附与氧化。若在气体中存在少量氨，会使活性炭空隙表面的水膜呈碱性，更有利于吸附呈酸性的硫化氢分子，能显著地提高活性炭吸附与硫化氢氧化的速度。

活性炭脱除硫化氢气体时，还发生下列副反应：

$$2NH_3+2H_2S+2O_2 \longrightarrow (NH_4)_2S_2O_3+H_2O$$

$$2NH_3+H_2S+2O_2 \longrightarrow (NH_4)_2SO_4$$

气体中氨的含量越大，在活性炭脱硫过程中越易生成硫的含氧酸盐。

2. 影响脱硫的主要因素及控制条件

（1）活性炭的质量　活性炭的质量可由其硫容量与强度直接判断。在符合一定强度的条件下，活性炭的硫容量高，其脱硫效果也就好。在活性炭中添加某些化合物后，可以显著提高活性炭的脱硫性能，甚至改变活性炭脱硫的产物。除上述的氨外，已知能够提高活性炭脱硫性能的化合物有铵或碱金属的碘化物或碘酸盐、硫酸铜、氧化铜、碘化银、氧化铁、硫化镍等。工业上常用含氧化铁的活性炭净化含硫化氢的气体。活性炭中氧化铁的存在，能显著改进活性炭的脱硫性能，提高硫化氢的氧化速度。

（2）氧及氨的含量　氧和氨都是直接参与化学反应的物质。对脱除硫化氢来说，工业生产中氧含量一般控制在超过理论量的 50%，或者使脱硫后气体中残余氧含量为 0.1%。含硫

化氢 $1g/m^3$ 的工业气体，活性炭脱硫时，要求氧含量为 0.05%，对含硫化氢 $10g/m^3$ 的工业气体，含氧 0.53%便足够了。一般来说，半水煤气含氧 0.5%左右，变换气、碳化气及合成甲醇气中的硫化氢含量均在 $1g/m^3$ 以下。所以在以煤为原料的合成氨厂，使用活性炭脱硫时，都不需要补充氧。

氨易溶于水，使活性炭孔隙内表面的水膜呈碱性，增强了吸收硫化氢的能力。吸收硫化氢时，氨的用量很少，一般保持在 $0.1 \sim 0.25g/m^3$，或者相当于气体中硫化氢含量的 1/20（物质的量比），便可使活性炭的硫容量提高约一倍。

（3）相对湿度　在室温下进行脱硫时，高的气体相对湿度能提高脱硫效率，最好是气体被水蒸气所饱和。但需要注意的是，进入活性炭吸附器的气体，不能带液态水。否则会使活性炭浸湿，活性炭的孔隙被水塞满失去脱硫能力。

（4）脱硫温度　温度对活性炭脱硫的影响比较复杂。对硫化氢来讲，当气体中存在水蒸气时，脱硫的温度范围为 27～82℃，最适宜温度范围为 32～54℃。低于 27℃时，硫化氢被催化氧化的反应速度较慢；温度高于 82℃时，由于硫化氢及氨在活性炭孔隙表面水膜中的溶解作用减弱，也会降低脱硫效果。当气体中存在水蒸气时，则活性炭脱除硫化氢的能力反而随温度的升高而加强。

（5）煤焦油及不饱和烃　活性炭对煤焦油有很强的吸附作用。煤焦油不但能够堵塞活性炭的孔隙，降低活性炭的硫容量及脱硫效率，而且还会使活性炭颗粒黏结在一起，增加活性炭吸附器的阻力，严重影响脱硫过程的进行。另外，气体中的不饱和烃会在活性炭表面发生聚合反应，生成分子量大的聚合物，同样会降低活性炭的硫容量，并且会降低脱硫效率。

3. 活性炭的再生

活性炭作用一段时间后，会失去脱硫能力。因活性炭的孔隙中聚集了硫及硫的含氧酸盐。需要将这些硫及硫的含氧酸盐从活性炭的孔隙中除去，以恢复活性炭的脱硫性能，这叫作活性炭的再生。优质活性炭可再生循环使用 20～30 次。

活性炭再生方法较多，较早的方法是利用 S^{2-} 与碱易生成多硫根离子的性质，以硫化铵溶液把活性炭中的硫萃取出来，反应式为：

$$(NH_4)_2S+(n-1)S \longrightarrow (NH_4)_2S_n$$

式中，n 最大可达 9，一般为 2～5，此法再生彻底，副产品硫黄纯度高（$f \geqslant 99\%$）。缺点是设备庞大，操作复杂，并且污染环境。目前出现了一些新的再生方法，主要有以下几种。

① 用加热氮气通入活性炭吸附器，从活性炭吸附器再生出来的硫在 120～150℃变为液态硫放出，氮气再循环使用。

② 用过热蒸汽通入活性炭吸附器，把再生出来的硫经冷凝后与水分离。

③ 用有机溶剂再生。

4. 工艺流程

20 世纪 80 年代以来，国内小型合成氨厂采用活性炭脱硫的日益增多，都采用过热蒸汽再生。工艺流程如图 5-4 所示。

对焦炉气、半水煤气及水煤气脱硫时首先要除去气体中的煤焦油及补充少量氨。

除去煤焦油的方法，一种是通过静电除焦油器，另一种方法是将气柜出来的半水煤气先

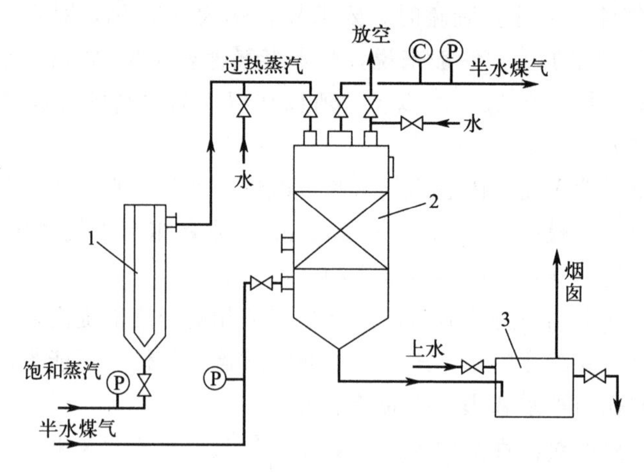

图 5-4　活性炭脱硫过热蒸汽再生工艺流程

1—电加热器；2—活性炭吸附器；3—硫黄回收池

通过喷淋水冷却塔，然后经过焦油过滤器。

活性炭吸附器要求多个并联脱硫，同时保留若干个再生后备用。

（五）高温脱硫

煤气作为燃气轮机的燃料时，为了提高煤的热效率，从煤气化炉出来的煤气将不降低温度而直接进入燃气轮机。但煤气化时产生的 H_2S、COS、CS_2 及 HCl、HCN、NO_x 等组分高温进入燃气轮机时，会腐蚀叶片，降低燃气轮机的使用寿命，排放的气体也会污染环境。因而燃气轮机等工业中要求煤气中的硫含量低于 20mg/kg。在能源十分紧缺的今天，这就使得煤气的高温脱硫显得非常重要且迫切。

高温脱硫目前国外研究比较多，较有代表性的有氧化锡、氧化铈脱硫法和熔融碳酸盐法。

第四节　煤气脱碳

重油和煤、焦为原料制得的甲醇原料气中，二氧化碳作为一种副产物，本身含量是过剩的，在变换工段，部分一氧化碳又转变为二氧化碳，从而使甲醇合成气氢碳比太低，这对后续合成反应是不利的。因此，二氧化碳必须从系统中脱除，同时利用各种脱碳方法还可去除气体中的硫化氢。脱碳方法可分为干法脱碳和湿法脱碳。

一、干法脱碳

干法脱碳是在低温、高压条件下，利用孔隙率大的固体吸附剂选择性地吸收二氧化碳，而在高温、低压下二氧化碳脱附，吸附剂再生。常用的吸附剂包括活性炭、活性氧化铝、硅胶、分子筛等。具体方法包括变温吸附和变压吸附。干法脱碳的优势在于，固体吸附剂使用寿命长，无需消耗溶剂，运行成本较低。

二、湿法脱碳

湿法脱碳通常是指在溶液中对二氧化碳进行吸收。湿法脱碳，根据吸收原理的不同，可分为物理吸收法和化学吸收法。

物理吸收法是利用分子间的范德华力进行选择性吸收。适用于 CO_2 含量>15%，无机硫、有机硫含量高的煤气，目前国内外主要有：水洗法、低温甲醇洗涤法、碳酸丙烯酯法、聚乙醇二甲醚等吸收法。吸收 CO_2 的溶液仍可减压再生，吸收剂可重复利用。其中水洗法的动力消耗大、氢气和一氧化碳损失大；低温甲醇洗涤法既可脱碳，又可脱硫，但需要足够多的冷量，因此一般在大型化工厂使用；碳酸丙烯酯法由于溶液造成的腐蚀严重，并且液体损失量较大，所以聚乙醇二甲醚吸收法脱碳广泛被采用。

化学吸收法是利用 CO_2 的酸性特性与碱性物质进行反应将其吸收，常用的吸收法有热碳酸钾法、有机胺法和浓氨水法等，其中热的碳酸钾适用 CO_2 含量<15%的煤气，浓氨水吸收最终产品为碳酸铵，达不到环保要求，该法逐渐被淘汰，有机胺法逐渐被人们所看好。

（一）聚乙二醇二甲醚法（简称 NHD）

此法是美国联合化学公司，在 1965 年开发成功的对酸性气体均可吸收的物理吸收法。NHD 溶剂的主要组分是聚乙二醇二甲醚的同系物，分子式为 $CH_3O(C_2H_4O)_nCH_3$，式中 $n=2\sim8$，平均分子量为 250～280。聚乙二醇二甲醚的物理性质见表 5-4。

表 5-4　聚乙二醇二甲醚物理性质（25℃）

密度	蒸气压	表面张力	黏度	比热容
1.027kg/m³	0.093Pa	0.034N/m	4.3mPa·s	2100J/(kg·K)
导热系数	冰点		闪点	燃点
0.18W/(m·K)	−29℃～−22℃		151℃	157℃

在 H_2S、COS、CO_2 等酸性气体与 NHD 溶剂形成的系统中，当上述气体分压低于 1MPa 时，气相压力与液相浓度基本符合亨利定律，此时，NHD 溶剂吸收 H_2S、COS、CO_2 的过程具有典型的物理吸收特征。表 5-5 列出了各种气体在 NHD 溶剂中的相对溶解度。等酸性气在 NHD 溶剂中的溶解度随系统压力升高、温度降低而增大，反之减小。当系统压力升高、温度降低时，溶剂吸收 H_2S、COS、CO_2；当系统压力降低，温度升高时，溶剂中溶解的气体又释放出来，实现溶剂的再生过程。

表 5-5　气体在 NHD 溶剂中的相对溶解度

组分	H_2	CO	CH_3	CO_2	COS	H_2S	CH_3SH	CS_2	H_2O
相对溶解度	1.3	2.8	6.7	100	233	893	2270	2400	73300

1. NHD 溶剂的优点

对 CO_2、H_2S 等酸性气体吸收能力强，二氧化碳脱除至小于 0.1%，硫化氢脱除至小于 1×10^{-6}，回收二氧化碳纯度大于 98.5%；溶剂的蒸气压极低，挥发性小；溶剂不氧化、不降解，有良好的化学和热稳定性；溶剂对碳钢等金属材料无腐蚀性；溶剂本身不起泡，不需消泡剂；能选择性吸收 H_2S 和 CO_2，并且可以吸收 COS 等有机硫；溶剂无臭、无味、无毒，对环境无污染；流程短，操作稳定方便；能耗低，NHD 溶剂系物理吸收溶剂，再生时，不需要蒸汽，只需空气汽提，可节约大量再生能耗。

2. NHD溶剂吸收基本原理

NHD净化技术属物理吸收过程，H_2S在NHD溶剂中的溶解度能较好地符合亨利定律。当CO_2分压小于1MPa时，气相压力与液相浓度的关系基本符合亨利定律。因此，H_2S和CO_2在NHD溶剂中的溶解度随压力升高、温度降低而增大。降低压力、升高温度可实现溶剂的再生。

甲醇生产要求净化气含硫量低，NHD溶剂脱硫（包括无机硫和有机硫）溶解度大，对二氧化碳选择性好，而且，NHD脱硫后串联NHD脱碳，仍是脱硫过程的延续。NHD脱硫脱碳的甲醇装置的生产数据表明，经NHD法净化后，净化气总硫体积分数小于0.1×10^{-6}，再设置精脱硫装置，总硫体积分数可小于0.05×10^{-6}，满足甲醇生产的要求。

综上所述，NHD法脱硫脱碳净化工艺是一种高效节能的物理吸收方法，成本上低于碳酸丙烯酸酯法和低温甲醇法。且在国内某些装置上已成功应用，有一定的生产和管理经验，本着节约投资、采用国内先进成熟的净化技术这一原则，本装置设计采用了NHD脱碳净化工艺。

3. NHD溶剂的解吸再生

在NHD脱除二氧化碳的生产工艺中，解吸过程就是NHD的再生过程，它包括减压闪蒸解吸和汽提解吸两部分，统称为冷再生。解吸过程的气液平衡关系可用亨利定律来描述。

吸收了二氧化碳的NHD富液经减压到0.4MPa，减压过程温度降低，解吸气体的量及组分与温度、压力有关。这种方法受压力限制，再生不能很彻底。

NHD溶剂汽提时，是在逆流接触的设备中进行的。吹入溶剂的惰性气体（空气），降低了气相中的二氧化碳含量，即降低气相中的二氧化碳分压，此时溶剂中残余的二氧化碳进一步解析出来，达到所要求的NHD溶剂的贫度。

4. NHD净化技术的主要工艺参数

包括吸收温度、吸收气液比、溶液含水量、溶液的再生和制冷系统的设置等。

（1）吸收温度　降低吸收温度可提高NHD溶剂的吸收能力，减少溶液循环量和输送功率，提高净化度，减少溶剂损耗。温度降低亦使溶液黏度增大，传质速率下降，使填料高度增加，冷量损失增大，不利于闪蒸和汽提操作。

一般情况下，脱硫部分贫液冷却利用水冷器，将NHD脱硫贫液冷却至40℃，进入脱硫塔，在一定的气液比下，将原料气中的总硫脱除至≤10μL/L。脱碳部分利用制冷装置，将贫液温度降到－5～5℃，进入脱碳塔，以保证净化气含量。

（2）吸收气液比　在一定的吸收温度、压力和再生条件下，气量一定，溶液循环量越大，出吸收塔气体中酸性气含量越低，但溶液循环量大，消耗动力大，且氢气损失多，所以在保证净化度的前提下尽量采取大的气液比。

（3）溶液含水量　一般说，当NHD溶剂含水量大于10%（质量分数）时，将会影响硫化氢、硫氧化碳和二氧化碳的吸收能力，因此，我们将贫液含水量控制在5%（质量分数）以下。脱硫贫液含水量通过再生塔顶冷凝液回流量和煮沸器的热负荷来控制。

（4）溶液的再生　进吸收塔溶液贫度直接影响着气体的最终净化度，而溶液的贫度取决于再生效果。在净化度要求高的情况下，溶液再生的好坏尤为重要。根据对硫化物和二氧化碳净化度的要求，NHD溶剂的再生可采用多级减压闪蒸和汽提法（加热蒸汽汽提，惰性气体汽提)。本系统对硫化氢、硫氧化碳净化度要求高，只采用简单的多级闪蒸不能再生，所以，脱硫须采用热再生，即蒸汽汽提，而脱碳采用氮气汽提。

(5) 制冷系统的设置　NHD脱碳过程是在低于常温的条件下进行的。冷源来自制冷装置系统。设置制冷装置的目的主要是减少溶液循环量，减小设备及管道直径，提高净化度，而且通过调节贫液温度，增加了操作弹性。冷冰机的位置一般放在贫液上，它的优点是，控制进脱碳塔贫液温度比较直接，大部分设备在稍高的温度下操作，仅小部分贫液管道处于低温，有利于解吸过程，冷量损失少。缺点是传热温差小，溶剂损耗大。

5. NHD装置的主要设备

NHD装置的主要设备包括脱硫塔、脱碳塔、溶液氨冷器、高压/低压闪蒸槽及脱水塔等。

(1) 脱硫塔、脱碳塔　NHD溶剂脱除酸性气的过程为物理吸收，传质速度较慢，同时在低温下操作，溶剂黏度较大，流动性差，这就需要增大气液传质界面以获得较高的传质速度，因此，一般选择填料塔。

(2) 溶液氨冷器　溶液氨冷器一般选择卧式管壳换热器，管程为NHD溶液，壳程为液氨，液氨的液位控制在换热器高度的1/2～2/3，使气氨也与NHD溶液换热，气氨出口温度为－10℃左右，既可充分利用气氨的显热，降低能耗，也可保证冰机的正常运行。

(3) 高压闪蒸槽　高压闪蒸槽采用立式容器形式，内装规整填料，溶液进口设置液体分布器。这种设计采用填料取代折流板，大大增加闪蒸面积。同时，一般将高压闪蒸槽、解吸气分离器、空气水分离器、高闪气分离器合并组成联合操作塔，高压闪蒸槽置于顶部。

(4) 低压闪蒸槽　低压闪蒸槽为立式容器，内装规整填料，并且将其布置在汽提塔顶部，使低压闪蒸槽与汽提塔成为一体。通过高压和低压闪蒸槽的合理布置，使得NHD溶液可直接由高压闪蒸槽进入低压闪蒸槽，然后再由低压闪蒸槽自流入汽提塔，从而省去了原有的富液泵。

(5) 脱水塔　通常NHD脱水装置中脱水塔为填料塔，内置加热器，管程介质为蒸汽，壳程介质为NHD溶液，但容易产生偏流现象，影响蒸发效果。为了避免这一现象，可将加热器移至塔外，单独设一个管壳式换热器，管程介质为NHD溶液，壳程介质为低压蒸汽，使NHD溶液强制循环加热，从而保证达到脱水效果。

(二) 碳酸丙烯酯法

碳酸丙烯酯是一种无色、无腐蚀性、性质稳定的透明液体，沸点约为238℃(0.1MPa)，具有一定极性。碳酸丙烯酯本身无腐蚀性，但降解后则对碳钢产生腐蚀性。此法的优点是饱和蒸气压低，溶剂损耗较低，工艺流程较为简单。对二氧化碳具有较强吸收能力，二氧化碳在碳酸丙烯酯中的溶解度，相同条件下约为其在水中的4倍。主要不足是碳酸丙烯酯成本较高，而二氧化碳回收率相对较低，液体损失量相对较大。吸收效果主要受到吸收压力、液气比、二氧化碳含量等因素影响。碳酸丙烯酯溶有一定量二氧化碳、硫化氢、有机硫、水或发生降解后，其溶液颜色变为棕黄色。碳酸丙烯酯吸水性较强，并可发生水解：

$$C_3H_6CO_3+2H_2O \longrightarrow C_3H_6(OH)_2+H_2CO_3$$

$$H_2CO_3 \longrightarrow H_2O+CO_2$$

碳酸丙烯酯蒸气压较低，因此吸收过程在常温和加压下进行，富液减压或通入空气，在常温下即可进行解吸，因此脱碳过程无需加热。若碳酸丙烯酯同时吸收了部分硫化物和烃类时，可采用逐级降压的方法，分别回收二氧化碳、硫化物和烃类等。为减少碳酸丙烯酯吸水分解，再生时可通过再生气体将水分带出。

（三）化学吸收法

由于二氧化碳是酸性气体，因此可以利用碱液对其进行吸收。化学吸收法包括氨水法、改良热钾碱法、有机胺法等。下面以改良热钾碱法为例简单介绍。

改良热钾碱法主要采用碳酸钾水溶液对二氧化碳进行吸收。这是一个气液两相反应，步骤包括气相中的二氧化碳扩散到溶液表面，并溶解在界面溶液中，在界面液中与碳酸钾溶液发生反应，反应产物向液相主体扩散。其中化学反应步骤最慢，是速率控制步骤。反应式如下。

$$K_2CO_3+H_2O+CO_2 \longrightarrow 2KHCO_3$$

为提高此反应的反应速率，较简单的方法是提高反应温度。但温度提高后，溶液对碳钢体系的腐蚀性也大幅提高，因此后来采用加入活化试剂二乙醇胺的方法提高反应速率。脱碳后气体的净化度取决于碳酸钾水溶液中二氧化碳的平衡分压，平衡分压越低则表明二氧化碳参与越少，净化度越高。而平衡分压与吸收温度、碳酸钾浓度、溶液中碳酸钾转化为碳酸氢钾的摩尔分数等因素有关。因此吸收的效率受到吸收温度、压力、碳酸钾浓度、活化试剂浓度等因素的影响。含有二乙醇胺的碳酸钾溶液在去除二氧化碳的同时，也可除去合成气中含有的酸性组分，如硫化氢、氰化氢、硫醇、二硫化碳、硫氧化碳等。

碳酸钾溶液在吸收过程中，碳酸钾逐步转变为碳酸氢钾，因此当吸收进行到一定程度时，需对溶液进行再生，释放出二氧化碳，再生后溶液可循环使用。

$$2KHCO_3 \longrightarrow K_2CO_3+H_2O+CO_2$$

降低压力和升高温度可促进碳酸氢钾的分解，生产中通常向溶液中加入惰性气体（如水蒸气）进行汽提，同时增大了溶液的湍流和解析面积，使二氧化碳充分从溶液中解析出来并降低其在气相中的分压。

脱碳的基本原理有以下三种。

1. 吸收原理

吸收是利用混合气体各组分在同一种溶剂中溶解度的差异而实现组分分离的过程，可以同时实现净化和回收的目的。作为完整的分离方法，吸收过程包括吸收和解吸（脱吸）两个步骤。吸收起到把溶质从混合气体中分离的作用，因此在塔底得到的是溶剂和溶质组成的混合液，还需要进行解吸才能得到纯溶质并回收溶剂。解吸通常采用吸收液在塔设备中与惰性气体或蒸气进行逆流接触，溶液由塔顶下流过程中与来自塔底的气相进行传质，溶质逐渐从溶液中释放出来，在塔顶得到释放出来的溶质和惰性气体（或蒸气）的混合物，在塔底得到较纯净的溶剂。

2. 减压闪蒸解吸原理

闪蒸罐的原理就是利用物质的沸点随压力增大而升高，压力减小而降低这一性质，闪蒸的特点主要表现在整个过程中无热量加入。将加压吸收得到的吸收液进行减压，当压强降低后，溶质便从吸收液中释放出来。减压对解吸是有利的，特别适用于加压之后的解吸。因此，流体在闪蒸罐中会迅速沸腾汽化，出现两相分离现象。需要说明的是，闪蒸罐所起作用是提供流体迅速汽化和气液分离的空间，减压的作用则主要由减压阀来实现。有时为了使溶质充分解吸，还需进一步降压到负压。解吸的程度取决于解吸操作的压力，如果是常压吸收，解吸只能在负压下进行。

3. 汽提解吸原理

汽提是加入一种溶解度很小的惰性气体，以降低相界面上方气相中溶质的分压，促使溶解在溶剂中的溶质解吸出来，以提高溶剂贫液度的物理过程。它采用一个气体介质破坏原气液两相平衡而建立一种新的气液平衡状态，使溶液中的某一组分由于分压降低而解吸出来，从而达到分离物质的目的。例如，A 为液体，B 为气体，B 溶于 A 中达到气液平衡，气相中以 B 气相为主，加入气相汽提介质 C 时，气相中 A、B 的分压均降低从而破坏了气液平衡，A、B 物质均向气相扩散，但因气相中以 B 为主，趋于建立一种新的平衡关系，故大量 B 介质向气相中扩散，从而达到气液相分离的目的。

汽提解吸法，也称载气解吸法。在解吸塔中，吸收液自塔顶喷淋而下，载气从解吸塔的底部自下而上与吸收液逆流接触，载气中不含溶质或含溶质量极少，故溶质从液相向气相转移，最后气体将溶质从塔顶带出，于塔底得到较为纯净的吸收剂。使用载气解吸的目的是在解吸塔中引入与液相不平衡的气相，气相中吸收质的浓度越低，解吸速率越快。通常，作为汽提的载气有空气、氮气、二氧化碳、水蒸气等，可根据工艺要求及分离过程的特点来进行选择。一般来说，应用惰性气体的解吸过程适用于溶剂的回收，还能直接得到纯净的溶质组分。应用水蒸气的解吸过程，若原溶质组分不溶于水，则可通过冷凝塔顶所得到的混合气体的冷凝液中分离出水的方法，得到纯净的原溶质组分。

三、低温甲醇洗

低温甲醇洗工艺是由德国的林德公司（Linde）和鲁奇公司（Lurgi）在 20 世纪 50 年代共同开发的一种有效的物理吸收法酸性气体净化工艺，采用 −70～−30℃ 的冷甲醇作为溶剂。目前，低温甲醇洗工艺广泛应用于煤制天然气、煤制甲醇、煤制油、煤制乙二醇、煤制氢、城市煤气和天然气脱硫等装置的净化工艺中。目前有千余套装置投入运行，尤其是国内的现代煤气化装置的气体净化基本采用低温甲醇洗工艺。低温甲醇洗是一种技术先进、经济合理的气体净化工艺。

林德低温甲醇洗和鲁奇低温甲醇洗的技术基础都是采用冷甲醇作为溶剂脱除酸性气体，各有特点。林德低温甲醇洗配置在德士古气化流程耐硫 CO 变换的下游，选择性地一步法脱硫脱碳。它具有流程短、布置紧凑的特点。鲁奇低温甲醇洗配置在鲁奇气化的下游，流程的安排为气化、脱硫、变换、脱碳。

1. 低温甲醇洗工艺原理

低温甲醇洗利用甲醇在低温下（−60℃左右）对酸性气体溶解度极大的优良特性，对原料气中的 H_2S 和 CO_2 及各种有机硫杂质分段吸收，是一种典型的物理吸收过程。在加压和低温条件下，甲醇吸收 H_2S 和 CO_2，富液通过减压闪蒸和加热使之再生并循环利用。

物理吸收气液平衡关系开始时符合亨利定律，溶液中被吸收组分的含量基本上与其在气相中的平衡分压成正比；吸收中，吸收剂的吸收容量随酸性组分分压的提高而增加；溶液循环量与原料气量及操作条件有关，操作压力提高，温度降低，溶液循环量减少。

通常，低温甲醇洗的操作温度为−70℃～−30℃，各种气体在−40℃时的相对溶解度，如表 5-6 所示。

表 5-6　−40℃时各种气体在甲醇中的相对溶解度

气体	气体的溶解度/H_2 的溶解度	气体的溶解度/CO_2 的溶解度
H_2S	2540	5.9
COS	1555	3.6
CO_2	430	1.0
CH_4	12	
CO	5	
N_2	2.5	
H_2	1.0	

甲醇溶剂对 CO_2 和 H_2S、COS 的吸收具有很高的选择性，同等条件下，COS 和 H_2S 在甲醇中的溶解度分别为 CO_2 的 3～4 倍和 5～6 倍。这就使气体的脱硫和脱碳可在同一个塔内分段、选择性地进行。有机硫在甲醇中溶解度也较大，低温甲醇洗对有机硫吸收效果好。甲醇在脱除 CO_2、H_2S 和 COS 的同时又可除去其他众多杂质，这些组分不会被带入下游产生腐蚀、发泡和堵塞。

低温下，H_2S、COS 和 CO_2 在甲醇中的溶解度与 H_2、CO 相比，至少要大 100 倍，与 CH_4 相比，约大 50 倍。因此，如果低温甲醇洗装置是按脱除 CO_2 的要求设计的，则所有溶解度与 CO_2 相当或溶解度比 CO_2 大的气体，例如 COS、H_2S、NH_3 等以及其他硫化物都能一起脱除，而 H_2、CO、CH_4 等有用气体则损失较少。

低温对甲醇吸收酸性气体是很有利的。CO_2 分压很低时，温度降低，不仅溶解度增加，而且溶解度的温度系数也增加很快。当温度从 20℃降到−40℃时，CO_2 的溶解度约增加 6 倍，吸收剂的用量也大约可减少至原来的 1/6。有数据表明，CO_2 在甲醇中的溶解度随压力的增加而增加，而温度对溶解度的影响更大，尤其是低于−30℃时，溶解度随着温度的降低而急剧增加。当温度接近于一定压力下的露点时，气体在该压力下的溶解度趋向于无穷大。因此用甲醇吸收 CO_2 宜在高压和低温下进行。

低温时 H_2S 在甲醇中的溶解度也是很大的，例如−50～−40℃时，H_2S 的溶解度又差不多比 CO_2 大 6 倍，研究表明，甲醇对 H_2S 的吸收速度远大于对 CO_2 的吸收速度。因此当气体中同时含有 H_2S 和 CO_2 时，甲醇首先将 H_2S 吸收，这样就有可能选择性地从原料气中脱除 H_2S，而在溶液再生时可先解吸回收 CO_2。同样，在减压再生过程中可适当地控制再生压力，使大量的 CO_2 解吸出来而使 H_2S 仍留在溶液中，以后再用减压抽吸、汽提、蒸馏等方法将其回收。这样，利用甲醇对 H_2S 和 CO_2 可进行分段吸收，再分别再生，从而各自得到高浓度的 H_2S 和 CO_2。

当气体中有 CO_2 时，H_2S 在甲醇中的溶解度比没有 CO_2 时降低 10%～15%。溶液中 CO_2 含量越高，H_2S 在甲醇中溶解度的减少也越显著。

当气体中有 H_2 存在时，CO_2 在甲醇中的溶解度就会降低。当甲醇含水时，CO_2 的溶解度也会降低，当甲醇中的水分含量为 5%时，CO_2 在甲醇中的溶解度与无水甲醇相比约降低 12%。

实验及实践经验证明，同一条件下二氧化碳在甲醇中的溶解度比氢、氮、一氧化碳等惰性气体大得多，因此在加压下用甲醇洗涤含有上述组分的混合气体时，只有少量惰性气体被甲醇吸收，而且在减压再生过程中氢、氮等气体首先从溶液中解吸出来；另一方面，有用气体 H_2、CO 及 CH_4 等的溶解度在温度降低时却增加得很少，其中 H_2 的溶解度反而随温度降低而减少，所以用甲醇吸收 CO_2 适合于低温下进行。

甲醇作为吸收酸性气体的良好吸收剂，在低温（－57～－9℃）、高压的条件下，对CO_2、H_2S有较高的吸收能力，对CO、H_2等溶解度较低。也就是说，甲醇作为吸收剂对被吸收的气体有较高的选择性。

2. 低温甲醇洗工艺条件探讨

（1）吸收压力　低温甲醇洗是物理吸收，提高操作压力可使气相中CO_2、H_2S等酸性气体分压增大，增加吸收的推动力，从而增加溶液的吸收能力，减少溶液的循环量，同时也减少吸收设备的尺寸，提高气体的净化度。但是，压力若过高，就会使耐压设备的投资增加，使有用气体组分H_2、N_2等的溶解损失也增加。具体采用多大压力，主要由原料气组成、所要求的气体净化度以及前后工序的压力等来决定。对于煤制气装置的低温甲醇洗工序，其吸收压力由前面的气化炉的压力所决定。

（2）吸收温度　吸收温度对酸性气体在甲醇中溶解度影响很大，温度越低，酸性气体的溶解度越大，压力确定后，吸收温度与净化气的最终要求有关。在低温甲醇洗工艺流程中，影响吸收操作温度的主要因素有：入系统的原料气温度及焓值，气体的溶解热，入塔吸收液的温度，外界环境的气候条件等。

入塔变换气的温度和外界环境的影响，基本上是恒定的，入塔吸收液温度是吸收过程中的最低温度，因此，影响溶液温度变化的主要因素就可假定为吸收热；也就是说，吸收塔各段的温度与其所吸收的酸性组分的量有直接关系。当各段吸收量发生变化时，就会破坏吸收塔的正常操作的温度分布状况。

（3）吸收液循环量　在物理吸收过程中，为了降低吸收操作所用的溶剂量，节约能耗，必须提高吸收压力，降低吸收温度以增大溶解度系数和采用高效的传质设备。

（4）甲醇洗工序冷量的来源　甲醇洗工序脱除酸性气体CO_2、H_2S及COS是在低温下进行的。为了满足净化工艺要求，不断补偿各种冷量损失（换热器的换热损失、保冷损失、酸性气体吸收时由于溶解热所造成的冷量损失、外排介质带走损失），工序需从外界得到冷量以维持正常的操作。本工序冷量的直接来源为冷冻站提供的液态丙烯在丙烯蒸发器中蒸发而获得的冷量，以及由各水冷器向系统提供的冷量，冷量的间接来源为低压系统介质闪蒸所回收的冷量。

3. 低温甲醇洗工艺特点

（1）可同时脱除多种物质　它可以同时脱除原料气中的H_2S、COS、RSH、CO_2、HCN、NH_3、NO以及石蜡烃、芳香烃、粗油品等组分，且可同时脱水使气体彻底干燥，所吸收的有用组分可以在甲醇再生过程中回收。

（2）气体的净化度很高　净化气中总的硫含量可脱至0.1μL/L以下，CO_2可脱至10μL/L以下。

（3）吸收的选择性比较高　H_2S和CO_2可以在不同设备或在同一设备的不同部位分别吸收，也可在不同的设备和不同的条件下分别回收。由于低温时H_2S和CO_2在甲醇中的溶解度都很大，所以吸收溶液的循环量较小，特别是当原料气压力比较高时尤为明显。另外，在低温下H_2和CO等在甲醇中的溶解度都较低，甲醇的蒸气压也很小，这就使有用气体和溶剂的损失保持在较低水平。

（4）甲醇的热稳定性和化学稳定性都较好　甲醇不会被有机硫、氰化物等组分所降解，在操作中甲醇不起泡、不分解，纯甲醇对设备和管道也不腐蚀，因此，设备与管道大部分可以用碳钢或耐低温的合金钢。甲醇的黏度不大，在$-30℃$时，甲醇的黏度与常温水的黏度相当，因此，在低温下对传递过程有利。

（5）溶剂损失少　低温下甲醇的蒸气压很小，随气体带走的甲醇很少。

（6）容易再生　减压后，溶解气体逐渐解吸回收，甲醇热再生后经冷却冷凝，循环使用。此外，甲醇也比较便宜容易获得。

低温甲醇洗法的主要缺点：

工艺流程较长，甲醇具有一定毒性会对环境造成污染，整个生产过程设备安装及运行都需严防泄漏发生，以及需要对排放的甲醇残液进行处理。稳定操作是本工段外排废水达标的关键。甲醇有毒、易燃，吸入10mL失明，30mL致命。空气中允许浓度$<50mg/m^3$；由于在低温操作，对材质和制造技术要求较高，设备制造有一定困难；为回收冷量，换热设备特别多，流程复杂，换热设备费用大，绕管式换热器制造成本和难度相对较高。

第五节　煤气变换

煤制甲醇过程中，一氧化碳（CO）和氢气（H_2）组成的合成气是合成甲醇必不可少的原料气体。但经气化工段得到的粗煤气中，原料气氢气的含量极低，无法满足后续甲醇合成正常生产的需求。因此，需要使用合适的催化剂及相关的变换工艺设备，以获得生产甲醇所需要的氢气，这是影响甲醇能否成功进行合成的重要工段。

在催化作用下，CO可以同水蒸气发生变换反应，生成H_2和CO_2。自1913年起，该技术就应用于合成氨工业，并随后用于制氢工业。而在合成甲醇过程中，则是利用此反应来调整控制CO与H_2的比例，以满足工艺生产的要求。

一、一氧化碳变换的原理

（一）变换反应的原理

1. 变换的作用

（1）调整氢碳比例　合成甲醇的原料气组成应保持一定的氢碳比例，一氧化碳与二氧化碳氢碳比$=2.0\sim2.05$。以重油或煤、焦炭为原料生产甲醇时，气体组成氢含量偏低，需通过变换工序使过量的一氧化碳变换成氢气。

（2）有机硫转化无机硫　甲醇合成原料气必须将气体中总硫量控制在$0.2cm^3/m^3$以下。以天然气与石脑油为原料时，在蒸汽转化前，用钴钼加氢转化，串联氧化锌的方法可达到要求。以煤制得的粗水煤气中，所含硫的总量中硫化氢约占90%，尚含10%左右的硫氧化碳（COS）及微量其他有机硫化物。以重油为原料所制气体中有机硫主要也是COS，其他有机硫化物为硫醇（RSH）、硫醚（RSR）、二硫化碳（CS_2）和噻吩。除了低温甲醇洗，其他湿法脱硫难以在变换前脱除有机硫。设置变换工序，除噻吩外，其他有机硫化物均可在铁基变换催化剂上转化为H_2S，便于后续脱除。如果变换工序采用的是耐硫催化剂，就不需设两次脱硫，全部硫化物在变换后可一次脱除。

2. 变换反应

变换是指一氧化碳与水蒸气反应生成氢气的过程。即

$$CO + H_2O \rightleftharpoons CO_2 + H_2 + 41.17kJ/mol$$

反应后的气体称为变换气。这是一个可逆、放热、等体积的化学反应，从化学反应平衡角度来讲，提高压力对化学平衡没影响，但有利于提高反应速度。降低反应温度和增加反应物中水蒸气量均有利于反应向生成 CO_2 和 H_2 的方向进行。

通过变换反应，把一氧化碳变为易于清除的二氧化碳，同时又能制得等物质的量的氢，而所消耗的只是廉价的水蒸气。所以，一氧化碳变换既是原料气的净化过程，又是原料气制造的继续过程。

3. CO 变换率

CO 的变换程度，通常用变换率表示。定义为反应中已变换的一氧化碳量与反应前气体中一氧化碳量的比值。若反应前气体中一氧化碳含量为 V_{CO}，变换后气体中剩下一氧化碳含量为 V'_{CO}，则变换率为：

$$X = \frac{V_{CO} - V'_{CO}}{V_{CO}}$$

式中　X——CO 变换率，%；

V_{CO}——原料气（湿气）中 CO 的体积分数；

V'_{CO}——变换气（湿气）中 CO 的体积分数。

这个相当于用湿气组成计算的变换率计算公式。

实际生产中为了简便，只分析水蒸气冷凝后的干气体组成，因为把冷凝水计量再折算为水蒸气体积，不仅麻烦，而且易带来计量的误差。因此，一般用干气组成计算变换率，计算公式如下。

$$X = \frac{V_{干CO} - V'_{干CO}}{V_{干CO} \times (V'_{干CO} + 100)}$$

式中　X——变换率；

$V_{干CO}$——原料气（干气）中 CO 的体积分数；

$V'_{干CO}$——变换气（干气）中 CO 的体积分数。

（二）变换反应的影响因素

1. 温度的影响

变换反应是一个强放热反应，因此，根据化学平衡移动原理，降低反应温度，反应正向移动，有利于变换反应的进行。但工业生产中，降低反应温度的同时必须兼顾反应速度和催化剂的性能。

变换反应开始时 CO 含量较高，在反应初期，反应的推动力大，为加快反应速度，一般需在较高反应温度下进行，而反应达到正常后，为保证反应程度较完全，就需要将反应温度降低些，工业上常采用多段变换就是这个原因。中温变换后，当参加反应气体中 CO 含量降低为 2%～4%时，反应温度仅需要控制在 230℃左右即可，采用低温变换催化剂进行变换反应。为的是使变换反应在较低的温度下继续进行，从而提高变换率，降低变换气中的 CO 含量。

2. 压力的影响

由于变换反应是等分子反应，反应前后气体的总体积不变，生产中压力对变换反应的化学平衡并无明显的影响。目前变换的工业操作压力一般低于 8.5MPa，温度低于 500℃，在此条件下压力对变换反应没有显著的影响。然而，在变换过程中采用加压操作，其目的在于提高 CO 的反应速率，提高系统的热利用率，减少动力消耗。

3. 蒸汽量的影响

从化学平衡来看，增加水蒸气用量，有利于反应向生成二氧化碳和氢气的方向移动，提高一氧化碳的变换率，加快反应速度，防止副反应发生。为此，工业上一般会采用加入一定的过量水蒸气的方法提高 CO 转化率，但开始时 CO 变换率增加很快，以后逐渐减慢。且水蒸气添加过多还会造成催化剂床层阻力增加，一氧化碳停留时间变短，CO 变换率下降，余热回收负荷加大，装置能耗上升。因此，要根据原料气成分、水汽比和目标产品的不同综合考虑合理控制蒸汽量。

4. CO_2 的影响

从变换反应看，CO_2 是变换反应的产物，如果能在变换反应过程中，把生成的 CO_2 及时除去，就可以使变换反应向右进行，有利于生成 H_2，提高变换率，使变换反应接近于完全。但一般脱除二氧化碳的流程比较复杂，工业上一般较少采用。

5. 副反应的影响

CO 变换过程中，可能发生 CO 分解析出碳和生成甲烷等副反应，其反应式如下。

$$2CO = C + CO_2$$

$$CO + 3H_2 = CH_4 + H_2O$$

以上副反应在压力高、温度低的情况下容易产生，它不仅消耗了有用的 H_2 和 CO，而且增加了无用的成分甲烷的含量，CO 分解析出的碳附着在催化剂表面，降低了催化剂活性，对生产十分不利。

二、变换反应催化剂

1. 催化剂的选择

CO 的变换反应必须在催化剂的催化作用下方能进行。对于变换工艺来说，要在一定的通气量下，保证变换气体中的残余一氧化碳符合工艺要求。因此，催化剂必须符合下述几个条件：

① 活性好，在较低或中等温度下，就能促进反应的加速进行；

② 寿命长，经久耐用，为达到长寿的目的，催化剂要具有足够的机械强度，以免在使用中破碎；

③ 耐热和抗毒性强，在一定的温度范围内，不致因温度的升高或波动而损坏催化剂，还要有足够的抗毒能力；

④ 选择性能好，就是能抑制副反应的发生；

⑤ 原料容易获得，成本低，制造简单。

2. 变换催化剂分类

目前为止，工业上已采用的变换催化剂可分为两大类：一类是非耐硫变换催化剂，另一类是耐硫宽温变换催化剂。其中非耐硫变换催化剂又分为中温型和低温型。

中温非耐硫变换催化剂称为铁-铬（Fe-Cr）系催化剂，活性组分是 Fe_3O_4 和 Cr_2O_3，活性温度为 350～550℃。

低温非耐硫变换催化剂称为铜-锌（Cu-Zn）系催化剂，活性组分是 CuO 和 ZnO，活性温度为 180～280℃。

耐硫宽温变换催化剂称为钴-钼（Co-Mo）系催化剂，活性组分是 CoO 和 MoO_3，活性温度为 180～500℃，操作温度较宽。

（1）非耐硫变换催化剂　自 20 世纪以来，变换装置起初普遍应用的是非耐硫变换催化剂，经过中温变换后，变换出口气体中的 CO 含量一般可降至 3%～4%，此时可采用低温变换，用铜-锌系低温变换催化剂，出口气体中的 CO 含量可降至 0.2%～0.4%。由于铁-铬系和铜-锌系催化剂的抗硫性能差，对硫十分敏感，因此在进入变换之前，变换原料气中的硫必须先除掉，因而非耐硫变换之前均设有脱硫工序。采用非耐硫变换催化剂的净化工艺流程的组合顺序应为：脱硫＋变换＋脱碳，这样就使得脱硫脱碳工艺分开进行，流程复杂、设备数量多、能耗高，同时流程中粗合成气需要先冷却脱硫再加热变换，然后再冷却脱碳，不利于热量回收，能量利用不合理。因此，也限制了其在变换工艺的使用。非耐硫变换催化剂在早期传统变换装置应用较多，通常适用于以轻油、天然气为气化原料的工厂。

（2）耐硫宽温变换催化剂　钴钼系耐硫宽温变换催化剂近年得到了广泛的应用，有突出的耐硫性能，对含硫量无上限要求，既耐硫又有很宽的活性温区，以重油、渣油、煤、石油焦等为原料制取的合成气均含有一定的硫分，使用钴钼系耐硫宽温变换催化剂可以将含硫气体直接进行变换。再经脱硫、脱碳（也可将脱硫、脱碳合并在一个工段同时除去），使流程简化，并显著降低了蒸汽消耗，现已成为应用最为广泛的变换催化剂。

与传统的非耐硫变换催化剂相比，耐硫宽温变换催化剂具有以下突出优势：

① 优异的耐硫和抗毒性能。钴钼系耐硫变换催化剂不存在硫中毒问题，且对合成气中含有的少量氨或氰化物等毒物也不敏感。特别适用于重油部分氧化法和以煤为原料的流程，这样原料气中的硫化氢和变换气中的二氧化碳脱除过程可以一并考虑，以节约蒸汽和简化流程。

② 活性高。开始活性温度比铁铬系催化剂的低得多。在获得相同变换率的情况下，所需钼钴催化剂的体积只是铁铬系催化剂的一半。

③ 活性温区宽。活性温区在 200～500℃，操作弹性大，并且在低温下也具有较高的变换活性。

④ 在变换反应中，催化剂上含碳化合物沉积时，可以用空气与蒸汽或氧的混合物进行燃烧再生，重新硫化后可继续使用。

⑤ 破碎强度高，使用寿命长。硫化后强度可以进一步提高，正常工况下催化剂使用寿命可达 3～6 年。

基于以上优点，钴钼系耐硫变换催化剂逐步发展成了目前工业上应用最广泛的变换催化剂。

钴钼系催化剂一般含有 1%～10%（2%～5%最好）的氧化钴（CoO）和 2%～25%（7.5%～15%）的氧化钼（MoO_3），并以氧化铝、氧化镁等为载体。为了降低催化剂的活性温度，通常还加入少量碱金属氧化物。

钴钼催化剂中真正的活性组分是硫化钴（CoS）和硫化钼（MoS_2），因此催化剂使用前必须经过硫化才具有变换活性。硫化还可以防止钴钼氧化物被还原成金属态，金属态的钴钼可促进 CO 和 H_2 发生甲烷化反应，这一强放热反应可能造成飞温而将催化剂烧坏。

硫化操作一般在氢气存在下用 CS_2，也可用含 H_2S 和硫化物的气体来硫化，用硫化氢硫化的温度可以低一些，150～250℃就可开始，其反应式为：

$$MoO_3+2H_2S+H_2 = MoS_2+3H_2O$$

$$CoO+H_2S = CoS+H_2O$$

硫化反应是放热反应，所以须控制床层温度。若温度过高，则易发生还原反应：$CoO+H_2 = Co+H_2O$ 而使催化剂的活性降低。因此通入气体中 H_2S 浓度不要太高。

硫化结束的标志是出口气体中硫化物浓度升高。一般硫化所需的硫化物总量要超过按化学方程式计量的 50%～100%。

钴钼催化剂具有加氢作用，因此原料气中不饱和烃含量高时，会产生严重的放热反应，需要特别注意。

(3) 反硫化　由于催化剂的活性组分在使用时是以硫化物形式存在的，在 CO 变换过程中，气体中有大量水蒸气，催化剂中的活性组分 MoS_2 与水蒸气有水解反应平衡关系，化学反应式为

$$MoS_2+2H_2O \longrightarrow MoO_2+2H_2S$$

在 CO 变换过程中，如果气体中 H_2S 含量高，催化剂中的钼以硫化物形式存在，催化剂维持高活性；如果气体中 H_2S 含量过低，MoS_2 将转化为 MoO_2，也就是反硫化。所以在一定工况下，要求变换的气体中有一个最低的 H_2S 含量，以维持催化剂中的钼处于硫化态。气体中的最低 H_2S 含量可通过热力学计算求得。

三、变换设备

变换的设备包括：变换炉、换热器、容器、机泵等，其中变换炉是进行 CO 变换反应的重要设备，是变换生产操作的中心环节。变换炉有各种结构形式，根据原料组成、温度、流量、催化剂性能和要求的变换率来确定变换炉的形式、变换反应的段数、最适宜的温度以及各段最适宜的出口 CO 含量。当原料气中 CO 含量为 45%～60%时，一般采用三段变换。三段变换可在一个炉子内完成，也可以分成三个炉子，为避免一次反应热太多，气体温升太大，每段之间要有冷却，要尽可能使温度分布接近最适宜温度曲线。如果 CO 含量为 30%～35%，用两段变换也可以满足要求。倘若 CO 含量在 13%左右，也可以采用一段变换。

变换炉为立式圆筒形，外壳由钢板制成，依靠设备外部的保温层防止设备的散热，以利于绝热反应顺利进行。除了装填的催化剂外，炉内主要部件有入口气体分布器、出口气体捕集器、温度计、催化剂卸料口、人孔、催化剂支承结构等。

变换炉分为绝热变换炉和等温变换炉两大类。其中绝热变换炉使用最为广泛，通常有两种结构类型，即轴向变换炉和轴径向变换炉，在设计中应根据各段变换反应的特点，采用不同型式的变换炉。

(1) 轴向变换炉　轴向变换炉是传统的用于 CO 变换的反应设备，属于典型的固定床反应器，其结构如图 5-5 所示。

轴向变换炉的结构简单，由壳体、入口气体分布器、催化剂、丝网、耐火球、卸料口和出口气体捕集器等组成。气体由气体入口进入变换炉，通过入口气体分布器后与催化剂接触，进行变换反应，最后经由出口气体捕集器出变换炉进入下一流程。变换炉内催化剂上面

铺设丝网和耐火球，用于固定催化剂，减缓入口气流和压力的波动对催化剂的冲击，保证气体的均匀分布。变换炉底部耐火球和丝网的作用是支撑催化剂，避免催化剂漏出，并为变换反应后的气体提供足够的缓冲空间，利于其出口气体捕集器使气体以均匀的流速和压力进入下一流程。

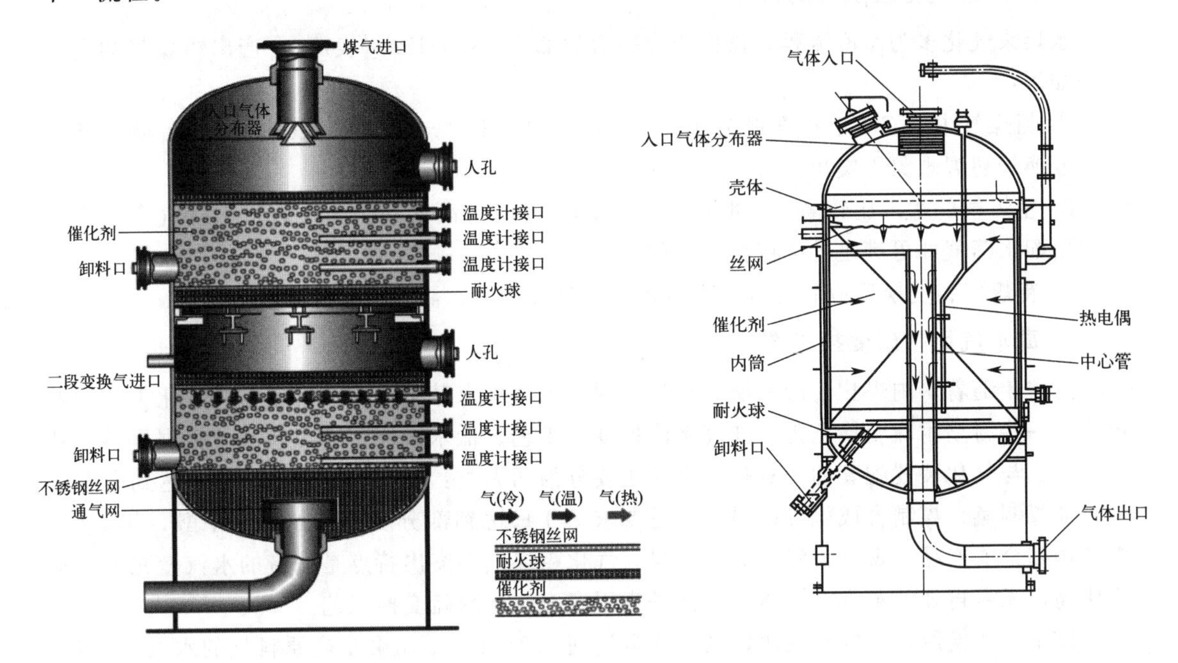

图 5-5 轴向变换炉示意图

图 5-6 轴径向变换炉示意图

（2）轴径向变换炉 轴径向变换炉是在轴向变换炉的基础上，针对其轴向床层压降较大的问题而发展起来的新结构型式的变换炉，结构如图 5-6 所示。轴径向变换炉其结构较复杂，由壳体、入口气体分布器、内筒、催化剂、中心管、耐火球、丝网、卸料口等组成。轴径向变换炉内筒的侧壁布满小孔，内筒的内壁（接触催化剂侧）设丝网，防止催化剂泄漏。中心管的侧壁同样开满小孔，中心管外壁设丝网，防止催化剂进入中心管。气体通过入口气体分布器的均布后，分两个方向由内筒外侧径向、沿轴向向下进入催化剂层进行变换反应，反应后的气体经由中心管侧壁的小孔汇集到中心管，由气体出口离开变换炉进入下一流程。在轴径向变换炉内，底部耐火球同样起到支撑催化剂的作用，催化剂上面的耐火球除了起固定催化剂的作用，减缓入口气流和压力的波动对催化剂的冲击外，还起到阻止气体轴向进入催化剂床层的作用。从而使得绝大部分的入口气体通过内筒侧壁径向穿过催化剂，小部分气体轴向通过催化剂，形成轴径向的气体流向。

轴径向变换炉的径向气流方式具有流体分布更均匀、床层压力降小、催化剂利用率高的特点，因此可采用粒度更小、活性更高的催化剂提高变换反应的效率。此外，轴径向变换炉的径向气流方式还起到了冷却设备壳体，使壳体在较低的温度条件操作的作用。因此，轴径向变换炉多用于绝热温升较高的中温变换反应中。

四、变换工艺

CO 变换的目的是通过变换反应调节粗合成气的氢碳比，变换工艺既要适应上游粗合成气的组成，又要满足下游产品的要求，同时还要满足变换催化剂的使用要求。不同的气化技术产生的粗合成气组成、水汽比不同，不同的产品所需要的一氧化碳变换深度不同，不同的工艺匹配蒸汽消耗和产生废热的能级利用不同，所以配套的变换工艺技术也不相同。

1. 水煤浆气化粗煤气的特点

水煤浆气化多为激冷流程，操作压力一般为2.7～8.5MPa（表压），产出粗煤气的主要特点如下：

① 粗煤气中的CO干基含量为42%～47%，与H_2含量相当，CO的变换负荷不是很大，变换炉超温现象不突出。

② 粗煤气的水汽比较高，一般在1.3～1.5，有时可高达到1.7左右。水蒸气含量充足不需要配水蒸气即可满足各类变换反应的要求。

③ 粗煤气经变换反应后的剩余水汽较多，凝液量大，需要回收的热量多。

2. 高水汽比耐硫变换工艺

近些年随着国内煤化工的发展，在吸取原有工艺优点基础上，结合新型煤气化工艺发展形成了一些新型耐硫变换工艺，如高水汽比变换工艺、低水汽比变换工艺等。根据下游产品的不同，与气化装置配套的一氧化碳变换主要分为两大类：一类是要求CO基本达到完全变换，如煤制氢、煤制合成氨等；另一类是要求CO只达到部分变换，如煤制甲醇、煤制油、煤制羰基合成产品、煤制天然气等。水煤浆气化粗煤气的突出特点是携带的水汽量充足，水汽比高，无需再补加蒸汽，总体上说都是应用高水汽比耐硫变换工艺。

该工艺变换原料气的水汽比较高，通常达到1.3～1.8。如果变换原料气的水汽比不足，则通过补加蒸汽或水分来提高其水汽比。该工艺的主要特点是通过高水汽比控制高浓度变换反应的温度，其利用水蒸气具有热容量大的特点，使高水汽比变换气中的过量水蒸气成为很好的热载体，吸收了反应热量，抑制了反应温升，从而控制变换炉的超温。变换气在高水汽比条件下进行深度变换反应后，再进行后续的变换。

该技术的主要优点是：

① 水汽比是调节变换反应指标的一个重要控制手段，提高水汽比，即提高了CO的平衡变换率，有利于降低变换炉出口CO的含量。

② 过量水汽的存在，能够避免甲烷化副反应的发生。

③ 水蒸气比热容较大，可有效抑制反应温升，从而可以控制住变换炉的超温。

该技术的主要缺点是：

① CO浓度越高则蒸汽耗量越大，在CO浓度很高的情况下，由于水汽比和CO含量高，反应的推动力大，反应深度难以控制。

② 水汽比越高，催化剂越容易出现反硫化现象，影响装置的正常运行。

③ 由于变换催化剂的抗水合性能较差，因此水汽比越高越影响催化剂的使用寿命。

④ 水汽比高造成装置的低品位热量过多，变换凝液产生量较大，不利于节能。

典型高水汽比耐硫变换工艺流程见图5-7，变换的分段数及变换炉的数量根据变换产品气氢碳比的需求可以增减。如果变换原料气中的水汽含量足够，则途中不需补加蒸汽。高水汽比耐硫变换工艺CO浓度都比较高，变换反应比较剧烈，反应温度较高，控制反应的热点温度和避免超温是技术关键。此外减少反应蒸汽消耗、节能降耗也是应重点关注的问题。

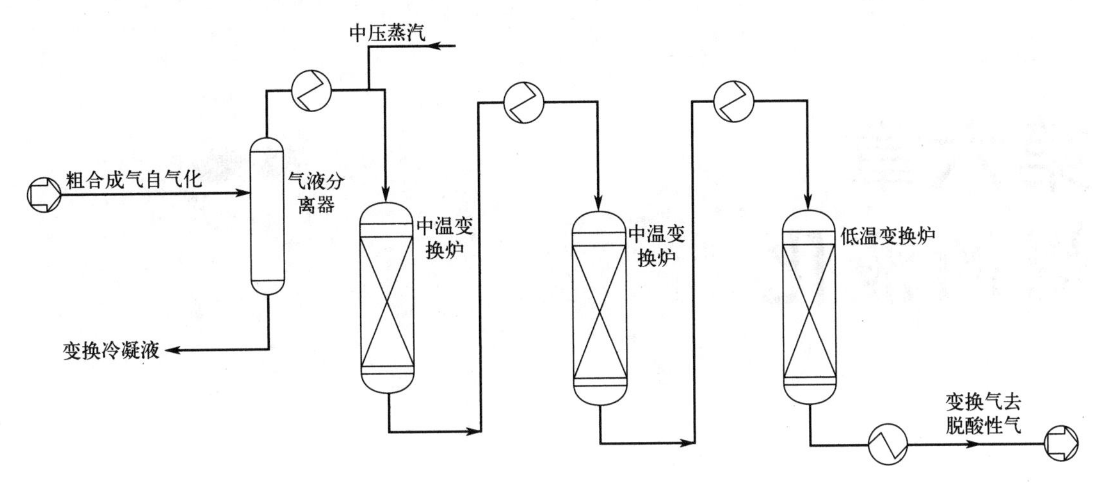

图 5-7 典型的高水汽比耐硫变换工艺流程

练习题

一、填空题

1. 根据脱硫剂的状态，可将煤气脱硫方法分为________和 ________。

2. 湿法脱硫根据溶液的吸收和再生性质不同分为________，________和________。

3. 工业上常用的除尘设备有 4 大类，分别是__________，__________，__________，__________。

4. 旋风分离器利用含尘气流做旋转运动时所产生的对尘粒的________，将尘粒从气流中分离出来。

5. 洗涤法可用于除去气体中颗粒物，常用的设备为________和________等。

6. 煤气脱碳，是指脱除煤气中的________，常用的脱碳方法有________和________。

7. 煤气变换是指在催化作用下，CO 可以同水蒸气发生变换反应，生成__________和__________。

二、简答题

1. 通常煤气中含有哪些杂质？分别有什么危害？
2. 简述煤气除尘的常用方法及特点。
3. 简述煤气中 CO 脱除的原理。
4. 简述改良 ADA 法脱硫的原理。
5. 简述氧化铁法脱硫的原理及流程。
6. 简述活性炭法脱硫的原理及流程。
7. 简述煤气脱碳的常用方法及特点。
8. 简述煤气变换的主要目的及流程。

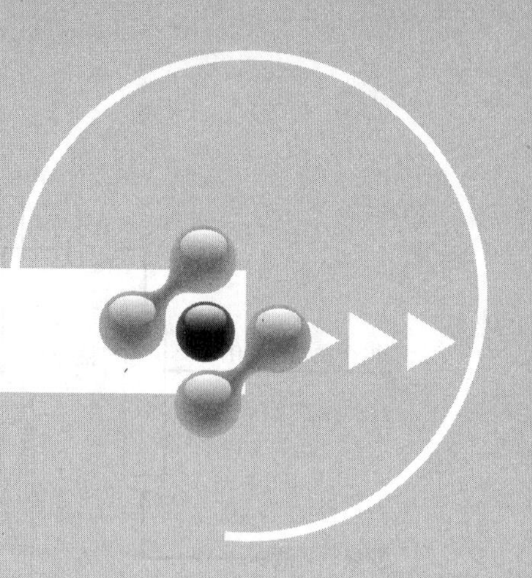

第六章 煤的液化

煤炭是我国重要的基础能源，在国民经济发展中长期具有重要的战略地位。我国的煤炭资源十分丰富，煤种比较齐全，煤炭资源储量居世界第三位。因此以我国丰富的煤炭资源为原料，积极发展煤炭液化技术合成汽油、柴油等油品和化工产品，不但可提高我国能源利用水平，加快调整、升级能源消费结构，而且还是解决我国液体燃料短缺和实现能源供应方式多样化最有效可行的方法，对于缓解我国石油供需矛盾、保障能源安全有十分重要的意义。

煤炭液化是先进的洁净煤技术和煤转化技术之一，是以煤为原料制取液体烃类为主要产品的技术。煤炭液化不仅可以生产汽油、柴油、LPG（液化石油气）、喷气燃料，还可以提取 BTX（苯、甲苯、二甲苯）等化工产品。煤液化制油主要有两种途径：一种是煤加氢直接液化合成油品途径；另一种是煤先气化为合成气（$CO+H_2$），然后再在催化剂作用下经 F-T 合成转化为油品的间接液化途径。

煤炭直接液化是将煤在氢气和催化剂作用下通过加氢裂化转变为液体燃料的过程。因此过程只需要采用加氢手段，因此又称为煤的加氢液化法。煤的直接液化是将煤在高温（400℃以上）、高压（10MPa 以上）、氢气（或 $CO+H_2$）的条件下，通过催化剂和溶剂的作用使煤中大分子进行裂解加氢，直接液化成液态烃类燃料，并脱出硫、氮、氧等原子。

煤炭直接液化的工艺过程主要包括：煤的破碎与干燥、煤浆制备、加氢液化、固液分离、气体净化、液体产品分馏和精制，以及煤气化制取氢气等部分。截至目前，煤炭直接液化工艺已经发展到第三代，典型的工艺有：德国 IGOR 公司和美国碳氢化合物研究（HTI）公司的两段催化液化工艺和日本的 NEDOL 工艺等。

煤间接液化（CTL）技术是当前碳一化工的重要发展方向，煤间接液化合成油具有清洁、环保、燃烧性能优异等优点，是化石液体燃料的直接替代品，对保障我国能源安全具有重要意义。煤炭间接液化技术在生产油品的同时还可副产大量化工产品，延长了产品链，增强了市场适应性，成为当前洁净煤技术的发展热点。

第一节　煤的液化概述

一、煤炭液化的概念

煤炭液化是把固体煤炭通过化学加工过程，使其转化成为液体燃料、化工原料和产品的先进洁净煤技术。根据不同的加工路线，煤炭液化可分为直接液化和间接液化两大类。

煤的直接液化技术是指在高温高压条件下，通过加氢使煤中复杂的有机化学结构直接转化成为液体燃料的技术，又称加氢液化。其典型的工艺过程主要包括煤的破碎与干燥、煤浆制备、加氢液化、固液分离、气体净化、液体产品分馏和精制，以及液化残渣气化制取氢气等部分，特点是对煤种要求较为严格，但热效率高，液体产品收率高。一般情况下，1t 无水无灰煤能转化成半吨以上的液化油，加上制氢用煤 3～4t 原料产 1t 成品油，液化油在进行提质加工后可生产洁净优质的汽油、柴油和航空燃料等。

煤的间接液化技术是先将煤全部气化成合成气，然后以煤基合成气（一氧化碳和氢气）为原料，在一定温度和压力下，将其催化合成为烃类燃料油及化工原料和产品的工艺，包括煤炭气化制取合成气、气体净化与交换、催化合成烃类产品以及产品分离和改制加工等过程。一般情况下，5～7t 原煤产 1t 成品油，其特点是适用煤种广、总效率较低、投资大。

二、中国发展煤炭液化的必要性

1. 在可预见的将来，中国以煤为主的能源结构不会改变

与世界大多数国家相比，中国能源资源特点是煤炭资源丰富，而石油、天然气相对贫乏。全国煤炭查明资源储量从 1978 年的 5960 亿吨增加到 2018 年的 17085 亿吨，全球第三，仅次于美国和俄罗斯。全国煤炭产量由 2015 年的 37.47 亿吨增加到 2019 年的 38.5 亿吨，2021 年我国煤炭产量可达 38.34 亿吨。但我国石油和常规天然气资源不足，2020 年中国石油、天然气对外依存度已达到 73%和 43%。2020 年我国煤炭消费量约为 41 亿吨，随着国民经济的快速发展，我国煤炭消费量还将大幅增加。由此可见，煤炭是中国未来的主要可依赖能源。此外，从经济上看，煤炭也是最廉价的能源。我国是发展中国家，又是能源消费大国，经济实力和能源供应都要求我国的能源消费必须立足于国内的能源供应，这就决定我国的能源结构必须是以煤为主体。据预测，到 2050 年，煤炭在我国一次能源消费构成中的比例仍将占 50%左右。

煤炭大量使用，引发了严重的环境污染问题。我国以煤为主的能源消费结构正面临着严峻挑战，如何解决燃煤引起的环境污染问题迫在眉睫。

2. 煤炭液化可增加液体燃料的供应能力，有利于煤炭工业的可持续发展

煤炭通过液化可将硫等有害元素以灰分脱除，得到洁净的二次能源，对优化终端能源结构、减少环境污染具有重要的战略意义。

煤炭液化可生产优质汽油、柴油和航空燃料，尤其是航空燃料，要求单位体积的发热量高，即要求环烷烃含量高，而煤液化油的特点就是富含环烷烃，通过加氢处理即可得到优质

航空燃料。

发展煤炭液化不仅可以解决燃煤引起的环境污染问题，充分利用我国丰富的煤炭资源优势，保证煤炭工业的可持续发展，满足未来不断增长的能源需求，而且更重要的是，煤炭液化还可以生产出经济适用的燃料油，大量替代柴油、汽油等燃料，有效地解决我国石油供应不足和石油供应安全问题，且经济投入和运行成本也低于石油进口，从而有利于我国清洁能源的发展和长期的能源供应安全。

第二节　煤炭直接液化技术

一、煤炭直接液化技术概述

煤炭直接液化的工业化始于二战时德国的军事工业。20 世纪 70～90 年代，受石油危机的影响，德国、美国、日本、苏联、英国、澳大利亚等国相继投入巨资，研究开发煤直接液体技术，进行了多种工艺开发，现代的直接液化技术致力于缓和操作条件、提高液化油产率。

中国从 20 世纪 70 年代末开始，为了尽快实现煤直接液化工业化，先后同德国、美国、日本等国通过国际合作进行煤直接液化中间放大试验。进入 21 世纪，在吸收国外先进液化技术的基础上，根据中国煤质特点，先后开展了高分散铁系催化剂的开发和工程化，依托具有自主知识产权的神华煤直接液化技术建设了当今世界上首套百万吨级产品的煤直接液化工业化示范项目，于 2008 年 12 月在内蒙古自治区鄂尔多斯建成投运。

目前，国外煤炭直接液化试验装置已经全部停止运转或拆除，部分相对成熟的技术处于封存和储备状态。随着近两年油价的上涨，一些富煤的国家，包括美国、澳大利亚、俄罗斯等陆续开展了煤制油项目的前期规划，其中也包括煤直接液化路线，但技术上已经落后于国内在神华建设的百万吨级的工业示范项目。各国煤直接液化技术开发情况见表 6-1。

表 6-1　各国煤直接液化技术开发情况

国别	工艺名称	规模/(t/d)	试验时间/年	地点	开发机构	现状
美国	SRCⅡ	50	1974～1981	Tacoma	GULF	拆除
	EDS	250	1979～1983	Baytown	EXXON	拆除
	H-COAL	600	1979～1982	Catlettsburti	HRI	转存
德国	IGOR	200	1981～1987	Bottrop	RAG/VEBA	改成加工重油和废塑料拆除
	PYROSOL	6	1977～1988	SAAR		
日本	NEDOL	150	1996～1998	日本鹿岛	NEDO	拆除
	BCL	50	1986～1990	澳大利亚	NEDO	
英国	LES	2.5	1988～1992		British Coal	拆除
苏联	CT-5	7.0	1983～1990	图拉市		拆除
中国	神华	6	2004	上海	神华集团	运行
	神华	6000	2008.12	鄂尔多斯		

二、煤加氢液化原理

（一）煤与石油的比较

煤与石油都是由碳、氢、氧为主的元素组成的天然有机矿物燃料，但它们在外观和化学组成上都有明显差别。

由表 6-2 可知，煤与石油、汽油在化学组成上最明显的差别是煤中氢含量低、氧含量高、H/C 原子比低。这主要是由于煤与石油的分子结构不同，烟煤的有机质是由 2～4 个或更多的芳香环构成的芳核，芳环上连接含有氧、氮或硫等的官能团侧链，形成结构单元；结构单元之间通过桥键连接，煤中桥键多为醚键和次甲基键，呈空间立体结构的高分子缩聚物。而石油分子主要是由烷烃、芳烃和环烷烃等组成的混合物。煤的分子量尚无定论，估计为 5000～10000，煤的吡啶萃取物平均分子量约为 2000，而石油的平均分子量约为 200，低馏分的分子量更低（约为 100），高沸点残渣油的分子量较高也不超过 600。

表 6-2　煤与液体油及甲烷的元素组成　　单位：%

元素	无烟煤	中等挥发分烟煤	高挥发分烟煤	褐煤	泥炭	石油	汽油	CH_4
C	93.7	88.4	80.3	72.7	50～70	83～87	85	75
H	2.4	5.0	5.5	4.2	5.0～6.1	11～14	14	25
O	2.4	4.1	11.1	21.3	25～45	0.3～0.9	—	—
N	0.9	1.7	1.9	1.2	0.5～1.9	0.2	—	—
S	0.6	0.8	1.2	0.6	0.1～0.5	1.0	—	—
H/C	0.31	0.67	0.82	0.87	约 1.0	1.76	1.94	4

因此，要将煤转化为液体产物，首先要将煤的大分子裂解为较小的分子；而要提高 H/C 原子比，就必须增加 H 原子或减少 C 原子。总之，煤液化的实质是在适当温度、氢压、溶剂和催化剂条件下，提高其 H/C 原子比，使固体煤转化为液体的油。

（二）煤加氢液化过程中的主要反应

M6-1　加氢液化过程中的反应

一般认为，在煤加氢液化过程中，氢不能直接与煤分子反应使煤裂解，而是煤分子本身受热分解生成不稳定的自由基裂解“碎片”，此时若有足够的氢存在，自由基就能得到饱和而稳定下来，如果氢不够或没有，则自由基之间相互结合转变为不溶性的焦。所以，在煤的初级液化阶段，煤有机质热解和加氢是两个十分重要的反应。

煤是非常复杂的有机物，在加氢液化过程中的化学反应也极其复杂，它是一系列顺序反应和平行反应的综合，可认为发生下列三类化学反应。

1. 煤的热解

煤在隔绝空气的条件下加热到一定温度，煤的化学结构中键能最弱的部位开始断裂，呈自由基碎片：

$$煤 \longrightarrow 自由基碎片 \sum R\cdot$$

随温度升高，煤中一些键能较弱和较高的部位也相继断裂，呈自由基碎片。

图 6-1 为含碳 83% 的高挥发性烟煤，其化学示性式为：$C_{100}H_{79}O_7NS$，结构式中“$\Longrightarrow$”代表分子模型中连接煤结构单元其他部分的桥键；结构式中“▸”代表煤结构单

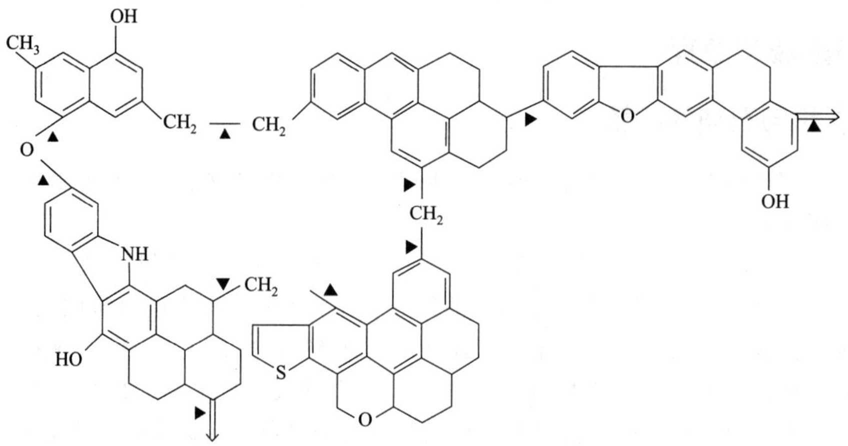

图 6-1　煤分子结构（基本单元）

元中的弱化学键。

研究表明，煤结构中苯基醚 C—O 键、C—S 键和连接芳环 C—C 键的解离能较小，容易断裂；芳香核中的 C—C 键和次乙基苯环之间相连结构的 C—C 键解离能大，难于断裂；侧链上的 C—O 键、C—S 键和 C—C 键比较容易断裂。

煤结构中的化学键断裂处用氢来弥补，化学键断裂必须在适当的阶段就应停止，如果切断进行得过分，生成气体太多；如果切断进行得不足，液体油产率较低，所以必须严格控制反应条件。

2. 加氢反应

煤热解产生的自由基“碎片”是不稳定的，它只有与氢结合后才能变得稳定，成为分子量比原料煤要低得多的初级加氢产物。其反应为：

$$\Sigma R\cdot + H = \Sigma RH$$

供给自由基的氢源主要来自以下几方面：

① 溶解于溶剂油中的氢在催化剂作用下变为活性氢；

② 溶剂油可供给的或传递的氢；

③ 煤本身可供应的氢（煤分子内部重排、部分结构裂解或缩聚放出的氢）；

④ 化学反应生成的氢，如 $CO+H_2O \longrightarrow CO_2+H_2$，它们之间相对比例随液化条件的不同而不同。

当液化反应温度提高、裂解反应加剧时，需要有相应的供氢速率相配合，否则就有结焦的危险。

提高供氢能力的主要措施有：

① 增加溶剂的供氢性能；

② 提高液化系统氢气压力；

③ 使用高活性催化剂；

④ 在气相中保持一定的 H_2S 浓度等。

3. 脱氧、硫、氮杂原子反应

加氢液化过程中，煤结构中的一些氧、硫、氮也产生断裂，分别生成 H_2O（或 CO_2、CO）、H_2S 和 NH_3 气体而被脱除。煤中杂原子脱除的难易程度与其存在形式有关，一般侧链上的杂原子较芳环上的杂原子容易脱除。

（1）脱氧反应　煤有机结构中的氧存在形式主要有：①含氧官能团，如—COOH、—OH 和羰基等；②醚键和杂环（如呋喃类）。羧基最不稳定，加热到 200℃以上即发生明显的脱羧反应，析出 CO_2。

酚羟基在比较缓和的加氢条件下相当稳定，故一般不会被破坏，只有在高活性催化剂作用下才能脱除。羰基和醌基在加氢裂解中，既可生成 CO 也可生成 H_2O。脂肪醚容易脱除，而芳香醚与杂环氧一样不易脱除。

从图 6-2 可以看出，脱氧率在 0%～60%范围内，煤的转化率与其呈直线关系。当煤的转化率已达 90%以上时，氧的脱除率才达到 60%。可见，有 40%的氧十分稳定，不易脱除。

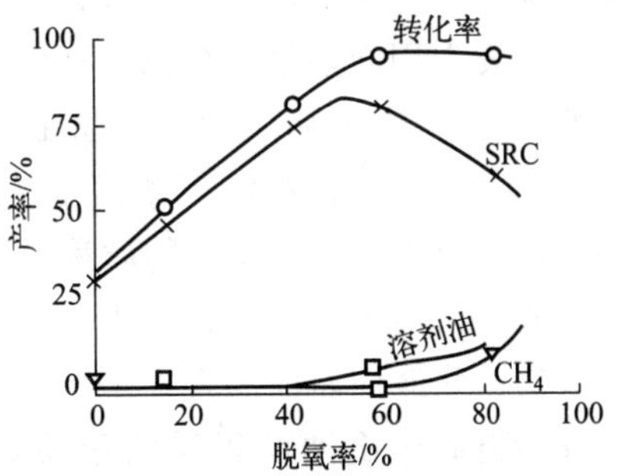

图 6-2　煤加氢液化的转化率及脱氧率的关系

（2）脱硫反应　煤有机结构中的硫以硫醚、硫醇和噻吩等形式存在，脱硫反应与上述脱氧反应相似。由于硫的负电性弱，所以脱硫反应较容易进行。杂环硫化物在加氢脱硫反应中，C—S 键在碳环饱和前先断开，硫生成 H_2S，加氢生成的初级产品为联苯；其他噻吩类化合物加氢脱硫机理与此基本类似。

（3）脱氮反应　煤中的氮大多存在于杂环中，少数为氨基，与脱硫和脱氧相比，脱氮要困难得多。在轻度加氢中，氮含量几乎没有减少，一般脱氮需要激烈的反应条件和有催化剂存在时才能进行，而且是先被氢化后再进行脱氮，耗氢量很大。例如喹啉在 210～220℃、氢压 10～11MPa 和有 MoS_2 催化剂存在的条件下，容易加氢为四氢化喹啉，然后在 420～450℃加氢分解成 NH_3 和中性烃。

（4）缩合反应　在加氢液化过程中，由于温度过高或供氢不足，煤热解的自由基“碎片”彼此会发生缩合反应，生成半焦和焦炭。缩合反应将使液化产率降低，它是煤加氢液化中不希望发生的反应。图 6-3 为沥青烯聚合生成焦炭的示意图。

沥青烯

结焦

焦炭

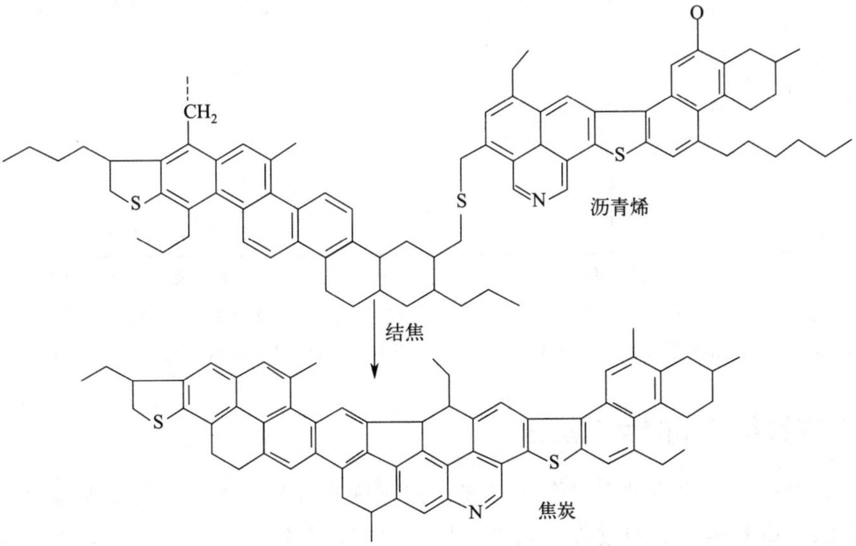

图 6-3　沥青烯聚合生成焦炭的示意图

为了提高煤液化过程的液化效率，常采用下列措施来防止结焦：①提高系统的氢分压；②提高供氢溶剂的浓度；③反应温度不要太高；④降低循环油中沥青烯含量；⑤缩短反应时间。

（三）煤加氢液化的反应产物

煤加氢液化后得到的产物并不是单一的，而是组成十分复杂的，包括气、液、固三相的混合物。反应釜取出的液化气体产物一般用气相色谱或气-质联谱进行分析。液固产物组成复杂，要先用溶剂进行分离，通常所用的溶剂有正己烷（或环己烷）、甲苯（或苯）和四氢呋喃 THF（或吡啶）。可溶于正己烷的物质称为油；不溶于正己烷而溶于苯的物质称为沥青烯（asphaltene）；不溶于苯而溶于四氢呋喃（或吡啶）的物质称为前沥青烯（preasphaltene）；不溶于四氢呋喃的物质称为残渣（或未反应煤）。

残渣由尚未完全转化的煤、矿物质和外加的催化剂构成。由于惰质组分反应活性最差，故富集在残渣中。前沥青烯是指重质煤液化产物，平均分子量约为 1000，杂原子含量较高。沥青烯类似于石油沥青质的重质煤液化产物，与前者一样也是混合物，平均分子量约为 500。油是轻质煤液化产物，除少量树脂外，一般可以蒸馏，沸点有高有低，分子量大致在 300 以下。

要了解油、沥青烯和前沥青烯等产物的组成与结构，可采用液相色谱、质谱、红外光谱、核磁共振等仪器进行分析。

煤液化中生成的气体主要包括两部分：一是含杂原子的气体，如 H_2O、H_2S、NH_3、CO_2 和 CO 等；二是气态烃，C_1～C_3（有时包括 C_4）。生成气态烃要消耗大量的氢，所以气态烃产率增加会导致氢耗量提高。

溶剂精炼煤（SRC）中各组分的组成结构见表 6-3。

表 6-3　溶剂精炼煤（SRC）中各组分的组成结构

结构参数	组分			
	前沥青烯(36%)	沥青烯(45%)	树脂(15%)	油(4%)
H_{ar}	0.51	0.455	0.43	0.48
H_{α}	0.34	0.36	0.30	0.18
H_{al}	0.15	0.16	0.27	0.24
fc_{ar}	0.84	0.79	0.75	0.76
$\overline{M}$	1026	560	370	264
C_A	62.7	32.4	20.8	16.3
C_{RS}	12.6	7.4	4.1	2.7
C_N	1.4	1.4	1.9	1.9
结构简式	$C_{74.75}H_{68.72}N_{0.79}O_{2.44}S_{0.70}$	$C_{40.8}H_{38.5}N_{0.22}O_{1.58}S_{0.03}$	$C_{27.71}H_{24.57}N_{0.22}O_{0.61}S_{0.11}$	$C_{20.1}H_{18.3}N_{0.03}O_{0.18}S_{0.03}$

注：1. H_{ar}—芳香氢占总氢的比例，H_{α}—芳环 α 位侧链的氢占总氢的比例，H_{al}—脂肪氢占总氢的比例，fc_{ar}—碳的芳香度，$\overline{M}$—平均分子量，C_A—分子中芳香碳原子数，C_{RS}—芳环上发生取代反应的碳原子数，C_N—脂环中碳原子数。

2. 苯可溶物、正己烷可溶物置于白土层析柱上，先以正己烷冲洗出油，再以吡啶冲洗，其冲洗物即为树脂。

（四）煤加氢液化的反应历程

一般认为煤加氢液化的过程是煤在溶剂、催化剂和高压氢气存在下，随着温度的升高，在溶剂中膨胀形成胶体系统的过程。煤进行局部溶解，并发生煤有机质的分裂、解聚，同时在煤有机质与溶剂间进行氢分配，于 350～400℃生成沥青质含量很多的高分子物质。在煤有机质裂解的同时，伴随着分解、加氢、解聚、聚合以及脱氧、脱氮、脱硫等一系列平行和顺序反应发生，从而生成 H_2O、CO、CO_2、NH_3 和 H_2S 等气体。

煤加氢液化反应历程如何用化学反应方程式表示，至今尚未完全统一。下面是人们公认的几种看法。

① 煤不是组成均一的反应物。煤组成是不均一的，即存在少量易液化组分，如嵌布在高分子主体结构中的低分子化合物，也有一些极难液化的惰性组分。

② 反应以顺序进行为主。虽然在反应初期有少量气体和轻质油生成，不过数量不多，在比较温和条件下数量更少，所以总体上反应以顺序进行为主。

③ 前沥青烯和沥青烯是液化反应的中间产物。它们都不是组成确定的单一化合物，在不同反应阶段生成的前沥青烯和沥青烯结构肯定不同，它们转化为油的反应速度较慢，需要活性较高的催化剂。

④ 逆反应（即结焦反应）也有可能发生。

根据上述认识，煤液化的反应历程如图 6-4 所示。

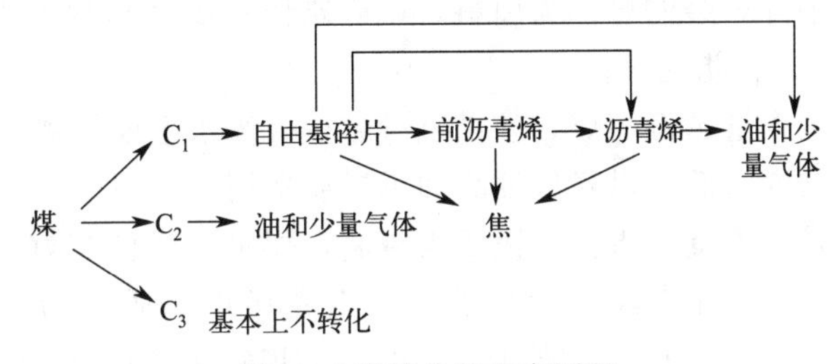

图 6-4　煤液化的反应历程

上述反应历程中 C_1 表示煤有机质的主体，C_2 表示存在于煤中的低分子化合物，C_3 表示惰性成分。此历程并不包括所有反应。

经推测，煤受热首先热解生成分子量不等的自由基碎片，此时，若缺乏足够的氢，自由基碎片没能被溶剂分散开来，它们就相互之间发生聚合反应，生成难以溶解的焦炭；而相反，有足够的氢和溶剂存在情况下，自由基碎片容易被溶剂分散，且与氢结合而稳定为中等分子量的产物，在催化剂和氢共同作用下进一步催化加氢裂解为分子量较小产物。

三、煤加氢液化的影响因素

煤加氢液化反应是十分复杂的化学反应，影响加氢液化反应的因素很多，这里主要讨论原料煤、溶剂、催化剂与工艺参数等因素。

（一）原料煤性质

M6-2　原料煤对煤炭液化的影响

选择加氢液化原料煤，主要考虑以下 3 个指标：

① 干燥无灰基原料煤的液体油收率高；

② 煤转化为低分子产物的速度，即转化的难易度；

③ 氢耗量。

煤中有机质元素组成是评价原料煤加氢液化性能的重要指标。F. Bergius 研究指出，含碳量低于 85%的煤几乎都可以进行液化，煤化度越低，液化反应速度越快。就腐植煤而言，煤加氢液化由难到易顺序为低挥发分烟煤、中等挥发分烟煤、高挥发分烟煤、褐煤、年轻褐煤、泥炭。无烟煤很难液化，一般不作加氢液化原料。另外，腐泥煤比腐植煤容易加氢液化。

除煤的煤化程度外，煤的化学组成和岩相组成对煤液化也有很大影响。煤的化学组成中自由氢的含量与加氢液化过程中所消耗的氢气数量呈反比关系。所谓自由氢是指原料分解时分配到作为液态和加氢产物（如烃类、含硫化合物、含氧化合物和含氨化合物）中的那一部分氢。

从煤的岩相组分来看，镜煤和亮煤最易液化，其次为暗煤，最难液化的组分是丝炭，因而丝炭含量高的煤不易用作加氢液化的原料。

实验证明，煤的风化与氧化对加氢液化有害。对新开采的煤进行液化，其转化率比在空气中存放一段时间后的煤进行液化要高 20%。

煤直接液化对煤质的基本要求如下。

① 要将煤磨成 200 目左右细粉，并干燥到水分<2%。因此煤含水量越低越经济，投资和能耗越低。

② 应选择易磨或中等难磨的煤作为原料，最好哈氏可磨性指数大于 50，否则机械磨损严重，维修频繁，消耗大、能耗高。

③ 氢含量越高、氧含量越低的煤，外供氢量越少，废水生成量越少。

④ 氮等杂原子含量要求低，以降低油品加工提质费用。

⑤ 煤的岩相组成是一项重要指标，镜质组越高，煤液化性能越好，一般镜质组达 90%以上为好；丝质组含量高的煤，液化活性差。云南先锋煤镜质组为 97%，煤转化率高达 97%，神华煤丝质组达 30%以上，镜质组约为 65%，煤转化率只有 89%左右。

⑥ 要求原料煤中灰<5%，一般原煤中灰难达此指标，这就要求煤的洗选性能好，因为灰严重影响油的收率和系统的正常操作。灰成分也对液化过程产生影响：灰中 Fe、Co、Mo 等元素对液化有催化作用，可产生好的影响，但灰中 Si、Al、Ca、Mg 等元素易结垢、沉积，影响传热和正常操作，且造成管道系统磨损堵塞和设备磨损。

煤化程度与其加氢液化转化率的关系见表 6-4。

表 6-4　煤化程度与其加氢液化转化率的关系

煤　种	液体收率/%	气体收率/%	总转化率/%
中等挥发分烟煤	62	28	90
高挥发分烟煤 A	71.5	20	91.5
高挥发分烟煤 B	74	17	91
高挥发分烟煤 C	73	21.5	94.5
次烟煤 B	66.5	26	92.5
次烟煤 C	58	29	87
褐煤	57	30	87
泥炭	44	40	84

（二）煤液化溶剂

M6-3　溶剂对煤加氢液化的影响

煤炭加氢液化一般要使用溶剂。溶剂的作用主要是热溶解煤、溶解氢气、供氢和传递氢、直接与煤质反应等。

① 热溶解煤。使用溶剂是为了让固体煤呈分子状态或自由基碎片分散于溶剂中，同时将氢气溶解，以提高煤和固体催化剂、氢气的接触性能，加速加氢反应和

提高液化效率。

② 溶解氢气。为了增加煤、固体催化剂和氢气的接触，外部供给的氢气必须溶解在溶剂中，以利于加氢反应进行。

③ 供氢和传递氢。有些溶剂除热溶解煤和氢气外，还具有供氢和传递氢作用。如四氢萘作溶剂，具有供给煤质变化时所需要的氢原子，本身变成萘，萘又可从系统中取得氢而变成四氢化萘。

④ 溶剂直接与煤质反应。

⑤ 其他作用。在液化过程中溶剂能使煤质受热均匀，防止局部过热；溶剂和煤制成煤糊有利于泵的输送。此外，在工业生产时，溶剂的来源和价格直接影响液化产品的成本。

（三）直接液化催化剂

M6-4 直接液化催化剂的品种及选择

1. 工业催化剂的性能要求和催化剂组成部分

（1）对工业催化剂的性能要求

① 良好的催化活性。催化剂的活性表示增加反应速度的能力，催化剂的活性高意味着生产能力强或原料转化率高，或是能在较缓和的条件下也能达到较高的转化率。对煤的液化，既希望加速反应也希望降低反应压力。

② 高的反应选择性。催化剂的反应选择性是向特定反应方向转化的原料量占已转化的原料总量的比例，煤加氢液化希望达到很高的液体收率而不希望得到较多的气体和焦炭。

③ 较长的催化剂寿命。它需具备以下几方面的稳定性。

a. 化学稳定性：在反应介质中化学组成和化合状态能保持不变。

b. 结构稳定性：能长期经受高温和水蒸气的作用，其物理结构——比表面、孔结构、晶相、晶粒分散度等不发生变化，使有效活性表面能稳定地存在，从而保证催化剂的活性。

c. 机械稳定性：具有足够高的机械强度，包括压碎强度、磨损强度、冲击强度，在操作过程中保持催化剂的颗粒大小和形状不变，以保证反应器床层处于稳定的流体力学状态，并减少催化剂的损失。

d. 对于毒物有足够高的抵抗力。

e. 有良好的传热性，能及时导出反应热，防止局部过热。

④ 催化剂应该来源易得，价格便宜。在第一段加氢时因为有煤存在，贵重催化剂回收困难，故多用工业废渣或廉价铁系催化剂，如赤泥作为一次性催化剂。

（2）工业催化剂的组成部分　催化剂可以是单组分，也可以是多组分，一般工业上经常用的是后者。下面介绍固态催化剂的几个组成部分。

① 活性成分，又称主催化剂。通常把对加速化学反应起主要作用的成分称为主催化剂，它是催化剂中最主要的活性组分，没有它，催化剂就显示不出活性。如 Co/Mo 加氢催化剂中 Co 和 Mo 都是活性成分，铂重整催化剂中的铂也是活性组分。一种催化剂的活性组分并不限于一种，如催化裂化反应所用的催化剂 SiO_2-Al_2O_3 都属于活性组分，SiO_2 和 Al_2O_3 两者缺一不可。有许多催化反应是由一系列化学过程串联进行的。例如烃类的重整反应，就是由一系列脱氢反应与异构反应所组成，铂提供脱氢活性，酸化了的 Al_2O_3 提供酸性促进异构化，因此，Pt 和 Al_2O_3 都是活性组分。这类催化剂称为多功能催化剂。

活性组分是催化剂的核心，催化剂活性好坏主要是由活性组分决定的。例如，用作重整催化剂的活性金属，主要是元素周期表中的第Ⅷ族元素，如铂、钯、铱等。现代双金属和多金属活性组分的重整催化剂，大多离不开铂。选择催化剂的活性组分是催化剂研制中的首要环节。

② 助催化剂。在活性组分中添加少量某种物质（一般仅千分之几到百分之几），虽然这种添加物本身没有活性或活性很小，但它却能显著地改善活性成分的催化性能，包括活性、选择性、稳定性等，这些添加剂就被称为助催化剂，如合成氨铁催化剂中的 Al_2O_3 和 K_2O。

③ 载体。又称担体，是催化剂的重要组成部分。对于很多工业催化剂来说，活性组分确定后，载体的种类及性质往往会对催化剂性能产生很大影响，而选择和制备一种好的载体往往需要多方面的知识。载体用于催化剂制备上，原先的目的是节约贵重材料（如铂、钯）的消耗，即把贵重材料分散载在体积松大的物体上，以代替整块材料使用。另一目的是使用强度高的载体可使催化剂能经受机械冲击，使用时不致因逐渐粉碎而增加对反应器中流体的阻力。所以，开始选择载体时，往往从物理性质、机械性能、来源等方面加以考虑。

2. 催化剂的作用

煤液化反应中，在催化剂的作用下产生了活性氢原子，又通过溶剂为媒介实现了氢的间接转移，使各种液化反应得以顺利地进行。催化剂在煤加氢液化中的作用为以下 3 点：

（1）活化反应物，加速加氢反应速率，提高煤液化的转化率和油收率　煤加氢液化过程是煤有机分子不断裂解、加氢稳定的循环过程。由于分子氢的键合能较高，难以直接与煤热解产生的自由基碎片结合，因此需要通过催化剂的催化作用，改变氢分子的裂解途径（氢分子在催化剂表面吸附离解），降低氢与自由基的反应活化能，增加了分子氢的活性，加速了加氢液化反应。同时，催化剂还对溶解于溶剂中的煤有机质中的 C—C 键断裂有促进作用，有利于煤有机质和初始热解产物的裂解反应，提高了煤液化转化率和油收率。

（2）促进溶剂的再加氢和氢源与煤之间的氢传递　由煤液化化学中的溶剂作用可知，芳烃类溶剂在液化过程中先将部分氢化芳环中的氢供出与自由基结合，然后在催化剂作用下本身又被气相氢加氢还原为氢化芳环，如此循环，维持和增加液化系统中氢化芳烃的含量和供氢体的活性。正是在催化剂作用下，加速溶剂再加氢，促进了氢源与煤之间的氢传递，从而提高了液化反应速率。在溶剂中添加四氢化萘可以提高煤液化转化率和油收率的事实就是例证。

（3）具有选择性　如前所述，煤加氢液化反应十分复杂，主要液化反应包括有：①热裂解，煤有机大分子热分解成自由基碎片；②加氢，氢与自由基结合而使自由基稳定；③脱除氧、氮、硫等杂原子；④裂化，液化初始产物过渡裂解成气态烃；⑤异构化；⑥脱氢和缩合反应（供氢不足更容易发生）等。为了提高油收率和油品质量，减少残渣和气态烃产率，要求催化剂具有选择性催化作用，即希望催化剂加速反应①、②、③、⑤，控制反应④适当，抑制反应⑥进行，对煤裂解反应要求进行到一定深度就停止，防止缩合反应发生。但目前工业上使用的催化剂还不能同时具备上述所列的催化性能，常根据工艺目的来选择相适应的催化剂。

3. 煤直接液化用催化剂研究进展

催化剂是煤直接液化过程的核心技术，在煤液化过程中起着非常重要的作用。优良的催化剂可以降低煤液化温度，减少副反应并降低能耗，提高氢转移效率，增加液体产物的收率。

已经研究过的催化剂有三类：一是金属（Ni、Co、W 和 Mo 等）硫化物；二是含金属的酸性催化剂（$ZnCl_2$、$SnCl_2$ 等）；三是铁矿、飞灰和天然硫铁矿等。但前两类催化剂中含的金属不是价格昂贵，就是本身有毒性，要从液化残渣中用萃取的方法回收这些金属，必须建耗资很大的催化剂回收系统。第三类催化剂成本低，可以随液化残渣一起弃去，对环境不会造成大的危害，但活性太低，影响总的经济成本。

铁基催化剂也是研究较早的催化剂，其优点是具有较好的活性、价格低廉和利于环保。虽然铁基催化剂在加氢裂解活性上不如 Co 和 Mo 等催化剂，但由于经济和环保上的优势，并且煤灰分中也含有铁元素，因此，将铁基材料作为煤直接液化的催化剂材料成为当前研究的主要热点。

（四）工艺参数

反应温度、反应压力和反应时间是煤加氢液化的主要工艺参数，对煤液化反应影响较大。

1. 反应温度

反应温度是煤加氢液化的一个非常重要的条件，不到一定的温度，无论多长时间，煤也不能液化。在其他条件配合下，煤加热到最合适的反应温度，就可获得理想的转化率和油收率。

在氢压、催化剂、溶剂存在条件下，加热煤糊会发生一系列的变化。首先煤发生膨胀，局部溶解，此时不消耗氢，说明煤尚未开始加氢液化。随着温度升高，煤发生解聚、分解、加氢等反应，未溶解的煤继续热溶解，转化率和氢耗量同时增加；当温度升到最佳值 420～450℃范围内时，煤的转化率和油收率最高。温度再升高，分解反应超过加氢反应，综合反应也随之加强，因此转化率和油收率减少，气体产率和半焦产率增加，对液化不利，反应温度对煤转化率的影响规律见图 6-5。

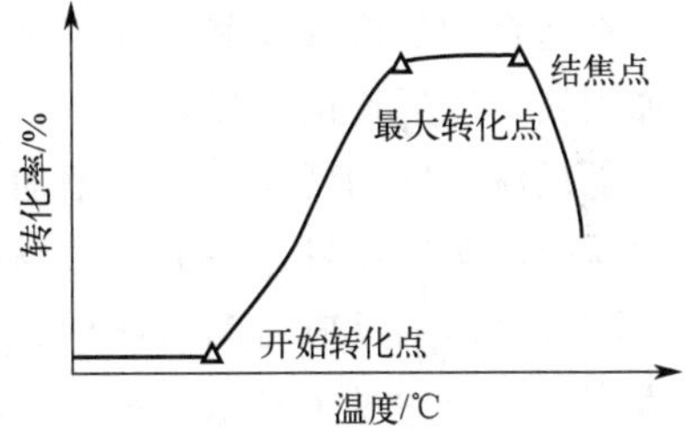

图 6-5　反应温度对煤转化率的影响

由图 6-5 可见，不到一定温度不会发生加氢转化反应，在超过初始热解温度的一定温度范围内，煤转化率随温度上升而上升，达到最高点后在较小的高温区间持平，然后由于发生聚合、结焦，转化率下降。

反应温度在液化过程中是一个重要的工艺参数。随着反应温度的升高，氢传递及加氢反应速度也随之加快，因而煤转化率、油产率、气体产率和氢耗量也随之增加，沥青烯和前沥青烯的产率下降，转化率和油产率的增加、沥青烯和前沥青烯产率的减少是有利的，但反应温度并非越高越好，若温度偏高，可使部分反应生成物产生缩合或裂解生成气体产物，造成气体严重增加，有可能会出现结焦，严重影响液化过程的正常进行。所以，根据煤种特点选择合适的液化反应温度是至关重要的。

2. 反应压力

采用高压的目的主要在于加快加氢反应速度。煤在催化剂存在下的液相加氢速度与催化剂表面直接接触的液体层中的氢气浓度有关。由图 6-6 可以看出，在 35MPa 以前，单位反应速度常数和压力成正比。氢气压力提高，有利于氢气在催化剂表面吸附，有利于氢向催化剂孔隙深处扩散，使催化剂活性表面得到充分利用，因此催化剂的活性和利用效率在高压下比低压时高。

压力提高，煤液化过程中的加氢速度就加快，阻止了煤热解生成的低分子组分裂解或生成半焦的反应，使低分子物质稳定，从而提高油收率；提高压力，还使液化过程有可能采用较高的反应温度。从图 6-7 可见，H_2 初压从 10.3MPa 提高到 17.23MPa 时，煤的转化率提高 20%以上；在较低压力下，反应温度超过 440℃时转化率下降，而在较高压力下，反应温度超过 470℃，转化率才下降。但是，氢压提高，对高压设备的投资、能量消耗和氢耗量都要增加，产品成本相应提高，所以应根据原料煤性质、催化剂活性和操作温度，选择合适的氢压。

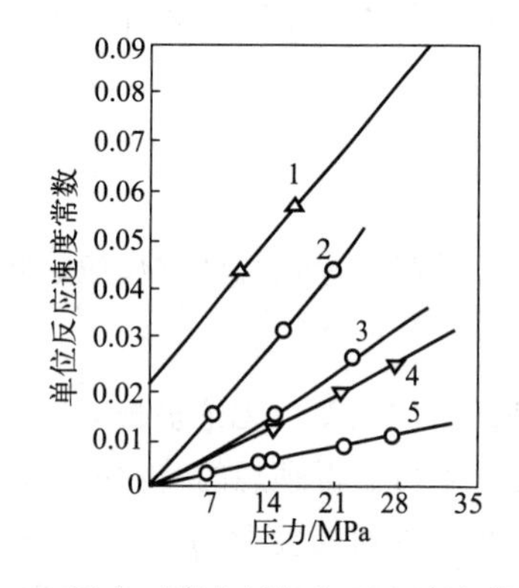

图 6-6 压力对催化剂加氢反应速度的影响

1—烟煤＋Mo；2—烟煤＋Sn；3—褐煤＋Mo；4—褐煤＋Sn；5—烟煤和褐煤不加催化剂

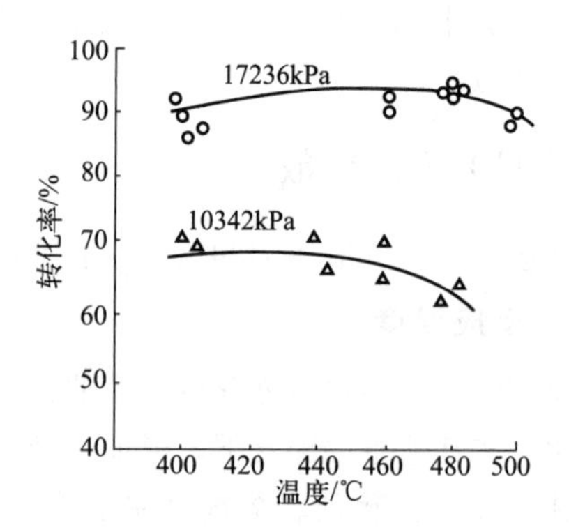

图 6-7 煤加氢液化反应温度、压力和转化率的关系

3. 反应时间

在适合的反应温度和足够氢供应下进行煤加氢液化，随着反应时间的延长，液化率开始增加很快，以后逐渐减慢，而沥青烯和油收率相应增加，并依次出现最高点，转化率开始很少，随反应时间的延长，后来增加很快，同时氢耗量也随之增加，见表 6-5。

从生产角度出发，一般要求反应时间越短越好，因为反应时间短意味着高空速、高处理量。不过合适的反应时间与煤种、催化剂、反应温度、压力、溶剂以及对产品的质量要求等因素有关，应通过实验来确定。

表 6-5 Westerholt 煤加氢液化转化率与反应时间的关系

反应温度/℃	反应时间/min	转化率/%	沥青烯/%	油/%
410	0	33	31	2
	10	55	40	14
	30	64	46	18
	60	74	47	26
	120	76	48	27
435	0	46	41	5
	10	66	40	26
	30	79	50	28
	60	79	39	36
455	0	47	32	15
	10	67	43	23
	30	73	51	20
	60	77	44	26

近年来开发的短接触时间液化新工艺显示出很多优点。如短接触时间 SRC 工艺，氢耗量比一般 SRC 工艺减少 1.3%，转化率虽降低 4%，但因气体产率减少 6.9%，SRC 产物产率增加 24%。

四、煤炭直接液化工艺

按煤液化的目标产物分类大致有：①生产洁净的固体燃料（SRC）、重质燃料油，替代直接燃煤和石油，供发电锅炉等使用；②生产汽油、柴油等发动机燃料，替代石油；③脱灰、脱硫作为生产电极等碳素制品的原料，也可用作炼焦配煤的黏结组分；④生产化工原料，如芳烃等。

按过程工艺特点分类大致有：①煤直接催化加氢液化工艺；②煤加氢抽提液化工艺；③煤热解和氢解液化工艺；④煤油混合共加氢液化工艺。

（一）煤直接催化加氢液化工艺

1. 德国煤直接加氢液化老工艺

德国是当今世界上第一家拥有煤直接加氢液化工业化生产经验的国家。德国的煤直接加氢液化老工艺是世界其他国家开发同类工艺的基础。

该工艺过程分为两段，第一段为糊相加氢，将固体煤初步转化为粗汽油和中油；第二段为气相加氢，如图 6-8 所示，将前段的中间产物加工成商品油，由备煤、干燥工序来的煤与催化剂和循环油一起在球磨机内湿磨制成煤糊，煤糊用高压泵输送并与氢气混合后送入热交换器，与从高温分离器顶部出来的热油气进行换热，随后送入预热器预热到 45℃，再进入 4 个串联的加氢反应器。

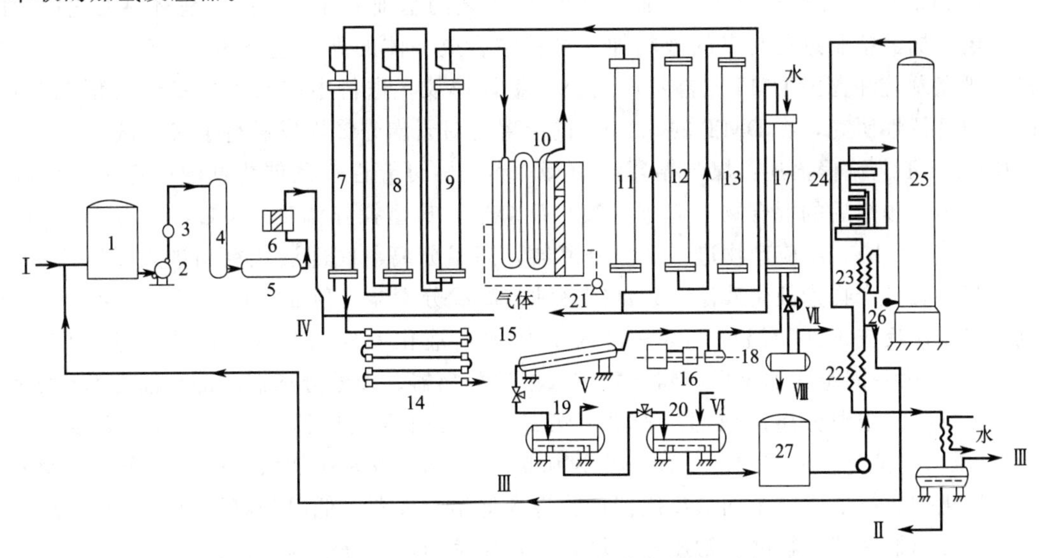

图 6-8 气相加氢过程的汽油化装置的流程图

1，18～20—罐；2—离心泵；3—计量器；4—硫化氢饱和塔；5—过滤器；6—高压泵；7～9—高压换热器；10—对流式管式炉；11～13—反应塔；14—高温冷却器；15—产品分离器；16—循环泵；17—洗涤塔；21，26—泵；22，23—换热器；24—管式炉；25—精馏塔；27—中间罐；

Ⅰ—来自预加氢装置；Ⅱ—去精制和稳定的汽油；Ⅲ—二次汽油化的循环油；

Ⅳ—新鲜循环气（98% H_2）；Ⅴ—贫气；Ⅵ—富气；Ⅶ—加氢气；Ⅷ—排水

反应后的物料先进入高温分离器，气体和油蒸气与重质糊状物料（包括重质油和未反应的煤、催化剂等）在此分离。前者经过热交换器后再到冷分离器分出气体和油，气体的主要成分为氢气，经洗涤除去烃类化合物后作为循环气再返回到反应系统，从冷分离器底部获得的油经蒸馏得到粗汽油、中油和重油。

高温分离器底部排出的重质糊状物料经离心过滤分离为重质油和残渣，离心分离重质油与蒸馏重油混合后作为循环溶剂油返回煤糊制备系统，制备煤糊；残渣采用干馏方法得到焦油和半焦。

蒸馏得到的粗汽油和中油作为气相加氢原料，从罐中泵出，通过初步计量器、硫或硫化氢饱和塔和过滤器后与循环气混合后进入顺次排列的高压换热器换热，再进入管式气体加热炉预热。从加热炉出来的原料蒸气混合物进入 3 个或 4 个顺次排列的固定床催化加氢反应塔。催化加氢装置的操作压力为 32.5MPa，反应温度维持在 360～460℃范围内。

从反应塔 13 出来的加氢产物蒸气送至换热器，换热后的产品气进入高温冷却器 14，冷却后再进入产品分离器 15，用循环泵 16 从分离器抽出气体，气体通过洗涤塔后作为循环气又返回系统。

从分离器得到的加氢产物进入中间罐 27，然后由泵 21 送入精馏装置。从精馏装置得到汽油为主要产品，塔底残油返回作为加氢原料。

2. 德国直接液化新工艺——IGOR$^+$ 工艺

德国是第一个将煤炭直接液化工艺用于工业性生产的国家，采用的工艺是在 1913 年发明的 IG 工艺，1927 年德国开发了溶剂萃取法（Pott-Broche 工艺）。目前世界上大多数煤炭直接液化工艺都是在这两个工艺的基础上开发而来的。

IGOR$^+$（Integrated Gross Oil Refining）工艺是由德国矿业研究院（DMT）、鲁尔煤炭公司（Ruhrkohle AG）和 Veba 石油公司在 IG 工艺的基础上开发而成，是将煤液化粗油的加氢稳定、加氢精制过程与煤的液相加氢过程结合成一体的新工艺技术。1997 年，中国煤炭科学研究总院和德国 DMT、鲁尔煤炭公司签订协议，进行中国云南先锋煤液化 5000t/d 示范厂的可行性研究，在 DMT 的 0.2t/d 的装置上对云南先锋褐煤进行了液化试验。

IGOR$^+$工艺流程描述：煤与循环溶剂及“赤泥”可弃性铁系催化剂配成煤浆，与氢气混合后预热。预热后的混合物一起进入液化反应器，典型操作温度 470℃，压力 30.0MPa，空速 0.5t/(m^3/h)。反应产物进入高温分离器，高温分离器底部液化粗油进入减压闪蒸塔，减压闪蒸塔底部产物为液化残渣，顶部闪蒸油与高温分离器的顶部产物一起进入第一固定床加氢反应器，反应条件为温度 350～420℃，压力与液化反应器相同，液体空速（LHSV）为 0.5h^{-1}。第一固定床加氢反应器产物进入中温分离器。中温分离器底部重油为循环溶剂，用于煤浆制备。中温分离器顶部产物进入第二固定床加氢反应器，反应条件为温度 350～420℃，压力与液化反应器相同，LHSV 为 0.5h^{-1}。两个固定床加氢反应器内均装有 Mo-Ni 型载体催化剂。第二固定床加氢反应器产物进入低温分离器，低温分离器顶部富氢气循环使用。低温分离器底部产物进入常压蒸馏塔，在常压蒸馏塔中分馏为汽油和柴油组分。

3. 氢煤法（H-Coal）

氢煤法的开发始于 1963 年，是美国能源部等资助下由碳氢化合物公司（HRI）研究开发的煤加氢液化工艺，其工艺基础是对重油进行催化加氢裂解的氢油法（H-Oil）。

M6-5　IG 法工艺流程动画

该法采用褐煤或年轻烟煤为原料，生产燃料油或合成原油。燃料油可加工提炼成车用燃料。合成原油可用作锅炉燃料。

煤粉磨细到小于 60 目，干燥后与液化循环油混合，制成煤浆，经过煤浆泵把煤糊增压至 20MPa，与压缩氢气混合送入预热器预热到 350～400℃后，进入沸腾床催化反应器。采用加氢活性良好的钴-钼（Co-Mo/Al_2O_3）柱状催化剂，利用溶剂和氢气由下向上的流动，使反应器的催化剂保持沸腾状态。在反应器底部设有高压油循环泵，抽出部分物料打循环，造成反应器内的循环流动，促使物料在床内呈沸腾状态。为了保证催化剂的活性，在反应中连续抽出 2%的催化剂进行再生，并同时补充等量的新催化剂。由液化反应器顶部流出的液化产物经过气液分离，蒸气冷凝冷却后，凝结出液体产物，气体经过脱硫净化和分离，分出的氢气再循环返回到反应器，进行循环利用。凝结的液体产物经常压蒸馏得到轻油和重油，轻油作为液化粗油产品，重油作为循环溶剂返回制浆系统。含有固渣的液体物料出反应器后直接进入闪蒸塔分离，闪蒸塔顶部物料与凝结液一起入常压蒸馏塔蒸馏，塔底产物通过水力分离器分成高固体液流和低固体液流。低固体液流返回煤浆混合槽，以尽量减少新鲜煤制浆所需馏分油的用量；水力分离器底流经过最终减压蒸馏得重油和残渣，重油返回制浆系统，残渣送气化制氢，作为系统氢源，这个方法可以在较低煤进料量的条件下操作获得尽可能多的馏分油。

M6-6 氢煤法工艺流程动画

4. 催化两段液化(CTSL)工艺

催化两段液化（CTSL：Catalytic Two-Stage Liquefaction）工艺是 H-Coal 单段工艺的发展。该工艺采用了紧密串联结构，每段都采用活性载体催化剂。

催化两段液化工艺（CTSL 工艺）（图 6-9）描述：煤与循环溶剂配成煤浆，预热后与氢气混合加入一段沸腾床反应器的底部。反应器内填装载体催化剂，通常为镍-钼/氧化铝催化剂，催化剂被反应器内部循环流流态化。因此反应器具有全返混式反应器模式的均一温度特征。溶剂具有供氢能力，在一段反应器中，通过将煤的结构打碎到一定程度而将煤溶解。一段反应器也对溶剂进行再加氢。操作压力是 17.0MPa，操作温度在 400～420℃。

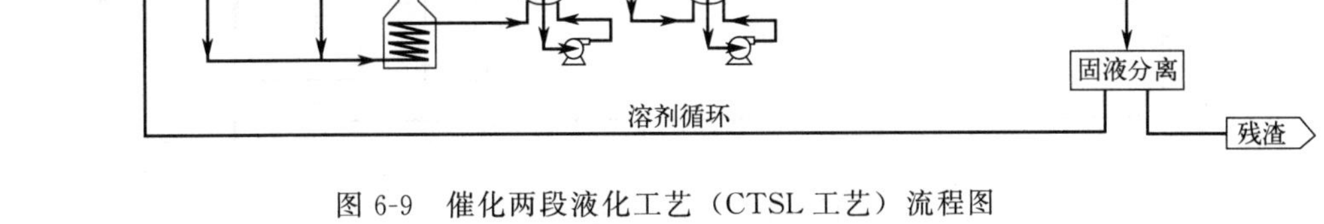

图 6-9 催化两段液化工艺（CTSL 工艺）流程图

反应产物直接进入二段沸腾床反应器中，操作压力与一段相同但温度更高。反应器也填装有载体催化剂，操作温度常达 420～440℃。

二段反应器的产物经分离和减压后，进入常压蒸馏塔，蒸馏切割出沸点小于 400℃的馏分。常压蒸馏塔塔底含有溶剂、未反应的煤和矿物质。常压蒸馏塔塔底物料进行固液分离，脱除固体，溶剂循环至煤浆段。

5. HTI 工艺

HTI 工艺是催化两段液化工艺的改进型，采用悬浮床反应器和在线加氢反应器以及 HTI 铁基催化剂。其主要特点是：①反应条件比较温和，反应温度在 440～450℃，反应压力是 17.0MPa；②采用内循环沸腾床（悬浮床）反应器，达到全返混反应器模式；③催化剂采用 HTI 拥有专利技术制备的铁系胶状高活性催化剂，用量少；④在高温分离器后面串联在线加氢固定床反应器，对液化油进行加氢精制；⑤固液分离采用临界溶剂萃取的方法，从液化残渣中最大限度回收重质油，大幅度提高了液化油收率。但是用甲苯类溶剂作循环溶剂使用时，因沥青烯的存在和积聚会导致煤浆黏度增大，使操作出现问题。

HTI 工艺流程（图 6-10）描述：煤、催化剂和循环溶剂配成煤浆，预热后与氢气混合加入一段沸腾床反应器的底部。一段反应器操作压力是 17.0MPa，操作温度在 400～420℃。

反应产物直接进入二段沸腾床反应器中，操作压力与一段相同但温度更高，操作温度常高达 420～440℃。

二段反应器的产物进入高温分离器。高温分离器底部含固体的物料减压后，部分循环至煤浆制备单元，称为粗油循环。高温分离器底部其余物料进入减压蒸馏塔，减压蒸馏塔塔底物料进入临界溶剂萃取单元，进一步回收重质馏分油。临界溶剂萃取单元回收的重质油与高温分离器气相部分直接进入在线加氢反应器，产品经加氢后，品质提高，进入分离器，气相富氢气体作为循环氢使用。液相产品减压后进入常压蒸馏塔蒸馏切割出产品油馏分。常压蒸馏塔塔底物部分作为溶剂循环至煤浆制备单元。临界溶剂萃取单元的萃余物料为液化残渣。

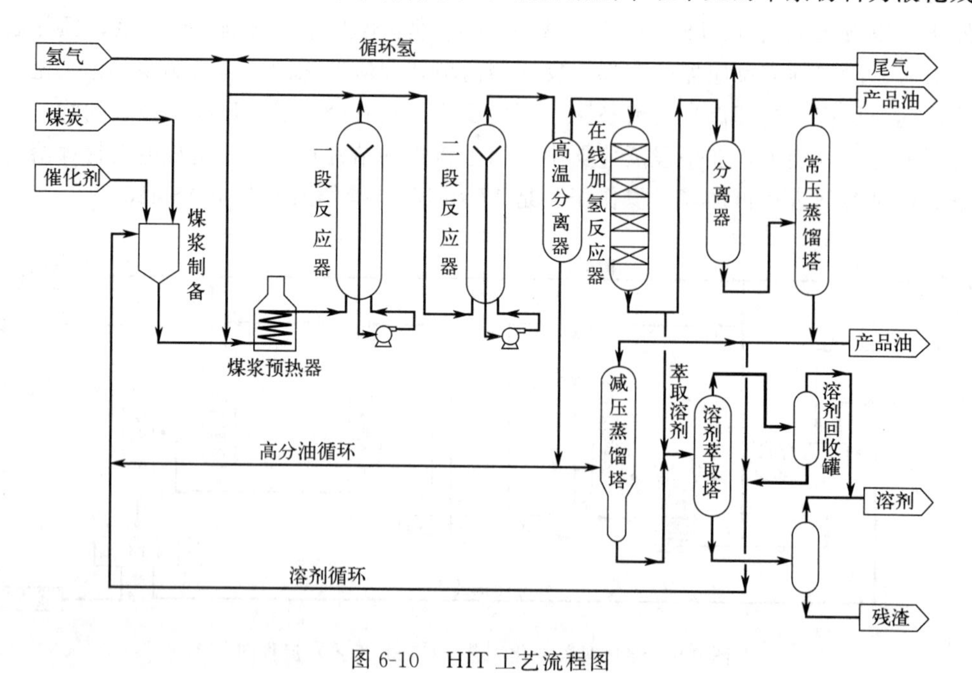

图 6-10　HIT 工艺流程图

（二）煤加氢抽提液化工艺

这类方法是在 Pott-Broche 溶剂抽提液化法基础上发展的，代表性的工艺有美国的溶剂精炼煤法、埃克森供氢溶剂法和日本 NEDOL 工艺。

1. 溶剂精炼煤法

溶剂精炼煤（Solvent Refining of Coal）法简称 SRC 法，是现代各种煤液化方法中最不复杂的一种，其目的是生产一种环境友好的固体燃料。在 SRC 法中，煤在较高的压力和温度及有氢存在的条件下进行溶剂萃取加氢，生产低灰、低硫的清洁固体燃料和液体燃料。过程中除煤中所含的矿物质以外，不用其他催化剂。通常根据产品形态不同又分为 SRC-Ⅰ和 SRC-Ⅱ，SRC-Ⅰ是以低灰、低硫的清洁固体燃料为主要产物的工艺，而以液体燃料为主要产物的工艺则称为 SRC-Ⅱ。

（1）SRC-Ⅰ　1960 年美国煤炭研究局组织开始 SRC 研究工作，20 世纪 60 年代后期和 70 年代初期对该工艺进行进一步开发，同时设计一个 50t/d 的试验装置。这一装置由 Rust Engineering 建于华盛顿州刘易斯堡，并由 Gulf 从 1974 年开始操作。

M6-7　SRC-Ⅰ法工艺流程动画

经磨碎、干燥的干煤粉与过程溶剂混合以料浆形态进入反应器系统。过程溶剂是从煤加氢产物中回收得到的蒸馏馏分。该溶剂除作为制浆介质外，在煤溶解过程中起供氢作用，即作为供氢体。溶剂配成的煤浆用泵加压到系统压力后与氢混合。三相混合物在预热器中加热到接近所要求的反应温度后喷入反应器。预热器内的停留时间比反应器内短，总反应时间为 20～60min。

煤、溶剂和氢气送入反应器中进行溶解和抽提加氢液化反应，已溶解的部分煤则发生加氢裂解，有机硫则反应生成硫化氢，将大分子煤裂解。煤溶解过程发生的主要反应如下：

a. 氢从溶剂转移到煤；

b. 煤分子因受热和氢转移攻击而开裂；

c. —CH，—SH，—O—，—N—，—C—C—等各种基团进一步加氢。

产物离开反应器后，进入分离器冷却到 260～316℃，进行气与液固分离，液固主要是含有过程溶剂、重质产物、未反应煤和灰的料流。分离出的气体再冷却分出凝缩物——水和轻质油，不凝气体经洗涤脱除气态烃、H_2S、CO 后返回系统作为氢源循环使用。出分离器的底流经闪蒸得到的塔底产物送到两个回转预涂层过滤机。滤液送到减压精馏塔回收洗涤溶剂、过程溶剂和减压残留物，减压残留物即为溶剂精炼煤的产物。SRC 产物在水冷的不锈钢带上固化即为产品。滤饼再送到水平转窑蒸出制浆用油。

（2）SRC-Ⅱ　SRC-Ⅱ是在 SRC-Ⅰ法工艺基础上进行的一些改进，取消一些加工步骤（如液固分离的过滤、矿物质残留物干燥和产物的固化等），制取全馏分低硫液体燃料油。

如图 6-11 所示，经粉碎和干燥后的煤与工艺流程来的循环溶剂混合制浆。煤浆混合物用泵加压到大约 14MPa，再与氢一起预热到 371～399℃，随后送入溶解器，由反应热将反应物温度升高到 440～466℃。为了控制反应温度，从反应器不同位置喷入冷氢。

溶解器流出物分成蒸气和液相两部分。顶部蒸气流经过一组换热器和分离器予以冷却。冷凝液在分馏工序进行蒸馏。气相产物经过脱除硫化氢、二氧化碳和气态烃后，富氢气返回系统与新鲜氢一起进入反应器。

含固体的液相产物用作 SRC-Ⅱ法的溶剂。这一料流的一部分返回用于煤油浆制备。制得的液相产物在产物分馏系统中蒸馏，以回收低硫燃料油产物，馏出物的一部分也返回用于煤浆制备。来自减压塔的不可蒸馏残留物含有未转化的煤和灰，用于气化制氢。

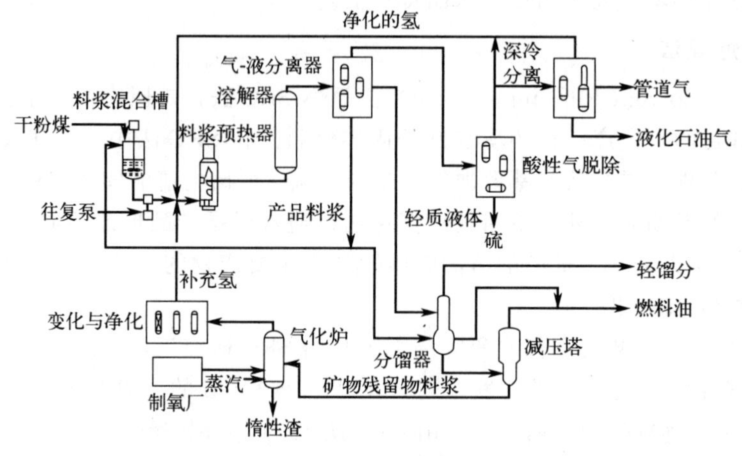

图 6-11　SRC-Ⅱ法工艺流程示意图

2. 供氢溶剂法

(1) 埃克森供氢溶剂法　埃克森供氢溶剂（Exxon Donor Solvent，简称 EDS）法是埃克森研究工程公司（Exxon Research and Engineering Company，ER&E）从 1966 年开始进行研究的煤液化技术。EDS 煤液化法的技术可行性已由小型连续中试装置得到证实，在 1970 年之前，运行一个 0.5t/d 全流程液化中试装置，到 1975 年 6 月投入运行一个 1.0t/d 的中试装置，1976 年进行的实验室和工程研究进一步肯定了 EDS 法的可靠性，认为它适应煤种范围宽，并发现了几处可能进行的工艺改进。后来建设并完成 250t/d 的中试装置运转试验，为工业化生产积累了经验。研究结果进一步表明，EDS 煤液化法的成本与其他煤液化方法得到的类似质量的液体产品的成本相同或者更低。

如图 6-12 所示，原料煤破碎、干燥后与供氢溶剂混合，制成煤浆。煤浆与氢气混合后

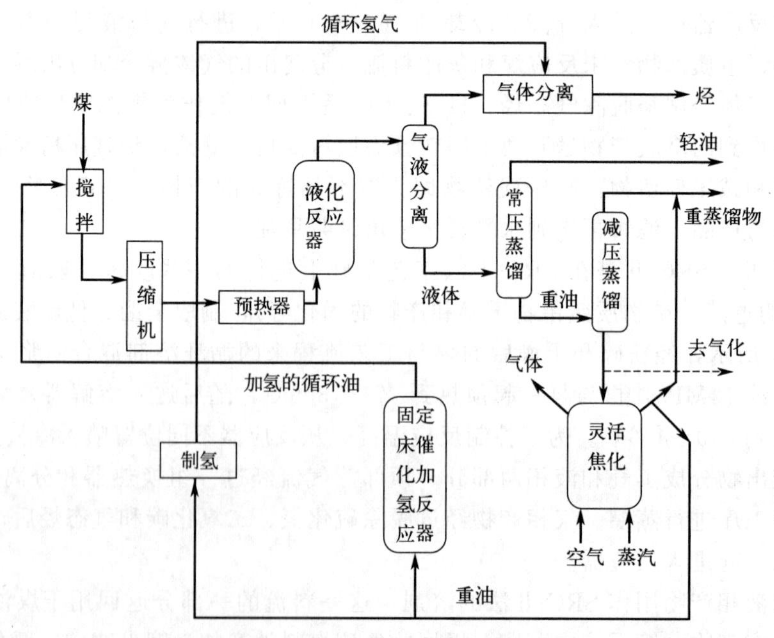

图 6-12　埃克森供氢溶剂法流程图

预热到430℃，送入液化反应器，在反应器内由下向上活塞式流动，在温度430～480℃、压力10～14MPa下，停留30～45min进行抽提加氢液化反应。供氢溶剂的作用是使煤分散在煤浆中并把煤流态化输送通过反应系统，并提供活性氢对煤进行加氢反应。液化反应器出来的产物送入气液分离器，在此烃类和氢气从液相中分出，气体去分离净化系统，富氢尾气循环利用。液相产物进入常压蒸馏塔，蒸出轻油。塔底产物进入减压蒸馏塔分离出轻质燃料油、重质燃料油和石脑油产品。部分轻质燃料油用催化剂加氢后制成再生供氢溶剂，供制浆循环油。减压蒸馏器的残渣浆液送入灵活焦化器，将残渣浆液中的有机物转化为液体产品和低热值煤气，提高了碳的转化率。

(2) 日本NEDOL工艺　20世纪80年代，日本开发了NEDOL烟煤液化工艺（图6-13），该工艺实际上是EDS工艺的改进型，改进之处是在液化反应器内加入铁系催化剂，反应压力也提高到17～19MPa，循环溶剂是液化重油加氢后的供氢溶剂，供氢性能优于EDS工艺。通过上述改进，液化油收率有较大提高。1996年7月，150t/d的中试厂在日本鹿岛建成投入运转，至1998年，该中试厂已完成了运转两个印尼煤和一个日本煤的试验，取得了工程放大设计参数。

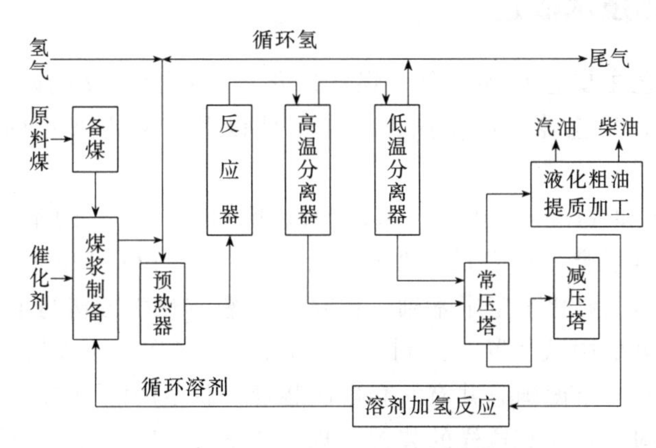

图6-13　NEDOL工艺流程示意图

(三) 中国神华煤直接液化工艺

中国神华集团在吸收近几年煤炭液化研究成果的基础上，根据煤液化单项技术的成熟程度，对HTI工艺进行了优化，提出了煤直接液化工艺流程（图6-14）。

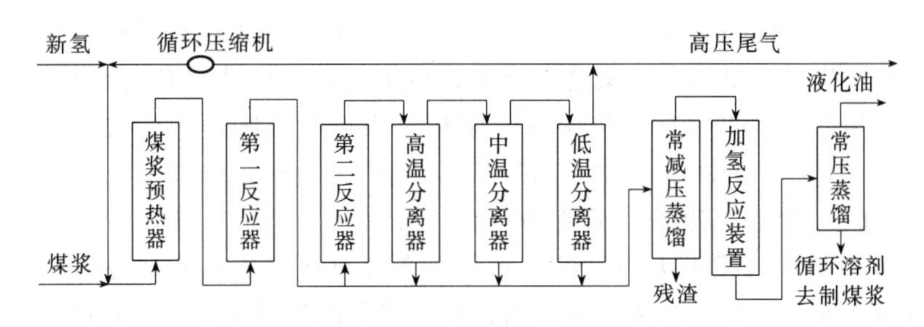

图6-14　中国神华煤直接液化工艺流程

主要工艺特点（与HTI工艺对比）有：

① 采用两段反应，反应温度455℃、压力19MPa，提高了煤浆空速；

② 采用人工合成超细铁基催化剂，催化剂用量相对较少，避免了HTI的胶体催化剂加

入煤浆的难题；

③ 取消溶剂脱灰工序，固液分离采用成熟的减压蒸馏；

④ 循环溶剂全部加氢，提高溶剂的供氢能力；

⑤ 液化粗油精制采用离线加氢方案。

第三节　煤炭间接液化技术

煤气化生产合成气（CO和H_2），再用合成气为原料合成液体燃料或化学产品，此过程称为煤的间接液化。属于间接液化的F-T（Fischer-Tropsch）合成和甲醇转化制汽油（MTG）的美孚（Mobil）工艺，已实现工业化生产。F-T合成在南非建成三座萨索尔（Sasol，South African Coal，Oil&Gas Corporation）工厂。甲醇转化制汽油的Mobil工艺，已在新西兰建成工业化装置，该法由合成气合成甲醇，再转化制成汽油。

一、煤炭间接液化技术概述

M6-8　煤炭间接液化的概念

煤炭间接液化工艺主要包括煤气化、煤气净化、费托合成反应以及产物分离精制等过程，反应器、催化剂、操作条件以及产品方案不同，间接液化工艺技术不同。

1923年，Fischer和Tropsch在10～13.3MPa和447～567℃的条件下使用加碱的铁屑作催化剂成功得到直链烃类，接着进一步开发了一种Co-ThO_2-MgO-硅藻土催化剂，降低了反应温度和压力，为工业化奠定了基础。1934年，鲁尔化学公司与H. Trop-sch签订了合作协议，建成250kg/d的中试装置并顺利运转。1936年该公司建成第一个间接液化厂，产量为7×10^4t/a，到1944年德国总共有9套生产装置，总生产能力5.74×10^5t/a。在同一时期，日本、法国和中国也有6套这样的装置，规模为3.4×10^5t/a。因此二战前全世界煤间接液化厂的总规模为9.14×10^5t/a。

二战以后德国的间接液化和直接液化一样完全停顿。1952年，苏联利用德国的技术和设备，建了一个5×10^4t/a的小型工业装置，但没有得到进一步发展。20世纪50年代，南非由于当时特殊的国际政治环境和本国的资源条件，决定采用煤间接液化技术解决本国油品供应问题。于1950年成立南非煤油气公司，由于地处Sasolburg，故多称Sasol公司。Sasolburg矿区的煤为高挥发分高灰分劣质煤，更适合于间接液化对煤种的要求。故该公司分别与鲁奇、鲁尔化学和凯洛克三家公司合作，用他们的煤气化（鲁奇炉）、煤气净化（鲁奇低温甲醇洗）和合成技术（鲁尔化学固定床和凯洛克气流床）于1955年建成SasolⅠ工厂，规模为3×10^5t/a。1973年西方石油危机后，该公司于1980年和1982年又先后建成SasolⅡ和SasolⅢ。目前这三家厂年消耗煤约4.1×10^7t（Ⅰ厂6.5×10^6t，Ⅱ厂和Ⅲ厂3.45×10^7t），是世界上规模最大的以煤为原料生产合成油和化工产品的化工厂。产品有汽油、柴油、石蜡、氨、乙烯、丙烯、聚合物、醇、醛和酮等共113种，总产量7.1×10^6t/a，其中油品占60%。

目前，国外实现工业化的间接液化工艺有南非Sasol公司的费托合成技术、荷兰Shell公司的SDMS工艺以及美国Mobil公司开发的MTG（Methanol to Gasoline）合成技术。近年来，国外相关公司也开发了许多煤间接液化工艺技术，如丹麦Topsoe公司的Tigas工艺、美国 Exxon 公司开发的 AGC-21 工艺以及 Mobil 公司开发的 STG 技术等。

我国于 20 世纪 50 年代开始对费托合成进行初步研究，但由于大庆油田的发现，费托合成研究中断了 30 年。20 世纪 80 年代，由于经济快速发展使油品需求量增大，国内相关科研单位和企业重新开始对费托合成进行研究，中科院山西煤化所开发了铁基、钴基催化剂和超细粒子铁、锰催化剂以及浆态床反应器，形成了多种煤间接液化工艺，并实现了百万吨级产业化。兖矿集团开发出新型催化剂、固定床和流化床反应器，形成了成套的高低温费托合成工艺技术，并实现了百万吨级产业化。

二、 F-T 合成的原理

M6-9 煤间接液化的一般加工过程

（一）煤炭间接液化的一般加工过程

煤基 F-T 合成烃类油一般要经过原料煤预处理、气化、气体净制、部分气体转换（也可不用）、F-T 合成和产物回收加工等工序（图 6-15）。

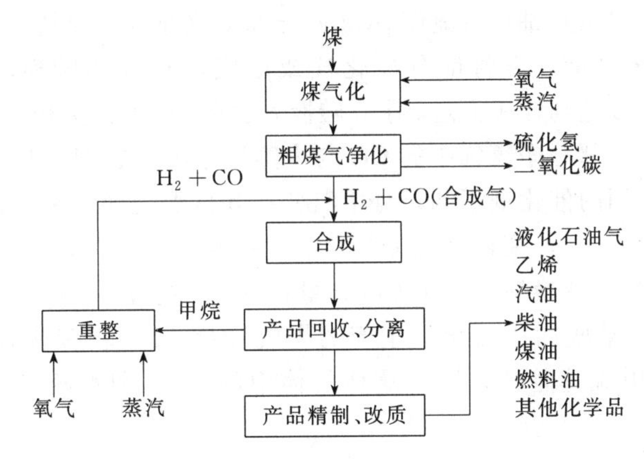

图 6-15 煤炭间接液化的一般加工过程

1. 煤预处理

根据所选用煤气化炉对气化原料煤的要求进行预加工，以提供符合气化要求的原料，通常包括破碎、筛分、干燥等作业。各种气化炉对原料都有一定的粒度要求，如鲁奇加压气化炉要求原料粒度为 6～40mm，水煤气炉要求为 25～75mm，气化前一般设有筛分作业；气流床 K-T 气化炉要求原煤的粒度小于 0.1mm，需要有制粉系统；德士古气化炉原料为浆料，需要设置制浆系统。

2. 煤炭气化

煤在高温下与气化剂（氧、蒸汽、CO_2 等）反应，生成煤气的过程，称为煤炭气化。为了生产合成原料气（CO 和 H_2），通常选用蒸汽和氧气（或空气）作气化剂，在一定范围内通过控制水蒸气与氧气比值来调节原料气中 H_2 与 CO 的比值。工业上生产合成原料的气化炉有鲁奇加压气化炉、水煤气炉、K-T 炉、德士古气化炉以及温克勒气化炉等。

目前煤炭间接液化 F-T 合成产品的成本在很大程度上取决于气化，据 Sasol Ⅰ 厂资料介绍，制气工艺占总费用的 65%，合成工艺占 20%，产品回收加工占 10%。考虑 F-T 合成的经济性，应采用热效率高、成本低的气化炉，如德士古气化炉、鲁奇熔渣炉等。

3. 气体净制

由气化炉出来的粗煤气，除了有效成分 $CO+H_2$ 外，还含有一定量的焦油、灰尘、H_2S、H_2O 及 CO_2 等杂质，这些杂质是 F-T 合成催化剂的毒物，CO_2 虽不是毒物，但是非有效成分，影响 F-T 合成效率。因此，原料气在进入 F-T 合成前，必须先将粗煤气洗涤冷却，除去焦油、灰尘；再进一步净制，脱除 H_2S、CO_2、有机硫等，净制方法有物理吸收法、化学吸收法和物理化学吸收法，脱除精煤气中的酸性气体，具体选用哪一种净化工艺，要考虑经济问题，需根据原料气的组成、要求、脱除气体的程度及净化加工成本等因素来决定。

4. 气体转换

由气体炉产出粗煤气经净制后，净煤气的有效成分 $V(H_2)/V(CO)$ 一般为 0.6～2。一些热效率高、成本低的第二代气化炉，生产的原料气 $V(H_2)/V(CO)$ 的比值很低，只有 0.5～0.7，往往不能满足 F-T 合成工艺的要求。要求合成原料气的 $V(H_2)/V(CO)=2$，波动范围为±0.5；南非 Sasol 合成油厂气流床 Synthol 合成，要求新鲜原料气 $V(H_2)/V(CO)=2.7$ 左右，所以在合成工艺之前，需将部分净化气或尾气进行气体转换，调节合成原料气的 $V(H_2)/V(CO)$ 的值，以达到合成工艺要求。转换方法有 CO 变换法和甲烷重整法。

（1）CO 变换法　将部分净煤气中的 CO 与水蒸气作用生成 H_2 和 CO_2，提高 H_2 含量。CO 变换工艺，根据选用的催化剂不同，分中温变换和低温变换两种。前者选用铁铬系催化剂，操作温度为 350～500℃，变换后气体的 CO 含量为 2%～4%，后者选用铜锌系催化剂，操作温度为 150～250℃，变换后气体中 CO 含量在 0.3%左右。

（2）甲烷重整法　某些加压气化炉生产的煤气含量 CH_4 较多或者 F-T 合成尾气中含 CH_4 较多时，可采用甲烷重整法，即将这些气体中的 CH_4 和水蒸气作用，转化为 CO 和 H_2，其反应式为：

$$CH_4+H_2O \longrightarrow CO+3H_2$$

该反应是吸热反应，为保证在高温下反应所需要的热量，可采用部分氧化重整，将部分原料气氧化燃烧，释放的热量供给甲烷重整。

气体转化工序的设置，取决于 F-T 合成工艺对原料气组成［$V(H_2)/V(CO)$］的适应性。

5. F-T 合成与产物回收

经过气体净制和转换，得到符合 F-T 合成要求的原料气，再送 F-T 合成，合成后的产物冷凝回收并加工成各种产品。

（二）F-T 合成的反应

F-T 合成油品的主要反应方程式如下。

生成烷烃：$nCO+(2n+1)H_2 \longrightarrow C_nH_{2n+2}+nH_2O$

生成烯烃：$nCO+2nH_2 \longrightarrow C_nH_{2n}+nH_2O$

还有一些副反应，如下。

生成甲烷：$CO+3H_2 \longrightarrow CH_4+H_2O$

生成甲醇：$CO+2H_2 \longrightarrow CH_3OH$

生成乙醇：$2CO+4H_2 \longrightarrow C_2H_5OH+H_2O$

结焦反应：$2CO \longrightarrow C+CO_2$

此外除了以上的副反应之外，还有生成更高碳数的醇以及醛、酮、酸、酯等含氧化合物的副反应。控制反应条件和选择合适的催化剂，能使得到的反应产物主要是烷烃和烯烃。

三、F-T 合成催化剂

M6-10 煤间接液化催化剂组成与作用

F-T 合成只有在合适的催化剂作用下才能实现。催化剂对反应速率、产品分布、油收率、原料气、转化率、工艺条件等均有直接的甚至是决定性的影响。总的讲，F-T 工业合成催化剂有两大类——铁剂和钴剂，F-T 合成催化剂的组成和功能见表 6-6。

表 6-6 F-T 合成催化剂的组成与功能

组成名称	主要成分	功能
主催化剂	Co、Ni、Fe、Ru、Rh 和 Ir 等	F-T 合成的主要活性组分有加氢作用、吸附 CO 并使碳氧键削弱和聚合作用
助催化剂	难还原的金属氧化物，如 ThO_2、MgO 和 Al_2O_3 等	增加催化剂的结构稳定性
	K、Cu、Zn、Mn、Cr 等	调节催化剂的选择性和增加活性
载体(担体)	硅藻土、Al_2O_3、SiO_2、ThO_2 等	催化剂活性成分的骨架或支撑体，主要从物理方面提高催化剂的性能

1. F-T 合成催化剂的组成

到目前为止，合成催化剂主要由 Co、Fe、Ni 和 Ru 等周期表第Ⅷ族金属制成，为了提高催化剂的活性、稳定性和选择性等，除主成分外还要加入一些辅助成分，如金属氧化物或盐类。大部分催化剂都有载体（担体），如氧化铝、二氧化硅、高岭土和硅藻土等。合成催化剂制备后只有经过（$CO+H_2$）或氢气还原后才具有活性。使用中催化剂容易中毒，容易发生积炭，导致催化剂失活中毒。

如果根据甲烷的生成来判断催化剂的活性，不同金属制成的催化剂的活性按以下顺序递减：Ru、Ir、Rh、Ni、Co、Os、Pb、Fe、Mn、Au、Pd、Ag。可见对甲烷合成，Ru 催化剂的活性最高。

提高温度可以使低活性催化剂的活性增加，对合成烃类来说，钴剂和镍剂的适宜合成温度为 170～190℃，而铁剂的适宜合成温度则为 200～350℃，钌剂的适宜合成温度为 110～150℃。镍剂在常压下操作效率最高，钴剂在 0.1～0.2MPa 时活性最好，铁剂在 1～3MPa 时活性最佳，而钼剂则在 10MPa 下活性最高。

2. 铁催化剂的制备

目前 F-T 合成工业用的铁催化剂主要有沉淀铁催化剂和熔铁催化剂两大类。前者用于固定床和浆态床合成，后者用于流化床合成。

无论何种方法制备合成用的催化剂，一般在使用前都要经过预处理。所谓预处理通常是指用 H_2 或 H_2+CO 混合气在一定温度下进行选择还原。目的是将催化剂中的主金属氧化物部分或全部地还原为金属状态，从而使其催化活性最高，所得液体油收率也最高。

（1）沉淀铁催化剂　属低温型铁催化剂，反应温度<280℃，活性高于熔铁催化剂，其成分除 Fe 外，还有 Cu、K、Si，标准组成为 $100Fe:5Cu:5K_2O:25SiO_2$。

（2）熔铁催化剂　多以轧钢厂的轧屑或铁矿石作原料，磨碎至<16 目，添加少量精确

计算的助催化剂，如 Al_2O_3、MgO 和 CuO，数量 3%～4%，送入敞开式电弧炉，炉温 1500℃，形成稳定相的磁铁矿，助剂呈均匀分布。由电炉流出的熔融物经冷却、多级破碎至 <200 目，然后在 400～600℃用 H_2（不能用 $CO+H_2$）还原 48～50h，Fe_3O_4 几乎全部还原成 Fe（还原度 95%），在 N_2 下保存。其他还有熔结铁催化剂——赤铁矿 2% K_2CO_3 在 1000℃熔结，然后洗涤使 K_2CO_3 含量下降到 0.5%；胶结铁催化剂——粉状氧化铁加少量 Al_2O_3、$Na_2B_2O_7$ 或水玻璃作黏结剂，在 500～1100℃下烧结，将块状物破碎到一定大小然后用 K_2CO_3 浸渍，使其含量达到 0.5%。另外还有用 NH_3 处理制成的氮化铁催化剂、羰基铁催化剂等。沉淀铁催化剂的比表面积较大，为 240～250m^2/g，而熔铁催化剂的比表面积很小，只有 4～6m^2/g，所以后者在使用时一般只能用很细的颗粒，以增加比表面积。在工业合成条件下，铁催化剂的颗粒大小，一般为：固定床 7～14 目，流化床 70～170 目，浆态床<200 目。

3. F-T 合成催化剂的失活、中毒和再生

催化剂的活性和寿命是决定催化反应工艺先进性、可操作性和生产成本的关键因素之一，F-T 合成也不例外。催化剂的使用寿命直接与失活和中毒有关，主要有以下几方面。

① 硫中毒。因为合成气在经过净化后仍含有微量硫化氢和有机硫化合物，它们在反应条件下能与催化剂中的活性组分生成金属硫化物，使其活性下降，直到完全丧失活性。不同种类的催化剂对硫中毒的敏感性不同，镍剂最敏感，其次是钴剂，而铁剂最不敏感。不同硫化物的毒性不同，总的讲硫化氢的毒化作用不如有机硫化物强。

② 其他化学毒物中毒。Cl^- 和 Br^- 对这类催化剂也是有毒的，因为它们会与金属或金属氧化物反应生成相应的卤化盐类，造成永久性中毒，其他还有 Pb、Sn 和 Bi 等，也是有毒元素。

③ 催化剂表面石蜡沉积覆盖导致催化剂活性降低。这种蜡大致可分两类，一类是在 200℃左右用 H_2 处理容易除去的浅色蜡，另一类是难以除去的暗褐色蜡。钴催化剂蜡沉积问题更突出。

④ 由于析炭反应产生的炭沉积和合成气中带入的有机物缩聚沉积使催化剂失活。反应温度高和催化剂碱性强，容易积炭，严重时可使固定床堵塞。

⑤ 由于合成气中少量氧的氧化作用引起钴催化剂中毒。为此，一般规定合成气中氧的含量不能超过 0.3%。

⑥ 钴催化剂和镍催化剂在高压下可能生成挥发性的羰基钴和羰基镍而造成活性组分的损失，所以这类催化剂一般用于常压合成。

⑦ 催化剂层温度升高，表面发生熔结，再结晶和活性相转移会造成活性下降等。

对 F-T 催化剂一般不像对其他贵重催化剂那样，进行反复再生。因为通常主要是硫中毒，可采用逐渐升高温度的操作方法在一定温度区间内维持铁催化剂的活性。硫中毒后的催化剂其再生是很不容易的，需要将全部硫彻底氧化除尽，然后再还原才有效。一般不采取这样的再生方法。钴催化剂表面除蜡相对比较容易，可以在 200℃下用 H_2 处理，也可以用合成油馏分（170～274℃）在 170℃下抽提。

四、F-T 合成的影响因素

影响 F-T 合成反应速度、转化率和产品分布的因素很多，其中有催化剂、反应器类型、原料气 H_2/CO 比、反应温度、压力、空速和操作时间等。催化剂的影响已经进行了讨论，

下面主要讨论其他几个影响因素。

1. 不同反应器类型的影响

用于 F-T 合成的反应器有气固相类型的固定床、流化床和气流床以及气液固三相的浆态床等。由于不同反应器所用的催化剂和反应条件互有区别，反应内传热、传质和停留时间等工艺条件不同，故所得结果显然有很大差别。

总的讲，从表 6-7 和表 6-8 可以看出，与气流床相比，固定床由于反应温度较低及其他原因，重质油和石蜡产率高，甲烷和烯烃产率低，气流床正好相反。浆态床的明显特点是中间馏分的产率最高。

表 6-7　三种反应器的反应条件和产物

项目	固定床	气流床	浆态床　中试
反应温度/℃	232	330	261
压力/MPa	2.6	2.25	1.0
H_2/CO	1.7	2.8	1.7
(H_2+CO)转化率/%	65	85	89
反应产物/%(质量分数)			
CH_4	5.0	10.0	2.9
C_2H_2	0.2	4.0	4.3(C_2)
C_2H_4	2.4	6.0	
C_2H_6	2.0	12.0	
C_3H_8	2.8	2.0	7.0(C_3+C_4)
C_4H_8	3.0	8.0	
C_4H_{10}	2.2	1.0	4.7($C_5\sim C_9$)
汽油($C_5\sim C_{12}$)	22.5	39.0	16.0($C_{10}\sim C_{18}$)
柴油($C_{13}\sim C_{18}$)	15.0	5.1	
重油($C_9\sim C_{21}$)	6.0	1.0	50.0($C_{19}\sim C_{27}$)
($C_{22}\sim C_{30}$)	17.0	3.0	
蜡	18.0	1.0	12.7($C_{28}{}^{+}$)
羧酸	0.4	1.0	0.2
非酸氧化物	3.5	6.0	1.4

表 6-8　三种反应器都使用熔铁催化剂时的反应条件和产物

项目	固定床	气流床	浆态床
反应温度/℃	265	305	265
反应压力/MPa	2.0	2.0	2.0
H_2/CO	2.05	2.11	2.10
CO 转化率/%	93	90	97
产物分布/%(品质)			
C_1	22	27	8
$C_2\sim C_4$	34	34	35
$C_5\sim$200℃	32	32	22
200～300℃	6	3	11
>300℃	4	1	17
含氧化物	2	3	7
烯烃/总烃/%	49	82	59

注：200～300℃为 200～300℃之间的馏分，>300℃是 300℃以上的馏分。

2. 原料气的组成

原料气中有效成分（$CO+H_2$）含量高低影响合成反应速度的快慢。一般是$CO+H_2$含量高，反应速度快，转化率增加，但是反应放出热量多，易造成床层超温。另外制取高纯度的$CO+H_2$合成原料气体成本高，所以一般要求其含量为80%～85%。

原料气中$V(H_2)/V(CO)$的比值高低，影响反应进行的方向。$V(H_2)/V(CO)$比值高，有利于饱和烃、轻产物及甲烷的生成；比值低，有利于链烯烃、重产物及含氧化物的生成。

提高合成气中$V(H_2)/V(CO)$比值和反应压力，可以提高$V(H_2)/V(CO)$利用比。排除反应中的水汽，也能增加$V(H_2)/V(CO)$利用比和产物产率，因为水汽的存在增加一氧化碳的变换反应（$CO+H_2O \longrightarrow H_2+CO_2$），使一氧化碳的有效利用降低，同时也降低合成反应速度。

3. 反应温度的影响

反应温度不但影响反应速率，而且影响产物分布。所以，反应温度是关键工艺操作参数之一，必须严格控制。由表6-9可见反应温度对钴剂合成烃类产物产率和产物分布的影响：①在187～220℃范围内CH_4产率随温度升高而增加；②温度＞200℃后，C_2～C_4的产率大致稳定；③200℃前馏出的液态产率在211℃处达到最高，以后略有下降；④200～300℃馏分产率随温度升高，逐渐降低，不过在203℃前下降很少，203℃以后下降速度加快；⑤＞300℃馏分随温度升高呈直线下降趋势。

表6-9 反应温度对产品产率与分布的影响（$Co/ZrO_2/SiO_2$催化剂）

T/℃	CO转化率/%	烃类选择性/%	C_5产率/(g/cm^3)	烃分布/%					粗蜡/油
				C_1	C_2	C_3	C_4	C_5	
187	87.70	99.46	138.6	7.79	1.84	4.29	3.05	83.03	3.7
190	96.10	99.01	149.7	6.80	0.82	2.01	1.61	88.76	4.1
201	99.63	98.5	124.6	11.34	1.19	2.56	2.20	82.71	3.5
211	99.78	97.50	97.5	15.50	1.56	3.13	2.64	77.27	3.3
220	99.93	96.30	103.3	18.92	1.86	3.07	2.53	73.62	3.0

注：反应条件$H_2/CO=2.0$，$p=2.0$MPa。

总的趋势是随反应温度增加，CO的转化率增加，气态烃产率增加，液态烃和石蜡的产率降低。

4. 操作压力的影响

由化学平衡分析可知，F-T合成反应是体积缩小的反应，故增加压力有利于合成气向烃类的转化。

沉淀铁和熔铁催化剂在常压下几乎没有活性，表压达到0.1MPa后开始显示出活性，然后随压力增加，（H_2+CO）转化率呈直线增加（图6-16）。

钴剂合成时，压力的影响可见表6-10和图6-17。钴催化剂在常压时就有足够活性。

表压在0.1～0.5MPa区间，其活性和寿命都比常压时高，当压力超过1.5MPa后，由于产物脱附严重受阻，故烃类产物的产率反而下降。压力增加，气态产率下降，C_{18}^{+}重质烃类明显增加，烯烃对烷烃的比例下降。

表 6-10 钴剂合成时压力对产品产率的影响

操作压力/MPa	产品产率/(g/m³)					
	C_3～C_4	C_5～200℃	柴油	石蜡	C_5^+ 小计	总烃合计
0	38	69	38	10	117	155
0.15	50	43	43	15	131	181
0.5	33	39	40	60	140	173
1.5	33	39	36	70	145	178
5.0	21	47	37	54	138	159
75.0	31	43	34	27	104	135

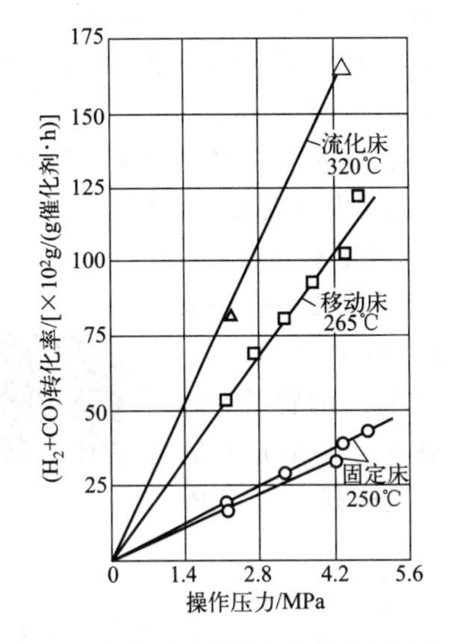

图 6-16 （H_2+CO）转化率与操作压力的关系

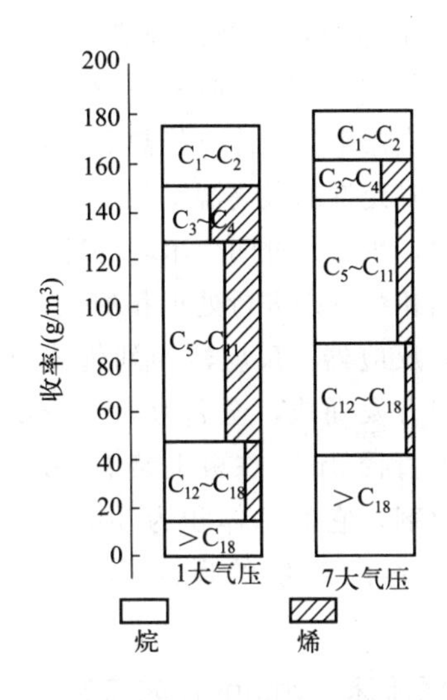

图 6-17 操作压力对产品产率和组成的影响

（1 大气压=1.01325×10^5Pa）

5. 空间速度

对不同催化剂和不同的合成方法，都有最适宜的空间速度范围。如钴催化剂合成时适宜的空间速度为 80～120h^{-1}，沉淀铁剂 Arge 固定床合成空间速度为 500～700h^{-1}，熔铁剂气流床合成空间速度为 700～1200h^{-1}。在适宜的空间速度下合成，油收率最高。但是空间速度增加，一般转化率降低，产物变轻，并且有利于烯烃的生成。

概括说来，增加反应温度、增加 H_2/CO 比、降低铁催化剂的碱性、增加空速和降低压力均有利于降低产品中的碳原子数，即缩短碳链长度，反之则有利于增加碳链长度。在铁催化剂上生成 CH_4 的选择性是最低的，采用钌催化剂在 100℃左右低温和 100MPa 左右的高压下长碳链烃类的选择性最高。增加反应温度和提高 H_2/CO 比例有利于增加支链烃或异构烃。反之，则有利于减少支链烃或异构烃。

提高空速、降低合成转化率和提高催化剂的碱性均有利于增加烯烃含量，反之不利于烯烃生成。采用中压加碱的铁催化剂时，不管固定床还是气流床，在通常的反应条件下，都有利于烯烃生成，而常压钴剂合成主要得到石蜡烃。

降低反应温度、降低 H_2/CO 比例、增加反应压力、提高空速、降低转化率和铁催化剂加碱、用 NH_3 处理铁催化剂有利于生成羟基和羰基化合物，反之其产率下降。用钌催化剂在高压（CO 分压高）和低温下反应，由于催化剂的加氢功能受到很强的抑制，故可生成醛类。铁催化剂有利于含氧化合物特别是伯醇的生成，主要产物是乙醇。

五、F-T 合成工艺

F-T 合成工艺有许多种，按反应器分有固定床、流化床和浆态床等；按催化剂分有铁剂、钴剂、钌剂、复合铁剂等；按主要产品分有普通 F-T 工艺、中间馏分工艺、高辛烷值汽油工艺等；按操作温度和压力，可分为高温、低温与常压、中压等。

1. 气相固定床合成工艺

（1）工艺流程　新鲜原料气和循环返回的余气升压至 2.5MPa，其流量分别为 600m^3（标准状况）/（m^3 催化剂·h）和 1200m^3（标准状况）/（m^3 催化剂·h）。原料气通过热交换器与从反应器来的产品气换热后由顶部进入反应器，反应温度一般保持在 220～235℃。在操作周期结束时允许的最高温度为 254℃，反应器底部流出熔化的石蜡。气体产物流经析出冷凝液（重质油），然后通过两个串联的冷却器，合并后在油水分离器中分成轻油和水。对石蜡、重质油、轻油和水分别进行处理和加工，尾气脱碳后返回。CO 转化率为 65%。

（2）反应器　反应器为列管式反应器，由 Ruhrchemie 和 Lurgi 两家公司合作开发而成，全名为 Arbeitsgemeinschaft，简称 Arge，见图 6-18。该反应器直径 3m，在板上装有 2052 根长 12m、内径 50mm 的管子，用于装催化剂，它的总体积为 40m^3，重约 35t。管外为沸腾水，通过水的蒸发移走管内产生的反应热，产生蒸汽，蒸汽压力可选择 1.75MPa 或 0.25MPa。

M6-11　高空速固定床 Arge 合成工艺动画

2. 气流床 Synthnl 合成工艺

循环流化床 Synthol 反应器是美国 Kelloge 公司根据有限的中试装置数据设计的，1955 年建成投产，但操作一直不正常。Sasol 公司经过 5 年时间的改进，才解决了所有问题确保正常运行，但因这种反应器循环流化操作的固有缺点，如催化剂循环量大、损耗高，Sasol 公司已用称为 SAS 的固定流化床反应器成功取代。不过作为一种主要反应器，在一段时间内曾发挥过很大作用。

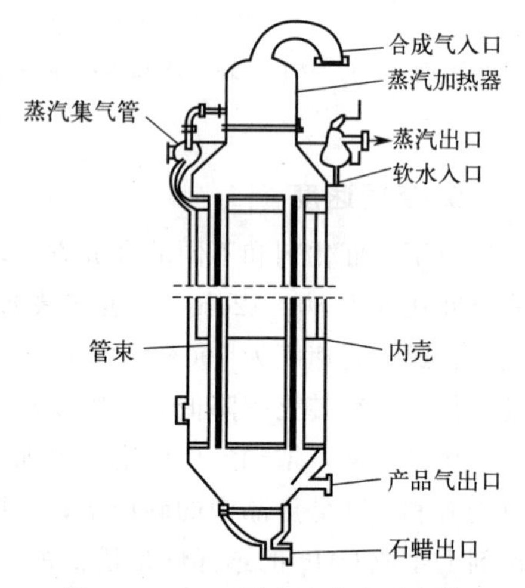

图 6-18　Arge 固定床合成反应器

（1）工艺流程　约 160℃的原料气通过一根 1m 直径的水平管进入反应器，与通过滑阀自竖管落下的热催化剂混合。原料气温度上升至 300～315℃，二者一起进入反应器提升管。

原料气由新鲜合成气和循环气组成，循环比为 2～3，由于合成反应为强放热反应，需及时移出反应热，反应器内设置两个冷却器，产生 1.2MPa 蒸汽，反应器顶部出口温度维持在 340℃。物料通过鹅颈式连接管进入催化剂沉降分离段，通过两套两级旋风分离器将尾气与催化剂颗粒分开，落下的催化剂经过调节阀和滑阀再进入反应系统，反应器开工率为 0.8，即三个反应器平均 2.4 个在运转，反应器内温度范围为 300～340℃，压力范围为 2.0～2.3MPa。

从旋风分离器出来的产品气进入热油洗涤塔，分出热重油，后者抽出一部分用于预热原料气再回到洗涤塔，其他作产品。塔底排出的含催化剂颗粒的油浆可作为沥青调和油。塔顶气体再经过后面的水冷塔和气液分离器，气体一部分作循环气一部分作余气。粗轻油再经过一次水洗，得到轻油和含有含氧化合物的水，然后进一步加工，CO 转化率为 85%，产品产率约为 119g/m^3（标准状况）合成气。装置材料为普通钢，只有接触有机酸的部分需要用不锈钢。

（2）反应器　由反应器和催化剂分离沉降器两大部分构成，上下分别用管道连接。Kelloge 设计的装置尺寸：高 36m，反应器直径 2.2m，分离沉降器直径 5m，经 Sasol 公司改进放大后的装置为高 75m，反应器直径 3.6m。

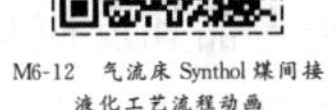

M6-12　气流床 Synthol 煤间接液化工艺流程动画

3. 固定流化床和浆态床合成工艺

固定流化床和浆态床 F-T 合成工艺是 Sasol 公司自主开发的第二代 F-T 合成技术，其他国家也在竞相开发。

（1）固定流化床 F-T 合成　该工艺是 Sasol 公司针对 Synthol 循环流化床反应器存在的缺点与美国 Badger 公司合成开发而成，取消了催化剂的连续大循环和外部热交换，改为固定流化床，同时在床层内设冷却器移出反应热。

反应器：该反应器又称为 Sasol Advanced Synthol Reactor，简称 SAS，见图 6-19。该反应器是一个底部装有气体分配器的塔，中部设冷却盘管，顶部设多孔金属过滤器用于气固分离，尽量不让催化剂带至塔外，因为催化剂气体流速不大，故密度大的铁催化剂颗粒必须很细，这样才能充分流化并保持一定的料位高度，形成细颗粒浓相流化的工艺特点。在反应器上部留有较大的自由空间，让大部分催化剂沉降，剩余的部分通过气固分离器分离出来并返回反应床层。该反应器与循环流化床反应器相比优势明显，见表 6-11。

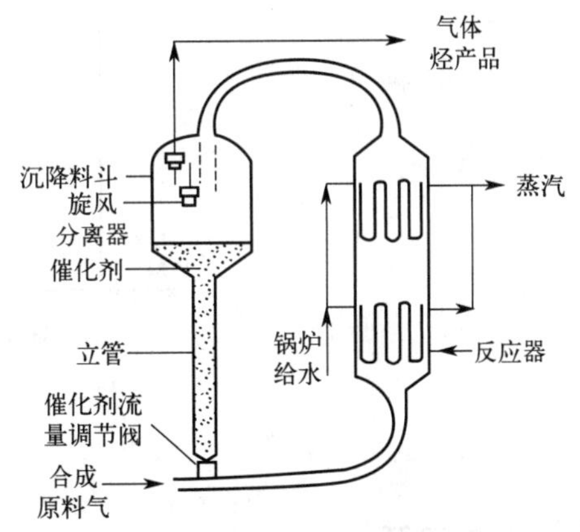

图 6-19　SAS 反应器

其他优点还有催化剂粉化得到缓解，消耗降低 40%；反应器直径已放大至 8m 和 10.7m（高均为 38m）。单台设备生产能力最大为 80 万 t/a，比 Synthol 反应器高出 1 倍多；循环比降低和压力降减小，气体压缩的运行成本和装置维修成本均明显下降。

表 6-11　固定流化床与循环流化床反应器的比较

反应器类型	台数	反应压力/MPa	反应器相对投资/%	能量效率/%	能耗/%
循环流化床	3	2.5	100	61.9	100
固定流化床	2	2.5	46	63.6	44
固定流化床	2	2.3	49	74.7	41

（2）浆态床 F-T 合成　浆态床催化反应器的开发始于 1938 年，由德国 Kolbel 实验室首先研究开发。1953 年，德国 Rheinpreussen 公司建成日产 11.5t 液体燃料的中试装置。1980 年前后，Sasol 公司也立项研究，进展很快。

1993年，在Sasol Ⅰ用1个浆态床反应器（直径5m）取代了原先的3台Synthol反应器，其生产能力为2500t/d。该反应器称为Sasol Slurry Phase Distillate（SSPD）反应器。

SSPD反应器结构如图6-20所示。外形像塔设备，合成气在底部经气体分布板鼓泡进入浆态床反应区，以石蜡油为介质与催化剂细粉调和成浆体，反应热由冷却排管以产生蒸汽的方式移出。在维持一定料液面的前提下，排出反应产生的重质液态烃（石蜡）。这里的关键技术是进行有效液固分离，让催化剂返回反应器。气态产品和反应尾气由塔顶流出，经冷凝冷却分出轻组分和水，剩余的以CO和H_2为主的不凝性气体作循环气返回系统。Sasol集团的子公司SASTech R&D浆态床半工业装置直径为1m，高22m。德国11.5t/d的半工业装置直径为1.5m，高8.6m，有效容积10m^3。

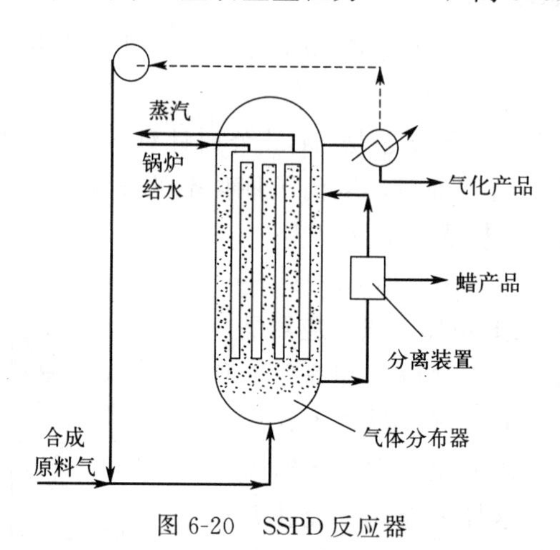

图6-20 SSPD反应器

练习题

一、填空题

1. 煤炭液化，是将煤中的____转化为______，其目的就是______________________，来生产__________________。

2. 煤炭直接液化是指煤在催化剂和溶剂作用下进行________等反应，将煤直接转化为______。

3. 煤加氢液化过程中的主要反应有__________、__________、__________、________。

4. 煤炭加氢液化一般要使用溶剂。溶剂的作用主要是________、________、________、__________。

5. 直接液化对工业催化剂的性能要求为____________、____________、__________、__________。

6. 煤加氢液化的主要影响因素有______、________、______、______。

7. 煤气化生产合成气__________，再用合成气为原料合成________或________，此过程称为煤的间接液化。

8. 煤基F-T合成烃类油一般要经过_______、_______、_______、_______、_______、

________等工序。

9. F-T合成油品的主要反应方程式为____________、____________。

10. F-T合成的主要副反应有____________、____________、____________。

11. F-T合成工业用的铁催化剂主要有________和________两大类。前者用于________和________合成，后者用于__________。

12. F-T合成可能得到的产品包括________、________、________、__________。

13. F-T工业合成催化剂有________和________两大类。

14. 甲烷重整法适用于______________________________。

15. CO变换工艺，根据选用的催化剂不同，分______和______两种。前者选用________催化剂，后者选用______催化剂。

16. F-T合成反应是体积________的反应，故增加压力有利于____________。

17. F-T合成工艺有许多种，按反应器分有________、________和______等；按催化剂分有____、______、______、______等。

18. F-T合成按主要产品分有______、______、__________等；按操作温度和压力，可分为________、________与______、______等。

19. 加氢液化的原料煤需考虑的指标有________________、________________。

二、判断题

1. 在煤加氢液化过程中，氢直接与煤分子反应使煤裂解。 （　　）

2. 在加氢液化过程中，由于温度过高或供氢不足，煤热解的自由基“碎片”彼此会发生缩合反应，生成半焦和焦炭。 （　　）

3. 煤加氢液化后得到的产物为气、液两相组成的混合物。 （　　）

4. 煤加氢液化难易顺序为低挥发分烟煤、中等挥发分烟煤、高挥发分烟煤、褐煤、年轻褐煤、泥炭。 （　　）

5. 丝炭含量高的煤易用作加氢液化的原料。 （　　）

6. 煤在催化剂存在下的液相加氢速度与催化剂表面直接接触的液体层中的氢气浓度有关。 （　　）

7. $CH_4 + H_2O \longrightarrow CO + 3H_2$，该反应是放热反应。 （　　）

8. 钴催化剂和镍催化剂一般用于高压合成。 （　　）

9. 煤炭间接液化F-T合成产品的成本在很大程度上取决于气化。 （　　）

10. CO_2是F-T合成的有效成分。 （　　）

三、选择题

1. 下列不属于煤与石油主要差别的是（　　）。

A. 煤中氢含量低、氧含量高　　B. 煤与石油的分子结构不同

C. 二者分子量不同　　D. 外观不同

2. 加氢液化过程中需要抑制的是（　　）。

A. 加氢反应　　B. 缩合反应　　C. 裂解反应　　D. 脱除杂原子的反应

3. 下列不属于提高供氢能力的措施的是（　　）。

A. 增加溶剂的供氢性能　　B. 降低液化系统氢气压力

C. 使用高活性催化剂　　D. 在气相中保持一定的H_2S浓度

4. 当前煤炭直接液化催化剂主要使用（　　）。

A. $ZnCl_2$　　B. $SnCl_2$　　C. CoS　　D. 铁系催化剂

5. 按过程工艺特点，下列属于煤直接催化加氢液化工艺的是（　　）。

A. IGOR 工艺　　B. 溶剂精炼煤法

C. Exxon 供氢体溶剂（EDS）法　　D. 日本 NEDOL 工艺

6. 神华煤直接液化工艺是对（　　）工艺进行了优化。

A. IGOR 工艺　　B. 美国 HTI 工艺

C. Exxon 供氢溶剂（EDS）法　　D. 日本 NEDOL 工艺

7. 下列不能引起 F-T 合成催化剂中毒或者失效的是（　　）。

A. 合成气中少量氧的氧化作用　　B. 合成气含有微量硫化氢

C. 催化剂表面石蜡沉积　　D. 合成气中 H_2 含量过高

8. （　　）间接液化的中间馏分产率最高。

A. 固定床　　B. 浆态床　　C. 气流床　　D. 流化床

9. 合成气中 $CO+H_2$ 的含量一般要求在（　　）。

A. 80%～85%　　B. 75%～80%　　C. 70%～75%　　D. 85%～90%

10. 不利于降低产品中的碳原子数的是（　　）。

A. 增加反应温度　　B. 增加 H_2/CO 比

C. 降低铁催化剂的碱性　　D. 降低压力和空速

四、简答题

1. 简述中国发展煤炭液化的必要性。
2. 什么是煤炭液化？
3. 煤与石油的区别有哪些？
4. 加氢液化时供给自由基的氢源有哪些？
5. 选择加氢液化原料煤，主要考虑哪些指标？
6. 煤炭加氢液化时溶剂的作用是什么？
7. 如何选择直接液化的催化剂？
8. 直接液化按过程工艺特点分有哪些？
9. 煤加氢液化的影响因素有哪些？
10. 简述德国 IGOR 工艺。
11. 神华煤直接液化工艺的特点有哪些？
12. F-T 合成主要包括哪些过程？
13. F-T 合成的主要反应是什么？
14. F-T 合成催化剂的失活、中毒主要表现在哪些方面？
15. F-T 合成的影响因素有哪些？
16. 原料气的组成对 F-T 合成有何影响？
17. F-T 合成时如何提高羟基和羰基化合物的产率？
18. F-T 合成主要有哪几种工艺？
19. 简述气相固定床合成工艺。
20. 我国目前在建和拟建煤制油的项目有哪些？

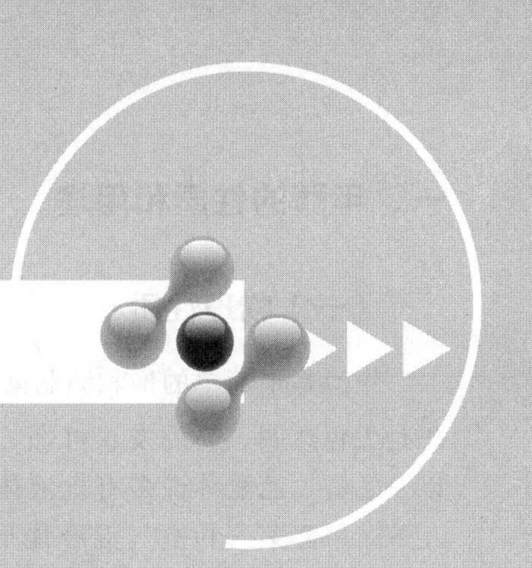

第七章 甲醇生产技术

生产甲醇的方法有很多种，早期用木材或木质素制得甲醇，即木材在长时间加热炭化过程中，产生可凝和不可凝的挥发性物质，这种被称为焦木酸的可凝性液体中含有甲醇、乙酸和焦油，除去焦油的焦木酸可通过精馏分离出天然甲醇和乙酸。生产 1kg 的甲醇需 60～80kg 的木材。这是生产甲醇的最古老的方法，美国于 20 世纪 70 年代初才完全抛弃这一过程。

氯甲烷水解法也可以生产甲醇，但因水解法价格昂贵，没有得到工业上的应用。甲烷部分氧化法可以生产甲醇，这种制甲醇的方法工艺流程简单，建设投资节省，但是氧化过程不易控制，常因深度氧化生成碳的氧化物和水，而使原料和产品受到很大损失，因此甲烷部分氧化法制甲醇的方法仍未实现工业化。

目前工业上几乎都是采用一氧化碳、二氧化碳和氢气加压催化合成甲醇，典型的流程包括原料气制造、原料气净化、甲醇合成、粗甲醇精馏等工序。天然气、石脑油、重油、煤及其加工产品（焦炭、焦炉煤气）、乙炔尾气等均可作为生产甲醇合成气的原料，煤与焦炭是制造甲醇粗原料气的主要固体燃料。

1923 年，德国 BASF 公司在合成氨工业化的基础上，首先用锌铝催化剂在高温高压的操作条件下实现了由一氧化碳和氢合成甲醇的工业化生产，开创了工业合成甲醇的先河。工业合成甲醇成本低，产量大，促进了甲醇工业的迅猛发展。甲醇消费市场的扩大，又促使甲醇生产工艺不断改进，生产成本不断下降，生产规模日益增大。1966 年，英国 ICI 公司成功地开发了铜基催化剂的低压甲醇合成工艺，随后又开发了更为经济的中压法甲醇合成工艺。与此同时德国 Lurgi 公司也成功地开发了中低压甲醇合成工艺。随着甲醇合成工艺的成熟和规模的扩大，由甲醇合成和甲醇应用所组成的甲醇工业成为化学工业中的一个重要分支，在经济的发展中起着越来越重要的作用。

第一节　甲醇概述

甲醇是最简单的化学品之一，是重要的化工基础原料和清洁液体燃料，广泛应用于染料、医药、农药、涂料、汽车和国防等工业中，亦可代替汽油作燃料使用。甲醇最早由木材和木质素干馏制得，故俗称木醇。

一、甲醇的性质和用途

（一）物理性质

甲醇是最简单的饱和脂肪酸，分子式为 CH_3OH，分子量为 32.04。常温常压下，纯甲醇是无色透明、易挥发、可燃、略带醇香味的有毒液体。甲醇可以和水以及乙醇、乙醚等许多有机液体任意互溶，但不能与脂肪烃类化合物相互溶。甲醇蒸气和空气混合能形成爆炸性混合物，爆炸极限为 6.0%～36.5%（体积分数）。甲醇的一般物理性质见表 7-1，甲醇在不同压力下的沸点和不同温度下的蒸气压见表 7-2 和表 7-3。

M7-1　甲醇的分子结构

表 7-1　甲醇的一般物理性质

性质	数据	性质	数据
密度(0℃)/(g/mL)	0.8100	自燃点/℃	
相对密度 d^{20}	0.7913	空气	473
沸点/℃	64.5～64.7	氧气	461
熔点/℃	－97.8	临界温度/℃	240
闪点/℃		临界压力/Pa	79.54×10^5
开口	16	临界体积/(mL/mol)	117.8
闭口	12	临界压缩系数	0.224
蒸气压(20℃)/Pa	12.879	燃烧热/(kJ/mol)	
液体比热容(20～25℃)/[J/(g・℃)]	2.51～2.53	25℃液体	727.038
黏度(20℃)/Pa・s	5.945×10^{-4}	25℃气体	742.738
热导率/[J/(cm・s・K)]	2.09×10^{-3}	生成热/(kJ/mol)	
表面张力(20℃)/(N/cm)	22.55×10^{-5}	25℃液体	238.798
折射率(20℃)	1.3287	25℃气体	201.385
蒸发潜热(64.7℃)/(kJ/mol)	35.295	膨胀系数(20℃)	0.00119
		腐蚀性	常温无腐蚀性,铅铝例外
熔融热/(kJ/mol)	3.169	空气中爆炸性/%(体积分数)	6.0～36.5

表 7-2　甲醇在不同压力下的沸点

压力/mmHg	沸点/℃	压力/mmHg	沸点/℃	压力/atm	沸点/℃	压力/atm	沸点/℃
1	－44.0	100	21.2	2	84	30	186.5
10	16.2	200	34.8	5	112.5	40	203.5
20	6.0	400	49.9	10	138.0	50	214.0
40	5.0	760	64.7	20	167.8	60	224.0

注：1mmHg＝133.322Pa，1atm＝101.325kPa。

表 7-3 甲醇在不同温度下的蒸气压

温度/℃	蒸气压/mmHg	温度/℃	蒸气压/mmHg	温度/℃	蒸气压/mmHg
−67.4	0.102	20	96.0	130	6242
−60.4	0.212	30	160	140	8071
−54.5	0.378	40	260.5	150	10336
−48.1	0.702	50	406	160	13027
−44.4	0.982	60	625	170	16292
−44.0	1	64.7	760	180	20089
−40	2	70	927	190	24615
−30	4	80	1341	200	29787
−20	8	90	1897	210	35770
−10	15.5	100	2621	220	42573
0	29.6	110	3561	230	50414
10	54.7	120	4751	240	59660

甲醇和水可以无限互溶，甲醇水溶液的性质是甲醇的重要物理性质，对于甲醇应用、精制以及环境保护方面具有重要的作用。甲醇水溶液的密度随甲醇浓度和温度的增加而减小；甲醇水溶液的沸点随液相中甲醇浓度的增加而降低；相同温度压力下，气相中甲醇浓度大于液相中甲醇浓度，尤其是当甲醇液相浓度较小时。甲醇的闪点较低，纯甲醇的闪点为16℃。甲醇水溶液的闪点仍较低，特别应当注意。

甲醇属强极性有机化合物，具有很强的溶解能力，能和多种有机溶液互溶，并形成共沸混合物。甲醇对气体的溶解能力也很强，特别是对二氧化碳和硫化氢的溶解能力很强，可作为洗涤剂用于工业脱除合成气中多余的二氧化碳和硫化氢有害气体。甲醇对一氧化碳气体的强吸附为甲醇和一氧化碳的反应体系提供了有利因素。

甲醇属剧毒化合物，口服5～10mL可以引起严重中毒，10mL以上造成失明，60～250mL致人死亡。甲醇可以通过消化道、呼吸道和皮肤等途径进入人体：轻度中毒，可出现头痛、头晕、失眠、乏力、咽干、胸闷、腹痛、恶心、呕吐及视力减退；中度中毒表现为神志模糊、眼球疼痛，由于视神经萎缩而导致失明；重度中毒时可发生剧烈头痛、头昏、恶心、意识模糊、双目失明，具有癫痫样抽搐、昏迷，最后因呼吸衰竭而死亡。一般认为甲醇是一种强烈的神经和血管毒物。

为防止甲醇中毒可采取如下措施。

① 呼吸系统防护：可能接触其蒸气时，应该佩戴过滤式防毒面罩（半面罩）。紧急事态抢救或撤离时，建议佩戴空气呼吸器。

② 眼睛防护：戴化学安全防护眼镜。

③ 身体防护：穿防静电工作服。

④ 手防护：戴橡胶手套。

⑤ 其他：工作现场禁止吸烟、进食和饮水。工作完成后，淋浴更衣。实行就业前和定期的体检。

如已经中毒，根据具体情况可以采用表7-4的急救措施。

表 7-4 甲醇中毒急救措施

中毒形式	急救措施
皮肤接触	脱去被污染的衣着，用肥皂水和清水彻底冲洗皮肤
眼睛接触	提起眼睑，用流动清水或生理盐水冲洗，就医

续表

中毒形式	急救措施
吸入	迅速脱离现场至空气新鲜处。保持呼吸道通畅。如呼吸困难，给输氧。如呼吸停止，立即进行人工呼吸。就医
食入	饮足量温水，催吐，用清水或1%硫代硫酸钠溶液洗胃。就医

（二）化学性质

甲醇可进行氧化、酯化、羰基化、胺化、脱水等反应。甲醇裂解产生 CO 和 H_2 是制备 CO 和 H_2 的重要化学方法。

1. 氧化反应

甲醇在电解银催化剂上可被空气氧化成甲醛，是重要的工业制备甲醛的方法。

$$CH_3OH+\frac{1}{2}O_2 \longrightarrow HCHO+H_2O$$

甲醛进一步氧化生成甲酸。

$$HCHO+\frac{1}{2}O_2 \longrightarrow HCOOH$$

甲醇在 $Cu\text{-}Zn/Al_2O_3$ 催化剂作用下发生部分氧化。

$$CH_3OH+\frac{1}{2}O_2 \longrightarrow 2H_2+CO_2$$

甲醇完全燃烧时氧化成 CO_2 和 H_2O，放出大量热。

$$2CH_3OH+3O_2 \longrightarrow 4H_2O+2CO_2$$

2. 酯化反应

甲醇可与多种无机酸和有机酸发生酯化反应。甲醇和硫酸发生酯化反应生成硫酸氢甲酯，硫酸氢甲酯经加热减压蒸馏生成重要的甲基化试剂硫酸二甲酯。

$$CH_3OH+H_2SO_4 \longrightarrow CH_3OSO_2OH+H_2O$$

$$2CH_3OSO_2OH \longrightarrow CH_3OSO_2OCH_3+H_2SO_4$$

甲醇和甲酸反应生成甲酸甲酯：

$$CH_3OH+HCOOH \longrightarrow HCOOCH_3+H_2O$$

3. 羰基化反应

甲醇和光气发生羰基化反应生成氯甲酸甲酯，进一步反应生成碳酸二甲酯。

$$CH_3OH+COCl_2 \longrightarrow CH_3OCOCl+HCl$$

$$CH_3OCOCl+CH_3OH \longrightarrow (CH_3O)_2CO+HCl$$

在压力 65MPa，温度 250℃，以碘化钴作催化剂，或在压力 3MPa，温度 160℃，以碘化铑作催化剂时，甲醇和 CO 发生碳基化反应生成乙酸或乙酐。

$$CH_3OH+CO \longrightarrow CH_3COOH$$

$$2CH_3OH+2CO \longrightarrow (CH_3CO)_2O+H_2O$$

在压力 3MPa，温度 130℃下，以 $CuCl_2$ 作催化剂，甲醇和 CO、O_2 发生氧化羰基化反应生成碳酸二甲酯。

$$2CH_3OH+CO+\frac{1}{2}O_2 \longrightarrow (CH_3O)_2CO+H_2O$$

在碱催化剂作用下，甲醇和 CO_2 发生羰基化反应生成碳酸二甲酯。

$$2CH_3OH+CO_2 \longrightarrow (CH_3O)_2CO+H_2O$$

在压力为 5～6MPa，温度 80～100℃下，以甲醇钠为催化剂，甲醇和 CO 发生羰基化反应可生成甲酸甲酯。

$$CH_3OH+CO \longrightarrow HCOOCH_3$$

4. 胺化反应

在压力 5～20MPa，温度 370～420℃下，以活性氧化铝或分子筛作催化剂，甲醇和氨发生反应生成一甲胺、二甲胺和三甲胺的混合物，经精馏分离可得一甲胺、二甲胺和三甲胺产品。

$$CH_3OH+NH_3 \longrightarrow CH_3NH_2+H_2O$$

$$2CH_3OH+NH_3 \longrightarrow (CH_3)_2NH+2H_2O$$

$$3CH_3OH+NH_3 \longrightarrow (CH_3)_3N+3H_2O$$

5. 脱水反应

甲醇在高温和酸性催化剂如 ZSM-5，γ-Al_2O_3 作用下，分子间脱水生成二甲醚。

$$2CH_3OH \longrightarrow (CH_3)_2O+H_2O$$

6. 裂解反应

在铜催化剂上，甲醇可裂解成 CO 和 H_2。

$$CH_3OH \longrightarrow 2H_2+CO$$

若裂解过程中有水蒸气存在，则发生水汽转化反应，即甲醇水蒸气重整反应。

$$CO+H_2O \longrightarrow H_2+CO_2$$

$$CH_3OH+H_2O \longrightarrow 3H_2+CO_2$$

7. 氯化反应

甲醇和氯化氢在 ZnO/ZrO 催化剂上发生氯化反应生成一氯甲烷。

$$CH_3OH+HCl \longrightarrow CH_3Cl+H_2O$$

氯甲烷和氯化氢在 $CuCl_2/ZrO_2$ 催化剂作用下进一步发生氧氯化反应生成二氯甲烷和三氯甲烷。

$$CH_3Cl+HCl+\frac{1}{2}O_2 \longrightarrow CH_2Cl_2+H_2O$$

$$CH_2Cl_2+HCl+\frac{1}{2}O_2 \longrightarrow CHCl_3+H_2O$$

8. 其他反应

甲醇和异丁烯在酸性离子交换树脂的催化作用下生成甲基叔丁基醚（MTBE）。

$$CH_3OH+CH_2=C(CH_3)_2 \longrightarrow CH_3-O-C(CH_3)_3$$

甲醇和苯在 3.5MPa，350～380℃反应条件下，在催化剂的作用下可生成甲苯。

$$CH_3OH+C_6H_6 \longrightarrow C_6H_5CH_3+H_2O$$

甲醇在 0.1～0.5MPa，350～500℃条件下，在硅铝磷酸盐分子筛（SAPO-34）催化作用下生成低碳烯烃。

$$2CH_3OH \longrightarrow CH_2=CH_2+2H_2O$$

$$3CH_3OH \longrightarrow CH_2=CH-CH_3+3H_2O$$

750℃下，甲醇在 Ag/ZSM-5 催化剂作用下生成芳烃。

$$6CH_3OH \longrightarrow C_6H_6 + 6H_2O + 3H_2$$

240～300℃，0.1～1.8MPa 下，甲醇和乙醇在 Cu/Zn/Al/Zr 催化作用下生成乙酸甲酯。

$$CH_3OH + CH_3CH_2OH \longrightarrow CH_3COOCH_3 + H_2$$

220℃，20MPa 下甲醇在钴催化剂的作用下发生同系化反应生成乙醇。

$$CH_3OH + CO + H_2 \longrightarrow CH_3CH_2OH + H_2O$$

（三）用途

甲醇是重要的化工原料，甲醇主要用于生产甲醛，其消耗量占甲醇总量的 30%～40%；其次作为甲基化剂，生产甲胺、甲烷氯化物、丙烯酸甲酯、甲基丙烯酸甲酯、对苯二甲酸二甲酯等；甲醇羰基化可生产乙酸、乙酐、甲酸甲酯、碳酸二甲酯等。其中，甲醇低压羰基化生产乙酸，近年来发展很快。随着碳一化工的发展，由甲醇出发合成乙二醇、乙醛、乙醇等工艺日益受到重视。甲醇作为重要原料在敌百虫、甲基对硫磷、多菌灵等农药生产中，在医药、染料、塑料、合成纤维等工业中有着重要的地位。甲醇还可经生物发酵生成甲醇蛋白，用作饲料添加剂。

甲醇不仅是重要的化工原料，而且还是性能优良的能源和车用燃料。它可直接用作汽车燃料，也可与汽油掺和使用，它可直接用于发电站或柴油机的燃料，或经 ZSM-5 分子筛催化剂催化转化为汽油，它可与异丁烯反应生成甲基叔丁基醚，用作汽油添加剂。甲醇的用途见图 7-1。

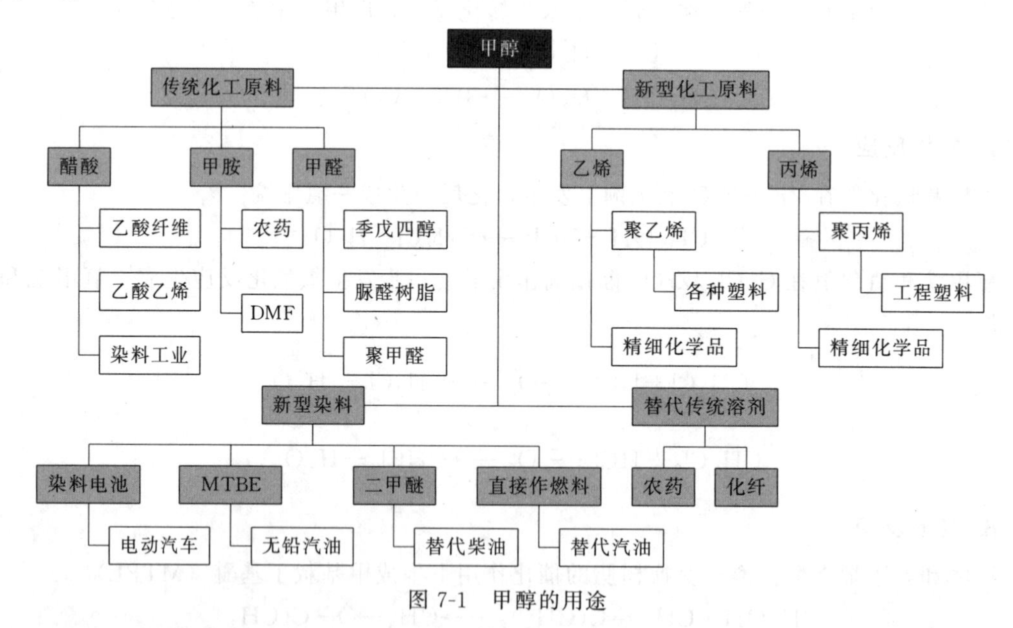

图 7-1　甲醇的用途

1. 碳一化工的支柱

在 20 世纪 70 年代，随着甲醇生产技术的成熟和大规模生产，甲醇化学首先发展。中东、加拿大等天然气产量丰富的国家或地区，由于天然气制甲醇的能力提高，导致大量甲醇进入市场；英国 ICI 公司与德国 Lurgi 公司低压甲醇技术得到推广；美国孟山都公司甲醇低压羰基化生产乙酸的技术取得突破，获得工业应用；美国 Mobil 公司用 ZSM-5 催化剂成功地将甲醇转化为汽油。这样，一系列原来以乙烯为原料的有机化工产品可能转变为由甲醇获得，甲醇成了碳一化工的支柱。

2. 新一代燃料

甲醇是一种易燃液体，燃烧性能良好，辛烷值高，抗爆性能好，在开发新燃料的过程中，自然成为重点开发对象，被称为新一代燃料，甲醇可发挥以下几种功能。

（1）甲醇掺烧汽油　构成甲醇分子中的C、H是可燃的，O是助燃的，这就是甲醇能燃烧的理论依据。甲醇由CO、H_2 合成，其燃烧性能近似于CO、H_2。甲醇是一种洁净燃料，燃烧时无烟，它的燃烧速度快，放热快，热效率高，能减少排气污染。

国外已使用掺烧5%～15%甲醇的汽油。汽油中掺入甲醇后，提高了辛烷值，避免了添加四乙基铅对大气的污染。近几年，国内许多单位开展了甲醇-汽油混合燃料的试用和研究工作，对混合燃料的特性、使用方式、运行性能、相溶性、排气性等都进行了详细的研究。国内已对 M_{15}（汽油中掺烧15%甲醇）和 M_{25} 混合燃料进行了技术鉴定。

（2）纯甲醇用于汽车燃料　国内外已对纯甲醇作为汽车燃料进行了研究，认为当汽车发动机燃用纯甲醇时，全负荷功率与燃用汽油大致相当，而有效热效率提高了30%左右。

（3）甲醇制汽油　美国Mobil公司开发成功的用ZSM-5型合成沸石分子筛的甲醇制汽油技术最为引人注目，这种方法制得的汽油抗震性能好，不存在硫、氯等常用汽油中易见的组分，而烃类组成与汽油很类似。

（4）甲醇制甲基叔丁基醚　甲基叔丁基醚是20世纪70年代发展起来的，是当前人们公认的高辛烷值汽油掺和剂，它已成为一个重要的石油化工新产品，1990年世界产量达1000万吨以上。我国已有多套年产数万吨的装置投产，形成了相当规模的生产能力。

3. 有机化工的主要原料

甲醇进一步加工，可制得甲胺、甲醛、甲酸及其他多种有机化工产品。国内已有成熟生产工艺的甲醇作为原料的一次加工产品有甲胺、甲醛、甲酸、甲醇钠、氯甲烷、甲酸甲酯、甲酰胺、二甲基甲酰胺、二甲基亚砜、硫酸二甲酯、亚磷酸三甲酯、三氟氯乙烯、丙烯酸甲酯、甲基丙烯酸甲酯、氯甲酸甲酯、氯乙酸甲酯、二氯乙酸甲酯、氯甲醚、羰丙基甲醚、羰乙基甲醚、二甲醚、环氧化乙酰蓖麻油酸甲酯、二甲基二硫代磷酸酯、十一烯酸、氨基乙酸、月桂醇、聚乙烯醇等。国内正在努力开发即将投入生产的甲醇系列有机产品有乙酸、乙酐、碳酸二甲酯、溴甲烷、对苯二甲酸二甲酯、甲硫酸、乙二醇等。

目前，甲醇制烯烃越来越受到重视。甲醇制烯烃装置是将甲醇转化为烯烃，并分离出单体乙烯、丙烯和丁烯等产物，供下游装置使用。近年来，甲醇制烯烃（MTO和MTP）技术已经成为国内外碳一化工的热点，是世界上工业化前景最为乐观的新型烯烃技术路线。其巨大的发展潜力，已经引起国内外的广泛关注，尤其是对于石油资源缺乏、煤炭资源丰富的我国有十分重要的意义。神华包头煤制烯烃示范工程作为世界上首套以煤为原料生产聚烯烃的项目，项目投料试车成功，标志着我国率先掌握了煤基烯烃工业化关键技术，开创了高碳能源低碳化和石油替代的新途径，奠定了我国在世界煤基烯烃工业化产业中的国际领先地位，对于我国推进低碳经济发展，减轻和缓解石油高度对外依存的压力，保障国家能源战略安全具有重要意义。

4. 精细化工与高分子化工的重要原料

甲醇作为重要的化工原料，在农药、染料、医药、合成树脂与塑料、合成橡胶、合成纤维等工业中得到广泛的应用。

（1）农药工业中的应用　多种农药的生产直接以甲醇为原料，如杀螟硫磷、乐果、敌百虫、马拉硫磷等。有些农药虽未直接使用甲醇，但在生产过程中要用甲醇的一次加工产品（如甲醛、甲酸、甲胺等）。生产中需以甲醛为原料的农药有甲拌磷等，生产中需用甲胺为原料的农药有甲萘威、灭草隆等，生产中需用甲酸为原料的农药有杀虫脒等。

（2）医药工业中的应用　甲醇在多种医药工业中应用，例如长效磺胺、维生素 B_6 等。也有些药物生产过程中需用甲醇的一次加工产品，如氨基比林生产中需用甲醛，麻黄素生产过程中需用甲胺，乙酰水杨酸（阿司匹林）生产中需用乙酐或乙酸，安乃近、冰片、咖啡因生产中需用甲酸等。

（3）染料工业中的应用　许多染料生产过程中用甲醇作原料或溶剂，例如，红色基RC、蓝色基 RT、分散红 GLZ、分散桃红 R_3L、分靛蓝 BR、活性深蓝 K-FGR、阴离子GRL、阳离子桃红 FG、酞菁素紫等。还有相当多的染料生产过程中需用甲醛、甲胺、乙酸、乙酐、甲酸、硫酸二甲酯等作原料。

（4）合成树脂与塑料工业中的应用　有机玻璃（聚甲基丙烯酸甲酯）是一种高透明无定型热塑性材料，需以甲醇为原料，生成甲基丙烯酸甲酯单体，再聚合而成。聚苯醚、聚甲醛、聚三氟氯乙烯、聚砜等工程塑料生产过程中需要甲醇作重要原料。以甲醛、甲胺、乙酸、乙酐、二甲基亚砜为原料的树脂和塑料种类很多，甲醇及其一次加工产品在塑料和树脂生产中有广阔的应用市场。

（5）合成橡胶工业中的应用　合成橡胶工业中作为异戊橡胶、丁基橡胶重要单体的异戊二烯可用异丁烯-甲醛法生产，需用甲醇一次加工产物甲醛作原料。

（6）合成化纤工业中的应用　合成纤维品种很多，其中不少纤维需用甲醇及其一次加工产物为原料，如聚酯纤维以丙烯腈与对苯二甲酸二甲酯为原料，聚丙烯腈纤维以丙烯腈与丙烯酸甲酯为原料，聚乙烯醇缩甲醛纤维以聚乙烯醇与甲醛为原料等。

5. 生物化工制单细胞蛋白

甲醇蛋白是一种由单细胞组成的蛋白，它以甲醇为原料，作为培养基，通过微生物发酵而制得。由于工业微生物技术的发展，以稀甲醇为基质生产甲醇蛋白的工艺在国外已工业化，大型化装置已投产，在国内也正在研究开发。我国饲养业对蛋白质需求量很大，发展甲醇蛋白是很有前途的。

二、国内外生产现状

1. 国外生产技术概况

合成甲醇的工业生产开始于 1923 年。德国 BASF 的研究人员试验了用一氧化碳和氢气，在 300～400℃的温度和 30～50MPa 压力下，通过锌铬催化剂合成甲醇，并于当年首先实现了工业化生产。从 20 世纪 20～60 年代中期，世界各国甲醇合成装置都用高压法，采用锌铬催化剂。

1996 年，英国 ICI 公司研制成功甲醇低压合成的铜基催化剂，并开发了甲醇低压合成工艺，简称 ICI 低压法。1971 年，德国 Lurgi 公司开发了另一种甲醇低压合成工艺，简称 Lurgi 低压法。20 世纪 70 年代以后，各国新建与改造的甲醇装置几乎全部用低压法。

合成甲醇的原料路线在几十年中经历了很大变化，20 世纪 50 年代以前，甲醇生产多以煤和焦炭为原料，采用固定床气化方法生产的水煤气作为甲醇原料气。20 世纪 50 年代以来，天然气和石油资源大量开采，由于天然气便于输送，适合于加压操作，可降低甲醇装置的投资与成本，在蒸汽转化技术发展的基础上，以天然气为原料的甲醇生产流程被广泛采用，至今仍为甲醇生产的最主要原料。20世纪60年代后，重油部分氧化技术有了进步，以重油为原料的甲醇装置有所发展。估计今后在相当长的一段时间中，国外甲醇生产仍以烃类原料为主。从发展趋势来看，今后以煤炭为原料生产甲醇的比例会上升，煤制甲醇作为液体燃料将成为其主要用途之一。

国外甲醇生产多以天然气为原料，采用低压法工艺，主要有ICI、Lurgi、Topsoe等方法，前两种被认为是当今较为先进的甲醇生产技术，约80%的甲醇采用这两种方法生产。

近十多年来，国外甲醇生产技术发展很快，除了普遍采用低压法操作以外，在生产规模、节能降耗、催化剂开发、过程控制等领域都有新的突破。

(1) 生产规模大型化　甲醇生产技术发展的趋势之一是单系列、大型化。随着汽轮机驱动的大型离心压缩机研制成功，为合成气压缩机、循环机的大型化提供了条件。大型压缩机、循环机一般采用背压式，透平的蒸气由甲醇原料气制造工序产生。大型气流床煤气化炉、重油部分氧化炉、烃类蒸气转化炉的开发与应用，也为甲醇装置大型化创造了条件。

(2) 合成催化剂高效化　甲醇合成催化剂的开发应用经历了三个阶段。第一阶段为锌-铬催化剂，锌-铬催化剂活性温度高，为350～420℃，由于受平衡影响，需在高压（30～32MPa）下操作，且粗甲醇产品质量较差。第二阶段为铜-锌-铝催化剂，从20世纪60年代后期使用至今，其活性温度低，为220～280℃，可在较低压力下操作。比较著名的有ICI51-1、TopsoeMK-101、德国GL-104等。其中TopsoeMK-101催化剂，因具有高括性、高选择性、高稳定性的特点，可连续操作2～3年，保持稳定的活性，受到国外用户青睐。第三阶段为铜系催化剂。英国ICI51-3型催化剂，铜相活性组分载在特殊设计的载体铅酸锌上，使催化剂强度高、活性高、选择性好，甲醇产率进一步提高，副产物少，使用寿命提高50%。

(3) 节能降耗经常化　甲醇生产成本中能源费用占较大比例。目前国外把甲醇生产技术改进的重点放在采用低能耗工艺，充分回收与合理利用能量三方面。

在甲醇的合成中采用低压合成，降低合成压力可减少压缩机功耗。目前国外的甲醇合成压力一般为5MPa；有效利用甲醇合成反应热，如Lurgi甲醇合成塔，其突出特点是可产生4MPa压力的蒸气；降低合成塔阻力，如采用Topsoe、Casale、Linde式径向甲醇合成塔，可增大循环量，并采用较小颗粒催化剂，提高活性。

在用天然气制甲醇原料气方面，ICI公司提出了把LCA两段天然气蒸气转化与低压甲醇合成相结合的LCM工艺。采用结构紧凑的换热式转化炉，去掉繁杂、庞大的一段炉和热回收系统，二段炉用富氧，形成了用天然气作甲醇原料气的新概念；意大利Foster Wheeler国际公司和德国Lurgi公司共同开发一种联合转化法，即在天然气部分氧化转化反应下游增设一个传统的管式蒸汽转化反应器。这种方法比传统工艺节省天然气8%～10%，废气排放量大大减少，蒸汽消耗降低；在以渣油部分氧化制甲醇原料气时，采用废锅或半废锅流程，以回收热量及改进炭黑回收的方法。

甲醇精馏工艺的节能主要是：采用三塔流程，第二塔（加压主塔）塔顶馏分的冷凝热作为第三塔（常压主塔）的热源；改进精馏塔板结构；充分利用造气、合成的热量作为精馏工序低压蒸汽的热源。

全装置的热力系统设计有一套完整的热回收系统，把工艺过程余热充分利用，产生高压蒸汽，既提供工艺蒸汽与加热介质，又提供了各转动设备所需的动力，减少外供电耗，亦可减少受外界电力的影响。

甲醇生产是连续操作、技术密集的工艺，目前正向高度自动化操作发展。在甲醇原料气烃类蒸气转化工序中，采用自动控制系统控制反应温度。甲醇合成工序采用计算机控制、屏幕显示（CRT）和人-机通信方式，实现操作优化。

2. 国内生产技术概况

我国的甲醇工业大多以煤为原料，气化装置规模有限和占地面积大的先天缺陷制约着甲醇生产装置向大型化发展。同时近年来煤炭价格大幅度攀升，对本来还具有一定成本优势的煤基甲醇产生了较大影响，再加上煤基甲醇大多建在西部偏远地区，运输费用较高等因素进一步削弱了煤基甲醇的价格竞争力。

国内甲醇生产早期采用锌铬催化剂，20 世纪 70 年代我国自行开发成功铜基催化剂，并在全国范围内普遍使用。采用铜基催化剂后，操作压力降低，产品质量提高，精馏负荷减轻，以操作压来划分，目前，国内甲醇生产大致可分为 3 种生产工艺。

（1）高压法工艺　第一个五年计划时期，从苏联引进的以煤或渣油为原料的高压法甲醇生产工艺，锌铬催化剂改用铜基催化剂后，为提高生产强度，仍采用高压法生产，操作压力 20～25MPa。上海吴泾化工厂自行设计的以石脑油为原料的甲醇装置，合成塔采用 U 形冷管式，亦保持高压法生产。

（2）低压法工艺　20 世纪 70～80 年代，我国从 ICI 公司和 Lurgi 公司引进两套低压法甲醇装置。一套是以乙炔尾气为原料，一套是以渣油为原料，每套生产能力 10 万吨/年。从 ICI 公司引进的甲醇装置，合成塔为四段冷激式，合成操作压力为 5MPa，温度为 210～270℃，精馏采用双塔流程。从 Lurgi 公司引进的甲醇装置，采用管壳式合成塔，操作压力为 5MPa，床层温度为 240～260℃，粗甲醇采用三塔精馏。目前还有一批国内自行设计甲醇低压法生产装置建设投产。我国甲醇生产朝低压化方向发展。

（3）中压联醇工艺　合成氨联产甲醇（简称联醇）是我国独创的新工艺，是针对合成氨厂铜氨液脱除微量碳氧化物而开发的。联醇生产条件：压力 10～12MPa，反应温度 220～300℃，采用铜基联醇催化剂。近年来，不少氮肥厂，既生产氨，又生产甲醇，由甲醇、氨为基本原料，再生产其他化工产品，实现了多种经营。联醇生产可充分利用中小合成氨生产装置，只要增添甲醇合成与精馏两部分设备就可生产甲醇，其中甲醇合成系统可充分利用合成氨系统中更新改造后搁置不用的原合成工序设备，从 30MPa 降到 12MPa，联醇生产投资省、上马快，但生产规模小。

第二节　甲醇合成的基本原理

一、化学反应

合成甲醇的主要化学反应为 CO 和 H_2 在多相铜基催化剂上的反应：

$$CO+2H_2 \rightleftharpoons CH_3OH(g) \qquad \Delta H=-90.8kJ/mol$$

反应气体中含有 CO_2 时，发生以下反应：

$$CO_2+3H_2 \rightleftharpoons CH_3OH(g)+H_2O \qquad \Delta H=-49.5kJ/mol$$

同时 CO_2 和 H_2 发生 CO 的逆变换反应：

$$CO_2 + H_2 \rightleftharpoons CO + H_2O(g) \qquad \Delta H = +41.3kJ/mol$$

反应过程中除生成甲醇外，还伴随一些副反应的发生，生成少量的烃、醇、醛、醚、酸和酯等化合物。

1. 烃类

$$CO + 3H_2 \rightleftharpoons CH_4 + H_2O$$

$$2CO + 2H_2 \rightleftharpoons CH_4 + CO_2$$

$$CO_2 + 4H_2 \rightleftharpoons CH_4 + 2H_2O$$

$$2CO + 5H_2 \rightleftharpoons C_2H_6 + 2H_2O$$

$$3CO + 7H_2 \rightleftharpoons C_3H_8 + 3H_2O$$

$$nCO + (2n+1)H_2 \rightleftharpoons C_nH_{2n+2} + nH_2O$$

2. 醇类

$$2CO + 4H_2 \rightleftharpoons C_2H_5OH + H_2O$$

$$3CO + 3H_2 \rightleftharpoons C_2H_5OH + CO_2$$

$$3CO + 6H_2 \rightleftharpoons C_3H_7OH + 2H_2O$$

$$4CO + 8H_2 \rightleftharpoons C_4H_9OH + 3H_2O$$

$$CH_3OH + nCO + 2nH_2 \rightleftharpoons C_nH_{2n+2}CH_2OH + nH_2O$$

3. 醛类

$$CO + H_2 \rightleftharpoons HCHO$$

4. 醚类

$$2CO + 4H_2 \rightleftharpoons CH_3OCH_3 + H_2O$$

$$2CH_3OH \rightleftharpoons CH_3OCH_3 + H_2O$$

5. 酸类

$$CH_3OH + nCO + (2n-1)H_2 \rightleftharpoons C_nH_{2n+1}COOH + (n-1)H_2O$$

6. 酯类

$$2CH_3OH \rightleftharpoons HCOOCH_3 + 2H_2$$

$$CH_3OH + CO \rightleftharpoons HCOOCH_3$$

$$CH_3COOH + CH_3OH \rightleftharpoons CH_3COOCH_3 + H_2O$$

$$CH_3COOH + C_2H_5OH \rightleftharpoons CH_3COOC_2H_5 + H_2O$$

7. 元素碳

$$2CO \rightleftharpoons C + CO_2$$

这些副反应的产物还可以进一步发生脱水、缩合、酰化或酮化等反应，生成烯烃、酯类、酮类等副产物。当催化剂中含有碱类化合物时，这些化合物的生成更快。副产物不仅消耗原料，而且影响甲醇的质量和催化剂的寿命。特别是生成甲烷的反应为一个强放热反应，不利于反应温度的操作控制，而且生成的甲烷不能随着产品冷凝，甲烷在循环系统中循环，更不利于主反应的化学平衡和反应速率的控制。

甲醇合成反应有如下 4 个特点：

（1）放热反应　甲醇合成是一个可逆放热反应，为了使反应过程能够向着有利于生成甲醇的方向进行、适应最佳温度曲线的要求，以达到较好的产量，要求采取措施移走热量。

（2）体积缩小反应　从化学反应可以看出，无论是 CO 还是 CO_2 分别与 H_2 合成 CH_3OH，都是体积缩小的反应，因此压力增高，有利于反应向着生成 CH_3OH 的方向进行。

（3）可逆反应　即在 CO、CO_2 和 H_2 合成生成 CH_3OH 的同时，甲醇也分解为 CO_2、CO 和 H_2，合成反应的转化率与压力、温度和氢碳比［$f=(H_2-CO_2)/(CO+CO_2)$］有关。

（4）催化反应　在有催化剂时，合成反应才能较快进行，没有催化剂时，即使在较高的温度和压力下，反应仍极慢地进行。

二、甲醇合成反应的速率

1. 一氧化碳与氢气合成甲醇反应热的计算

一氧化碳与氢气合成甲醇是一个放热反应，在 25℃时，反应热为 90.8kJ/mol。

反应热 Q_T（kJ/mol）与温度的关系式为：

$$Q_T=-74893.6-64.77T+47.78\times10^{-3}T^2-112.926\times10^{-3}T^3$$

式中，T 为绝对温度，单位是 K。

不同温度下甲醇合成反应热见表 7-5。

表 7-5　不同温度下甲醇合成反应热

反应温度/℃	反应热/(kJ/mol)	反应温度/℃	反应热/(kJ/mol)
100	93303.2	300	99370.0
200	97068.8	350	102298.8
250	97926.52		

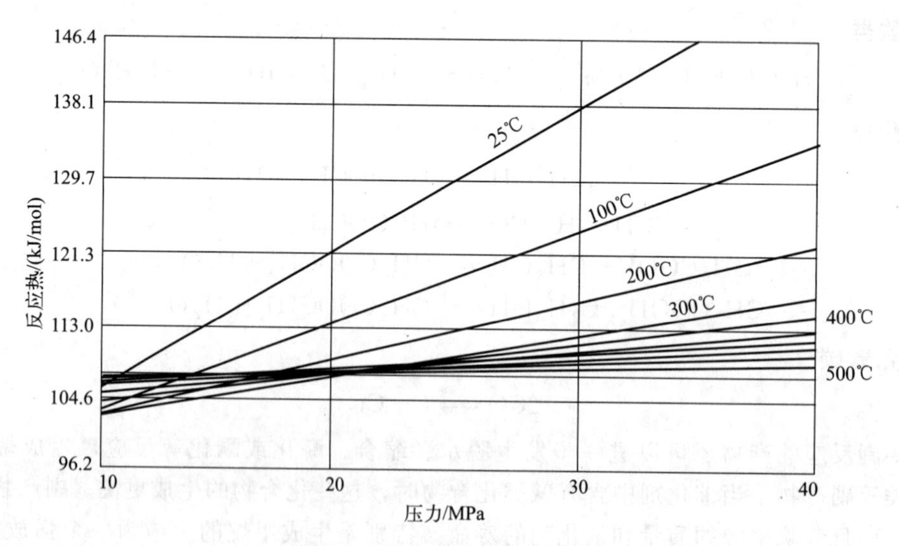

图 7-2　压力对反应热的影响

从表 7-5 和图 7-2 可以看出，压力降低，温度升高时，反应热变化小，故选择 20MPa，300～400℃的反应条件，反应易控制。

从热力学分析可知，合成甲醇的反应温度低，所需操作压力也可以低，但温度低，反应速度太慢，因此关键在于催化剂。

2. 合成甲醇的平衡常数

一氧化碳和氢气合成甲醇是一个气相可逆反应，压力对反应起着重要作用，用气体分压来表示的平衡常数可用下面公式表示：

$$K_p = p_{CH_3OH}/(p_{CO}p_{H_2}^2)$$

式中　　　K_p——甲醇的平衡常数；

p_{CH_3OH}，p_{CO}，p_{H_2}——分别表示甲醇、一氧化碳、氢气的平衡分压。

反应温度是影响平衡的一个重要因素，下面公式用温度来表示合成甲醇的平衡常数：

$$\lg K_a = 3921/T - 7.9711\lg T + 0.002499T - 2.953\times10^{-7}T^2 + 10.20$$

式中　K_a——用温度表示的平衡常数；

T——反应温度，K。

用公式计算的反应平衡常数见表 7-6。

表 7-6　甲醇合成反应平衡常数

反应温度/℃	平衡常数(K_a)	反应温度/℃	平衡常数(K_a)
0	667.30	300	2.42×10^{-4}
100	12.92	400	1.079×10^{-5}
200	1.909×10^{-2}		

由表 7-6 可知，平衡常数随着温度的上升而很快减小。

第三节　甲醇合成的催化剂

一、国内外甲醇合成催化剂的发展状况

早期甲醇生产采用活性较低的锌-铬催化剂，为了达到较高的转化率，要求反应在高温（320～420℃）、高压（25～35MPa）下进行，从而导致投资和操作成本的上升。随着英国ICI公司铜-锌-铝催化剂的研制成功，甲醇生产进入了低温（220～280℃）、中低压（5～10MPa）时代。近年来，各种新型甲醇催化剂层出不穷，活性、选择性、寿命等各方面均大大超过前代产品，从而推动甲醇生产在长周期、低能耗、低成本运行方面上升到了一个前所未有的高度。低压铜基催化剂的使用逐渐普遍。

1. 锌铬催化剂

锌铬（ZnO/Cr_2O_3）催化剂是一种高压固体催化剂，由德国BASF公司于1923年首先开发研制成功。锌铬催化剂的活性较低，为了获得较高的催化活性，操作温度必须在590～670K。为了获取较高的转化率，操作压力必须为25～35MPa，因此被称为高压催化剂。锌铬催化剂的特点是：①耐热性能好，能忍受温差在100℃以上的过热过程；②对硫不敏感；③机械强度高；④使用寿命长，使用范围宽，操作控制容易；⑤与铜基催化剂相比较，其活性低、选择性低、精馏困难（产品中杂质复杂）。由于在这类催化剂中 Cr_2O_3 的质量分数高达10%，故成为铬的重要污染源之一。铬对人体是有毒的，目前该类催化剂已逐步被淘汰。

2. 铜基催化剂

(1) $CuO-ZnO-Al_2O_3$ 催化剂　英国ICI公司开发的 $CuO/ZnO/Al_2O_3$ 催化剂是比较有代表性的铜基催化剂。ICI公司公布了1种铜基催化剂前体及其催化剂的专利以及这种催化剂前体的制备方法。利用这种方法制得的催化剂原子比为 $w(Cu):w(Zn):w(Al)=60:23.3:16.7$，催化剂在合成甲醇之前在常压下用合成气进行还原，还原气空速为 $25000h^{-1}$，同时缓慢升温至250℃。催化剂的初活性为3.64（以每克催化剂下合成气出口中甲醇气的体积分数计）。利用这种方法制得的催化剂目前还在广泛使用。

在此之后，国内外对铜基合成甲醇催化剂的研究十分活跃，国外的ICI-3、ICI-5，国内的C306、XNC-98、NC307等 $CuO-ZnO-Al_2O_3$ 合成催化剂相继开发出来。这些催化剂的活性都较锌铬催化剂有所提高，合成甲醇的温度在220～300℃，压力在4.6～10MPa。目前该类催化已广泛使用于工业装置中。各种催化剂性能比较见表7-7。

表 7-7　$CuO-ZnO-Al_2O_3$ 合成甲醇催化剂性能比较

催化剂型号	温度/℃	压力/MPa	空速/h^{-1}	生产能力/$kg\cdot(L\cdot h)^{-1}$	研制单位
ICI51-2	250	5	10000	1.02	ICI
ICI51-3	250	5	10000	1.04	ICI
MK-101	250	5	10000	1.04	托普索
S79-4	250	5	10000	1.02	BASF
Academic	250	5	10000	0.3	Academic
C306	250	5	10000	0.9	南化院

注：合成气组分为 $\varphi(CO)=10\%$，$\varphi(CO_2)=12\%$，$\varphi(CH_4)=9\%$，$\varphi(H_2)=69\%$。

(2) $CuO-ZnO-Cr_2O_3$ 催化剂　铜锌铬催化剂是在铜锌催化剂的基础上发展起来的，ICI和BASF对铜锌铬催化剂均有研究，其中BASF开发 $w(CuO):w(ZnO):w(Cr_2O_3)=31:38:5$，ICI开发的 $w(CuO):w(ZnO):w(Cr_2O_3)$ 为40：40：20或24：38：38，催化剂的性能比较见表7-8。

表 7-8　$CuO-ZnO-Cr_2O_3$ 合成甲醇催化剂性能比较

催化剂	温度/℃	压力/MPa	空速/h^{-1}	生产能力/$kg\cdot(L\cdot h)^{-1}$	研制单位
BASF	230	5	10000	0.755	BASF
ICI	240	8	10000	0.77	ICI

注：合成气组分为 $\varphi(CO)=10\%$，$\varphi(CO_2)=12\%$，$\varphi(CH_4)=9\%$，$\varphi(H_2)=69\%$。

铜锌铬催化剂在低压合成甲醇工艺中具有很好的活性，由于 Cr_2O_3 对人体有毒害，易对环境造成污染，因此铜锌铬催化剂将被逐步淘汰。

(3) $CuO-ZnO-(Al_2O_3)K_2O$ 催化剂　低压合成甲醇的 $CuO-ZnO-Al_2O_3$ 催化剂经碱金属（如钾）改性后获得的低碳醇催化剂很有工业化前途。在此催化体系上，CO/H_2 合成产物以甲醇为主，研究中发现钾在催化剂中存在的最佳含量大约在1%。

$CuO-ZnO-(Al_2O_3)K_2O$ 和 $CuO-ZnO-K_2O_2$ 类催化剂样品采用Cu、Zn及Al的硝酸盐与 Na_2CO_3 水溶液共沉淀母体，两母体组成为 $w(Cu):w(Zn):w(Al)=45:45:10$ 和 $w(Cu):w(Zn)=50:50$，母体经去离子水洗涤，过滤至 $NaNO_3$ 消失，之后在333K干燥12h，再在625K空气中焙烧3h后，经压片、粉碎，筛分成20～40目颗粒，然后用不同浓

度的 K_2CO_3 水溶液等体积浸渍，经干燥煅烧后获得一系列不同钾含量的催化剂样品。铜基催化剂浸钾后，催化剂比表面积下降，还原温度降低。通过改变浸钾量可以在一定程度上调节催化剂的活性。

(4) CuO-ZnO-Al_2O_3-V_2O_3 催化剂　西南化工研究设计院开发的C302是比较有代表性的 CuO-ZnO-Al_2O_3-V_2O_3 催化剂。该催化剂在220～270℃，4～12MPa，8000～15000h^{-1} 空速下表现出很好的活性，与德国GL-104、S79-4和丹麦的MK-101型催化剂相比，甲醇产率更高，且粗甲醇的有机杂质仅为0.129%，远低于GL-104、S79-4和丹麦的MK-101。该催化剂的耐热性好，使用寿命在2年以上，广泛用于低压合成甲醇装置。

Lurgi公司研制的GL-104催化剂（CuO-ZnO-Al_2O_3-V_2O_3），其中 $w(CuO):w(ZnO):w(Al_2O_3):w(V_2O_3)=59:32:4:5$。该催化剂在250℃和5MPa的操作条件下表现出很好的活性。工业化的 CuO-ZnO-Al_2O_3-V_2O_3 合成甲醇催化剂性能比较见表7-9。

表7-9　CuO-ZnO-Al_2O_3-V_2O_3 合成甲醇催化剂性能比较

催化剂	温度/℃	压力/MPa	空速/h^{-1}	生产能力/kg·(L·h)$^{-1}$	研制单位
C302	250	5	10000	1.01	西南化工研究设计院
GL-104	250	5	10000	0.98	Lurgi公司

V_2O_3 的加入提高了催化剂的耐热性，同时也提高了催化剂的选择性，但该催化剂对硫十分敏感，这是铜基催化剂合成甲醇的弱点。

3. 钯系催化剂

由于铜基催化剂的选择性可达99%以上，所以新型催化剂的研制方向在于进一步提高催化剂的活性、改善催化剂的热稳定性以及延长催化剂的使用寿命。新型催化剂的研究大都基于过渡金属、贵重金属等，但与传统（或常规）催化剂相比较，其活性并不理想。例如，以贵重金属钯为主催化组分的催化剂，其活性提高幅度不大，有些催化剂的选择性反而降低。

4. 钼系催化剂

铜基催化剂是甲醇合成工业中的重要催化剂，但是由于原料气中存在少量的 H_2S、CS_2、Cl_2 等，极易导致催化剂中毒，因此耐硫催化剂的研制越来越引起人们的兴趣。天津大学张继炎研制出 $MoS_2/K_2CO_3/MgO$-SiO_2 含硫甲醇合成催化剂，反应温度为533K，压力为8.1MPa，空速3000h^{-1}，$\varphi(H_2):\varphi(CO)=1.42$，含硫质量浓度为1350mg/L，CO的转化率为36.1%，甲醇的选择性为53.2%。该催化剂虽然单程转化率较高，但选择性只有50%，副产物后处理复杂，距工业化应用还有较大差距。

二、国内甲醇合成催化剂的工业应用

随着近几年甲醇需求的快速增长，国内甲醇催化剂市场发展也很快。目前在国内低压合成甲醇催化剂应用领域中，具有代表性的工业催化剂有C79-7GL、ICI51-8、ICI51-9、MK-121、C302、C306、C307、XNC-98等。

从目前国内市场份额来看，国产甲醇催化剂仍然占据绝对优势。从催化剂使用效果来看，国产催化剂需要在以下几个方面进行重点改进。

（1）催化剂时空收率　国产催化剂的活性有一定提高空间，在工业应用中，国外催化剂的甲醇时空收率一般在 0.8g/(mL·h) 左右；国产催化剂的甲醇时空收率一般在 0.7g/(mL·h) 左右。在实验室测试中，国外催化剂入塔气体组成为 CO 12.0%～13.50%、CO_2 4.0%～4.5%、N_2 5.0%～12.00%、H_2 70%～76%，压力 5.0MPa，空速 10000h^{-1}，耐热后在 250℃的条件下，催化剂的甲醇时空收率达到 1.35g/(mL·h) 以上，耐热后的活性表现优于国产工业催化剂。

（2）催化剂选择性　催化剂选择性差主要表现在两个方面：一是粗醇反应产物中乙醇含量高，在工业使用中，国外催化剂得到的粗醇产物中乙醇的质量分数为 0.02%～0.03%，国产工业催化剂在使用初期得到的粗醇中乙醇的含量也能达到 0.01%～0.04%，但使用后期增为 0.05%～0.06%；二是国产催化剂在使用过程中特别是后期有一定的结蜡现象，催化剂高温选择性需进一步改进。

（3）使用寿命　通常情况下，国产催化剂的平均寿命在 2～3 年，而国外催化剂的平均寿命在 3～4 年。

（4）原料气　原料气的净化水平、工艺设计和生产操作控制水平等因素也是影响国产催化剂使用效果的重要原因之一。

当然，国产甲醇催化剂也有自己的特点和相对竞争优势，主要表现在以下 3 个方面：

① 国产催化剂价格相对较低，在性价比上有一定的竞争优势；

② 另外装置投资额、售后服务成本和态度等方面的优势也是目前大部分国内企业仍选用国产催化剂的原因之一；

③ 随着近几年国产催化剂的研发速度加快及相应的配套工艺设计水平和原料气的净化水平的提高，国产催化剂与国外催化剂本身性能和使用效果的差距逐渐缩小。

南化集团研究院目前推出的型号有高压合成甲醇催化剂 C301 型，联醇催化剂 C207 型、C207-1 型、NC501 型，低压合成甲醇催化剂 C301-1 型、NC501-1 型、C306 型和 C307 型。

1. 应用于高压合成甲醇装置的催化剂

20 世纪 70 年代末，为了替代进口高压合成甲醇催化剂，南化集团研究院研制生产出 C301 型甲醇合成催化剂，这一催化剂研制成功，填补了我国高压甲醇催化剂的空白。C301 型催化剂先后在上海吴泾化工厂、兰化公司化肥厂、辽宁省大洼区化工厂、济南石化二厂近 20 个厂家的中、高压合成甲醇装置中使用，均取得了显著的技术经济效益。

（1）上海吴泾化工厂使用情况　上海吴泾化工厂是年产 8 万 t 精甲醇的高压合成甲醇厂家，1980 年使用 C301 型催化剂，先后用过 10 多炉。使用结果表明 C301 型催化剂活性、选择性和生产能力均高于原使用过的 Zn-Cr 系催化剂，技术经济效果主要表现在：

① 提高合成塔生产能力约 20%；

② 节约能耗与原料消耗，每年节约油 2 万 t、电 1000 万 kW·h、蒸汽 4.8 万 t，年效益为 1100 万元以上；

③ 提高产品质量，精醇优级率从以前的 50%提高到 100%。

（2）兰化公司化肥厂使用情况　兰化公司化肥厂高压合成甲醇装置于 1985 年开始使用 C301 型催化剂。该厂使用结果表明，该催化剂利用系数比 Zn-Cr 催化剂相对提高 6%，粗甲醇中甲醇含量从 87.69%提高到 93.45%，相对增加 5.76%，同时杂质减少。

高压合成甲醇装置由于其能耗较高，已由 20 世纪 80 年代的 20 多个厂家骤减到目前的

10家左右。

2. 应用于中压合成甲醇装置的催化剂

20世纪60年代，随着我国合成氨工业的迅速发展，开发了具有中国特色的中压联醇工艺，甲醇催化剂采用Cu-Zn-Al系催化剂，其中首当其冲的是南化集团研究院研制开发的C207型联醇催化剂，后针对C207型催化剂在工厂使用中的不足，研制开发了C207-1型催化剂，C207-1型催化剂的外观得到改善，同时径向抗压强度得到了提高。随后南化集团研究院又研制开发了可替代C207型催化剂的新一代用于联醇工艺的NC501型合成甲醇催化剂。目前，C207型联醇催化剂仍是我国联醇厂家首选催化剂，其产量占我国甲醇合成催化剂年产量的80%左右。

3. 应用于中低压合成甲醇装置的催化剂

(1) C306型催化剂　C306型催化剂在1997年12月首次用于江苏新亚化工集团公司(武进化肥厂) 10kt/a小型低压装置上，该装置先前用过7炉催化剂，所用过的两种国内其他型号低压催化剂曾获得省部级科技进步奖。与其中用得最好的一炉催化剂相比较，C306型催化剂精甲醇时空产率提高10%，每炉催化剂累计精甲醇产量提高两倍多。

1999年4月，C306型催化剂继而用于四川维尼纶厂引进的100kt/a大型装置上，代替德国低压催化剂，其甲醇产量和质量都有明显的提高，成功地实现引进大型装置中催化剂的国产化。2001年5月，C306型催化剂又用于齐鲁石化引进的100kt/a大型装置上，代替丹麦低压催化剂。几年间，C306型催化剂先后在榆林、荆门、大庆、长庆和鲁南等15个厂家使用，增产节能显著。目前，该产品已在国内16家共19套低压合成甲醇装置中使用，应用表明该催化剂活性好，甲醇产量高。在重庆维明化工有限公司使用时甲醇时空产率达0.64g/(mL·h)。

(2) C307型催化剂　C307型催化剂于2002年6月首次在湖北中天荆门化工有限公司30kt/a低压甲醇装置上使用，取得了很好的效果，随后又在陕西榆林天然气化工有限公司60kt/a、山东鲁南化肥厂100kt/a等二十多套低压甲醇装置上投入使用，增产节能显著。工业运行表明该催化剂具有以下特点：①外观良好，机械强度高；②选择性好，副反应少；③低温活性好；④生产强度大，产醇量高。

第四节　甲醇合成的工艺条件

一、温度对甲醇合成反应的影响

甲醇的合成反应是一个可逆放热反应。从化学平衡考虑，随着温度的提高，甲醇平衡常数数值降低。但从反应速度的观点来看，提高反应温度，反应速度加快。因而，存在一个最佳温度范围。对不同的催化剂，使用温度范围是不同的。因此，选择合适的操作温度对CH_3OH的合成至关重要。

一般Zn-Cr催化剂的活性温度为350～420℃。铜基催化剂的活性温度为200～290℃。对每种催化剂在活性温度范围内都有适当的操作温度区间，如Zn-Cr催化剂为370～380℃，铜基催化剂为250～270℃，但不能超过催化剂的耐热允许温度，对于铜基催化剂一般不超过 300℃。

实际生产中，为保证催化剂有较长的使用寿命和尽量减少副反应，应在确保甲醇产量的前提下，根据催化剂的性能，尽可能在较低温度下操作（在催化剂使用初期，反应温度宜维持较低的数值，随着使用时间增长，逐步提高反应温度）。例如：冷管型 CH_3OH 合成塔，铜基催化剂的使用可控制在 230～240℃，热点温度为 260℃左右，后期可控制床层温度在 270～280℃，热点温度为 290℃左右。

另外，甲醇合成反应温度越高，则副反应增多，生成的粗甲醇中有机杂质等组分的含量也增多，给后期粗甲醇的精馏加工带来困难。

二、压力对甲醇合成反应的影响

甲醇的合成反应是一个体积收缩的反应，增加压力，反应向生成甲醇的方向移动；从动力学考虑，增加压力，提高了反应物分压，加快了反应的进行；另外，提高压力也对抑制副反应，提高甲醇质量有利。所以，提高压力对反应是有利的。

不同类型的催化剂对合成压力有不同的要求。如 Zn-Cr 催化剂由于其活性温度较高（350～420℃），要实现 CH_3OH 合成必须在 25MPa 以上，因此，Zn-Cr 催化剂的操作压力一般要求为 25～35MPa；而铜基催化剂由于其活性温度为 230～290℃，甲醇合成压力也要求较低，采用铜基催化剂可在 5MPa 的低压下操作。但是，压力也不宜过高，否则，不仅增加动力消耗，而且对设备和材料的要求也相应提高。

三、空速对甲醇合成反应的影响

气体与催化剂接触时间的长短，通常以空速来表示，即单位时间内，每单位体积催化剂所通过的气体量。其单位是 m^3（标准状况）/(m^3 催化剂·h)，简写为 h^{-1}。

空速是调节甲醇合成塔温度及产醇量的重要手段，影响选择性和转化率，直接关系到催化剂的生产能力和单位时间的放热量。表 7-10 为空速对一氧化碳转化率和粗甲醇产量的影响。

表 7-10　铜基催化剂上空速对 CO 转化率、粗甲醇产量的影响

空间速度/h^{-1}	CO 转化率/%	粗甲醇产量/[m^3/(m^3 催化剂·h)]
20000	50.1	25.8
30000	41.5	26.1
40000	32.2	28.4

在甲醇生产中，气体一次通过合成塔仅能得到 3%～6%的甲醇，新鲜气的甲醇合成率不高，因此，新鲜气必须循环使用。如果采用较低的空速，反应过程中气体混合物的组成与平衡组成较接近，催化剂的生产强度较低，但是单位 CH_3OH 产品所需循环气量较小，气体循环的动力消耗较低，并且由于气体中反应产物的浓度降低，增大了分离反应产物的费用。

在一定条件下，空速增加，气体与催化剂接触时间减少，出塔气体中甲醇含量降低。但由于空速的增加，单位时间内通过催化剂的气体量增加，所以甲醇实际产量是增加的。当空速增大到一定范围时，甲醇产量的增加就不明显了。同时由于空速的增加，消耗的能量也随之加大，气体带走的热量也增加，可以防止催化剂过热。但当气体带走的热量大于反应热时，床层温度会难以维持。

甲醇合成的空速受到系统压力、气量、气体组成和催化剂性能等诸多因素影响。例如，对 $ZnO\text{-}Cr_2O_3$ 催化剂，空速控制在 20000～40000h^{-1}；而 $CuO\text{-}ZnO\text{-}Al_2O_3$ 催化剂，则在 10000h^{-1}。

四、气体组成对甲醇合成反应的影响

1. 氢与一氧化碳的比例对甲醇合成反应的影响

甲醇由一氧化碳、二氧化碳与氢反应生成，反应式如下：

$$CO+2H_2 = CH_3OH$$

$$CO_2+3H_2 = CH_3OH+H_2O$$

从反应式可以看出，氢与一氧化碳合成甲醇的物质的量之比为 2∶1，与二氧化碳合成甲醇的物质的量之比为 3∶1，当一氧化碳与二氧化碳都有时，对原料气中氢碳比（f 或 M 值）有以下两种表达方式：

$$f=(H_2-CO_2)/(CO+CO_2)=2.05\sim2.15$$

或

$$M=H_2/(CO+1.5CO_2)=2.0\sim2.05$$

不同原料采用不同工艺所制得的原料气组成往往偏离上述 f 值或 M 值。例如，用天然气（主要成分甲烷）为原料采用蒸气转化法所得粗原料气中 H_2 过多，这就要在转化前或转化后加入 CO_2 调节合理的氢碳比。而用重油或煤为原料所制的粗原料气氢碳比太低，需要设置变换工序使过量的 CO 变换为 H_2 和 CO_2，再将过量 CO_2 除去。

在合成时，若 CO 含量过高会造成温度不易控制，引起羰基铁在催化剂上的积聚，使催化剂失活。若 H_2 过量，会抑制高级醇、高级烃和还原性物质的生成，提高甲醇的浓度和纯度；同时由于氢导热性好，利于防止局部过热和催化剂床层温度控制。

生产中合理的氢碳比应比化学计量比略高些，按化学计量比值，f 值或 M 值约为 2，实际控制得略高于 2，即通常保持略高的氢含量。例如：在鲁奇合成流程中，甲醇合成塔入塔气体组成为 CO 10.53%，CO_2 3.16%，H_2 76.40%；在托普索合成流程中，合成循环气中含 CO 5%，CO_2 5%，H_2 90%。

2. 惰性气体含量对甲醇合成反应的影响

甲醇原料气的主要组分是：CO、CO_2、H_2，惰性气体是指氮、氩气及其他不凝性的有机化合物。惰性气体在合成反应器内不参与 CH_3OH 的合成反应，但会在合成系统中逐渐积累而增多。系统中惰性气含量高，相应地降低了 CO、CO_2、H_2 的有效分压，对合成甲醇反应不利，动力消耗也增加。惰性气体来源于原料气及合成甲醇过程的副反应。对于甲醇生产厂家，循环气中惰性气含量会不断累积，需要经常排放一部分气体来维持惰性气的一定含量。

一般控制原则：在催化剂使用初期活性较好，或者是合成塔的负荷较轻、操作压力较低时，可将循环气中惰性气含量控制在 20%～25%；反之，控制在 15%～20%。

控制循环气中惰性气含量的主要方法是排放粗甲醇分离器后气体。排放气量的计算公式如下：

$$V_{放空}\approx(V_{新鲜}I_{新鲜})/\mathit{\Pi}_{放空}$$

式中 $V_{放空}$——放空气体的体积，m^3(标准状况)/h；

$V_{新鲜}$——新鲜气体的体积，m^3(标准状况)/h；

$I_{新鲜}$——新鲜气体中惰性气含量，%；

$II_{放空}$——放空气体中惰性气含量，%。

3. CO_2 与 CO 比例对甲醇合成反应的影响

合成甲醇原料气中应保持一定量的 CO_2，能促进铜基催化剂上甲醇合成的反应速率，适量 CO_2 可使催化剂呈高活性。此外在 CO_2 存在下，甲醇合成的热效应比没有 CO_2 存在时要小，催化床温易于控制，这对防止生产过程中催化剂超温及延长催化剂使用寿命有利。但 CO_2 含量过高，会造成粗甲醇中含水量增多，降低压缩机生产能力，增加了气体压缩和精馏粗醇的能耗。CO_2 在原料气中的最佳含量应根据甲醇合成所用催化剂与甲醇合成操作温度作相应调整。在采用铜基催化剂时，原料气中 CO_2 的含量通常在 6%（体积分数）左右，最大允许 CO_2 含量为 12%～15%。

4. 入塔甲醇含量对甲醇合成反应的影响

入塔甲醇含量越低，越有利于甲醇合成反应的进行，也可减少高级醇等副产物的生成。为此，应尽可能降低水冷却器温度，努力提高甲醇分离器效率，使循环气和入甲醇塔的气体中甲醇含量降到最低限度。采用低压合成甲醇时，要求冷却分离后气体中的甲醇含量为 0.6%左右。一般控制水冷却器后的气体温度在 20～40℃。

五、甲醇合成催化剂对原料气净化的要求

为了延长甲醇合成催化剂的使用寿命，提高粗甲醇的质量，必须对原料气进行净化处理，净化的任务是清除油、水、尘粒、羰基铁、氯化物及硫化物等，其中特别重要的是清除硫化物。

目前工业合成甲醇广泛采用的催化剂为 Cu-Zn-Al 系催化剂，该系催化剂活性高、选择性好，但对毒物极为敏感，容易中毒失活，使用寿命往往达不到设计要求。影响其使用寿命的因素很多，如中毒、烧结、污物堵塞孔隙、强度下降等，其中主要影响因素为中毒和烧结。在目前的工艺中，导致甲醇催化剂中毒失活的因素主要集中在以下几个方面：

（1）硫及硫的化合物；

（2）氯及氯的化合物；

（3）羰基金属化合物；

（4）微量氨；

（5）油污。

1. 羰基金属化合物

羰基金属化合物种类很多，在合成甲醇工艺中主要是 $Fe(CO)_5$ 和 $Ni(CO)_4$。$Fe(CO)_5$、$Ni(CO)_4$ 主要有两种来源：

（1）原料气中 CO 对设备与管道的腐蚀而形成 $Fe(CO)_5$、$Ni(CO)_4$。

（2）造气过程中原料气中 CO 与原料中 Fe 和 Ni 结合生成的。主要是利用渣油、煤、焦炭为原料制合成气的过程中产生。

羰基金属在甲醇合成催化剂表面受热后极易分解成高度分散的金属铁和镍，逐步被催化剂表面吸附而沉积在催化剂表面上，侵占催化剂活性位，堵塞催化剂的表面和孔隙，导致催化剂中毒、活性下降。

此外，由于Fe、Ni是生成甲烷有效的催化剂，这不仅增加了原料的消耗，而且使反应区的温度剧烈上升，影响了催化剂寿命；羰基铁、羰基镍在催化剂上沉积，导致副反应的发生，增加粗甲醇中的杂质含量；粗甲醇中的羰基化合物可与甲醇形成共沸物，从而影响精甲醇质量。我国精甲醇国家标准中对羰基化合物也有严格的控制指标，羰基金属不脱除，会直接影响企业的经济效益。

因此，甲醇生产中应严格控制合成气中羰基铁、羰基镍的含量小于0.1×10^{-6}（体积分数）。为此，可在甲醇合成塔前设置羰基金属净化塔，解决羰基金属危害问题，延长甲醇催化剂使用寿命。近年来，为了避免羰基金属化合物的生成，采用高铬钢铁素体内管的甲醇反应器，也可防止催化剂中毒及羰基铁生成。

2. 氯及氯的化合物

研究表明，对于Cu-Zn-Al甲醇催化剂而言，氯的危害比硫的毒害更大，入塔气体中含0.1×10^{-6}的氯就会发生明显的中毒。催化剂中0.01%～0.03%的吸氯量就会导致其活性大幅下降。虽然实际生产中氯含量没有硫含量高，但由于其毒性大，“累积效应”所带来的影响是十分严重的，其对催化剂的危害是不容忽视的。实际生产中的氯主要来源于原料煤、工艺蒸汽、空气和所使用的化工助剂及保温材料。因此，应控制入塔原料气氯含量小于0.1×10^{-6}。解决原料气中氯的问题行之有效的方法就是采用脱氯剂。

3. 微量氨

当原料气中含有微量氨时，就会在甲醇合成过程中发生胺化反应，生成一甲胺、二甲胺、三甲胺等副产物带入粗甲醇中，由于甲胺类增多，碱值高、杂醇多，增加了粗甲醇精馏的困难，既影响甲醇产品质量又增加了消耗。这使甲醇带有甲胺类化合物特有的鱼腥味，严重降低了甲醇品级。在精馏中虽然会通过加入氢氧化钠溶解一部分甲胺，但仍会有小部分甲胺残留在精甲醇中，造成精甲醇中游离碱超标，达不到优等品的标准。当有微量水存在时，氨还会与甲醇催化剂中的铜生成铜氨配离子，造成铜的流失，从而导致甲醇催化剂失活。原料气中含有50×10^{-6}～100×10^{-6}氨时，催化剂活性下降10%～20%。

4. 油污

油污可堵塞甲醇催化剂的表面和内部孔道，减少催化剂比表面积，从而减少活性中心数目，加之带进的硫、氯进一步导致催化剂中毒失活。油污主要来源于压缩机和循环机的润滑油泄漏。解决油污污染的方法之一是采用无油润滑的压缩机，还另外有一个简单的方法是在甲醇合成塔前设置一个装填脱油剂的装置。温度提高时可适当提高空速，吸附容量大、使用方便、灵活，可很好地保护甲醇催化剂。

第五节　甲醇合成的工艺流程及操作控制

一、工艺流程

生产甲醇的方法有多种，早期用木材或木质素干馏法制甲醇的方法，今天在工业上已经被淘汰了。氯甲烷水解法也可以生产甲醇，但因水解法价格昂贵，没有得到工业上的应用。甲烷部分氧化法可以生产甲醇，这种制甲醇的方法工艺流程简单，建设投资节省，但是，这种氧化过程不易控制，常因深度氧化生成碳的氧化物和水，而使原料和产品受到很大损失，因此甲烷部分氧化制甲醇的方法仍未实现工业化。

目前工业上几乎都是采用一氧化碳、二氧化碳加压催化氢化法合成甲醇。典型的流程包括原料气制造、原料气净化、甲醇合成、粗甲醇精馏等工序。煤制甲醇典型工艺路线见图 7-3。

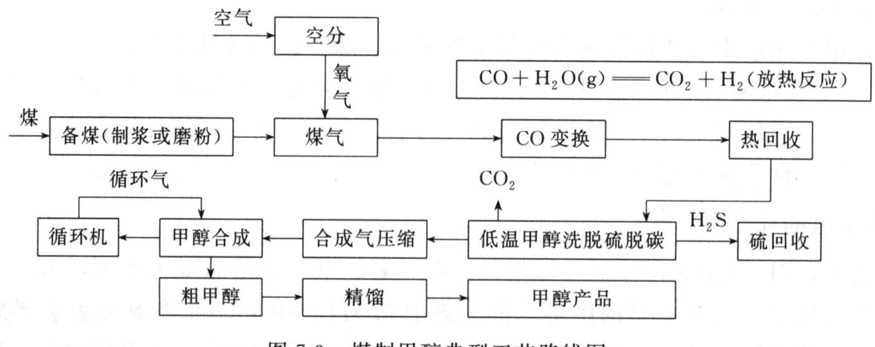

图 7-3　煤制甲醇典型工艺路线图

甲醇的合成在甲醇合成塔中进行。甲醇合成是可逆放热反应，为使反应过程适应最佳温度，以达到较高的产量，所以要采取措施移走反应热。甲醇的分离采用冷凝分离法，它是利用甲醇在高压下易被冷凝的原理而进行分离的。高压下与液相甲醇呈平衡的气相甲醇含量随温度的降低、压力的升高而下降。要使气体循环，必须设置循环机以克服合成回路中的阻力。气体在合成系统内循环，是凭借循环压缩机（或在原料气压缩机中设循环段）进行的，由于系统中气体的流速很大，通过设备管道时产生了较大的压力降，由循环压缩机得到了补偿。

1. 气相法

甲醇合成是可逆强放热反应，受热力学和动力学控制。通常在单程反应器中，CO 和 CO_2 的单程转化率达不到 100%。反应器出口气体中，甲醇含量仅为 3%～6%，未反应的 CO、CO_2 和 H_2 需与甲醇分离，然后进一步压缩到反应器中。为了保证反应器出口气体中有较高的甲醇含量，一般采用 30MPa 以上的反应压力。根据操作压力不同又可分为高压法、中压法和低压法生产。

(1) 高压甲醇合成法　高压法是在压力为 30MPa，温度为 300～400℃下使用锌铬催化剂合成甲醇的工艺。高压法是指压力在 25～32MPa 下进行的甲醇合成反应。工业上最早的甲醇合成技术就是在 30～32MPa 压力下，在锌铬催化剂上合成甲醇的，出口气体中甲醇含量为 3%左右，反应温度为 360～420℃。我国开发了 25～27MPa 压力下在铜基催化剂上合成甲醇的技术，出口气体中甲醇含量 4%左右，反应温度为 230～290℃。

高压法合成甲醇的工艺流程图见图 7-4。经压缩后的合成气在活性炭吸附器中脱除五羰基碳后，同循环气一起送入管式反应器中，在 350℃和 30.4MPa (300atm)，一氧化碳和氢通过催化剂层反应生成粗甲醇。含粗甲醇的气体经冷却器冷却后，迅速送入粗甲醇分离器中，使粗甲醇冷凝，未反应的一氧化碳和氢循环回反应器。冷凝的粗甲醇进入精馏装置，在第一分馏塔中分出二甲醚和甲酸甲酯及其他低沸点不纯物；在第二分馏塔里除去水和杂醇，得到精甲醇。高压法合成甲醇由于操作压力高，动力消耗大，设备复杂质量差等缺点，正在逐渐被淘汰。

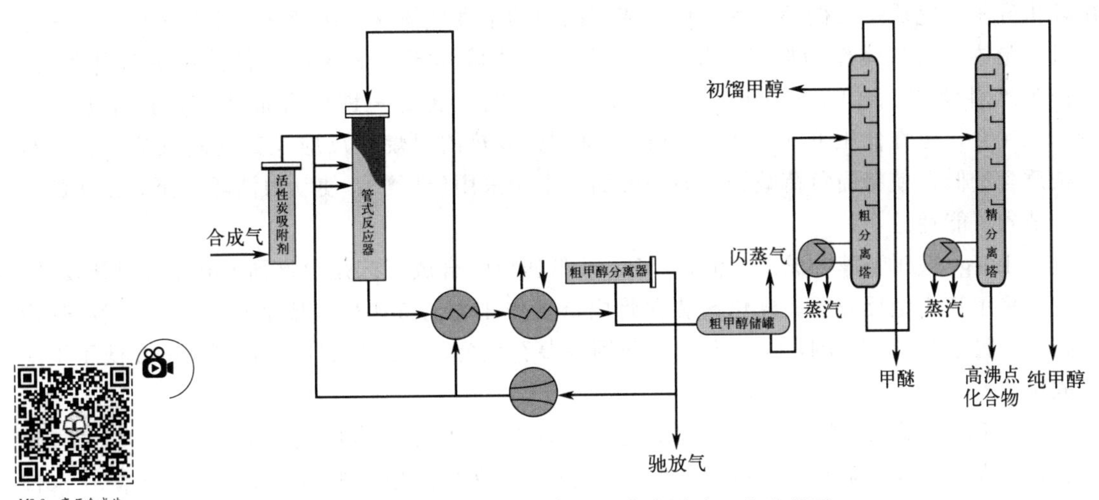

图 7-4　高压法合成甲醇工艺流程图

(2) 低压甲醇合成法　低压法是在操作压力为 5MPa，反应温度在 230～270℃范围下，空速 6000～10000h^{-1}，使用铜基低温高活性催化剂生产甲醇的工艺，主要的低压合成法有：4～8MPa 帝国化学公司（ICI）和德国鲁奇（Lurgi）的工艺，国内的 Linde 工艺。

① ICI 低压甲醇合成工艺流程。ICI 冷激型甲醇合成塔是英国 ICI 公司在 1966 年研制成功的。它首次采用了低压法合成甲醇，合成压力为 5MPa，这是甲醇生产工艺上的一次重大变革。该反应器适于大型化，易于安装维修。

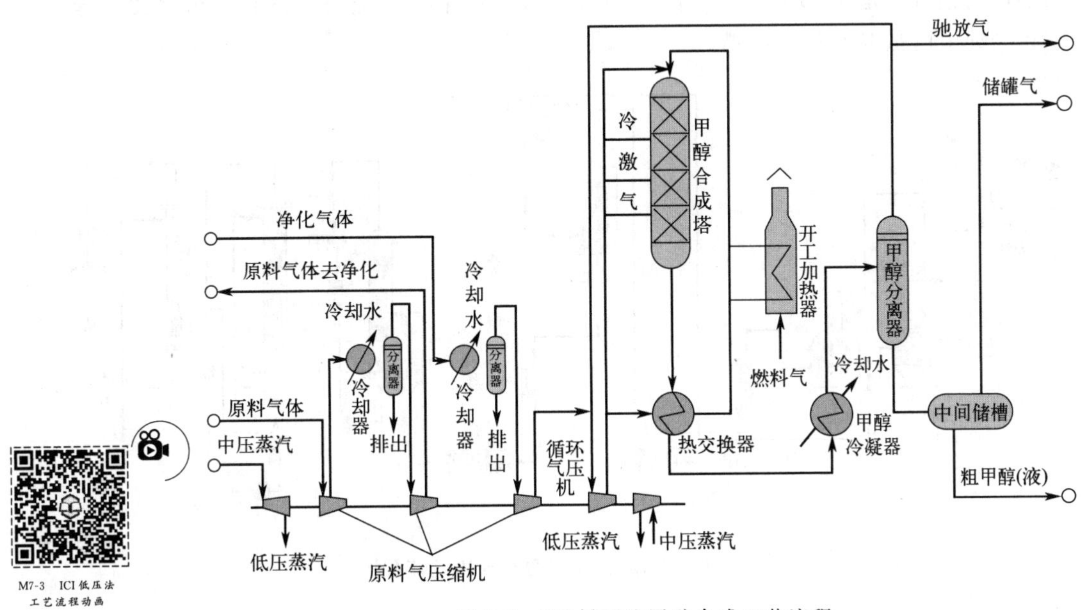

图 7-5　ICI 低压法甲醇合成工艺流程

ICI 低压法甲醇合成工艺流程如图 7-5 所示。合成气经离心式压缩机升压至 5MPa，与循环压缩后的循环气混合，大部分混合气经热交换器预热，于 230～245℃进合成塔，一小部分混合气作为合成塔冷激气，控制床层反应温度。在合成塔内，气体在低温高活性的铜基催化剂（ICI51-1 型）上合成甲醇，反应在 230～270℃及 5MPa 下进行，副反应少，粗甲醇中的杂质含量低。合成塔出口气经热交换器换热，再经水冷分离，得到粗甲醇，未反应气返回循环机升压，完成一次循环。为了使合成回路中的惰性气体含量维持在一定范围内，在进循环机前驰放一股气体作为燃料。粗甲醇在闪蒸器中降压至 0.35MPa，使溶解的气体闪蒸，也作为燃料使用。合成采用 ICI51-1 型铜基催化剂，这是一种低温催化剂，操作温度为 230～270℃，可在低压下（5MPa）操作，抑制强放热的甲烷化反应及其他副反应。粗甲醇中杂质含量低，使精馏负荷减轻。另一方面，由于采用低压法，使动力消耗减至高压法的一半，节省了能耗。

② Lurgi 低压甲醇合成工艺流程。Lurgi 低压甲醇合成工艺是由德国 Lurgi 公司开发的，该流程采用管壳型反应器，催化剂装在管内，操作压力为 5MPa，温度为 250℃。反应热由管间的沸腾水带走，并副产中压蒸汽。我国齐鲁石化公司第二化肥厂引进了 Lurgi 低压甲醇合成工艺。

德国 Lurgi 低压法气相合成甲醇工艺流程如图 7-6 所示。合成气是由天然气、水蒸气重整制备；天然气经脱硫至 0.1mg/L 以下，送入蒸汽转化炉中，天然气中所含的甲烷在镍催化剂作用下转化成含有一氧化碳、二氧化碳及惰性气体等的合成气。合成气用透平压缩机压缩至 4.053～5.066MPa 后，送入合成塔中。合成气在铜催化剂存在下，反应生成甲醇。合成甲醇的反应热用以产生高压蒸汽，并作为透平压缩机的动力。合成塔出口含甲醇的气体与混合气换热冷却，再经空气或水冷却，使粗甲醇冷凝，在分离器中分离。冷凝后的粗甲醇至闪蒸塔闪蒸后，送至精馏装置精制。粗甲醇首先在粗馏塔中脱除二甲醚、甲酸甲酯及其他低沸点杂质。塔底物即进入第一精馏塔。经蒸馏后，有 50% 的甲醇由塔顶出来，气体状态的精甲醇用来作为第二精馏塔再沸器加热的热源；由第一精馏塔底出来的含重组分的甲醇在第二精馏塔内精馏，塔顶部采出精甲醇，底部为残液；第二精馏塔来的精甲醇经冷却至常温后，得到纯甲醇成品并送入储槽。

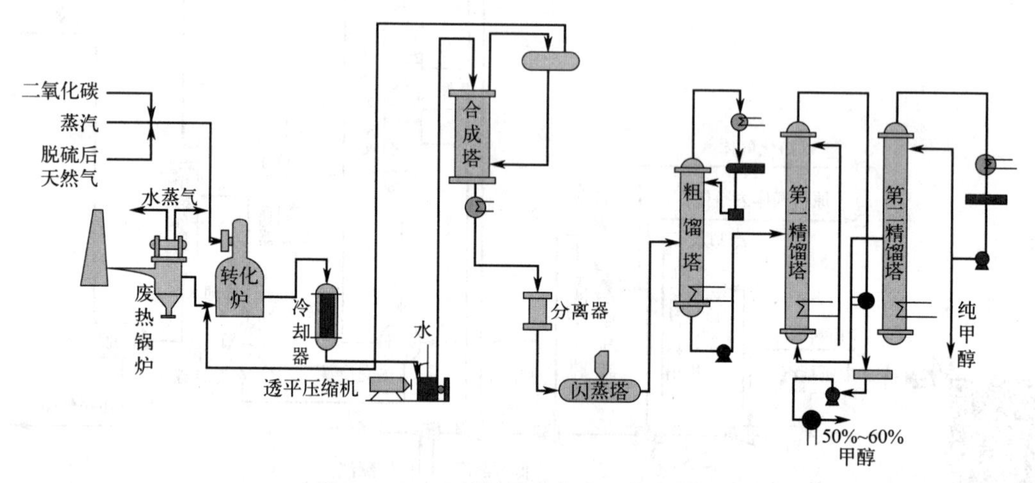

图 7-6　Lurgi 低压甲醇合成工艺流程图

低压法操作压力较小，但设备体积庞大，生产能力较小，且甲醇的合成收率较低，单程转化率低，一般只有 10%～15%，有大量的未转化气体被循环；反应气体的 H_2/CO 比一般为（5～10）∶1，远大于理论量的 2∶1。由于循环比较大（一般大于 5），惰性组分有累积效应，新鲜原料气中的 N_2 含量不能过高，这为原料气制备提出新的要求。

（3）中压甲醇合成法　中压法是在低压法基础上开发的在 5～10MPa 压力下合成甲醇的方法，该法成功地解决了高压法的压力过高对设备、操作所带来的问题，同时也解决了低压法生产甲醇所需生产设备体积过大、生产能力小、不能进行大型化生产的问题，有效降低了建厂费用和甲醇生产成本。

中压法合成甲醇的工艺流程图见图 7-7。原料以天然气或石脑油为起始，经过重整转化为合成气。合成气原料在转化炉 1 内燃烧加热，经压缩与循环气一起，在循环压缩机 5 中预热，然后进入合成塔 8，其压力为 8.106MPa，温度为 220℃。在合成塔里转化炉内填充镍催化剂。从转化炉出来的气体进行热量交换后送入合成气压缩机 4，合成气通过催化剂生成粗甲醇。合成塔为冷激型塔，回收合成反应热产生中压蒸汽。出塔气体预热进塔气体，然后冷却，将粗甲醇在冷凝器中冷凝出来，气体大部分循环。粗甲醇在粗分离塔 9 和精制塔 10 中，经蒸馏分离出二甲醚、甲酸甲酯及杂醇油等杂质，即得精甲醇产品。

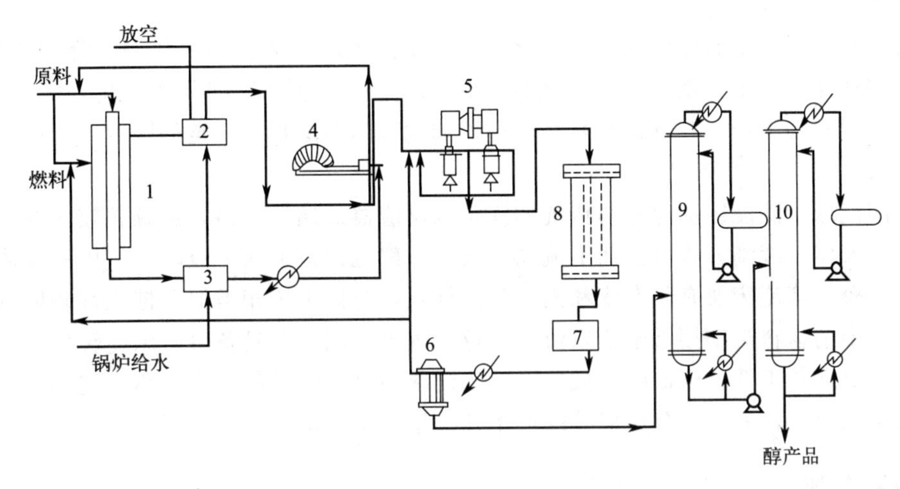

图 7-7　中压法合成甲醇工艺流程图

1—转化炉；2，3，7—换热器；4—压缩机；5—循环压缩机；6—甲醇冷凝器；8—合成塔；9—粗分离塔；10—精制塔

2. 液相法

鉴于气相合成存在的一系列问题，20 世纪 70 年代人们把甲醇合成工艺研究开发重点转移到液相合成法，并且初步实现了工业化的生产。

液相合成是在反应器中加入碳氢化合物的惰性油介质，把催化剂分散在液相介质中。在反应开始时合成气要溶解并分散在惰性油介质中才能达到催化剂表面，反应后的产物也要经历类似的过程才能移走。这是化学反应工程中典型的气-液-固三相反应。液相合成由于使用了热容高、导热系数大的石蜡类长链烃类化合物，可以使甲醇的合成反应在等温条件下进行，同时，由于分散在液相介质中的催化剂外表面积非常大，加速了反应过程，反应温度和压力也下降许多。目前在液相合成甲醇方面，采用最多的主要是浆态床和滴流床。

（1）浆态床　浆态床工艺，所用的催化剂为 $CuCrO_2/KOCH_3$ 或 $CuO\text{-}ZnO/Al_2O_3$，以惰性液体有机物为反应介质，催化剂呈极细的粉末状分布在有机溶剂中，反应器可用间歇式或连续式，也可将单个反应器或多个反应器串联使用。

在用 $CuCrO_2/KOCH_3$ 作催化剂的浆态床体系中，非极性有机溶剂和甲醇作反应介质，$KOCH_3$ 大部分分散在溶剂中，部分沉积在 $CuCrO_2$ 表面上，$CuCrO_2$ 呈粉末状悬浮于溶剂中。因此，该反应是一个气-液-固三相并存的反应体系。由于溶剂的存在，明显改善了反应的传热效率，降低了反应温度，促进了反应向有利于生成甲醇的方向发展。

$CuCrO_2/KOCH_3$ 浆态床法的最大优点是反应温度低（80～160℃），压力适中（4.0～6.5MPa），合成气的单程转化率高，出口气中甲醇含量可以从传统的气固相催化工艺的5%提高到15%，产物选择性好。存在的问题是CO对加氢反应有较强的抑制作用，CO_2 和 H_2O 对羰基化催化剂有一定的毒化作用，并且反应的时空产率低。

美国空气产品与化学品有限公司开发的以 CuO-ZnO-Al_2O_3 为催化剂的浆态床合成甲醇技术，采用二级或多级反应器系统，用惰性有机物作为溶剂，反应尾气不循环，可直接用作发电厂的燃料。该工艺的特点是原料气中的 H_2/CO 比可在较宽的范围内变化，并且 CO_2 和 H_2O 对反应没什么影响。其缺点是反应温度高达200℃以上，反应压力也较高，在5.0～6.0MPa之间。

值得注意的是，浆态床反应器中催化剂悬浮量过大时，会出现催化剂沉降和团聚现象。要避免这些现象的发生，就得加大搅拌器功率，但这同时使得搅拌桨和催化剂的磨蚀加大，反应中的返混程度增加。并且这种料浆反应器催化剂的装填量有一定的限度，所以操作中空速不能太大。

（2）滴流床　滴流床反应器与传统的固定床反应器的结构类似，由颗粒较大的催化剂组成固定层，液体以液滴方式自上而下流动，气体一般也是自上而下流动。气体和液体在催化剂颗粒间分布。滴流床兼有浆态床和固定床的优点，与固定床相类似。催化剂装填量大且无磨蚀，床层中的物料流动接近于活塞流，无返混现象，同时它具备浆态床高转化率、等温反应的优点，更适合于低氢碳比的合成气。对滴流床中合成甲醇的传质传热研究表明，与同体积的浆态床相对比，滴流床合成甲醇的产率几乎增加了一倍。

二、操作控制

低压甲醇工序的主要任务是：将压缩送来的原料气中CO、CO_2，在合适的温度和压力下，在催化剂的催化作用下，与 H_2 反应生成甲醇，并将粗甲醇经中间槽送往甲醇精馏工段，同时为低压醇烃化系统输送 $CO+CO_2$ 含量合格的原料气。

工段管辖范围：低压甲醇塔、塔前预热器、循环机、水冷器、醇分离器、油分离器、中间槽、汽包、热水泵等界区所属设备，管道、阀门、仪表等。

（一）开车

1. 原始开车

① 系统设备、管道安装、催化剂装填结束。所有电器、仪表完好。

② 管道应另行制定分段吹除方案进行管道吹除。

③ 系统置换和气密性实验另行制定方案进行。

④ 系统置换、气密性检验合格后，开车。

2. 系统长期停车后的开车

① 系统检修完毕、置换和气密性检验合格后，系统补入合格的原料气（$CO+CO_2 \leqslant 2.0\%$），充压至2.0MPa。

② 阀门调整：关补气阀，关系统出口阀，关放醇阀。开该系统至循环机系统的进出口阀。

③ 按循环机开车程序开启循环机。

④ 同时汽包加水至正常液位。

⑤ 开循环热水泵，开升温蒸汽，升温速率为 20～30℃/h（注意控制压差）。

⑥ 当水冷气体出口温度达 30～40℃时，开冷却水降温。

⑦ 当催化剂床层温度热点达 200℃时，缓慢补气升压，并逐步关小、关闭升温蒸汽，调节气体循环量，将床层温度控制在指标内，升压速率为 0.1～0.3MPa/min，适时进行放醇操作。

⑧ 当系统正常，醇后气 $CO+CO_2<1.0\%$时，可将系统并入低压醇烃化系统，开始低压醇烃化系统的升温。

3. 短期停车后的开车

（1）停车时间很短，系统压力和催化剂床层温度均在正常范围内，只需启动循环机，开系统进口阀门，待气体成分符合要求，便可向后工序送气。

（2）停车后系统压力低于 2.0MPa，催化剂床层温度低于 200℃的情况下开车。

① 开补气阀，将新鲜气慢慢导入系统，控制 $CO+CO_2\leqslant2.0\%$；升压速率为 0.1MPa/min，先补至压力 2.0～3.0MPa；升温，待温度达到 200℃时，再将压力补至系统正常压力。

② 启动热水泵进行水循环，使用升温蒸汽，调节汽包压力、液位及循环量，使合成塔出口温度恢复到停车前的状况，注意及时给汽包补水，待汽包液位到 50%后，将汽包上水投为自动上水。

③ 随新鲜气量的加大，合成反应速度的加快，反应热增多，可逐渐减少、关闭升温蒸汽，停止热水循环，控制催化剂层温度在指标内。

④ 系统恢复正常后，根据汽包压力情况，慢慢将汽包蒸汽并入蒸汽网。

⑤ 当系统压力与补气压力相平时，开系统出口阀。

⑥ 分析汽包水质情况，按工艺指标要求调整好水质。

（二）停车

1. 短期停车

① 接到调度通知，压缩逐渐减机减量，调整好循环量及汽包压力，接到停车信号后，关系统进出口阀。

② 系统内 CO 循环到 0.5%以下后停循环机，关闭放醇阀，关汽包给水阀。关闭水冷上水阀。

③ 启动循环热水泵，使用升温蒸汽，维持催化剂层温度在指标内，并通过汽包排污维持汽包液位。

2. 长期停车

① 接到调度通知，压缩逐渐减机减量，调整好循环量及汽包压力，接到停车信号后，关系统进出口阀。

② 系统内 CO 循环到 0.2%以下，关闭放醇阀，关汽包给水阀。

③ 缓慢降低汽包压力，按 20～25℃/h 的速率将催化剂温度降至低于 60℃；然后将汽包压力全部卸去。

④ 关闭水冷上水阀；系统开始缓慢卸压，用氮气置换系统，塔内用氮气保正压。

3. 紧急停车

生产中突然停电、断水，应立即关闭系统进出口阀；关放醇阀；关汽包给水阀。

（三）正常生产中的操作要点

低压甲醇系统正常生产中的操作内容，主要是通过调节进口 CO 指标，来增加或减少甲醇产量；通过控制蒸汽压力和调节循环量来稳定催化剂床层温度与调控出口气体指标。

① 无论何时，在任何生产状况下，应保持工艺气体压力不小于余热回收的水汽系统压力，以利于催化剂的保护与系统安全。

② 系统通过控制输出蒸汽压力调节催化剂床层温度，通过调节系统循环气量控制出塔气体指标。

③ 催化剂床层温度分布：反应温度在最适宜温度范围内恒温反应。催化剂床层进口温度为 190～210℃，催化剂床层出口温度为 220～230℃。

④ 催化剂床层温度控制：催化剂床层热点前期温度为 220℃，中期温度为 240℃，后期温度为 260℃。

⑤ 放醇操作：控制好各塔、槽液位、压力，按时排放；放醇时应严防高压冲入低压部分而损坏放醇压力表、液位计或引起连通管爆炸；严禁高压气窜入贮槽。

（四）异常现象判断及处理

异常现象判断及处理见表 7-11。

表 7-11　异常现象判断及处理

序号	现象	原因	处理
1	醇化催化剂床层热点温度上升太快	①循环量锐减，蒸汽管网压力突然上升，汽包压力突然上涨； ②补入原料气中 $CO+CO_2$ 含量升高； ③生产负荷增加； ④操作不当； ⑤补入原料气中 O_2 含量升高	①加大蒸汽送出或开汽包放空阀，稳住汽包压力，加大循环量； ②要求调度适时调整补入原料气中 $CO+CO_2$ 含量； ③根据生产负荷，调整循环量； ④规范操作； ⑤及时排除 O_2 含量升高原因
2	醇化催化剂床层热点温度下降太快	①由于外工序，汽包压力下降快，循环量太大； ②补入原料气中 $CO+CO_2$ 含量降低； ③生产负荷锐减； ④操作不当	①稳住汽包压力，减少循环量； ②调整补入原料气中 $CO+CO_2$ 含量； ③减少循环量或增加生产负荷； ④规范操作
3	醇后气体中 $CO+CO_2$ 含量超标	①入塔原料气中 $CO+CO_2$ 含量升高； ②循环量减得过多； ③催化剂使用时间太长，活性衰退	①宏观上要求调度调整气体成分； ②恢复正常循环量； ③需要更换催化剂
4	系统压差增大	①系统中任一阀门阀芯脱落； ②催化剂使用时间长，粉化严重	①停车检修，更换阀门； ②待机停车，更换催化剂
5	断水、断电		紧急停车处理

（五）安全操作注意事项

① 操作人员要严格执行工艺技术操作规程。

② 进入岗位要按规定穿戴好个人防护用品。

③ 设备、管道阀门使用前，必须与有关单位、岗位联系，仔细检查在检修时所加的盲板是否已拆除，检修的紧固件是否紧固可靠，确认无误后再开车。

④ 各种安全防护装置、仪表及指标器材，消防及防护器材等不准任意挪动或拆除。

⑤ 操作人员必须掌握气防、消防知识，并学会使用气防、消防器材。

⑥ 机器设备、容器及管道的法兰、阀门等漏气时，不可在有压力的情况下扭紧螺栓。如必须堵漏应报告车间，首先将压力降低至规定范围，才可去扭紧螺栓。在未处理前应设立明显标志。

⑦ 如有爆炸、着火事故发生，必须先切断有关气源、电源后进行抢救。

⑧ 设备交出检修时，必须按车间签发的检修票上有关工艺处理。

第六节　甲醇合成反应器

甲醇合成反应器的类型很多，很难将其准确分类，部分分类方法如下。

按物料相态：分为气相反应器（如 ICI、Lurgi 低压合成反应器）、液相反应器和气液固三态反应器（如 GSSTFR 气-固-固滴流流动反应器）；

按床型：分为固定床反应器、浆态床反应器和流化床反应器；

按反应气流向：分为轴向反应器、径向反应器及轴径向反应器；

按冷却介质种类：分为自热式（冷却剂为原料气）、外冷式，外冷式反应器又可分为管壳式与冷管式反应器；

按反应器组合方式：分为单式反应器与复式反应器。ICI、Lurgi 的低压反应器为单式反应器，绝热管壳反应器、内冷-管壳反应器等为复合反应器；

按其来源：分为国外反应器和国内反应器等。

一、对甲醇合成反应器的基本要求

甲醇合成反应器是甲醇合成的关键技术和核心设备。甲醇合成反应器的主要要求有：

① 工艺性能优良，适应甲醇催化剂特点，充分发挥催化剂活性，催化剂升温还原安全、容易，还原后活性好，合成率高，吨醇原料气耗少，产品质量好，杂质少。

② 合成塔高压空间利用率高，催化剂装填多，单位生产能力设备投资费用低。

③ 反应器内气流和温度均匀，不易造成催化剂过热失活、粉碎。

④ 对工业条件变化能快速响应，操作稳定性和自热性能好，易调节控制。

⑤ 结构简单可靠，热膨胀补偿好，装卸检修和更换催化剂方便。

⑥ 塔压降小，压缩机和循环机电耗低。

⑦ 反应热回收好，吨醇总能耗低。

二、常用甲醇合成反应器

1. 国外主要的甲醇合成塔

(1) ICI 合成塔　英国帝国化学（ICI）是最早采用低压甲醇工艺的公司，ICI 公司的甲醇合成塔早期为单段轴向合成塔，目前工业上采用较多的是ICI冷激式合成塔，后来又推出冷管式合成塔和副产蒸汽合成塔。

① ICI冷激式合成塔。ICI冷激式甲醇合成塔是英国ICI公司在1966年研制成功的。它首次采用了低压法合成甲醇，合成压力为5MPa，这是甲醇生产工艺的一次重大变革。采用固定床4段冷激式绝热轴向流动合成塔，通过特殊设计的菱形分布系统将冷激气喷入床层中间带走热量，床层多段连续，压降为0.5～0.6MPa；反应热预热锅炉水。大型塔的高径比限制在2∶1。ICI曾将合成塔的单机日生产能力提高到3000t。

ICI冷激式合成塔结构见图7-8。该塔将反应床层分为若干绝热段，两段之间通入冷的原料气，使反应气体冷却，以使各段的温度维持在一定值。这种塔的结构简单，塔体是空筒，塔内无催化剂筐，催化剂不分层，由惰性材料支撑，装卸方便，并有特殊设计的冷却气体菱形分布器。气体喷头由4层不锈钢的圆锥体组焊而成，固定于塔顶气体入口处，使气体均匀分布于塔内。冷激气体喷管直接插入床层，这种喷头可以防止气流冲击催化床而损坏催化剂。菱形分布器埋于催化床中，并在催化床的不同高度安装，全塔共装3组，它使冷激气和反应气体均匀混合，以调节催化床层的温度，是塔内最关键的部件。这种结构的合成塔，装卸催化剂很方便，3h可卸完30t催化剂，装催化剂需10h。该塔的控制系统要求较高，各段床层的温度不同，取决于各段的进口温度。ICI冷激式绝热合成塔的床层阻力降大，大装置合成塔高径比应控制在2∶1左右。这样高压容器的直径和壁厚将增加，制造费用高，运输困难。

该类反应器的特点是：

a. 结构简单，塔内未设置电加热器或换热器，催化剂利用效率较高。由于采用菱形分布器，保证了反应气体和冷激气体的均匀混合，以调节催化床层的温度，同一床层温差控制变得容易。

b. 适于大型化甲醇装置，易于安装维修。

c. 高活性、高选择性催化剂选择余地大，国内外生产的催化剂如美国的UCIC79-2、G106催化剂，ICI生产的ICI51-1、ICI51-2、ICI51-3催化剂，西南化工研究院开发的C302和兰化院生产的NC系列催化剂等均能应用。

其缺点是：

a. 床层温度随其高度的变化而变化，床层温度波动较大，致使不同高度的催化剂活性不同，催化剂的整体活性不能有效发挥，其时空产率和经济效益表现较低；也容易因温度控制不好，导致催化剂局部过热而影响催化剂的使用寿命。

b. 反应器结构松散，出口的甲醇浓度低，导致大部分原料气不能参与合成反应，必须保持10倍左右的循环气量，压缩能耗高（约占总能耗的24%），同时相同产能的反应器体积比Lurgi反应器大，其一次性投资也较Lurgi的多。

c. 能源利用不合理，不能回收反应热，产品综合能耗较高。

d. 催化剂时空产率不高，用量大。

② 冷管式合成塔。1984年，ICI公司在AICHE国际会议上提出了两种新型合成塔，即冷管式合成塔和副产蒸汽合成塔。ICI冷管式合成塔结构示意见图7-9。

冷管式合成塔与单段内冷式逆流合成塔相似。但冷管塔将换热器移出，在合成塔筒体之外，入塔气靠管间催化剂层的反应热来预热，温度是通过调节旁路或合成塔下游进出塔气体交换量来控制。该塔不仅投资省，而且具有压差小、操作稳定的优点。

③ 副产蒸汽合成塔。ICI 副产蒸汽合成塔结构示意见图 7-10。该塔也属于单段内冷式，但气体流动是径向横流，垂直于沸腾水冷却管。该合成塔是应用了有限元分析法分析塔内气体流动和温度特性后设计的。

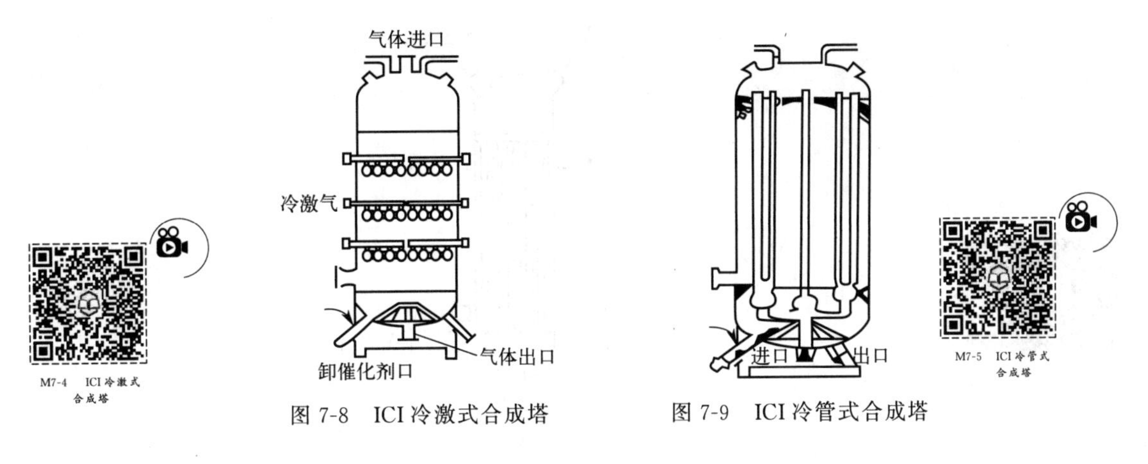

图 7-8 ICI 冷激式合成塔

图 7-9 ICI 冷管式合成塔

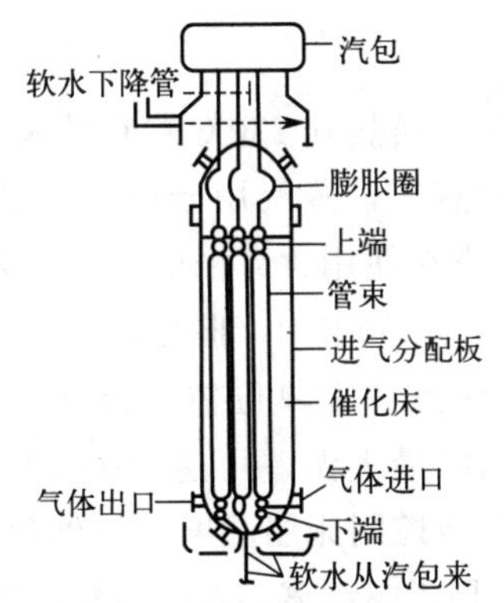

图 7-10 ICI 副产蒸汽合成塔

该塔的特点：

a. ICI 通过计算，比较了催化剂在管内、水在管外及催化剂在管外、水在管内两种方案，结果表明，后者所需的管子表面积仅为前者的 6/7。因此，ICI 副产蒸汽合成塔的催化剂放在管外。

b. 横向流动。入塔气进入合成塔通过一垂直分布板后，横向流过催化剂床，既减少阻力降，又增加传热系数。

c. 列管不对称排列。根据入塔气在催化剂床层反应速度的变化，考虑设置列管的疏密程度，使反应速度沿最大速度曲线进行。

d. 列管浮头式结构。该合成塔采用带膨胀圈的浮头式结构，解决了列管的热膨胀问题。ICI 认为，在以天然气为原料的流程中，采用这种合成塔的优点不明显，只有在以煤为原料的副产蒸汽合成塔中才能发挥其优点。

（2）Lurgi 列管等温合成塔（列管合成塔） 德国 Lurgi 与 ICI 是最早采用低压法合成甲醇的公司。20 世纪 70 年代初，Lurgi 公司首先使用了管束型副产蒸汽合成塔，既是合成塔又是废热锅炉。操作压力为 5MPa，温度为 250℃，合成塔（图 7-11）形似列管式换热器。在塔中，列管内装填催化剂，管间为沸腾水。甲醇合成反应放出的热很快被沸水移走。合成塔壳程的锅炉水是自然循环的，这样通过控制沸腾水的蒸汽压力，可保持恒定的反应温度，变化 0.1MPa 相当于 1.5℃。这种合成塔温度几乎是恒定的，有效地抑制了副反应，延长了催化剂的使用寿命。

M7-7 鲁奇列管式合成塔

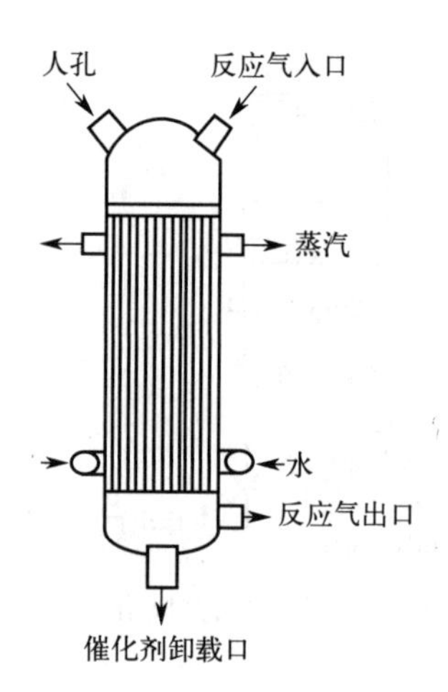

图 7-11 Lurgi 列管等温合成塔

原料气与反应后的气体换热到 230℃左右进入合成塔，反应放出的热量经管壁传给管间的沸腾水，产生 4MPa 的蒸汽，蒸汽用于甲醇装置。合成塔全系统的温度用蒸汽压力来控制。Lurgi 公司列管合成塔在使用含高铜的高活性催化剂时，可得到较高的单程转化率。列管合成塔的最大生产能力为 1500t/d，催化剂层中的压差为 0.5～0.6MPa。

Lurgi 列管合成塔的优点：①单位体积催化剂床层的传热面积较大（可达 $30m^2/cm^3$），管内中心线与沸腾水之间的最大温差可达 10～12℃，床层温差变化小，操作平稳；②可通过蒸汽压力的调节，简便地控制床层温度，使催化剂寿命延长；③热能利用合理，每吨甲醇副产蒸汽量 1.4t，该蒸汽用于驱动离心式压缩机，用低压蒸汽作蒸馏热源，比轴向合成塔工艺多回收 1.8GJ/L 热量；④Lurgi 工艺反应温和、副反应少，时空收率高达 $0.72t/(m^3 \cdot h)$ [传统 ICI 法仅为 $0.234t/(m^3 \cdot h)$]；⑤单程转化率高，合成塔出口的甲醇含量达 7%，因此循环气量减少，降低了循环回路中管件、阀门的费用和循环压缩机的能耗；⑥Lurgi 列管合成塔开车方便，只要将 4MPa 蒸汽通过合成塔壳程，即可加热管内的催化剂，达到起始活性温度，便可通气生产。

其缺陷是：

① 其壳体和管板、反应管之间用焊接结构，为消除热应力，对塔体的制造、材料的要求均比较高，结构复杂，制造难度大，维护成本高；

② 因采用列管式，列管占用了反应器大量的空间，使得催化剂的装填量仅占反应器的 30%；

③ 由于管内外传热温差较小，所需传热面积大；

④ 因该反应器用副产蒸汽直接从催化剂床层移热，由于受蒸汽压力限制，在催化剂后期难以提高使用温度；

⑤ 限于列管长度，扩大生产时，只能增加列管数量，扩大反应器的尺寸，生产操作弹性小。

(3) Casale 轴径向混合流合成塔 Casale 开发了 2500t/d 以上的轴径向甲醇合成塔，轴径向混合流动情况见图 7-12。

Casale 轴径向混合流合成塔的主要结构特点：①环形的催化剂床顶端不封闭，侧壁不开孔，形成催化剂床层上端气流的轴向流动；②床层主要部分气流为径向流动；③催化剂筐的外壁开有不同分布的孔，以保证气流分布；④各段床层底部封闭，反应后气体经中心管流入合成塔外的换热器，回收热量。由于不采用直接冷激，而采用塔外热交换，各床层段出口甲醇浓度较高，所需的床层段数较少。在径向合成塔中，床层顶端的密封问题比较复杂，况且甲醇合成催化剂从氧化态到活性态的还原过程中要收缩，故需校正体积。而 Casale 轴径向混合流合成塔不存在上述问题，各段床层轴向流动部分，实际上起到了密封作用。由于床层阻力降的明显减少（比 ICI 轴向型塔减少 24%），所以可增加合成塔高度和减小壁厚，可选用高径比较大的塔，以降低造价。与冷激式绝热塔相比，轴径向混合流合成塔可节省投资，简化控制流程，减少控制仪表。

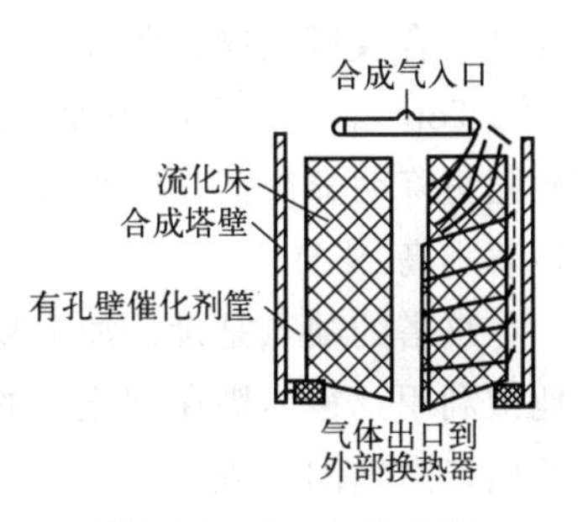

图 7-12 Casale 轴径向混合流合成塔

轴径向混合流合成塔的优点是大型化的潜力大，主要限制是操作速度应在 0.1～0.6m/s 范围内。低于 0.1m/s，则呈层流流动，不利于气相主体与催化剂颗粒表面之间的传质；高于 0.6m/s，床层压降过大，且循环压缩机负荷也难以满足要求。合成塔的生产能力取决于塔的高度，合成塔过高造成催化剂装卸困难：一般塔高为 16m，相应的生产能力为 5000t/d。若能解决催化剂的装卸问题，使高度达到 32m，则生产能力可达 10000t/d。

该塔的缺点是催化剂筐需要更换，催化剂装卸复杂。流动床合成不仅需要消耗动力，而且需要耐磨损的催化剂，要清除进入循环压缩机气体中的催化剂小颗粒也很困难。从机械设计方面看，合成塔壁厚并不减小，还产生一系列复杂问题，如：催化剂上下栅板、原料气分布集气管、催化剂从旋风分离器再循环时与闸板阀连接的沉浸支管等部件的设计和制造问题。

（4）Topsoe 径向合成塔　托普索（Haldor Topsoe）公司的天然气低压法制甲醇工艺，甲醇合成由 3 个并排的冷激式绝热合成塔及其间的热交换冷却系统组成。该塔转化率高、催化剂用量少，反应热不必用来预热原料，可作其他用途。为了使合成塔有效地进行反应，还采用了催化剂层间换热，以移走多余的反应热。

甲醇合成采用该公司的 RM101 型铜系催化剂，活性高、持续性好、选择性高、强度大。为了使催化剂长期保持高活性，给定的运转温度较低。由于选择性高，可将粗甲醇中的副产物抑制在极低的水平。该催化剂已用于 10 多套具有代表性的大型甲醇装置。

Topsoe 公司还制造了生产能力为 5000t/d 中间冷却的径向流动甲醇合成塔。它具有固定的催化剂层，其压差较低，在 0.2～0.3MPa 范围内。Topsoe 径向合成塔结构见图 7-13，塔内放置 2～3 层催化剂，合成气向中心流动，带外部热交换器。塔中每层催化剂输入的气流温度靠塔外废热锅炉中反应气的热量来保证和

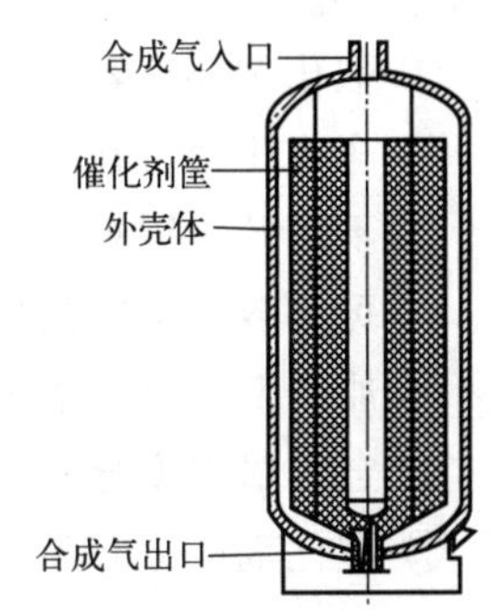

图 7-13 Topsoe 径向合成塔

控制。合成塔的操作条件为：合成压力 7～9MPa，反应温度 215～310℃。

Topsoe 径向合成塔使用活性高、粒度小的催化剂，合成气径向流动，塔的床层减薄，故阻力降明显降低，塔直径、壁厚大为减小，造价降低，合成塔的空速、出口甲醇浓度也有显著提高。

该塔的缺点是设计加工复杂。因径向流动，气流速度不断改变，使催化剂不能最大限度地被利用。径向塔在催化剂的上部装有复杂的机械装置，以防止其在运行过程中因催化剂收缩而产生轴向气流。

国内还没有该反应器的报道。

（5）Linde 等温合成塔　Linde AG 公司新开发的节能型甲醇生产工艺——Variobar 法。Linde 新工艺采用了一种新型节能等温塔，该塔为盘管内沸腾水冷却的单段等温塔（见图 7-14）。

在塔内，螺旋蛇管放置在催化剂层中，从蛇管下部加入约 4.5MPa 的锅炉水，而从上部排出中压蒸汽（3.5MPa）和循环水。合成气从塔上部进入，经催化剂层从下部排出。塔内使用 BASF 公司的 S3-85 型催化剂。蛇管安装在芯柱上，管内设有隔板和连接件，在高气流密度下排除了振动问题。管子在运行条件相同时，$1m^2$ 塔表面的传热面比传统的套管式增加 30％～50％。合成塔给定工作压力为 10MPa，催化剂装填量约 $100m^3$。回收反应热的蛇管均匀配置在压力容器内，与上下半球形总管相连。由于使用粒度为 5mm×5mm 的催化剂，装填容易。

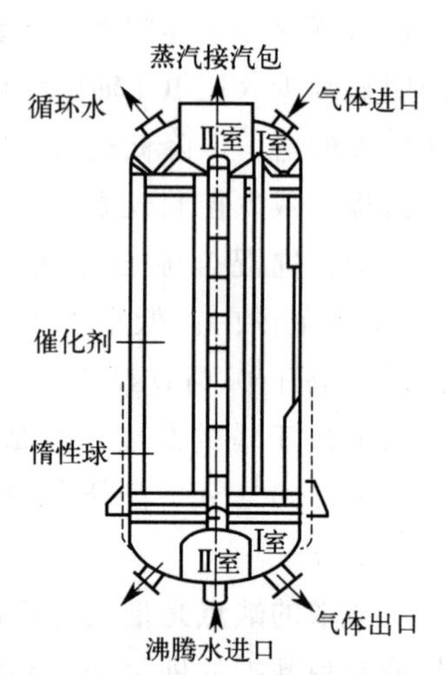

图 7-14　Linde 等温合成塔

该塔的设计特点：①催化床层等温操作，提供最佳的动力学条件；②操作可靠，特别是在催化剂还原、开工、部分负荷和停车的情况下；③避免合成塔壳体、冷管和管板在机械设计上的热应力；④催化剂床层阻力降小，以减少循环压缩机的动力消耗；⑤单系列大型化；⑥低投资。

Linde 等温合成塔的优点如下。

① 等温操作减少了对催化剂的热应力，提高了催化剂使用寿命。

② 通过控制蒸汽压力，可方便地调节合成塔的操作温度。

③ 在各种操作条件下，特别是开工、部分负荷或有外界干扰时，水循环系统可保证温度的绝对稳定。

④ 催化剂还原容易，没有过热的危险。

⑤ 合成压力可在宽广的范围内选择。

⑥ 不需开工锅炉。

⑦ 可为各种不同的气体组成进行设计。

⑧ 原则上该合成塔可用于其他放热催化反应，如生产高级醇等。

⑨ 合成塔温度分布与理想的动力学条件相对应，增加了甲醇收率。

⑩ 催化剂的分布和等温反应过程降低了催化剂床层的阻力降；合成塔单位体积的催化剂装填量最大；由于冷却盘管与气流为逆流、错流，导致传热系数较高，使所需的冷却表面显著减少；突破了等温合成塔机械上的限制，能在大规模生产时在任何给定的条件下采用最佳的合成压力。

该反应器已应用的最大产能为 520t/d。

(6) MRF 合成塔　多段内冷型径向流动（Multi-stage-indirect-cooling type radial flow，简称 MRF）甲醇合成塔是日本东洋工程公司（TEC）与三井东压化学公司共同开发的新型甲醇合成塔。

MRF 合成塔的开发始于 1980 年，1982 年在日本大阪建立了 1 套能力为 50t/d 的示范装置，通过试验运转证明技术可靠。TEC 1988 年决定将 MRF 用于特立尼达和多巴哥的 1200t/d 甲醇装置改造，在合成工序中与现有的 ICI 冷激塔平行安装 1 台生产能力为 260t/d 的 MRF 合成塔，以减轻现有合成塔的负荷。该塔 1990 年 6 月投入运行，完全达到了预期效果。

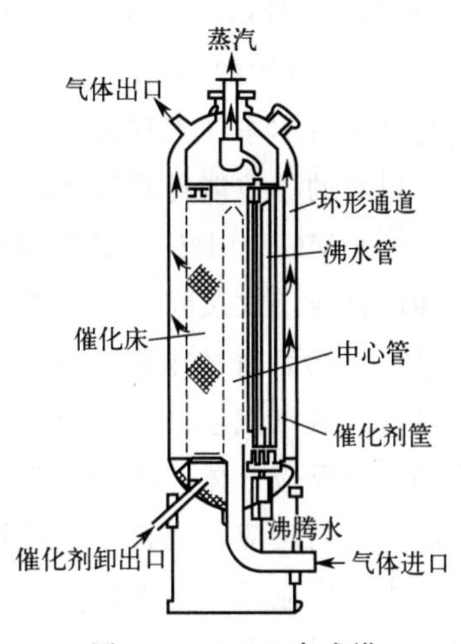

图 7-15　MRF 合成塔

MRF 合成塔（见图 7-15）由 1 个立式的压力容器，1 个带中心管的催化剂筐，以及同锅炉给水分配总管和蒸汽收集总管相连接的立式锅炉列管所组成。列管排列成若干层同心圆，垂直安装在催化剂床层上，与水平径向流动的合成气垂直。锅炉给水从炉底送入，产生的蒸汽汇集在蒸汽室内。冷却管的排列是 MRF 合成塔的专利。

预热后的合成气进入催化剂床层的外层，气体按径向入塔，通过催化剂床层，依次穿过绝热反应区和换热反应区，径向流动至催化剂筐和压力容器之间的环形空间，在换热区通过产生蒸汽的方式移去反应热。反应后的气体从位于合成塔出口的预热器中心管引出。因为 MRF 合成塔只有 1 个径向流动催化剂床，气体在催化剂床的流路短、流速低，所以 MRF 合成塔的压力降为普通轴向流动塔的 1/10。反应热由高传热率的填充床传给锅炉列管，反应气体又垂直流过列管表面，在相同的气体流速下，这种系统的传热系数要比平行流动系统的传热系数高 2～3 倍。反应气体依次通过绝热反应区和换热反应区，这相当于多级催化床层，提供了最佳的合成反应温度。

MRF 合成塔的优点如下。

① 合成塔中气体径向流动，使压力降至最小，仅为轴向合成塔的 1/10。

② 合成气垂直流过锅炉列管表面，即使在气体流速较低时也有较高的传热系数。通过环形通道的气体流速比原有合成塔提高 11%。

③ 通过恰当布置锅炉列管，反应温度几乎接近理想温度曲线，使每单位容积的催化剂有较高的甲醇产率，合成塔出口的粗甲醇浓度高于 8.5%。

④ 及时有效地移走了反应热，确保催化剂在温和的条件下操作，使催化剂的寿命延长。合成气进出口的温度为 211℃、276℃。

⑤ 将无管板设计和单位甲醇产率较高的优点结合起来，能制造出大能力的合成塔，单系列合成塔的生产能力能达到 5000t/d。

⑥ 由于减少了压力降和气流循环速度，合成循环系统的能耗从冷激塔的 111.6MJ/t 减少到 57.6MJ/t。

MRF 合成塔的缺点是：合成塔内部结构复杂，零部件较多，其长期运行的稳定性不好及发生故障后难检修等。

生产能力为2500t/d的MRF合成塔技术规格为：直径4.7m，长度14.1m，重量420t，压力降0.3MPa，吨甲醇回收热量为2.5GJ。

5000t/d甲醇MRF合成塔的制造、运输和运转的经济效益较好。英国ICI法甲醇合成工艺已由日本东洋工程公司做过改造，改进后的工艺为天然气两段转化，使用MRF新合成塔。甲醇的单位能耗降到28.5～29.2GJ/t。

（7）MGC/MHI超转化反应器　MGC反应器实际上是Lurgi反应器的一种改进，也采用四段合成塔式层间有空隙的合成塔。其结构为双套管，催化剂装在内外套管间，冷气从塔底进入，然后通过冷管（内套管）与管外催化剂层逆流换热后进入床层反应，管间是沸水，外设一个蒸汽汽包。以年产100kt/a的甲醇装置为例，其塔体内径2000mm，可装填30t催化剂，未反应气体经塔外换热器升温后，依次进入四段床层，为了调节温度，在每段进口前将原料气与反应气混合，达到降温的目的。该反应器的冷激器管设于两段床层之间，冷激气经喷嘴与反应气均匀混合。

（8）甲醇合成塔技术参数对比　几种主要甲醇合成塔的比较见表7-12，Lurgi、ICI及Linde法低压甲醇合成技术对比见表7-13。

表7-12　几种主要甲醇合成塔的比较

合成塔类型	ICI冷激合成塔	Lurgi合成塔	Casale合成塔	Linde等温合成塔	Topsoe合成塔	MRF合成塔
气体流动方式	轴向	轴向	轴径	轴向	径向	径向
控温方式	冷激	回收热量	气气换热	螺旋蛇管回收热量	外部换热	回收热量(内冷)
生产能力/(t/d)	2300	1250	5000	750	5000	>10000
碳效率/%	98.3		99.3			
催化剂相对体积	1		0.8		0.8	0.8

表7-13　Lurgi、ICI和Linde法低压甲醇合成技术对比

项目	鲁奇法	ICI法	林德法
合成压力/MPa	5.0～8.0	5.0～10.0	5.0～10.0
合成反应温度/℃	225～250	230～270	220～250
催化剂组成	Cu-Zn-Al-V	Cu-Zn-Al	Cu-Zn-Al
空时产率/[t/(m³·h)]	0.65	0.78	0.65～0.78
进塔气中CO/%	约12	约9	9～12
出塔气中CH_3OH/%	5～6	5～6	5～6
循环气：合成气	5：1	(8～5)：1	(4～5)：1
合成塔形式	列管型	冷激型　冷管型　冷管副产蒸汽型	盘管式
设备尺寸	设备紧凑	较大　紧凑　紧凑	紧凑
合成反应热利用	反应热副产蒸汽	不利用反应热　不利用反应热　利用反应热副产蒸汽	利用反应热副产2.5～3.5MPa中压蒸汽
合成开工设备	不设加热炉	有加热炉	不专门设加热炉
甲醇精制	三塔流程	两塔流程	三塔流程
技术特点	适用于高CO合成气，合成气副产中压蒸汽	便于调温，合成甲醇净值较低	适用于高CO合成气，副产中压蒸汽
设备结构及造价	列管式设备制造材料和焊接要求高，造价高，设备更新压力外壳无法使用	冷激型结构简单，造价低，设备更新只需换内件。插入式(即冷管型)结构复杂，气液换热渗漏易造成事故，设备更新只需换内件	盘管式设备制造材料和焊接要求高，设备更新只需换内件

2. 国内开发的甲醇合成塔

近年来国内在甲醇合成塔开发上也取得了长足的进展，并已应用于生产，各开发单位有自己的特色。因此，国内中小甲醇装置的改造和新建中，广泛使用自己的技术。目前，我国自主制造的年产 220 万吨戴维甲醇合成塔已试车成功。

（1）JJD 低压恒温水管式甲醇合成塔　湖南安淳高新技术有限公司开发的 JJD 低压恒温水管式甲醇合成塔，是一种管内冷却、管间催化的水床降温式合成塔。它的配套流程较为简单：入口气经过塔外的加热器与反应出口气换热提温后进入催化剂层，催化剂层内密布水管，水管起着对催化剂床进行恒温调节的作用，也可产生中压蒸汽；出口气进入热交换器与未反应气换热后进行后续水冷降温，再入醇分离器，入循环机系统补压再循环。合成塔内的流程：未反应气经过布置在塔中心的径向分布器，全径向分配进入催化剂层，反应出口气经径向筒收气后从合成塔下部出来，调温水经过每一根"刺刀"管进入底部，再从底部经"刀鞘"管与"刺刀"管之间环隙返上，进入置于合成塔上部的蒸汽闪蒸槽，闪蒸产生蒸汽，通过调节蒸汽压力对催化剂床层温度进行控制。

合成塔结构见图 7-16。第一套 $\varphi=2800$mm。JJD 低压恒温水管式甲醇合成塔运行表明，该塔具有以下多方面的优点。

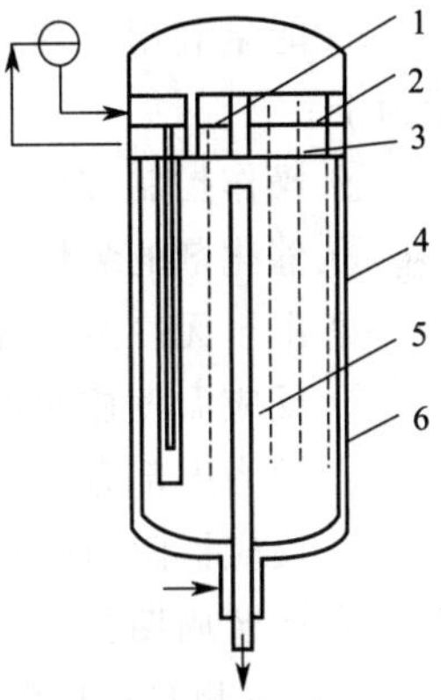

① 沸腾水管形如刺刀和刀鞘，为悬挂式，即只焊一端，另一端有自由伸缩空间。管子受热伸缩没有约束力，无需用线膨胀系数小、昂贵的 SAF2205 双相不锈钢，只用普通不锈钢管即可。壳体不受管子伸缩力的影响，壳体材质也要求不高，筒体上下厚度相同，无需设置加强筒体，无需用 13MnNiMoNbR 等类型的高强度抗氢蚀钢材，筒体材质用普通复合钢板即可。

② 容积系数大，同样用水进行催化剂床冷却的某种引进管壳式甲醇反应器的容积利用系数约为 35%，而 JJD 低压恒温水管式甲醇合成塔可达 55%以上，这意味着同样的压力容器空间中，水管式反应器将比管壳式反应器多装填催化剂。如 $\varphi=2800$mm 的 JJD 低压恒温水管式甲醇合成塔催化剂装填量可达 58t。

图 7-16　JJD 低压恒温水管式甲醇合成塔

1—内外套管；2—上管板；3—下管板；4—壳体；5—中心管；6—径向筐

③ 全径向流程，即反应气垂直通过沸腾水管和被水管包围的催化剂柱层，热点与起点、终点温差小于 5℃。该塔的反应净值较高、阻力非常小，全床为 0.1MPa 左右。该塔基本上不受高径比限制，直径不一定很大，即单塔能力的增大可以通过加大塔高度的办法来实现。

④ 由于反应器阻力降极低，单套大能力系统完全可以串联气床塔或水床反应器来实现超大能力的甲醇系统生产，而不使反应器过大造成运输和加工等困难。

⑤ JJD 低压恒温水管式甲醇合成塔单位容积传热面积大。$\varphi=2800$mm 的塔传热面积比管壳式塔传热面积大 23%。

⑥ 升温还原用蒸汽加热，用惰性气还原，快速且安全。

⑦ 催化剂装填容易。如 $\varphi=2800$mm 的 JJD 低压恒温水管式甲醇合成塔，装填 58t 催化剂，24h 即装填完毕，比管壳式塔装填速度快得多。

⑧ 操作弹性大，设计可控传热温差较大，以适应催化剂不同活性阶段不同工况，例如初期操作温度 220～230℃、合成压力 3.0～4.0MPa，后期操作温度 260～280℃、合成压力 4.0～6.0MPa 的工况。

⑨ 合成回路系统比较简单，合成塔是反应器加内置锅炉。设计工况比较温和——恒温低温低阻，有利于催化剂使用寿命的延长。单程转化率高，出口甲醇浓度达5.5%～6.0%。

⑩ 通过调整沸腾水管布局，适用于CO含量的变化，也适应惰性气含量的变化（联醇或副产氨的工况）。

设备更新时，只需更换内件，外壳可以继续使用。

（2）华东理工大学的绝热管壳复合式合成塔 华东理工大学开发的绝热管壳外冷复合式塔，在国内工业化业绩已有3～5个，规模为100～200kt/a。该塔的上管板焊接于反应器上部，将反应器分割成两部分，上管板上面堆满催化剂，为绝热反应段。上、下管板用装满催化剂的列管连接，为管壳外冷反应段。绝热反应段的催化剂用量为催化剂总量的10%～30%。反应器结构见图7-17。

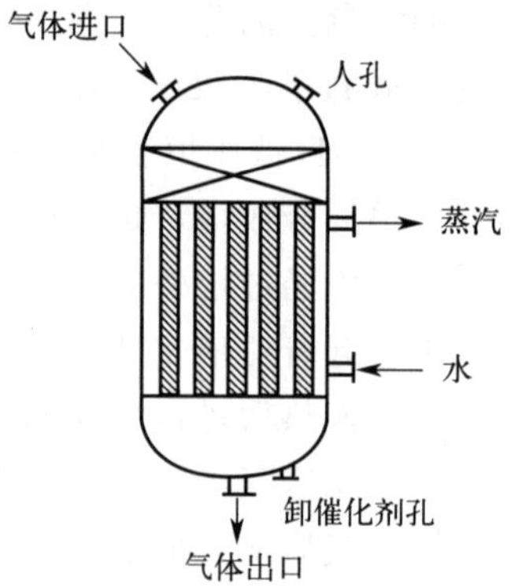

气体进口
人孔
蒸汽
水
卸催化剂孔
气体出口

图7-17 绝热管壳复合式合成塔

该塔的特点为：

① 能量利用合理，可副产中压蒸汽，每吨甲醇副产蒸汽量为1t；

② 操作控制方便，只需调节汽包压力就可迅速调节反应温度；

③ 催化剂的装填、还原和卸出都方便；

④ 由于无冷激、无返混，单程转化率高，出口甲醇浓度达5.5%～6.0%；

⑤ 反应温度控制严格，副反应少，催化剂选择性好，粗甲醇质量高；

⑥ 因为上部有一绝热层，即使单系列大型化后，反应器直径也不至于过大；

⑦ 反应器阻力<100kPa，可节省循环压缩机功耗；

⑧ 运转周期长，微量毒物能被绝热层催化剂吸附，催化剂使用寿命可望超过3年。

（3）杭州林达均温型甲醇合成塔 该塔是一种采用内置U形冷管的均温甲醇合成塔，见图7-18。

进塔原料气经上部分气区后，均匀地分流到各冷管胆的进气管，再经各环管分流到每一冷管胆的各个U形冷管中。原料气在U形管中下行至底部后随U形管改变方向，上行流出冷管，气体在冷管内被管外反应气加热，热气由U形管出口进入管外催化剂床层，自上而下流动，与催化剂充分接触，进行甲醇合成放热反应，同时与U形管内原料气换热直至合成塔底部，经多孔板、出塔气口出塔。由于气体在催化剂层的反应热被冷管内冷原料气吸收，因此催化剂床层温差很小。

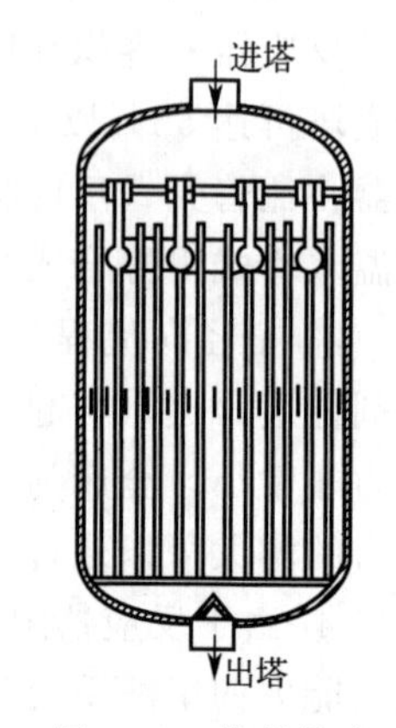

图7-18 杭州林达均温型甲醇合成塔

哈尔滨依兰煤气厂甲醇合成塔改造中，塔外壳采用原ϕ2000mm的40kt/a甲醇装置合成塔，内件采用林达设计的均温型低压甲醇塔内件。外壳为带有上、下封头的圆筒容器，上、下封头设有进塔气口及出塔气口。合成塔壁上法兰下部设圆形隔板，与塔壁焊接或活动密封，将合成塔分为上、下两部分，上部为分气区，下部为装有U形管束及催化剂的反应区。

运行表明，该塔具有结构简单合理、温差小、温度均匀、操作弹性大、催化剂装填系数大、投资省的特点，达到了年产80kt甲醇的设计能力。

三、反应器发展趋势

国外甲醇反应器的发展趋势是：

（1）大型化　国外最近建设在伊朗和沙特的甲醇装置均突破 5000t/d，年产量达 1500kt 以上，促进了甲醇反应器的大型化。

（2）多样化　气相合成反应有很多优点，降低了反应器的材质要求，使生产成本大大降低。但因原料转化率较低，须以数倍循环气往复循环，消耗了大量的能源。各大公司开发了各式各样的反应器，如气-液反应器、气-液-固反应器。据现有资料分析，气相合成甲醇的生产成本和投资均比液相法高。

（3）中压化趋势　甲醇合成压力经历了从高压到中压、低压的发展趋势。生产能力与设备尺寸成正比例增加，随着甲醇装置的大型化和国际能源日益紧张，低压法的缺陷越来越成为甲醇装置向大型化发展的障碍。ICI 和 Lurgi 的大型化甲醇反应器的反应压力已有中压趋势，液相反应器的操作压力为 11MPa 以上。

（4）节能降耗　节能降耗是反应器研制开发的最高目标。节能降耗是世界甲醇装置一直追求并将继续追求的目标，各国围绕节能、降低生产成本做了大量工作。但现有的甲醇反应器的性能基本已发挥到极致，要实现新的节能降耗目标，还需另辟蹊径，开发出更节能、效率更高、热效益利用更合理的甲醇反应器，如浆态床反应器、超临界反应器、生物反应器等。

下面简单介绍几种正在发展的甲醇反应器。

1. GSSTFR（气-固-固滴流流动反应器）

在 GSSTFR 反应器中，用一种极细的粉状吸附剂（如硅铝酸盐）与反应气体作逆向运动，反应过程中所生成的甲醇被固体吸附剂吸收，促进平衡向生成甲醇的方向移动。这种反应工艺一般是几个反应器串联使用，反应器之间有冷却器，将反应气体冷却到合适的温度。吸收甲醇的吸附剂在反应器处加热解吸，再生后的吸附剂可重复使用。该法的 CO 单转化率可达 100%。

2. RSIPR（级间产品脱除反应器）

在 RSIPR 反应工艺中，反应器之间有一吸收塔，内装四甘醇二甲醚，反应过程中生成的气体进入下一反应器继续进行反应，反应器的体积按气体的流向逐渐变小。吸收饱和后的溶剂再生后可继续使用。四级反应器的 CO 转化率可达 97%。目前实验室内有 25～50kg/d 的小型装置在运转，据称该法的最大优点是对原料气的 CO/H_2 比要求不严，因此，简化了造气过程，同时该工艺的原材料消耗和能耗也较低。

3. 气-液相并存式反应器

在该工艺过程中，生成的部分甲醇在反应器中循环，在催化剂表面形成一层液膜，反应过程中生成的甲醇即溶解在这一液膜中。据报道，在原料气组成（体积分数）为 CO 29.2%，CO_2 3.0%，H_2 67.5%的条件下，该工艺的单个反应器的 $CO+CO_2$ 转化率可达 90%以上。

4. 液相法合成甲醇反应器

受 F-T 浆态床的启发，1975 年首次提出了甲醇的液相合成方法。液相合成是在反应器中加入碳氢化合物的惰性油介质，把催化剂分散在液相介质中。在反应开始时合成气要溶解并分散在惰性油介质中才能达到催化剂表面，反应后的产物也要经历类似的过程才能移走。这是化学反应工种中典型的气-液-固三相反应。液相合成由于使用了比热容高、导热系数大的石蜡类长链烃类化合物，可以使甲醇的合成反应在等温条件下进行，同时，由于分散在液相介质中的催化剂外表面积非常大，加速了反应过程，反应温度和压力也下降许多。由于气-液-固三相物料在过程中的流动状态不同，三相反应器主要有滴流床、搅拌釜、浆态床、流化床与携带床 5 种。目前在液相合成甲醇方面，采用最多的主要是浆态床和滴流床。

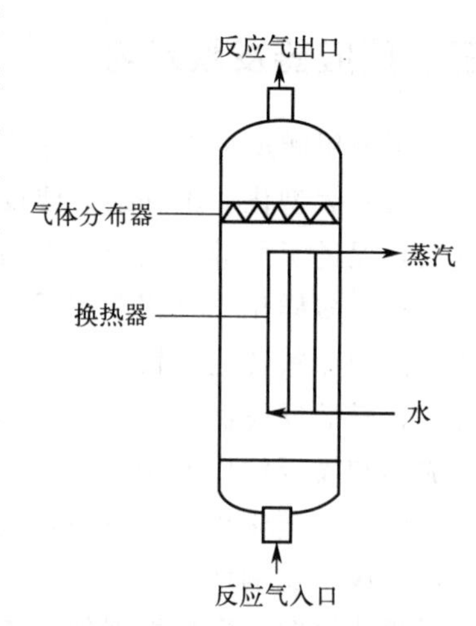

图 7-19　三相浆态床甲醇合成反应器

(1) 三相浆态床甲醇合成反应器　三相浆态床甲醇合成反应器的结构见图 7-19。反应器类似于鼓泡器，换热元件置于床层之中，其结构是上下两个圆环管或同心圆环组将垂直管束连接起来。气体分布器是一个圆环形或同心圆环组形式，开孔向下，孔径为 0.8～1.2mm。惰性热液体与微米级颗粒催化剂形成淤浆放置于反应器中。其工艺过程简述如下：脱硫后的合成气自下而上流经反应器，与淤浆形成三相鼓泡床层，相间发生传质并在催化剂表面进行反应。反应后的产品气自反应器上部出去；反应热被液体热载体吸收，经换热元件换热，维持床层温度，同时副产蒸汽。其操作压力为 4～11MPa，床层温度为 220～260℃，操作空速为 2000～6000h^{-1}。

三相浆态甲醇合成反应器的操作特征和工艺特征如下：①反应器内液相处于全混状态，气相呈部分活塞流状态，不需要气体重新分配和纵向冷激，反应器设计简单，制造容易。②使用细颗粒催化剂，消除催化剂内扩散影响，从而获得较高的宏观反应速率。③床层等温，反应条件优良，合成气单程转化率较高，接近平衡转化率（CO 的转化率为平衡转化率的 60%～90%），出口甲醇质量分数高，循环比小。④可以在生产过程中更换催化剂，维护催化剂恒定活性。⑤反应器对合成气组成适应性强，操作弹性大，单位质量催化剂生产能力大。⑥换热简单，控温有效，能量利用率高。

南非的 Sasol 公司开发出工业化的料浆反应器，它比管式固定床反应器结构简单，容易放大，其最大优点是混合均匀，可以在等温条件下操作，在较高的平均温度下运行，能获得较高的反应速率。其单位反应器体积的收率高，催化剂用量只是管式固定床的 20%～30%，造价低。

(2) 滴流床甲醇合成反应器　由于浆态床反应器中催化剂悬浮量过大时，会出现催化剂沉降和团聚现象。要避免这些现象的发生，就得加大搅拌功率，但这同时使搅拌桨和催化剂的磨损加大，反应中的返混程度增加。因此，1990 年又提出了滴流床合成甲醇工艺，此后关于这方面的研究迅速增多。

滴流床反应器与传统的固定床反应器的结构类似，由颗粒较大的催化剂组成固定层，液体以液滴方式自上而下流动，气体一般也是自上而下流动，气体和液体在催化剂颗粒间分布。滴流麻兼有浆态床和固定床的优点，与固定床类似。催化剂装填量大且无磨蚀，床层中的物料流动接近于活塞流，无返混现象，同时它具备浆态床高转化率、等温反应的优点，更适合于低氢碳比的合成气。对滴流床中合成甲醇的传质传热研究表明，与同体积的浆态床对比，滴流床合成甲醇的产率几乎增加了一倍。从工业角度来看，滴流床中的液相流体中所含的催化剂粉末很少，输送设备易于密封且磨损小，长时间运行将更为可靠。

5. 超临界相合成甲醇反应器

超临界相合成甲醇新工艺是一个前人尚未探索过的新过程，属重大原始性创新项目，它彻底打破了甲醇合成反应热力学平衡，把一个理论上的可逆反应变成一个实际上的不可逆过程。该工艺适用于现有工业化甲醇合成反应器，其特点是在反应器入口处引入一个混合器，用以将原料气与超临界介质充分混合一同进入反应器。超临界相合成甲醇工艺 CO 单程转化率达 90%以上，原料气空速达 4000～8000h^{-1}。

第七节　粗甲醇的精馏

粗甲醇由甲醇、水、有机杂质等组成。以色谱分析或色谱-质谱联合分析测定粗甲醇的组成有 40 多种，包含了醇、醛、酮、醚、酸、烷烃等。如有氮的存在，还发现有易挥发的胺类，其他还有少量生产系统中带来的羰基铁及微量的催化剂等杂质。粗甲醇中这些杂质组分的含量多少，可视为衡量粗甲醇质量的标准。由粗甲醇精制为精甲醇，主要采用精馏的方法，其整个精制过程工业上习惯上称为粗甲醇的精馏。

一、精馏的目的

优质甲醇的指标集中表现在沸程短、纯度高、稳定性好且含有机杂质的量极少。精馏的目的，就是通过精馏的方法，除去粗甲醇中的水分和有机杂质，根据不同的要求，制得不同纯度的粗甲醇；大部分杂质得以清除，其中某些杂质降至微量，不致影响精甲醇的应用。根据甲醇的工业生产方法和实际使用情况，将我国和国外精甲醇的质量标准分别列于表 7-14 和表 7-15。要求工业生产精甲醇的杂质总含量在 0.02%以下（乙醇除外），如此纯度的要求在工业有机产品中是比较严格的。

表 7-14　中国化工甲醇国家标准（GB 338—2011）

项目		指标		
		优等品	一等品	合格品
色度/Hazen 单位(铂-钴色号)	≤	5		10
密度(ρ_{20}),g/cm^3		0.791～0.792	0.791～0.793	
沸程(0℃,101.3kPa,在 64.6～65.5℃范围内,包括 64.6℃±0.1℃)/℃	≤	0.8	1.0	1.5
高锰酸钾试验/min	≥	50	30	20
水混溶性试验		通过试验(1+3)	通过试验(1+3)	—
水的质量分数/%	≤	0.10	0.15	0.20
酸的质量分数(以 HCOOH 计)/%	≤	0.0015	0.0030	0.0050
或碱的质量分数(以 NH_3 计)/%	≤	0.0002	0.0008	0.0015
羰基化合物的质量分数(以 HCHO 计)/%	≤	0.002	0.005	0.010
蒸发残渣的质量分数/%	≤	0.001	0.003	0.005
硫酸洗涤试验/Hazen 单位(铂-钴色号)	≤	50		—
乙醇的质量分数/%	≤	供需双方协商	—	

表 7-15　工业甲醇美国联邦标准

项目	AA 级	A 级	IMPCA 规模	试验方法
相对密度 d_4^{20}	≥0.7928	0.7928	D_{20}^{20} 0.791～0.793	ASTM D891-94
外观	无色透明	无色透明	透明无悬浮物	目测
可碳化物（加浓 H_2SO_4）	不变色	不变色	APHA≤30	ASTM E346-94
色度 ASTM Pt-Co 标准	≤5	≤5	APHA≤5	ASTM D1209-93
气味	醇类特征无异味	醇类特征无异味	无异味	ASTM D1296-93
高锰酸钾试验/min	≥30 不变色	≥30 不变色	≥60 不变色	ASTM D1363-94
馏程范围（760mmHg,64.6±0.1℃）	≤1℃	≤1℃	≤1℃	ASTM D1078-95
甲醇含量(质量分数)/%	≥99.8	≥99.85	≥99.85	IMPCA 001-92
乙醇含量(质量分数)/%	≤0.001	≤0.003	≤0.005	ASTM E346-94
醛＋酮含量(质量分数)/%	≤0.003	≤0.003	≤0.003	ASTM E346-94
酮含量(质量分数)/%	≤0.001	≤0.003		
酸含量（按 HAc 计,质量分数)/%	≤0.003	≤0.003	≤0.003	ASTM D1613-91
碱含量（按 NH_3 计,质量分数)/%	≤0.003	≤0.003		
水分含量(质量分数)/%	≤0.10	≤0.15	≤0.10	ASTM E1064-92
非挥发性物质(质量分数)/%			≤0.001	ASTM D1353-92
氯(按 Cl^- 计,质量分数)/%			≤0.0005	IMPCA 002-92
硫(质量分数)/%			≤0.0005	ASTM 3961-89
总铁(质量分数)/%			≤0.0001	ASTM E394-94
烃类			不混浊	ASTM 1722-90

近年来随着甲醇生产技术的步展，总的来看，对精馏工序的要求主要集中在两个方面。

1. 提高产品质量

精甲醇的质量不仅与精馏过程有关，更与粗甲醇中杂质的含量相关；而粗甲醇中含有杂质的种类和数量，又与原料结构、合成气的组成和合成条件（压力、温度、催化剂等）甚至设备的材质有关。粗甲醇的质量决定了精馏过程的难易。当前甲醇合成多采用铜系催化剂的中、低压法（国内高压法也改用了铜系催化剂），由于反应温度低，减少了副反应，因此降低了粗甲醇的杂质含量，为精馏过程创造了有利条件。

但是，粗甲醇中总是含有较多的杂质，需通过精馏方法予以清除，所以最终决定精甲醇质量的步骤仍在精馏工序。过去，工业上惯用的双塔精馏流程，可使精甲醇中的绝大部分有机杂质降至数个 ppm（1ppm＝1μL/L），满足了下游产品的要求。但随着甲醇衍生产品的开拓，对甲醇的质量提出了新的要求。如羰基法合成乙酸，是当前世界上最先进的乙酸工艺，其主要原料为甲醇和一氧化碳。该工艺要求甲醇中含乙醇极少（＜100ppm，愈低愈好），以避免乙醇与一氧化碳合成丙酸而影响乙酸的质量。国内引进的羰基合成法生产乙酸装置已投产，自然要求含低乙醇的精甲醇。而在精馏过程中，由于乙醇的挥发度与甲醇比较接近，不易分离，国内一般工业生产精甲醇中乙醇含量常在0.01%～0.06%，这就要求精馏工艺根据乙醇的性质，采用特殊的操作方法或工艺流程降低精甲醇中乙醇的含量。

2. 节能降耗

甲醇是一个高能耗产品，虽然近年来在原料气制备、净化、合成工艺及设备、控制等诸多方面技术进步很快，使产品能耗不断下降，显著提高了能源利用效率，但它毕竟是高能耗产品，如何进一步降低其单位产品能耗，始终是技术进步要执着探求的首要课题。甲醇生产最终工序精馏的能耗要占总能耗的10%～20%，不容忽视。因为近年来精馏部分的实际能耗相对稳定，故随着甲醇生产总能耗的下降，精馏部分所占比例反而上升。显然，在追求降低甲醇生产总能耗的同时，对降低精馏的能耗亦不容忽视。另外，在粗甲醇精馏过程中，在保证甲醇质量的前提下，提高甲醇的收率，这是精馏工艺节能降耗的另一方面，这要求优化工艺过程、设备、操作及能源的综合利用。

上述两方面的要求似乎相互制约，精馏需耗能，提高产品质量可能使精馏过程复杂化，结果增加了能耗和降低了产品收率；反之，片面强调降低精馏能耗，有可能难以全部满足精馏操作条件而降低了产品质量。工业上探寻的正是解决这一矛盾的方法，要求精馏工序既节能降耗，又提高产品质量，以满足甲醇产品多种用途的要求。

二、粗甲醇中的杂质

粗甲醇中所含的杂质虽然种类很多，但根据其性质可以归纳为如下四类。

1. 还原性杂质

这类杂质可用高锰酸钾变色试验来进行鉴别。甲醇之类的伯醇也容易被高锰酸钾之类的强氧化剂氧化，但是随着还原性物质量的增加，氧化反应的诱导期相应缩短，以此可以判断还原性物质的多少。当还原性物质的量增加到一定程度时，高锰酸钾一加入溶液中，立即就会氧化褪色。通常认为，易被氧化的还原性物质主要是醛、胺、羰基铁等。

2. 溶解性杂质

根据甲醇杂质的物理性质，就其在水及甲醇溶液中的溶解度而言，大致可以分为：水溶性、醇溶性和不溶性三类。

（1）水溶性杂质　醚、C_1～C_5 醇类、醛、酮、有机酸、胺等，在水中都有较高的溶解度，当甲醇溶液被稀释时，不会被析出或变浑浊。

（2）醇溶性杂质　C_6～C_{15} 烷烃、C_6～C_{16} 醇类。这类杂质只有在浓度很高的甲醇中才会被溶解，当溶液中甲醇浓度降低时，就会从溶液中析出或使溶液变得浑浊。

（3）不溶性杂质　C_{16} 以上烷烃和 C_{17} 以上醇类。在常温下不溶于甲醇和水，会在液体中析出结晶或使溶液变浑浊。

3. 无机杂质

除在合成反应中生成的杂质以外，还有从生产系统中夹带的机械杂质及微量其他杂质。如由于铜基催化剂是由粉末压制而成，在生产过程中因气流冲刷，受压而破碎、粉化，带入粗甲醇中；又由于钢制的设备、管道、容器受到硫化物、有机酸等的腐蚀，粗甲醇中会有微量含铁杂质；当采用甲醇作脱硫剂时，被脱除的硫也带到粗甲醇中来等。这类杂质尽管量很小，但影响却很大，如微量铁反应中生成的五羰基铁［$Fe(CO)_5$］混在粗甲醇中与甲醇共沸，很难处理掉，影响精甲醇的质量。

4. 电解质及水

纯甲醇的电导率约为 $4\times10^7\Omega\cdot cm$，由于水及电解质存在，使电导率下降。在粗甲醇中电解质主要有：有机酸、有机胺、氨及金属离子，如铜、锌、铁、钠等，还有微量的硫化物和氯化物。

如果以甲醇的沸点为界，有机杂质又可分为高沸点杂质与低沸点杂质。

三、粗甲醇精馏的工业方法

实际生产中，粗甲醇精馏的工艺流程主要有普通双塔精馏、高质量三塔精馏、节能型三塔精馏、四塔精馏等。

1. 普通双塔精馏流程

20 世纪 80 年代初，国内高压法甲醇合成由锌铬催化剂改为铜系催化剂以后，随之也改进了复杂的粗甲醇精馏方法。目前国内全部甲醇生产装置（包括高、中、低压法）均采用铜系催化剂，提高了粗甲醇质量，同时也简化了精馏工艺。现粗甲醇精馏方法，除引进的和国产化的 Lurgi 低压法流程外，其余均采用双塔常压精馏工艺，流程见图 7-20。

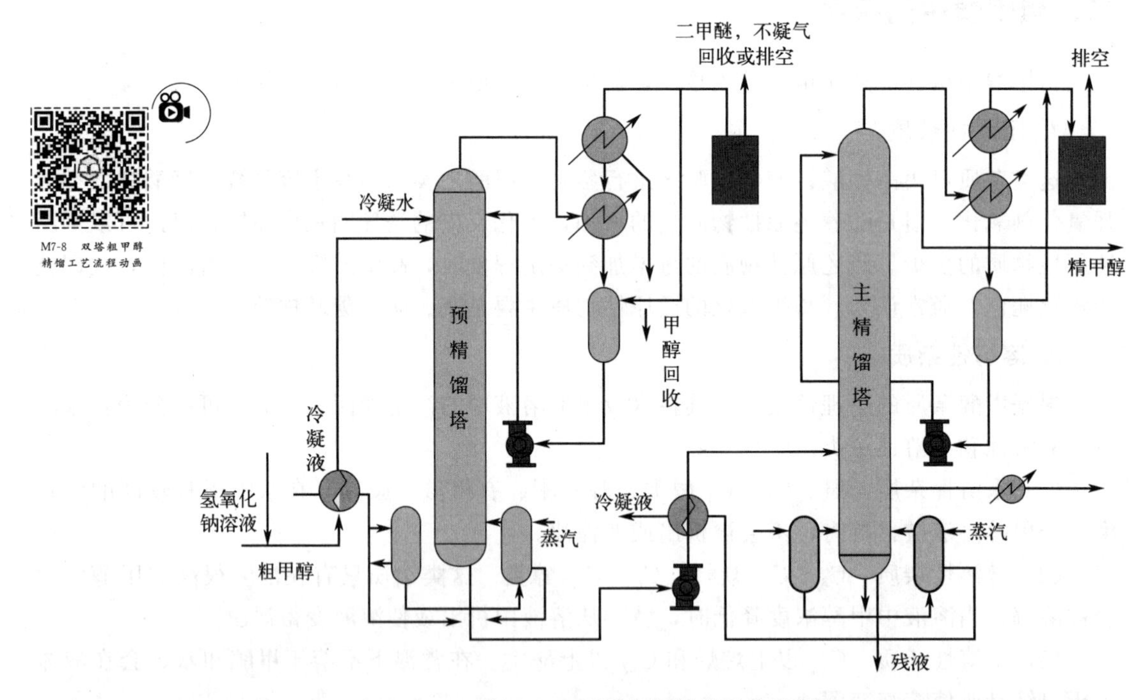

图 7-20 双塔常压精馏工艺流程图

多年来生产实践证明，双塔精馏流程简单，操作方便，运行稳定。尽管国内粗甲醇的生产多样化，粗甲醇的质量也有较大差异，但经双塔精馏后精甲醇的质量，除去乙醇含量之外，基本能达到国内一等品标准（见表 7-14），已能较广泛地满足甲醇的用途。

双塔精馏每吨精甲醇的能耗为 $4.8\times10^6\sim6.8\times10^6$kJ，这要视粗甲醇质量、装置状况和产品要求而定。如果装置运行状况良好，主精馏塔回流比控制在 2.4 以下，一般能耗为

5.2×10^6 kJ/t CH_3OH 左右（1.8～2.0t 低压蒸汽）。

精甲醇中的乙醇含量多少，与粗甲醇中的乙醇含量有关；粗甲醇中乙醇的含量又与合成条件有关，如压力、温度、催化剂使用前后期、合成气组分和原料结构等。低压法（包括轻油为原料，用铜系催化剂的高压法）制得的粗甲醇中含乙醇 100～1000μL/L。而以煤为原料的中压法（联醇）和高压法（亦用铜催化剂）制得的粗甲醇中含乙醇的量可高达 400～2000μL/L。所以精甲醇中的乙醇含量差距也较大，一般为 100～600μL/L，有时可能高达 1000μL/L。这是因为双塔精馏系统，在采出产品的主精馏塔塔釜几乎全部为水，乙醇的挥发度又与甲醇比较接近，因而乙醇不可能在塔釜中浓缩，从而有部分乙醇随着甲醇升向塔顶，粗甲醇中相当数量的乙醇转移至精甲醇中。

据国内甲醇生产经验，利用双塔常压精馏方法，也可将精甲醇中乙醇的含量降至＜100μL/L，满足了甲醇特殊用途的需要。但根据精馏原理和流程特点，在操作中应采取如下措施。

① 在预精馏塔中脱除轻组分时，结合流程特点，严格控制塔顶回流系统的冷凝温度，尽可能脱除部分乙醇。

② 提高主精馏塔回流比，将沸点高于甲醇的乙醇组分大部分压至塔的下部，使其浓集于入料口附近或接近塔釜的提馏段内，以提高塔顶精甲醇的纯度。

③ 据乙醇浓集的部位，一般为入料口上下，乙醇可达千 μL/L，适当采出部分液体，以排除乙醇，否则，当塔内组分达到平衡以后，乙醇仍然逐板上升进入塔顶产品中去。

显然，以上通过增大回流比和采出乙醇（其中大部分为甲醇，需再精馏予以回收）的办法，是以增加粗甲醇精馏的能耗来换取低乙醇含量的精甲醇产品的。当粗甲醇中乙醇含量较低时，提高回流比的同时，只需少量采出乙醇，即可使精甲醇中乙醇含量降至 50μL/L 左右，且一次精馏甲醇收率在 95%以上，这样的工况，每吨精甲醇精馏的能耗约为 6.0×10^6 kJ。如果粗甲醇中乙醇含量较高时，则不仅要增大回流比，而且要增大乙醇的采出量，方可使乙醇含量降至 50～100μL/L，如此一次精馏的甲醇回收率仅 80%左右，采出物再回收甲醇（二次精馏）又需要增加能耗，因此每吨精甲醇精馏的能耗高达 6.8×10^6 kJ。显然，从节能降耗和提高产品质量两个方面同时对粗甲醇精馏过程提出要求，双塔常压精馏有其局限性，难以解决这一对矛盾。

2. 高质量三塔精馏流程

如果单从降低精甲醇中乙醇含量，甚至将精甲醇的纯度提至 99.95%，国外早对粗甲醇精馏工艺作了改进，如美国专利所报道的三塔制取高纯度甲醇流程，如图 7-21 所示。

该流程的特点是，三塔基本等压操作，由第三精馏塔采出产品。关键是由第二精馏塔分离水分，保持第二精馏塔顶部馏出物（第三精馏塔入料）含水量要少，以降低第三精馏塔釜液的含水量，一般为 10%左右，要求小于 50%。由于第三精馏塔釜液中含水量甚少，大部分为甲醇，使得乙醇和残留的高沸点杂质得以浓缩，只需塔底少量采出即达到排除乙醇的目的。如此制得精甲醇中乙醇含量可＜10μg/L，且一次精馏甲醇收率可达 95%左右。

显然，上述流程弥补了双塔常压精馏的不足，实质上即将主精馏塔采出产品移至第三精馏塔，这无疑增加了精馏过程的热负荷，所以单位产品能耗亦较高，也没有解决好节能和优质的矛盾。

此流程可很好地产出符合美国 AA 标准的高质量甲醇。

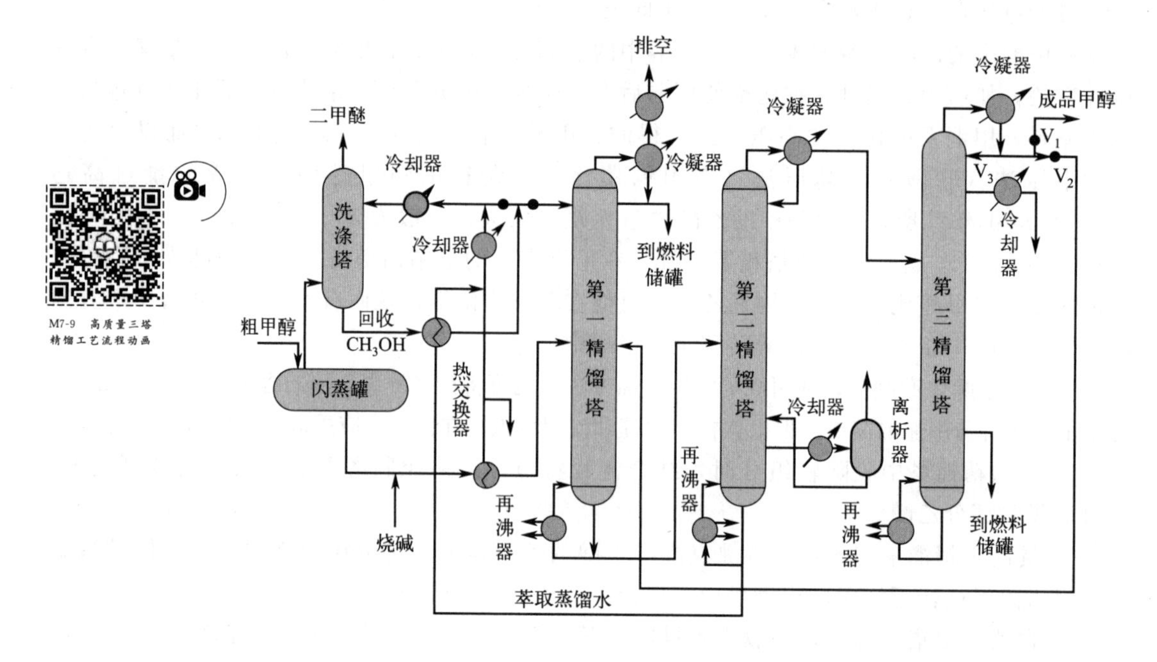

图 7-21 制取高纯度精甲醇三塔工艺流程图

3. 节能型三塔精馏流程

另一种粗甲醇精馏三塔流程已用于 Lurgi 低压法甲醇工艺中。20 世纪 80 年代初，齐鲁石化公司引进的 Lurgi 低压法年产 10 万吨甲醇装置即用此精馏工艺。最近国内建设的年产 20 万吨精甲醇的低压法甲醇装置也用此方法，大同小异。其工艺流程见图 7-22。

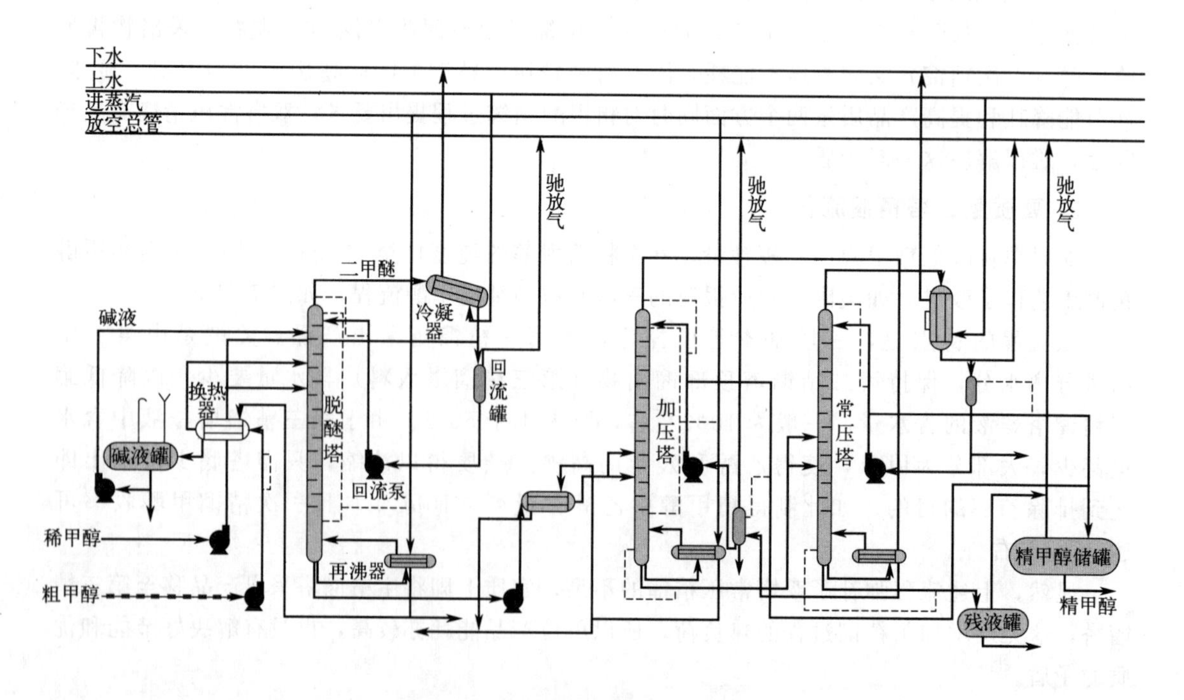

图 7-22 节能型三塔精馏工艺流程图

M7-10 节能型三塔精馏工艺流程动画

此流程与前述三塔流程不同的是第一精馏塔（加压）和第二精馏塔（常压）均采出产品，各占一半。该流程具有如下特点。

（1）节能　在粗甲醇精馏系统中，一般流程都考虑废热的回收利用，如采用蒸汽冷凝水或残液等来加热粗甲醇。这里主要指多效利用热源蒸汽的潜热，如将原双塔流程的主精馏塔一分为二，第一塔（塔 2）加压操作（约 0.6MPa），第二塔（塔 3）为常压操作，则塔 2 由于加压操作顶部气相甲醇的液化温度约为 123℃，远高于常压塔塔釜液体（主要为水）的沸点温度，其冷凝潜热可作为塔 3 再沸器的热源。这一过程称为双效法，较双塔流程（单效法）可节约热能 40%左右。一般在正常操作条件下，比较理想的能耗为每精制 1 吨精甲醇消耗热能 3.0×10^6kJ（折合蒸汽约 1 吨）左右。

自然，双效法三塔流程投资较多，以年产 10 万吨精甲醇规模计算，双塔单效法投资为 100，则三塔双效法为 113；但由于能耗下降，前者的操作费用为 100，后者仅为 64。显然，三塔双效法效益显著，随着粗甲醇精馏规模的增大，效益更加明显。

（2）降低精甲醇中乙醇含量　双效法三塔粗甲醇精馏工艺不仅节约热能，而且可制得低乙醇含量的优质精甲醇。由于塔 2 进料多，采出产品占进料的 50%左右，故塔釜甲醇浓度很高，含水量却较低，据国内操作经验一般含水 10%左右。这样的操作条件，有利于塔 2 内乙醇下移直至浓缩在塔釜内，避免其上升，因而加压塔塔顶的精甲醇产品中乙醇含量甚少，根据粗甲醇的质量不同有波动，为 10～60μL/L；其他有机杂质含量也相对减少。加压塔采出的优质精甲醇可保证达到国标一等品，接近美国 AA 级标准。

但常压塔的塔釜中几乎全部为水，不利于乙醇的浓缩，因此若按一般操作方法，塔 3 顶部精甲醇中乙醇含量较塔 2 为高，其他有机杂质含量相应亦较高。至于乙醇含量多少与粗甲醇中乙醇含量有关，粗甲醇中乙醇含量低（＜200μL/L）时，精甲醇中乙醇含量可＜100μL/L，否则，有可能超过 100μL/L，与双塔精馏的产品质量相近。

常压塔釜采出的残液，送至汽提塔回收甲醇。甲醇中的乙醇含量可能达数千 ppm（μL/L），一般不宜送入产品贮罐。

（3）甲醇收率较高　由于加压塔获得了优质甲醇，如已满足了用户需要，则不必苛求常压塔的操作条件，一次精馏的甲醇收率即可达 95%以上。

由上述特点不难看出，双效法三塔粗甲醇精馏工艺协调了节能与优质这对矛盾，有 50%的精甲醇产品质量特优，可满足甲醇下游加工的特殊需要，其他 50%产品也能达到工业使用的要求。能耗水平较先进。应该说这一工艺在工业上的应用是比较成功的。如果常压塔约 50%的产品亦需进一步降低乙醇含量，也可用前述双塔流程的操作手段，如提高回流比、增加塔下部采出量等方法来达到。当然能耗要增加，但总体上能耗仍低于双塔流程。

4. 四塔精馏流程

现在新上的精馏系统都是四塔（或者叫三加一塔），分别是预塔、加压塔、常压塔、回收塔（也有叫汽提塔的），特点如下：

① 采用沸点进料，预塔进料用加压塔和回收塔的蒸汽冷凝液换热至 65℃左右，加压塔进料用加压塔塔釜液体预热到 110℃左右。

② 加压塔的甲醇蒸气去常压塔再沸器，给常压塔提供热源。

③ 常压塔采出的杂醇进入回收塔继续精馏，提取出其中的绝大多数甲醇。

总之，四塔流程更加合理地利用了蒸汽，精甲醇质量有了进一步提高，特别是乙醇含量更低，废水中的含醇量降低，消耗降低。

四、影响精甲醇质量的因素

精甲醇产品质量是否稳定，主要受水溶性、水分、色度、稳定性（K 值）等几方面的影响。

1. 水溶性

水溶性是精甲醇产品按 1∶3 的比例加入蒸馏水后，不出现混浊现象的指标。在生产中，水溶性发生不合格，主要是由于预精馏塔脱除轻组分不完全，主精馏塔重组分上移所致。

（1）对预精馏塔中轻组分（低沸物）的控制　预精馏塔主要通过加水萃取精馏脱除甲醇油。加水萃取精馏的过程是通过加入萃取水与甲醇形成共沸物，共沸物的沸点比甲醇沸点低的那部分杂质被分离脱除。要注意控制萃取水的加入量，一般不超过入料量的 20%。萃取水水量加得多，会导致主精馏塔的负荷加重，同时增加蒸汽能耗。预精馏塔塔顶放空温度的控制，对产品水溶性也有较大影响。放空温度控制得过低，低沸物重新被冷凝下来，进入回流液中，带入主精馏塔中，最终导致成品精醇中水溶性不合格。将预精馏塔放空温度控制在 45～60℃之间，对低沸物的脱除较为有利。

（2）对主精馏塔中杂醇油侧采的控制　在主精馏塔操作中，应严格控制塔内各操作条件，尤其是精馏段内的灵敏板温度，这样可以避免重组分上移。在提馏段应坚持适量采出重组分——杂醇油。即在提馏段适当塔板侧面将杂醇油采出到油水槽，这非常有助于水溶性的提高。

2. 水分

精甲醇产品水分优等品的指标是小于等于 0.1%。水分超标，主要是重组分上移所致。操作实践中，由于回流比偏小，或是公用工程（水、汽）变化而影响塔内温度平衡、压力平衡而导致水分超标。此时应加大回流比，控制好精馏段灵敏板温度。

主精馏塔内件损坏，分离效率降低也会使产品水分超标，此时也只能通过加大回流比来补救。

3. 色度

色度试验是由用精甲醇产品与蒸馏水对比，没有呈现微锈色判为合格。色度的指标为≤5（铂-钴）。色度的产生一般是粗甲醇原料质量差或精馏塔设备未清洗干净所致。

色度差一般是由粗甲醇原料携带来的微量催化剂所引起。这部分杂质富集于主塔底部，随塔底残液排出。当工艺条件发生变化时，如塔内温度、塔内压力、回流比等变化时，伴随着重组分的上移，这部分杂质也随着重组分一起移至主塔顶，此时处理起来相当棘手，较处理水溶性杂质、水分等要困难，严重时持续一两天都不能恢复正常。在加大回流比甚至是全回流的情况下，如还未能消除，只有采取停塔的方法处理。将塔内料液全部排空后，用热水清洗精馏塔，塔底及塔侧采出进行排水，至排出水样色度合格时为止。精馏塔清洗干净后，进行下一轮开车操作，在一段时间内可保证精醇产品的色度符合指标要求。

4. 稳定性（K 值）

精醇产品的稳定性（也称为高锰酸钾试验时间 K 值）测试是用配制好的高锰酸钾做氧化值试验，观察溶液变色时间。高锰酸钾试验时间可以用来衡量精甲醇中还原性杂质的多少。还原性物质与甲醇很难分离。在一般双塔精馏系统中，提高精甲醇氧化性可通过增加预精馏塔回流收集槽油水采出和加大主精馏塔回流比进行控制。

(1) 预精馏塔回流收集槽油水采出控制　通过往预精馏塔回流收集槽加入萃取水，使回流液中的油水得到萃取分层。通过预精馏塔回流收集槽的视镜观察，发现上层为甲醇油水，若不能将甲醇油水充分脱除，会影响到精甲醇产品的稳定性。在预精馏塔回流收集槽视镜侧面配一排油管，将上层油水排入油水收集槽。排油一定要长期坚持，否则必将影响产品的稳定性。

(2) 控制主精馏塔的回流比　产品中 K 值低时，可适当加大主精馏塔的回流比，减小采出量。但是如果过分加大回流比，造成轻组分下移，有时也能影响精甲醇氧化性，这是因为精甲醇采出口以上的塔板数已不足以清除残余的轻组分。可从回流液中采出适当的初馏分，能有效提高精甲醇稳定性。

精甲醇产品质量不稳定的影响因素有很多，必须针对具体出现的问题来具体分析判断。

练习题

一、填空题

1. 甲醇工业的合成方法有：______，______，__________。

2. 目前国外把甲醇生产技术改进的重点放在______，______，__________。

3. 甲醇属剧毒化合物，口服____mL 易引起严重中毒，____mL 以上造成失明，____mL 致人死亡。

4. 近年来，____________技术已经成为国内外碳一化工的热点，是世界上工业化前景最为乐观的新型烯烃技术路线。

5. 合成甲醇的主要化学反应为：____________________。

6. 从催化剂使用效果来看，国产催化剂需要在______，______，______，________四个方面进行重点改进。

7. 在合成时，若 CO 含量过高会造成温度不易控制，引起______在催化剂上的积聚，使催化剂失活。

8. 导致甲醇催化剂中毒失活的因素主要集中在______，________，______，________，________五个方面。

9. 目前在液相合成甲醇方面，采用最多的主要是________和________。

10. 按物料相态，甲醇反应器分为________，________，______。

11. 国外甲醇反应器的发展趋势是：______，______，____，_____。

12. 粗甲醇中所含的杂质有______，______，____，_____四类。

13. 精甲醇产品质量是否稳定，主要受水溶性、______、______、稳定性（K 值）等几方面的影响。

14. 浆态床反应器中催化剂悬浮量过大时，会出现______和______现象。要避免这些现象的发生，就得加大搅拌器功率。

二、判断题

1. 皮肤接触甲醇中毒，应脱去被污染的衣着，用肥皂水和清水彻底冲洗皮肤。（　　）

2. 甲醇合成催化剂的硫中毒是一种累积性中毒，催化剂活性随硫化物的增加而下降。（　　）

3. 空速越大，甲醇合成率越高，所以甲醇合成中空速控制得越高越好。（　　）

4. 粗甲醇中杂醇油等重组分多，在精馏塔中难脱除，则精甲醇水溶性试验将出现混浊。（　　）

5. 甲醇合成反应是可逆放热、体积缩小的气相反应。（　　）

6. 粗甲醇浓度越高，越容易提纯精馏。（　　）

7. 温度对催化剂活性影响很大，在活性范围内，应在尽可能低的温度下工作。（　　）

8. 平衡常数是平衡反应进行程度的标志，所以，当反应在某一温度下，达到化学平衡时，其反应的 K_p 值越大，理论产率越高。（　　）

9. 温度对催化剂活性影响很大，在活性范围内，应在尽可能低的温度下工作。（　　）

10. 粗甲醇中杂醇油等重组分多，在精馏塔中难脱除，则精甲醇水溶性试验将出现混浊。（　　）

11. 空速的大小所表达的是催化剂与反应物质的接触时间的长短。（　　）

12. 从热力学分析可知，合成甲醇的反应温度低，所需操作压力也可以低。（　　）

13. 南化集团研究院目前推出的型号有高压合成甲醇催化剂 C301、C306、C307 型。（　　）

14. 甲醇合成时压力越高越好。（　　）

15. 空速增加，单位时间内通过催化剂的气体量增加，所以甲醇实际产量是增加的。（　　）

16. 系统中惰性气含量高，相应地降低了 CO、CO_2、H_2 的有效分压，对合成甲醇反应有利。（　　）

17. 在采用铜基催化剂时，原料气中 CO_2 的含量通常在 6%（体积分数）左右，最大允许 CO_2 含量为 12%～15%。（　　）

18. 甲醇生产中应严格控制合成气中羰基铁、羰基镍的含量小于 0.1×10^{-5}（体积分数）。（　　）

19. 油污主要来源于压缩机和循环机的润滑油泄漏。（　　）

20. 浆态床最大的优点是时空产率高。（　　）

三、选择题

1. 甲醇的爆炸极限（体积分数）为（　　）。

A. 6%～36.5%　　B. 4%～35%　　C. 7%～34.8%　　D. 5%～36%

2. 如果粗甲醇中的杂醇油在精馏过程中被带入精甲醇产品会导致产品（　　）。

A. 产品酸度增加　　B. 有酒精味

C. 水溶性试验不合格　　D. 色度不合格

3. 对甲醇理化性质叙述正确的是（　　）。

A. 有酒精气味，可溶解油类等物质

B. 分子式 CH_3OH，分子量为 32.04，沸点比乙醇高

C. 由于其含有羟基和甲基，可进行加成反应

D. 易挥发、易燃、易爆，其中毒表现与甲醛一样

4. 下列不是甲醇合成反应特点的是（　　）。

A. 放热反应　　B. 可逆反应　　C. 体积增大的反应　　D. 催化反应

5. 不属于锌铬催化剂的特点的是（　　）。
A. 耐热性能好，能忍受温差在100℃以上的过热过程
B. 对硫不敏感
C. 机械强度高
D. 使用寿命短，使用范围宽，操作控制容易
6. 不是国产甲醇催化剂特点和相对竞争优势的是（　　）。
A. 国产催化剂价格相对较低，在性价比上有一定的竞争优势
B. 装置投资额、售后服务成本和态度等方面的优势
C. 配套工艺设计水平和原料气的净化水平的提高
D. 使用寿命长
7. ICI冷激式合成塔的特点不包括（　　）。
A. 结构简单，塔内未设置电加热器或换热器，催化剂利用效率较高
B. 催化剂时空产率高，用量小
C. 适于大型化甲醇装置，易于安装维修
D. 高活性、高选择性催化剂选择余地大
8. 下列不是节能型三塔精馏流程特点的是（　　）。
A. 节能　　B. 降低精甲醇中乙醇含量
C. 甲醇收率较高　　D. 第三精馏塔采出产品

四、简答题

1. 什么是时空产率和氢碳比？
2. 甲醇常见的物理性质是什么？
3. 甲醇的毒性有哪些？
4. 甲醇的主要用途有哪些？
5. 甲醇的化学性质有哪些？
6. 目前工业上生产甲醇所采用工艺路线是什么？
7. 目前世界上甲醇生产工艺有哪几种？
8. 简述甲醇合成反应机理。
9. 目前世界上比较常见的甲醇合成反应器种类有哪些？
10. 甲醇正常生产中的操作要点有哪些？
11. 对甲醇合成反应器的基本要求有哪些？
12. 国内开发的甲醇合成塔主要有哪些？
13. 鲁奇管冷式甲醇合成塔的优点有哪些？
14. 甲醇反应的影响因素有哪些？
15. 原料气净化的作用是什么？
16. 目前世界上的甲醇合成催化剂的主要种类有哪些？
17. 什么是热点温度？
18. 精甲醇产品常见的质量问题有哪些？
19. 反应温度对甲醇合成有何影响？
20. 空速大小对甲醇合成的影响有哪些？
21. 惰性气含量对甲醇合成有何影响？

第八章 甲醇制烯烃

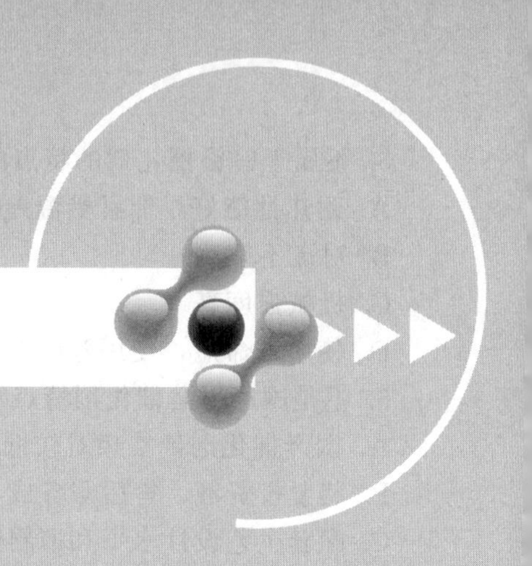

乙烯、丙烯等低碳烯烃是重要的基本化工原料，随着我国国民经济的发展，特别是现代化学工业的发展，对低碳烯烃的需求日渐攀升，供需矛盾也日益突出。迄今为止，制取烯烃、丙烯等低碳烯烃的重要途径，仍然是通过石脑油、轻柴油（均来自石油）的催化裂化、裂解制取，作为乙烯生产原料的石脑油、轻柴油等原料资源，面临着越来越严重的短缺局面。另外，近年来我国原油进口量已占加工总量的70%左右，以乙烯、丙烯为原料的聚烯烃产品仍将维持相当高的进口比例。因此，发展非石油资源来制取低碳烯烃的技术日益引起人们的重视。

甲醇制乙烃、丙烯的MTO工艺和甲醇制丙烯的MTP工艺是目前重要的化工技术。该技术以煤或天然气合成的甲醇为原料，生成低碳烯烃，是发展非石油资源生产乙烯、丙烯等产品的核心技术。

2015～2020年，中国乙烯产能从2200.5万吨增长至3518万吨，年均复合增长率近10%。预计“十四五”期间，国内累计新增乙烯产能将达到3832万吨，到2025年底国内乙烯产能将达到7350万吨。从当量需求来看，中国乙烯需求量较高，乙烯进口数量多于出口数量。2020年中国乙烯出口数量为9.41万吨，同比增长670.9%；中国乙烯出口数量为197.8万吨，同比下降21.2%。

市场需求、资源情况、成本优势决定了煤－甲醇－烯烃－聚烯烃工艺路线是一种值得大力发展的工业化产业链。本节重点介绍其核心工艺—甲醇制烯烃工艺技术。

第一节 甲醇制烯烃概述

甲醇制烯烃即煤基甲醇制烯烃，是指以煤为原料合成甲醇后再通过甲醇制取乙烯、丙烯等烯烃的技术。

甲醇制烯烃（Methanol to olefins）的MTO工艺和甲醇制丙烯（Methanol to propylene）的MTP工艺是目前两个重要的化工新技术，是指以煤或天然气合成的甲醇为原料，借助类似催化裂化装置的流化床反应形式，生产低碳烯烃的化工技术。这两个技术是发展非石油资源生产乙烯、丙烯等产品的核心技术。我国是一个富煤缺气的国家，采用天然气制烯烃势必会受到资源上的限制。因此，以煤为原料，走煤—甲醇—烯烃—聚烯烃工艺路线符合国家能源政策需要，是非油基烯烃的主流路线。

1. 煤制烯烃在中国的可行性分析

甲醇是煤制烯烃工艺的中间产品，如果甲醇成本过高，将导致煤制烯烃路线在经济上与石脑油路线和天然气路线缺乏竞争力，此外，MTO需要有数量巨大且供应稳定的甲醇原料，只有煤制甲醇装置与甲醇制烯烃装置一体化建设才能规避原料风险。因此，在煤炭产地附近建设工厂，以廉价的煤炭为原料，通过大规模装置生产低成本的甲醇，使煤制烯烃工艺路线具有了经济上的可行性。

煤制烯烃包括煤气化、合成气净化、甲醇合成及甲醇制烯烃四项核心技术。目前，煤气化技术、合成气净化和甲醇合成技术的应用都已经比较成熟，而甲醇制烯烃技术经过多年的发展在理论上和实验装置上也已经比较完善，具备工业化条件。

最早提出MTO工艺的是美孚石油公司（Mobil），随后巴斯夫（BASF）、埃克森石油公司（Exxon）、环球石油公司（UOP）及海德鲁公司（Hydro）等相继投入开发，在很大程度上推进了MTO的工业化。1998年建成投产采用UOP/Hydro工艺的20万吨/年乙烯工业装置，截至2006年已实现50万吨/年乙烯装置的工业设计，并表示可对设计的50万吨/年大型乙烯装置做出承诺和保证。

长期以来，中国是全球第一大甲醇生产国、消费国和进口国，截至2020年底，中国甲醇产能9600万吨左右，约占全球甲醇总产能的64%。2021年新投产的MTO/MTP装置以及之前装置的稳定运行理论上将拉动400～500万吨左右的甲醇消费增量，发展甲醇制烯烃，可以延伸甲醇下游深加工，提高产品竞争力和持续发展能力，为甲醇产业的健康发展作出贡献。

2. 竞争力分析

与传统油基烯烃工艺比较，甲醇制烯烃工艺从成本上来看，当煤炭价格为500元/吨时，聚烯烃的成本价格为5440元/吨。按当前的市场价格9500元/吨推算，利润为4060元/吨，相当于原油价格为50美元/桶时油基烯烃的利润。随着国际市场原油价格的不断提升，以煤为原料，通过甲醇制烯烃的工艺路线在经济上有不少优势。

市场需求、资源情况、成本优势决定了煤-甲醇-烯烃-聚烯烃工艺路线是一种值得大力发展的工业化产业链。

一、甲醇制烯烃技术的发展概况

1. 甲醇制乙烯、丙烯（MTO）

早在20世纪70年代，美国Mobil公司研究人员发现在一定的温度（500℃）和催化剂（改性中孔ZSM-5沸石）作用下，甲醇反应生成乙烯、丙烯和丁烯等低碳烯烃。从20世纪80年代开始，国外在甲醇制取低碳烯烃的研究中有了重大突破。美国联碳公司（UCC）科学家发明了SAPO-34硅铝磷分子筛（含Si、Al、P和O元素），同时发现这是一种甲醇转化生产乙烯、丙烯（MTO）很好的催化剂。

SAPO-34具有某些有机分子大小的结构，是MTO工艺的关键。SAPO-34的小孔（大约0.4nm）限制大分子或带支链分子的扩散，得到所需要的直链小分子烯烃的选择性很高。SAPO-34优化的酸功能使得混合转移反应而生成的低分子烷烃副产品很少，在实验室的规模试验中，MTO工艺不需要分离塔就能得到纯度达97%左右的轻烯烃（乙烯、丙烯和丁烯），这就使 MTO 工艺容易得到聚合级烯烃，只有在需要纯度很高的烯烃时才需要增设分离塔。

中国科学院大连化学物理研究所（中科院大连化物所）是国内最早从事 MTO 技术开发的研究单位。该所从 20 世纪 80 年代便开展了由甲醇制烯烃的工作。“六五”期间完成了实验室小试，“七五”期间完成了 300 吨/年（甲醇处理量）中试，采用中孔 ZSM-5 沸石催化剂达到了当时国际先进水平。20 世纪 90 年代初又在国际上首创“合成气经二甲醚制取低碳烯烃新工艺方法（简称 SDTO 法）”，被列为国家“八五”重点科技攻关课题。该新工艺是由两段反应构成，第一段反应是合成气在以金属-沸石双功能催化剂上高选择性地转化为二甲醚，第二段反应是二甲醚在 SAPO-34 分子筛催化剂上高选择性地转化为乙烯、丙烯等低碳烯烃。

SDTO 新工艺具有如下特点：

① 合成气制二甲醚打破了合成气制甲醇体系的热力学限制，CO 转化率可接近 100%，与合成气经甲醇制低碳烯烃相比可节省投资 5%～8%。

② 采用小孔磷硅铝（SAPO-34）分子筛催化剂，比 ZSM-5 催化剂的乙烯选择性大大提高。

③ 第二段采用流化床反应器可有效地导出反应热，实现反应-再生连续操作。

④ 新工艺具有灵活性，它包含的两段反应工艺既可以联合成为制取烯烃工艺的整体，又可以单独应用。尤其是 SAPO-34 分子筛催化剂可直接用于 MTO 工艺。

在 SAPO-34 催化剂的合成方面，大连化物所已成功地开发出以国产廉价三乙胺或二元胺为模板剂合成 SAPO-34 分子筛的方法，其生产成本比目前国内外普遍采用四乙基氢氧化铵为模板剂的 SAPO-34 降低 85%以上。

2. 甲醇制丙烯（MTP）

德国 Lurgi 公司在改性的 ZSM-5 催化剂上，凭借丰富的固定床反应器放大经验，开发完成了甲醇制丙烯的 MTP 工艺。

Lurgi 公司开发的固定床 MTP 工艺，采用稳定的分子筛催化剂和固定床反应器，首先将甲醇转化为二甲醚和水，然后在三个 MTP 反应器（两个在线生产、一个在线再生）中进行转化反应，反应温度为 400～450℃，压力为 0.13～0.16MPa。丙烯产率达到 70%左右。

Lurgi 公司的 MTP 工艺所用的催化剂是改性的 ZSM 系列催化剂，由南方化学（sud-chemie）公司提供。具有较高的丙烯选择性，副产少量的乙烯、丁烯和 C_5、C_6 烯烃。C_2、C_4～C_6 烯烃可循环转化成丙烯，产物中除丙烯外还有液化石油气、汽油和水。

2001 年，Lurgi 公司在挪威国家石油公司建设 MTP 工艺工业示范装置，到 2004 年 3 月已运行 11000 小时，催化剂测试时间大于 7000 小时，为大型工业化设计取得了大量数据。该示范装置采用了德国南方化学公司 MTP 催化剂，具有低结焦性、丙烷生产量极低的特点，并已实现工业化生产。

在国内，对 MTP 工艺的开发研究也一直在进行。由新一代煤（能源）化工产业技术创新战略联盟成员——中国化学工程集团公司、清华大学、安徽淮化集团有限公司合作开发的流化床甲醇制丙烯（FMTP）工业化试验项目在淮化集团运行。

M8-1 甲醇制烯烃中 MTO 和 MTP 的区别

二、主要产品简介

整个煤基烯烃产业链中包含有中间产品甲醇、乙烯、丙烯，最终产品聚乙烯、聚丙烯等。本章主要介绍甲醇制取乙烯、丙烯。

（一）乙烯的物理化学性质和用途

1. 乙烯的物理化学性质

乙烯，英文名称为 ethylene，分子量为 28.06，分子式为 C_2H_4，结构简式为 $CH_2=CH_2$，C 原子以 sp^2 杂化轨道成键，两个碳原子和四个氢原子处在同一平面上，彼此之间键角 120 度，为平面形的非极性分子。

乙烯是一种无色气体，略具烃类特有的臭味。熔点－169.4℃，沸点－103.9℃，相对密度（水＝1）0.61，相对蒸气密度（空气＝1）0.98，饱和蒸气压 4083.40kPa（0℃），燃烧热 1409.6kJ/mol。不溶于水，微溶于乙醇、酮、苯，溶于醚、四氯化碳等有机溶剂。易燃，与空气混合能形成爆炸性混合物，爆炸极限为 2.7%～36.0%。乙烯具有较强的麻醉作用，可引起急性中毒，吸入高浓度乙烯会立即引起意识丧失。

2. 乙烯的用途

乙烯是合成纤维、合成橡胶、合成塑料的基本化工原料，也用于制造氯乙烯、苯乙烯、环氧乙烷、乙酸、乙醛、乙醇和炸药等，还可用作水果和蔬菜的催熟剂。乙烯的生产量是衡量一个国家化工水平高低的重要指标。

（二）丙烯的物理化学性质和用途

1. 丙烯的物理化学性质

丙烯的英文名称为 propylene，分子式为 C_3H_6，结构简式为 $CH_2=CH-CH_3$，3 个碳原子处于同一平面，分子量为 42.08。丙烯在常温下是一种无色、无臭、稍带有甜味的气体。相对密度为 0.5139g/cm（20℃/4℃），冰点－185.3℃，沸点－47.4℃。不溶于水，溶于有机溶剂。易燃，与空气混合能形成爆炸性混合物，爆炸极限为 2.0%～11.7%。丙烯略具麻醉性，属低毒类化学品。

2. 丙烯的用途

丙烯是三大合成材料的基本原料，用量最大的用途是生产聚丙烯，此外还可制丙烯腈、异丙醇、苯酚、丙酮、丁醇、辛醇、丙烯酸及其酯类，以及制环氧丙烷和丙二醇、环氧氯丙烷和合成甘油等。

第二节　甲醇制烯烃基础知识

一、甲醇制烯烃的基本原理

在一定条件（温度、压强和催化剂）下，甲醇蒸气先脱水生成二甲醚，然后二甲醚与原料甲醇的平衡混合物气体脱水继续转化为以乙烯、丙烯为主的低碳烯烃；少量 $C_2 \sim C_5$ 的低碳烯烃由于环化、脱氢、氢转移、缩合、烷基化等反应进一步生成分子量不同的饱和烃、芳烃、C_{6+}烯烃及焦炭。

1. 反应方程式

整个反应过程可分为两个阶段：脱水阶段、裂解反应阶段。

（1）脱水阶段　甲醇首先脱水为二甲醚（DME），形成的平衡混合物包括甲醇、二甲醚和水。

$$2CH_3OH \longrightarrow CH_3OCH_3 + H_2O + Q$$

（2）裂解反应阶段　该反应过程主要是脱水反应产物二甲醚和少量未转化的原料甲醇进行的催化裂解反应，包括：

① 主反应（生成烯烃）

$$nCH_3OH \longrightarrow C_nH_{2n} + nH_2O + Q$$

$$nCH_3OCH_3 \longrightarrow 2C_nH_{2n} + nH_2O + Q$$

n 为 2 和 3（主要），4、5 和 6（次要）。以上各种烯烃产物均为气态。

② 副反应（生成烷烃、芳烃、碳氧化物并结焦）

$$(n+1)CH_3OH \longrightarrow C_nH_{2n+2} + C + (n+1)H_2O + Q$$

$$(2n+1)CH_3OH \longrightarrow 2C_nH_{2n+2} + CO + 2nH_2O + Q$$

$$(3n+1)CH_3OH \longrightarrow 3C_nH_{2n+2} + CO_2 + (3n-1)H_2O + Q$$

$$n=1，2，3，4，5\cdots，n$$

$$nCH_3OCH_3 \longrightarrow 2C_nH_{2n-6} + 6H_2 + nH_2O + Q$$

$$n=6，7，8\cdots，n$$

以上产物有气态（CO、H_2、H_2O、CO_2、CH_4 等）和固态（大分子量烃和焦炭）之分。

2. 反应机理

有关反应机理研究已有专著论述，其中代表性的理论如下：

（1）氧合内合盐机理　该机理（图 8-1）认为，甲醇脱水后得到的二甲醚与固体酸表面的质子酸作用形成二甲基氧合离子，之后又与另一个二甲醚反应生成三甲基氧合内合盐。接着，脱质子形成与催化剂表面相聚合的二甲基氧合内合盐物种。该物种或者经分子内的 Stevens 重排形成甲乙醚，或者是分子间甲基化形成乙基二甲基氧合离子。两者都通过 β-消除反应生成乙烯。

（2）碳烯离子机理　在沸石催化剂酸、碱中心的协同作用下，甲醇经 α-消除反应得到碳烯（CH_2），然后通过碳烯聚合反应或者是碳烯插入甲醇或二甲醚分子中即可形成烯烃。

（3）串连型机理　该机理可用下式表示：

$$2C_1 \longrightarrow C_2H_4 + H_2O$$

$$C_2H_4 + C_1 \longrightarrow C_3H_6$$

$$C_3H_6 + C_1 \longrightarrow C_4H_8$$

式中 C_1 来自甲醇，并通过多步加成生成各种烯烃。

(4) 平行型机理　该机理是以 SAPO-34 为催化剂，以甲醇进料的 C13 标记和来自乙醇的乙烯 C12 标记跟踪而提出的，其机理见图 8-2。

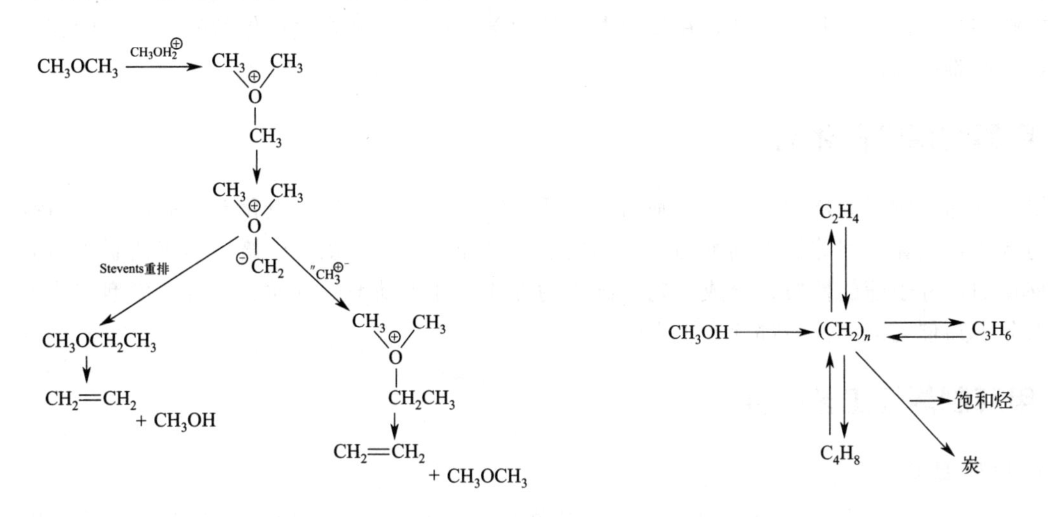

图 8-1　氧合内合盐机理示意图

图 8-2　平行型机理示意图

(5) 其他反应机理　除上述机理外，也有的认为反应为自由基机理，而二甲醚可能是一种甲基自由基源。

3. 反应热效应

由反应方程式和热效应数据可看出，所有主、副反应均为放热反应。由于大量放热使反应器温度剧升，导致甲醇结焦加剧，并有可能引起甲醇的分解反应发生，故及时取热并综合利用反应热显得十分必要。

此外，生成有机物分子的碳数越高，产物水就越多，相应反应放出的热量也就越大。因此，必须严格控制反应温度，以限制裂解反应向纵深发展。然而，反应温度不能过低，否则主要生成二甲醚。所以，当达到生成低碳烯烃反应温度（催化剂活性温度）后，应该严格控制反应温度。

4. MTO 反应的化学平衡

(1) 所有主、副反应均有水蒸气生成　根据化学热力学平衡移动原理，由于反应均有水蒸气生成，特别是考虑到副反应，生成水蒸气对副反应有抑制作用，因而在反应物（即原料甲醇）中加入适量的水或在反应器中引入适量的水蒸气，均可使化学平衡向左移动。所以，在本工艺过程中加入水（汽）不但可以抑制裂解副反应，提高低碳烯烃的选择性，减少催化剂的结炭，而且可以将反应热带出系统以保持催化剂床层温度的稳定。

(2) 所有主、副反应均为分子数增加的反应　从化学热力学平衡角度来考虑，对两个主反应而言，低压操作对反应有利。所以，该工艺采取低压操作，目的是使化学平衡向右移动，进而提高原料甲醇的单程转化率和低碳烯烃的质量收率。

5. MTO 反应动力学

动力学研究证明，MTO 反应中所有主、副反应均为快速反应，因而，甲醇、二甲醚生成低碳烯烃的化学反应不是反应的控制步骤，而关键操作参数的控制则是应该极为关注的问题。

从化学动力学角度考虑，原料甲醇蒸气与催化剂的接触时间尽可能越短越好，这对防止深度裂解和结焦极为有利；另外，在反应器内催化剂应该有一个合适的停留时间，否则其活性和选择性难以保证。

二、甲醇制烯烃催化剂

甲醇制烯烃所用的催化剂以分子筛为主要活性组分，以氧化铝、氧化硅、硅藻土、高岭土等为载体，在黏结剂等加工助剂的协同作用下，经加工成型、烘干、焙烧等工艺制成的分子筛催化剂，分子筛的性质、合成工艺、载体的性质、加工助剂的性质和配方、成型工艺等因素对分子筛催化剂的性能都会产生影响。

三、甲醇制烯烃工艺条件

1. 反应温度

反应温度对反应中低碳烯烃的选择性、甲醇的转化率和积炭生成速率有着最显著的影响。较高的反应温度有利于产物中 n(乙烯)/n(丙烯)值的提高。但在反应温度高于 723K 时，催化剂的积炭速率加快，同时产物中的烷烃含量开始变得显著，最佳的 MTO 反应温度在 400℃左右。这可能是由于在高温下，烯烃生成反应比积炭生成反应更快。此外，从机理角度出发，在较低的温度下（$T \leqslant 523K$），主要发生甲醇脱水至 DME 的反应；而在过高的温度下（$T \geqslant 723K$），氢转移等副反应开始变得显著。

2. 原料空速

原料空速对产物中低碳烯烃分布的影响远不如温度显著，这与平行反应机理相符，但过低和过高的原料空速都会降低产物中的低碳烯烃收率。此外，较高的空速会加快催化剂表面的积炭生成速率，导致催化剂失活加快，这与研究反应的积炭和失活现象的结果相一致。

3. 反应压力

改变反应压力可以改变反应途径中烯烃生成和芳构化反应速率。对于这种串联反应，降低压力有助于降低反应的耦联度，而升高压力则有利于芳烃和积炭的生成。因此通常选择常压作为反应的最佳条件。

4. 稀释剂

在反应原料中加入稀释剂，可以起到降低甲醇分压的作用，从而有助于低碳烯烃的生成。在反应中通常采用惰性气体和水蒸气作为稀释剂。水蒸气的引入除了降低甲醇分压之外，还可以起到有效延缓催化剂积炭和失活的作用。原因可能是水分子可以与积炭前驱体在催化剂表面产生竞争吸附，并且可以将催化剂表面的 L 酸位转化为 B 酸位。但水蒸气的引入对反应也有不利的影响，会使分子筛催化剂在恶劣的水热环境下产生物理化学性质的改变，从而导致催化剂的不可逆失活。通过实验发现，甲醇中混入适量的水共同进料，可以得到最佳的反应效果。

第三节　甲醇制烯烃工艺流程及主要设备

具有代表性的甲醇制烯烃技术主要是UOP/Hydro MTO技术、Lurgi（鲁奇）固定床MTP技术、中国科学院大连化物所DMTO技术。目前，这三项工艺技术已经具备工业化生产的条件。

一、UOP/Hydro MTO技术

MTO的概念最早是由美国Mobil公司在20世纪80年代提出，UOP和Hydro公司从1922年开始联合进行有关MTO技术的研究，两家公司合作筛选出一种新型的SAPO234型硅铝磷酸盐分子筛催化剂，通过控制催化剂酸性中心的位置和强度，使其具有选择性能力，从而减少低碳烯烃齐聚，甲醇转化为乙烯和丙烯的选择性得到大幅提高。SAPO234型催化剂的研发成功是对MTO工艺研究的极大推进，目前该型催化剂已发展成更先进的MTO2100催化剂。UOP/Hydro MTO工艺采用SAPO-34催化剂，使得甲醇能够近乎完全转化，乙烯+丙烯的收率达到80%以上。该工艺通过调整操作条件，可较为灵活地改变乙烯、丙烯产物的比率。该技术在近期的最新进展，主要表现在将甲醇制乙烯、丙烯的碳转化率（收率）提高至85%～90%。

1. 工艺流程简介

UOP/Hydro MTO工艺采用一个带有流化再生器的流化床反应器（图8-3）。其反应温度由回收热量的蒸汽发生系统来控制，而再生器则用空气将废催化剂上积炭烧除，并通过发生蒸汽将热量移除。反应器出口物料经热量回收后便得到冷却，在分离器将冷凝水排除。未凝气体压缩后进入碱洗塔，以脱除CO_2，之后又在干燥塔中脱水。接着在脱甲烷塔、脱乙烷塔、乙烯分离塔、丙烯分离塔等分离出甲醇、乙烷、丙烷和副产C_4等物料后即可得到聚合级乙烯和聚合级丙烯。当MTO以最大量生产乙烯时，乙烯、丙烯和丁烯的收率分别为46%、30%、9%，其余副产物为15%。

甲醇经换热汽化后与补充的新鲜催化剂、循环再生催化剂一起进入流化床反应器底部，在该反应器内甲醇几乎100%被转化，生成低级烯烃及其他副产物，反应产物以气体状态进入冷却分离器。反应热由反应生成的水以蒸汽形式带走一部分，其余的热量由设置在反应器内部的冷却盘管移出。催化剂再生器与反应器一起构成一个完整的MTO反应系统，使催化剂及时再生循环使用，反应系统得以连续运行。失活的废催化剂进入再生器后，加入空气进行煅烧，以除去催化剂上的积炭，恢复活性后又回到反应器内。催化剂表面的积炭在再生器内燃烧放出的热量经回收后供其他单元使用。

反应生成物（气体）在冷却分离器中经回收热量后被冷却，水及部分重组分被冷凝分离出来，气相组分进入下一工序用碱洗脱除其中的CO_2，然后进入干燥系统。干燥后的气体先经压缩再进入产品分离系统。在产品分离系统中首先脱除甲烷，然后再进入C_2分离塔。在C_2分离塔，轻组分被分离后得到聚合级乙烯（纯度99.6%），重组分进入C_3分离塔，从C_3分离塔塔顶得到聚合级丙烯（纯度99.8%）；C_3分离塔重组分进入脱丙烷塔，根据需要

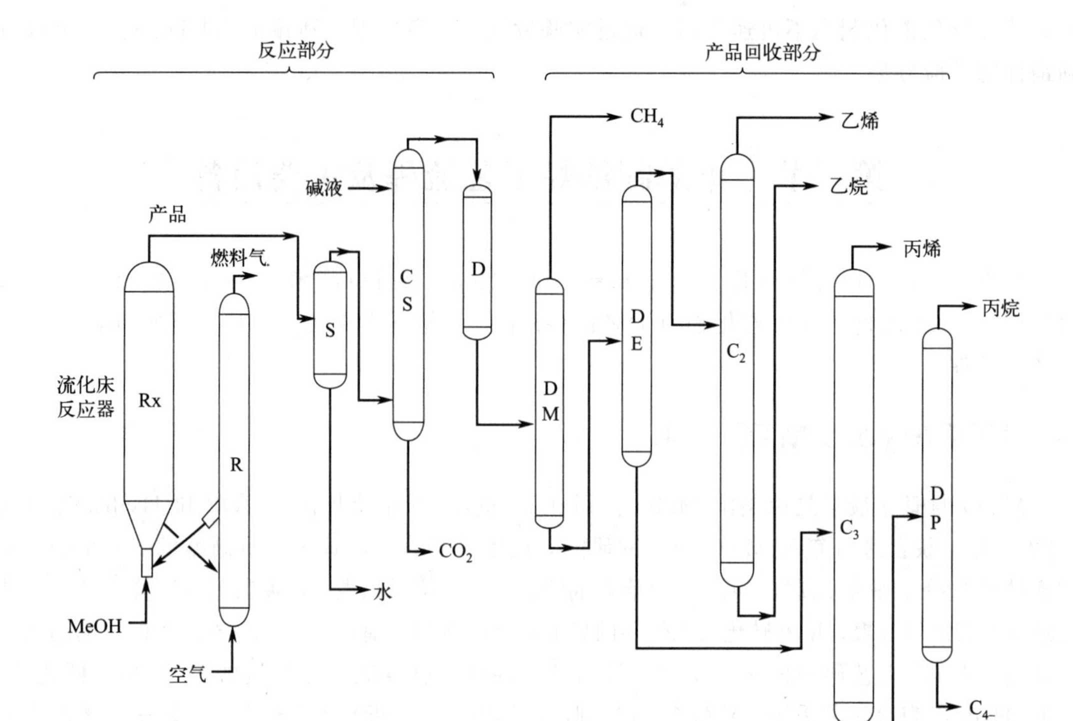

图 8-3 UOP/Hydro MTO 工艺流程图

Rx—反应器；R—再生器；S—分离器；CS—碱洗塔；

D—干燥塔；DM—脱甲烷塔；DE—脱乙烷塔；C_2—乙烯分离塔；

C_3—丙烯分离塔；DP—脱丙烷塔

分离出丙烷及 C_4 组分。

MTO 工艺是将甲醇转化为轻烯烃（主要是乙烯和丙烯）的气相流化床催化工艺。MTO 单元由进料汽化和产品急冷区、流化催化反应和再生区、再生空气和废气区几部分组成。

（1）进料汽化和产品急冷区　进料汽化和产品急冷区由甲醇进料缓冲罐、进料闪蒸罐、洗涤水汽提塔、急冷塔、产品分离塔和产品/水汽提塔组成。

来自甲醇装置的甲醇经过与汽提后的水换热，在中间冷凝器中部汽化后进入进料闪蒸罐，然后进入汽化器汽化，并用蒸汽过热后送入 MTO 反应器。反应器出口物料经冷却后送入急冷塔。

闪蒸罐底部少量含水物料进入氧化物汽提塔中。一些残留的甲醇被汽提返回到进料闪蒸罐。

急冷塔用水直接冷却反应后物料，同时也除去反应产物中的杂质。水是 MTO 反应的产物之一，甲醇进料中的大部分氧转化为水。MTO 反应产物中会含有极少量的乙酸，冷凝后回流到急冷塔。为了中和这些酸，在回流中注入少量的碱（氢氧化钠）。为了控制回流中的固体含量，由急冷塔底抽出废水，送到界区外的水处理装置。

急冷塔顶的气相送入产品分离器中。产品分离器顶部的烯烃产品送入烯烃回收单元，进行压缩、分馏和净化。自产品分离器底部出来的物料送入水汽提塔，残留的轻烃被汽提出来，在中间冷凝器中与新鲜进料换热后回到产品分离器。汽提后底部的净产品水与进料甲醇换热冷却到环境温度，被送到界区外再利用或处理。洗涤水汽提塔底主要是纯水，送到轻烯烃回收单元以回收 MTO 生成气中未反应的甲醇。水和回收的甲醇返回到氧化物汽提塔，在这里甲醇和一些被吸收的轻质物被汽提，送入进料闪蒸罐。汽提后的水返回氧化物汽提塔。

（2）流化催化反应和再生区　MTO 的反应器是快速流化床型的催化裂化设计。反应实际在反应器下部发生，此部分由进料分布器、催化剂流化床和出口提升器组成。反应器的上部主要是气相与催化剂的分离区。在反应器提升器出口的初级预分离之后，进入多级旋风分离器和外置的三级分离器来完成整个分离。分离出来的催化剂继续通过再循环滑阀自反应器上部循环回反应器下部，以保证反应器下部的催化剂层密度。反应温度通过催化剂冷却器控制。催化剂冷却器通过产生蒸汽吸收反应热。蒸汽分离罐和锅炉给水循环泵是蒸汽发生系统的一部分。

MTO 过程中会在催化剂上形成积炭。因此，催化剂需连续再生以保持理想的活性。烃类在待生催化剂汽提塔中汽提出来。待生催化剂通过待生催化剂立管和提升器送到再生器。MTO 的再生器是鼓泡床型，由分布器（再生器空气）、催化剂流化床和多级旋风分离器组成。催化剂的再生是放热的。焦炭燃烧产生的热量被再生催化剂冷却器中产生的蒸汽回收。催化剂冷却器是后混合型。调整进出冷却器的催化剂循环量来控制热负荷。而催化剂的循环量由注入冷却器的流化介质（松动空气）的量控制。蒸汽分离罐和锅炉给水循环泵包括在蒸汽发生系统。除焦后的催化剂通过再生催化剂立管回到反应器。

（3）再生空气和废气区　再生空气区由主风机、直接燃烧空气加热器和提升风机组成。主风机提供的助燃空气经直接燃烧空气加热器后进入再生器。直接燃烧空气加热器只在开工时使用，以将再生器的温度提高到正常操作温度。提升风机为再生催化剂冷却器提供松动空气，还为待生催化剂从反应器转移到再生器提供提升空气。提升空气需要较高的压力。通常认为用主风机提供松动风和提升空气的设计是不经济的。然而，如果充足的工艺空气可以被利用来满足松动风和提升风的需要，可以不用提升风机。

废气区由烟气冷却器、烟气过滤器和烟囱组成。来自再生器的烟气在烟气冷却器发生高压蒸汽，回收热量。出冷却器的烟气进入烟气过滤器，除去其中的催化剂颗粒。出过滤器的烟气由烟囱排空。为了减少催化剂损失，从烟气过滤器回收的物料进入废气精分离器。分离器将回收的催化剂分为两类。较大的颗粒循环回 MTO 再生器。较小的颗粒被处理掉。

（4）轻烯烃回收工艺流程说明　进入轻烯烃回收单元（LORP）的原料是来自 MTO 单元的气相。LORP 单元的目的是压缩、冷凝、分离和净化有价值的轻烯烃产品（通常指乙烯和丙烯）。LORP 单元由以下几部分组成：压缩区、二甲醚回收区、水洗区、碱洗区、干燥区、乙炔转换区、分馏区、丙烯制冷区和一个氧化物回收单元（ORU）。

① 压缩区。压缩区由 MTO 产品压缩机、级间吸入罐和级间冷却器组成。在接近周围环境温度、压力下，MTO 的气体物流送入 LORP 单元的压缩部分。为了回收烯烃产品，首先将操作压力提高到能浓缩和通过分馏来分离的压力等级水平是非常必要的。MTO 产品压缩机是多级离心压缩机。压缩机的级间流在级间冷却器和级间吸入罐中冷却和闪蒸。由水和溶解的轻烃组成的级间冷凝物计量后通过级间罐回到上一级吸入罐。纯冷凝物被泵回到 MTO 单元。

② 二甲醚回收区。来自最后一级压缩机冷却器的流出物送入二甲醚汽提负荷罐。在这里液态烃和水相是同时存在的。在二甲醚汽提负荷罐中，两液相从烃类气相中分离出来。二甲醚在两相态中都存在。二甲醚如返回 MTO 单元反应器可转化为有价值烯烃。因此将二甲醚从轻烃中回收。液态烃被泵送到二甲醚汽提塔。二甲醚从液态烃中汽提出来并回到压缩机最后一级的级间冷却器。二甲醚汽提塔的纯塔底物冷却到环境温度后送入水洗区。出二甲醚汽提负荷罐的气相去氧化物吸收塔。在氧化物吸收塔中，来自 MTO 单元的水用于吸收产品气相中的二甲醚。带有二甲醚的水回到 MTO 单元。

③ 水洗区。二甲醚回收以后，气相和液态的烃中还含有残留的甲醇。用水来回收这些物流中的甲醇。吸收水在 LORP 单元和 MTO 单元的洗涤水汽提塔间循环。MTO 的液态烃产品在水洗塔中洗涤。甲醇被吸收后，液体送入 LORP 单元的分馏区。MTO 的气相产品送入碱洗区。来自水洗塔和氧化物吸收塔的富甲醇水回到 MTO 单元。在 MTO 洗涤水汽提塔中，甲醇从废水中汽提出来循环回 MTO 反应器。

④ 碱洗区。MTO 气相产品中的二氧化碳产物在碱洗塔中脱除。碱洗塔有三股碱液回流和一股水回流来脱除残余的碱。碱洗区包括补充碱和水的中间罐和注入泵。废碱脱气后送出界区处理。二氧化碳脱除后，MTO 气相产品被冷却然后送入干燥区。

⑤ 干燥区。MTO 的气体产物需干燥处理，为下游的低温工段做准备。干燥区由两个 MTO 产品干燥器和再生设备组成。干燥器用分子筛脱水。来自 LORP 单元的轻质气体用于再生干燥剂。再生设备由再生加热器、再生冷却器和再生分离罐组成。脱水后，再生的气体混入燃料气系统。干燥后的反应气送入分馏区的脱乙烷塔。脱乙烷塔的塔顶气压缩后送入乙炔转换区。

⑥ 乙炔转换区。脱乙烷塔顶气中包含 C_2 和更轻的物料。物流中的副产物乙炔被选择加氢转化为乙烯。乙炔转化是气相催化工艺。这个区由两个乙炔转换塔和一个防护床组成。进料加热器包括在内，用来调整反应的选择性。下游防护床从转换塔流出物中脱除痕量的副产物。防护床与 MTO 的产品干燥器共用同一干燥气再生系统。转换塔的气相再生设备包括在此区中。乙炔转换区的物流冷却后送入脱乙烷塔顶冷凝器。

⑦ 分馏区。分馏区由脱乙烷塔、脱甲烷塔、C_2 分离塔、脱丙烷塔、C_3 分离塔和脱丁烷塔组成。在压缩、氧化物回收、碱洗和干燥之后，MTO 产品气冷却后进入脱乙烷塔。脱乙烷塔顶产品是混合的 C_2 组分。由丙烷和更重的烃类组成的脱乙烷塔底物送入脱丙烷塔。脱乙烷塔顶物压缩后送入乙炔转换区。来自脱乙烷塔接收器的净气相产品送入甲烷塔进料冷冻器。

脱甲烷塔从混合 C_2 物流中脱除轻杂质（包括甲烷、氢和惰性气体）。脱甲烷塔塔顶物送去作燃料气。脱甲烷塔底物送入 C_2 分离塔。在 C_2 分离塔中，乙烯产品从乙烷中分离出来。分离塔顶的纯物质送入乙烯储罐。塔底物蒸发，加热后并入燃料气系统。

脱乙烷塔塔底物流进入脱丙烷塔。混合的 C_3 组分在脱丙烷塔中与较重的 C_4 以上物料分离。脱丙烷塔塔顶物送入氧化物回收单元（ORU）。采用液相吸收工艺脱除痕量的氧化物。ORU 包括惰性气体再生设备。脱丙烷塔塔顶物在 ORU 单元处理后，送入 C_3 分离塔。脱丙烷塔塔底物送入脱丁烷塔。在 C_3 分离塔中丙烯与丙烷分离。塔顶物泵送储存。分离塔塔底饱和的丙烷产品汽化后混入燃料气系统。

脱丁烷塔（如果需要）从戊烷和更重的烃类中分离出丁烷。脱丁烷塔的进料是脱丙烷塔塔底物和水洗塔产品的混合物。脱丁烷塔的塔顶和塔底产品送去储存。

⑧ 丙烯制冷区。LORP 单元浓缩和分离轻烃需要在低温、高压条件下操作。用丙烯产品作制冷剂。丙烯制冷区由多级离心式丙烯制冷压缩机和一个丙烯缓冲罐组成。LORP 单元中多个冷却器、冷凝器和再沸器都是用丙烯作制冷剂。

2. 关键设备

UOP/Hydro MTO 工艺中采用的反应器为一个变直径快速流化床反应器（图 8-4）。该反应器分为三个区，一个是分布板上部内径较大的密相反应区，一个是内径较小的快速分离区（简称“快分区”），一个是传统的扩大段沉降、旋风分离区。气相在气速较低的密相反应区反应完成后，上升到内径急速变小的快分区后，气速突然增大，在快分区出口采用特殊的气固分离设备初步分离出大部分的夹带催化剂。由于反应产物与催化剂快速分离，有效地防止了二次反应的发生。与传统的鼓泡流化床反应器相比，催化剂装填量及反应器内径大大减少。

图 8-4　UOP/Hydro MTO 快速流化床反应器

3. 工艺优点

① 它能把甲烷直接转化成聚合级乙烯和丙烯，有很好的经济价值；

② 可直接使用纯度在 98%以上的化学级乙烯和丙烯，在生产过程中，不需要昂贵的乙烯/乙烷或丙烯/丙烷分离器；

③ 副产品少，与蒸汽裂解装置不相上下，产品回收简单；

④ 由于烷烃产率低，容易与现有的石脑油裂解装置一体化；

⑤ 可以灵活改变丙烯/乙烯产品质量比，可以在 0.77 至 1.33 之间灵活变动。

4. 工业应用

UOP/Hydro MTO 技术截止到 2016 年 5 月在中国已被授权 8 套甲醇制烯烃装置，其中 2011 年，惠生（南京）清洁能源股份有限公司成为了中国首家霍尼韦尔 UOP 授权使用甲醇制烯烃工艺的公司，并于 2013 年实现工业化生产。2016 年，山东阳煤恒通 30 万吨/年甲醇制烯烃（MTO）项目，在经过 10 个月的稳定运行后，通过了业主组织的烯烃分离单元性能考核和验收，乙烯产品回收率达 99.89%，丙烯产品回收率达 99.96%，不仅高于性能保证值要求，同时也创造了目前全球同行业的最高水准。2017 年 2 月，江苏斯尔邦石化有限公司（下称“江苏斯尔邦”）采用霍尼韦尔 UOP 先进的甲醇制烯烃（MTO）工艺投建的生产装置已成功通过为期十天的运行测试，确保顺利上线。当全套装置投入运营时，年产量可达 83.3 万吨，是目前全球最大的单车甲醇制烯烃装置。

M8-2　MTO 工艺的主要设备

M8-3　MTO 技术经济效益分析

二、Lurgi固定床MTP技术

MTP工艺是由德国Lurgi公司于20世纪90年代开发的固定床反应技术，采用南方化学公司提供的沸石分子筛催化剂和固定床反应器，在反应温度450～480℃、反应压力0.13～0.16MPa的条件下，甲醇转化率大于99%，丙烯收率达到65%，催化剂使用寿命8000h以上。Lurgi公司MTP工艺装置的目的产物是丙烯，副产物为部分乙烯、液化石油和汽油产品。

1. 工艺流程简介

如图8-5所示，原料甲醇预热到260℃进入固定床绝热式二甲醚（DME）预反应器，采用高活性、高选择性的催化剂将75%甲醇转化为二甲醚和水，该反应的转化率几乎达到热力学平衡程度。甲醇-水-二甲醚物流进入分凝器，气相加热到反应温度后进入MTP反应器，液相作为控温介质经流量控制仪通过激冷喷嘴进入MTP反应器。甲醇-二甲醚的转化率约为99%，丙烯是主要产物。反应产物经冷却后，进入分离工段。

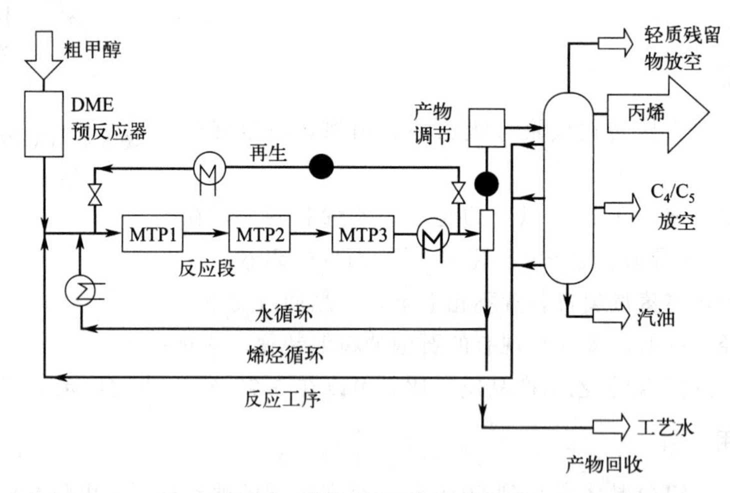

图8-5　固定床MTP工艺流程

气相产物脱除水、CO_2和二甲醚后将其进一步精馏得到聚合级丙烯。副产物烯烃（乙烯、丁烯）返回系统再生产，作为歧化制备丙烯的原料。为避免惰性组分在回路中富集，轻组分燃料气排除系统。LPG（液化石油气）、高辛烷值（RON98.7/MON85.5）汽油是该反应的主要副产物。部分合成水也返回系统用来生产不可或缺的工艺用蒸汽。由于采用固定床工艺，催化剂需要再生。400～700h后使用氮气、空气混合物进行就地再生。

Lurgi的MTP工艺，其典型的产物分布为（质量分数）：C_2^0为1.1%；$C_2^=$为1.6%；C_3^0为1.6%；$C_3^=$为71.0%；C_4/C_5为8.5%；C_6^+为16.1%；焦炭<0.01%。

2. 关键设备

Lurgi MTP反应装置主要是由3个固定床反应器（图8-6）组成，其中两个在线生产，一个在线再生，这样可保证生产的连续性和催化剂活性。每个反应器内分布6段催化剂床层，各床层设置若干激冷喷嘴。反应器为带盐浴冷却系统的管式反应器，反应管典型长度为1～5m，内径20～50mm。通过激冷喷嘴注入冷的甲醇-水-二甲醚物流来控制床层温度，达到稳定反应条件、获得最大丙烯收率的目的。MTP反应压力接近常压，反应温度450～

470℃。

3. 工艺优点

① MTP 工艺的主要产品仅仅只是丙烯，便于聚丙烯规模化生产，少量副产品汽油和 LPG 是地方的畅销产品；

② MTP 所采用的高选择性催化剂可最大限度地生成丙烯，发生结焦的原料量低于总量的 0.01%；

③ 净化工艺比较简单，与乙烯/丙烯分离方案相比，仅需要一个简单的冷却系统；

④ 由于结焦量低，所以催化剂的寿命长，通常可以运行 600～700h 后再对催化剂进行再生处理，且再生过程非常简单，在接近反应温度和压力下使用氮气和空气的混合物即可进行就地再生。

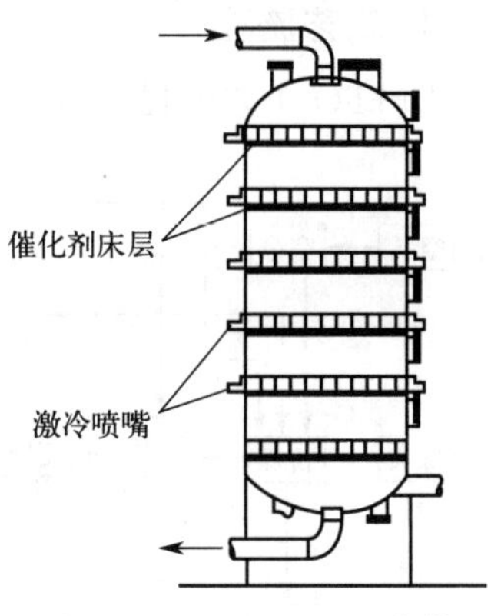

图 8-6 Lurgi MTP 反应器

4. 工业应用

2010 年 11 月，世界首套大型工业化应用甲醇制丙烯（MTP）装置在大唐内蒙古多伦煤化工公司实现中交。2011 年 1 月，MTP 反应器一次投料成功，甲醇转化率达到设计要求，随后，反应器 B、C 相继成功运行。3 台反应器在运行过程中均达到超满负荷运行状态，最好记录达到每小时进料 120 吨。2012 年 5 月，大唐多伦煤化工公司 MTP 反应器 A、C 首次实现在线切换，标志着世界首套大型工业化应用的 MTP 装置反应器在运行过程中取得重大突破。2014 年 8 月，神华宁煤集团年产 50 万吨甲醇制烯烃（MTP）全部生产装置经试运行，产出纯度 99.88%的合格丙烯及牌号为 1102K 的合格聚丙烯产品。该项目主要由 MTP、聚丙烯、动力站和公用工程四大装置组成，采取鲁奇甲醇制烯烃（MTP 工艺）、鲁姆斯气相法聚丙烯工艺技术。

5. 工艺评述

MTP 工艺产品特征，甲醇进料 5000t/d（1.66Mt/a），丙烯产量为 474kt/a、乙烯产量为 20kt/a，副产物包括 LPG41kt/a、汽油 185kt/a 以及合成水 935kt/a 和部分燃料气。添加产物分离装置，可从燃料气中部分分离出 20～40kt/a 乙烯，通过生产共聚物，可延长产品链，提高企业效益。

随着聚丙烯价格的上升，允许的甲醇价格也越来越高，聚丙烯在 8000 元/t 情况下，甲醇价格允许达到 2263.0 元/t，可使用市场甲醇来生产聚丙烯。根据目前掌握的煤化工情况，以煤为原料生产甲醇的成本一般在 800～1100 元/t 之间，由此可见，通过煤化工手段使用 MTP 工艺在经济上完全可行。

三、中国科学院大连化物所 DMTO 技术

甲醇制烯烃技术（DMTO）是中科院大连化学物理研究所、中石化洛阳工程有限公司和陕西新兴煤化工科技发展有限公司合作开发的具有自主知识产权的低碳烯烃生产新技术。DMTO 工业化技术突破了煤制烯烃的技术瓶颈，是连接煤化工和石油化工的桥梁，为煤化工行业和煤制烯烃产业提供了有力的技术支撑。该技术的工业化可缓解我国石油资源的不足，使低碳烯烃生产原料多样化。在当今石油资源短缺的背景下，该技术对于实现我国“石油替代”战略，保证我国的能源安全具有十分重大的战略意义。

1. 工艺流程

DMTO 工艺流程如图 8-7 所示。

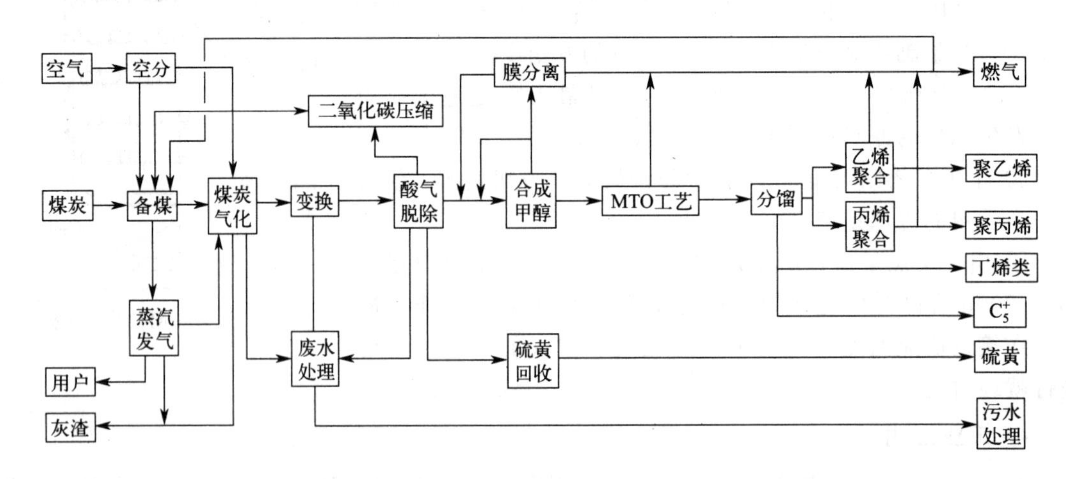

图 8-7　DMTO 工艺流程图

（1）反应再生系统　来自装置外的甲醇进入甲醇缓冲罐，经甲醇进料泵升压，经甲醇-蒸汽换热器、甲醇-反应气换热器、甲醇冷却器换热后进入反应器，在反应器内甲醇与来自再生器的高温再生催化剂直接接触，在催化剂表面迅速进行放热反应。反应气经旋风分离器除去所夹带的催化剂后引出，经甲醇-反应气换热器降温后送至后部急冷塔。

反应后积炭的待再生催化剂进入待生汽提器汽提，汽提后的待生催化剂经待生提升管向上进入再生器中部。在再生器内烧焦后，再生催化剂进入再生汽提器汽提。汽提后的再生催化剂送回反应器中部。再生后的烟气经再生器旋风分离器除去所夹带的催化剂后，经双动滑阀、蝶阀后进入余热锅炉，经烟囱排放至大气。再生器内设有主风分布环，再生器烧焦所需的主风由主风机提供。主风经辅助燃烧室进入再生器，提供再生器烧焦用风。

反应器、再生器各设置一台外取热器。

富含乙烯、丙烯的反应气进入急冷塔，自下而上经人字挡板与急冷塔塔顶冷却水逆流接触，冷却水自急冷塔塔底抽出，经急冷塔底泵升压、冷却后，一部分返回急冷塔，另一部分送至装置外。

急冷塔顶反应气进入水洗塔下部，水洗塔底冷却水抽出后经水洗塔底泵升压后分成两路，一路进入沉降罐，另一路经急冷水冷却器冷却后进入水洗塔，水洗塔顶反应气经气压机压缩后送至产品分离。

急冷水经沉降罐沉降后，经汽提塔进料泵升压后进入污水汽提塔，汽提后的塔底净化水经冷却后送出单元。

（2）精制分离单元

① 压缩系统。由 DMTO 反应单元来的 DMTO 反应气体进入一段吸入罐。罐内液体经泵送出界外，气体进反应气体压缩机一段入口。经一段压缩后的气体经一段后冷器冷却，进入一段出口分液罐进行三相闪蒸，油相去凝液汽提塔，凝结水去一段吸入罐，气体去二段压缩。凝液汽提塔汽提的气相循环回一段吸入罐，塔釜轻汽油送往罐区作为汽油调和组分。二段压缩后的气体经二段后冷器冷却，进入二段出口分液罐进行闪蒸，液相去一段出口分液

罐，气体去三段进一步压缩。三段压缩后的气体经三段后冷器冷却，进入三段出口分液罐进行闪蒸，液相去二段出口分液罐，气体去四段进一步压缩。四段压缩后的气体经四段后冷器冷却后去氧化物回收系统。

② 氧化物回收系统。从压缩机四段出口冷却器出来的反应物料被送到二甲醚（DME）汽提塔进料罐进行三相闪蒸。在此液态烃和水共存。在 DME 汽提塔进料罐中，这两种液相从烃蒸气产品中被分离出来。在烃的两相中均存在 DME。DME 是一种有价值的副产物，如果再次被引入 DMTO 单元反应器，则可以轻易地转化成有价值的烯烃产品。因此要将烃两相中的 DME 加以回收。烃液体送至二甲醚汽提塔，DME 从烃液体中被汽提出来并循环回到三段出口分液罐。二甲醚汽提塔纯釜液经水洗塔冷却器冷却到环境温度后送到水洗塔。从二甲醚汽提塔进料罐出来的气相送到氧化物吸收塔。在氧化物吸收塔内，从 DMTO 反应单元出来的水被用来从气相产品中吸收 DME 和甲醇。水连同被吸收的 DME 及甲醇返回 DMTO 反应单元。DMTO 气体产品被送到脱酸性气体系统。DME 回收后，气体和液体烃两相仍含有残留甲醇，用水从这些物流中进一步回收甲醇。吸收用的水在分离单元的水洗塔和 DMTO 单元的甲醇汽提塔间循环。DMTO 液体烃产品在水洗塔内被洗涤。从水洗塔和氧化物吸收塔中出来的富含甲醇的水返回 DMTO 反应单元。

③ 脱酸性气体系统。自氧化物吸收塔来的 DMTO 气进入 DMTO 气分液罐进行分液，除去 DMTO 气中含有的重烃等组分。分液后的 DMTO 气进入碱洗塔底部。DMTO 气自下而上依次与 2%弱碱、5%中碱及 10%强碱接触，以脱除其中的二氧化碳。弱碱由弱碱循环泵加压，经弱碱加热器加热后返塔循环使用。中碱、强碱分别用中碱循环泵、强碱循环泵加压后循环使用。经三段碱洗后的 DMTO 气进入水洗段。在此用除盐水冷却气体并且洗去气体携带的碱液液滴。出塔气体经过净化 DMTO 气分液罐分离含碱污水后去前脱乙烷区。除盐水用水洗循环泵加压，经水洗冷却器冷却后循环使用。从装置外送来的 20%碱液由浓碱罐贮存，用浓碱泵送出，与一定比例的自水洗冷却器来的洗涤水在碱稀释混合物器中混合，稀释至 10%后，补充至强碱循环泵入口。碱洗汽油进料罐贮存自装置外来的汽油。汽油通过碱洗汽油注入泵注入废碱脱油系统和弱碱循环段。含烃废碱离开碱洗塔后与汽油在废碱混合器中混合均匀后，进入废碱脱油罐分离废碱和汽油，同时闪蒸出少量烃类气体。分离出的汽油经汽油循环泵升压后大部分循环使用，过量汽油排至不合格汽油罐。闪蒸出的烃类气体和脱油后的废碱分别送至废碱脱气罐。脱出的烃类气体排至火炬，脱气后的废碱由废碱排放泵送至中和系统。98%硫酸自装置外来，贮存在硫酸罐中，由硫酸泵计量、升压后，送至酸碱混合器，在此将废碱排放泵来的废碱中和。经中和的废碱通过中和冷却器冷却后送至中和罐。产生的气体排至大气，处理后的废碱送往污水处理场。

④ 前脱乙烷区。前脱乙烷区由 DMTO 气体干燥系统、脱乙烷塔系统、碳二加氢及后干燥系统构成。

a. DMTO 气体干燥系统：脱酸性气体系统来的 DMTO 气体经干燥前冷器冷却后进入干燥前分液罐进行分液，气相去气相干燥器 A/B 进行干燥；液相去液相干燥器 A/B 进行干燥。气体干燥共有两台，一台操作，另一台再生备用；液相干燥器也是如此。再生周期为 24 小时。干燥剂采用 3A 分子筛。高压甲烷用再生气体加热器加热后，用来再生干燥剂。再生废气被再生废气冷却器冷却，再生废气分液罐切水后送到燃料气系统。经干燥后的反应气体和液体含水量小于 1μL/L。

b. 脱乙烷塔系统：干燥后的DMTO气体经脱乙烷塔进料预冷器、脱乙烷塔进料换热器及脱乙烷塔进料冷却器冷凝冷却后进入脱乙烷塔。脱乙烷塔塔顶碳二及碳二以下轻组分和进料换热后进入反应气体压缩机五段继续进行压缩，塔底碳三及碳三以上重组分去脱丙烷塔。干燥后的DMTO液体直接进入脱乙烷塔。加氢系统精干燥器A/B出来的富含乙烯气体经脱乙烷冷凝器及脱乙烷塔冷凝器冷凝冷却后进入脱乙烷塔回流罐。脱乙烷塔回流罐液相回流至脱乙烷塔顶，气相富乙烯则去冷区。

c. 碳二加氢及后干燥系统：五段压缩后的反应气体，由加氢进料预热器预热至210℃进入两个串联操作的加氢反应器A/B，加氢反应器是一个绝热床反应器，反应气体利用自身所含氢气进行加氢反应，加氢后物料乙炔含量低于1×10^{-6}（体积分数）以下，氧气含量低于10×10^{-6}（体积分数）以下。加氢后物料经加氢后冷器及精干燥器进料甲烷氢冷却器冷却后进入精干燥器A/B。精干燥将微量生成水从反应物料中脱除。精干燥器和DMTO反应气体干燥器以及液相干燥共用同一个再生系统。

⑤ 冷区。冷区由脱甲烷塔系统及乙烯精馏塔系统构成。

a. 脱甲烷塔系统：脱乙烷塔回流罐来的富含乙烯气体经1号冷箱冷凝冷却后进入脱甲烷塔，1号冷箱由脱甲烷塔进料丙烯蒸发器A、脱甲烷塔进料丙烯蒸发器B、脱甲烷塔进料甲烷氢冷却器、脱甲烷塔进料乙烯蒸发器A及脱甲烷塔进料乙烯蒸发器B组成。脱甲烷塔塔顶气体经脱甲烷塔冷凝器冷凝，进入脱甲烷塔回流罐分液，液相回流至脱甲烷塔塔顶，气相甲烷氢气体经脱甲烷塔进料换热，再生气体加热器加热后，用于各干燥器的再生。脱甲烷塔釜液乙烯乙烷馏分直接送到乙烯精馏塔作为进料。脱甲烷塔再沸器的热源采用6℃露点丙烯气体加热以回收冷量。

b. 乙烯精馏塔系统：乙烯精馏塔因板数较多，分为两塔串联操作，塔底由乙烯精馏塔重沸器供热。乙烯精馏塔A塔顶气体进入乙烯精馏塔B底部，乙烯精馏塔B底部液体由乙烯精馏塔中间泵送回乙烯精馏塔A顶部作为回流。B塔顶气体经乙烯精馏塔冷凝器部分冷凝后，进入乙烯精馏塔回流罐。冷凝液用乙烯精馏塔回流泵抽出，送回乙烯精馏塔B顶部作为回流，气相则作为乙烯产品送出装置。乙烯精馏塔设置两台中间再沸器，即乙烯塔中间再沸器和脱乙烷塔冷凝器B，以回收冷量。

⑥ 热区：热区由脱丙烷塔系统、碳三加氢系统、丙烯精馏塔系统及脱丁烷塔系统构成。

a. 脱丙烷塔系统：从脱乙烷塔来的釜液进入脱丙烷塔。塔底为碳四及重组分，作为脱异丁烷塔进料。塔顶馏出产品为丙烯、丙烷馏分，经脱丙烷冷凝器冷凝后，进入脱丙烷塔回流罐。从脱丙烷塔回流罐流出的丙烯、丙烷馏分经脱丙烷塔回流泵增压后，一部分打回脱丙烷塔作为回流；另一部分去碳三加氢系统进行加氢处理。

b. 碳三加氢系统：从脱丙烷塔顶来的碳三馏分经碳三加氢前冷器冷却后，与氢气混合进入碳三加氢反应器A/B进行丙炔和丙二烯的加氢处理，经加氢处理后丙炔含量小于5μL/L，丙二烯含量小于10μL/L。加氢处理后碳三馏分经碳三加氢后冷器冷却至40℃送至碳三加氢分液罐，脱除氢气后经碳三加氢循环泵增压，一部分循环回加氢反应器入口，另一部分去丙烯精馏塔系统。

c. 丙烯精馏塔系统：精丙烯塔（丙烯精馏塔）因板数较多，分为两塔串联操作，塔A顶气体进入精丙烯塔B底部。精丙烯塔B底部液体用精丙烯塔中间泵送回精丙烯塔A顶部作为回流。精丙烯塔B顶部气体经精丙烯塔冷凝器冷凝后，进入精丙烯塔回流罐，用精丙烯塔回流泵将一部分送回精丙烯塔B顶作为回流；另一部分经精丙烯冷却器冷却至40℃后，自压送出装置。

d. 脱丁烷塔系统：脱丙烷塔釜液以及水洗塔来的萃余液进入脱丁烷塔中部，塔顶馏出物经脱丁烷塔冷却器冷凝后进入脱丁烷塔回流罐，用脱丁烷塔回流泵抽出一部分作为脱丁烷塔的回流，另一部分作为民用液化石油气送出装置。脱丁烷塔再沸器用低压蒸汽作热源，塔釜重组分作为汽油组分送往产品罐区。

2. 关键设备

DMTO工艺的反应器和再生器在开工状态及其非正常状态下，反应器气体量较小，一、二、三级旋风分离器的入口气速皆仅为其正常入口气速的1/4左右，致使分离效率非常低，催化剂容易跑损。为回收跑损的催化剂，在三级旋风分离器（图8-8）的顶部，增加一个预分离装置，依靠催化剂颗粒的离心力、重力及惯性预分离的联合作用，将从一、二级旋风分离器跑出的部分催化剂回收利用。

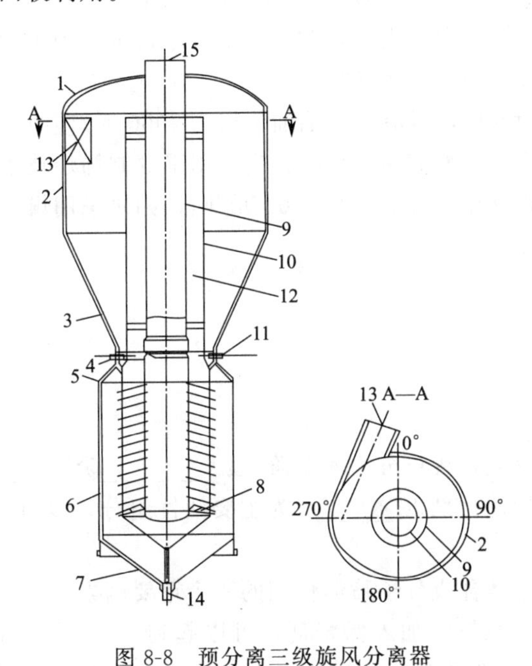

图 8-8　预分离三级旋风分离器

1—预分离段封头；2—预分离段筒体；3—预分离段锥形筒体；4—集尘室筒体；5—分离段封头；6—分离段筒体；7—分离段锥形筒体；8—三旋单管；9—内筒体；10—中间筒体；11—预分离段排尘口；12—进气腔；13—预分离段切向进气口；14—分离段排尘口；15—气体出口

三级旋风分离器的预分离装置，在非正常工况下，当气体夹带催化剂颗粒经预分离装置的水平切向入口进入预分离装置之后，催化剂较大颗粒在离心作用下向预分离装置的器壁运动，同时，又由于截面积的增加，气体截面气速减小到颗粒的临界沉降速度以下，催化剂颗粒又在重力的作用下，向下沉降。较小的催化剂颗粒随气体旋转一定的圈数之后，气体垂直向上转90°，经中间进气腔进入三级旋风分离器的分离单元，而部分催化剂颗粒则在重力及惯性力的作用下，继续向下运动。向下运动的颗粒最后进入预分离装置的排尘室内并经排尘口排出三级旋风分离器。排出管内的排尘气量为此时入口气量的3%～5%。

预分离部分主要由上部筒体、锥段及中心进气管组成，主要尺寸：筒体内径 $D=$

11000mm，入口面积 $A=4.28m^2$，气体入口管直径 $D_1=4200mm$。

3. 工艺优点

（1）反应部分采用流化床反应器和再生器，碳四转化也采用流化床反应器；

（2）丙烯/乙烯比在一定范围内可调；

（3）通过DMTO技术，可提高碳利用率，降低原料消耗，吨烯烃消耗甲醇为2.67吨；

（4）反应系统压力为0.05MPa，反应温度为460～520℃。

4. 工艺评述

以60万吨/年DMTO项目为例，对其经济性进行了分析并与石脑油制烯烃路线进行了对比：

当原油价格为35美元/桶，对应的石脑油的价格为3590元/吨时，采用传统的石脑油制烯烃技术，生产单位混合烯烃的成本为5230元/吨。当采用甲醇制烯烃技术时，如果达到与石脑油制烯烃相同的混合烯烃生产成本，对应的甲醇原料价格为1500元/吨；如果采用煤经甲醇制烯烃，煤的市场价格为405元/吨。

当原油价格为60美元/桶，对应的石脑油价格为4950元/吨时，采用的石脑油制烯烃技术，生产单位混合烯烃的成本为7790元/吨。当采用甲醇制烯烃技术时，如果达到相同的混合烯烃生产成本，对应的甲醇原料价格为2300元/吨；如果采用煤经甲醇制烯烃，煤的市场价格为755元/吨。

练习题

一、填空题

1. 整个甲醇制烯烃反应过程可分为两个阶段：________阶段、________阶段。

2. 甲醇制烯烃所用的催化剂以________为主要活性组分，以氧化铝、氧化硅、硅藻土、高岭土等为________。

3. 分子筛的________是合成分子筛催化剂的一个重要因素。

4. 在甲醇制烯烃反应原料中加入稀释剂，可以起到__________的作用。在反应中通常采用________和________作为稀释剂。

5. 甲醇转化的总一级反应速率为 $250m^3/(m^3\cdot s)$，属于________反应。研究表明，决定催化剂选择性的重要因素之一是催化剂上的________。

6. MTO工艺由____________单元和____________单元组成。

7. MTO工艺得到主产品为________、________，副产品为________、________和________。

二、简答题

1. 甲醇制烯烃所用的催化剂的性能受哪些因素影响？

2. 简述分子筛催化剂的制备和再生。

3. 甲醇制烯烃的工艺条件有哪些？

4. 在甲醇制烯烃反应原料中加入水蒸气稀释剂的作用是什么？

5. MTO工艺的主要操作条件有哪些？

6. MTO单元和LORP单元分别由哪几部分组成？

7. 简述甲醇转化烯烃单元和轻烯烃回收单元工艺流程。

8. 简述 MTO 技术和 MTP 技术各自的特点。

9. MTO 技术和 MTP 技术在哪些方面得到应用？

10. 反应温度如何影响甲醇制烯烃工艺？

11. 简述甲醇制烯烃的反应基本原理。

第九章 甲醇制芳烃

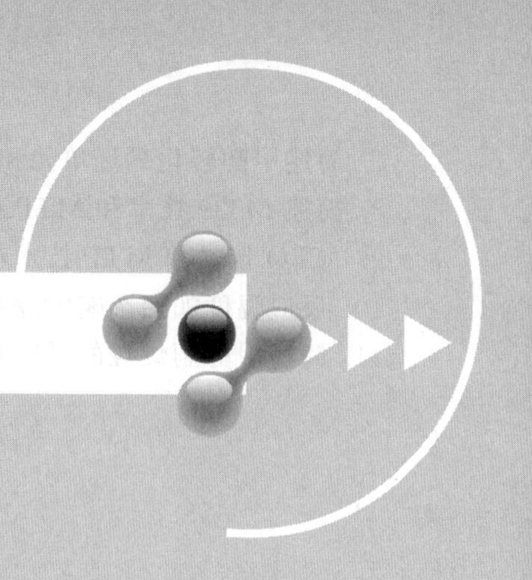

芳烃主要包括苯、甲苯和二甲苯，一般简称 BTX，是重要的有机化工原料，广泛应用于航空航天、装饰装修、农药、日化等众多领域。生产芳烃的传统方法主要依赖于石油产品的催化重整、裂解汽油加氢抽提等石化工艺。由于中国的石油资源紧缺，所以苯、甲苯、二甲苯的价格持续走高。2020 年，我国混合芳烃进口量约为 575.8 万吨，同比增加 63.33%，对外依存度超过 50%。因此，开发非石油路线制备芳烃成为当务之急。

甲醇制芳烃是一条有效地利用煤炭资源制备传统石油类化学品的技术路线。在我国煤炭资源丰富、石脑油供给受到约束的大环境下，煤基甲醇制芳烃相对于传统石油路线具有资源优势与成本竞争力。既能够解决国内 PX（二甲苯）供应短缺的问题，改变 PTA（精对苯二甲酸）与 PX 上下游畸形匹配的现状，又能为过剩的甲醇产能找到新出路，开发“煤→甲醇→芳烃→PX→PTA→聚酯”这一新的产业链，因此市场前景广阔，有很重要的战略意义。

在项目建设上，既可选择具有丰富煤炭资源的西部区域，也可选择能够便捷进口廉价甲醇的东部沿海地区，项目选址更加灵活；并可根据目标产物的不同，进行产品组合调整，比如可以多产苯、对二甲苯、碳九等产品。一旦实现工业化推广应用，在提升我国芳烃工业整体竞争力的同时，也能为企业带来丰厚回报，促进芳烃及关联产业健康发展。

第一节 甲醇制芳烃生产原理

根据我国煤炭资源较为丰富且价格低廉的特点，采用煤经甲醇制芳烃不仅可以减少我国对石油资源的过度依赖，而且既能满足国民经济持续增长的需求又可以实现战略储备。我国清华大学、中科院山西煤化所、中科院大连化物所、中国石化、上海中科高（中国科学院上海高等研究院）等研究院等联合煤化工企业共同开发了相关工艺。

一、甲醇制芳烃主要机理

甲醇制芳烃（MTA）反应历程由甲醇脱水生成二甲醚，甲醇或二甲醚脱水生成低碳烯烃，低碳烯烃催化反应生成重烯烃、烷烃和芳烃 3 个步骤组成。

1. 甲醇脱水生成二甲醚的反应机理

甲醇脱水生成二甲醚，其机理是催化剂表面上存在着含甲氧基的质子化物质，该物质是甲醇脱水生成二甲醚的重要中间体。1个甲醇分子对含甲氧基的物质进行亲核取代，生成甲醚。用Z表示沸石催化剂，反应机理表达式如下：

$$CH_3OH + H^+Z \longrightarrow CH_3OH_2{}^+Z$$

$$CH_3OH_2{}^+Z + CH_3OH \longrightarrow (CH_3)_2O + H_2O + H^+Z$$

2. 甲醇或二甲醚脱水形成低碳烯烃的反应机理

甲醇或二甲醚脱水形成烯烃的关键问题是如何形成起始C—C键。目前，比较被认可的机理是氧鎓离子机理和烃池机理。

(1) 氧鎓离子机理　氧鎓离子机理（图9-1）认为，甲醇脱水后得到的二甲醚与固体酸表面的质子酸作用先形成二甲基氧鎓离子，而后又与另一个二甲醚反应生成三甲基氧鎓内鎓氧盐。接着，三甲基氧鎓内鎓氧盐脱质子形成与催化剂表面相聚合的二甲基氧鎓内鎓盐物种。二甲基氧鎓内鎓盐经分子内Stevens重排形成甲乙醚，或者是分子间甲基化形成乙基二甲基氧鎓离子，二者均通过β-消除反应生成乙烯。氧鎓离子机理在早期曾得到广泛认同，但是截至目前仍未得到系统的实验验证。

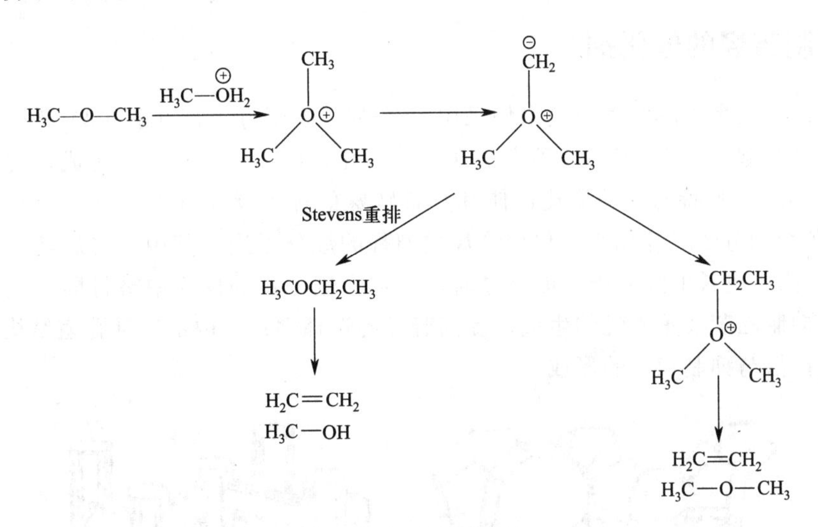

图9-1　氧鎓离子机理

(2) 烃池机理　烃池机理（图9-2）认为，“烃池”是反应活性中间物，甲醇和二甲醚与烃池作用，间接生成烃类产物。“烃池”指含多个甲基取代基的苯系物。烃池通过与甲醇或二甲醚的甲基化反应形成乙烯或丙烯，本身形成二甲基苯和三甲基苯后，经过甲基化又开始新一个催化循环。

2012年，中国科学院大连化学物理研究所在详细研究了分子筛的结构和酸性对甲醇制烯烃反应机理影响的基础上，利用新型DNL-6分子筛材料的超大笼和强酸性特点，首次在真实甲醇制烯烃反应体系中观察到了七甲基苯碳正离子，从而直接证实了烃池机理的合理性；并利用C_{13}同位素示踪实验验证了该中间体在甲醇转化中的重要作用和以此碳正离子作为中间体的烯烃生成途径。

3. 低碳烯烃转化机理

低碳烯烃生成芳烃、烷烃和重烯烃的机理研究较为成熟，可概括为三个步骤（图 9-3）：

① 低碳烯烃聚合生成不饱和齐聚物，接着环化生成环烷烃，之后氢转移生成芳烃，最后芳烃与烯烃发生甲基化反应生成烷基芳烃；

② 低碳烯烃也可能直接裂解生成 $C_1 \sim C_2$ 烷烃；

③ 低碳烯烃也可能发生氢转移反应，生成 $C_3 \sim C_4$ 烷烃。

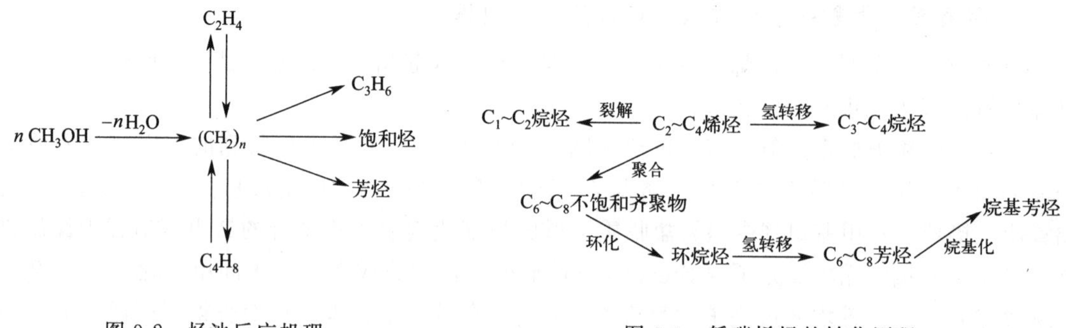

图 9-2 烃池反应机理

图 9-3 低碳烯烃的转化历程

二、甲醇制芳烃的催化剂

目前国内外众多甲醇制芳烃技术均采用了 ZSM-5 择形分子筛（图 9-4）作为催化剂，此种催化剂包含直型及“Z”字形 2 种交叉孔道。其孔口由十元（氧）环构成，交叉处的孔空间直径为 0.9nm，独特的分子筛孔道使其具备特殊的择形反应性能。其十元环的孔口尺寸与 BTX 轻芳烃的分子尺寸相当，仅允许烃类馏程的烃分子进入其中，将烃类产物碳链限制在 10 个碳以内，更长的烃分子不能穿过通道，且在进一步的反应中被打断。孔道尺寸的限制能够有效抑制乙苯及重芳烃的生成，提高芳烃的选择性；其内部三维孔道结构有利于反应物、产物的扩散与抑制积炭的形成。

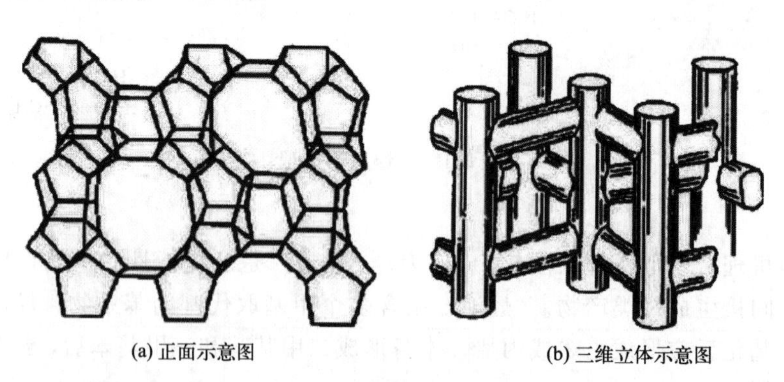

图 9-4 ZSM-5 择形分子筛催化剂示意图

为了提高 ZSM-5 催化剂的活性，研究者发现可在其表面负载一定量的 Ag、Zn、Mo、Ga 等金属，负载金属在芳构化过程中具有脱氢环化的作用，是催化剂中生成芳烃的重要部位。但是金属负载总量不宜过多，过多的金属会占据分子筛的酸性位，使其酸性降低，不利于烃类的齐聚和环化，并还会在氢气气氛下还原金属，从而不利于发挥其脱氢和活化功能。

三、甲醇制芳烃产业化工艺类型

甲醇制芳烃产业化工艺主要包括固定床工艺和流化床工艺。目前，国内已建成的甲醇制芳烃装置主要以固定床工艺为主，但该工艺存在工艺复杂及投资大的缺点；流化床工艺投资低，在传质及传热方面效果良好，且催化剂性质稳定，因此，甲醇制芳烃产业化以流化床反应器工艺类型更具优势。

1. 固定床反应装置工艺

中科院山西煤化所于2005年与赛鼎工程有限公司合作进行固定床甲醇制芳烃工艺技术研究，其目标产物是以BTX（苯、甲苯、二甲苯）为主的芳烃，该技术具有芳烃选择性高，工艺操作灵活的优点。在第一代工艺基础上，山西煤化所对反应流程进行优化，开发出二代固定床MTA工艺。优化后的工艺产物BTX含量上升至36.8%，汽油中芳烃含量下降至20.9%，催化剂总寿命延长。2012年2月，由赛鼎工程有限公司设计的内蒙古庆华集团10万t/a甲醇制芳烃装置一次试车成功，顺利投产。此项目是利用“一步法甲醇制芳烃产品的工艺”专利设计的国内第一套甲醇制芳烃装置。

2. 流化床反应装置工艺

清华大学经过多年研究，率先开发了大型流化床甲醇制芳烃（FMTA）工艺技术。该技术使用酸性分子筛催化剂，在低压（0.1～0.4MPa）条件下反应，产品组成单一且转化率高达99.9%，油相中芳烃含量大于90%，全流程甲醇制芳烃的烃基收率为74.47%。该技术在催化剂方面，开发了分子筛的酸性维持与增强技术、过渡金属的负载分散与稳定化技术、整体催化剂的水热稳定性提高技术以及整体催化剂的强度提高技术。在环保方面，工艺废水中未检出甲醇和催化剂粉尘，再生烟气中不含SO_x和NO_x。2013年3月18日，流化床甲醇制芳烃的催化剂与成套工业技术两项成果通过了国家能源局委托、中国石油和化学工业联合会组织的技术鉴定。

2013年1月，东华科技利用该技术，在陕北能源化工基地建设的世界首套煤制芳烃中试装置，实现了一次点火及一次投料试车成功，开辟了甲醇制芳烃的全新技术路线。

第二节　甲醇制芳烃工艺流程及主要设备

一、美国Mobil公司甲醇制芳烃技术

甲醇制芳烃（MTA）起源于20世纪70年代美国Mobil公司开发的甲醇转化制汽油技术（MTG）。MTG采用ZSM-5沸石分子筛择形催化剂，可使甲醇全部转化，生成丰富的烃类，同时获得少量芳烃。随后在20世纪80年代Mobil公司通过研究发现，改性ZSM-5分子筛催化剂的芳烃选择性更高，遗憾的是研究停留在实验室阶段，未进行工业化试验。之后陆续有德国、日本、沙特阿拉伯等开展了MTA工艺研究，但都没有工业化。

1. 工艺原理

美国Mobil公司采用固定床两段转化技术，其中第一步反应是甲醇脱水部分生成二甲醚，第一个反应器出来的甲醇、二甲醚和水的混合物进入第二反应器后在分子筛催化剂的作

用下生成芳烃产物。

2. 工艺流程

如图9-5所示，原料甲醇经过预热器、蒸发器和过热器之后进入脱水反应器，在 Cu/Al_2O_3 催化剂上转化成二甲醚，二甲醚和未反应的甲醇与热交换器中的循环气混合进入转化反应器，在HZSM-5催化剂上转化成烃类，经分离器分离后形成液态烃、气态烃和水。当水相产物测定出较多甲醇时，催化剂活性达不到要求，需要再生处理。常规再生的方法为空气氛围焙烧除去催化剂中的积炭，因此工业化的流程中一般并联设置4台反应转化器，3台正常运转，1台用于再生催化剂。

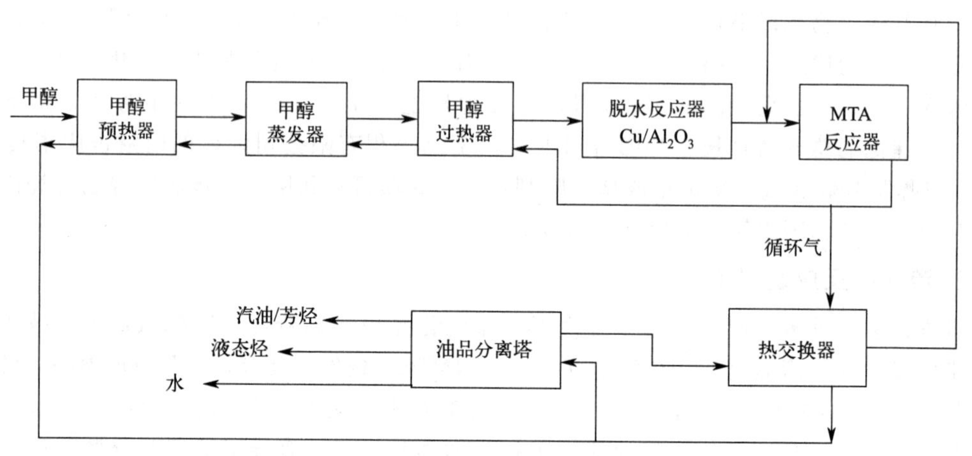

图9-5　Mobil公司经典固定床MTA工艺流程图

3. 工艺先进性

① MTA技术最早由Mobil公司提出，该工艺主攻方向为汽油，得到的产品质量好，工艺简单，成本低廉，到目前为止，工业甲醇制汽油应用最为广泛的仍然是Mobil公司的两段式固定床反应工艺；

② 设备投资较低；

③ 甲醇转化率较高。

4. 工艺不足

① 甲醇制芳烃是强放热反应，但固定床装置移热较为困难，因此热量的合理循环利用对Mobil公司MTA工艺提出了挑战；

② 产物中总的芳烃（BTX）含量较低，芳烃选择性较差；

③ MTA反应的产物主要为烃类和水，当甲醇的转化率较低时，未转化的甲醇溶于水相，但该工艺设计未考虑甲醇的回收蒸馏装置；

④ MTA的反应特点是强放热，因此MTA产物中的水在高温反应时导致催化剂骨架坍塌，造成不可逆失活；

⑤ 该工艺未考虑废水回收问题，造成水资源浪费且增加了工艺成本。

5. 工业化应用

Mobil公司的主攻方向是甲醇制汽油（MTG）工艺，对甲醇制芳烃（MTA）只进行了实验室研究，未实现工业化应用，但是Mobil公司首次开发了甲醇制芳烃催化剂ZSM-5，并证明了改性催化剂具有更好的芳构化性能，截至目前，国内外甲醇制芳烃技术使用的催化剂均为改性的 ZSM-5。

6. 工艺评述

Mobil 公司的甲醇制芳烃技术准确地说应称为甲醇制汽油技术，因为该技术产物液相烃基收率虽可达 63%～91%，但最终产物均以烷烃为主，芳烃含量不超过 45%，另有部分烯烃和环烷烃，这样的组成更接近汽油组分。而且，由于产物种类繁多，分离价值不高，更适合作为油品添加剂进行销售，而非作为芳烃联合装置的原料。加之 Mobil 公司现有的技术均采用固定床工艺，装置规模较小（目前国内最大单套装置仅 20 万吨/年），无法与芳烃后续加工装置——芳烃联合装置进行经济性匹配（目前芳烃联合装置最小经济规模为 50 万吨/年，至少需要配套 5 套 20 万吨/年规模的甲醇制汽油装置，设备多、工艺路线长、占地面积和投资大，项目经济效益差），使其在制备芳烃和应用方面受阻。

二、清华大学流化床甲醇制芳烃技术

1. 工艺原理

流化床甲醇制芳烃（FMTA）技术借鉴了催化裂化（FCC）的“反应-再生”系统，采用循环流化床工艺，在 1 个反应体系和 1 种催化剂上高选择性生产芳烃。反应后的产物经分离后，氢气、甲烷、混合 C_8 芳烃和部分 $C_{\geqslant 9}$ 烃类作为产品输出系统，$C_{\geqslant 2}$ 非芳烃和除混合 C_8 芳烃及部分 $C_{\geqslant 9}$ 烃类之外的芳烃作为循环物返回相应反应器再进行芳构化反应，如此往复循环，实现了反应-再生的连续化生产，利用流化床内颗粒混合剧烈、气固接触效果良好等优点，实现反应热的高效移除、反应温度及其均匀性的控制以及催化剂的连续再生，将甲醇高效转化为高附加值的 BTX 轻芳烃。反应后的待生催化剂经过汽提进入再生器进行烧炭再生，恢复活性，再生后的催化剂通过再生管线分别进入主反应器及低碳烯烃反应器，完成催化剂的循环。

2. 工艺简介

（1）系统介绍

① 芳构化反应器——用于将甲醇或二甲醚转化为以芳烃为主的产物；

② 气-液-液三相分离器——用于将从芳构化反应器出来的产物分离为气相产物、油相产物和水；

③ 低碳烯烃反应器——用于将从气-液-液三相分离器分离出来的气相产物中的低碳烯烃转化为以芳烃为主的产物；

④ 气-液分离器——用于将从低碳烯烃反应器中生成的以芳烃为主的产物分离为气相产物和油相产物；

⑤ 气相分离器——用于将从气液分离器中分离出来的气相产物进一步分离为氢气甲烷混合物和 $C_{\geqslant 2}$ 低碳烃类混合物；

⑥ 氢气甲烷分离器——用于将气相分离器分离出来的氢气甲烷混合物分离为纯氢气和纯甲烷；

⑦ 低碳烃类反应器——用于将从气相分离器分离出来的 $C_{\geqslant 2}$ 低碳烃类混合物转化为以芳烃为主的产物，该产物进入气-液-液三相分离器进行分离；

⑧ 芳烃-非芳烃分离器——用于将气-液-液三相分离器和气-液分离器中分离出来的油相

产物进一步分离为芳烃组分和非芳烃组分，分离出来的非芳烃产物进入低碳烯烃反应器参与反应；

⑨ 芳烃分离器——用于将从芳烃-非芳烃分离器中分离出来的芳烃组分分离为苯、甲苯、混合 C_8 芳烃和 $C_{\geqslant 9}$ 芳烃组分；

⑩ 芳烃歧化反应器——用于将从芳烃分离器中分离出来的苯、甲苯、$C_{\geqslant 9}$ 芳烃通过歧化反应转化为以混合 C_8 芳烃为主的产物，该产物进入气-液-液三相分离器进行分离。

（2）工艺流程　甲醇或二甲醚进入芳构化反应器，在催化剂 Zn-ZSM-5 的作用下开始反应，反应温度为 400～550℃、反应压力为 0.05～1MPa、质量空速为 0.1～10h^{-1}，反应后的物料进入气-液-液三相分离器分离为气相产物、油相产物和水，其中水排出系统；油相产物进入芳烃-非芳烃分离器；气相产物进入低碳烯烃反应器参与反应，反应温度为 400～550℃、反应压力为 0.05～1MPa、质量空速为 0.1～15h^{-1}，反应后的产物冷凝后进入气-液分离器分离为气相产物和油相产物，该气相产物进入气相分离器分离为氢气甲烷混合物和 $C_{\geqslant 2}$ 低碳烃类混合物，其中氢气甲烷混合物进入氢气甲烷分离器分离为纯氢气和纯甲烷，作为产品排出系统，$C_{\geqslant 2}$ 低碳烃类混合物进入低碳烃类反应器进行反应，反应温度为 400～650℃、反应压力为 0.05～1MPa，反应后的产物返回至气-液-液分离器进行分离。最后，由气-液-液三相分离器和气-液分离器分离出来的油相产物进入芳烃-非芳烃分离器，分离为非芳烃组分和芳烃组分，其中非芳烃组分返回至低碳烯烃反应器参与反应，芳烃组分再进入芳烃分离器分离为苯和甲苯混合物以及 C_8 芳烃和 $C_{\geqslant 9}$ 芳烃，苯、甲苯以及部分 $C_{\geqslant 9}$ 进入歧化反应器进行反应；混合 C_8 和剩余 $C_{\geqslant 9}$ 作为产品排出系统。清华大学流化床甲醇制芳烃工艺流程见图 9-6。

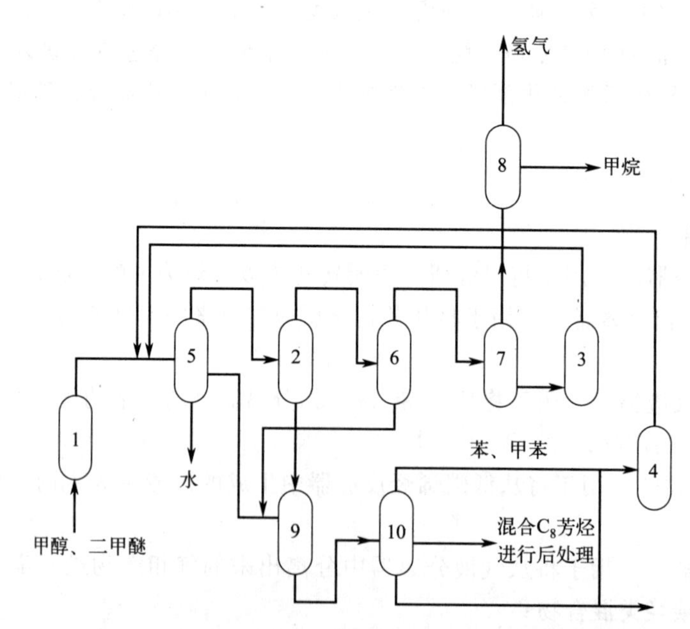

图 9-6　清华大学流化床甲醇制芳烃工艺流程图

1—芳构化反应器；2—低碳烯烃芳构化反应器；3—低碳烃芳构化反应器；4—芳烃歧化反应器；5—气-液-液分离器；6—气-液分离器；7—气相分离器；8—吸收器；9—芳烃-非芳烃分离器；10—芳烃分离器

(3) 产物分布　FMTA 技术最终产物分布见表 9-1。

表 9-1　FMTA 技术最终产物分布

原料甲醇纯度/%	产品组成/%					
	H_2	CH_4	低碳烃类	混合 C_8	$C_{\geqslant 9}$	焦炭
95	4.41	7.09	0.59	75.77	9.17	2.97

3. 工艺先进性

① 该技术先使甲醇在催化剂作用下脱水生成二甲醚，继而转化为低碳烯烃；低碳烯烃通过齐聚、环化反应，得到混合芳烃（苯、甲苯、二甲苯），最后通过芳烃联合装置得到对二甲苯。整个过程的甲醇转化率高达 99.99%，产品中芳烃占 74.47%（若以液相烃计，总芳烃含量高达 99%，其中，对二甲苯含量超过 50%、“三苯”含量超过 85%），可作为高品质的芳烃联合装置的原料，生产国内短缺的对二甲苯。

② 首次开发了以微米、纳米 ZSM-5 分子筛混合体为基础的流化床甲醇制芳烃专用催化剂。该催化剂能够同时实现甲醇芳构化、轻烃芳构化和苯/甲苯甲醇烷基化，还具有抗金属烧结、积炭与水热三重失活等功能，而且，所开发的催化剂原料组分易得、无毒、无害、不含贵金属，能够显著降低工业化应用的成本和难度。

③ 采用两段内构件循环流化床技术，实现了反应温度的均匀性控制和物料返混的抑制，并通过催化剂连续循环再生，解决了反应温度控制难、催化剂容易积炭失活等问题。

④ 采用两段构件湍动流化床再生器，实现了低温烧氢、高温烧炭的再生功能，有效缓解了催化剂的水热失活问题。

⑤ 该工艺将甲醇、二甲醚芳构化产生的气相产物中氢气与低碳烃类分离，氢气作为产品输出装置，不仅提高了整个过程的经济效益，而且提高了低碳烃类芳构化过程的芳烃收率和选择性。

⑥ 在气相产物分离过程中，该工艺采用自身生成的 $C_{\leqslant 9}$ 的液相烃类作为吸收剂，将低碳烃类与氢气分离，不仅节约成本，而且避免了采用外来汽油对本系统带来的污染。

⑦ 芳烃单程收率>72%，且整个过程很少产生乙苯。

⑧ 流化床内颗粒混合充分、气固相接触效果良好、反应移热迅速、反应温度均匀，实现了甲醇制芳烃的连续化生产。

⑨ 反应-再生工艺稳定、易控，较之固定床（间歇式生产）在产能上具有明显优势。

4. 工艺不足

① 虽然对催化剂的改性已经取得了较大的成果，但是要实现全面工业化生产，还需要通过对 MTA 催化剂进行深入、系统、全面地研究，以开发出适合工业生产需要的催化剂。

② 该技术虽然可实现将甲醇完全转化为芳烃，但其 80%芳烃总收率所得的是混合芳烃，并非市场真正紧缺的、前景向好的纯 PX，导致项目盈利预期大打折扣。

5. 工业化应用

2012 年 1 月，清华大学与中国华电集团共同合作开发的世界首套 3 万 t/a 甲醇制芳烃工业试验装置在陕西榆林煤化工基地一次投料试车成功，甲醇转化率近 100%，芳烃总选择性大于 90%，装置连续运行 443h，完成了各种工况的标定和各项技术指标的考核。2012 年 3 月 18 日，清华大学的流化床甲醇制芳烃催化剂和成套工业技术 2 项成果通过了相关部门组织的技术鉴定。工业试验结果表明，生产 1t 芳烃需要消耗 5t 标准煤（或 3.07t 甲醇），副产大量氢气，而目前国内石油制芳烃技术生产 1t 芳烃需要消耗 8～12t 原油。

目前，华电集团已建成百万吨级煤制芳烃工业示范项目，且该项目已被列入国家《石化产业布局方案》。项目一期工程建设年产 120 万吨煤制甲醇装置、60 万吨甲醇制芳烃装置、50 万吨芳烃联合装置、80 万吨 PTA 装置及配套公用工程、辅助工程，总投资 151.91 亿元。

6. 评述

清华大学流化床甲醇制芳烃工艺的核心装置流化床操作平稳、弹性大、连续化与自动化程度高、甲醇转化率高达 99.99%、吨芳烃甲醇消耗低、催化剂活性稳定。除此之外，该生产工艺由于进行了脱硫脱氮处理，制备的芳烃产品更加清洁，且催化剂的高选择性也使芳烃产品中的组分远少于石油基路线生产的产品，从而使芳烃分离环节避免了复杂工序，产品能耗大幅降低。该技术一经问世，立即引起国外能源化工行业的极大关注，并被中国石油和化学工业联合会组织的鉴定委员会确认为“技术达到同类技术国际领先水平”。目前，该技术已经取得 2 项省部级技术成果，申请国家发明专利 30 余项，授权 20 项，有 10 多家单位有意向采用该技术进行芳烃生产。其中，已经完成项目可行性研究的超过 5 家。

三、中科院山西煤化所固定床（一步法）甲醇制芳烃工艺

1. 工艺原理

中科院山西煤化所固定床 MTA 技术以甲醇为原料，以改性 MoHZSM-5 分子筛为催化剂，在操作压力为 0.1～5.0MPa，操作温度为 300～460℃，原料液体空速为 0.1～6.0h^{-1} 条件下催化转化为以芳烃为主的产物；经冷却分离将气相产物低碳烃与液相产物 $C_{\geqslant 5}$ 烃分离；液相产物 $C_{\geqslant 5}$ 烃经萃取分离，得到芳烃和非芳烃。该工艺的关键是采用具有特定结构的合成沸石催化剂，催化剂内有合适尺寸的通道，仅允许烃类馏程的烃分子进入其中，并限制芳烃产物的分子 C_{10} 或 C_{11}。这一特点保证了甲醇转化芳烃工艺的高选择性。

2. 工艺流程

山西煤化所固定床（一步法）甲醇制芳烃工艺装置，主要由芳烃合成单元、芳烃分离单元、罐区单元等组成。合成芳烃装置由甲醇蒸发、过热、合成，粗芳烃冷却及分离，催化剂还原等部分组成。芳烃分离装置由气体脱除、液化气分离、产品分离和吸收等部分组成。

具体的工艺流程为：来自罐区的精甲醇首先经预热、蒸发和过热，送入合成反应器，反应产生的反应热通过一个完整的热回收体系加以利用。具体的方式为反应器出口产物的热量部分用来副产低压蒸汽，部分在甲醇气化系统内作为热介质，从而使反应热得到充分利用。从甲醇气化系统来的过热甲醇蒸气和预热的循环气混合后送往两台正在运行的合成反应器中。合成反应器是绝热固定床反应器，甲醇在此反应器中转化为芳烃、干气和水的混合物，该混合物在粗芳烃分离器中将粗芳烃分离出来，粗芳烃经气体脱除塔、液化气分离塔、产品分离塔，分离出合格的产品——重芳烃、轻芳烃和 LPG。其中 BTX 含量为 25%（质量分数），部分芳烃进入油品，约占油品质量的 26.4%，工艺流程如图 9-7 所示。

3. 工艺先进性

（1）固定床绝热反应器一步法合成芳烃，工艺流程短　芳烃是沸点在一定范围内的混合

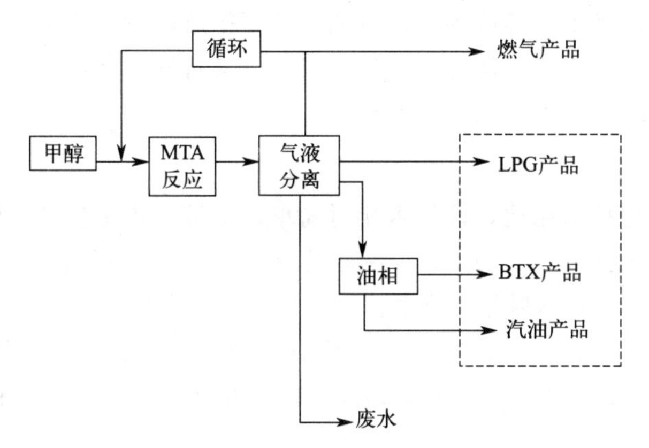

图 9-7　山西煤化所固定床 MTA 工艺流程

物，将甲醇转化为芳烃和水是强放热反应。甲醇转化为芳烃的反应热约为 1400kJ/kg 甲醇，绝热温升可达 600℃，大大超过甲醇分解成 CO 和 H_2 的温度。因此，一般的固定床反应器必须采用多级式的，通常采用二级反应器，在第一级反应器中，采用氧化铝甲醇脱水催化剂生成二甲醚，在第二级反应器中，在沸石催化剂上转化成芳烃。甲醇一步法制取芳烃工艺采用高效催化剂，大大减少了催化剂装填量，降低了催化剂装填高度，反应热在床层的停留时间大大缩短，实现了一级绝热反应器一步法合成芳烃产品。

（2）甲醇完全转化　甲醇一步法制芳烃装置，甲醇蒸汽在设计的反应温度条件下进入床层后可以瞬间完成反应，出口的产物中只有烃类、干气和水，转化完全，不需要再设置回收甲醇的蒸馏装置。

（3）产品选择性高　甲醇一步法制芳烃的产品有重芳烃、轻芳烃和 LPG，主产品轻芳烃的比例越大，经济效益越高，轻芳烃比例在 80%以上。

（4）产品收率高　甲醇一步法制芳烃的理论收率是：甲醇中的 CH_2 全部转化到烃类中，这个数值是 43.75%，即每吨甲醇最多能得到 437.5kg 的烃类。在实际生产过程中，甲醇一步法制取芳烃的吨产品实际消耗 2.5 吨甲醇，产品收率在 95%以上。

4. 工艺不足

① 该装置设计的检测及控制系统，回路较多，系统复杂，生产控制要求较高。

② 催化剂装填量的最佳高度有待于进一步实践，以寻找催化剂的最长生产周期，延长催化剂的寿命。

③ 装置在生产过程中会产生酸性水，该废水未得到回收利用，水资源浪费较大。

④ 重芳烃中均四甲苯含量高，规模扩大时有提取的经济价值，应延长产业链使其得到回收利用。

⑤ 甲醇转化为芳烃的反应是一个强放热反应，催化剂因积炭致使活性衰减很快。当采用固定床工艺时需数个反应器，反应、再生切换操作，使工艺流程和操作复杂化，也降低了催化剂的使用效率。

5. 工业化应用

赛鼎公司运用与中科院山西煤化所合作开发的固定床一步法甲醇制芳烃技术设计并建设了我国第一套甲醇制芳烃装置——10 万 t/a 内蒙古庆华集团甲醇制芳烃装置，一次试车成功并顺利投产，可年产芳烃 7.5 万 t、液化气 2.25 万 t、干气 0.34 万 t。该项目具有原料来源丰富、技术成熟、产品中乙烯丙烯比例可调、三废排放较少等优点。

目前，内蒙古庆华集团传出消息，该项目二期已具备开车条件，公司正加紧扩能技改建设，最终将形成50万吨/年甲醇制芳烃规模。

6. 工艺评述

与其他甲醇制芳烃技术相比，该技术相对简单，甲醇一步法生产芳烃的装置在国内已实现了国产化和工业化生产，工艺成熟，装置投资少。与此前已经实现工业化应用的美国Mobil公司固定床两步法甲醇制芳烃技术相比，一步法具有工艺流程短、甲醇转化完全、催化剂寿命长、烃类选择性高、产品收率高等优点。同时，两步法制芳烃吨产品甲醇消耗为2.6吨，而一步法只有2.5吨，具有更大的经济性。并且该芳烃中不含铅和硫，可直接调和高辛烷值的汽油。

四、三种甲醇制芳烃工艺指标比较

Mobil公司、清华大学、山西煤化所的甲醇制芳烃技术参数比较见表9-2。

表9-2 三种甲醇制芳烃技术参数比较

项目	Mobil公司	清华大学	山西煤化所
催化剂	HZSM-5	Ag/Zn/ZSM-5	La/Ga/ZSM-5
反应器	固定床	流化床	固定床
反应温度/℃	300～400	400～550	300～460
压力/MPa	—	0.1～3	0.1～5
空速/h^{-1}	1.3	0.1～20	0.6～6(一段) 192～1920(二段)
甲醇转化率/%	96	>99.99	>99
芳烃单程收率(甲醇质量基)/%	30～40	60～80	80～90
芳烃中二甲苯质量分数/%	57	35～50	25
工艺特点	产物中含有较多的C_1～C_4烃	流化床反应器，温度分布均匀	采用固定床两段转化工艺

综上所述，Mobil工艺产物中含有较多C_1～C_4烃类，产品主要以汽油为主。山西煤化所MTA采用固定床两段转化工艺，催化剂具有芳烃选择性高、寿命长的优点。清华大学FMTA采用流化床反应器，与固定床相比，温度分布均匀，采用甲醇与C_1～C_{12}烃类混合进料，通过芳构化与烷基化协同作用，提高了二甲苯收率；且采用催化剂循环再生工艺，便于快速失活催化剂的再生，有效提高了MTA的产能。

截至目前，国内分别掌握了固定床、流化床、甲苯甲醇制PX和甲醇直接制PX四项技术，且全部通过了中试或工业化运行验证，煤制芳烃的技术水平世界领先。其中流化床连续反应再生的特点较之固定床工艺具有明显的产能优势，具有便于移去反应热、轻质气体循环量小等优点，因此是未来装置大型化的发展方向。但是目前大都停留在工业示范阶段，在从中试规模向大型工业装置迈进的过程中，还需要解决诸如反应器放大、过程连续化、催化剂稳定性、增大BTX选择性等一系列问题，使其有与传统石油路线可比的芳烃大产能与高效率，真正实现产业化。

练习题

一、填空题

1. 芳烃主要包括________、________和________，一般简称 BTX。

2. 甲醇制芳烃（MTA）反应历程由________，________，___________3 个步骤组成。

3. 目前国内外众多甲醇制芳烃技术均采用了________分子筛作为催化剂，此种催化剂包含________及________2 种交叉孔道。

4. 甲醇制芳烃产业化工艺主要包括________及________。

二、简答题

1. 简述甲醇脱水生成二甲醚的反应机理。

2. 简述 MTA 技术的工艺先进性及不足。

3. 中科院山西煤化所固定床 MTA 技术的工艺条件有哪些？

4. 简述国内外典型甲醇制芳烃工艺指标比较。

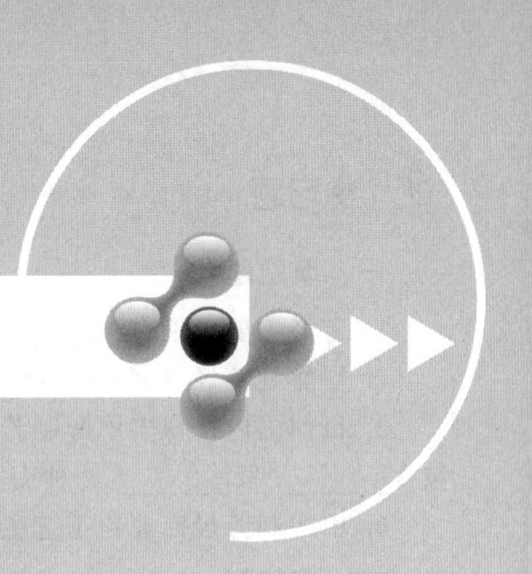

第十章 煤制乙二醇

第一节 煤制乙二醇概述

M10-1 乙二醇、聚酯纤维、不饱和聚合树脂图片

乙二醇是一种重要的石油化工基础有机原料，从它可以衍生出100多种化工产品和化学品，主要用于生产聚酯纤维、防冻剂、不饱和聚酯树脂、润滑剂、增塑剂、非离子表面活性剂，以及用于炸药、涂料、油墨等行业。此外，它还可用于生产特种溶剂乙二醇醚等，用途十分广泛。近几年我国的乙二醇产量是逐年递增的，随着“十三五”国家大力发展实体经济，大量企业投放市场，2016～2019年，乙二醇产量明显提升。2020年，中国总产量达863.01万吨，较2019年同期增长142.89万吨，增幅19.8%，煤制乙二醇市场空间广阔。

乙二醇与聚酯市场关系最为密切。纤维级聚酯用于制造涤纶短纤维和涤纶长丝，是供给涤纶纤维企业加工纤维及相关产品的原料；非纤维级聚酯有加工瓶类、薄膜等用途，广泛应用于包装业、电子电气、医疗卫生、建筑、汽车等领域。因此，纺织、服装、饮料业发达的江浙地区，始终是国内乙二醇市场的强大动力源。合成气制取的乙二醇产品，必须达到聚酯级标准，才可能有广阔的市场前景，不能应用于聚酯就没有意义。每生产1t聚酯，需要消耗0.33t乙二醇。

近十几年来，中国经济的快速发展催生了乙二醇的消费增长，中国已成为全球乙二醇的消费中心和保持稳定增长的原动力。我国乙二醇消费量中95%用于聚酯生产。

目前，化学工业中合成乙二醇的主要方法是先经石油路线合成乙烯，再氧化乙烯生产环氧乙烷，最后由环氧乙烷非催化水合反应得到乙二醇（简称乙烯路线）。煤化工路线是我国独有的情况，国际上并不推荐。

乙烯路线生产工艺的经济效益受石油价格的制约，在当前石油价格大幅波动的形势下，必然要求人们寻求更为经济的乙二醇合成路线。我国石油资源不足，原油较重，裂解生产乙烯耗油量大，而且乙烯又是塑料及许多重要石化产品的基本原料。从今后我国石油资源日趋减少的情况出发，开辟由非石油路线的合成气制乙二醇的方法，在我国具有重要的现实意义和战略意义。

近年来，国内对于合成气合成乙二醇的工艺研究做了认真的总结，适合于从煤制得的合成气出发制取乙二醇。这些总结认为，合成气合成乙二醇的工艺分为直接工艺和间接工艺。直接工艺即由合成气直接合成乙二醇；间接工艺是合成气经某种中间化合物，如甲醇、甲醛等，再转化为乙二醇。

第二节 煤制乙二醇基本原理

一、合成气合成乙二醇工艺分类

乙二醇的合成可分为合成气直接合成路线、草酸酯路线和甲醇甲醛路线三种。其中合成气直接合成法具有理论上最佳的经济价值，但目前尚需进一步缓和反应条件，提高催化剂的活性和选择性，离工业化有较大的距离。间接工艺中草酸酯合成法的研究比较深入，已有小规模装置的研究运行，正在接近工业化；甲醇甲醛路线的办法比较多，但是还处于研究阶段。

二、合成气直接合成法

从理论上讲，由合成气直接合成乙二醇符合分子反应机理的要求，是一种最为简单和有效的乙二醇合成方法，即使反应选择性和转化率较低，也具有很大的实际应用价值。

$$2CO+H_2 \xrightarrow{CAT} HOCH_2CH_2OH$$

此反应属于 Gibbs 自由能增加的反应，$\Delta G_{500K}=6.60\times10^4$ J/mol，在热力学上很难进行，需要催化剂和高温高压条件。

由合成气直接合成乙二醇的技术最早由美国杜邦公司于 1947 年提出，该工艺技术的关键是催化剂的选择。早期采用的钴催化剂，要求的反应条件苛刻，高温高压条件下乙二醇产率也很低。1971 年，美国联合碳化物公司（UCC）首先公布用铑催化剂从合成气制乙二醇，其催化活性明显优于钴，但所需压力仍太高（340MPa）。催化剂活性不高且不稳定。

20 世纪 80 年代以来，确定为合成气直接合成乙二醇的优良催化剂主要分为铑和钌催化剂两大类。UCC 公司采用铑为催化活性组分，以烷基膦、胺等为配体，配制在四甘醇二甲醚溶剂中，反应压力可降至 50MPa，反应温度降至 230℃，不过合成气整体的转化率和选择性仍然很低。钌类催化剂主要利用了咪唑的甲基和苯取代物，认为咪唑类化合物的强配位作用和碱性作用对反应有利，1-甲基苯咪唑在四甘醇醚存在下，能够把乙二醇选择性提高到 70%以上。日本研究的铑和钌均相系催化剂，乙二醇选择性达 57%，产率达 259g/(L·h)。日本工业技术院获得的一项专利则是以乙酰丙酮基二羰基铑为催化剂，合成气经液相反应制得乙二醇，乙二醇产率可达 17.08mol/mol（Rh）。

M10-2 铑、钌元素简介

目前，直接法的主要问题仍是合成压力太高，所用催化剂在高温下才显示出活性，但在高温下稳定性变差。因此，改进催化剂和助剂，开发在较低压力和温度下显示高活性且稳定的催化剂，将仍是直接法研究的重点。

三、草酸酯法（氧化偶联法）

草酸酯合成法是利用醇类与 N_2O_3 反应生成亚硝酸酯，在 Pd 催化剂上氧化偶联得到草酸二酯，草酸二酯再经催化加氢制取乙二醇。中间物 N_2O_3 由一氧化氮氧化得到。

醇类中研究最多的是分别采用甲醇或乙醇，获得亚硝酸甲酯或亚硝酸乙酯而与 CO 进行氧化偶联，反应方程式如下：

一氧化氮的氧化　　$2NO+1/2O_2 \longrightarrow N_2O_3$

生成亚硝酸酯　　$2ROH+N_2O_3 \longrightarrow 2RONO+H_2O$

草酸酯合成　　$2CO+2RONO \longrightarrow (COOR)_2+2NO$

草酸酯加氢制乙二醇　　$(COOR)_2+4H_2 \longrightarrow (CH_2OH)_2+2ROH$

这一组反应的实际结果就是 CO 与 O_2 和 H_2 合成草酸，这一过程实际并不消耗醇类和亚硝酸，因此醇类和亚硝酸是中间物。总的反应式是：

总反应式　　$2CO+1/2O_2+4H_2 \longrightarrow (CH_2OH)_2+H_2O$

美国联合石油公司 D. M. Fenton 于 1966 年提出此工艺，1978 年日本宇部兴产公司进行了改进，选用 2% Pd/C 催化剂，并通过反应条件下引入亚硝酸酯，解决了原方法的腐蚀等问题，并提高了草酸酯的收率。

该公司建成一套 6kt/a 草酸二丁酯的工业装置（草酸酯水解得草酸），初步实现了工业化。之后，宇部兴产和意大利蒙特爱迪生集团公司及美国 UCC 公司开展了常压气相催化合成草酸酯的研究，并完成了模拟试验；同时，合成草酸二乙酯及其加氢制乙二醇也取得了重要进展。1986 年，美国 ARCO 公司首先申请了草酸酯加氢制乙二醇专利，开发了 Cu-Cr 催化剂，乙二醇收率为 95%。同年，宇部兴产与 UCC 联合开发 Cu/SiO_2 催化剂，乙二醇收率为 97.2%。

国内从 20 世纪 80 年代初期就开始了 CO 催化合成草酸酯及其衍生物产品草酸、乙二醇的研究。

中国科学院福建物质结构研究所对原料配比进行了研究，改进配制的 2% $Pd/\alpha\text{-}Al_2O_3$ 催化剂在常压、140℃、$n(CO)/n(CH_3ONO)=1.5$、空速 $3000h^{-1}$ 条件下，时空收率达到 999g/(L·h)。该所与福建石油化工设计院和福建南靖氨厂合作进行了规模为 100t/a 的合成氨铜洗回收 CO、常压催化合成草酸二甲酯及水解制草酸的中试。

草酸酯合成乙二醇工艺的工艺要求不高，反应条件温和，是目前最有希望大规模工业化生产的合成气合成乙二醇路线。

四、甲醇甲醛合成法

由于合成气直接合成乙二醇法的难度较大，采用合成气合成甲醇、甲醛，再合成乙二醇的间接方法，就成为目前研究开发的重点之一。尤其是甲醛，作为直接法合成乙二醇的活性中间体，更是人们研究的重点。甲醇甲醛路线合成乙二醇的研究主要可分成以下方向：甲醇脱氢二聚法、二甲醚氧化偶联法、羟基乙酸法、甲醛缩合法和甲醛氢甲酰化法。

1. 甲醇脱氢二聚法

甲醇脱氢二聚生成乙二醇，其主要反应步骤如下：

$$2CH_3OH \longrightarrow HOCH_2CH_2OH+H_2$$

由于甲醇碳氢键与烷基碳氢键均属惰性键，此项方法主要是通过自由基反应来进行的。由于能阈较大，目前的研究都采取了相当严格的反应条件，需用过氧化物、γ射线、铑和紫外线等催化，取得的结果不能令人满意。

日本国立化学实验室研究了一种用甲醇为原料的新方法，使用甲醇和丙酮的混合物，加入锗催化剂如氯化锗、乙酸锗等，在光线照射下和常温常压下反应生成乙二醇。当使用250～330nm的光照射时生成羟甲基与四甲基乙二醇，两个羟甲基自由基偶联形成乙二醇，乙二醇的选择性可达80%。如果能使用激光光源，完全有可能工业化。

2. 二甲醚氧化偶联法

由于—OH键活性较高，乙二醇选择性较低，日本科研人员采用甲醇制备二甲醚，然后二甲醚氧化偶联生成二甲氧基乙烷，后者在适当的酸催化下水解生成乙二醇。

$$2CH_3OCH_3 \longrightarrow CH_3OCH_2CH_2OCH_3 \xrightarrow{\text{催化剂}} HOCH_2CH_2OH$$

鉴于反应的副产物主要是甲醇，而甲醇又可转化为二甲醚循环使用，因此目的产物真正的选择性可达到88%。但此工艺就机理来说，热力学难度仍很大，需做进一步的研究。

3. 羟基乙酸法

杜邦公司以甲醛、CO和水为原料，三者在高温和加压下，在酸催化剂的作用下缩合成羟基乙酸，生成的羟基乙酸用甲醇酯化生成羟基乙酸甲酯。羟基乙酸甲酯可用亚铬酸铜作催化剂，在200～225℃和2～4MPa下，用过量氢加氢得到乙二醇，甲醇可循环使用。反应式如下：

$$HCHO + CO + H_2O \xrightarrow{HF} HOCH_2COOH$$

$$HOCH_2COOH + CH_3OH \longrightarrow HOCH_2COOCH_3 + H_2O$$

$$HOCH_2COOCH_3 + 2H_2 \xrightarrow{\text{催化剂}} HOCH_2CH_2OH + CH_3OH$$

此方法的主要缺点是以硫酸或氢氟酸为羰基化催化剂，污染及腐蚀较严重。雪弗隆的一项派生工艺则是以氢氟酸为催化剂和溶剂，使甲醛与CO/H_2（H_2不反应）羟基化，所生成的羟基乙酸与乙二醇酯化，然后将羟基化阶段所分离出的氢用于羟基乙酸酯的加氢。这样就避免了杜邦工艺所需的甲醇循环，同时还可以直接使用合成气，而不必分别使用CO和氢气，但仍存在反应条件过于苛刻，装置材质要求过高等问题。

4. 甲醛缩合法

可以从甲醛自身缩聚生成羟基乙醛的方法制得乙二醇，其机理是择形催化剂（NaOH处理的沸石）存在下，甲醛自缩合成羟基乙醛，催化加氢得到乙二醇；也有以$(CH_3)_3COOC(CH_3)_3$为引发剂，在1,3-二氧杂戊烷存在的条件下，将甲醛加氢生成乙二醇，副产甲酸甲酯。

美国Electro synthesis公司开发了甲醛电化学加氢二聚法合成乙二醇的工艺，反应如下：

$$2HCHO + 2H^+ + 2e \longrightarrow HOCH_2CH_2OH$$

实验结果表明，乙二醇选择性和收率约为90%，最优条件甚至达到99%。同时该工艺具有反应条件温和、三废易处理等优点，生产成本也比现有的环氧乙烷法至少降低20%。

但此方法耗电量大，产物乙二醇浓度低，现正在进一步研究改进反应条件及电解槽结构。

5. 甲醛氢甲酰化法

在钴或铑催化剂作用下，使甲醛与合成气进行甲醛氢甲酰化反应制得羟基乙醛，然后加氢可得乙二醇。

$$HCHO+CO+H_2 \longrightarrow HOCH_2CHO$$
$$HOCH_2CHO+H_2 \longrightarrow HOCH_2CH_2OH$$

钴和铑系催化剂中，由于钴对于C—C键插入能力较弱，反应活性和选择性都比较低，故主要关注铑系催化剂。以 $RhCl(CO)(PPh_3)_2$ 为催化剂，在4-甲基吡啶溶液中，70℃反应4h，羟基乙醛的产率超过90%，6h可达94%，副产低于1.5%。加入膦配体和质子酸可得到转化率99.8%，羟基乙醛选择性95%，副产甲醇仅1.9%的结果。在甲醛氢甲酰化法中只有采用多聚甲醛才有高的转化率。

除了以上的工艺，还有甲醛与甲酸甲酯偶联法等可用于合成乙二醇，但目前的研究还不是很深入。

第三节　煤制乙二醇的工艺路线

一、低压气化制取乙二醇的流程

作为一个完整的煤化工的工业装置，作为原料气CO、H_2 的来源，煤气化是必不可少的。

合成乙二醇的工艺中，加氢是在3.0MPa下进行，偶联是在0.5MPa下进行。因此，煤气化的压力选择是比较关键的。煤气化加压是节能的重要措施，这样的流程采用4.0MPa的煤气化是最合理的。

就目前年产20万吨煤制乙二醇示范厂来说，以褐煤为主原料，外购甲醇、亚硝酸甲酯等作补充原料，采用的恩德炉常压气化、气分、变压吸附等组合工艺制备CO、H_2、O_2，说明这个煤制乙二醇的示范厂设计原则是取得乙二醇合成与分离的经验，而不是商业化的示范。选用这样的流程，出发点是在现有的低压气化的基础上，合成气的净化度不高，能耗是高的。

低压气化制取乙二醇的流程，可以用图10-1表示，这里低压的含义是指低于0.5MPa气化，可以采用的是低压灰融聚等方法。尽管变压吸附可以分离CO、H_2，但是有一定的损耗，适合于小规模的生产。据估计，上述流程的吨乙二醇综合能耗在60GJ以上。

二、规模化煤制乙二醇的流程探讨

煤制乙二醇的工艺流程比较复杂，适合百万吨级的商业化工厂需要这样的工艺，即采用先进的煤气化技术+低能耗的净化方法，见图10-2。这个流程的气化压力应该在4.0MPa左右。低温甲醇洗是目前脱碳脱硫的最好方法，由于偶联反应用的CO含 H_2 量应该在 10^{-6} 级，因此深冷分离更加适合这样的要求，低温甲烷洗冷箱是目前分离CO、H_2 最好的办法，具有能耗低、纯度高的优点。

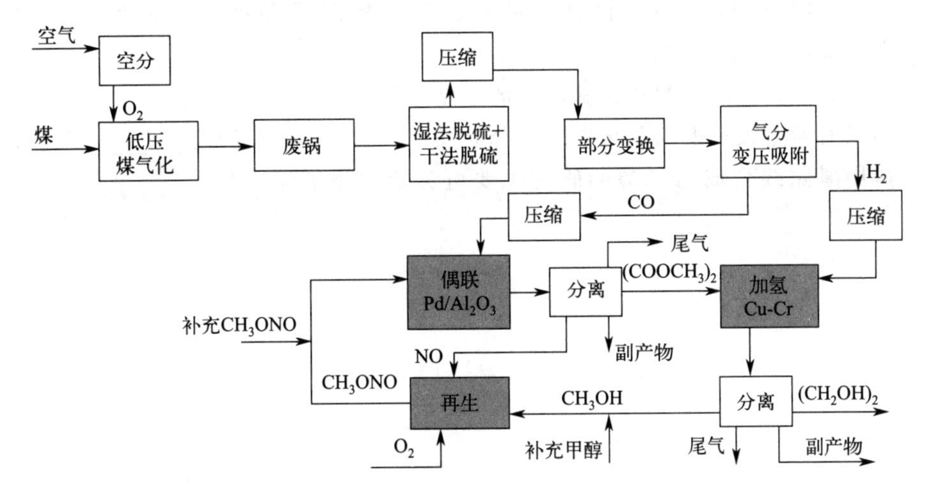

图 10-1　低压气化制取乙二醇的流程

一个年产 120 万吨乙二醇的流程，需要约 15 万吨甲醇。因此在气分前，要分流一部分合成气，加压后去合成甲醇，这部分产能要计入煤气化和能耗中。

如果以煤气化开头来计算，采用先进的粉煤气化技术，包括煤气化的气分，加上甲醇与亚硝酸甲酯的消耗，1.85t 以上标煤可以得到 1t 的乙二醇，即吨乙二醇能耗在 54GJ 以上。

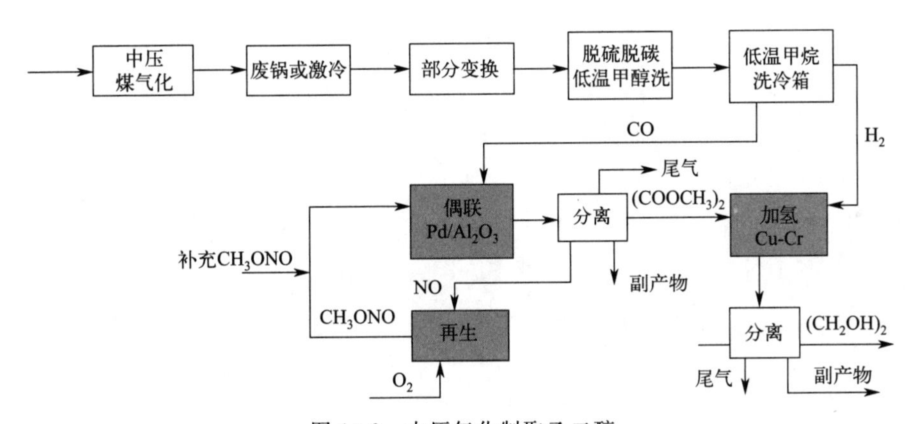

图 10-2　中压气化制取乙二醇

练习题

1. 乙二醇是用途广泛的基础化工原料，主要用于________。

2. 每生产 1t 聚酯，需要消耗________ t 乙二醇。

3. 乙二醇与________市场关系最为密切。

4. 化学工业中合成乙二醇的主要方法是先经石油路线合成________，再氧化生产________，最后由________非催化水合反应得到乙二醇（简称乙烯路线）。

5. 合成气合成乙二醇的工艺分为直接工艺和间接工艺。直接工艺即由合成气直接合成________；间接工艺是合成气经某种中间化合物，如________、甲醛等后再转化为乙二醇。

6. 乙二醇的合成可分为直接合成路线、草酸酯路线和甲醇甲醛路线三种。其中________具有理论上最佳的经济价值。

7. 合成气直接合成乙二醇的优良催化剂主要分为________催化剂两大类。

8. 目前最有希望大规模工业化生产的合成气合成乙二醇路线的是________工艺。

9. 甲醇甲醛路线合成乙二醇的研究主要可分成以下五个方向：________、________、________、________、________。

第十一章 煤制天然气

富煤、缺油、少气是我国的资源禀赋，天然气作为一种高附加值的清洁能源，未来十年仍是天然气市场的增长期，但碳中和目标将压缩其增长空间。中国天然气消费预计将在2035年至2040年期间达峰，比此前预期的2050年前后有所提前。在宣布碳达峰和碳中和目标之前，国家发改委等部门2017年7月发布的《加快推进天然气利用的意见》（下称意见）为中国天然气产业勾画了中期发展蓝图。该意见指出：到2020年，天然气在一次能源消费结构中的占比力争达到10%左右。到2030年，力争将天然气在一次能源消费中的占比提高到15%左右。

天然气作为清洁能源越来越受到青睐，在很多国家被列为首选燃料，我国天然气在能源供应中的比例也迅速增加。2010年国内天然气产量944.8亿立方米，进口166.1亿立方米，表观消费量1070.3亿立方米，人均消费$67m^3$/年，远低于世界平均水平。据国家统计局最新发布的数据显示，2020年中国天然气总产量同比增长9.8%，达1888亿立方米，连续四年增产超过100亿立方米。

中国进口的天然气主要有进口LNG（液化天然气）和进口管道天然气两种来源。根据中国海关数据，2020年，中国天然气进口数量实现稳步增长，天然气进口来源呈多元化特点。海关数据显示，2020年，中国天然气进口量10166.1万吨，同比增长5.3%；进口金额2314.9亿元，同比减少19.4%。

国家一直鼓励通过煤炭的清洁利用发展能源和化工产业，煤制气是一种将煤等原料进行加压气化，脱硫提纯，进而得到含有可燃组分气体的技术。煤制天然气正是立足于国内能源结构的特点，通过煤炭的高效利用和清洁合理转化生产天然气。煤制天然气作为液化石油气和天然气的替代和补充，既实现了清洁能源生产的新途径，优化了煤炭深加工产业结构，丰富了煤化工产品链，又具有能源利用率高的特点，符合国内外煤炭加工利用的发展方向，对于缓解国内石油、天然气短缺，保障我国能源安全具有重要意义。

煤制天然气从成本和转化效率来看都有较高的经济性。与煤层气相比，在技术上更为成熟，供应方面更有保障，更适合最先规模化发展。煤制天然气与煤制油、煤制甲醇相比，技术相对成熟，在节能、节水、CO_2排放方面具有优势；这种技术以劣质褐煤为原料，为低品质褐煤的增值利用提供了方向，符合我国煤化工发展的要求，已成为近期煤化工的热点投资领域。

第一节 煤制天然气概述

煤制天然气是指煤经过气化产生合成气，再经过甲烷化处理，生产代用天然气(SNG)。煤制天然气的能源转化效率较高，技术已基本成熟，是生产石油替代产品的有效途径。

用褐煤等低品质煤种制取甲烷（即天然气主要成分）气体，可利用现有和未来建设的天然气管网进行输送。煤制天然气的耗水量在煤化工行业中相对较少，而转化效率又相对较高，因此，与耗水量较大的煤制油相比具有明显的优势。此外，煤制天然气过程中利用的水中不存在污染物质，对环境的影响也较小。

一、煤制天然气的必要性

改革开放以来，我国经济保持了持续稳定的高速增长。国民经济的高速增长是以能源消费的高速增长为基础的。中国既是能源消费大国也是能源生产大国。目前中国的能源消费总量已位居世界第二。而我国基础能源格局的特点是“富煤、缺油、少气”，长期以来，煤炭在我国能源结构中一直占有绝对主导地位。近期内能源结构不会改变决定了煤炭资源将在未来很长一段时期内继续作为能源主体被开发和利用。

近年来，随着煤化工行业的蓬勃发展和天然气消费量的大幅增长，我国煤制天然气行业取得长足发展，成为煤化工领域投资热点。2010 年以来，随着进口天然气价格上涨，我国煤制天然气市场持续升温。国家能源局在发布的《煤炭深加工产业示范“十三五”规划》中提出，“十三五”期间，要重点开展煤制油、煤制天然气、低阶煤分质利用、煤制化学品、煤炭和石油综合利用等 5 类模式，并做好通用技术装备的升级示范工作。

煤制天然气的能量效率最高，是最有效的煤炭转化利用方式，发展前景看好。同时我国环渤海、长三角、珠三角三大经济带成为我国经济发展最活跃的地点，对天然气需求巨大，而内蒙古、新疆等地煤炭资源十分丰富，但运输成本高昂。因此，为保证我国的能源安全以及满足清洁环境和经济发展的双重需要，将富煤地区的煤炭就地转化成天然气，必将成为继煤发电、煤制油、煤制烯烃之后的又一重要战略选择。

在国内，受政府实施能源多元化发展战略的影响，也兴起了一股规划上煤制替代天然气项目的新一轮投资热潮，成为继煤制油之后的煤化工领域投资热点，煤制天然气领域的一场千亿元投资大战正在启幕。国内的煤制天然气生产装置见表 11-1。这些项目大多以丰富廉价的褐煤为原料生产天然气，技术成熟可靠，工艺设备方案合理，绝大部分设备和材料立足于国内，少量引进，生产成本低，具有较大的利润空间和抗价格风险能力。

表 11-1 部分国内煤制天然气生产装置

建设单位	地点	生产规模	装置建设概况
大唐国际发电股份有限公司	内蒙古克什克腾旗	40 亿 m^3/a	投资 228 亿元，利用锡林浩特褐煤资源，采用 Davy 技术，于 2009 年 5 月开工建设。建成后向北京输送天然气
大唐国际发电股份有限公司	辽宁阜新	40 亿 m^3/a	利用内蒙古东部煤炭资源作为煤制天然气的原料，投资 250 亿元，项目建成后向沈阳、大连等城市输送天然气，目前环评已进入公示期。正与外商谈判

续表

建设单位	地点	生产规模	装置建设概况
新疆广汇新能源有限公司	新疆伊吾	前期 5.5 亿 m^3/a 后期 80 亿 m^3/a	投资 67.5 亿元，年产 120 万吨甲醇、85 万吨二甲醚、5 亿立方米液化天然气项目于 2012 年 4 月正式开始生产。到 2017 年，形成年产 80 亿 m^3 煤制天然气、438 万吨甲醇、269 万吨二甲醚的生产规模
内蒙古汇能煤化工有限公司	内蒙古鄂尔多斯	16 亿 m^3/a	总投资 93.78 亿元，煤制天然气产量 16 亿 m^3/年，并被列入了国家石化振兴规划。该项目气化采用 6.5MPa 水煤浆气化工艺。主要目标市场是内蒙古及周边地区
山东新汶矿业集团公司	新疆伊犁	20 亿 m^3/a	总投资约 89.1586 亿元，年产合成天然气 20 亿 m^3。并通过西气东输二线将煤制天然气输送到内地，2009 年开工，2014 年底投入运行
内蒙古庆华集团有限公司	新疆伊宁	55 亿 m^3/a	总投资 277 亿元以上，采用托普索工艺技术，拟分四期建设，每期实现年产 13.5 亿 m^3 煤制天然气的生产规模
中国海洋石油总公司，山西同煤集团	山西大同	40 亿 m^3/a	总投资为 300 亿元，包括两个年产 1000 万吨的煤矿和一个年产 40 亿 m^3 天然气的煤基化工项目。中海油公司还将单独建设一条晋北-环渤海地区的输气管道
中国神华集团有限责任公司	内蒙古鄂尔多斯	20 亿 m^3/a	项目总投资 140 亿元人民币，于 2012 年建成投产。主要目标市场为京津唐地区

二、煤制天然气的技术背景

1. 国外技术背景

20 世纪 70 年代，世界出现了自工业化革命以来的第一次石油供应危机，引起了各国政府和企业家的广泛关注。当时鲁奇（Lurgi）公司和南非煤、油、气公司，在南非 F-T 煤制油工厂旁建了一套半工业化煤制合成天然气试验装置，同时，Lurgi 和奥地利埃尔帕索天然气公司在奥地利维也纳石油化工厂建设了另一套半工业化的天然气试验装置。两套试验装置都进行了较长时期的运转，取得了可喜的试验成果。

在 20 世纪 90 年代后期，Davy 工艺技术公司获得了 CRG 甲烷化技术对外转让许可的专有权，并对 CRG 技术和催化剂做进一步开发，向市场上推出具有高温稳定性的 CRG-LH 催化剂。目前该催化剂由 Davy 的母公司 Johnson Matthey（庄信万丰）生产。

丹麦托普索（Topsoe）公司于 1978 年在美国建成 3000m^3/h 的合成天然气试验装置，1981 年由于油价降低到无法维持生产，被迫关停。最近 Topsoe 与国内外多家公司开展合成天然气的前期工作。

美国 2010 年前也曾提出约 15 个煤制气项目计划，但随着页岩油气革命，美国天然气价格大幅下降，煤制气项目的经济性受到严重挑战，导致这些计划被搁置。

2. 国内技术背景

20 世纪 80 年代，国内先后有一些科研院所从事过甲烷化技术的相关研究工作。其中中科院大连化物所在“六五”至“九五”科技攻关期间，开展了常压水煤气部分甲烷化生产中热值城市煤气的研究并工业推广。

2011 年 10 月，由洁净能源国家实验室王树东研究员领导的能源环境工程研究组自行设计完成的 5000m^3/d 煤制天然气甲烷化工业中试装置，在河南义马气化厂气源条件下连续稳定运行超过 1000h。这是中科院大连化物所在煤炭洁净利用领域的又一次技术新突破。煤制天然气与其他煤化工路线相比，具有流程短、水耗少、能量效率高等优势，是我国煤炭转化的优选途径之一。尤其在我国水资源相对紧缺，而煤炭资源非常丰富的中西部产煤大省，本路线具有更明显的技术优势和重大的推广意义。

西北化工研究院从 20 世纪 80 年代开展了城市煤气甲烷化催化剂的研究，于 1987 年完成了耐硫甲烷化催化剂的升级试验运行，通过了城建部的技术鉴定。2014 年 12 月，内蒙古汇能煤化工有限公司年产 20 亿 m^3 天然气项目装置一次性投料开车成功。这是西北化工研究院具有自主知识产权的多元料浆气化技术首次应用于煤制天然气领域，也是国内首次采用湿法气化技术由煤制取合成天然气原料气。

三、煤制天然气的技术经济问题

煤制天然气的工艺已经成熟是无可争辩的，但是对于这样的工艺的经济性，确实存在争议。

1. 成本

近年来，国内设计单位已经做了多起可行性研究，以及开展了一些设计，关键问题是产品的成本是否合理。显然，煤价是产品成本合理的主要指标。在 Lurgi 气化技术为先导的工艺下，采用褐煤为原料，热值为 4000kcal/kg，煤价为 150 元/t，1000m^3（标准状况）甲烷需要 4.8t 煤作为原料和燃料。

各设计单位基本上得到相似的结论：产品甲烷的生产成本为 1.60 元/m^3（标准状况）左右。这个价格用于城市居民燃料，还要加上输送和城市管理费，至少要在 2.50 元/m^3（标准状况），恐怕让居民难以接受。

煤制天然气项目的技术经济数据见表 11-2，出于具体情况的区别，表中的数据可以有一定的出入。

表 11-2　估算的技术经济数据

序号	名称	金额/[元/1000m^3(标准状况)]
1	原材料	756
2	动力	180
3	工资及福利	52
4	制造费	553
5	副产品	－257
6	利息	262
7	管理费用	54
8	完全成本	1600

2. 投资

目前国内设计的几个装置的投资见表 11-3，这些装置基本上都采用 Lurgi 气化技术。数据表明，以 Lurgi 气化技术为先导的煤制天然气装置的投资为：1 亿 m^3（标准状况）甲烷的投资为 5 亿～7 亿元。如果采用水煤浆气化技术为先导，煤制天然气装置的投资将与此不相上下。

表 11-3　煤制天然气装置的投资

公司	产量/亿 m^3	投资/亿元
新疆新汶	100	500
大唐克旗	40	257
内蒙古汇能	16	80

3. 能耗

以 Lurgi 气化技术为先导的煤制天然气装置的综合能耗［以 1000m^3（标准状况）天然气计］为 63.6GJ，天然气的热值可计为 36.0GJ［以 1000m^3（标准状况）天然气计］，故该过程能量利用率为 56.6%。煤制天然气的能量利用率比较高，原因是主产业链比较短。

四、煤制天然气的发展历史

1. 国外的发展

20 世纪 60 年代末，美国阿尔法自然资源公司（ANR）的长期规划人员就认为煤气化是补充天然气供应的最合适方案，即开始大平原煤气化工程的规划工作。

1973 年，ANR 成立了合成燃料组，Lummus-Kaiser 公司进行了 78 万 m^3/d 代用天然气工厂的可行性研究，鲁奇公司承担工艺的初步设计。

1974 年，成立 ANR 煤气化公司。

1975 年，完成可行性研究，按估算工厂将耗资 7.8 亿美元，煤矿设施耗资 1.25 亿美元。

1978 年 5 月，在美国能源部的推动下，组成大平原煤气化联合公司（GPGA）。

1981 年 8 月，里根总统授权能源部给予货款保证 20.2 亿美元。

1984 年，英国煤气公司和德国鲁奇公司合作，完成了 HICOM 甲烷化工艺。4 月 24 日，世界上第一个煤制天然气的工厂“美国大平原煤气厂”开始试运转。7 月 28 日，首批合成甲烷开始送入天然气管线。11 月 11 日，达到设计生产能力。

1985 年，由于能源价格下跌，工厂的生产难以维持。

2. 国内的发展

国内，西北化工研究院曾经在二十世纪八十年代开发过 RHM-266 型耐高温甲烷化催化剂，适用于城市煤气甲烷化，使其部分 CO 转变为 CH_4 从而达到提高热值和降低煤气中 CO 浓度的目的。该催化剂 1986 年通过原化工部鉴定，已应用于北京顺义煤气厂城市煤气甲烷化固定床反应器上，但是没有在大规模城市甲烷生产上使用过。

河南煤气化工程是 20 世纪 90 年代引进国外鲁奇加压煤气化技术，在义马煤矿坑口建设的利用劣质煤生产中热值城市煤气［热值≥14.7MJ/m^3（标准状况）］的大型煤气工程，并且是采用长距离（＞200km）、大口径（DN400mm）、高压力（2.5MPa）的管道输送办法，向洛阳等大中城市集中输送城市燃气的大型输气管道工程。一期工程于 2001 年 2 月 11 日投入试生产，中热值煤气产能 $120\times10^4 m^3/d$（标准状况）。该工程 2006 年 8 月 12 日通过了国家验收，同年 9 月 18 日，产能 $180\times10^4 m^3/d$（标准状况）的二期工程又顺利投入试生产，合计中热值净煤气产能约 $300\times10^4 m^3/d$（标准状况）。

用煤生产城市煤气，是煤制天然气的先驱。随着人民生活水平的提高，应该从城市煤气提升到煤制天然气上来。

进入 21 世纪，我国对能源需求日益明显，加之我国能源结构的特殊性，更加促进了我国煤化工产业的蓬勃发展。煤制天然气与其他煤化工技术相比，具有流程短、能效高、技术相对成熟、投资成本低、污染物排放少等优势，目前已经核准和拿到“路条”的煤制天然气项目，总产能达 851 亿 m^3/a，其中国家发展和改革委员会已经核准 4 个煤制天然气项目，分别是内蒙古大唐国际克什克腾旗 40 亿 m^3/a、辽宁大唐国际阜新 40 亿 m^3/a、新疆庆华 55

亿 m^3/a、内蒙古汇能 16 亿 m^3/a 煤制天然气项目，产能达到 151 亿 m^3/a。项目产品方案见表 11-4。

表 11-4　项目产品方案

序号	产品名称	年产量	产品价格	备注(GDP)/亿元
1	煤制天然气	40 亿(标准)立方米	1.6 元/(标准)立方米	64.00
2	焦油	16.2 万吨	1200 元/吨	1.944
3	中油	20 万吨	1600 元/吨	3.20
4	石脑油	5.7 万吨	2800 元/吨	1.596
5	粗酚	6.2 万吨	4200 元/吨	2.604
6	硫黄	16.5 万吨	800 元/吨	1.32
合计				～75

配套的输气管线为：内蒙古大唐克旗煤制天然气项目输气管线全长 359km，全线管径 DN900mm，设计压力为 7.8MPa，设计流量为 $1.200\times10^7 m^3/d$，项目管线起点为内蒙古自治区赤峰市克什克腾旗的浩来呼热乡，末站设在北京古北口。

第二节　煤制天然气工艺

一、煤制天然气工艺组成

煤制天然气的工艺包括：煤气化、空分、部分变换、净化（低温甲醇洗）、甲烷化五个单元，各个单元的作用见表 11-5。

表 11-5　煤制天然气单元表

单元	作用	单元	作用
煤气化	制取合成气 $CO+H_2$	净化(低温甲醇洗)	脱除 H_2S、CO_2
空分	制取 O_2	甲烷化	合成 CH_4
部分变换	调整 H_2/CO		

煤制天然气工艺的最关键技术是煤气化。近年来，煤化工技术的进展已为大家所熟悉。目前国内的煤气化技术，已经取得了明显的进展，4 种引进的大型煤气化技术（Texaco、Shell、GSP、Lurgi）和国内开发的六种煤气化技术（二段炉、四喷嘴、航天炉、灰融聚、非熔渣-熔渣分段气化、多元料浆）在煤化工的各个领域发挥作用。这些煤气化技术都有可能成为煤制天然气的工艺技术。

二、甲烷化技术

坑口气化工艺中需要开发的难题是甲烷化反应器和甲烷化回路。由于反应热很大而且比较集中，与上述配套的设备要产生大量的高压蒸汽。

现今的合成氨工业中，甲烷化是作为净化合成气的末尾手段来除去微量的 CO 和 CO_2，在催化剂的作用下生成 CH_4，通常采用绝热反应器。在典型的甲烷化炉操作条件下，CO 和 CO_2 的总平衡浓度在 10ppm 以下，以满足氨合成反应的要求。

其主要的反应为：

$$CO+3H_2 \longrightarrow CH_4+H_2O \qquad \Delta H_0=-206.2kJ/mol$$

$$CO_2+4H_2 = CH_4+2H_2O \qquad \Delta H_0=-165.0kJ/mol$$

在甲烷化反应是绝热反应的条件下，其绝热升温为：气体中每转化1% CO绝热升温72℃，每转化1% CO_2绝热升温65℃。本方案中甲烷化前$CO+CO_2$含量为24%～25%，体系的温度升高值很大。显然，单纯的单级绝热升温的做法只能用于少量CO和CO_2的转化。对于合成气制取甲烷的工艺，不能采用此法。

1. 反应热的撤热问题

在化肥工业中上，甲烷化是用来除去合成气中微量CO和CO_2的，反应温度在350℃左右，反应器的温升约30℃。这样的反应速度较慢，空速相对较小。但是对于煤制天然气来说，合成气中的CO和H_2要全部变成CH_4，放热量很大，反应速度一定很快，可以采用以下的办法来实现：

如果采用绝热反应，反应器的筒体内装催化剂，可以是轴向或径向。由于进入甲烷化反应器的新鲜气中$CO+CO_2$的含量在20%～25%，体系的温度升高值很大。因此，对于坑口气化制取甲烷的工艺，不宜直接采用此法，可以在回路上想办法。

若采用等温甲烷化，等温甲烷化的方法也是适合于煤制天然气工艺的，进出甲烷化炉的气体温差在30℃左右为宜。一般反应在管内进行，反应热的移走是通过管间的撤热介质水的汽化实现的。

这个反应器的设计比较麻烦，对反应动力学和传热做仔细的计算才行，可以分成多段。

2. 甲烷化工艺回路

为了在工业上平稳地实现这个反应，可以采用冷激法和稀释法。

（1）稀释法　用甲烷化反应后的循环气来稀释合成原料气以控制甲烷化反应器的出口温度，然后用废热锅炉回收反应产生的热量得到高压蒸汽。这样，进入反应器的气体流量要明显增加，从而降低了反应气体中$CO+CO_2$的浓度。这个办法的能量有一定的损耗。

（2）冷激法　在反应器催化床层之间，不断加入低温的新鲜气，达到降低入口气体的温度和$CO+CO_2$的浓度。工艺气体一部分用于反应，一部分用于冷激。

3. 多级反应器串联

由于反应强度较大，反应物起始组成中CO浓度较高，单纯的一个绝热反应器不能实现这个目的，因此要用多段的反应器串联才行。即可以将甲烷化反应分成几段来进行，分段用废热锅炉回收反应热。

在上述的方法中，都利用了甲烷化放出的热量，产出高压过热蒸汽，只是利用热量的具体流程不同。这些蒸汽用于驱动空分透平，或者作为气化时的添加剂（Lurgi气化炉），整个甲烷化系统热量回收效率很高。甲烷化工艺流程见图11-1。

从图11-1中可以看出，甲烷化的反应器是三个串联的，第一级反应器的温度为650～700℃，第二级反应器的温度为500℃左右，最后一级的温度为350℃左右。全程CO的转化率为100%，H_2的转化率为99%，CO_2的转化率为98%。

目前，国内比较流行的Topsoe甲烷化工艺，与上述流程类似，在循环气的抽出点的位置略有区别。

在同样的原料合成气和催化剂的情况下，Topsoe甲烷化工艺的循环量要大一些，但是压力增值小一些。

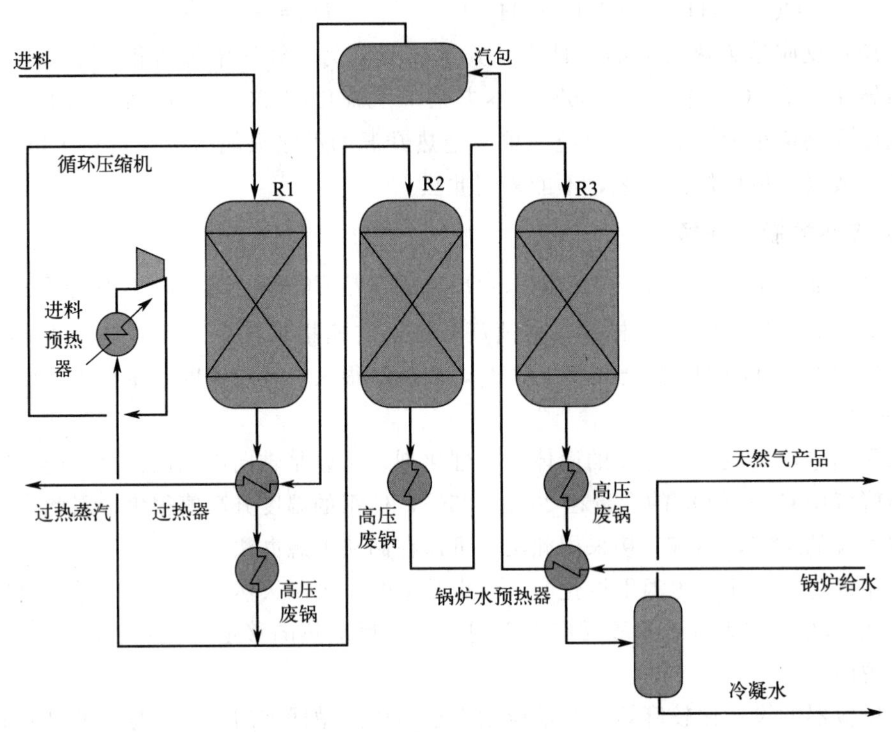

图 11-1 甲烷化工艺流程图

[注：进料$(H_2-CO_2)/(CO+CO_2)=3$]

4. 甲烷合成的压力

甲烷合成的压力应该视煤气化的压力而定。在用 Lurgi 煤气化技术时，甲烷化的压力在 2.5MPa 左右，而采用水煤浆气化时，可以在 3.5～7.5MPa 下进行，在采用粉煤气化时，可以在 3.5MPa 下进行。显然，由于甲烷化的反应是一个减少体积的反应，从热力学的因素考虑，压力高有利于甲烷化反应的进行，同时还有利于设备体积的缩小。

5. 甲烷化反应的产物

甲烷化反应的产物组成可以从流程模拟中得到，以 Lurgi 气化为先导的工艺，产品中气体的组成见表 11-6。

产物中的 N_2 来自煤气化，H_2、CO_2 和 CO 是甲烷化的平衡组成，最后一级反应器出口的温度越低，CO_2 和 CO 的含量就越低。

表 11-6 甲烷化反应的产物组成

组成	含量(摩尔分数)/%	组成	含量(摩尔分数)/%
CH_4	94～96	CO	微量
CO_2	0.5～1.0	N_2+Ar	2～3
H_2	0.5～1.0		

6. 甲烷化催化剂

合成原料气通过装有还原镍催化剂的反应器床层而生成甲烷。国内早期的研究成果为 RHM-266 型号煤制人造天然气甲烷化催化剂，数据见表 11-7。目前，市场上另一个催化剂是大连普瑞特化工科技有限公司的 M-349，性能见表 11-8。

表 11-7 RHM-266 甲烷化催化剂的工艺条件

内容	RHM-266 数据	内容	RHM-266 数据
压力/MPa	常压～4.0	气体中的氧含量/%	<0.5
操作温度/℃	280～650	气体中的总硫/(μL/L)	<0.1
空速/h^{-1}	1000～3000	气体中的总氯/(μL/L)	<1
汽/干气	适量		

表 11-8 M-349 甲烷化催化剂的工艺条件

物性参数	外观	淡绿色球状颗粒
	粒度/mm	3～4、5～6(可按需要)
	强度/N	≥50、100
	破碎率/%	≤0.5
	堆密度/(g/L)	0.95±0.05
	使用寿命/年	≥1
操作条件	还原温度/℃	400～450(通 H_2 预还原)
	操作温度/℃	280～400
	操作压力/MPa	0.1～6.0
	操作空速/h^{-1}	1500～6000
性能指标	CO、CO_2 转化率/%	95～98

Topsoe 公司的 MCR-2X 催化剂可以在高温下使用，温度范围为 250～700℃，压降比较低，寿命为 45000h，已经取得实际生产的经验。

第三节　天然气脱硫及硫黄回收

20 世纪 80 年代，以 DIPA（二异丙醇胺）和 MEDA（甲基二乙醇胺）为代表的胺液和环丁砜组成的化学溶剂脱硫技术，由于具有使用浓度高、酸气负荷大、腐蚀性低、抗降解能力强、脱 H_2S 选择性高、能耗低等优点，逐步取代了 MEA 和 DEA 技术，应用相当普遍。但这些工艺，在处理 H_2S 的情况下，都存在需要配套硫黄回收装置的缺陷。

下面介绍两种新发展的天然气脱硫与硫黄回收有机结合的科学的含硫气体处理工艺。

一、 Lo-cot 脱硫工艺

Lo-cot 工艺最初由 ARI 公司于 1979 年开发成功的，并建成第一套工业化装置。其适宜于处理潜硫量 0.2～10t/d 的含硫天然气。1991 年，由于在工艺结构和催化剂方面取得重要进展，开发了第二代 Lo-cot 工艺，使副产物的生成得到了有效控制，氧化再生效率大大提高。

1. Lo-cot 工艺的反应机理

H_2S 的吸收：$H_2S+H_2O = H_2S(水相)+H_2O$

一步电离：$H_2S(水相) = H^+ + HS^-$

二步电离：$HS^- = H^+ + S^{2-}$

吸收（氧化）反应：$2Fe^{3+} + S^{2-} = 2Fe^{2+} + S$

氧气吸收：$O_2 + H_2O = 2O(水相) + H_2O$

再生（还原）反应：$2Fe^{2+}+O(水相)+H^{+}=2Fe^{3+}+H_2O$

总反应：$H_2S+1/2O_2=H_2O+S$

总副反应：$2HS^{-}+3/2O_2=H_2S_2O_3$

Lo-cot 工艺具有高度选择性，只脱除 H_2S，基本上不脱除 CO_2。

2. 常规 Lo-cot 工艺流程

Lo-cot 工艺脱硫与硫黄回收分别在两个容器内完成，在吸收塔中，酸气中的 H_2S 被氧化为单质 S，催化剂 Fe^{3+} 被还原为 Fe^{2+}，在氧化塔中，来自鼓风机的空气与溶液接触再生，Fe^{2+} 被氧化成 Fe^{3+}。氧化后的溶液进入缓冲罐中，用循环泵打入吸收中完成溶液循环。含硫溶液经过过滤器得到硫饼，Lo-cot 工艺流程图如图 11-2 所示。

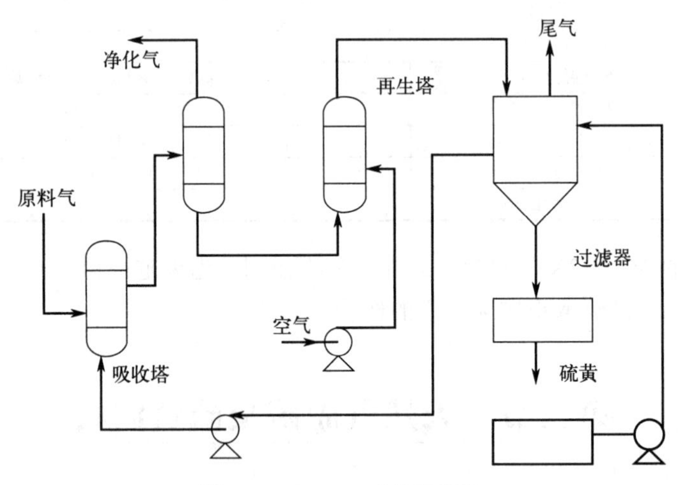

图 11-2　Lo-cot 工艺流程图

3. Lo-cot 工艺常用化学药剂及作用

Lo-cot 工艺中最重要的是化学药剂的配方，其能够充分保证处理溶液的稳定性和操作的连续性。同时还能够有利于硫黄的生成和沉降，以及抑制副反应的发生。

表 11-9 是 Lo-cot 工艺主要化学药剂及其作用。

表 11-9　Lo-cot 工艺主要化学药剂及其作用

品名	药剂	作用
ARI-340	铁浓缩液	提供螯合铁离子作催化剂，确保 H_2S 被氧化为 S
ARI-350	螯合铁稳定浓缩液	保证螯合铁离子在溶液中稳定
ARI-400	杀菌剂	抑制溶液中细菌生长
ARI-600	表面活性剂	降低溶液表面张力，使硫黄颗粒易于聚集和沉降
ARI-360	螯合铁降解抑制剂	抑制螯合铁的降解

二、生物脱硫技术

生物脱硫的概念起源于 20 世纪 50 年代，在自然界中，某些细菌能够氧化无机硫。1993 年，荷兰 Paques 公司和 Shell 公司成功将这一概念运用于生物气脱硫技术，经过长期处理高压天然气的实验证明了工艺的平稳性和合理性。

1. 生物脱硫技术的脱硫原理

$$H_2S(g)+OH^- = HS^- + H_2O$$
$$HS^- + 1/2O_2 = S + OH^-$$

2. 生物脱硫技术的工艺流程

具体的生物脱硫技术的工艺流程如图 11-3 所示。

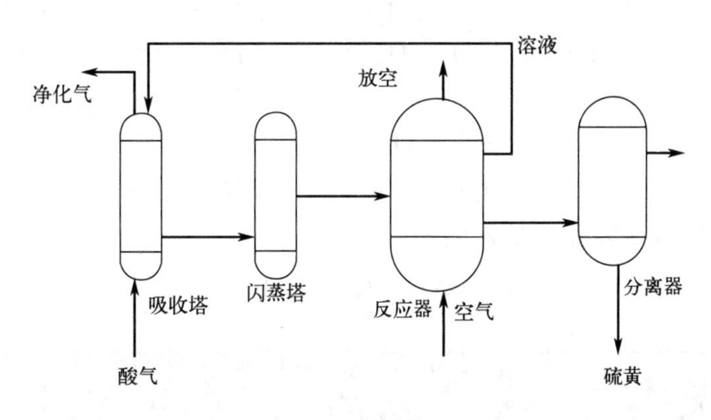

图 11-3 生物脱硫技术的工艺流程

碱液经过吸收酸性天然气中的 H_2S 后，经过闪蒸，进入专门的生物反应器，保持碱液的 pH 值为 8～9 之间，碱液吸收的硫化物经过细菌氧化成硫黄，再经过沉降后，生成絮状硫黄产品。

3. 生物脱硫的硫处理方法

从生物脱硫装置出来的元素硫中固体含量为 20%左右，如果需要回收其中的硫黄，有三种处理方法：

① 利用连续离心分离机将硫浆脱水干燥，形成干固体含量为 65%左右的滤饼，硫黄的纯度约为 95%；

② 将硫黄直接送入熔硫炉，生成纯度约为 99.5%的熔融硫出售；

③ 利用生物硫黄的颗粒小和亲水性，将生物硫黄作为土壤肥料出售使用。

当然，还有许多新的脱硫与回收工艺，在此，我们不再一一介绍。

三、克劳斯硫黄回收工艺

硫黄回收指将脱硫装置再生析出的酸气中的 H_2S 等转化为硫黄的过程，主要运用的工艺是将 H_2S 燃烧再催化转化为硫黄的克劳斯工艺。

由于受热力学及动力学的限制，常规克劳斯过程的硫黄回收率一般只能达到 92%～95%，即使将催化转化增至三级、四级，也不能超过 97%，残余的硫在尾气灼烧炉中燃烧后，以 SO_2 形态排向大气。目前，全世界通过此工艺从天然气中回收的硫黄占总硫黄产量的 1/3 以上，接近 2/3，而且，克劳斯法回收的硫黄质量远远高于其他方法回收的硫黄。

1. 克劳斯工艺原理

克劳斯法就是以空气经过燃烧段及催化段将酸气中的 H_2S 酸气氧化成硫黄产物。经过近 20 年的发展，装置的硫黄收率逼近了理论平衡转化率。

克劳斯工艺的主要反应为：

$$2H_2S+O_2 = (2/n)S_n+2H_2O \qquad \Delta H=-408kJ/mol$$

$$2H_2S+3O_2 = 2SO_2+2H_2O \qquad \Delta H=-1038kJ/mol$$

$$2H_2S+SO_2 = (3/n)S_n+2H_2O \qquad \Delta H=-93kJ/mol$$

实际上，在燃烧炉内，还发生了大量的副反应：

$$CH_4+3/2O_2 = CO+2H_2O \qquad \Delta H=-518.3kJ/mol$$

$$CO+H_2O = CO_2+H_2 \qquad \Delta H=-32.9kJ/mol$$

$$CO+S = COS \qquad \Delta H=-304.4kJ/mol$$

$$CH_4+H_2S = CS_2+4H_2 \qquad \Delta H=+259.8kJ/mol$$

$$H_2S = H_2+(1/n)S_n \qquad \Delta H=+89.7kJ/mol$$

2. 反应温度对 H_2S 转化率的影响

反应温度对 H_2S 转化率的影响主要关系如图 11-4 所示。

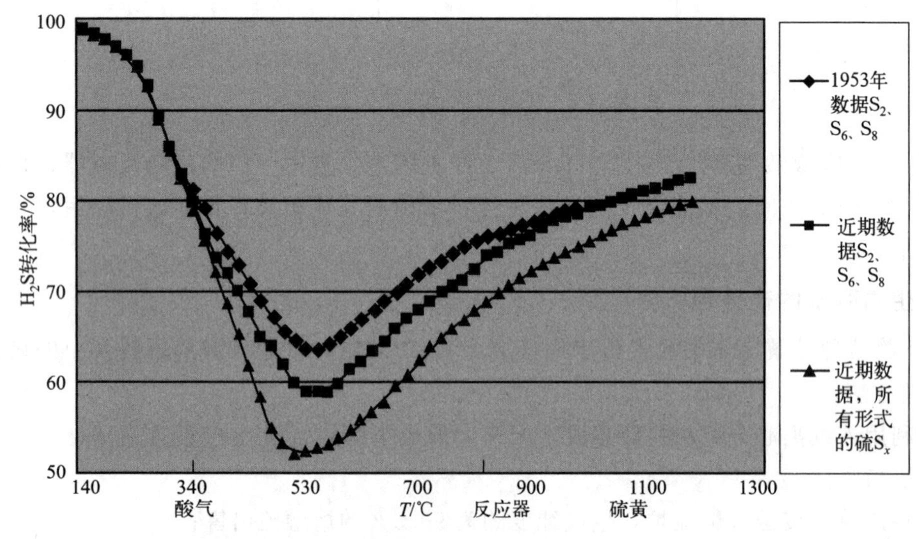

图 11-4　反应温度对 H_2S 转化率的影响

图 11-4 表示了不同温度下的 H_2S 转化为硫黄的平衡转化率。

从图中我们明显可以划分为两个区域：

（1）高温区域　此区域 H_2S 转化为硫黄主要是通过燃烧作用，其平衡转化率随温度升高而升高。但转化率不超过 70%。

（2）低温区域　此区域 H_2S 转化为硫黄主要是在催化剂的推动下，进行催化反应，其平衡转化率随温度升高而降低，直至接近完全转化。

对于 S_n 的存在方式，总体说来，温度越高，n 值就越小。因此，在燃烧炉内，主要是以 S_2 的形态存在，在催化段，则主要以 S_8 和 S_6 为主要存在方式。

3. 克劳斯工艺的实现

对于各种不同的克劳斯实现方式，其区别主要是脱硫装置的酸气质量。不同的脱硫 H_2S 气体浓度，在 H_2S 燃烧炉内燃烧所产生的热量不同。根据生产经验：927℃左右是克劳斯燃烧炉能够有效操作的低限。为此，我们根据不同的酸气组成，设计不同的酸气进料方式。

表 11-10 是各种酸气质量对克劳斯工艺流程选择的影响。

表 11-10 酸气质量对克劳斯工艺流程选择的影响

H_2S浓度/%	工艺流程安排
>50～100	直流法
>30～50	预热酸气及空气的直流法，或者非常规分流法
>15～30	分流法
>10～15	预热酸气及空气的分流法
>5～10	掺入燃料气的分流法，或硫黄循环法
≤5	直接氧化法

按照上述流程的分类，我们主要介绍以下两种克劳斯工艺流程。

(1) 直流法 直流法是克劳斯工艺中被优先选择的工艺流程。此流程的特点是：

① 全部酸气和计量后的空气均进入燃烧炉燃烧，此处有 65%的 H_2S 转化为单质硫；

② 过程气在一级催化剂内反应，约 20%或者更多的 H_2S 转化为单质硫；

③ 过程气在二级催化剂内反应，约 5%的 H_2S 转化为单质硫。

酸气直流法的主要流程如图 11-5 所示：

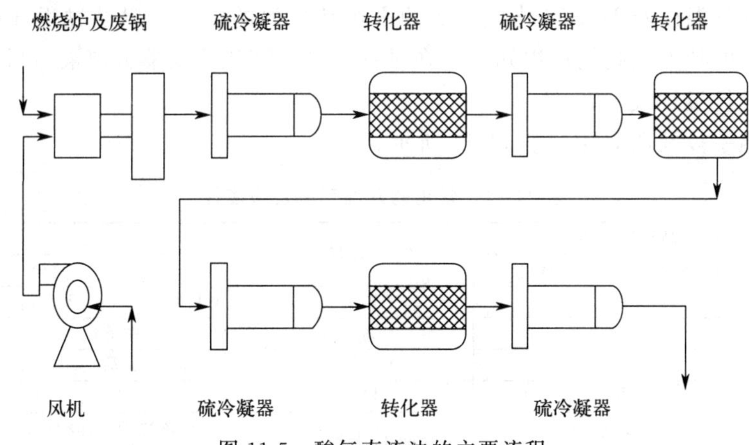

图 11-5 酸气直流法的主要流程

(2) 分流法 常规的酸气分流法主要是将酸气分为两股：1/3 的酸气与空气进入燃烧炉将 H_2S 氧化成 SO_2，然后与 2/3 剩余的 H_2S 混合，进入催化剂段转化。硫黄完全在催化剂上生成。

对于非常规分流法，其主要是考虑酸气的浓度。因为，非常规分流法可以在燃烧炉内生成部分硫黄，既可以减轻催化剂转化段的负荷，也可以避免因硫蒸气被带入转化器而对转化效率带有一些不利的影响。

分流法的主要流程如图 11-6 所示。

4. 克劳斯催化转化

无论采用何种酸气进炉方式，克劳斯催化转化都是保证硫黄收率的重要阶段。一般情况下，克劳斯转化采用两级催化转化，也有部分装置采用更多级数。其主要特点有以下几个方面：

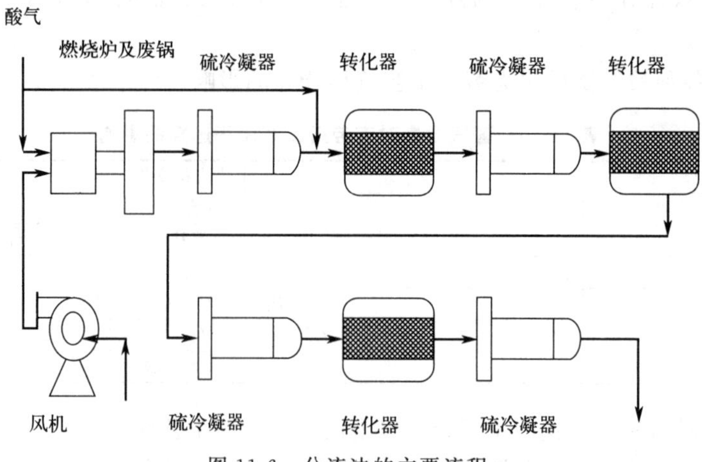

图 11-6　分流法的主要流程

① 催化剂采用活性铝基催化剂，但也有使用具有较好的有机硫转化能力的钛基催化剂；

② 在催化剂转化中，一级转化器通常采用高温（320～360℃），二级的转化温度则采用较低温度（一般在 240℃左右）；

③ 转化器采用固定床绝热转化器，转化温度采用过程气温度控制。

由于受过程气温度对 H_2S 转化成硫黄的平衡转化率的影响，以及过程气温度控制催化转化器床层温度的特点，我们可以知道：在过程气进入液硫冷凝器分离液硫后，再进入催化转化器前需要进行过程气升温。

常用的升温手段及适应性如表 11-11 所示。

表 11-11　常用的升温手段及适应性

再热方式	高温气流掺合		气-气换热	酸气燃烧		燃料气燃烧
	内掺合	外掺合		部分	完全	
硫收率	影响较大		无影响	有影响	无影响	影响小
投资费用	低		高	中等		中等
温度调节	灵活		不灵活	灵活		灵活
过程响应	快		慢	快		快
其他	低负荷运行时硫收率降低更多，内掺合时检修困难		压降大，换热面易污染，影响效率	完全燃烧炉子体积小，但产生的 SO_3 使催化剂易中毒		操作费用高，产生盐污染催化剂

5. 硫黄收率的提高

一套克劳斯硫黄回收装置，在设计建成后，其运行的中心问题就是如何提高硫黄的收率。

在正常条件下，在不同酸气 H_2S 浓度及不同催化剂级数下，硫黄的收率如表 11-12 所示。

表 11-12　硫黄的收率

酸气 H_2S 浓度/%	硫收率		
	两级转化	三级转化	四级转化
20	92.7	93.8	95
30	93.1	94.4	95.7

续表

酸气 H_2S 浓度/%	硫收率		
	两级转化	三级转化	四级转化
40	93.5	94.8	96.1
50	93.9	95.3	96.5
60	94.4	95.7	96.7
70	94.7	96.1	96.8
80	95	96.4	97
90	95.3	96.6	97.1

但从表中所见：第三级转化器对硫黄的收率贡献不超过 1.4%，第四级仅有 0.5%～1.3%，因此，硫黄收率的提高还需要从以下几个方面着手：

(1) 采用高活性催化剂　在转化器中，保证应有转化率的关键是高活性催化剂。而且，催化剂需要具备良好的转化有机硫能力。

催化剂再使用过程中活性下降的主要原因是硫酸盐化，这就需要控制转化器出口过程气温度，以免液硫结于催化剂表面上而导致催化剂丧失活性。

(2) 解决有机硫问题　克劳斯装置有机硫的主要成分是指：COS 和 CS_2，他们主要在燃烧炉内生成。他们的存在是造成硫收率降低的主要因素。

解决此问题的办法有三个方面：

① 降低进料酸气中烃含量；

② 增加过程气在燃烧炉内停留时间；

③ 控制燃烧炉内保持较高的温度。

(3) 增大过程气在燃烧炉停留时间　由于燃烧炉温度受耐活火料的影响，一般燃烧炉炉膛温度均控制在 927～1100℃之间。这样，为了提高硫黄收率，只有尽可能地增大过程气在燃烧炉内的停留时间。一般的停留时间争取在 1～2.5s 之间。但酸气浓度较高时，可以适当降低过程气停留时间。

延长过程气在燃烧炉停留时间最主要的办法就是在炉内增加烟道挡板。

(4) 严格控制配风　在硫黄回收装置中，空气量的控制严重影响着硫黄的收率。当风量相差 5%时，硫黄收率将从 99%下降到 95%，因此，需要严格控制配风，使尾气中 H_2S/SO_2 比值在 2 左右，采用的方法是使用尾气在线分析仪。

当然，还有较合理的硫雾捕集装置。一般来说，硫雾造成的损失为 0.5%，硫蒸气造成的损失为 0.25%左右。

四、克劳斯尾气处理技术

由于克劳斯装置的尾气一般都不能达到相关的 SO_2 排放标准，因此，都需要进行尾气处理。

常用的尾气处理技术大体可以分为三类：低温克劳斯技术、尾气氧化技术、尾气还原技术。

低温克劳斯是指在低于硫露点的温度下继续进行克劳斯反应，从而使克劳斯装置的总硫黄收率达到 99%。

尾气氧化技术主要是将尾气中各种形态的硫氧化成 SO_2，然后加以回收利用。

尾气还原技术主要是将尾气中各种形态的硫还原成 H_2S，然后转化成单质硫。

低温克劳斯组合工艺在川西北气矿净化厂使用，尾气还原技术能够满足当前最严格的 SO_2 排放标准，我们在此分别做简单介绍。

1. 低温克劳斯组合工艺（MCRC 工艺）

MCRC 工艺是加拿大开发的一种组合工艺。此工艺确定一台反应器处于转化段，另一台转化器处于再生和转化阶段，第三台或第四台处于低于硫黄亚露点温度下进行催化反应。处于低温催化段上的积存硫黄用热过程气进行再生，定期切换。转化器总硫收率最高可以达到 99.3%～99.4%。

目前川西北气净化厂共有两台 MCRC 装置，一套为加拿大引进装置（回收 A 套），另一套通过对引进装置的吸收，为国内翻版装置（回收 B 套），均采用三级反应器。由于采用三通切换阀和尾气在线分析仪控制，操作方便，硫黄收率高，一般都能够满足 99%。

2. SCOT 尾气处理工艺

SCOT 尾气处理工艺主要是利用还原技术，将尾气中各种形态的硫还原成 H_2S，然后转化成单质硫。经过此工艺处理后，总硫黄收率可以达到 99.8%以上，灼烧中的尾气 SO_2 含量可以低于 300μL/L。

目前应用最为广泛的是通过对尾气进行加氢处理后，将各种形式的硫还原成 H_2S，然后通过溶剂吸收，再进行克劳斯回收。

也有将尾气进行加氢处理后，通过直接氧化法转化成单质硫黄，不进行克劳斯转化，其尾气中的 H_2S 含量也可以降低至 300μL/L 以下。图 11-7 是典型的 SCOT 尾气处理装置工艺流程图（以川东净化总厂引进装置工艺流程为例）。

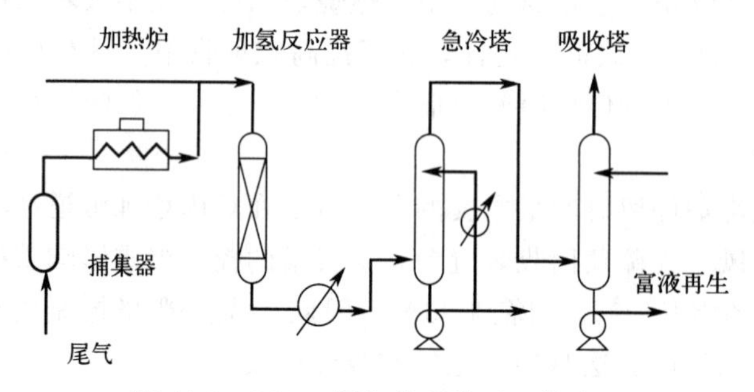

图 11-7　SCOT 尾气处理装置工艺流程

五、液硫的脱气与成型

传统的克劳斯硫黄回收装置，硫在燃烧炉和转化器内形成后，易形成聚合态，H_2S 和硫黄通过较弱的结合形成氢化聚硫（H_2S_x）。液硫冷却后，聚硫的链慢慢断裂，H_2S 作为气体被解吸出来。

对于各级硫黄冷凝器出口，其液硫中 H_2S 的浓度如表 11-13 所示。

表 11-13　各级硫黄冷凝器出口液硫中 H_2S 的浓度

冷凝器	产硫比例	H_2S 分压	H_2S_x 含量	H_2S 含量	总 H_2S 含量
一级冷凝器	54%	8.73kPa	313ppm	37ppm	350ppm
一级冷凝器	28%	5.07kPa	292ppm	21ppm	313ppm

续表

冷凝器	产硫比例	H_2S分压	H_2S_x 含量	H_2S含量	总 H_2S含量
一级冷凝器	13%	1.86kPa	86ppm	8ppm	94ppm
一级冷凝器	5%	0.87kPa	8ppm	4ppm	12ppm
合计或平均	100%	6.4kPa	262ppm	27ppm	289ppm

注：1ppm=1μL/L。

为了减少液硫在储存和使用过程中的安全隐患，防止环境污染和对人体的伤害，克劳斯装置生产的液硫有必要进行脱气处理。

机械的液硫脱气工艺有许多，比如：搅拌、使用液硫泵使液硫循环等，但效果都不明显。物理脱除与化学脱除相结合的液硫脱气工艺，现在已经被广泛接受。下面重点向大家介绍具有一定先进性的 Shell 液硫脱气工艺。

1. Shell 液硫脱气工艺原理

H_2S_x 分解生成 H_2S 和硫是一个很慢的反应。

$$H_2S_x \rightleftharpoons H_2S+(x-1)S$$

溶解在液相中的 H_2S 通过物理变化进入气相。

$$\underset{溶解}{H_2S} \rightleftharpoons \underset{气体}{H_2S}$$

液硫脱气的原理是加速 H_2S_x 的分解，并使溶解的 H_2S 释放出来。大部分 H_2S 不是从液硫中脱除，而是氧化成硫，剩余的液硫表面上方气相的 H_2S 气体被吹扫气带走。

2. Shell 液硫脱气工艺流程

脱气过程主要在汽提塔内进行，在塔内，液硫被通过其中的空气产生的气泡搅动。汽提塔是一个在顶部和底部开口的舱室，利用空气来使液硫通过汽提塔进行大量的循环（液硫汽提）。在实际中有很多均采取从克劳斯装置风机引一股空气为汽提塔供风，脱除的 H_2S 一般是通过一个引射装置送入焚烧炉进行处理。

3. 液硫的成型

液硫冷却后就可以实现液硫的成型。按照成型后硫黄的形状，液硫成型可以分为两类：

（1）片状成型方式　这在硫黄产量较大时采用，硫黄在转鼓上冷却成薄片。

（2）粒状成型方式　液硫喷射后，在水中或空气中冷却成粒状固体硫黄。

六、国内外硫黄回收 SO_2 尾气排放标准

关于硫黄回收尾气 SO_2 的排放标准，各个国家、各个地区，有不同的排放标准。有些地区，规定不同的烟囱高度，规定不同的 SO_2 允许排放量。有些地区，规定尾气中 SO_2 排放浓度标准；但更多的国家要求的是硫黄回收装置的总硫黄收率。

1. 世界部分国家硫黄回收装置硫收率标准

世界部分国家硫黄回收装置硫收率标准见表 11-14。

表 11-14　世界部分国家硫黄回收装置硫收率标准

国家	装置规模(t/d)			
	5～10	10～20	50～2000	2000～10000
	硫收率/%			
美国	96～98.5	98.5～99.8	99.8	99.8
加拿大	90	96.3	98.5～98.8	99.8
意大利	95		96	97.5
德国	97		98	99.5
日本	99.9			
法国	97.5			
荷兰	99.8			
英国	98			

2. 我国 SO_2 排放标准（GB 16297—1996）

我国 SO_2 排放标准见表 11-15。

表 11-15　我国 SO_2 排放标准

最高允许排放浓度/(mg/m^3)	烟囱高度/m	最高允许排放速率/(kg/h)		
		一级	二级	三级
1200(960)	15	1.6	3.0(2.6)	4.1(3.5)
	20	2.6	5.1(4.3)	7.7(6.6)
	30	8.8	17(15)	26(22)
	40	15	30(25)	45(38)
	50	23	45(39)	69(58)
	60	33	64(55)	98(83)
	70	47	91(77)	140(120)
	80	63	120(110)	190(160)
	90	82	160(130)	240(200)
	100	100	200(170)	310(270)

注：括号内为对 1997 年 1 月 1 日起新建装置的要求。

上述数据，在我国，对于硫黄回收装置，意味着：

① 对于原来建成投产的硫黄回收装置，要求硫黄收率达到 99.6%才能符合 $1200mg/m^3$ 的要求；

② 对于新建装置则需要硫黄收率达到 99.7%，而且不论装置生产能力大小。目前在全国天然气净化厂中，仅实行 SO_2 总排放量控制。

练习题

一、填空题

1. 煤制天然气的关键技术是________。

2. 为了在工业上平稳地进行甲烷化反应，可以采用________法和________法。

3. 甲烷化的反应器是三个串联的，第一级反应器的温度为________℃，第二级反应器的温度为________℃左右，最后一级反应器的温度为________℃左右。

4. Lo-cot 工艺中最重要的是化学药剂的配方，其能够充分保证处理溶液的________和操作的________。

5. 一般情况下，克劳斯转化采用____级催化转化。

6. 常用的尾气处理技术大体可以分为三类：__________技术、________技术和________技术。

7. 为了减少液硫在储存和使用过程中的安全隐患，防止环境污染和对人体的伤害，克劳斯装置生产的液硫有必要进行________处理。

二、简答题

1. 煤制天然气工艺包括哪几个单元?

2. 简述 Lo-cot 工艺的反应机理。

3. 简述 Lo-cot 工艺和生物脱硫技术的工艺流程。

4. Lo-cot 工艺主要化学药剂及其作用是什么?

5. 从生物脱硫装置出来的元素硫中固体含量为 20%左右，如果需要回收其中的硫黄，有哪几种处理方法?

6. 简述直流法和分流法克劳斯工艺的特点。

7. 在回收硫黄过程中，如何提高硫黄的收率?

8. 简述 Shell 液硫脱气工艺原理和工艺流程。

第十二章 煤制其他精细化学品

其他煤制精细化学品主要有汽油、二甲醚、碳酸二甲酯和乙酸等，具体的生产流程将在下文逐一介绍。

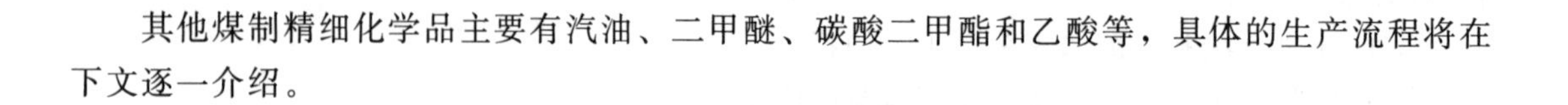

第一节　甲醇制汽油

甲醇制汽油（MTG）工艺（图 12-1）是指以甲醇为原料，在催化剂作用下，通过脱水、低聚、异构等系列反应，将甲醇转化为 C_{11} 以下的烃类油品的过程。以煤为原料生产甲醇，顺序集成 MTG 工艺，则实现了煤制汽油过程。MTG 工艺所生产的油品具有低烯烃、无铅、低硫甚至无硫、无残留物、较高辛烷值的特点，可以与市售石油系汽油产品直接调和，调节汽油品质，并可以避免汽油中添加甲醇所产生的部分问题。因此，在富煤少油或甲醇丰富地区，MTG 工艺作为甲醇下游转化路线，具有其特定作用并因此受到企业关注。

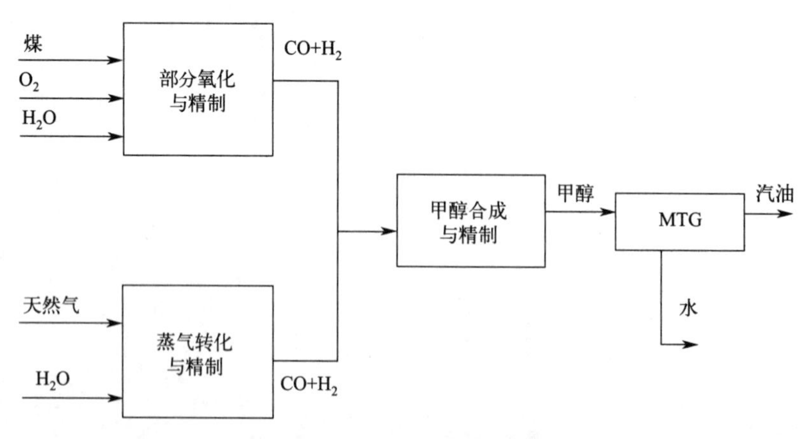

图 12-1　MTG 工艺过程示意图

1976 年，Mobil 法 MTG 技术开发成功。其完整流程分两步：首先是以煤或天然气为原料生产粗甲醇，之后将粗甲醇转化为高辛烷值汽油。Mobil 法 MTG 技术制得的汽油抗爆震性能好，不存在常用汽油中的硫、氯等组分，有用组分与石油系汽油产品很相似。

TGDS 公司在美国西弗吉尼亚州建设煤制汽油工厂，采用美孚公司的 MTG 工艺，设计生产合成汽油 75 万吨/年，2013 年已经投运。

一、 MTG 反应原理

甲醇转化反应机理较为复杂。首先甲醇转化为低分子烯烃，再进一步与较大分子的烯烃反应生成烷烃、环烷烃和芳烃组分。分布反应可用下式描述：

$$CH_3OH \xrightarrow{H_2O} CH_3OCH_3 \xrightarrow{H_2O} C_2 \sim C_5 \xrightarrow{聚合} 烷烃、芳烃、环烷烃$$

也可表示为：

$$nCH_3OH \xrightarrow{H_2O} \left(CH_2 \right)_n + nH_2O$$

MTG 反应是放热反应，甲醇可以完全转化。起始的脱水反应很快地形成了甲醇、二甲醇和水的混合物，含氧物进一步脱水得到 $C_2 \sim C_5$ 轻质烯烃。甲醇脱水反应已完成后，进一步反应则是 $C_2 \sim C_5$ 烯烃的缩合、环化，进一步生成分子量更高的烃类，如 C_6 以上的芳香烃和链烷烃。最终产物是 $C_2 \sim C_{11}$ 的烃类混合物。

二、 MTG 催化剂

MTG 工艺的核心是催化剂。反应和分离相关工艺技术，都可以用成熟的技术来匹配。

ZSM-5 催化剂是 MTG 工艺的核心。这种合成沸石具有两种相互交叉的孔道：椭圆形十元环直孔道和圆形正弦状弯曲孔道。这些孔道的孔径大约 0.6nm，其大小恰好适合生产在汽油沸程内的烃类。

ZSM-5 分子筛有下述特点：

（1）选择性好　由于 ZSM-5 合成沸石具有特定结构和孔道尺寸，能使汽油沸点范围内的烃类分子通过，而临界尺寸大于均四甲基苯的分子很难通过。因此，反应产物以 11 个碳原子以内的烃类为主，催化剂具有极好的选择性。

（2）活性高　在甲醇制汽油的反应中，ZSM-5 沸石与其他沸石相比不仅 C—C 键的形成能力强，而且活性下降也较慢。

（3）芳构化能力强　ZSM-5 沸石在 300℃操作时，芳构化反应显著发生；在 380℃时，产物中芳构化程度已很高。

三、 MTG 工艺的特点

（1）强放热反应　汽油是沸点在一定范围内的烃类混合物，将甲醇转化为烃类和水是强放热反应。

$$nCH_3OH \longrightarrow \left(CH_2 \right)_n + nH_2O$$

甲醇转化为烃类总反应热约为 1400kJ/kg 甲醇，绝热温升可达 600℃。因此，固定床反应器必须采用多段式的。当采用流化床反应器时，床层内安装传热盘管，或将催化剂通过冷却器循环以回收热量，并产生高压蒸汽。

（2）甲醇转化完全　MTG 反应条件为 0.1～0.3MPa、350～400℃，该条件下甲醇的转化率可达 100%。如果转化不完全，就需设置回收甲醇的蒸馏装置。

（3）催化剂失活　积炭是催化剂失活的主要原因，在装填新鲜催化剂的固定床反应器中，床层上部催化剂首先积炭而失活，并逐渐下移。水蒸气也会使催化剂失活。因此，必须采用轻烃再循环，降低反应温度，并及时移除反应中产生的水分。

(4) 生成均四甲基苯　采用固定床法 MTG 工艺得到的汽油产品中均四甲基苯含量达 4%～7%（质量分数），这样的含量会导致在汽车发动时，有固体积聚在汽化器中。均四甲基苯是由苯和甲醇或二甲醚发生甲基化反应而生成的。采用低甲醇分压和高反应温度可以降低均四甲苯的生产量。

四、MTG 工艺的理论收率和产品优点

MTG 方法的理论收率的定义是：甲醇中的 CH_2 全部转入汽油中。这个数值是 0.4375，即每吨甲醇最多能够得到 437.5kg 的烃类。也就是说，生产 1 吨汽油产品，至少需要 2.2857 吨原料甲醇。

MTG 工艺生产得到汽油产品物质种类少于石油系汽油，多是 C_{11} 以下烃类物质，还具有无铅、无硫、高辛烷值等优点，是优质的汽油调和组分。

第二节　煤制二甲醚

二甲醚是一种重要的绿色工业产品，它的主要用途为：有机合成原料、清洁燃料气雾剂、制冷剂、发泡剂等。由于二甲醚生产成本低，使得二甲醚代替 LPG 成为可能，成为民用燃料的理想产品，在这样的前提下，制取二甲醚的行业正从精细化工转化为基础化工，成为新兴的"绿色化工"。因此，一度二甲醚被称为"朝阳化工产品"，有计划年产 300 万吨的装置立项，从内蒙古输往广东。但是，二甲醚代替液化气发生一些安全事故，被一些地方禁止使用；而作为柴油的添加剂效果不好不能满足国家标准，因此二甲醚的声望一落千丈。后来，作为甲醇制烯烃的中间产物，二甲醚的重要性又突出了。近期，还有将二甲醚羰基化得到乙酸甲酯，然后加氢得到乙醇。由于这两个工艺的进展，二甲醚又重新受到人们的重视。

一、二甲醚的性质

二甲醚（dimethyl ether，DME）又称作甲醚，是最简单的脂肪醚，甲醇的重要衍生物之一。二甲醚在常温下为无色、有轻微醚香味的气体。常温下 DME 具有惰性，不易自动氧化，无腐蚀、无致癌性，不会对大气臭氧层产生破坏作用，极易燃烧，燃烧时火焰略带亮光。

二甲醚具有优良的混溶性，可以同大多数极性和非极性的有机溶剂混溶，如汽油、四氯化碳、丙酮、氯苯和乙酸乙酯等，较易溶于丁醇，但对多醇类的溶解度不佳。常压下在 100mL 水中可溶解 3700mL 二甲醚，在加入少量助剂的情况下，可与水以任意比例互溶。长期储存或添加少量助剂后，会形成不稳定过氧化物，易自发爆炸或受热爆炸。

二甲醚毒性很低，气体有刺激及麻醉的作用，通过吸入或皮肤吸收过量的二甲醚，会引起麻醉、失去知觉和呼吸器官损伤。毒性试验表明：当空气中二甲醚的浓度达 154.24g/m^3 时，人有麻醉现象；当浓度达 940.50g/m^3 时，人有极不愉快的感觉（如窒息感）。日本规定二甲醚在空气中允许质量分数为 0.03%（大气环保标准）。

二甲醚主要物理性质如表 12-1 所示。

表 12-1 二甲醚的主要物理性质

项目	数据	项目	数据
分子式	CH_3OCH_3	蒸发热/(kJ/kg)	467.4
分子量	46.07	燃烧热/(kJ/mol)	1455
沸点(1atm)/℃	−24.9	爆炸极限/%	3.45～26.7
自燃温度/℃	−41.4	相对密度(室温)	0.661
蒸气压(室温)/MPa	0.53	十六烷值	≥55
临界温度/℃	128.8	闪点/℃	−41
临界压力/MPa	5.23	熔点/℃	−141.5

目前已经开发和正在开发的二甲醚的合成方法有两种：一种是由合成气先得甲醇，再由甲醇脱水来制取，即通常所说的二步法；另一种是由合成气直接来合成，称一步法。

二、二步法生产二甲醚

二步法生产二甲醚的关键技术为甲醇脱水反应的实现。根据参与反应时甲醇的状态，二步法又可分为液相法和气相法。

1. 液相法

液相法也称为硫酸法，是将浓硫酸与甲醇混合，在低于 100℃时发生脱水反应而制得二甲醚。此工艺过程具有反应温度低、甲醇转化率高（>80%）、二甲醚选择性好（>99%）等优点，但该方法由于使用腐蚀性大的硫酸，残液和废水对环境的污染大，国外已基本淘汰，而国内仍有少数厂家用此法生产。

2. 气相法

气相法是在固体酸作催化剂的固定床反应器内，使甲醇蒸气脱水而制得二甲醚。此工艺的优点是工艺较为成熟，操作比较简单，能获得高纯度的二甲醚（最高可达 99.99%），是目前工业化生产应用最广泛的一种方法。缺点是生产的成本比较高，受甲醇市场波动的影响比较大。

因此，研究者们已把更多的注意力集中到了从合成气出发一步合成二甲醚的新技术路线上。

三、一步法生产二甲醚

合成气一步法以合成气（$CO+H_2$）为原料，在反应器内同时完成甲醇合成反应和甲醇脱水反应，生产二甲醚。其反应式为：

$$2CO+4H_2 \longrightarrow 2CH_3OH$$

$$CO+H_2O \longrightarrow CO_2+H_2$$

$$2CH_3OH \longrightarrow CH_3OCH_3+H_2O$$

总反应：

$$3CO+3H_2 \longrightarrow CH_3OCH_3+CO_2$$

一步法合成二甲醚包括以下几项关键技术：合成气制备、二甲醚合成、反应气冷凝循环、DME 精馏等。其中，合成气制备技术广泛应用于合成氨和甲醇工业，反应气冷凝技术和精馏技术在其他化工领域经常用到，而二甲醚合成技术则属于生产二甲醚的专有关键技术，该技术的成熟度决定了一步法二甲醚技术的实现。

世界上较早研究一步法生产二甲醚的有丹麦托普索公司、日本 NKK 公司、美国 APC (Air Products&Chemicals) 公司等，其中托普索采用气固相固定床反应器一步法合成二甲醚，APC 公司和 NKK 公司都是采用三相浆态床合成二甲醚。目前，这些公司都已经完成中试装置，正积极筹建工业化示范装置。

第三节 煤制碳酸二甲酯

碳酸二甲酯（简称 DMC），分子式为 $C_3H_6O_3$，常温下为无色透明、略有刺激性的芳香气味的液体，是一种重要的低毒性有机合成中间体。由于 DMC 分子结构（CH_3—O—CO—O—CH_3）中含有甲基、甲氧基、羰基和羰基甲氧基等官能团，因而具备多种反应活性，可广泛用于甲基化、甲氧基化、羰基化和羰基甲基化等有机合成反应。此外，相比于光气（Cl—CO—Cl）、氯甲烷（CH_3—Cl）、硫酸二甲酯（CH_3—O—SO_2—O—CH_3）等同类型毒性较大的中间体，DMC 具有使用安全且方便、污染小、容易运输等特点，因此被视为新型“绿色”化工产品，受到国内外化工行业的重视。

一、 DMC 合成技术的发展

DMC 的合成技术主要有以下路线。

1. 传统光气路线

光气甲醇法是最古老的 DMC 合成方法，是出现最早并已得到工业化的方法，技术比较成熟。

这些方法的缺点是工艺路线长，使用剧毒原料光气，操作安全要求高，必须采用周密的安全措施，消耗大量烧碱且产生无用的氯化钠，副产物严重污染环境，产品含氯量高，因此不存在大规模发展的可能性，目前已基本被淘汰。

2. 甲醇氧化羰基化路线

甲醇、一氧化碳和氧气直接氧化碳基化合成 DMC 的方法被称为甲醇氧化羰基化路线，包含液相法和气相法两种工艺，其关键是催化剂的选用。

（1）原理　甲醇氧化羰基化法利用甲醇、CO 和 O_2 为原料直接氧化羰基化合成 DMC，反应总方程式如下：

$$CO+1/2O_2+2CH_3OH \xlongequal{} CO(OCH_3)_2+H_2O$$

反应可以在液相或气相中进行。所用催化剂以Ⅷ、IB、ⅡB 族金属化合物为主，分为铜系、钯系、硒系以及复合体系。此外，碱金属、碱土金属或其他过渡金属化合物、含氧有机化合物等助催化剂的引入，可提高 DMC 的生成速率、选择性和催化剂稳定性。

（2）液相甲醇氧化羰基化工艺　液相甲醇氧化羰基化工艺是将催化剂加入甲醇中再通入 CO 和 O_2。该法中甲醇过量，既为反应物又为溶剂。催化剂有三种体系，即氯化亚铜、硒和钯催化剂体系，其中氯化亚铜体系实现了工业化，以 CuCl 为催化剂时，反应温度为 80～

120℃，压力为20～40MPa。反应分两步进行，首先是甲醇、O_2和CuCl反应生成甲氧基氯化亚铜，然后与CO反应生成DMC，两个反应同时进行，反应式如下：

$$2CuCl + 2CH_3OH + 1/2O_2 = 2Cu(OCH_3)Cl + H_2O$$

$$2Cu(OCH_3)Cl + CO = CO(OCH_3)_2 + 2CuCl$$

铜系催化剂活性高、选择性好，且价格低廉，但仍存在催化剂对设备腐蚀性强、寿命短等缺陷。为了克服铜系催化剂的上述缺点，可以对铜系催化剂以添加助剂或配位体等方式进行改进，使催化剂活性和稳定性得到提高，腐蚀性大大降低。在CuCl中配合加入3%～10%的无机盐助剂，延长催化剂寿命。

甲醇氧化羰基化法的流程图见图12-2。

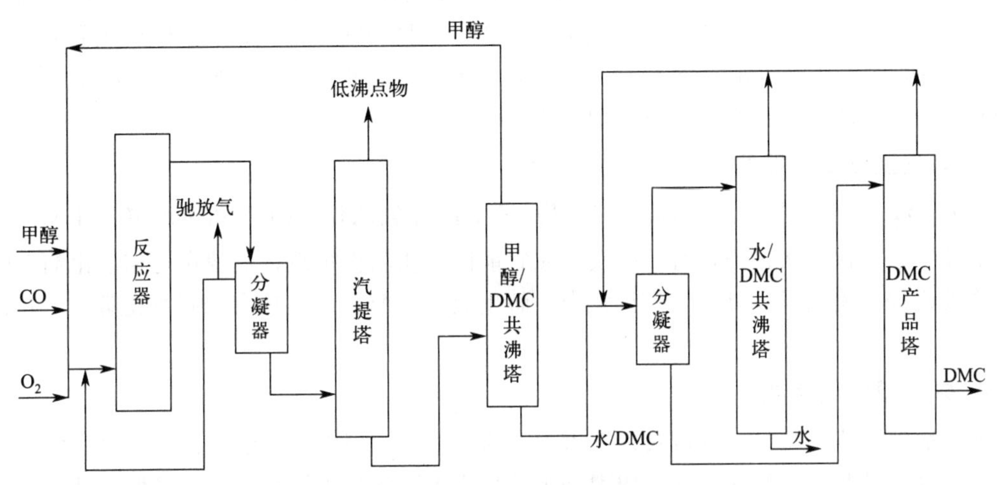

图12-2　甲醇氧化羰基化法的流程图

(3) 气相甲醇氧化羰基化工艺　气相甲醇氧化羰基化工艺于1988年由道化学（DOW）公司开发成功，此法用一种浸渍过无水氯化铜的活性炭，加入氯化钾、氯化镁和氯化镧等助催化剂的固体催化剂，在100～150℃、2MPa条件下合成DMC。但该法始终没有找到理想的催化剂来解决DMC产品选择性明显低于液相法的问题。

日本UBE公司从草酸二甲酯合成工艺中获得启示，于1992年开发了低压非均相技术，以CO和甲醇为原料，采用固定床催化剂，气相一步反应制得DMC。反应中使用在活性炭上吸附$PdCl_2$、CuCl的催化剂，在100℃和最高压力204MPa下进行反应，对DMC的选择性为96%（mol）。该法收率高、操作安全、设备费用低、稳定性好、产品含氯量低（仅为光气法的1/10），是一种很有前途的方法。反应过程为：

$$2CH_3OH + CO + 1/2O_2 = CO(CH_3O)_2 + H_2O$$

该反应实际分两步进行，第1步反应是NO与甲醇和O_2反应生成亚硝酸甲酯。第2步是CO与亚硝酸甲酯反应生成DMC和NO。此法的原料是甲醇、O_2和CO，NO是载体。

$$2CH_3OH + 1/2O_2 + 2NO = 2CH_3ONO + H_2O$$

$$CO + 2CH_3ONO = CO(CH_3O)_2 + 2NO$$

该工艺的主要副产品是草酸二甲酯，此反应也生成少量的甲酸甲酯、CO_2、乙酸甲酯和甲缩醛，并能生成HNO_3。见图12-3。

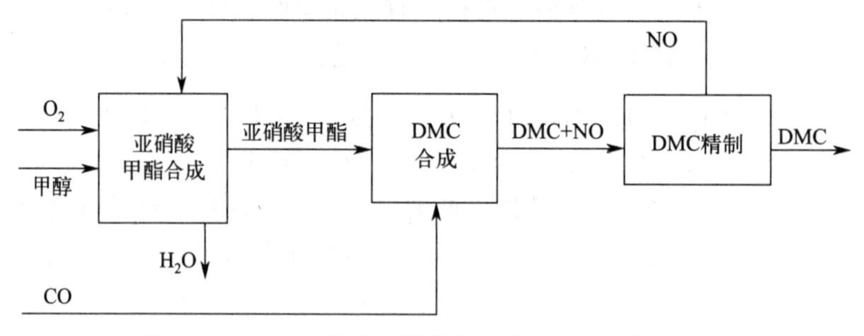

图 12-3　气相甲醇氧化羰基化合成 DMC 工艺流程图

浙江大学以 Pd/C 为催化剂，用亚硝酸甲酯为催化反应的循环剂。此法的工艺条件为常压，70～100℃。CO 与 CH_3ONO 的流量比为 24∶1 时 DMC 收率最高，再生的温度为 33～55℃，与 O_2 的最佳流量比为(8～10)∶1。此法条件较温和，产品成本低，易于工业化，所用原料在许多联醇厂及化肥厂均可就地解决，反应设备国内可以解决。

3. 酯交换法生产路线

1992 年，美国德士古（Texaco）公司开发了由环氧乙烷、CO_2 和甲醇联产 DMC 和乙二醇的新工艺。该方法采用含有叔胺及季铵官能团的树脂作担载，负载在均相催化剂上的硅酸盐作催化剂，避免了环氧乙烷先行完全水解生成乙二醇，可实现高选择性地联产 DMC 和乙二醇。

4. 尿素醇解法路线

尿素醇解合成法是另一种极具发展潜力的新的方法。尿素醇解法以尿素与甲醇作为反应原料，产物为碳酸二甲酯和氨气。尿素和甲醇均为大宗的化工原料，价格较低，且副产的氨气可以作为合成尿素的原料，该合成路线无三废产生，整个过程对设备无腐蚀性，该技术会带动我国化肥行业，特别是尿素行业产业链的发展，提高产品附加值。

二、DMC 的应用

DMC 具有强大且多种类反应活性的原因，是其具有两个亲核作用的羰反应中心，即羰基和甲基。当 DMC 的羰基受到亲核攻击时，酰基氧键则断裂，导致形成羰基化合物产品和甲醇。因此，DMC 可代替光气作羰基化剂。当 DMC 的甲基羰受到亲核攻击时，则其烷基-氧键断裂，生成甲基化产品。因此，DMC 可代替硫酸二甲酯作为甲基化剂。

在有机合成的领域，DMC 可以代替光气作碳基化剂，代替 DMS（二甲基硫）作甲基化剂。在有机溶剂的领域，是涂料和医药领域的低毒溶剂。在燃料领域是安全和环保的汽油添加剂。DMC 具有良好的生物降解能力，低富集和低残留，特别是具有低毒（毒性是光气的 1/1000）的优良性质，因而被作为多功能中间体和产品日益受到国内外研究者重视。DMC 的用途总体上分为三大类：作为参与有机合成反应的活性基团、有机溶剂和燃料添加剂。

作为参与有机合成反应的活性基团。DMC 分子结构中含有羰基、甲基、甲氧基和羰基甲氧基等活性基团，可替代光气、氯甲酸甲酯和硫酸二甲酯，作为甲基化剂或羰基化剂，参与甲氧基化和羰基甲基化有机合成反应，用于生产聚碳酸酯、异腈酸酯、聚氨基甲酸酯、聚碳酸酯二醇、碳酸二乙酯、苯胺基甲酸甲酯等多种精细化工产品。在医药中间体、农药、合成材料、染料、食品增香剂、电子化学品等领域获得广泛应用。

第四节　煤制醋酸

一、醋酸的物理性质

醋酸，学名为乙酸，分子式为 CH_3COOH，是最重要的低级脂肪族一元羧酸。高纯度醋酸（99%以上）于16℃左右即凝结成似冰片状晶片，故又称为冰醋酸。纯醋酸为无色水状液体，有刺激性气味与酸味，并有强腐蚀性。其蒸气易着火，能和空气形成爆炸性混合物。纯醋酸的物理性质见表12-2。

表12-2　纯醋酸的物理性质

名称	数值	名称	数值
凝固点/℃	16.64	熔融热/(J/g)	207.1
沸点(101.3kPa)/℃	117.87	蒸发热(沸点时)/(J/g)	394.5
密度(293K)/(g/mL)	1.0495	稀释热(H_2O,296K)/(kJ/mol)	1.0
黏度/(mPa·s)			
293K	11.83	生成焓(297K)/(kJ/mol)	
298K	10.97	液体	−484.50
313K	8.18	气体	−432.25
373K	4.3		
		闪点/℃	
液体比热容(293K)/[J/(g·K)]	2.043	开杯	57
		闭杯	43
固体比热容(100K)/[J/(g·K)]	0.837	自燃点/℃	465
气体比热容(298K)/[J/(g·K)]	1.110	爆炸极限(空气中)/%	4～16

醋酸分子通过强氢键而缔合的特性，也是醋酸物理性质——状态方程、热力学函数、传导等出现不规则现象的原因。如醋酸沸点为118.1℃，而含一个羟基的乙醇沸点只有78.3℃。这是由于醋酸的氢键能为29.70～31.38kJ/mol，而乙醇只有16.74～20.92kJ/mol。

醋酸能与氯苯、苯、甲苯和间二甲苯等形成共沸混合物，其组成和共沸点见表12-3。

表12-3　醋酸和芳香化合物的共沸点和组成

共沸物	共沸点/℃	醋酸含量/%	共沸物	共沸点/℃	醋酸含量/%
氯苯	114.65	72.5	甲苯	105.4	62.7
苯	80.05	97.5	间二甲苯	115.4	40.0

醋酸能与水及一般常用的有机溶剂互溶。在水和非水溶性的酯和醚混合物中，常倾向于非水相，根据这种分配特性，可用酯或醚类从醋酸水溶液中萃取回收醋酸。

二、甲醇羰基化的工艺

甲醇羰基化生产醋酸的生产过程主要由合成工序、精馏工序和吸收工序组成。其流程示意图如图12-4所示，图中的编号与设备名称的对应见表12-4。

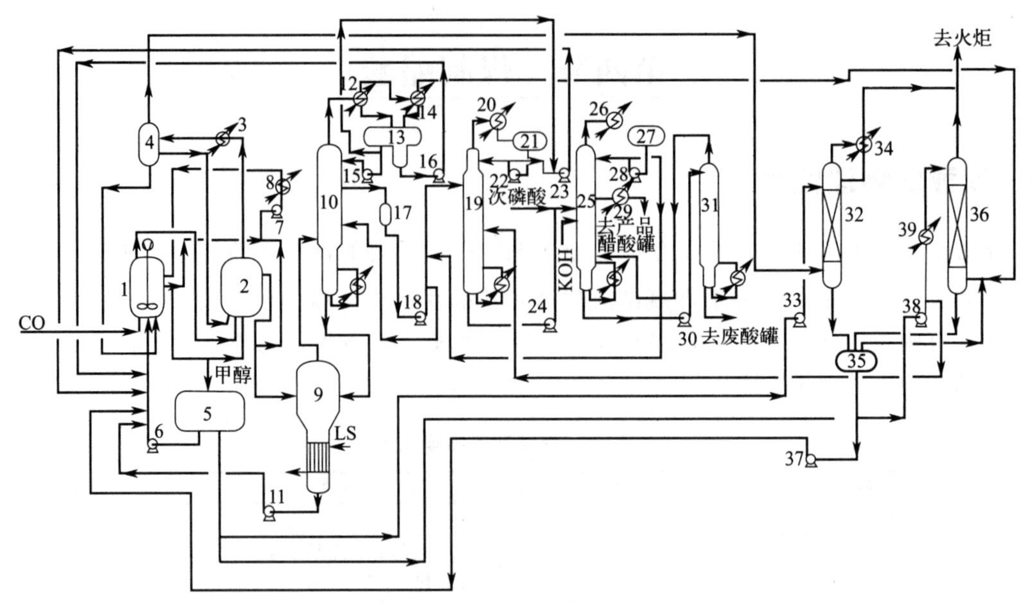

图 12-4　甲醇羰基化生产醋酸的流程示意图

表 12-4　编号与设备名称对应表

编号	设备名称	编号	设备名称	编号	设备名称
1	反应釜	14	脱轻塔终冷器	27	成品塔回流槽
2	转化釜	15	脱轻塔回流泵	28	成品塔回流泵
3	转化釜冷凝器	16	重相泵	29	成品冷却器
4	高压分离器	17	粗酸集液槽	30	提馏塔进料泵
5	甲醇中间罐	18	脱水塔进料泵	31	提馏塔
6	甲醇加料泵	19	脱水塔	32	高压吸收塔
7	外循环泵	20	脱水塔冷凝器	33	高压吸收甲醇泵
8	外循环换热器	21	脱水塔回流槽	34	高压吸收尾气冷却器
9	蒸发器	22	脱水塔回流泵	35	吸收甲醇贮罐
10	脱轻塔	23	稀酸泵	36	低压吸收塔
11	母液循环泵	24	成品塔进料泵	37	吸收甲醇富液泵
12	脱轻塔初冷器	25	成品塔	38	低压吸收塔甲醇泵
13	分层器	26	成品塔冷凝器	39	低压吸收甲醇冷却器

1. 合成工序

合成工序是用一氧化碳与甲醇在催化剂二碘二羰基铑$[Rh(CO)_2I_2]^-$的催化作用下和助催化剂碘甲烷（碘化氢）的促进下液相合成醋酸。

由一氧化碳制备车间或一氧化碳提纯装置提供的一氧化碳，经分析、计量后，进入反应釜 1，与甲醇反应生成醋酸。未反应的一氧化碳与饱和有机蒸气一起由反应釜顶部排出，进入转化釜 2，与来自反应釜 1 未反应完的甲醇、醋酸甲酯继续反应生成醋酸，二碘二羰基铑$[Rh(CO)_2I_2]^-$转化为多碘羰基铑。在转化釜 2 中未反应完的一氧化碳与饱和有机蒸气从转化釜 2 顶部排出，进入转化釜冷凝器 3，冷凝成 50℃的气液混合物。气液一并进入高压分离器 4 进行气、液分离。气相由高压分离器顶部排出，送往吸收工序高压吸收塔 32。液体分成两相，主要成分为碘甲烷和醋酸的重相，经调节阀返回反应釜 1；主要成分为水醋酸的轻相返回转化釜 2。

甲醇分为新鲜甲醇和吸收甲醇富液。新鲜甲醇由中间罐 5，经甲醇加料泵 6，送入本工序。经计量、分析后与来自吸收工序吸收甲醇富液泵 37 的吸收甲醇富液混合，进入反应釜 1，与溶解在反应液中的一氧化碳反应生成醋酸。反应液由反应釜 1 中上部排出，经分析后进入转化釜 2。反应液中未反应的甲醇、醋酸甲酯与一氧化碳继续反应生成醋酸。在转化釜中反应后的反应液由转化釜 2 中上部排出，经调节阀进入蒸发器 9。

为了控制反应液温度，带出反应热，设置一外循环系统。外循环系统由外循环泵 7、外循环换热器 8 组成。反应釜 1 出来的反应液由外循环泵 7 升压后，进入外循环换热器 8 冷却后，重新返回反应釜 1。

转化釜 2 排出的反应液经分析、减压后进入蒸发器 9。在此反应液经减压、闪蒸，部分有机物蒸发成蒸气，与反应液解吸出来的无机气体一道由顶部排出。如果由顶部排出的气体中醋酸流量未达到要求时，则通入蒸汽进入蒸发器加热段，对液体进行加热。加热产生的醋酸蒸气同闪蒸产生的蒸汽，一并从顶部排出，送往精馏工序脱轻塔 10 作进一步处理。集于下部的液体，由母液循环泵 11 升压，经计量、分析后进入反应釜 1。

2. 精馏工序

来自合成工序蒸发器 9 顶部的气态物料，主要成分是醋酸、水、碘甲烷，以及少量醋酸甲酯、碘化氢等可凝物质，并且还含有少量及微量的一氧化碳、二氧化碳、氮、氢等气体物质。进入脱轻塔 10 下部进行精馏分离。塔顶蒸气主要含有醋酸、水、碘甲烷、醋酸甲酯等组分，进入脱轻塔初冷器 12，冷凝冷却到 45℃后，冷凝液进入分层器 13。未冷凝的气相进入脱轻塔终冷器 14，用冷冻水进一步冷凝冷却到 16℃，未冷凝的尾气去吸收工序低压吸收塔 36 进一步回收碘甲烷、醋酸等有机物。脱轻塔初冷器 12 冷凝液也进入分层器 13。在分层器中物料分为轻、重两相，轻相主要含水和醋酸，重相主要含碘甲烷。轻相一部分经脱轻塔回流泵 15，回流入脱轻塔顶；一部分与脱水塔 19 的塔顶采出液一起，经由稀酸泵 23，送到醋酸合成工序反应釜 1 和转化釜 2。分层器的重相液体，由重相泵 16 送到醋酸合成工序反应釜 1。脱轻塔釜液主要为醋酸，其中含水量大于 5%。碘化氢大部分也留在釜液中，利用位差送回蒸发器 9 中。

脱轻塔 10 精馏段有一特殊的侧线板，它将含水和少量碘甲烷的粗醋酸全部采出，通过粗酸集液槽 17，经脱水塔进料泵 18，少部分回脱轻塔作为塔下段回流，大部分进入脱水塔 19。为了避免碘化氢在脱水塔 19 中部集聚，由低压吸收塔甲醇泵 38 引来一股甲醇，作为脱水塔的第二进料，从脱水塔下部引入，使其与碘化氢反应生成碘甲烷和水。脱水塔顶出来的气相进入脱水塔冷凝器 20，冷凝冷却到 65℃。冷凝液经脱水塔回流槽 21，由脱水塔回流泵 22，将一部分冷凝液回流回脱水塔顶；另一部分与脱轻塔分层器的轻相采出液（稀醋酸）一起，由稀酸泵 23 送至醋酸合成工序反应釜和转化釜。

脱水塔釜液为含水量很少的干燥醋酸，经成品塔进料泵 24 送入成品塔 25。为了除去塔中微量的 HI，在成品塔的中部加入少量 25%的 KOH 溶液，与 HI 反应生成 KI 和水。当成品塔出现游离碘时，在成品塔进料管线上加入次磷酸，使游离碘转化为 I^-。塔顶出来的蒸气经成品塔冷凝器 26 冷凝冷却到 80℃，流入成品塔回流槽 27。由于塔顶会富集少量的碘化氢和碘甲烷，因此大部分液体经成品塔回流泵 28 回流回成品塔顶部，少量采出送至脱水塔 19 进料口。

成品醋酸从成品塔 25 第 4 块板侧线采出，经成品冷却器 29 冷却到 38℃，送去成品中间贮罐。成品塔塔釜物料为含丙酸及其他金属腐蚀碘化物的醋酸溶液，用提馏塔进料泵 30 送入提馏塔 31 顶部，塔顶出来的蒸气返回成品塔 25 底部。丙酸及其他金属腐蚀碘化物溶液，由提馏塔底部送至废酸贮罐或焚烧处理。

在成品塔塔底和提馏塔的无水条件下，醋酸可能脱水生成醋酐，加剧设备腐蚀，因而在提馏塔塔釜中直接加少量水蒸气（图中未画出），以抑制醋酐生成。

3. 吸收工序

来自合成工序高压分离器 4 的高压尾气，进入高压吸收塔 32 的底部；来自高压吸收甲醇泵 33 的新鲜甲醇，进入高压吸收塔 32 的顶部，自上而下流动。两者在高压吸收塔内的填料上进行传质，新鲜甲醇将高压尾气中的碘甲烷等主要有机组分吸收下来。吸收后的气体主要含有一氧化碳，从高压吸收塔的顶部排出，进入高压吸收尾气冷却器 34 中，将高压尾气中的甲醇冷凝回收，然后尾气送去火炬系统处理。含碘甲烷的甲醇从高压吸收塔的底部排出，进入吸收甲醇贮罐 35，与来自低压吸收塔 36 的低压吸收甲醇富液混合，然后用吸收甲醇富液泵 37 送去合成工序的反应釜 1，作为甲醇进料的一部分。

来自精馏工序脱轻塔终冷器 14 的低压尾气，进入低压吸收塔 36 的底部；来自低压吸收塔甲醇泵 38 的新鲜甲醇，首先进入低压吸收甲醇冷却器 39，用液氨冷却到－15℃，然后进入低压吸收塔 36 的顶部。新鲜甲醇将低压尾气中的碘甲烷等主要有机组分吸收下来。被吸收后的尾气，主要含有一氧化碳、二氧化碳，从低压吸收塔的顶部排出，送去火炬系统处理。含碘甲烷的甲醇富液，从低压吸收塔的底部排出，进入吸收甲醇贮罐 35，与来自高压吸收塔的高压吸收甲醇富液混合，然后用吸收甲醇富液泵 37 送去合成工序的反应釜 1。

三、醋酸的用途

醋酸在有机化学工业中的地位可与无机化学工业中的硫酸相提并论，是一种极为重要的基本有机化工原料。醋酸广泛用于合成纤维、涂料、医药、农药、食品添加剂、染织等工业，是国民经济的一个重要组成部分。由醋酸可衍生出很多重要的有机物。

目前，醋酸主要用于以下几个方面。

1. 醋酸乙烯／聚乙烯醇

醋酸在催化剂存在下，与乙炔或乙烯反应生成醋酸乙烯，醋酸乙烯经聚合可得到聚醋酸乙烯，聚醋酸乙烯经醇解可生成聚乙烯醇，在此过程中副产醋酸，返回醋酸乙烯生产工序。

2. 对苯二甲酸

对苯二甲酸是我国醋酸消费领域的大用户之一。醋酸在对苯二甲酸的生产过程中用作溶剂。

3. 醋酸酯类

醋酸酯类中比较常用的有醋酸乙酯、醋酸甲酯、醋酸丙酯、醋酸丁酯、醋酸异戊酯等

20余种，广泛用作溶剂、表面活性剂、香料、合成纤维、聚合物改性等。

4. 醋酐/醋酸纤维素

醋酐是重要的乙酰化剂和脱水剂，主要用于生产醋酸纤维素，然后用于制造胶片、塑料、纤维制品。醋酸纤维最大用途是制造香烟过滤嘴和高级服饰面料，国内缺口很大。

5. 有机中间体

以醋酸为原料可以合成多种有机中间体，主要品种有氯乙酸、双乙烯酮、双乙酸钠、过氧乙酸等。

6. 医药

医药方面（除过氧乙酸），醋酸主要作为溶剂和医药合成原料。由醋酸可生产青霉素G钾、青霉素G钠、普鲁卡因青霉素、退热水、磺胺嘧啶等。

7. 染料/纺织印染

主要用于分散染料和还原染料的生产，以及纺织品印染加工。

8. 合成氨

醋酸在合成氨生产中，以醋酸铜氨的形式，用于氢、氮气的精制，以除去其中含有的微量CO和CO_2，现在绝大部分中小合成氨装置采用此法。

9. 其他

醋酸还用于合成醋酸盐、农药、照相等多个领域。

2006年我国醋酸消费构成是：醋酸乙烯、聚乙烯醇等约占醋酸总消费量的32.4%，对苯二甲酸约占16.7%，醋酸乙酯/醋酸丁酯等占23.1%，氯乙酸占6.8%，醋酐/醋酸纤维素占8.3%，双乙烯酮4.4%，其他占8.3%。

练习题

一、填空题

1. 醋酸的学名为________，分子式为________。

2. 醋酸（水分含量<1%）有强的________，含水量每增加0.1%，其凝固点降低0.15%～0.2%。

3. 醋酸是重要的________之一，是典型的一价弱有机酸。

4. 酯化反应中生成的水能抑制反应的进行，可用________的方法脱除生成的水。

二、选择题

1. 醋酸水溶液的密度随含水量的减小而（　　）。

A. 减小　　B. 增大　　C. 不变　　D. 无法确定

2. 醋酸是弱酸，其酸性比碳酸（　　）。

A. 强　　B. 弱　　C. 相等　　D. 无法确定

3. 醋酸的水溶液腐蚀性极强，（　　）左右的醋酸水溶液对金属腐蚀性最大。

A. 30%　　B. 10%　　C. 20%　　D. 50%

4. 羰基合成反应过程在甲醇浓度低时，反应速率与甲醇浓度相互依赖，甲醇浓度越低，反应速率（　　）。

A. 越小　　　　B. 越大　　　　C. 不变　　　　D. 无法确定

5. 碱金属的氢氧化物或碳酸盐与醋酸直接作用可制备其醋酸盐，其反应速率较与硫酸或盐酸反应（　　）。

A. 慢　　　　B. 快　　　　C. 相等　　　　D. 无法确定

6. 目前，在乙醛氧化法中，占主导地位的是（　　）。

A. 乙炔路线　　　　B. 乙烯路线　　　　C. 无法确定　　　　D. 乙醇路线

7. 在醋酸生产中，饱和烃液相氧化法所占的比例正在逐渐（　　）。

A. 增加　　　　B. 减少　　　　C. 不变　　　　D. 无法确定

8. 铁、钴和镍三种金属羰化物的催化活性顺序为（　　）。

A. Ni＞Co＞Fe　　　　B. Fe＞Ni＞Co　　　　C. Co＞Ni＞Fe　　　　D. Fe＞Co＞Ni

9. 铑-碘催化体系在极性溶剂醋酸或水中显示出最大的羰基化速率，水浓度过低，会明显（　　）羰基化反应速率。

A. 升高　　　　B. 降低　　　　C. 不变　　　　D. 无法确定

10. 甲醇羰基化法制乙酸，该过程为放热反应，平衡常数随温度升高而（　　）。

A. 减小　　　　B. 增加　　　　C. 不变　　　　D. 无法确定

11. 甲醇羰基化法制乙酸，当 CO 的分压小于 1.4MPa 时，反应速率随 CO 分压的增大而（　　）。

A. 增大　　　　B. 减小　　　　C. 不变　　　　D. 无法确定

12. 随着反应温度的升高，铑催化剂的活性（　　），羰基化反应速率加快。

A. 不变　　　　B. 增加　　　　C. 减小　　　　D. 无法确定

13. 高压分离器液位过高的原因是（　　）。

A. 转化釜进口阀开度太大　　　　B. 反应温度过低

C. 反应釜与转化釜压差太小　　　　D. 液体分布器小孔有堵塞，阻力过大

14. 蒸发器下部液体液位过高的原因是（　　）。

A. 蒸发器加热器供热不足　　　　B. 母液循环泵输出流量增多

C. 转化釜至蒸发器反应液流过小　　　　D. 蒸发器加热量过大

15. 甲醇羰基化法制乙酸，当体系中醋酸的量较少时，反应速率随醋酸量的增加而（　　）。

A. 不变　　　　B. 减小　　　　C. 增加　　　　D. 无法确定

16. 在同等温度条件下，二甲醚的饱和蒸气压比石油液化气（　　）。

A. 低　　　　B. 相等　　　　C. 高　　　　D. 无法确定

17. 二甲醚在空气中的爆炸下限比液化气高（　　）。

A. 两倍　　　　B. 一倍　　　　C. 三倍　　　　D. 五倍

18. 甲醇脱水生成二甲醚的化学反应，随着温度的提高，反应的平衡常数（　　）。

A. 增加　　　　B. 减少　　　　C. 不变　　　　D. 无法确定

三、判断题

1. 醋酸分子的羰基可和另一醋酸分子的羟基形成较强的氢键，使分子间相互缔合。（　　）

2. 醋酸分子通过强氢键而缔合的特性，也是醋酸物理性质——状态方程、热力学函数、传导等出现不规则现象的原因。（　　）

3. 醋酸能与水及一般常用的有机溶剂互溶。在水和非水溶性的酯和醚混合物中，常倾向于水相。（　）

4. 液态乙酸能溶解极性化合物，但不能够溶解非极性化合物。（　）

5. 醋酸中通入电流能加速铅电极的溶解，甚至可以溶解贵金属。（　）

四、简答题

1. 简述醋酸的主要理化性质。

2. 简述醋酸的主要应用。

3. 简述醋酸的主要生产方法及特点。

第十三章
煤基多联产

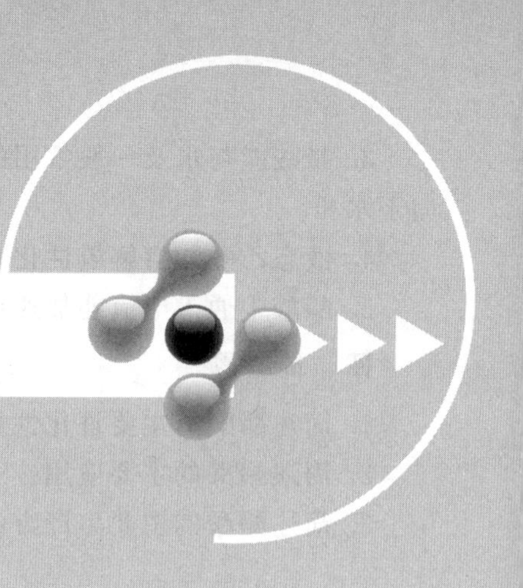

随着先进的煤气化技术的发展，煤的转化利用的经济性和环保性越来越受到重视，逐渐建成了以煤为源头、各种工艺优化组合的煤基多联产的系统路线。发展煤基多联产成为煤化工新方向。

煤基多联产，即以煤气化为“工艺龙头”，将多种煤炭转化技术通过优化组合集成在一起，同时产出多种高附加值的化工产品和洁净的二次能源。通过将动力系统和热力系统的优化集成，使能源动力系统既能达到较好的能源利用效率和较低的污染排放率，又能使化工产品的获得成本更低。

我国的煤资源丰富，但以高挥发性的低阶煤为主，近年来新发现的褐煤和长焰煤的挥发性组分可达到原煤干重的37%以上，不黏煤和弱黏煤中挥发性组分占原煤干重的20%～37%，而这样的煤种可占我国煤炭资源的50%，低阶煤水分大、发热量低、化学反应性好、易燃易碎，直接燃烧热效率较低，污染较大。利用现在煤基多联产技术将煤提质利用，具有较好的经济和环保意义。

第一节 煤基多联产概述

一、煤基多联产简介

现代煤基多联产可认为从传统煤基热电分产向热电联产开始，逐步升级成包含了煤气化、化学品合成及IGCC（整体煤气化联合循环发电）等多种工艺配套的多联产系统。国外热电联产起始于20世纪70年代，石油危机带来的冲击，促使各国，特别是欧洲、俄罗斯、美国及日本等国考虑更有效的能源利用方式。美国能源部煤基多联产示意图见图13-1。德国从2002年开始实施热电联产的工业化应用，到2020年热电联产的发电量占总发电量的三分之一。而据中电联统计，“十三五”期间改造了大量火电装机为热电机组，热电联产占火电装机比例不断增加，到2020年占比约为40%。热电联产不仅向大型化发展有相对优势，向小型化发展也有相对优势，小型化热电联产是天然气高效合理利用的有效手段。

煤基多联产系统由于通过各种工艺技术形成耦合的能源资源利用系统，可以实现各领域

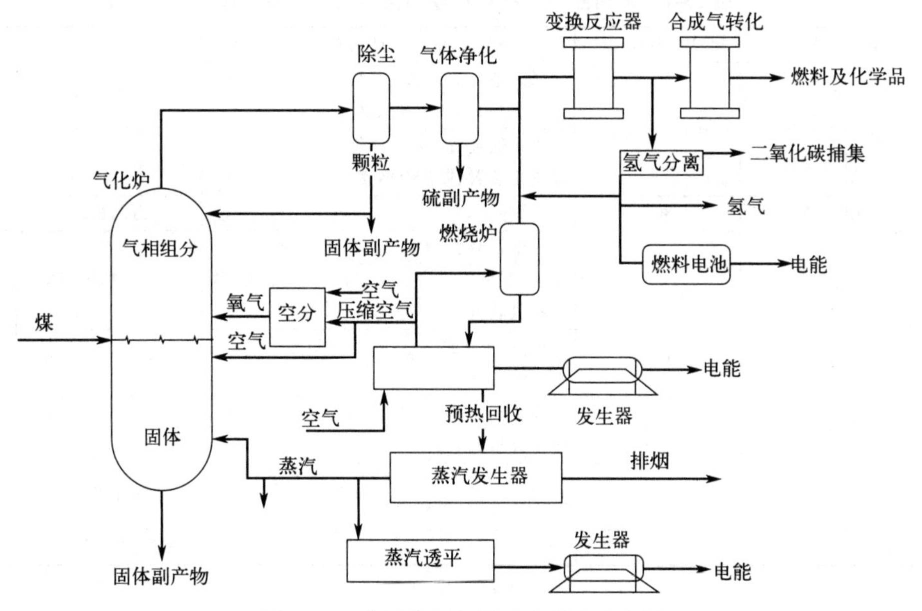

图 13-1　美国能源部煤基多联产示意图

交叉的工艺构架和多元化的产出，从而使得煤基多联产具有以下特点：

① 相对最有效地进行能源资源综合梯级与循环利用，实现能源资源到二级能源和化工产品转化过程的低能耗和高效率。

② 通过合理的多领域交叉，使单个工艺过程中很难解决的问题可能变得简单。

③ 可实现多联产目标产品可调，根据市场需求或能源需求周期进行产出分配。

④ 可最大限度地将煤转化过程的物质排放和污染降低。

美国能源部实验室提出的多联产系统的概念示意图：利用煤（也可以是石油焦、生物质、生活垃圾等联用）与高纯度氧气一起进入气化炉，转化成合成气，经过除尘、脱硫净化后，一部分直接用于燃气轮机发电，烟气回收后，再进入蒸汽轮机发电，回收的热量可以供给系统本身或者向外输送。

二、煤基多联产工艺

随着科技的快速发展，各国根据不同煤种属性，开发出一系列适合于不同煤种的煤基多联产系统工艺流程，并且随着煤化工产业升级加速推进，煤基多联产项目总体发展良好，中国很多大型煤化工企业都创建了新型煤基多联产产业基地。

煤基多联产系统有很多其他类型的多联产工艺，包括以煤气化为龙头的各类煤化工工艺耦合系统，或以煤基干馏液化为开端、煤气化工艺进行深加工的耦合工艺等，最终实现热、电、冷、气、化学品产出。其中，利用气化煤气中有效成分（CO 和 H_2）合成化学品、液体或气体燃料，以及充分利用工艺过程中产生的余热并进行发电的系统是目前市场、技术发展相对成熟的主要形式。多种煤炭转化技术的优化集成方式既可能是“并联”，也可能是“串联”，还可能是更复杂的组合方式。国内部分运行和在建的大型煤基多联产项目见表 13-1。

表 13-1　国内部分运行和在建的大型煤基多联产项目

煤基多联产项目	规模/(万吨/年)	主要生产装置	地区	状态
煤制烯烃多联产	500	煤焦油加氢装置、煤制甲醇装置、甲醇制乙烯装置、聚乙烯装置等	甘肃酒泉	招标
煤炭分质综合利用多联产	1500	提质煤装置、煤气净化提氢装置、焦油轻质化装置、制酸装置等	新疆伊宁	在建
煤炭综合利用多联产	800		山西长治	在建
煤焦油加氢清洁能源多联产	1050	煤干馏装置、精酚装置、脱酚焦油加氢装置、石脑油重整装置、粉焦气化装置、煤气制氢装置	内蒙古鄂尔多斯	在建
煤基甲醇醋酸多联产	120	煤基制甲醇装置、CO 制醋酸、氢气制丁二醇装置等	内蒙古呼伦贝尔	在建
褐煤热解多联产	2×600	煤基干馏装置、煤焦油分离加氢装置、液化天然气装置等	内蒙古呼伦贝尔	试运行
煤炭分质综合利用多联产	400	提质煤装置、煤气净化提氢装置、焦油轻质化装置、制酸装置等	新疆伊宁	在建
褐煤提质多联产	1000		内蒙古呼伦贝尔	试运行

第二节　煤基多联产系统的基本类型

热电化多联产系统通过系统集成，把化工生产过程和动力系统中的热力过程有机地结合在一起，在完成发电、供热等转化利用的同时，还利用各种能源资源生产出清洁燃料（氢气、合成气和液体燃料）和化工产品（甲醇、二甲醚等），使能源动力系统既能合理利用能源和低污染排放，又使化工产品或清洁燃料的生产过程低能耗与低成本化，从而协调兼顾了动力与化工两个领域，是一个实现多领域功能需求和能源资源高增长值目标的可持续发展能源利用系统。具体可分为以下四类。

一、简单并联型多联产系统

简单并联型多联产系统（图 13-2）是指化工流程与动力系统以并联的方式连接在一起，合成气平行地供给化工生产过程和动力系统，它没有突破分产流程各自独立、以提

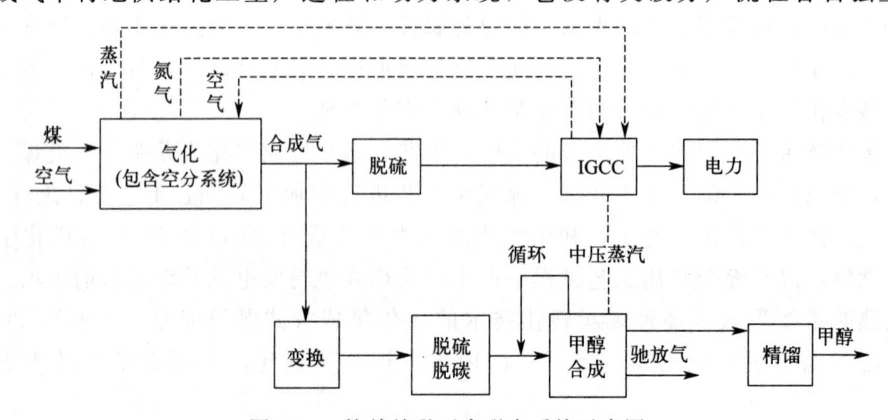

图 13-2　简单并联型多联产系统示意图

高原料转化率与能量利用效率为目的的本质，基本上保持原来分产流程的固有结构，系统优化整合侧重于物理能范畴。系统整合的主要体现是回收化工过程驰放气用作动力系统燃料。

二、综合并联型多联产系统

综合并联型多联产系统（图 13-3）在简单并联型多联产系统基础上综合优化整合两个系统，使得物理能综合梯级利用更合理，与简单并联型多联产系统相比，它更加强调化工侧与动力侧的综合优化，既满足了两个过程的综合匹配，又兼顾了两个系统的热整合，所有化工工艺过程的能量需求均由动力系统对口的热量来供给，取消了化工流程的自备电厂，在更大的范畴内按照“温度对口、低级利用”的原则，实现热能的综合利用。在回收驰放气的基础上，采用废热锅炉回收混合气余热，甲醇合成反应副产蒸汽送往动力系统做功发电，利用低温抽气满足精馏单元热耗等措施，实现系统更完善的热整合，进一步提升系统性能。

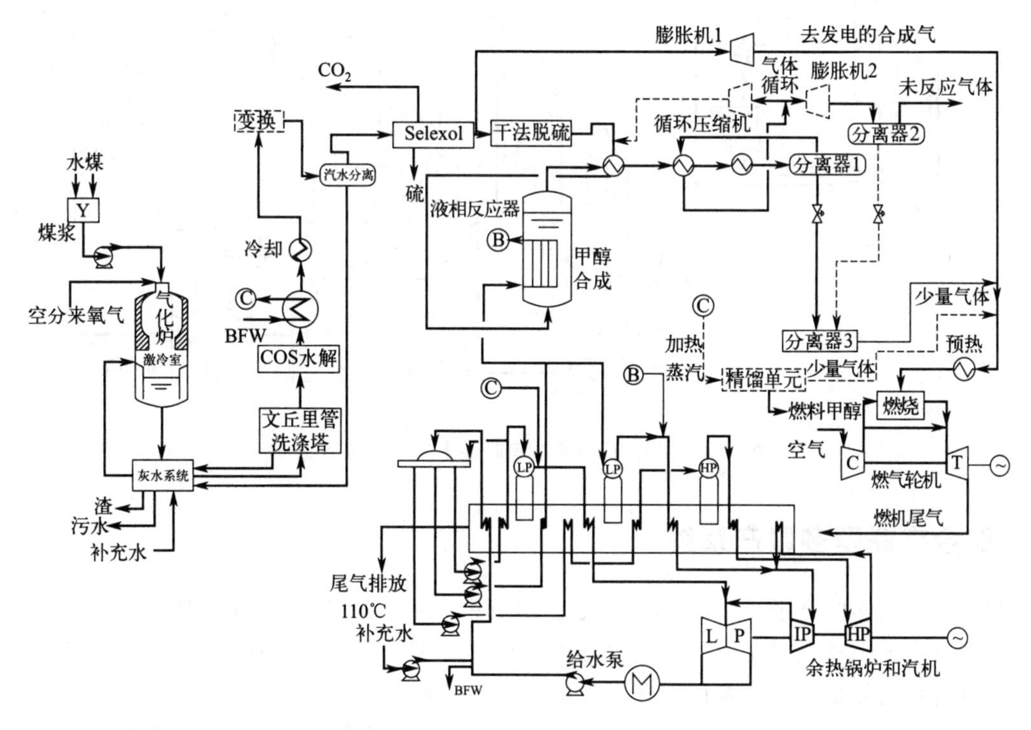

图 13-3 综合并联型多联产系统示意图

一般来说，综合并联多联产系统由于采用了废锅冷却、驰放气作为动力燃料来源、合成反应热送往蒸汽系统做功、流程中所需功与热由联合循环动力系统而非燃煤蒸汽循环提供等措施，它可以避免蒸汽循环燃烧过程的高能损失，其节能效率可达到 7%。

三、简单串联型多联产系统

串联型多联产系统是指化工流程与动力系统以串联的方式连接到一起，合成气首先经历化工生产流程，部分转化为化工产品，没有转化的剩余组分再作为燃料送往热力循环系统。

与并联系统相比，串联型系统最突出特征在于打破了分产流程的基本结构。

简单串联型多联产系统主要特征是“合成气组分的无调整”和“未反应气的一次通过”，进入化工流程的原料气不全部转化为化工产品，而且取消了在分产流程中被认为必需的合成气成分调整单元。

甲醇-动力简单串联型多联产系统（图 13-4）由煤气化产生合成气，经热回收、脱硫后，采用一次通过甲醇合成工程，简单串联型多联产系统可以有效降低合成气制备过程中与粗产品精馏单元的能耗，系统相对节能 7%。

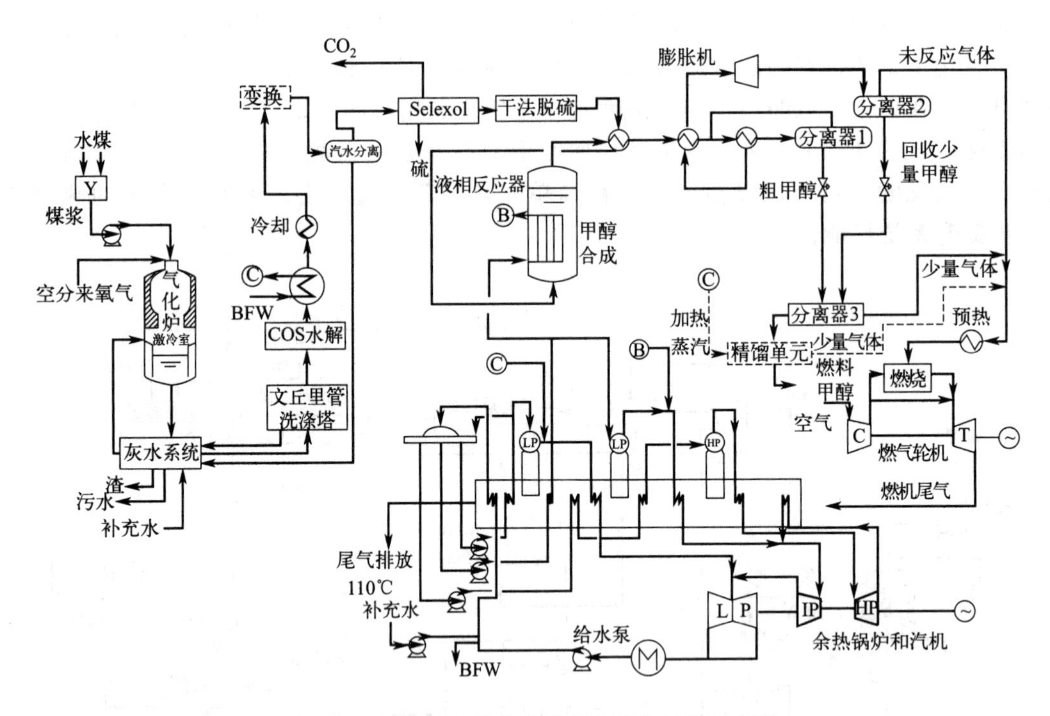

图 13-4　甲醇-动力简单串联型多联产系统示意图

四、综合串联型多联产系统

综合串联型多联产系统（图 13-5）是在简单串联型多联产系统的基础上通过综合优化整合发展出来的，特点是无成分调整的净化气与未反应气适度循环利用方式综合优化整合，通过组分转化与能量转变的有机耦合，更好地体现出多联产系统集成思路。

无合成气成分调整和未反应气适度循环的综合串联型多联产系统，由气化炉产生的粗煤气经降温净化后直接作为原料气合成甲醇，未反应气被分为循环气与未循环气两部分，循环气与合成反应新气混合后再次进入合成反应器反应，未循环气则在经过预热、膨胀后送入动力系统作为燃料气燃烧。它采用无成分调整的方式，保持了合成气制备子系统热量损失低的优势，具有较高的能量利用水平。对一次通过反应气利用不充分的缺陷，采用未反应气适度循环的方式，有效地提高全程转化率，从而将合成器的有效成分尽可能转化为化工产品，确实由于化学反应动力学原理难以转化为产品的组分再以未反应气的方式送入动力系统。它同时打破合成气成分调整度与有效成分利用率的限制，系统节能能力得以较大幅度的提高（12%～15%）。

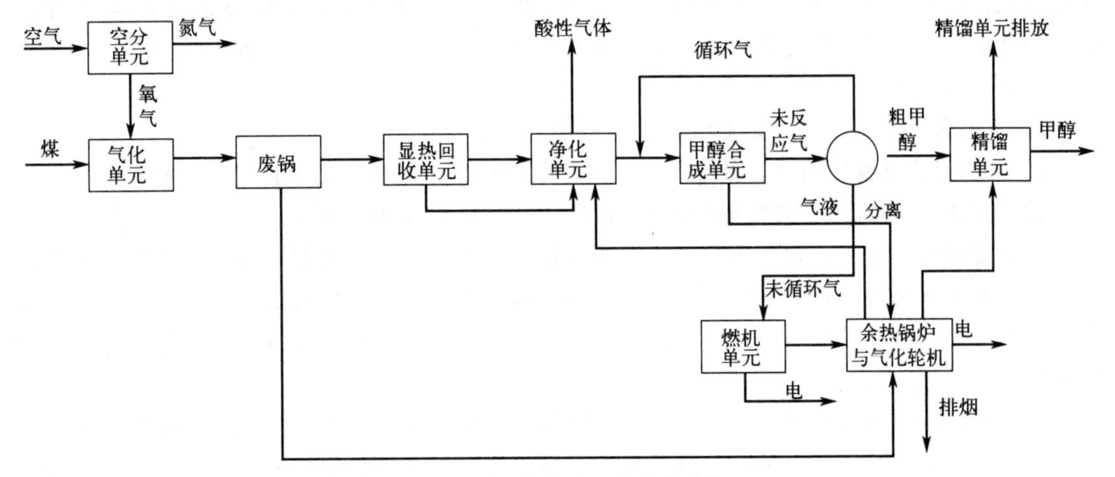

图 13-5　综合串联型多联产系统

第三节　煤基多联产配套工艺及关键设备

煤基多联产系统总的来说是利用现代煤化工的工艺技术，将原料煤一级一级地转化加工，实现煤最高效的能量转化和物质转化。以煤的高温气化为龙头，进而利用高温煤气进行热、电、化学品的生产是目前主流的煤基多联产工艺。例如，兖矿集团的 IGCC——甲醇、醋酸多联产系统工艺（图 13-6）即是利用煤气化技术将煤转化为高温煤气，然后以煤气为源头，进行 IGCC 发电以及化学品的合成。

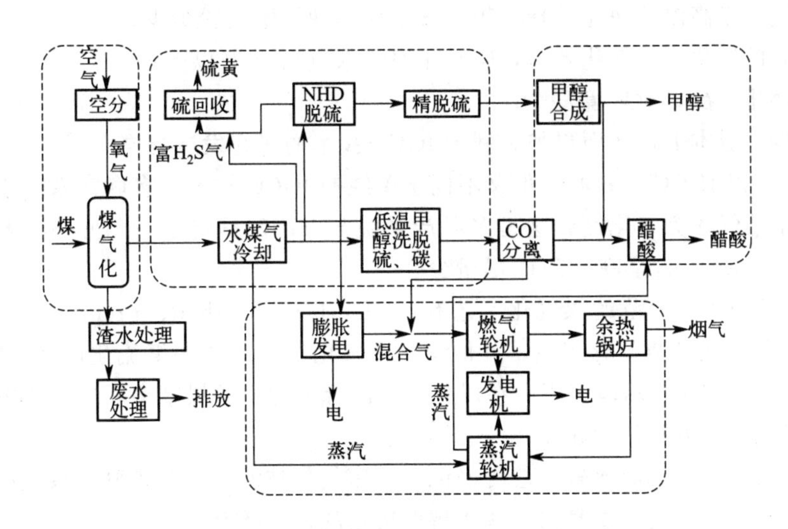

图 13-6　IGCC-甲醇、醋酸多联产系统工艺

一、多联产系统煤气化工艺的选择

气化技术经历了从 20 世纪 30 年代的第一代气化炉的研发、70 年代的第二代气化炉的

研发到现在已进入熔融床气化炉的第三代气化炉的研发历程。而我国从20世纪80年代开始引进国外煤气化技术，现已开发出一系列拥有自主知识产权的煤气化装置。

现有的煤气化技术有：

① 固定床煤气化技术，如UGI、BGL、Lurgi等气化技术；

② 流化床或沸腾床技术，如HTW、灰融聚流化床、循环流化床技术等；

③ 气流床、喷流床、夹带床技术，如GE、Shell、GSP技术等。

选择哪种煤气化工艺对于多联产系统能够稳定高效运行至关重要，多联产技术对气化技术进一步的要求是燃料适应性广、碳转化率高、煤气品质好、环境性能好、生产能力大、操作性能好、便于自动控制、低投资、便于制造、便于维修、与其他先进煤气化技术有良好的兼容性。

由于现阶段煤基多联产系统尚未有一定数量的工业化示范装置，气化炉选择标准尚无经验可循。但多联产系统与IGCC是继承和发展的关系，IGCC选用煤气化技术的标准对多联产系统煤气化技术的选择有重要的参考价值，IGCC对煤气化工艺的要求如下：

① 技术先进、成熟，运行安全可靠，可用率高；

② 设备结构简单，运转周期长，维护方便，维修费用低；

③ 原料煤种适应性广，能满足很多煤种的工艺要求；

④ 单炉生产能力大（2000t/d以上），适合在高温、高压下操作，受设备制造、运输及安装等方面的限制、气化炉直径不宜大于5m；

⑤ 负荷调节灵活，可变范围宽，与下游工艺匹配跟踪能力强，启动、停炉操作简便、快捷；

⑥ 加煤系统安全可靠、易控制调节；

⑦ 气化剂可用氧气也可用空气；

⑧ 粗煤气便于高温下净化处理，粗煤气中含焦油、酚及粉尘少；

⑨ 有较高的转化率及气化效率，碳转化率要求应在80%以上；

⑩ 污染物排放少，对环境友好；

⑪ 投资少，成本低，从而更加有利于IGCC技术的研究发展与推广。

多联产系统以IGCC为核心，但又不同于单纯的IGCC技术。多联产系统中气化技术一般采用氧气-水蒸气作为气化剂，这是多联产系统与IGCC不同之一。另外，多联产系统中要求产气中CO和H_2含量高，CH_4尽量少。

目前已进行IGCC示范的煤气化工艺有：GE、E-Gas、Shell、Prenflo、HTW、KRW、Lurgi和BGL等公司的煤气化工艺，其他的一些气化工艺如灰融聚流化床和GSP等气化技术正在或计划进入IGCC示范工程。在以化学产品合成为主的煤基多联产系统中，前述技术不全适用，存在很多方面的问题。

通过各种煤气化技术的比较，总的来说气流床气化技术在煤基多联产系统中，具有相对优势，这是由气流床气化法本身的一些优越性决定的，主要有：

① 煤种适应性广，理论上可以适应各种变质程度的煤和石油渣；

② 气化温度与压力高，单炉生产能力大（可达到3000t/d）；

③ 气化炉结构简单，操作性能稳定；

④ 气化效率高，变负荷能力强，冷煤气效率和碳转化率较高，对多联产系统能量利用率的提高极为重要；

⑤ 粗煤气含焦油、酚类和粉尘少，煤气净化系统简单，采用液态排渣，有利于环境保护和资源综合利用；

⑥ 企划成本低，产品组合合理，对下游化学品合成工艺也非常有利，是目前发展煤气化技术的主流；

⑦ 工厂设计紧凑合理，占地面积小，有利于多联产系统的推广。

M13-1 常见煤气化技术的比较

多联产以煤气化为开端，通过煤气的热量回收、杂质净化过程后，一部分进入化学品合成流程，合成化学品，另一部分进入燃气轮机发电，而整体流程中的机械能都通过换热和做功的形式回收发电或为系统提供能量。此流程也是绝大多数煤气化为龙头的多联产系统的工艺流程，只在部分具体的某些节点上使用不同工艺。整个系统可以划分为 5 个工艺单元：煤基气化和合成气合成重整系统单元、高温煤气净化除尘系统单元、高温煤气脱硫除杂系统单元、化学品合成分离系统单元、循环热电联产系统单元。每个系统环环相扣，不仅有物质的传送，还有能量的传递，最终使能量得到充分利用而使得能量效率大幅提高。

二、煤气合成重整单元

煤气合成重整是煤基气化系统单元中非常重要的技术，是煤气进入化学品生产单元的准备步骤。我国从 2003 年以后就成为第一焦炭生产国和出口国，炼焦同时会产生大量的焦炉煤气，焦炉煤气中含有大量的 CH_4 和 H_2（CH_4 含量：23%～27%，H_2 含量：55%～60%），并且没有得到有效的利用，而是直接放空燃烧，浪费资源，污染环境。而煤基多联产中的合成气中要求 CH_4 和 CO_2 的含量越低越好，并且需要一定的 H_2/CO 比，直接生成的气化煤气中 CO_2 含量过高，不适合作合成气。目前，合成气的调氢都采用水煤气变换，有效组分 CO 经中温、低温或中低温组合的变换催化剂调变为化学稳定性高的 CO_2 并脱出，这样就需要消耗大量蒸汽。太原理工大学煤科学与技术重点实验室根据气化煤气富碳和焦炉煤气富氢的特点提出了“双气头”的多联产系统，用气化煤气和热解煤气共同重整制备和 H_2 和 CO，不仅可以有效地达到 CO_2 减排和转化 CH_4 的目的，而且可以调节合成气的氢碳比从而省去水煤气变换，降低能量的损耗。

双气头合成气的转化受到很多因素的影响，比如气化煤气与焦炉煤气进料比、转化温度、反应压力、催化剂、助剂、载体等。反应极其复杂，各因素影响程度，尤其是催化剂的作用机理仍在诸多科学工作者的研究之中，在这里不一一说明。

虽然 CH_4 与 CO_2 的反应机理，控制步骤和积炭规律颇存争议，但以下机理是被认可的，总的来说，在高温条件下化学反应经历了复杂的物理和化学变化过程，反应物首先吸附在催化剂微孔与催化剂发生作用而形成不稳定的活化状态，当生成新物质的条件全部具备时，处于活化状态的基团反应产生新物质。要使重整反应单元正常操作，催化剂的性能是关键，但催化剂目前具有活性低、易积炭、易烧结等问题。

设备方面来看，关键设备为炭催化 CH_4-CO_2 重整转化炉，在炉内完成两股气源的混合并与固相催化剂接触反应。转化炉是由转化炉主体、主体中央的转化炉内腔、与内腔连通的合成气出口管、对称布置于转化炉主体两侧的焦炉煤气和气化煤气混合气进口以及烧嘴构成。煤气双气头转化炉的设备简图见图 13-7。

该重整转化炉采用移动床，催化剂由静态变为动态实现了催化剂自动更新，催化剂床层始终维持在所需高度与清洁程度。由于炉箅及传动装置的支撑和带动，催化剂床层在转化炉主体内发生不间断运动，催化剂颗粒来回翻滚，反应气的流向和流速受到扰动，催化剂床层内的布气更加均匀，整个床层内不存在死区。炭催化剂不停翻滚，触碰概率增大，炭催化剂表层不断更新，对流经其表面的反应气和炭催化剂充分接触更有利，进而提高转化率及反应效率。同时转化气顺利通过床层，减小催化剂床层的阻力，降低能耗。由原来的一个烧嘴改为对称布置两个烧嘴，反应气经过催化剂床层时布气更加均匀，与催化剂接触更加充分。

与传统转化炉相比优点在于：炭催化剂更换无需停车，可实现连续生产，转化率较高，转化前无需脱除硫和有害物质，阻力减小，动力消耗降低。设备配套工艺过程简单，二次污染较轻，不需补碳，综合运营成本较低。由于合成气重整单元的操作环境为高温带压条件，在工程应用上，经常出现的问题是由于工况条件的不稳定或者测温热电偶被烧坏，使气体分布器部件烧坏。

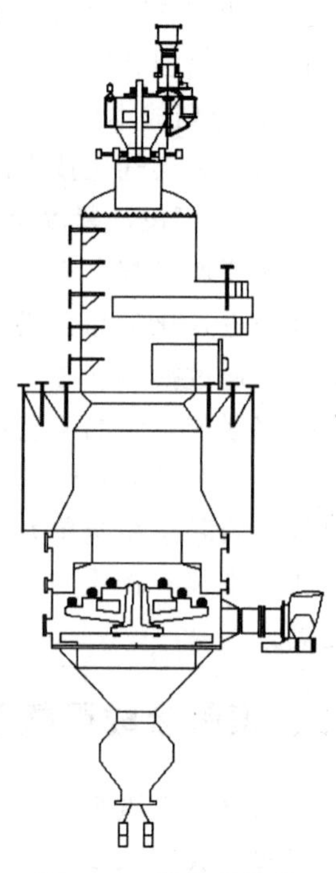

图 13-7　煤气双气头转化炉的设备简图

三、高温煤气净化系统单元

高温煤气净化系统单元包含高温煤气除尘单元和高温煤气脱硫脱碳等单元，此工艺是煤基多联产后续步骤的保障，影响到后续步骤设备寿命、工艺条件、产品品质、能量利用、环境保护等各个方面。对于此系统单元，将从高温煤气除尘单元和高温煤气脱硫除杂单元论述。

1. 高温煤气除尘单元典型工艺及设备

高温煤气除尘是煤气净化的关键步骤，煤气的高温除尘是指在 600～1400℃条件下，直接将气体中颗粒分离出去的一种技术。

从气化炉产出的高温粗煤气中夹带着飞灰、脱硫剂颗粒等，如果直接将粗煤气通入燃气轮机或下游化学品合成单元，势必会对燃气轮机的叶片或化工设备造成致命伤害，从而影响燃气轮机和化工设备的寿命和工作效率。因此，必须将粗煤气中的粉尘控制在一定范围内。目前有效的高温煤气除尘技术有三类：过滤除尘技术、旋风除尘技术、静电除尘技术。

过滤除尘是使含尘气流通过过滤滤材而将粉尘分离捕集的一种技术，过滤除尘技术适应性广、可靠性高，是目前多联产高温除尘时较为理想的一种除尘方式。其过滤机理是：筛滤作用、惯性碰撞作用、拦截作用、扩散作用、静电作用和重力沉降作用。主要有陶瓷过滤除尘技术、颗粒层过滤除尘技术、金属微孔过滤除尘技术和全滤饼式过滤除尘技术等。

（1）陶瓷过滤除尘技术　陶瓷过滤器按结构形式可分为陶瓷纤维布袋过滤器、织状陶瓷过滤器、烛状陶瓷过滤器、交叉流陶瓷过滤器、长管式陶瓷过滤器。按陶瓷材料特性又可分为柔性陶瓷过滤器和刚性陶瓷过滤器。

（2）颗粒层过滤除尘技术　颗粒层过滤除尘技术是利用物理和化学性质非常稳定的固体颗粒（石英砂等）构成过滤层，利用重力沉降作用、惯性力作用、直接拦截和扩散沉积作用将尘粒分离的一种技术。颗粒层过滤器具有耐高温、耐腐蚀、对烟气成分不敏感、投资和维护费用低等优点。颗粒层过滤除尘技术目前被认为是 IGCC 和 PFBC-CC（增压流化床燃烧联合循环机组）高温除尘中最有优势的除尘技术。但颗粒层除尘技术对细微尘粒的捕集效率低，大量过滤介质在床外循环能耗大且磨损大，另外在大型化时介质均匀移动和气流的均匀分布问题还需要研究。

颗粒层过滤器按过滤中颗粒层是否移动循环利用可分为固定床颗粒层过滤器和移动床颗粒层过滤器。固定床颗粒层过滤器的颗粒层是固定不动的，随着过滤时间的延长，压降逐渐增大，并且随着气体含尘量的增大，压降也大幅增大，压降达到一定程度后，就要进行颗粒层的清洗，阻碍了气体净化的连续性。固定床颗粒层过滤器一般采用逆向脉冲清灰系统清灰。

移动床层过滤器与固定床层过滤器不同的是它的颗粒层是不断地离开过滤器，在床外进行清灰，然后再将新鲜的过滤介质送回过滤器，达到除尘效果的连续性。由于移动床中滤料是通过颗粒层向下移动而实现的，所以一般采用垂直床层。

为了防止支撑筛堵塞和已沉积的颗粒反混，开发了无筛移动床颗粒层过滤器，不存在支撑筛堵塞的问题，并且在过滤煤气前遇到的总是干净的颗粒层，有效地防止了已沉积的颗粒反混和夹带。颗粒层过滤除尘技术的过滤及清灰原理见图 13-8。

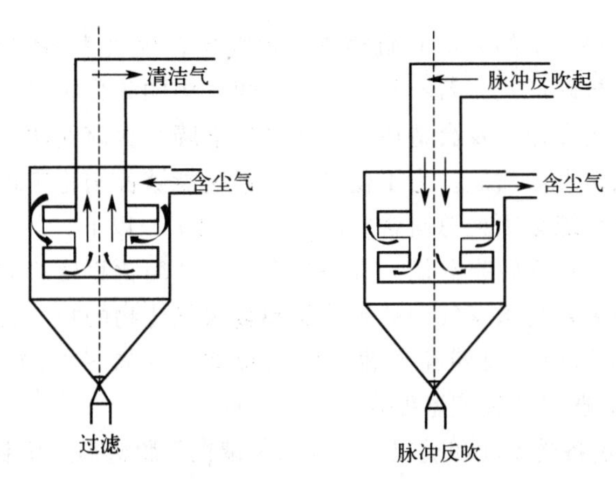

图 13-8 颗粒层过滤除尘技术的过滤及清灰原理

（3）金属微孔过滤除尘技术　为了从根本上解决陶瓷材料的抗震性差、可靠性不高的问题，保持材料优良的高温耐腐蚀性能，从 20 世纪 90 年代开始，金属过滤材料的研究引起了国内外科研工作者的重视。金属微孔材料从结构形式上看主要是金属烧结丝网、金属纤维毡和烧结金属粉末等。复合金属丝网主要由保护层、过滤层以及支撑层组成，它是一种非对称性的微孔结构。

旋风分离器是利用含尘气体旋转时产生的离心力将尘粒与气体分开，工业上应用广泛，尤其是在高温、高压、高含尘浓度及强腐蚀性的条件下。旋风分离器收集 5μm 以上的尘粒，除尘效率可达 90%，但压降一般较高，且对 5μm 以下的尘粒捕集效率低，一般远达不到煤气净化后高温烟尘含量低于 6×10^{-6} 的要求。因此，一般把旋风分离设备作为除尘设备，使高温粗煤气净化到含尘量低于 0.5%，再进行二次除尘（静电除尘）。

静电除尘器是在一对电极之间施加高压直流电产生电场，使两极间产生电晕放电现象，当含尘气体流过电场时，会受到已经电离出的离子和电子的撞击，从而使尘粒带电，受电子撞击的尘粒带负电，向阳极运动而被捕获，受正离子撞击的尘粒带正电，向阴极运动而被捕获。然后通过振打敲击极板，清除尘粒。

静电除尘可分为 4 个阶段：气体电离、粉尘获得离子而带电、荷电粉尘向电极运动、粉尘清除。

静电除尘器在高温除尘时具有除尘效率高、压降低、无堵塞等优点，但目前还存在高温高压条件下长时间运行时材料的稳定性差和热膨胀、电晕不稳、电极腐蚀等问题。因此，静电除尘应用在高温除尘还有一定的局限性。

2. 高温除尘工艺的综合评估和设备评价

M13-2 四种过滤技术特性及费用对照表

高温煤气除尘条件苛刻，除尘效果要求很高，使得很多低温除尘效果很好的除尘技术并不能满足高温工况。美国能源部能源技术中心对试管式陶瓷过滤器、通管式陶瓷过滤器、纤维式陶瓷过滤器、长纤维复合陶瓷过滤器、固定床颗粒过滤器等十多种高温除尘设备进行技术、经济性分析，从环保要求、费用消耗、运行效果等方面综合比较，指出应首推试管式陶瓷过滤器、通管式陶瓷过滤器、纤维式陶瓷过滤器、长纤维复合陶瓷过滤器。

四、高温煤气脱硫除杂单元

煤气化过程中，原料煤中的大部分硫会进入煤气中，煤气中90%硫以硫化氢的形式存在，还有一些其他的有机硫形式。若不经过处理，煤气中的硫化物进入化学品合成工段会引起催化剂中毒、影响工艺操作以及会造成产品质量的下降。含硫气体进入燃气轮机发电系统会造成机器腐蚀，使系统寿命缩短。为了使多联产系统能够长期稳定地运行，一些科学研究者指出，高温气体净化系统必须把总硫含量降低到 1×10^{-6} 以下。

由于多联产系统中，从热效率利用、设备投资、工艺简化程度等方面考虑，高温脱硫有很大的优势。高温脱硫主要是指煤气中的硫化氢和金属氧化物的粒状脱硫剂反应，吸收硫的废剂进行氧化再生继续利用。国外高温脱硫的温度多为550～650℃，再生温度在600～700℃之间，我国脱硫剂选用的脱硫温度在400～600℃。

高温脱硫技术的发展备受关注和重视，其技术关键在于脱硫剂的研制。其脱硫原理是在高温下（>350℃），金属氧化物和硫化物发生化学反应，生成金属硫化物，从而脱除气相中硫化物，生成的金属硫化物在氧化环境中再生，实现脱硫剂的循环应用。再生得到的 SO_2 可以进一步转化、生产有经济价值的产品，如硫、硫酸、亚硫酸钠等。用化学反应式表达如下：

脱硫过程：$MO_x(s)+xH_2S \longequal MS_x+H_2O$

再生过程：$MS_x+1.5xO_2(g) \longequal MO_x(s)+xSO_2(g)$

还原过程：$MO_x+CO/H_2 \longrightarrow MO_y(0\leqslant y\leqslant x)$

目前应用于高温煤气脱硫的工艺有固定床工艺、移动床工艺和流化床工艺。固定床工艺要求脱硫剂颗粒较大，耐磨性好，脱硫系统存在阀门磨损问题，再生过程中反应热不易控制，但市场应用最广、应用时间最长；移动床工艺已实现连续操作，气固逆流接触；流化床工艺要求脱硫剂粒度小，气固接触性能良好，反应快，可连续加料或出料，易稳定操作，但一般需要除去煤气中夹带的脱硫剂细粉。

单槽流程工艺相对简单，如图13-9所示：原料气经水分离器后，进入氧化铁脱硫槽，脱硫槽可装三段脱硫剂，脱硫过程主要在一、二段进行，第三段为保护层，通常处于备用状态。流程中设有循环再生管线（未画出），脱硫槽工作期间定期检测出口 H_2S 含量，当发现含量大于规定值时，将脱硫剂与系统切断，进行脱硫剂再生。脱硫塔一般设在清洗塔前可使气体中含有较多的氨，对提高脱硫剂的活性有利，气体夹带的粉状脱硫剂也可在清洗塔中一并除去。